Mein Jägerleben

Großherzogliches Jagdhaus Kaltenbronn

WALTER FREVERT

Mein Jägerleben

**DIE KLASSIKER
DER JAGDLITERATUR
IN EINEM BAND**

KOSMOS

Inhalt

Und könnt' es Herbst im ganzen Jahre bleiben	7

Erstes Kapitel
Die Welt ist sorgenfrei   9

Zweites Kapitel
Was wächst – das wächst   32

Drittes Kapitel
Auf Hahnen, Gams und Hirsch   64

Viertes Kapitel
Rominten   128

Fünftes Kapitel
Übergang und Neubeginn   197

Schlußwort   246

Das Jägerleben ist voll Lust und alle Tage neu   249

Erstes Kapitel
Der Schaufler vom Kaltenbronn   251

Zweites Kapitel
Jagd und Beute   309

Drittes Kapitel
Zwischen Maralal und Landenai   359

Viertes Kapitel
Nachsuchen   422

Schlußwort   450

Abends bracht' ich reiche Beute 453

Erstes Kapitel
Meine Schweißhunde 455

Zweites Kapitel
Die Zeugung des »Herrn von Solo« 511

Drittes Kapitel
Wald – Wild – Jagd 518

Viertes Kapitel
Rotwildfragen 526

Fünftes Kapitel
Hornung 540

Sechstes Kapitel
Saujagden mit der Meute 546

Siebtes Kapitel
Jungfraun, Reisig, Federbetten ... 560

Achtes Kapitel
Als Sachverständiger vor Gericht 568

Neuntes Kapitel
Anekdotisches 582

Zehntes Kapitel
Gedanken zum 60. Geburtstag 592

Elftes Kapitel
Erinnern hilft vergessen 595

Nachwort 624

Und könnt' es Herbst
im ganzen Jahre bleiben

ERSTES KAPITEL

DIE WELT IST SORGENFREI

*Mach die Augen zu, mach die Augen zu
Du bist noch viel zu jung dazu!*

Diesen Gassenhauer – den Begriff Schlager kannte man damals noch nicht – sang mein Vater, wenn er von der Jagd nach Hause gekommen war und mich als kleinen Burschen auf den Knien schaukelte. Im Herbst und Vorwinter ging mein Vater jeden Sonnabend zur Jagd. Er hatte zusammen mit einigen Freunden im Münsterlande große, zusammenhängende Jagdreviere gepachtet und war Vorsitzender des „Jagdclubs Hamm". Meistens lag ich bei seiner Rückkehr schon in meinem Gitterbett, aber an Schlafen war nicht zu denken, ich fieberte der Rückkehr des Vaters entgegen, und, sobald ich seine Schritte hörte, kletterte ich aus dem Bett und lief in die große Küche, wo mein Vater seine schweren Jagdstiefel auszuziehen pflegte und wo der Rucksack ausgepackt wurde. Weihnachten konnte nicht schöner sein, als dieses Rucksackauspacken. Neben Fasanen, Hasen und Karnickeln enthielt der Rucksack auch sonst noch herrliche Sachen. Da waren die Hasenbrote, dick mit Schinken und Wurst belegt, es gab Äpfel, die meistens eingedrückt waren, und ich erinnere mich genau, daß niemals ein Butterbrot oder ein Apfel so gut schmeckte, wie diese halb ausgetrockneten und eingebeulten Hasenbrote und Äpfel.

Kaum war der Rucksack ausgepackt, waren Hasen, Fasanen usw. gebührend betrachtet und bewundert, dann ging das Betteln los: „Vater, erzähl' mir eine Jagdgeschichte." Und dann erzählte der Vater teils wahre, teils erfundene hanebüchene Geschichten, und die halben Nächte lang träumte ich nachher von kugelfesten Rehböcken, von seltenen Dubletten und von Wilddieben.

Geradezu herrlich aber wurde es, wenn der Vater einen Fuchs mit

DIE WELT IST SORGENFREI

nach Hause gebracht hatte. Damit der Balg geschont wurde, war der Fuchs stets außen auf dem Rucksack verschränkt befestigt, und die lange Lunte mit weißer Blume hing malerisch herunter. Dann wurde die „große Jagd" gemacht! Die „große Jagd" war für mich ein jauchzendes Entzücken, für unser Mädchen und die Kinderfrau aber voller Entsetzen! Bedeutete doch die große Jagd, daß die samstäglich saubergemachte Küche völlig in Unordnung geriet, und daß ein solcher Schmutz entstand, daß praktisch die große Arbeit umsonst gewesen war.

Bei der „großen Jagd" wurde zunächst der in der Mitte stehende Küchentisch auf die Seite gestellt, ich selbst kam auf diesen Tisch, der also als Zuschauertribüne fungierte. Mein Vater stellte sich mitten in der großen Küche auf einen Stuhl und blies die Jagd an. Er hatte hierzu ein Pleß'sches Jagdhorn, das trotz der Flucht aus dem Osten, trotz zweier Weltkriege noch heute in meinem Besitz ist und von mir noch auf allen Jagden geblasen wird. Beim Blasen des Jagdhornes wurden die Hunde – wir hatten immer 1 bis 2 Deutschkurzhaar und einen Teckel – völlig wild. Sie kannten den Rummel, der jetzt losging. Nun nahm mein Vater, während ich zitternd vor Passion auf meinem Tisch stand, den Fuchs an den Hinterläufen, drehte sich dann auf dem Stuhl schnell um sich selbst und schwenkte dabei den Fuchs mit ausgestrecktem Arm hoch durch die Luft, dabei die Hunde mit: „Hu faß, Hu faß" anrüdend. Die Hunde rasten lauthals durch die Küche, an Stühle, Schränke und Herd anstoßend, hoch springend, um den Fuchs zu erreichen, immer zu kurz springend, sich gegenseitig bedrängend – mein Vater hetzte die Hunde zu immer schärferem Tempo, ich schrie vor Begeisterung mit, und die Meute wurde immer wilder. Mädchen und Kinderfrau und auch meine älteren Schwestern hatten längst das Feld geräumt und sahen diesem Hexensabatt durch einen schmalen Türspalt zu, während meine Mutter, in eine Ecke der Küche gedrückt, meistens hinter einem Stuhl Deckung nehmend, etwas kopfschüttelnd die ganze Sache stumm über sich ergehen ließ. Sicher dachte sie damals, daß alle Männer doch ewig Kinder bleiben. Endlich blieb mein Vater auf seinem Stuhl stehen, hob mit der einen Hand den Fuchs hoch, nahm mit der anderen Hand das Jagdhorn und blies „Fuchstot". „Häng up den Schelm", und die große Jagd war zu Ende. Auf das

DIE GROSSE JAGD

Totsignal legten sich die Hunde sofort nieder, da sie genau wußten, daß jedes Zufassen nunmehr bestraft wurde.

„Der Junge muß schleunigst ins Bett", sagte meine Mutter, nahm mich auf den Arm und brachte mich in mein Gitterbett zurück, wo ich von der Zeit träumte, in der ich ein großer Mann und selbst ein Jäger wie mein Vater sein würde. Auf die Frage, was ich mal werden wollte, pflegte ich damals zu antworten: „Ein Jäger, ein Soldat und ein Vater!" Nun, ich habe es zu allem gebracht, was ich mir damals wünschte, vielleicht sogar zu allem etwas reichlich: Als Jäger habe ich die besten Reviere Deutschlands verwaltet, als Soldat habe ich zwei Weltkriege mitgemacht und als Vater von sechs Kindern dürfte ich auch in dieser Beziehung das Ziel der Klasse erreicht haben!

Mein Vater war ein leidenschaftlicher Jäger. Er hatte auf dem schönen Gut Rieperthurm, dem alten Frevertschen Stammsitz in Lippe, wo er geboren war, von Kindesbeinen an gejagt, allerdings weniger auf Hoch- als auf Niederwild. Wenige Tage vor meiner Geburt schoß er einen starken schwarzen Rehbock, den einzigen seines Lebens, und seine Freunde beglückwünschten ihn, weil er in ein und derselben Woche einen schwarzen Bock und einen schwarzen Jungen bekommen hatte.

Die meisten jagdlichen Erinnerungen aus meiner Kinderzeit beziehen sich auf das Revier Dolberg, das unweit Hamm gelegen ist, und wohin mein Vater mit der Eisenbahn zu fahren pflegte. Lange vor meiner Schulzeit wurde ich schon mitgenommen und auf einen Hügel postiert, um aufzupassen, wo die Hühnervölker einfielen. Mein Vater führte damals meistens Deutschkurzhaar, den sog. Lemgoer Typ, an dessen Züchtung er zusammen mit dem Oberlehrer Engler aus Lemgo maßgeblich beteiligt war. Es waren herrliche Hunde, kräftig mit großen Köpfen, etwas kurz suchend, aber ruhig mit guter Nase arbeitend, und kein geflügeltes Huhn ging verloren. Von der Zinshahnigkeit unserer heutigen, vielfach überzüchteten, mit viel englischem Blut bedachten Kurzhaarrasse war nichts zu merken. Ich habe diese Hunde und ihre Arbeit in bester Erinnerung. Der berühmteste hieß „Bär". Er hatte Menschenverstand, wie mein Vater sagte, leider konnte er nicht sprechen. Wenn er sich unbeaufsichtigt fühlte, ging er gelassen zum Bahnhof, schlängelte sich durch die Sperre und sprang in irgendeinen Zug, der auf demselben Bahnsteig stand, auf dem mein Vater nach Dolberg zu fahren pflegte. Zu seinem Pech konnte er die Stationsnamen nicht lesen und sich auch nicht merken, die wievielte Station Dolberg war. So kam es, daß er meistens falsch ausstieg und hinterher große Fahndungsaktionen losgingen. Einmal war er sogar bis Münster durchgefahren. Die Bahnbeamten kannten ihn bald, aber er verstand es meisterhaft, ihren Nachstellungen zu entgehen, und so wurde er meistens erst bei der Fahrkartenkontrolle entdeckt. „Der verdammte Köter vom Doktor ist schon wieder im Zug", schimpften die Schaffner, bemühten sich aber stets, den Hund einzufangen und zurückzubringen, da sie wußten, daß eine Handvoll guter Zigarren als Belohnung winkte.

In Dolberg wurde stark gewildert, aber alle Bemühungen, den oder die Täter zu fassen, waren vergeblich, zumal mit Schlingen gearbeitet wurde. Schließlich wurde ein Jäger eingestellt, dem der Ruf vorausging, ein guter Jagdschutzbeamter zu sein. Vor allem war sein Kurzhaar sehr scharf und auf den Mann dressiert. Sehr bald fand der Jäger Schlingen, und zwar in einer Kieferndichtung, und setzte sich mit seinem Hund zum Daueransitz an, zumal in einer Schlinge ein Hase hing. Nach 12stündigem Warten erschien ein Kerl mit einem Einholnetz, in dem er einige Pilze hatte, und revidierte, als Pilzsucher getarnt, die Schlingen. Da alles sicher schien, nahm er den Hasen aus der Schlinge und stellte die Schlinge dann wieder fängisch. Solange hatte der Jäger gewartet: „Hände hoch, stehen bleiben, oder ich schieße!" Aber mein Pilzsucher lief, was er laufen konnte, um sein Fahrrad zu erreichen, das er etwa 50 Meter entfernt abgestellt hatte. Jetzt trat der Kurzhaar in Aktion „Caro, faß 'ne", und Caro zog den Dahinlaufenden fein säuberlich an der Hose zu Boden, als er sein Fahrrad fast erreicht hatte. Nun war Ruhe im Revier, und „Caro" war der Held des Tages.

Wie wenige Hunde würden so etwas heute noch machen. In allen Rassen beobachtet man ein Nachlassen der Schärfe, ganz egal, ob es sich um Teckel, Vorstehhunde oder Schweißhunde handelt. Nur die Foxe haben ihre alte Schärfe behalten, aber diese sind häufig so scharf, daß man sie kaum halten kann. Sie zerfleischen sich gegenseitig, sie springen jeden angeschweißten Keiler an und werden geschlagen; sie versuchen im Bau den Dachs zu würgen, anstatt vor-

SCHLINGENSTELLER UND SCHARFE HUNDE

zuliegen, und kommen tierarztreif wieder zum Vorschein. Ich meine die Schärfe auf Kommando, also das Würgen am Raubzeug auf Befehl, das Stellen eines Holz- und Jagdfrevlers. Diese Schärfe auf Kommando, die jeder gute Jagdhund haben müßte, und die nichts mit Bissigkeit zu tun hat, ist heute selten geworden. Über die Gründe bin ich mir selber noch nicht ganz klar. Haben wir bei der Zucht unserer Jagdhunde in dieser Beziehung nicht genug achtgegeben? Nichts vererbt sich intensiver als Mangel an Schärfe. Machen wir Fehler in der Ernährung unserer Hunde? Welche Hunde werden heute noch mit rohem Fleisch gefüttert? Ich erinnere mich, daß in meinem Elternhaus stets große Brocken Pferdefleisch gekauft wurden und die Hunde regelmäßig rohes Pferdefleisch erhielten, das damals einige Groschen kostete. Sicher scheint mir zu sein, daß ein Hund, der viel rohes Fleisch erhält, schärfer ist als einer, der nur mit Haferflocken oder Polenta ernährt wird. Ich hatte als Junge lange Zeit einen Marder. Sobald ich ihn einige Wochen mit Milch, Weißbrot, getrocknetem oder auch frischem Obst ernährte, war er völlig fingerzahm, sobald er aber rohes Wildpret und Schweiß von Aufbrüchen erhielt, wurde er wieder halbwild, fauchte und biß nach mir. Aber wer kann heute seine Hunde mit rohem Fleisch füttern? Pferdefleisch ist unerschwinglich teuer, und auf den Schlachthöfen gibt es kaum Abfälle.

Schon als kleiner Kerl mußte ich die Gewehre meines Vaters reinigen und vor allem die Patronen anfertigen. Mein Vater schoß damals Lefaucheuxflinten, von denen er zwei hatte, eine mit etwas kürzerem Lauf und eine mit sehr langen Läufen für Feldjagden und für Enten. Die letztere habe ich als Pennäler bis 1915 selbst geführt. Ich glaube, sagen zu können, daß diese alte Lefaucheuxkanone mit selbst geladenen Schwarzpulverpatronen genausoviel leistete, wie meine heutige hahnlose Ejektorflinte. Die Lefaucheuxflinten erzogen einen auf alle Fälle zur Vorsicht. Wenn man die Messingstifte aus dem Verschluß herausragen sah und die darüber drohenden großen Hähne, dann sprang man nicht über einen Graben oder überstieg einen Zaun, ohne vorher zu entladen. Als Büchse führte mein Vater eine Büchsflinte mit 11 mm Geschoß und Schrot Kaliber 16. Auch diese alte Kanone schoß mit ihren Damastläufen hervorragend – nur auf weitere Entfernungen war die Sache schwierig, da die Flugbahn dann so gekrümmt war, daß man vor dem Schuß eine ballistische Berechnung anstellen mußte. Ich erinnere mich, daß mein Vater einen Hirsch mit diesem Gewehr krellte und nicht bekam, und zwar auf eine Entfernung von etwa 60 m. Der Hirsch hatte gerade in der Entfernung gestanden, in der die Flugbahn die höchste Erhebung hatte, und vielleicht war außerdem das Korn etwas voll genommen worden. Als damals „modernste" Büchse galt eine Repetierbüchse Modell 88. Dieses Gewehr habe ich noch nach dem ersten Weltkrieg als junger Forstmeister – damals Oberförster – geführt. Die Schußleistung war stets ausgezeichnet.

Im Jahre 1906 gab mein Vater seine Praxis in Hamm auf, er war damals 56 Jahre – und setzte sich zur Ruhe. Heute glaubt man mit Mitte 50 noch die wesentlichste Lebensarbeit vor sich zu haben! Wir zogen auf unser Gut „Haus Gierken" in Lippe, wo wir schon lange Jahre immer die Ferien verbracht hatten. Haus Gierken war für mich das Paradies. Das alte Gut lag in einem etwa 40 Morgen großen Park mit Fischteichen und allen Schlupfwinkeln und Geheimnissen, die sich eine jugendliche Romantik nur ersehnen kann. Mein Vater hatte die umliegenden Jagden angepachtet, und da wir auf mehrere Kilometer an den Teutoburger Wald, und zwar an die Gatterreviere des Fürsten von Lippe grenzten, hatten wir auch Rotwild, Damwild und Sauen im Revier, denn das Gatter war natürlich nie richtig dicht zu halten, und außerdem ließen, zum Entsetzen der fürstlichen Forstbeamten, Holzfuhrleute oft die Tore über Nacht offenstehen, so daß das Wild auswechseln konnte. Außerdem gab es Hühner, Fasanen, Hasen, Kaninchen, im Winter auch mal Enten – es war ein kleines Jagdparadies, und ich habe hier eine Jugend verbracht, wie sie schöner nicht sein kann!

Der einzige Wermutstropfen – d. h. es war schon mehr als ein Tropfen – war die Tatsache, daß ich in Paderborn die Schule besuchen mußte. Es war das „heilige Theodorianum". Noch heute, nach einem halben Jahrhundert, kann ich nur mit Entsetzen an dieses Gymnasium zurückdenken. Es gab über 600 Schüler, jede Klasse hatte Coetus A und Coetus B. Dem Coetus A waren die evangelischen Schüler zugeteilt und dem Coetus B die Juden. Etwa 90 % aller Schüler waren katholisch. Bis Untertertia ging es noch, aber dann kamen die „Kästner". Die „Kästner" waren ab Unter-

DAS HL. THEODORIANUM UND DIE »KÄSTNER«

tertia in einem Pädagogium mit sehr strengen Lebensregeln untergebracht, sie wurden sämtlich geistlich. Es waren Jungens vom Lande, viele aus dem Sauerland, die von Lehrer und Pfarrer auf dem Dorf entdeckt und durch Privatunterricht bis zur Untertertia gebracht waren. Sie waren natürlich stets älter als der sonstige Durchschnitt der Klasse und hatten größtenteils Kenntnisse, die für Sekunda ausgereicht hätten. Die Jungens verdarben uns Söhnen von ehrbaren Bürgern, von Offizieren des Husarenregiments und der Reitschule die Chancen. Bete und arbeite, das war der einzige Lebensinhalt dieser „Kästner", die in einer Askese wie Mönche lebten. Das Niveau der Klasse wurde nicht vom Lehrer, nicht vom Studienplan, nicht von uns Schülern der Stadt Paderborn und Umgebung – es wurde von den Kästnern bestimmt! Wer in diesem Kreise das Abitur schaffte, mußte fürchterlich arbeiten und seinen Grips dabei zusammennehmen – ich habe es, nebenbei bemerkt, nicht geschafft, da ich schon auf der Untersekunda das consilium abeundi erhielt.

Der Park von Haus Gierken war von einem hohen Erdwall umgeben, der mit alten Bäumen bestockt war. Ein herrlicher Spazierweg führte auf den breiten Wällen rings um den Park herum. Aus welchen Gründen diese alten Erdwälle angelegt waren, ist nicht ganz klar geworden. Nach 1933 hat man geglaubt, eine altgermanische Kultstätte hier entdeckt zu haben. Ob diese Annahme ernster wissenschaftlicher Forschung standhalten würde, weiß ich nicht. Sicher ist, daß früher in dem alten Gutshaus, das von meinem Vater um die Jahrhundertwende zur Hälfte erneuert wurde, irgendwelche Sekten geheimnisvolle Zusammenkünfte gehabt haben müssen. Zugänge zu saalartigen Räumen waren mit Doppeltüren verschließbar und durch eine Pförtnerloge gesichert. In mehreren Zimmern gab es noch die alten Butzen, in die Wände eingelassene Schlafkojen, wie man sie heute noch auf dem Lande in Holland findet. In einer solchen Butz zu schlafen, war immer gruselig und voller Geheimnisse für uns Kinder.

Um die Mitte des vorigen Jahrhunderts hatte der Sohn des Vorbesitzers, der in Göttingen studierte, mit Kommilitonen in dem Park allerhand Unsinn getrieben. Die Studenten hatten sich, angetan mit Nachthemden und brennenden Kerzen in der Hand, nachts spuken-

DIE WELT IST SORGENFREI

derweise auf den alten Parkwällen ergangen und waren dabei von einzelnen Leuten gesehen worden. Seitdem spukte es in Haus Gierken. Wir hatten noch um 1910 Schwierigkeiten, Dienstboten aus der Umgebung zu bekommen, und nach Einbruch der Dunkelheit wäre kein Mädchen zu bewegen gewesen, das Haus zu verlassen.

Mein Vater beschäftigte sich mit Rosenzucht, mit dem Heranziehen neuer Obstsorten – noch heute gibt es von ihm gezüchtete Apfelsorten – und mit der Bewirtschaftung des Waldes, der zum Gut gehörte, während die Landwirtschaft verpachtet war. Er jagte, fischte und führte ein herrliches, mit der Natur eng verbundenes Leben. Damals kam der Vogelschutz auf, und mein Vater hing überall Nistkästen auf, er legte nach Berlepschem Muster Vogelschutzgehölze an und war für alles interessiert, was draußen kreuchte und fleuchte. Hätte ich einen besseren Lehrmeister haben können? Wie dankbar bin ich dem Schicksal stets für diese herrlichen Jugendjahre gewesen! Wenn man das heute so liest, dann meint man, das sei doch die gute alte Zeit gewesen, aber man darf nicht vergessen, daß die Menschen der damaligen Zeit wohl nicht so hetzten wie wir heutzutage, aber daß sie sich bestimmt genausoviel ärgerten wie wir – nur um erheblich geringere Dinge, die uns heute nebensächlich und belanglos erscheinen. Sie litten damals nicht unter Atomangst, sie hatten nicht mit 50 Jahren die Managerkrankheit, aber sich ärgern und streiten taten sie damals auch. Der wichtigste Unterschied zwischen damals und heute scheint mir darin zu liegen, daß die Menschen damals mehr Humor besaßen und die für Humor nötige Zeit hatten. Um einen Schabernack auszuführen und irgendeine humorvolle Sache auszuhecken, waren immer Lust und Zeit vorhanden, und der entsetzliche tierische Ernst, der heute alles und jeden erfaßt hat, war unbekannt. Die Sucht, den Lebensstandard zu erhöhen, gab es nicht. Man war satt, man lebte gut, aber einfach trotz reichlich vorhandener Mittel, man war eben sparsam und genoß in breitesten Bürgerkreisen einen gut fundierten, aber bescheidenen Wohlstand. Wenn in Berlin im Reichstag mal wieder der Teufel los gewesen war, wurde wohl auf die „Roten" geschimpft, aber der Klassenkampf der Industriegebiete war draußen auf dem Land kaum zu spüren.

Das Fürstentum Lippe konnte damals seine Bewohner mangels Industrie nicht befriedigend ernähren. So hatte sich ein Wander-

GESPENSTER UND ZIEGELBÄCKER

gewerbe entwickelt. Die Männer gingen im Sommer als Ziegelbäcker auf die Ziegeleien ins Münsterland und ins Hannoversche und arbeiteten dort im Akkord bis zu 14 Stunden am Tag sehr hart. Ihre Verpflegung nahmen sie größtenteils von zu Hause mit: Speck, Schinken, Dauerwurst und einen Sack Erbsen und Bohnen. Der Lehrbub mußte auf der Ziegelei kochen. Im Herbst kamen sie mit einem Sack voll harter Taler zurück und lagen den ganzen Winter auf der Ofenbank und pflegten ihren Leib. Es war für meinen Vater oft schwer, Holzhauer für den Wintereinschlag zu bekommen, weil die Leute im Winter nicht arbeiten wollten. Dabei war eine Arbeitslosenunterstützung unbekannt; man verbrauchte das, was man im Sommer erspart hatte, und die kleine Landwirtschaft, die die Frau besorgte, lieferte einfaches, aber deftiges Essen.

Fünf Minuten entfernt von Haus Gierken lag das Forstamt – damals Oberförsterei genannt – Osterholz. Der Bruder meines Vaters, Onkel Wilhelm, war dort Forstmeister. Nächst meinem Vater verdanke ich seinem Einfluß meinen Willen, Forstmann zu werden, was ich niemals bereut habe; ja, wenn ich mein Leben noch einmal zu führen hätte, ich würde wieder unter allen Umständen Forstmann werden wollen – wie wenige Menschen aus anderen Berufen habe ich in meinem langen Leben kennengelernt, die das von sich sagen konnten.

Onkel Wilhelm war gleichzeitig Hofjägermeister des Fürsten von Lippe und betreute insbesondere das Gatterrevier bei Kreuzkrug. Er war, ebenso wie mein Vater, ein passionierter Jäger, aber auch ein guter Forstmann. Wie oft bin ich mit ihm in seinem Wagen, der mit zwei zähen Schimmeln bespannt war, hinausgefahren in den Teutoburger Wald zur Holzabnahme, zu Wegebauten, zum Auszeichnen von Verjüngungshieben, aber auch zum Fuchs- und Dachsgraben, zum Forellenfischen in den von ihm gepachteten Bächen, zu Saujagden im Winter, zum Pürschen auf Rotwild, kurz zu allem, was mir als Junge herrlich und begehrenswert erschien.

Leider nahm die Schule viel zuviel Zeit in Anspruch; was Wunder, daß ich, kaum zu Hause angekommen, die Bücher in die Ecke schmetterte und hinausging zum Jagen und Fischen oder auch nur, um die Finken pfeifen, die Tauben locken und die Drosseln singen zu hören.

Oft saß ich stundenlang bei Onkel Wilhelm in seinem Büro. Es war

DIE WELT IST SORGENFREI

dies ein großer Raum, dessen Wände bedeckt waren mit Trophäen und Jagdsprüchen, wie sie damals von den „höheren Töchtern" auf Holz gebrannt wurden: „Am besten hat's die Forstpartie, das Holz das wächst auch ohne sie!" oder „Ein guter Schuß, ein sicherer Blick, ein zarter Kuß ist Waidmanns Glück!" Zwischen den Fenstern stand ein riesengroßer Schreibtisch, bedeckt mit Schriftstücken und Literatur – für den Nichteingeweihten ein Chaos, während mein Onkel mit sicherem Griff die gesuchte Verfügung einer hohen fürstl. Regierung mühelos herausfischte. Schreibmaschinen, Telephon oder elektrisches Licht gab es nicht. Mein Onkel Wihelm saß in einem großen Sessel vor diesem Schreibtisch und rauchte die lange Pfeife. Das lange Rohr war aus Korkrüster und der Kopf, der ein enormes Fassungsvermögen hatte, aus weißem Porzellan. Es wurde Kiepenkerl-Tabak geraucht, 100 g zu 20 Pf, ein ausgezeichneter, rein überseeischer Tabak. Von Zeit zu Zeit klopfte es an der Tür, die zum Flur führte, und auf das „Herein" erschien irgendein biederer Bauer oder Ziegelbäcker und hatte ein Anliegen. „Sagen Sie's Lessmann", war die stereotype Antwort meines Onkels. Lessmann war der Forstschreiber, heute Revierförster im Geschäftszimmer genannt. Er hauste in einem rückwärtigen Zimmer, wo er an einem hohen Schreibpult schrieb, vor dem ein herauf- und herunterschraubbarer, mit Leder bezogener Hocker stand. Onkel Wilhelm war ein Lebenskünstler – wenn er schlecht geschlafen hatte und sich dann am nächsten Morgen „wie gerädert" fühlte, schob er alles Unangenehme auf Lessmann ab. „Sagen Sie's Lessmann", und die Welt war wieder sorgenfrei und schön. Er war ein großer Liebhaber von Äpfeln, nicht, weil er gerne Obst aß, ich erinnere mich kaum, ihn einen Apfel essen gesehen zu haben, aber er freute sich an den roten Backen, an der glatten schönen Schale, an einer besonders starken Frucht. So pflegte er die dicksten und schönsten Äpfel im Herbst auszusuchen und auf alle Wandbretter, Schränke, Aktenregale usw. zu legen und seine Freude daran zu haben. Leider bekam den Äpfeln die Stubenwärme schlecht, und sie bekamen Faulstellen. Onkel Wilhelm schnitt dann sorgfältig die faule Stelle aus dem Apfel heraus und stellte ihn wieder an seinen Platz, und zwar so, daß man die herausgeschnittene Stelle nicht sehen konnte. Niemals hat er mir einen solchen Apfel geschenkt, sie waren sein Heiligtum und – verfaulten sämtlich!

Haus Gierken (vor dem Umbau)

Eingestelltes Jagen bei Kreuzkrug. V. l. n. r.: König Friedrich-August von Sachen, Fürst Leopold von Lippe, Landforstmeister Baldenecker, Forstmeister Frevert (Onkel Wilhelm), Hegemeister Möller. Verfasser zwischen den beiden dicken, durch steifen Hut kenntlichen Kriminalbeamten

SAGEN SIE'S LESSMANN

Ein ständiger Mitbewohner des Büros war „Zippi", ein völlig zahmes Huhn. Es hatte unbeschränkten Zutritt und pflegte seine Eier auf dem Aktenschrank in ein dort sorgfältig vorbereitetes Nest zu legen. Zum ständigen Kummer meiner guten Tante war es nicht möglich, das Tier stubenrein zu bekommen. Außerdem wurde das Büro noch von „Purri" bewohnt. Purri war ein Kurzhaardackel, das, was man früher einen richtigen „Försterdackel" nannte. Schwarz mit braunen Abzeichen, kurzhaarig, kräftig und verhältnismäßig hoch auf den Läufen. Diese alten Kurzhaarteckel waren wirkliche Gebrauchshunde. Wenn ich an die mickrigen Tiere denke, die man heute vielfach auf Prüfungsveranstaltungen sieht, kann einem schwach werden. Der Schönheitsfimmel und Bestimmungen über Maximalgewicht und Schulterhöhe haben aus dem Gebrauchsteckel in weitem Umfang ein Luxustier gemacht; wenn auch nicht verkannt werden soll, daß es noch gute Jagdstämme gibt bei Kurz-, Lang- und Rauhhaarteckeln.

„Purri" war eine Persönlichkeit, unduldsam gegen seinesgleichen, aber ein Kavalier gegenüber „Zippi". Die Henne durfte mit ihm zusammen auf einer Sauschwarte sitzen, und die Freundschaft zwischen den beiden war rührend.

Eines Tages kaufte mein Onkel einen Deutschkurzhaar. Man gab den Hunden aus einem Napf zu fressen und glaubte, sie würden sich schon vertragen. Purri biß natürlich den Neuling ab, der in respektvoller Entfernung wartete, bis der Teckel seinen Hunger gestillt haben würde. Schließlich hatte der Teckel so viel gefressen, daß er kugelrund war und einfach nicht mehr konnte. Der Jagdhund drängte nun energisch an den Napf heran – Purri umkreiste die Schüssel ständig knurrend und die Zähne fletschend – der Kurzhaar wurde energischer – da legte sich Purri in seiner Verzweiflung in den halbvollen Freßnapf hinein und fletschte aus der Schüssel heraus seinen Widersacher wütend an. Seitdem wurden die Hunde aus verschiedenen Schüsseln gefüttert.

Als die Oberförsterei taxiert werden mußte, kam ein Forstreferendar, um die Arbeiten auszuführen. Wie es nicht ausbleiben konnte, verliebte er sich in eine meiner Kusinen und verlobte sich heimlich mit ihr. Eines Vormittags zog er sich die große Walduniform an, schnallte den Hirschfänger um, zog die weißen Wildleder-

21

DIE WELT IST SORGENFREI

nen an und klopfte an die Tür von Onkel Wilhelms Büro: „Herr Forstmeister, ich möchte Sie um die Hand Ihrer Tochter Grete bitten" – – „Sagen Sie's Lessmann" . . . war die mürrische Antwort meines, mit seinen Gedanken völlig woanders weilenden Onkels. Erst durch den entsetzten Protest des Referendars klärte sich alles in Wohlgefallen auf.

Durch meinen Onkel lernte ich auch den hann. Schweißhund kennen und lieben. Dieser Liebe bin ich seitdem treu geblieben. Eine zur Oberförsterei Osterholz gehörende Försterei war Kreuzkrug, an der Straße Paderborn–Detmold gelegen. Der dort amtierende, damals schon ältere Hegemeister hieß Möller und führte einen hannoverschen Schweißhund „Hela-Salaburg" Z.-Nr. 363. Mit dieser Hündin erlebte ich die ersten Nachsuchen auf Rotwild, Damwild und Sauen, und seitdem hat mich die Leidenschaft für diese herrlichen Tiere, die Nachfahren der alten Leithunde des Mittelalters, nicht mehr losgelassen. Im Jahre 1908 hielt der Verein Hirschmann seine Hauptprüfung in Detmold ab und „Hela-Salaburg" machte damals den II. Preis.

Die Försterei Kreuzkrug hatte die Konzession für einen Wirtschaftsbetrieb, sie war eine Goldgrube. Die Leitung und Führung der Wirtschaft besorgte Frau Möller, und sie hatte gesalzene Preise! Sonntags standen oft Dutzende von Kutschwagen aus Paderborn, Lippspringe und Detmold vor der Försterei. Oft kamen die Reitschule aus Paderborn und die Offiziere des Husarenregimentes mit Viererzügen angefahren, und der Sektumsatz – so munkelte man – war in Kreuzkrug in manchem Jahr größer als im besten Lokal in Paderborn. Frau Möller hatte die Angewohnheit, beim Kassieren die Augen zuzukneifen. Mein Vater behauptete stets, sie mache die Augen deshalb zu, um das Entsetzen nicht sehen zu müssen, das ihre Gäste beim Nennen der Rechnungssumme befiel. Der alte Hegemeister kümmerte sich um den ganzen Rummel überhaupt nicht, er machte seinen Dienst und überließ die Gastwirtschaft seiner Frau, wobei beide bestimmt gut gefahren sind.

Jeden Nachmittag ging der Hegemeister zu der nicht weit von Kreuzkrug gelegenen Saukörnung. Oft habe ich ihn begleitet. Die Sauen wurden hier das ganze Jahr mit Mais gefüttert und waren sehr vertraut. Zuschauer mußten sich hinter einer Pallisadenwand

FÖRSTEREI KREUZKRUG UND SAUFÄNGE

etwas erhöht aufstellen und konnten so durch Sehschlitze auf nächste Entfernung die Sauen beobachten. Im Herbst wurden die Sauen dann in Saufängen gefangen und in Transportkästen in das – zwischen Kreuzkrug und Nassesand gelegene – eingestellte Jagen verbracht. Man hatte hierbei die Möglichkeit, die Sauen genau zu sortieren, konnte gute mittelalte Bachen wieder freilassen, ebenso Keiler, die noch nicht zum Abschuß reif waren – kurz, man war imstande, eine Hege mit der Büchse zu treiben, was bei freiem Jagen erheblich schwerer, wenn nicht unmöglich gewesen wäre.

Mein erstes eingestelltes Jagen machte ich als Obertertianer mit. Ich mußte zu dem Zweck Urlaub haben und ging zu meinem Klassenlehrer, damals Ordinarius genannt. Sein Spitzname war „Bulle". „Nein, mein Lieber, ich werde dir nicht freigeben, deine Leistungen und dein Betragen rechtfertigen eine solche Vergünstigung nicht!" „Aber, Herr Professor, der König von Sachsen kommt doch zu der Jagd, und der Fürst von Lippe ist da, und mein Onkel ist der Jagdleiter und hat mich als Treiber eingeladen!" „Du wirst nicht fahren, dabei bleibt es." Ich ging zum Direktor, dieselbe Ablehnung. Mein Betragen in der jüngsten Zeit sei in der letzten Konferenz Gegenstand ernster Beschwerden seitens verschiedener Lehrer gewesen; der Verdacht sei noch nicht wirksam von mir entkräftet worden, daß ich es gewesen sei, der die lebendigen Mäuse und Frösche mit in den Unterricht gebracht habe – und so ging es eine ganze Weile weiter, auch hier zog kein König und kein Fürst. Ich mußte aber den 10-Uhr-Zug kriegen, wenn ich noch pünktlich zu dem eingestellten Jagen kommen wollte. Alles war bis ins Kleinste von mir vorbereitet, ein Fahrrad stand an der Endstation der Bahn bereit, um mich in rasender Fahrt nach Kreuzkrug zu bringen, wo um 12 Uhr 30 das Eintreffen der Jagdgäste vorgesehen war. Was hatten die Pauker für ein Verständnis für meine Jagdpassion – hol' sie alle der Teufel!, dachte ich, schwänzte den Unterricht und fuhr zur Saujagd. Leider hatte die Sache ein unangenehmes Nachspiel, ich bekam Karzer und das consilium abeundi, dem ich dann auch ein halbes Jahr später folgen mußte, um einen Ruf an eine andere höhere Lehranstalt Mitteldeutschlands anzunehmen, die allgemein den schmückenden Beinamen „refugium pecatorum" genoß.

Vor dem eingestellten Jagen standen 20 Forstbeamte in großer

DIE WELT IST SORGENFREI

Walduniform mit Pleßhörnern, am rechten Flügel mein Onkel Wilhelm. Am linken Flügel standen die Treiber mit etwa 20 Hunden aller Rassen. Es waren tolle Fixköter darunter, Bauernhunde, die den Treibern gehörten, und die bei Saujagden mitgebracht werden mußten. Die Obertreiber waren mit Saufedern bewaffnet, ebenso mehrere Forstbeamte. Ein kriegerisches Bild, das mich Jungen stark beeindruckte. Ich meldete mich bei meinem Onkel und wurde dann in die Treiber eingereiht. Da ging ein Ruck durch alle Anwesenden, alles nahm Richtung, und auf dem Waldweg kamen zwei flott gefahrene Viererzüge, denen weitere zweispännige Jagdwagen folgten. Im ersten Wagen saßen der König von Sachsen und der Fürst von Lippe, im zweiten weitere Jagdgäste, darunter irgendein Prinz von Hessen, und in den folgenden Wagen das Gefolge. Die Hörner der Forstbeamten flogen hoch, und das mehrstimmig geblasene Signal „Fürstengruß" hallte durch den Novemberwald, während mein Onkel das eingestellte Jagen meldete.

Jetzt waren meine Mitschüler bei „Bulle" und übersetzten Cicero, dachte ich gerade, da ging die Jagd schon los. Die Schützen nahmen ihre Stände ein, die wie kleine Kanzeln ausgebaut waren, mit je einem Büchsenspanner, und wir Treiber bildeten einen Halbkreis um die Kammern herum, in denen die Sauen eingesperrt saßen. Als alle Schützen ihre Stände eingenommen hatten, wurde die Jagd angeblasen, und die Falltüren wurden geöffnet. Gleichzeitig wurden die Hunde geschnallt, die sich wie wild gebärdeten, und eine tolle Hetze ging los. Wir Treiber hatten zunächst die Aufgabe, dafür zu sorgen, daß die Sauen möglichst entlang des Gatters, das das ganze eingestellte Jagen einfaßte, wechselten. Schon ging ein wildes Geschieße los, das etwa dreiviertel Stunden lang wie ein leichtes Schützenfeuer einer Kompanie andauerte. Überall klagten Sauen, die nicht tödlich getroffen waren, schwer geschlagene Hunde humpelten herum – aber in meiner wilden Begeisterung und Passion wurde mir damals das Unwaidmännische eines solchen eingestellten Jagens nicht klar. Schließlich mußten wir die Sauen, die die Schützenlinie passiert hatten, wieder zurücktreiben, also auch diesen armen Tieren wurde keinerlei Chance gegeben; aus dem eingestellten, d. h. eingegatterten Jagen kamen sie nicht mehr heraus. Nach Verlauf einer knappen Stunde war die ganze Sache beendet, es

EIN EINGESTELLTES JAGEN

wurde „Hahn in Ruh" geblasen, und nun ging es an das Abfangen kranker Sauen, die meistens von den Hunden gedeckt waren. Hier sah ich zum ersten Male, wie rabiat scharf diese Scherenschleifer von Hunden an Sauen waren. Ich sah Hunde, die, in die Teller eines Keilers verbissen, sich nicht abschlagen oder abstreifen ließen, die zäh und fest hängenblieben, und denen man das Gebiß nach dem Abfangen der Sau mit einem kleinen Holz buchstäblich losbrechen mußte. Nun wurden die Sauen zusammengeschleppt, um die Strecke zu legen. Mein Onkel verfolgte genau an Hand einer Liste, ob alles, was in den Saukammern drin gewesen war, auch zur Strecke kam, und die Jagdgäste besahen jedes einzelne Stück.

Als alles gepackt und gerecht verbrochen war – es waren im ganzen in knapp einer Stunde 156 Sauen geschossen – sollte die Strecke verblasen werden. Da erklärte der König von Sachsen, daß ein sehr starker Keiler von ihm auf der Strecke fehle. Mein Onkel prüfte seine Listen erneut nach – es stimmte alles. Die übrigen Jagdgäste wurden aufmerksam, und es entstand eine peinliche Situation. Aber der König, der übrigens hervorragend geschossen hatte, blieb dabei, daß ein Keiler von ihm beschossen sei, auch die Kugel erhalten hätte, der stärker gewesen wäre als alle Sauen, die hier auf der Strecke lägen. Mein Onkel fing als verantwortlicher Jagdleiter langsam an, Blut und Öl zu schwitzen – da rief jemand: „Da kommt ja der Keiler!" und tatsächlich wechselte ein starkes Hauptschwein aus dem Bestand heraus auf die Jagdgesellschaft zu, um diese anzunehmen. Eine tolle Situation – die Gewehre waren längst auf dem Wagen verstaut, die Forstbeamten hatten ihre Waffen, um beim Legen der Strecke besser anfassen zu können, irgendwo an einen Baum gehängt – da sprang der Förster, dem ich mich während des Treibens angeschlossen hatte, mit seiner Saufeder vor und ließ den schwerkranken Keiler kunstgerecht coram publico auflaufen. Man hörte deutlich den Stein rollen, der meinem armen Onkel vom Herzen fiel, der König aber griff in die Tasche und gab dem Förster mehrere Goldstücke. Woher der überzählige Keiler stammte, wußte niemand. Entweder mußte er seit längerer Zeit in dem eingestellten Jagen gesteckt haben, oder es lag ein Zählfehler vor – das Letztere war aber wohl unwahrscheinlich. Dann wurde die Strecke feierlich verblasen, und die Gäste fuhren im Viererzug nach Det-

DIE WELT IST SORGENFREI

mold. Auf mich hatte das alles einen unauslöschlichen Eindruck gemacht, und ich nahm mir fest vor, später einmal eine Saumeute zu halten und Sauen mit Hunden zu jagen, aber in freier Wildbahn und in waidmännischerer Weise, als ich es hier erlebt hatte.

Ich will nicht berichten, wie ich meinen ersten Rehbock und meinen ersten Hasen schoß. Derartige Schilderungen sind so entsetzlich oft behandelt, daß dieses Thema völlig totgeritten ist. Bekanntlich soll Bismarck gesagt haben, daß er nur einmal in seinem ganzen Leben zehn Minuten lang wahrhaft glücklich gewesen sei, und das sei nach der Erlegung seines ersten Hasen gewesen. Ich habe für diese Auffassung viel Verständnis. Für mich war es immer ein ungeheurer Reiz, nach Aufgang der Hasenjagd abends am Paß am Waldrand zu sitzen, die schöne Abendstimmung zu genießen mit freiem Ausblick auf das weite, vor einem liegende Feld von Zeit zu Zeit den Wind zu prüfen und auf das erste Rascheln im dürren, frischgefallenen Herbstlaub zu warten. Die Zeit, die der auswechselnde Hase am Waldrand, oft nur wenige Meter neben einem verhofft, um zu sichern, gehört zu dem Spannendsten, was das Waidwerk zu bieten hat. Auf einmal ist der Hase draußen, ein „pst", und schon sitzt Mümmelmann, ja, macht sogar einen Pfahl, und im Feuerstrahl blitzt es weiß auf dem braunen Acker. Diese schöne Jagdfreude, die auch dem ursprünglichen Jagdtrieb gerecht wird, weil man sich nämlich auch nach dem ersten Hasenbraten sehnt, ist heute unmöglich gemacht. Jahrzehntelang schoß ich jedes Jahr in den ersten Oktobertagen meinen Geburtstagshasen als traditionelles Festgericht und ließ für diesen einen Abend Hirsche Hirsche sein. Heute geht die Jagd erst am 16. Oktober auf, und der Hase, der bekanntlich die Uhr im Kopf hat, kommt nicht früher als 6 Uhr – dann ist es am 16. Oktober schon zu dunkel zum Schießen, außerdem ist mein Geburtstag dann schon vorbei. Ich habe daher das Menü umstellen müssen.

Mit sechzehn Jahren erhielt ich meinen ersten Jagdschein. Eigentlich hatte ich – soweit ich mich erinnere – noch nicht das damals vorgeschriebene Alter erreicht, aber mein Vater hatte dies zusammen mit meinem Onkel irgendwie möglich gemacht. Zwar hatte ich längst vorher Hasen, Tauben und Rebhühner ohne Jagdschein ge-

DER GEBURTSTAGSHASE UND DER ERSTE JAGDSCHEIN

schossen – ich hoffe, daß dieses Delikt nunmehr verjährt ist – aber nun, im Besitze eines Jagdscheines, fühlte ich mich erst richtig in die grüne Gilde aufgenommen.

Am schönsten waren die Sonnabende und die Weihnachtsferien. Mein Vater und ich nahmen dann ein paar Jungens als Treiber mit, und wir kescherten dann so etwas im Revier herum. Kleine Dickungen, Schonungen, Remisen wurden von den Jungens durchgetrieben, und da wir nur zwei Flinten waren, war diese Jagdmethode sehr pfleglich. Das meiste Wild kam unbeschossen davon, und wir machten nie große Strecken. Ein paar Hasen und Kaninchen, einige Fasanengockel und – wenn Diana besonders gut gestimmt war – auch mal einen Fuchs machten die Beute aus. Einmal schoß ich an einer kleinen Schonung auf einem Stande einen Fuchs, einen Hasen und einen Fasanenhahn mit drei Patronen – noch heute ist mir der Stolz und das Glücksgefühl gegenwärtig, die mich damals beseelten. Nach der Jagd ging es häufig nach Kreuzkrug, und wir machten zusammen einen gewaltigen Dämmerschoppen. Mein Vater behandelte mich dann vollkommen als Erwachsenen, ich durfte Schnaps – Wippermanns alten Korn aus Lemgo – und Bier trinken und in seiner Gegenwart eine Zigarre rauchen, was ich heimlich natürlich längst tat.

Im Park von Haus Gierken waren mehrere Fischteiche, die mit Regenbogenforellen und Karpfen besetzt waren. An sich war das Wasser für Karpfen zu kalt, aber, um die Teiche sauber von Pflanzenwuchs zu halten, bewährte sich der Karpfen gut, wenn sie auch nur ein sehr langsames Wachstum hatten. Das Wort Rentabilität wurde damals noch nicht so groß geschrieben wie heute. Als eines Tages einer der Forellenteiche, der durch einen einwandfreien Mönch mit Eisengitter gesichert war, ausgehoben wurde, weil er stark verschlammt war, kam der Arbeiter angelaufen und erklärte, er könne nicht weiter arbeiten, weil eine große, schwarze Schlange im Modder sitze. „Ich wollte, da säßen hundert solcher Schlangen drin", rief mein Vater, und wir zogen einen armdicken fetten Aal aus dem Schlamm heraus. Es ist mir bis heute völlig unklar, wie dieser Aal in den Forellenteich gekommen ist, es sei denn, man hält die Annahme für richtig, daß die Aale sich nachts kurze Stücke weit durch nasse Wiesen schlängeln und so Landbarrieren überwinden.

DIE WELT IST SORGENFREI

In trockenen Sommern kamen von weither die Tauben an die Fischteiche zur Tränke, und ich schoß als Junge viele Tauben beim Ansitz an den Teichen. Die Tauben spielten überhaupt jagdlich bei mir eine große Rolle. Nicht umsonst nennt man den ruksenden Tauber den „Auerhahn des kleinen Mannes"! Wer den balzenden Tauber anspringen und anlocken kann und ihn hoch aus der Spitze einer Fichte mit Kleinkaliber herunterholt, der wird auch bei anderen Jagdarten seinen Mann stehen. Für den Jungjäger scheint mir die Taubenjagd die allerbeste Vorübung zu sein.

Eines Mannes muß ich noch gedenken, der auf mich in meiner Jugend einen großen Eindruck machte, und von dem ich lernte, wie man es im Leben nicht machen soll. Herr C. war ein Studienfreund von Onkel Wilhelm, beide hatten in Hann.-Münden studiert und zusammen das Examen gemacht. C. war nicht in den Staatsdienst aufgenommen, ging nach bestandenem Assessorexamen nach Ungarn und wurde Forstmeister bei einem dortigen Großgrundbesitzer. Er heiratete dann eine der reichsten Erbinnen Ungarns und quittierte sofort seinen Dienst unter Verzicht auf alle Ansprüche. C. machte Weltreisen, hielt sich im Sommer in mondänen Seebädern und im Winter an der Riviera oder in Ägypten auf. Im Herbst jeden Jahres kam er nach Osterholz zu den Fasanenjagden. Für einen etwa ein- bis zweiwöchigen Aufenthalt brachte er 25 bis 30 Paar Schuhe und die entsprechende Anzahl Anzüge mit. Uns Kindern imponierte das natürlich ganz gewaltig. Ein Hauch aus einer fremden Welt ging von dem stets hochelegant gekleideten und sehr gepflegten Mann aus, dessen Reichtum in unserer Phantasie ins Unermeßliche stieg. Später hat mir mein Vater erzählt, wie unzufrieden dieser Krösus war. Er hatte den unverzeihlichen Irrtum begangen, seine Arbeit aufzugeben, und hatte geglaubt, der Mensch könnte sein Leben genießend und ohne ernste Tätigkeit mit Zufriedenheit verbringen. Er hatte die Grundwahrheit nicht rechtzeitig erkannt, daß ein Mann nur durch Leistung zu einer Lebenserfüllung gelangt, und daß der Lebensgenuß immer nur dann einen wirklichen Genuß bedeutet, wenn er die Belohnung für vorangegangenen Schweiß darstellt. C. verlor durch Weltkrieg und Inflation sein gesamtes Vermögen und starb nach einem unglücklichen und zwecklosen Leben – Kinder hatte er auch nicht – in völliger

ZWEI SELTSAME MENSCHEN

Armut. Für mich war dieses Lebensschicksal stets eine Lehre. Alle Gewinner großer Vermögen im Lotto, Toto usw. haben wenig Segen von ihrem Geld gehabt, wenn sie ihren Beruf, ihre gewohnte Arbeit aufgaben, ebenso schnell war außerdem das Geld zerronnen wie gewonnen.

Ab 1913 besuchte ich die Schule in Lemgo. Seit dem Bestehen der alten Lateinschule, also seit 300 Jahren, hatten meine Vorfahren hier die Bänke gedrückt. Mein Vater und Onkel Wilhelm hatten ebenfalls hier Abitur gemacht. Ich kann nicht behaupten, daß der Schülerruf der Freverts besonders gut gewesen wäre, vor allem meine älteren Vettern hatten tolle Streiche gemacht. In Lemgo spielten damals die Obersekundaner und die Primaner etwa die Rolle wie in Marburg und Tübingen die Studenten. Alle 14 Tage war eine offizielle Kneipe, die von der Schule gebilligt wurde, man rauchte lange Pfeife – die Zigarette fing damals an, erst gerade populär zu werden – und holte sich abends einen halben Liter Bier in einem Krug über die Straße, für ganze 15 Pf!

Das Wochenende verbrachte ich stets in Rieperthurm, wo die Freverts seit Jahrhunderten ansässig waren, und wo mein Vater auch geboren war. Dort erwartete mich meistens der alte B. Er war Stadtförster von Lemgo und genau das, was sich Karlchen Miesnick unter einem Förster vorstellt. Zwei Meter groß, von gewaltigem Umfang und mit stechenden, schwarzen Augen und einem langen, graumelierten Bart, der bis auf die Brust herabwallte. Das Hemd stand im Sommer und Winter am Hals offen und ließ eine völlig behaarte Brust sehen. Den verschwitzten Forsthut schmückte malerisch eine lange Bussard- oder Habichtfeder. Unzertrennlich mit ihm war die große, stets dampfende Meerschaumpfeife – in Lemgo wurden diese Meerschaumköpfe damals hergestellt –, und zwar sowohl glatt und weiß als auch mit Bast umflochten. Die weißen, glatten Köpfe waren die schöneren, sie färbten sich nach längerem Rauchen schön braun bis schwarz. Der alte B. ging niemals vom Rieperthurm fort, ohne einen Schnaps und ein paar Zigarren erhalten zu haben, und im Winter, wenn frisch geschlachtet war – was bei dem vielen Personal häufig vorkam – trug er manches Wurstpaket im Rucksack heim. Er besaß ausgezeichnete Waffen, und ich erinnere mich besonders an eine große, leichte, sehr elegant geschäftete Doppelflinte, die ausgezeichnet schoß, und mit der ich manche Taube und manches Eichhörnchen erlegte. Auf die Eichhörnchen hatte es B. besonders abgesehen, denn er erhielt für jeden Eichhörnchenschwanz – der Bayer nennt das einen „oabgefieselten Oachkatzerlschwoaf" – 10 Pf Schußgeld. Deshalb bekam er von mir alle Eichhörnchenschwänze, und dafür brachte er mir so manchen Jagdkniff bei, den man nicht aus Büchern lernen kann. Zahlreiche Anekdoten gingen über B. um, eine möchte ich berichten: Eines Abends im Spätherbst saß er am Waldrand an, um auf Hasen zu passen. Plötzlich sieht er, etwa einen Kilometer entfernt am Rande des sog. Throns, einen Feuerschein. „Schwiere naut", denkt B., „de Kierls steckt mi de Tannens an" und setzt sich in Richtung Feuerschein in Marsch. Bis er in die Nähe des Feuers kommt, ist es stockdunkel. Von dem hellodernden Feuer geblendet, rennt er gegen etwas Großes, Weiches, welches ganz bedrohlich brummt und plötzlich in der Dunkelheit vor ihm immer größer wird. „Schwiere naut, leiwer Gott ins Himmels höchstem Throne, ik dacht, ik sollt vor Schrecken in de Erden versinken – – und wat wast? – – – 'nen Tuilebären!" Zigeuner hatten am Waldrand gelagert und ihren Tanzbären seitwärts angebunden, gegen den der gute B. angerannt war!

Nicht weit von Lemgo gab es einen Pastor, der leidenschaftlicher Jäger war. Verschiedentlich hatte er schon Ermahnungen seines Konsistoriums erhalten, sich etwas mehr zurückzuhalten, zumal er nicht nur die Jagden, sondern auch eifrig die anschließenden Schüsseltreiben, auch wenn sie sich zu Gelagen entwickelten, mitmachte.

Sein sehnlichster Wunsch war, ein Stück Schwarzwild zu schießen. Sauen gab es damals in der Lemgoer Gegend sehr wenig, gelegentlich gaben jedoch einzelne Keiler oder auch mal eine ganze Rotte Sauen kurze Gastrollen. Zum Revier des Pastors gehörte auch der sog. „Biesterberg". Das Faktotum des Pfarrers war August, er war Jagdhüter, Gärtner und sonstiger Gelegenheitsarbeiter; jagdlich war er ebenso passioniert wie der Pfarrer. An einem Dezember-Sonntag lag eine herrliche Neue, und es waren wenig christliche Gedanken, die den Pastor bewegten, als er in seinem Talar zur Kirche schritt. August war schon bei Morgengrauen losgeschickt, um zu kreisen. Jetzt, wo die Sauen Rauschzeit hatten, war die Möglichkeit, einen suchenden Keiler festzumachen, besonders günstig. Der

LEMGO – DIE ALTE HEXENSTADT

Pastor stand auf der Kanzel und reagierte seinen inneren Zorn durch eine gewaltige Predigt ab. Gottergeben saßen auf der einen Seite in schwarzen Gehröcken die Männer und auf der anderen Seite das Weibsvolk, streng voneinander getrennt. Gerade war er beim 37. Psalm angelangt: Befiehl dem Herrn Deine Wege und hoffe auf ihn, er wird's wohl machen. Habe Deine Lust am Herrn, der wird Dir geben, was Dein Herz wünscht! –, da tat sich die Türe auf, der Kopf von August erschien und in die andachtsvolle Stille rief er: „Da boben uff dem Biesterberge, da sitt 'nen Schwin von 300 Pund!" – – „Amen", sagte der Pastor und verließ seine Kanzel, gab schnell noch vor dem Altar den Segen – – dann in der Sakristei den Talar herunter – – im Laufschritt ins Pfarrhaus – – und dann ging's hinauf auf den Biesterberg. Der Operationsplan des Pfarrers war nicht schlecht. Er selbst stellte sich mit halbem Wind etwa 60 Meter neben den Einwechsel und ließ August mit dem Teckel an der Leine die Fährte ausgehen. Der Keiler kam prompt auf dem Einwechsel – – der Herr Pastor aber schoß ihn vorbei!

Als ich Ostern 1914 als Drittbester versetzt wurde, war mein Vater ob so viel Fleiß seines Sohnes baß erstaunt. Nach den Flegeljahren war die Vernunft gekommen, ich hatte mir fest vorgenommen, Forstmann zu werden und wußte, daß hierzu ein gutes Abitur Voraussetzung war. Zum mindesten mußte man in Mathematik eine „2" haben, sonst bestanden keine Aussichten, angenommen zu werden. Der Sommer 1914 war herrlich. Übers Wochenende schoß ich in Rieperthurm Rehböcke oder ich fuhr nach Hause, um dort zu jagen. In Lemgo führte man ein besseres Studentenleben, wozu die alte Hexenstadt – Lemgo ist berühmt geworden durch seine mittelalterlichen Hexenprozesse – mit ihren gotischen Häusern und all ihrer Romantik geradezu verführte. Man träumte auch schon davon, nach dem Abitur als Kgl. Preuß. Forstbeflissener nach dem Osten zu gehen, wo Wildbahnen lockten, wie sie ganz Lippe nicht bieten konnte – – da schlug am 2. August die Kriegserklärung wie ein Blitz ein, vernichtete alle Zukunftspläne und beendete eine herrliche, eine köstliche Jugendzeit, für die ich dem Schicksal bis heute immer dankbar gewesen bin.

ZWEITES KAPITEL

WAS WÄCHST – DAS WÄCHST

Weinend saß ich vor meinem Vater und flehte ihn an, mir die Genehmigung zu geben, als Kriegsfreiwilliger einzutreten – er blieb unerbittlich und sagte nein. Ohne schriftliche Genehmigung des Erziehungsberechtigten konnte ich mich aber mit 17 Jahren noch nicht melden. Wie habe ich damals mit dem Geschick gehadert, welche Angst ausgestanden, daß der Krieg zu Ende gehen könnte – selbstverständlich siegreich – ohne daß ich daran teilgenommen hätte; man würde später mit den Fingern auf die Leute zeigen, die in dieser großen Zeit gelebt hatten und keine Kriegsteilnehmer gewesen wären.

Das Ausrücken des Paderborner Husarenregimentes in den ersten Augusttagen 1914 wird mir immer unvergeßlich sein. Im ersten Morgengrauen ritt das Regiment durch die Straßen der Stadt zum Bahnhof, von einer großen Menschenmenge begleitet. Nur das Trappeln der Hufe war auf dem Pflaster zu hören – die Husaren hatten ihre neuen feldgrauen Uniformen an, die die meisten zum erstenmal sahen; die Sättel waren hochbepackt mit zum Platzen gefüllten ledernen Packtaschen, mit gerolltem Mantel und mit Karabinern im Schuh auf der einen Seite und dem langen Kavalleriesäbel auf der anderen Seite – da kam von vorne, als das erste Licht im Osten glänzte, erst von wenigen, dann langsam anschwellend und schließlich von allen mitgesungen, das Lied:

> *„Morgenrot, Morgenrot,*
> *Leuchtest mir zum frühen Tod . . .*
> *Bald wird die Trompete blasen,*
> *Dann muß ich mein Leben lassen,*
> *Ich, und mancher Kamerad!"*

ALS KRIEGSFREIWILLIGER 1915

Es kehrten 1918 nicht viele zurück, die dieses Lied im August 1914 gesungen hatten! Da im Sommer 1915 der Krieg noch nicht zu Ende war, mußte mein Vater sein Versprechen einlösen und mir die Genehmigung erteilen, mich freiwillig melden zu dürfen. Ich wurde Feldartillerist in Kassel beim 1. Kurhess. Feldartillerie-Regiment 11 und bin den ganzen ersten Weltkrieg beim aktiven Regiment, in dem stets ein vorbildlicher Geist und eine ausgezeichnete Kameradschaft herrschten, geblieben. Das Jagen wurde nun klein geschrieben. Nur am Styr und Stochod schossen wir einzelne Enten, auch wohl mal einen Hasen, als die Fronten erstarrt waren und der zermürbende Stellungskrieg modern geworden war. Einige herrliche Jagdtage erlebte ich im Winter 1916–17. Ich kam zum erstenmal auf Urlaub nach Hause – als Leutnant mit dem Eisernen Kreuz! Es lag tiefer Schnee, und ich nahm mir an der Bahnstation einen Schlitten und fuhr stolz nach Haus Gierken. Das Glück und die Freude meiner Mutter, die jederzeit ihr Leben hingegeben hätte, wenn sie meines dadurch hätte retten können, werde ich nie vergessen. Mein Vater stieg in den Keller, um die beste Flasche Wein zu holen, die er besaß; ich weiß es noch, als ob es gestern gewesen wäre: „1896er Mouton Rothschild premier cru", von denen nur noch drei Flaschen vorhanden waren, und die für ganz besondere Familienereignisse aufgespart waren – – der Wein aber war völlig verdorben, eine rotbraune, ölige Flüssigkeit, die kaum zu trinken war.

Ein Jagderlebnis aus dem Kriege will ich noch schildern: Im Winter 1917/18 lagen wir an der männermordenden Front vor Verdun. In unserem Abschnitt an der Maas lagen die deutschen und französischen Stellungen weit voneinander entfernt, und auf der im Vorfeld fließenden Maas entwickelte sich ein reger Entenstrich. Eines Tages ließ es mir keine Ruhe, und ich ging nachts bei Vollmond, nur von meinem Burschen begleitet, weit ins Vorfeld und setzte mich am Ufer der Maas an. Außer Handgranaten und Karabiner hatte ich die Doppelflinte mitgenommen. Ich schoß von den hin- und herstreichenden Enten vier Stück und sagte mir, daß es nun bald Zeit würde zu verschwinden, da franz. Patrouillen, durch die Schießerei angelockt, bald erscheinen würden – – da tauchte vor mir im gurgelnden Wasser der Maas, wenige Meter vom Ufer entfernt, ein merkwürdiger Kopf auf – – ein Fischotter, durchfuhr es mich, und,

WAS WÄCHST — DAS WÄCHST

ohne zu überlegen, schoß ich auf etwa 20 Schritt auf den halb aus dem Wasser ragenden Kopf. Der Otter war im Schuß verschwunden — sicher war er tödlich getroffen und sofort untergegangen. Hätte ich gewartet, dann wäre er sicher an Land gegangen, und ich hätte meinen ersten Fischotter erlegen können.

Als ich stolz mit meinen Enten wieder in der Feuerstellung ankam, gab es ein heiliges Donnerwetter meines Kommandeurs — ich war damals Abteilungsadjutant — und das strenge Verbot für weitere jagdliche Eskapaden — — aber an dem Entenessen nahm der Major dennoch teil!

Auch einen Fuchs, den ich in der Nähe der Protzenstellung vor Verdun schoß, haben wir gegessen. Nachdem er gestreift war, wurde er mehrere Tage, mit Telefondraht festgebunden, in fließendes Wasser gelegt und dann wie ein Hase zubereitet. Da die Verpflegung im Winter 1917/18 schon sehr mäßig war, schmeckte uns der „Hasenbraten" ausgezeichnet.

Der Zusammenbruch 1918 traf mich und meine Generation sehr hart. Bis zum Sommer 1918, ja bis zur Panzerschlacht bei Cambrai, in der ich zum zweiten Male verwundet wurde, hatten wir noch an den Sieg geglaubt. Bei Cambrai erlebten wir zum ersten Male die völlige Überlegenheit der amerikanischen Panzer. Wir wurden uns klar, daß das Material den Krieg entscheiden würde. Trotz dieser Erkenntnis hatten wir kein Verständnis dafür, daß der Kaiser seine Soldaten verließ und nach Holland ging. Kaiser und Reich waren die Ideale unserer Jugend gewesen, dafür hatten wir freiwillig gekämpft und geblutet — nun brach das alles zusammen, und wir flüchteten uns in ein Landsknechtstum. Was ging uns Studieren oder bürgerlicher Beruf an? Es war vergessen worden, uns vor Verdun oder bei Cambrai totzuschießen — jetzt wollten wir weiterkämpfen, um irgendwo in der Welt den Lorbeer oder den Tod zu finden. — — Eine verworrene, ja, gefährliche seelische Reaktion, die, zurückblickend, verständlich ist, und aus der sich viele nicht wieder befreien konnten. Diese Elemente gewannen den Anschluß an die bürgerliche Gesellschaft nicht zurück, sie gingen in die Freikorps, ins Baltikum, kämpften gegen Spartakus in Berlin und im Ruhrgebiet und schließlich in Oberschlesien und fielen Hitler zu als spätere SA- und SS-Führer.

ZUSAMMENBRUCH 1918 UND BEGINN DES STUDIUMS

Ich habe am Anfang dieser Entwicklung auch gestanden, aber früh genug wandte ich mich von diesen wurzellosen Existenzen ab, begann mein Forststudium, und damit bekamen wieder die Lebensimpulse Herrschaft über mich, die in meiner Jugend wirksam gewesen waren: Liebe zu Gottes herrlicher Natur, die Freude an Wald und Wild und die Passion zum Waidwerk.

Während meines Studiums in Hann.-Münden und München hatte ich nicht viel Jagdgelegenheit. Die Kriegsjahrgänge studierten alle auf einmal, und in den Hörsälen herrschte eine drangvolle Enge. Die großzügigen Jagdeinladungen der umliegenden Forstämter und der Jagdpächter trafen allzuselten den einzelnen, da natürlich die Einladungen reihum gingen. Ich erinnere mich an eine Hasenjagd bei Witzenhausen, wo wir zu viert eingeladen waren und nach einer durchzechten Nacht in einer ziemlich animierten Verfassung beim Stelldichein eintrafen. Der Jagdherr war bei der Begrüßung – unsere Fahne flatterte uns voran – etwas frostig. Bei den Kesseln – man ließ uns grundsätzlich die Kessel anlaufen – wurden wir bald wieder nüchtern und schossen zu viert 35 Hasen bei einer Gesamtstrecke von 60 Hasen. Abends beim Schüsseltreiben sagte der Jagdherr in seiner Rede, daß er erst etwas pikiert gewesen sei, ob unseres leicht blauen Zustandes, daß er sich nun aber deswegen glücklich schätzte, denn was würden wir wohl geschossen haben, wenn wir nüchtern gewesen wären! Sicher wäre dann für die anderen Gäste überhaupt nichts mehr übriggeblieben.

Im Winter gab es häufig im Reinhardswald, im Bramwald, auch im Stadtwald von Hann.-Münden Saujagden, und an solchen Tagen blieben die Kollegs und die Institute leer. Ein Kommilitone von mir, B., hatte bei diesen Jagden einen sagenhaften Anlauf. Es war gleichgültig, wo man ihn hinstellte – ihm kamen die Sauen; und da er vorzüglich schoß, hatte er bald eine unglaubliche Strecke zusammen. Bei jeder Jagd wiederholte sich dasselbe: „Nun, Herr B., Sie haben schon so viel Sauen in diesem Winter geschossen, Sie haben wohl nichts dagegen, wenn ich Sie an den Feldrand stelle." – – Die Sauen kamen an den Feldrand! Es war gleichgültig, ob er in vollem Wind stand, ob er an einer großen Wiese postiert wurde, und ob alles dagegen sprach, daß die Sauen dort kommen würden, aber sie kamen mit tödlicher Sicherheit immer bestimmt wieder zu B. Zum

WAS WÄCHST – DAS WÄCHST

Schluß entspann sich immer ein Kampf um die Nachbarposten, um wenigstens etwas von der Fülle des Dusels abzubekommen.

Ich habe auch später im Leben Ähnliches erlebt, aber einen plausiblen Grund dafür kann ich nicht angeben. Es ist im übrigen Leben, außerhalb des Jagens, auch häufig so, daß einzelne Glück haben und andere vom Unglück geradezu verfolgt werden. „Glück hat auf die Dauer nur der Tüchtige", heißt ein altes Sprichwort, aber ich kenne auch sehr tüchtige Menschen, die nie Glück haben. Eines ist sicher, daß heutzutage jemand, um wirklich etwas zu erreichen, nicht nur Tüchtigkeit, Fleiß, Zähigkeit und andere Tugenden nötig hat, sondern zusätzlich auch noch Glück haben muß. Die erstgenannten Eigenschaften sind selbstverständliche Voraussetzungen. Vielleicht liegt es auch daran, daß man die Gabe haben muß, das vorbeischwebende Glück beim Schopf zu packen und zu halten – – aber auf der Jagd trifft das nicht zu. Guter Anlauf ist einfach Dusel und unerklärlich.

Schon der Alte Fritz hatte dies Problem erkannt, von ihm stammt die zwar harte, aber durchaus richtige Formulierung: „Offiziere, die keine fortune haben, kann ich nicht gebrauchen!"

Die großen akademischen Ferien verbrachten wir auf Forstämtern, um die praktische Ausbildungszeit, die uns als Kriegsteilnehmern geschenkt war, nachzuholen. Die Wahl stand uns in ganz Preußen frei, sofern der Revierverwalter – Amtsvorstand sagt man in Süddeutschland – einverstanden war. Es war verständlich, daß wir diese Reviere in erster Linie nach jagdlichen Gesichtspunkten aussuchten.

Die schönsten Ferien verbrachten wir zu dritt im Forstamt R. in Westpreußen. Das Forstamt lag einsam in einem ungeheuren Waldgebiet. Das nächste Städtchen war etwa 17 km, das nächste Dorf 4 km entfernt. Der Forstmeister saß seit 23 Jahren in dieser Einöde und war nicht nur ein sehr passionierter Jäger, sondern auch ein weitbekannter Waldbauer. Das Revier war 9000 ha groß und bestand überwiegend aus Kiefernbeständen IV. und V. Bonität. S. hatte große Landwirtschaft, ohne die er in dieser Einsamkeit nicht hätte existieren können, und außerdem besaß er ein Gut in der Nähe, aber mit armem Boden, so daß dort nur Roggen und Kartoffeln gebaut werden konnten. Er lebte sehr einfach, ja fast spartanisch von dem, was die Landwirtschaft und die Jagd und Fischerei erbrachten. Nur einen Luxus leistete er sich, und das war ein stets zur Verfügung stehendes gepflegtes Glas Bier. Im Keller des Forstamtes war ein etwa 1 m tiefes Loch ausgehoben, und hier stand immer ein Faß Bier, im Sommer in Eis eingepackt und an einen Kohlesäureapparat angeschlossen. Dortmunder Union, Echtes Pilsner, Münchner Löwenbräu, Fürstenberger – – – kurz, was es an besten Bieren gab, trank man auf dem einsamen Forstamt in dieser trockenen Sandbüchse, eisgekühlt und mit Kohlensäuredruck gezapft, in einer Qualität wie in den besten Bierrestaurants Berlins. Die Pferde, die hauptsächlich in der Landwirtschaft tätig waren, wurden ungern vor den Kutschwagen gespannt – wenn aber die Ankunft einiger Fäßchen Bier auf der 17 km entfernten Bahnstation gemeldet wurde, dann blieb der Erntewagen stehen und das Bier mußte geholt werden.

Jeden Sonnabend war offizielle Kneipe. Der Forstmeister präsidierte mit blankem Hirschfänger und Kommersbuch am Kopf der Tafel in dem saalartigen Eßzimmer, dessen Wände von oben bis unten mit Geweihen behängt waren. Einige Gutsbesitzer der Nachbarschaft, die ebenso einsam lebten, waren außer uns Studenten die Gäste. Es wurde nach allen Regeln des Komments kommersiert – offiziell vor- und nachgekommen – Bierjungen getrunken – Salamander gerieben und Lieder gesungen. Der alte S. war als Präside geistreich, witzig und sprühend vor Temperament, und man merkte ihm nicht an, daß er über 20 Jahre, noch dazu als Witwer, in dieser Abgeschiedenheit gelebt hatte.

Für uns war das Leben in R. herrlich. Morgens um 3 Uhr ging es hinaus auf den Rehbock oder auch zum Bestätigen der Feisthirsche. Nach der Rückkehr wurden auf dem See, der 5 Minuten vom Forstamt entfernt lag, die Reusen und Stellnetze revidiert, und wir holten Schleie, Barsche, Hechte, Weißfische, manchmal auch einen Aal in unsere Eimer. Sofern die Fische noch lebten, was bei den im Stellnetz gefangenen nicht immer der Fall war, wurden sie in große Fischkästen am Seerand getan, so daß stets ein Vorrat von lebenden Fischen aller Art vorhanden war. Schließlich wurden die Krebsfallen nachgesehen. Da der Spiegel des Sees im Sommer infolge von Trockenheit – die jährliche Niederschlagsmenge betrug im dortigen Gebiet etwa 500–600 mm, in ausgesprochenen trockenen Jahren noch weniger – erheblich absank, konnten die Krebse nicht mehr ihre Schlupfwinkel zwischen den Erlenwurzeln am Uferrand erreichen und nahmen mit Vorliebe unsere Krebsfallen an. Es waren dies kleine Bretter oder Rindenstücke, die auf den sandigen Boden des Sees gelegt und mit einem Stein beschwert wurden. Die Krebse zogen sich sehr gerne, nachdem sie die Nacht über auf Nahrungssuche gewesen waren, unter diese Bretter zurück, wo sie im Dunklen ebenso geschützt zu sein glaubten wie in ihren Wurzelhöhlen, die sie bei dem niedrigen Wasserstand nicht erreichen konnten.

Man mußte bei diesem Fang zu zweit sein. Einer hob vorsichtig Stein und Brett hoch, der andere faßte die durch die plötzliche Helligkeit zunächst etwas benommenen oder erschreckten Krebse. Bei diesem Greifen, das übrigens nur bei einer Wassertiefe von höchstens $1/2$ m funktionierte, mußte man etwas vorhalten, und zwar nicht nach vorn, sondern nach rückwärts. Der Krebs geht nämlich im allgemeinen vorwärts wie alle Tiere, aber er schwimmt nur rückwärts, indem er den gespreizten Schwanz ruckartig nach vorne krümmt, so daß er stoßweise rückwärts schießt, und zwar so schnell, daß es uns nie gelang – auch nicht im seichten Wasser – einen erst einmal richtig schwimmenden Krebs zu greifen. Wir nahmen nur „Extra-Solo-Krebse", alles andere blieb im Wasser. Aber der See war so krebsreich, daß uns die Krebse nie ausgingen und wir täglich reichlich essen konnten.

Nun war es Zeit, zum Frühstück zu gehen, und diese Frühstücke in R. werde ich nie vergessen. Wir waren Anfang 20, wir waren seit 3 Uhr morgens unterwegs und mittlerweile war es 8 Uhr geworden, wir hatten aber Hunger wie die Bären. Es gab Milchsuppe mit Mehlklößen, aber mit mehr Sahne als Milch. Frisch gebratene Fische, kalte Krebse, selbstgebackenes Roggenbrot, frische Butter, kaltes Wildbret, Kochkäse usw., usw. Der alte S., der ein Frühaufsteher war, hatte die Landwirtschaft in Schwung gebracht, war auf seinem Büro gewesen, hatte die nötigen Anweisungen gegeben und Unterschriften gemacht und frühstückte nun meistens mit uns. Anschließend stieg fast immer eine forstliche Exkursion, fast immer zu Fuß. Wir waren oft 5 und 6 Stunden in dem ewigen Sand unterwegs, lernten aber forstlich unendlich viel. S. hatte einen Hohlbohrer zum Pflanzen von Kiefern, insbesondere auf verunkrauteten Böden, kon-

FORSTLEHRE BEIM ALTEN S.

struiert und war daher ein geschworener Feind jeder Klemmpflanzung, was für die dortigen armen Sandböden wohl auch richtig war. Er propagierte die Saat oder die Hohlbohrpflanzung. Hunderte von vertrockneten Kiefern im Alter bis zu 10 Jahren mußten wir ausreißen, und immer wieder wurde uns gezeigt, wie infolge der Klemmpflanzung die Wurzel umgebogen und verkümmert war. Häufig mußten wir mit dem alten S. Holz anweisen, Holz kontrollieren, kurz, alle Außenarbeiten mitmachen, die auf einem Forstamt anfallen. Die Begriffe Waldbau, Nachhaltigkeit, Forstverwaltung u. v. a. wurden mir hier in R. zum ersten Male richtig klar. Ich glaube daher, daß kein zukünftiger Forstmann sein Studium beginnen sollte, bevor er nicht ein praktisches Lehrjahr auf einem Forstamt absolviert hat, ein Jahr, in dem er alles von der Pike auf lernen, zumindestens kennenlernen muß. Säen und Pflanzen, Hauen und Zurichten von Holz, Kulturpflege und Holzanweisen, Holzaufnahme und Verwertung und nicht zuletzt auch den leidigen Schreibkram, der ja leider auch sein muß. Wir fingen damals unser Studium an, ohne überhaupt einen richtigen Durchblick zu haben, wie denn eigentlich so ein Forstwirtschaftsjahr abläuft. Ich bin heute noch dem alten S. dankbar für die Eindrücke, die er uns in den zwei Monaten vermittelte.

Kam man nach den Exkursionen und Reviergängen hungrig und ausgedörrt mit knirschendem Sand zwischen den Zähnen wieder zum Forstamt zurück, dann gab es ein gutes Mittagessen und dazu einen Schoppen herrlichen Bieres. In solchen Situationen wurde uns klar, warum der alte S. die Bieranlage gebaut hatte. Nachmittags ging es meistens auf Entenjagd auf einem der zahlreichen Seen des Reviers. Wir zogen eine alte Schilfleinenhose an und eine ebensolche Jacke auf den nackten Körper und hatten an den Füßen uralte Schuhe, die möglichst viele Löcher hatten, damit das Wasser wieder hinauslaufen konnte. Die Patronen steckten in den Brusttaschen der Joppe. So konnte man bis über den Bauch im Wasser waten, und der Anzug schützte einen vor den Schnitten des scharfen Schilfes. Die Hosen wurden unten noch mit Riemen oder Bindfaden zusammengebunden. Alle Wasserstiefel habe ich auf der Entenjagd unpraktisch gefunden, schließlich läuft einem das Wasser doch oben in die Stiefel hinein, und dann ist es ganz schlecht. Man geht in den hohen, schweren Gummistiefeln schwerfällig und ermüdet sehr schnell.

Abends ging's dann wieder zum Abendansitz – – und so verflogen die Tage äußerst anstrengend, aber den natürlichen Gegebenheiten entsprechend. Man mußte für das tägliche Brot sorgen mit Fischen und Jagen – – beides Tätigkeiten, die man über alles liebte und schätzte, man mußte seine forstliche Arbeit tun, die einen ganz ausfüllte und interessierte, man war den ganzen Tag in Gottes herrlicher Natur, man schlief nachts wie ein Toter, man kam nicht dazu, dummen Gedanken nachzuhängen. Politik, ja Geld spielten keine Rolle, wir lasen kaum die Zeitung, Geld ausgeben konnte man nicht, wir hatten meistens das Portemonnaie im Nachttisch liegen – – wir lebten ein urwüchsiges, herrliches Leben, und wenn ich heute, nach 35 Jahren, auf diese Zeit in R. zurückblicke, dann glaube ich, daß ich damals beim alten S. ein wirklich glücklicher Mensch gewesen bin.

Ich hatte während der Studentenzeit einen dürrlaubfarbenen Rauhhaarteckel, der mich auch während meiner Referendarzeit begleitete. Er hatte den sympathischen Namen „Schnaps". Harsch im Haar und von kräftiger Figur war er das, was man einen wirklichen Gebrauchsteckel nennen konnte. Er war Tag und Nacht bei mir und wurde daher ungewöhnlich intelligent. Er apportierte jede Ente aus dem Wasser, indem er den Kopf in seinen Fang nahm und den Entenkörper im Wasser hinter sich herzog. Am Ufer ließ er die Ente liegen, er konnte nicht einsehen, warum er über Land apportieren sollte. Krankgeschossene Karnickel schleppte er so weit herbei, bis ich ihn sehen konnte, dann ließ er sie liegen, als ob er sagen wollte: „Jetzt hol' sie alleine!" Auf Sauen war er unbezahlbar. Wenn im Winter bei einer Neuen Sauen eingekreist waren, brauchten wir keinen Treiber; „Schnaps" wurde am Einwechsel zur Fährte gelegt und arbeitete ruhig und sicher, kein anderes Wild beachtend, zum Kessel und gab so lange Laut und attackierte die Sauen, bis es denen zu dumm wurde und sie, meistens langsam trollend, den vorgestellten Schützen kamen. Eines Tages wurde vor ihm ein starker Keiler beschossen. „Schnaps" blieb lauthals an der Sau, wir folgten und hörten schließlich sehr weit noch den Hetzlaut des Hundes, dann wurde es dunkel, und ich mußte ohne Hund nach Hause. Wie oft habe ich bei Nachsuchen mit den hann. Schweißhunden später

EINE TECKELGENERATION

diese schreckliche Stimmung erlebt, wenn man abends ohne Hund die Suche abbrechen mußte.

Mit dem ersten Grauen war ich am nächsten Morgen mit dem zuständigen Förster an Ort und Stelle. Wir umschlugen mehrere Dikkungen in Richtung des letzten Hetzlautes vom Abend vorher. Gott sei Dank hatte es nicht geschneit, und wir fährteten den schweißenden Keiler mit der Hundespur daneben stets rein und raus. Schließlich, wir waren vom Anschuß sicherlich mehrere Kilometer entfernt, stand die Fährte mit der Hundespur in eine große Fichtendickung hinein, aber beim Umschlagen stellten wir fest, nicht wieder heraus, also mußten Keiler und Hund in der Dickung sein. Ich war fast sicher, daß der Hund von dem Keiler tödlich geschlagen war, und wir überlegten, was wir tun sollten. Trotzdem wir erkannten, daß es falsch war, gingen wir schließlich vorsichtig der Fährte in die Dickung nach. Ich brachte es nicht fertig, noch stundenlang zu warten, bis andere Hunde und Schützen herbeigeholt wurden. Nach etwa 100 Meter stießen wir auf den längst verendeten Keiler, mein „Schnaps" aber lag zusammengerollt auf dem alten Bassen und schlief in aller Gemütsruhe. Den schon Verlorengeglaubten habe ich gedrückt und geküßt, daß es ihm fast zu dumm wurde.

Wenn ich in Hann.-Münden ins Kolleg ging, ließ ich „Schnaps" in meiner Studentenbude zurück. Manchmal wurde ihm das zu langweilig und er benutzte irgendeine Gelegenheit, meiner Wirtin zu entwetzen. Er wandelte dann mit friedlich wedelndem Zagel (Schwanz) über die Hauptstraße von Hann.-Münden in Richtung auf unser Verbindungshaus, weil er wußte, daß er mich dort mittags treffen würde. Sah er von weitem, daß auf der anderen Straßenseite Studenten in Forstuniform entgegenkamen, dann ging er ihnen über die Straße entgegen und beschnupperte jeden einzelnen. Stellte er fest, daß die Betreffenden nicht von meiner Verbindung waren, ging er schweifwedelnd weiter. Traf er dagegen Verbindungsbrüder von mir, dann schloß er sich diesen sofort an.

Um ihn auf meinen vielen Reisen, vor allem als Referendar mitnehmen zu können, hatte ich ihm beigebracht, im Rucksack regungslos still zu liegen. Wenn ich auf meiner Bude arbeitete – „strebte" nannte man das als Student – hing „Schnaps" in meinem Lederrucksack an der Wand. Auf meinem Tisch lag eine lange Rute, und

41

sobald der Hund sich im Rucksack rührte, erhielt er über dem Rucksack einen Jagdhieb mit dem Ruf: „Pfui!" Nach kurzer Zeit wußte „Schnaps" Bescheid und war von dem Augenblick an, wo er in den Rucksack gepackt wurde, scheintot. Ich bin auf diese Weise, ohne jemals eine Hundefahrkarte zu lösen, jahrelang mit „Schnaps" durch ganz Preußen gefahren und niemals dabei reingefallen.

„Schnaps" schlief nachts vor meinem Bett auf einer Dachsschwarte, niemals versuchte er, in mein Bett zu kriechen. War aber Kneipe gewesen, und ich etwas „leicht blau" nach Hause gekommen, dann lag „Schnaps" jedesmal, wenn ich am nächsten Morgen wach wurde, bei mir im Bett.

Ich führte später seinen Sohn „Bols", seinen Enkel „Wodka" und schließlich seine Urenkelin „Rubbeljack". (Rubbeljack ist ein ostpr. Name für ein Getränk, welches aus weißem Pfeffer mit Schnaps besteht, wenn man es trinkt, „rubbelt" es einem in der Jacke.) „Rubbeljack" machte den Treck von Ostpreußen im Winter 1944/45 nach dem Westen mit, und erst im Jahre 1947, als sie altersschwach und krank wurde, mußte ich sie töten.

Wenn ich an diese Rauhhaarteckelgenerationen zurückdenke und mit den heutigen Teckeln in ihrer großen Mehrheit vergleiche, dann kann ich nur mit Bedauern feststellen, daß es mit dem Teckel als Jagdhund stark bergab gegangen ist. Man hat bei der Züchtung zu wenig Wert auf Leistung und zu viel Wert auf Äußeres gelegt. Aber auch das Äußere – also Größe, Form und Haar – entsprechen heute nicht mehr den Anforderungen, die man als Jäger an einen Gebrauchsteckel stellen muß. Die ganze Zucht ist überhaupt nicht mehr ausschließlich auf Jagd abgestellt, sondern viel mehr auf Sport. Auf den sog. Schweißprüfungen erlebt man eine große Menge Züchter, die ihre Hunde vorführen, aber überhaupt keine Jäger sind und niemals einen Jagdschein besessen haben. Die Hunde werden aus Liebhaberei, aus sportlichem Interesse gezüchtet und gehalten. Sie werden auf künstlichen Fährten mit Ochsenblut oder sonstigen Duftstoffen eingearbeitet und machen dann den I. oder II. Preis auf solch einer Suche. Mit der Bauprüfung im Kunstbau ist es ähnlich. Mit wirklich ernst zu nehmendem Jagdbetrieb hat das wenig zu tun. Ein sehr großer Teil aller Teckelbesitzer will und kann seinen Hund nicht jagdlich führen, und damit ist der Teckel zu einer Luxushunderasse geworden. Nicht überall; sicher gibt es noch einige gute Stämme, aber sie sind selten geworden, und kräftige Rauhhaardackel mit hartem Haar, mit rabiater Schärfe, mit erstklassiger Nase, mit Passion und Spurwillen – kurz Gebrauchsteckel, wie es mein „Schnaps" und seine Nachfahren waren, sind heute schwer zu haben.

Leider treffen diese Erscheinungen auch bei vielen anderen Jagdhunderassen – wenn auch nicht in solchem Umfange – zu. Der Setter, insbesondere der irische, wurde Modehund, auch mit dem bayrischen Gebirgsschweißhund ist es abwärts gegangen, nachdem bei der Zucht nicht scharf genug aufgepaßt wurde und viele Nichtjäger dazu übergingen, sich als Luxus- und Begleithund einen Gebirgsschweißhund anzuschaffen. Was fragt ein Nichtjäger danach, ob sein Hund hart und dicht behaart ist, damit er oben im Gebirg bei Eiseskälte stundenlang bei seinem Jäger ausharren kann? Was interessiert es viele, ob sein Hund anhaltend und mit tiefer Nase arbeitet und unermüdlichen Spurwillen zeigt, ob er anhaltend das kranke Stück hetzt und stellt, ob er Anlage zum Totverbellen oder Totverweisen hat – – ein „liab's Hundl" muß er sein und möglichst schön und edel muß er ausschaun. Bei den Vorstehhunden und den hann. Schweißhunden ist diese Entwicklung, Gott sei Dank, weniger festzustellen. Die Haltung dieser großen Hunderassen ist auch schwieriger und kostspieliger für einen Stadtbewohner.

Das forstliche Studium dauerte zu meiner Zeit acht Semester; davon die ersten drei Semester Naturwissenschaften mit dem Abschluß durch ein Vorexamen, dann zwei Semester Jura und Volkswirtschaft und schließlich drei Semester eigentliche Forstwissenschaften. Dann wurde der Referendar „gebaut", und zwar in Berlin, während das Vorexamen an der jeweiligen Forstl. Hochschule – heute forstlichen Fakultät – abgelegt wurde. Von meinen Hochschullehrern haben leider nicht sehr viele einen bleibenden Eindruck bei mir hinterlassen. Erwähnen möchte ich aber den damaligen Direktor der Forstlichen Hochschule in Hann.-Münden, Professor Schilling. Er stammte aus der alten, guten Beamtenschule, untadelig als Mensch und Charakter, anerkannt als Wissenschaftler und Lehrer. Er ging mit seinen Studenten durch dick und dünn und hat das bei weltanschaulichen Kämpfen, die sich damals leider auch auf die Hochschule ausdehnten, oft bewiesen. Er wirkte rein äußerlich durch eine große stattliche Figur sehr imponierend, und sein ganzes Wesen entsprach einer bedeutenden Persönlichkeit.

Einer der bekanntesten forstlichen Hochschullehrer war damals Professor Wiebecke in Eberswalde. Seine wissenschaftlichen Publikationen waren umstritten, vor allem soweit es sich um den damals aufkommenden „Dauerwald" handelte. W. war aber ein so ausgezeichneter Dialektiker und mit einer geistreichen Schärfe des Witzes begabt, daß kaum jemand wagte, ihm Widerpart zu bieten. Riskierte jemand das trotzdem auf Kongressen oder Tagungen, dann machte W. den Unglücklichen so fertig, daß zum Schluß kein Hund mehr ein Stück Brot von ihm nehmen wollte, mit wissenschaftlicher Sachlichkeit hatte das nichts mehr zu tun. Nach seinem Tode wurde auf der Tagung des Deutschen Forstvereins in Salzburg der Dauerwald in der von W. vertretenen Form abgewürgt – aber in der Debatte fiel die fatale Bemerkung: „Diese Diskussion, meine Herren, würde in dieser Form nicht stattfinden, wenn Wiebecke noch lebte!"

Zahllose Bonmots sind von Wiebecke überliefert: „Der Unterschied zwischen einem ostelbischen Forstmeister und einem westdeutschen oder gar süddeutschen Forstmeister, meine Herren, ist folgender: Im Osten fährt der Forstmeister Vierelang und der Amtsrichter muß ihn zuerst grüßen. Im Westen dagegen geht der Forstmeister mit Schmierstiefeln und Rucksack zu Fuß und fühlt sich geehrt, wenn der Amtsgerichtsrat mit ihm Skat spielt." Mit den Amtsgerichtsräten stand W. überhaupt auf dem Kriegsfuß. Bei jedem negativen Vergleich wurde der Amtsgerichtsrat bemüht. Als wir in Eberswalde eines Tages mit dem Fahrrad zu spät zum Sammelpunkt einer Exkursion kamen, hatte W. schon, in seinem Kutschwagen stehend und das Monokel im Auge, mit seinen Ausführungen begonnen. Als er uns sah, hielt er inne, fixierte uns und sagte: „Meine Herren, zu meiner Zeit kam man zu einer Exkursion zu Fuß oder man nahm eine Droschke – radfahren taten nur Postboten und Amtsgerichtsräte!" Sein Spitzname war: „Wybec in germany", und das kam so: Im Kolleg erzählte uns W., da hätte kürzlich ein amerikanischer Professor an das Ministerium nach Berlin geschrieben und

seine, Wiebeckes, Adresse erbeten. Das Ministerium hätte kurzerhand das Schreiben des Professors weitergeschickt, und er habe dem Kollegen in USA geantwortet: „Schreiben Sie nur ‚Wybec in germany', das kommt an."
Für die Prüfung in Bodenkunde empfahl die „Seeschlange", stets als Antwort „Kalk", zur Abwechslung auch Ca CO_3 zu antworten. Kalk in jeder Form war das Steckenpferd des Bodenkundlers – heute wird die Kalkung in großem Umfang in unseren Wäldern durchgeführt, damals dachte kein Mensch daran, daß es einmal dahin kommen würde. Die „Seeschlangen" spielten bei den Examen eine große Rolle. Da sowohl auf den Hochschulen im Vorexamen, als auch in Berlin beim Referendar- und auch beim Staatsexamen jeweils dieselben Professoren bzw. Oberlandforstmeister prüften, war unvermeidbar, daß sie sich bei vielen Prüflingen mit ihren Fragen wiederholten. Auf dieser Wahrscheinlichkeitsrechnung basierten die „Seeschlangen". Jeder Prüfling mußte nach beendetem Examen genau die Fragen und seine Antworten aufschreiben, und diese wurden nach Fachgebieten gesammelt und als wertvoller Bestandteil der Korporationsbibliotheken aufbewahrt, wo sie den „Examensstrebern" zur Verfügung standen. Die letzten Wochen vor den verschiedenen Examina wurde fast nur nach „Seeschlangen" gearbeitet, und zweifellos war eine gut geführte „Seeschlange" eine bedeutende Hilfe. Köstlich waren die Randbemerkungen der zahlreichen Benutzer. Jede Seeschlange hatte ein Motto. In der juristischen lautete es: „Es erben sich Gesetz und Rechte, wie eine ew'ge Krankheit fort!" Oder bei der zoologischen: „Was man nicht weiß, das eben brauchte man, und was man weiß, kann man nicht brauchen." Die „Waldbauseeschlange" enthielt das resignierende Geleitwort: „Was nutzt uns die Wissenschaft in der Forst? Was wächst, das wächst!"

In München saß ich zu Füßen des berühmten Forstpolitikers Prof. Endres. Seine Vorlesung war hochinteressant und machte auf uns alle nachhaltigen Eindruck. Man stand damals noch völlig im Zeichen der Bodenreinertragslehre, die Verzinsung war alles, und bei Berechnung von Waldwerten wurden die Werte 30 bis 80 Jahre prolongiert und dann wieder diskontiert, es war ein Jonglieren mit Zahlen, die völlig imaginär waren. Von den Wohlfahrtswirkungen des Waldes war niemals die Rede. Die Bedeutung des Waldes als Erholungsstätte für die städtische Bevölkerung, die günstige Wirkung des Waldes auf das Klima, die Verhinderung der Erosion, die symbiotischen Beziehungen zwischen Fauna und Flora, die Erhaltung der Schönheit des Waldes und der gesamte Landschaftsschutz – darüber sagte Endres folgendes: „Meine Herren, da gibt es in Preußen einen Mann – ich habe seinen Namen vergessen – der hat ein Buch geschrieben – wie heißt es doch gleich? – na, es ist auch vollkommen unwichtig – ach so, da fällt's mir ein: ein Herr v. Salisch, und das Buch heißt ‚Forstästhetik', ich erwähne es nur, Sie brauchen es nicht zu lesen!"

Als vor wenigen Monaten der Präsident einer großen süddeutschen Forstverwaltung einen grundlegenden Vortrag über die Funktionen des Waldes hielt, stellte er bewußt die Wohlfahrtswirkungen des Waldes an die Spitze seiner Ausführungen! Tempora mutantur – und auch die forstlichen Ansichten.

In München hörten wir sonst wenig Forstkollegs, dafür schwelgten wir in anderen Wissenschaften und in Kunst. Wir hörten Vorlesungen über Architektur, Malerei und Plastik, über Musik, Philosophie und Journalistik, und wir saßen jeden Abend im Theater auf einem billigen Studentenplatz und erlebten in Schauspiel und Oper die besten Kräfte Deutschlands. Im Odeonpalast hörte ich alle Symphonien von Beethoven, von dem großen Meister Bruno Walter dirigiert, wir tranken in durstigen Zügen das Herrliche und Schöne, was Menschengeist und Menschengenie geschaffen haben. Wir hörten die Shakespeareschen Dramen im Prinzregententheater; Wagner und Verdi u. a. in der Staatsoper und Mozart in dem entzückenden Residenztheater, welches wie geschaffen war für die Mozartschen Opern – heute hat man dieses Juwel von Rokokotheater, welches durch Bomben im Krieg zerstört wurde, als modernen Glaspalast wieder aufgebaut!

Meine Münchner Studentenzeit war für meine Interessen und für meine Einstellung zur Kunst für mein ganzes Leben von entscheidender Bedeutung.

Die Referendarzeit dauerte bei uns Kriegsteilnehmern zwei Jahre, und bestand aus drei großen Stationen: sechs Monate Försterzeit, fünf Monate Verwaltungszeit und vier Monate Taxation, der Rest

DIE KUNSTSTADT MÜNCHEN UND REISEZEIT

war Reisezeit. Man fuhr in ganz Preußen von einem bekannten Forstamt zum anderen, um Exkursionen mitzumachen, um die forstlichen Verhältnisse kennenzulernen, und um seine Kenntnisse auf allen Gebieten zu erweitern. Es war vorgeschrieben, daß alle Eindrücke und Erkenntnisse in einem Tagebuch aufgezeichnet werden mußten. Dieses Tagebuch wurde beim Staatsexamen sehr hoch bewertet. Es waren also keine Vergnügungsreisen, die wir als Referendare unternahmen. Auch die drei großen Stationen wurden in möglichst entfernten, verschiedenen Provinzen absolviert, um einen Überblick über die vielseitigen waldbaulichen, verwaltungsrechtlichen und auch wirtschaftlichen Verhältnisse zu bekommen. Da die heutige Bundesrepublik nur die Länder Westdeutschlands umfaßt, muß man daran erinnern, daß uns Referendaren damals das Gebiet von Aachen bis Königsberg und von Schleswig bis Oppeln zur Verfügung stand. Man konnte außerdem mit besonderer Genehmigung darüber hinaus in anderen Ländern des deutschen Reiches Tagebuch führen. So habe ich z. B. den bayerischen Spessart und die Forstämter in Reichenhall und Berchtesgaden bereist.

Die Zusammenstellung der Reiseroute war natürlich sehr wichtig und erforderte viel Überlegung und Erkundigungen. Aber auch dafür gab es eine „Seeschlange". Aber diese „Seeschlangentour" wurde von sehr vielen gemacht. Die betreffenden Revierverwalter waren überlaufen und der ewigen Exkursionen und des Unterweisens müde, der Tagebuchstoff war bei allen Referendaren derselbe, was natürlich auf die Prüfungskommission beim Lesen der Bücher eintönig wirken mußte, und so beschloß ich mit einem Freund zusammen, diese „Ochsentour" möglichst nicht zu machen, sondern Reviere aufzusuchen, die abseits der großen Referendarstraße lagen. Wir sind dabei ausgezeichnet gefahren. Die betreffenden Forstmeister freuten sich meistens, junge Kollegen zu sehen, widmeten sich uns in rührender Weise und unterstützten und förderten uns, wo sie nur konnten. Nebenbei fielen auf diese Weise erheblich mehr Jagdeinladungen ab, als das auf der üblichen Ochsentour möglich gewesen wäre.

Damals bildeten die Forstbeamten Preußens noch eine große Familie mit engem kameradschaftlichem Zusammenhalt. Man kannte sich von den Stiftungsfesten der forstlichen Korporationen,

47

WAS WÄCHST — DAS WÄCHST

von forstlichen Tagungen und Versammlungen, und als Referendar brachte man Grüße und Neuigkeiten von einem Revierverwalter zum anderen – die reisenden Referendare waren das lebendige Band, das den Zusammenhalt verstärkte, das hochentwickelte Traditionsbewußtsein aufrechthielt und die Kameradschaft förderte. Inzwischen ist auch das anders geworden.

Daß wir bei der Zusammenstellung der Reviere, die wir besuchen wollten, nach Möglichkeit die Forstämter so auswählten, daß wir bei Aufgang der Rehbockjagd in einem guten Rehrevier, im Juli in guten Wasserjagdrevieren, im Herbst in Forstämtern mit gutem Rotwildbestand und im Winter in Hochwildrevieren mit Rot- und Schwarzwild Tagebuch führten, war bei unserer Jagdpassion wohl verständlich.

Die erste Hirschbrunft meiner Referendarzeit verbrachte ich in der Lüneburger Heide bei Forstmeister G. Wir hatten in Erfahrung gebracht, daß G. überhaupt kein Jäger wäre, aber in einem abgelegenen Revierteil ganz guten Rotwild-Brunftbetrieb hätte. Hohe Vorgesetzte kämen zur Jagd kaum in sein Revier, und so spekulierten wir, ganz im stillen, auf die Freigabe eines Abschußhirsches. G. empfing uns sehr liebenswürdig und zeigte uns seine gutgelungenen Kulturen, machte forstliche Exkursionen mit uns und betreute uns in jeder Beziehung hervorragend. Er stand damals kurz vor der Pensionierung und war jagdlich ein völliger Nichtraucher. Wir waren erst wenige Tage in dem kleinen Städtchen, in dem das Forstamt lag, als eines Nachmittags auf der Straße ein gutgekleideter, seriös aussehender Herr auf mich zukam und mich anfuhr: „Hören Sie mal, Herr Referendar (ich hatte Uniform an), warum grüßen Sie mich nicht?" Ich erwiderte bedauernd, daß ich nicht das Vergnügen hätte, ihn zu kennen. „Was Sie wollen Referendar sein und kennen Ihren Oberlandforstmeister nicht? Das sind faule Ausreden, die ich mir verbitte, Sie haben Ihren Oberlandforstmeister zu kennen und zu grüßen. Merken Sie sich das, junger Mann! Waidmannsheil." Und damit ging er hoheitsvoll seines Weges. Es war gut, daß ich mich nicht im Spiegel sehen konnte, denn ich muß ein selten dummes Gesicht gemacht haben. Als ich abends am Honoratiorenstammtisch die Geschichte erzählte, lachte alles schallend. Der Forstmeister hatte vergessen, uns zu sagen, daß sich am Rande der Stadt eine

HIRSCHBRUNFT IN DER LÜNEBURGER HEIDE

psychatrische Klinik befand. Die „leichteren Fälle" hatten freie Bewegungsmöglichkeit, und der arme Mann, der mich angeschnauzt hatte, bildete sich ein, der Oberlandforstmeister von Preußen zu sein.

Eines Morgens hörten wir den ersten Hirsch schreien, und der Forstmeister erklärte uns, nachdem wir Meldung gemacht hatten: „Wenn Sie einen Hirsch schießen wollen, dann können Sie das tun." Auf unsere Frage, was für einen Hirsch wir schießen dürften, erwiderte er uns: „Jeden Hirsch, der Ihnen richtig erscheint, auch einen Kronenhirsch!" Das hatten wir in den kühnsten Träumen nicht erwartet. Ich glaube, daß der gute G. als Nichtjäger gar nicht ahnte, in welchen Taumel der Begeisterung er uns mit dieser Erlaubnis versetzte. Einen jagdbaren Hirsch hatten wir beide noch nicht geschossen. Zunächst teilten wir das Revier in zwei Hälften und knobelten dann, wobei ich die südliche und zweifellos bessere Hälfte erhielt. Wir wollten es so halten, daß jeder nicht mehr schießen durfte, wenn er einen Schuß gehört hatte, damit wir nicht etwa jeder einen Hirsch schossen und den guten freigiebigen G. in Verlegenheit brächten.

Der Revierteil, in dem Brunftbetrieb war, lag, wie schon erwähnt, vom Hauptrevier getrennt und war vom Forstamtssitz etwa 12 bis 15 Kilometer entfernt. Wir fuhren jeden Morgen und jeden Abend mit dem Fahrrad hinaus, das machte rund 60 Kilometer täglich, aber was spielten Strapazen für eine lächerliche Rolle, wenn es auf einen jagdbaren Hirsch ging!

In meinem Teil lag ziemlich in der Mitte eine Kahlfläche von etwa 30 Hektar Größe, die bereits teilweise wieder aufgeforstet war und im übrigen Himbeer- und Farnkrautpartien aufwies. Ich fährtete zunächst einmal sehr sorgfältig alle Sandwege der Umgebung ab und fand reichlich Rotwildfährten, darunter auch die Fährte eines starken Hirsches. Die Stümpfe waren vorne rund und das Trittsiegel breit – es mußte nach der Fährte ein alter, jagdbarer Hirsch sein. Die Brunft fing gerade an, und ich dachte nicht daran, mich an der Kahlfläche anzusetzen. Den zuständigen Förster, der jagdlich auch ziemlich uninteressiert war, hatte ich unterrichtet und ihn gebeten, morgens früh und abends nicht ins Revier zu gehen und das Gebiet um den Brunftplatz möglichst zu meiden. Ich selbst setzte mich morgens und abends weit entfernt von der Kahlfläche an einer Stelle an, wo ich keine Fährten gefunden hatte, wo ich also nicht

WAS WÄCHST – DAS WÄCHST

stören konnte. Ich wollte durch Abhören – beim Auerhahn nennt man das Verlusen – feststellen, wann und wo der Hirsch auf die Fläche zog. Nach wenigen Tagen kannte ich genau den Wechsel, d. h. *die* Wechsel, denn je nach Wind und auch nach anderen, mir nicht erklärlichen Gründen, hielt das Rudel mit seinem Platzhirsch nicht ein und denselben Wechsel, sondern es kamen etwa drei verschiedene Möglichkeiten in Frage. Die Brunft näherte sich langsam ihrem Höhepunkt, als ich zum ersten Male, morgens früh, auf einem provisorisch angelegten Pürschpfad vorsichtig an die Kahlfläche heranpürschte. Abends war das Rudel mit dem schreienden Hirsch bei schwindendem Büchsenlicht auf den Brunftplatz gezogen, der Wind stand gut, aller Voraussicht nach mußte die Sache auf Anhieb klappen – wenn, ja wenn der Hirsch den östlichen Wechsel beim Einziehen morgens nahm, und wenn er nicht zu früh einzog. Der Hirsch nahm natürlich den entfernteren Wechsel, zog aber erst bei vollem Büchsenlicht ein, und ich hatte Gelegenheit, den Hirsch auf etwa 300 bis 400 Meter anzusprechen. Es war ein starker Zwölfer mit weiter Auslage und blitzenden weißen Enden. Er prahlte enorm, war aber für die Lüneburger Heide sicherlich ein sehr starker und auch alter Hirsch. Einen geringen Achter und einen Sechser stellte ich noch als Beihirsche fest. Der Zwölfer hatte acht Stück Mutterwild bei sich und schrie mit guter Stimme anhaltend. Der Tageseinstand war in einem großen Dickungskomplex, in dem ich den Hirsch noch bei vollem Büchsenlicht melden hörte. Jetzt gehörte der Hirsch mir, wenn ich nicht irgendeine Dummheit machte, das war klar; aber diese Dummheit – ja, Riesendummheit – machte ich leider! Ich erzählte das ganze Erlebnis haargenau meinem Forstmeister – und da bekam dieser plötzlich Appetit. Seit 20 Jahren hatte er keine Büchse mehr angerührt, und jetzt wollte er plötzlich den starken Hirsch selber schießen! Ich hätte mich prügeln können; hätte ich doch geschwiegen, dann wäre der Hirsch am nächsten oder übernächsten Tag mein gewesen, und da ich den Hirsch frei hatte, wäre auch nicht das Geringste dagegen zu sagen gewesen. „Genießt der Jüngling ein Vergnügen, so sei er dankbar und verschwiegen", so heißt es bei Wilhelm Busch. Auf der Jagd gilt diese Weisheit mehr als sonst im Leben, man soll sogar *vorher* schon sehr verschwiegen sein. Die Erzählun-

HÄTTE ICH DOCH GESCHWIEGEN

gen von bestätigten oder auch nur gesehenen starken Böcken oder Hirschen lösen leicht nie vermutete Gelüste und Passionen aus, auch Neidinstinkte werden wach und andere schlechte menschliche Eigenschaften. Aber was nutzte es, daß ich mir tausendmal sagte: O, si tacuisses – – der Forstmeister fuhr mit uns zusammen am nächsten Morgen um 2 Uhr mit seinem Kutschwagen los. Als wir etwa 500 m von dem Brunftplatz entfernt waren und bei noch völliger Dunkelheit anhielten, röhrte der Hirsch aus vollem Halse. G. zog aus einem Etui eine alte Doppelbüchse mit Hähnen heraus und stellte bei dem Versuch zu laden fest – daß sein Hausfaktotum, Frl. M., ihm falsche Patronen eingepackt hatte. Er lieh sich von mir meine Repetierbüchse – also auch das noch – mit meiner eigenen Büchse sollte der Hirsch von ihm geschossen werden! Aber als er dann mit laut knarrenden Stiefeln und funkensprühender Pfeife in Richtung Brunftplatz abzog, da war mir klar, daß er den Hirsch niemals schießen, aber sicher vergrämen würde. Und so kam es dann auch. Ich war beim Wagen zurückgeblieben, und der Hirsch verschwieg bereits lange vor Büchsenlicht. Als der Forstmeister zurückkam, berichtete er, daß der Hirsch schon früh aufgehört hätte zu schreien, er müßte wohl Wind von ihm bekommen haben! Sein Tatendurst war mit dieser Frühpürsch gestillt, aber es kam, wie ich es befürchtet hatte – am nächsten Morgen war der Hirsch nicht da, am folgenden schlug das Wetter um. Als endlich wieder ein guter Morgen war, hatte ich eine Fahrradpanne und kam zu spät am Brunftplatz an – das Wild war gerade hineingezogen. Unsere Zeit war um, und wir mußten ohne Hirsch abreisen. In dem Revierteil meines Freundes war nur wenig los gewesen. Für mich war dieses Erlebnis eine Lehre fürs ganze Leben!

In der Magdeburger Gegend führten wir Tagebuch bei einem Forstmeister, der in der ganzen Gegend ob seiner philosophischen Anwandlungen bekannt war, sein Spitzname war „der Philosoph im grünen Rock". Er legte den allergrößten Wert auf Pünktlichkeit, und zwar durfte man nicht zu spät, aber auch nicht zu früh kommen, die Kirchturmuhr war für ihn maßgebend. Mehrere Male am Tage verglich er seine Taschenuhr und die übrigen Uhren des Hauses mit der Kirchturmuhrzeit, und alles mußte auf die Minute pünktlich ablaufen. Es braucht wohl nicht erwähnt zu werden, daß wir diese Eigenheit des Philosophs im grünen Rock schon vor unserem Besuch wußten.

Wir hatten auf unsere Anfrage, ob wir Tagebuch führen dürften, per Postkarte die Nachricht erhalten, daß wir uns an einem Montag, 12 Uhr, bei ihm auf dem Forstamt melden sollten. Eine viertel Stunde vorher trafen wir in der Nähe des Forstamtes ein und standen wartend hinter der nächsten Hausecke. Als die Kirchturmuhr den ersten Schlag getan hatte, marschierten wir los und waren genau während der Mitte des Schlagens an der Treppe des Forstamtes. Da stand der Forstmeister bereits und hatte seine Taschenuhr in der Hand, um die Zeit mit der Turmuhr zu vergleichen. Er strahlte und begrüßte uns besonders liebenswürdig. — „Ich freue mich besonders, in Ihnen junge Kollegen kennenzulernen, die wirklich pünktlich sind. Auf Pünktlichkeit lege ich den größten Wert!" Wir wurden sofort zu Tisch eingeladen, und seine erste Frage lautete: „Meine Herren, was ist das Leben?" Unsere prompte Antwort: „Eine Kette von verpaßten Gelegenheiten"..., setzte ihn erheblich in Erstaunen. Seine zweite Frage: „Nun, meine Herren, und was ist die Jagd?", wurde ebenso schnell beantwortet: „Eine Quelle von Enttäuschungen!" Jetzt mußten wir Farbe bekennen und ihm gestehen, daß diese beiden, immer wiederkehrenden Fragen und Antworten längst in ganz Preußen herum erzählt würden und in der grünen Farbe allgemein bekannt seien. Trotzdem der Forstmeister nach den Antworten auf seine Fragen zu urteilen, der pessimistischen Schule der Philosophie zugerechnet werden mußte, hatte er doch so viel Humor, daß er sich köstlich amüsierte. Seine Einstellung schien überhaupt nicht nur pessimistisch zu sein, ein Lieblingswort von ihm war das Zitat: Et bonum in malo! Auch im Schlechten liegt immer etwas Gutes! Wieviel weiser ist es, nach diesen Worten zu verfahren, als immer nur sich über die verpaßten Gelegenheiten zu ärgern!

Der Forstmeister war zweifellos ein geschickter Verwaltungsbeamter und empfahl uns zwei verschiedene Rezepte: Die „Saukastenmethode" und die „Auerhahnmethode". Die letztere ist sehr einfach und besteht darin, nur dann einen Vorstoß zu unternehmen, wenn alles mit Sicherheit zu erreichen ist, d. h. also vorzuspringen, wenn der Hahn schleift. Die „Saukastenmethode" ist komplizierter, sie besteht darin, schrittweise das Gegenteil von dem vorzuschlagen,

Forstamt Wolfgang *Hannov. Schweißhündin Gilka-Winnefeld-Solling*

Forstamt Battenberg a. d. Eder   *Guter Muffelwidder aus Battenberg*

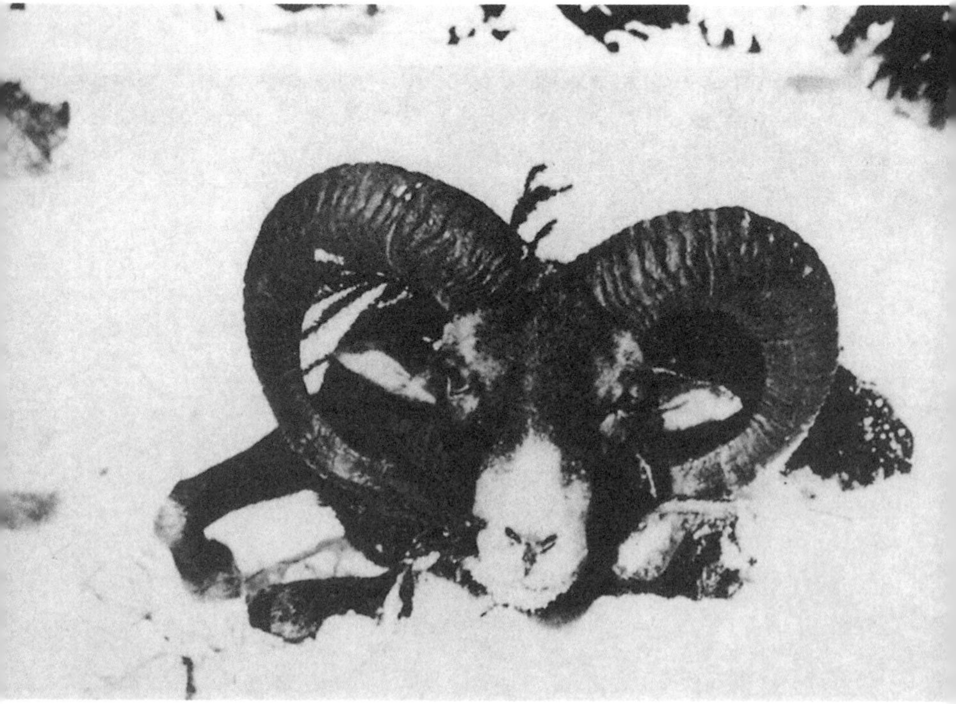

DER PHILOSOPH IM GRÜNEN ROCK

was man erreichen will, in der Erwartung, daß eine hohe vorgesetzte Behörde dann aus Opposition das Gegenteil des Vorschlages anordnet, also das, was man selbst eigentlich erreichen möchte. „Saukastenmethode" deshalb genannt, weil ein Bauer, der ein Schwein in einen Transportkasten lancieren will, dieses mit einem Strick am Hinterbein zu ziehen pflegt. Das Schwein weicht dem Ruck stets durch Vorwärtsgehen in der entgegengesetzten Richtung aus, und durch geschicktes Ziehen am Strick bringt der Bauer das Schwein genau dahin, wo er es haben will, nämlich in den Saukasten. Würde man mit Gewalt dieses Ziel erreichen wollen, brauchte man vier starke Männer, und die Sau würde einen ohrenbetäubenden Lärm machen. Die Saukastenmethode verlangt also Fingerspitzengefühl und richtige Einschätzung des Gegners – uns schien diese Methode mehr für die Politik als für die Verwaltung zu passen.

Die Behauptung, daß die Jagd eine Quelle von Enttäuschungen sei, straften wir Lügen. Der Philosoph gab uns jedem einen Rehbock frei, und wir schossen jeder einen recht braven, worüber er sich neidlos freute. Wir hatten uns in den wenigen Wochen unseres Aufenthaltes richtig angefreundet, und als wir am letzten Abend mit einer guten Flasche Mosel bei ihm saßen, gab er uns noch eine Weisheit mit, die ich im ganzen Leben zu meinem Vorteil beachtet habe: „Meine Herren, man muß sich im Leben immer einen guten Abgang sichern." Eine primitive Regel, wie es scheint, aber wie wenige halten sich daran! Wie oft habe ich erlebt, daß Menschen zum Schluß nachließen in ihrer Leistung und in ihrer Haltung, weil es ja nicht mehr darauf ankam. Wie viele haben ihren bisherigen guten Eindruck verwischt, weil sie am Ende versagten.

Vielen jungen Hilfsförstern, Referendaren und Studenten habe ich dieses Wort des Philosophen im grünen Rock mitgegeben.

Über brandenburgische und pommersche Reviere gelangten wir nach Ostpreußen. Ich hatte Ostpreußen nur auf Truppentransporten im 1. Weltkrieg kennengelernt, und mit Spannung sahen wir dieser Provinz entgegen, die nach den Erzählungen aller, die dieses östlichste Land Deutschlands kannten, ein Dorado für Forstleute und Jäger sein mußte. Als erstes Revier hatten wir uns Schorellen ausgesucht. Wir kamen vormittags in Lasdehnen an, von wo wir weiter mit dem Wagen fahren mußten.

WAS WÄCHST — DAS WÄCHST

Schorellen war als Rehrevier berühmt; auf den dortigen Lehmböden wuchsen hervorragende Böcke, d. h., sie waren früher gewachsen. Schon damals wurde der alte, in allen Jägerkreisen bekannte, ostpreußische Kapitalbock selten. Der Forstmeister hatte etwa ein gutes Dutzend kapitaler Böcke an der Wand, die alle um 500 g herum wogen, aber in den letzten Jahren hatte er schon nichts Außergewöhnliches mehr geschossen. Dieser Rückgang der guten Trophäen hat seither angehalten. Als ich später in Rominten als Oberforstmeister war, gab es in ganz Ostpreußen kaum noch kapitale Böcke, und auf der Internationalen Jagdausstellung in Berlin 1937 wurden die ostpreußischen Böcke von den Mecklenburgern und vor allem von den südbadischen geschlagen. Es ist bekannt, daß dieser Rückgang beim Rehwild in Deutschland allgemein zu finden ist. Über die Gründe ist in den Jagdzeitschriften im Laufe der letzten 20 Jahre viel Tinte verspritzt worden. Alle vorgebrachten Hypothesen können nicht voll befriedigen. Das Reichsjagdgesetz mit seinen vorbildlichen Bestimmungen hat sich beim Rotwild ausgezeichnet und beim Rehwild überhaupt nicht ausgewirkt. Tatsache ist, daß es früher, zur Zeit unserer Väter und Großväter, als das Rehwild mit Schrot geschossen wurde, und als es verpönt war, Spieß- und Gabelböcke zu schießen, als nur Sechserböcke erlegt wurden, mehr kapitale Gehörne gab als heute. Welche Anstrengungen sind in allen Gegenden unseres Vaterlandes — also unter den verschiedensten Umweltfaktoren gemacht worden, um starke Gehörne heranzuhegen!

Sicher ist, daß der Rehbestand in vielen Revieren zu hoch ist, aber das ist kein durchschlagender Grund, weil diese Übersetzung des Bestandes nicht überall zutrifft. Sicher ist, daß Magen- und Lungenwürmer in hohem Prozentsatz unser Rehwild befallen haben — aber sollte das nicht früher auch schon der Fall gewesen sein? Vielleicht hat man nur nicht so sehr darauf geachtet, oder, wenn das nicht der Fall war, ist dann dieser Befall nicht eine sekundäre Erscheinung, wie wir es bei Schmarotzern aller Art überall in der Natur feststellen können? Je mehr Fragen man aufwirft, desto weniger befriedigende Antworten lassen sich finden. In der Rominter Heide, in der die besten Hirsche der Welt wuchsen, gelang es nicht, auch nur befriedigende Gehörne heranzuhegen. Mein Vorgänger, Oberforstmeister Wallmann, hatte 20 Jahre lang versucht, das Rehwild aufzuarten – um den etwas abgegriffenen Ausdruck zu gebrauchen. Ich selbst setzte fast zehn Jahre seine Bemühungen fort – es war alles vergebens, und zwar nicht nur im Gatter, sondern auch außerhalb, wo zum Teil gute Lehmböden vorhanden waren und auch die übrigen Voraussetzungen für gute Rehböcke vorhanden zu sein schienen. In den langen Jahren wurde ein einziger, wirklich guter Bock zur Strecke gebracht, dessen Gehörn etwa 400 Gramm wog, und das war ausgerechnet im Gatter. Von einer Überhege konnte schon deshalb keine Rede sein, weil in kurzen Intervallen sehr harte Winter ein Drittel bis die Hälfte des gesamten Rehbestandes wegzuraffen pflegten.

Um den vielen Hypothesen eine neue hinzuzufügen: Sollte nicht bei unseren jagdbaren, freilebenden Tierarten das Gesetz der „großen Periode" eine Rolle spielen? Wir wissen, daß sich in der Natur bestimmte Vorgänge in Intervallen wiederholen. Das trifft zu für das Auftreten der Sonnenflecken und für die periodische Vermehrung bestimmter Insekten (Nonne, Kiefernspanner usw.), für Erdbeben und für viele Lebensvorgänge in der Natur. Sollte sich das Rehwild, aus uns unbekannten Lebensgesetzen, auf der absteigenden Linie, das Rotwild dagegen auf der aufsteigenden befinden? Wir wissen es nicht, aber nach 30 Jahren vergeblicher Hege kommt man auf die verrücktesten Ideen.

Der Abschuß in Schorellen war leider schon erfüllt; wir bekamen also keinen Bock mehr frei, aber neben interessanten forstlichen Exkursionen lernten wir das großzügige und gastfreie Leben auf den ostpreußischen Gütern kennen. Hier, in den dünnbesiedelten Gebieten, wehte eine freiere Luft als in der drangvollen Enge westlicher Industriestädte. Der Himmel war hier hoch und der Horizont weit, nicht nur im geografischen Sinne. Hier wurde das Lebenstempo und die Lebensart bestimmt von Menschen, die mit dem Boden zu tun hatten, also mit Land- und Forstwirtschaft. Wie hatte Wiebecke gesagt? – „... und der Amtsgerichtsrat grüßt ihn zuerst!" Die Forstmeister waren hier kleine Fürsten. Die zu den Forstämtern gehörende Landwirtschaft umfaßte vielfach 30 bis 40 Hektar, war also ein kleiner Bauernhof, und das Beamtengehalt und der Dienstaufwand konnten für schönere Dinge ausgegeben werden als für das tägliche Brot. Jagd und Pferde waren das unerschöpfliche Unterhaltungsthema, darum drehte sich alles. Wer westlich der Elbe seine Wurzeln hatte und von beiden nichts verstand oder, was schlimmer war, sich nicht dafür interessierte, paßte allerdings nicht in dieses Land. Wenn man Vergleiche ziehen will, dann lebte ein Revierförster in Ostpreußen in einem Lebensstil wie im heutigen Westdeutschland ein Forstmeister, und ein Forstmeister im Osten etwa so, wie heute im Westen ein Großgrundbesitzer, die es bekanntlich aber kaum noch gibt. Aber vom Materiellen ganz abgesehen – die ganze Lebensart war anders. Man war großzügiger, lebte und dachte in größeren Räumen, und vor allem war nicht der Neid, diese niederträchtigste menschliche Eigenschaft, Triebfeder des Handelns und Benehmens. Ich bin im Laufe meines Lebens in allen Teilen Deutschlands gewesen, und mir sind in zwei Weltkriegen Menschen aus allen Ländern und Provinzen durch die Hände gegangen – der sympathischste Menschenschlag ist mir der Ostpreuße geblieben, gleichgültig, ob es sich um einen Holzhauer oder um einen Großgrundbesitzer handelte.

Unsere nächste Station war Nassawen. Das Forstamt gehörte zur Rominter Heide, und das Diensthöft lag am Nordrande auf einem Hügel zwischen zwei Seen, von einem kleinen Park umgeben. Wir kamen von dem unweit gelegenen Bahnhof, da kam uns durch die Lindenallee der damalige Forstmeister Wallmann entgegen, die Büchse auf der Schulter, seinen Schweißhund „Becas" am aufgedockten Riemen neben sich. Niemals werde ich das Bild vergessen. Nicht in meinen kühnsten Träumen ahnte ich, daß ich 15 Jahre später ebenso diese Lindenallee als Oberforstmeister der Rominter Heide viele Male entlanggehen, daß ich auf den beiden Seen fischen und daß in dem vor mir liegenden Haus mein erster Sohn das Licht dieser Welt erblicken würde!

Es war zu Beginn der Hirschbrunft, und wir waren mit den entsprechend hochgespannten Erwartungen in die Rominter Heide gefahren. Aber wir wurden schwer enttäuscht, kein Mensch kümmerte sich um uns, konnte sich um uns kümmern, da Gäste aus Berlin, Minister und Ministerpräsidenten, Oberlandforstmeister und andere hohe Persönlichkeiten erwartet wurden und daher Hirsche zum Abschuß bestätigt werden mußten. In solchen Situationen waren reisende Referendare unerwünscht, wie ich später als Revierverwalter selbst erfuhr, da sie, revierunkundig, nichts helfen konnten, sondern nur eine zusätzliche Belastung bedeuteten. Wir blieben daher nur

ZUM ERSTENMAL IN ROMINTEN

wenige Tage, sahen einige gute Hirsche, die einen tiefen Eindruck auf uns machten, und setzten dann unsere Reise fort.
Meine Taxationszeit verbrachte ich in Westpreußen. Ich hatte mich wieder mit meinem Freund zusammengetan, der noch einige Monate seiner Försterzeit nachholen mußte, und als wir zusammen im Forstamt Lindenberg ankamen und uns bei dem Forstmeister meldeten, eröffnete uns dieser, daß es ja sehr schön sei, daß wir da wären, aber unterbringen könne er uns nicht. Eine passende Gastwirtschaft sei weit und breit nicht vorhanden, die Dorfkrüge seien entsetzlich schmutzig, auch nicht auf Pensionsgäste eingerichtet und außerdem nicht bereit, uns aufzunehmen, da sie uns unter den augenblicklichen Verhältnissen – es herrschte tollste Inflation – nicht beköstigen könnten. Der Forstmeister war Junggeselle und hauste selber ziemlich primitiv in einem etwas verwahrlosten Forstamtsgebäude. Auch auf den Förstereien war eine Unterbringung unmöglich, wir gingen also auf die Wohnungssuche. Nach langem Hin und Her kamen wir bei einem Holzhauer unter, der seine gute Stube hergab und uns zwei Betten hineinstellte. Es war ein besseres Panjehaus, wie wir es aus dem Weltkrieg in Polen kannten. Der Holzhauer war ein bißchen mente captus – in Hessen sagt man, er hatte nicht alle Tassen im Schrank – und seine alte 70jährige Mutter führte ihm den Haushalt. Mutter Splett war eine rührende, alte Frau, aber kochen konnte sie nicht für uns, sie hatte nur gepökeltes Schweinefleisch und Speck und außerdem einige Eier von ihren Hühnern. Wir beschlossen also, für unsere Verpflegung selbst zu sorgen. Da wir unsere Tätigkeit am 1. Mai aufnahmen, konnten wir vorerst nur von Kaninchen leben. Erst später bereicherten Rehbock und vor allem Wildenten den Speisezettel. Mein Freund hatte bereits die Taxationszeit hinter sich, war also auf dem Gebiet im Bilde, ich hatte hinwiederum die Försterzeit hinter mir und konnte ihm in dieser Hinsicht Hilfestellung leisten. Wir vertraten uns also fortlaufend gegenseitig, so daß nur einer arbeitete und der andere jagen und kochen konnte. Da ich sehr gerne und, wie ich glaube, auch nicht schlecht koche, blieb die Sorge für die Verpflegung größtenteils auf mir hängen. Mutter Splett lieferte Sahne, Butter, Eier, Speck und Schmalz und aß mit ihrem Sohn dafür von den Mahlzeiten mit. Für Kartoffeln mußte sie auch sorgen, da ich nach meiner festen Überzeu-

gung als Soldat im Weltkrieg genug Kartoffeln für ein ganzes Leben geschält hatte. Ich briet die Kaninchen, nachdem ich sie mit Senf bestrichen hatte, mit Speck und Sahne wie einen Hasen, ich löste das Wildpret roh von den Knochen, panierte es und fabrizierte in glühendem Schmalz daraus „Wiener Backhändl", ich drehte das Wildpret zusammen mit etwas Räucherspeck durch den Fleischwolf und machte deutsche Beefsteaks oder auch Kochklops. Ich kochte die Karnickel als Ragout mit weißer Sauce und Reisrand, ich kochte das Wildpret sauer in Aspik – – und wir schafften es: Mutter Splett und ihr Sohn erklärten, noch nie in ihrem Leben so gut und delikat gegessen zu haben.

Wenn wir beide mal nicht zu Hause sein konnten, mußte Mutter Splett kochen, aber sie beherrschte leider nur zwei Menüs: gekochter Speck mit Sauerkraut und Spiegeleier auf glasigem Speck gebraten. Es gelang mir nicht, der alten Frau auch nur das Geringste beizubringen. Sie stand andächtig und staunend dabei, wenn ich in ihrer primitiven Küche hantierte, aber in ihr Bewußtsein drang nichts davon. Speck mit „Kapusta" oder mit Spiegeleiern war und blieb ihr Repertoire. Schließlich war der Mai herum und wir schossen uns einen Rehbock. Aber da wir keinen Keller hatten – wir mußten alle Vorräte an einem Strick in den Ziehbrunnen hängen, um sie wenigstens einige Tage halten zu können – half uns ein größeres Stück Wild immer nur für wenige Tage. Gemüse und sonstige Zutaten, auch Brot, tauschten wir gegen Karnickel ein und führten so ein fast geldloses Dasein, allein auf Naturalwirtschaft aufgebaut. Nur die Patronen und die Zigarren mußten wir mit Geld kaufen, dazu reichte das stets verspätet ausgezahlte Tagegeld gerade aus.

Alle drei fuhren wir mit dem Fahrrad in die 15 km entfernte Kreisstadt, um die Börsenkurse zu studieren, denn, wie alle Welt, spekulierten wir natürlich an der Börse – die einzige Möglichkeit, um über Wasser zu bleiben und das Studieren in der Inflation durchzuhalten. Dann wurden telegraphisch bei unserer Bank in Hann.-Münden „limitierte Verkaufsaufträge" und „Kaufaufträge bestens" aufgegeben, und wir waren für Stunden eingeschaltet in das große, leider sehr unerfreuliche Weltgeschehen.

Mein Freund hatte für die Entenjagden in Westpreußen einen sehr guten Deutsch-Stichelhaar mitgebracht, ich hatte selbstver-

KOCHKÜNSTE BEI MUTTER SPLETT

ständlich meinen „Schnaps" bei mir. Wir schossen, als die Jagd auf Enten aufging, auf den zahlreichen Seen soviel Enten, wie wir nur wollten – aber nun ging derselbe Zinnober mit den Enten los, wie vorher mit den Karnickeln. Ich briet die Enten, ich kochte Entenklein mit gelber Sauce, ich machte Ente in Aspik – schließlich pökelte ich die Brüste und Keulen und räucherte die Stücke, so daß „Spickente" entstand, die nicht nur zu Brot ausgezeichnet schmeckte, sondern auch, in Kartoffel- oder Erbsensuppe gekocht, ein gutes Mahl lieferte. Da der Forstmeister, obschon er wußte, unter welch primitiven Verhältnissen wir hausten, uns nicht ein einziges Mal eingeladen hatte, luden wir ihn zu uns zu einem Entenessen ein. Wir hatten im Tausch gegen zwei Wildenten in der Kreisstadt eine Pulle Wein ergattert, und es gab zunächst Entensuppe, dann Entenbraten mit Bratkartoffeln und Salat und hinterher Waldhimbeeren mit Schlagsahne. Der Forstmeister aß wie ein Drescher und behauptete, seit Jahren nicht mehr so gut gegessen zu haben, es schiene uns ja ausgezeichnet zu gehen, und sein im stillen gehegtes Mitleid mit uns käme ihm jetzt völlig unbegründet vor. Aber seitdem wurden wir doch einige Male bei ihm eingeladen, wobei ich allerdings feststellen mußte, daß meine Kochkünste denen seines Küchenbesens weit überlegen waren.

Nachdem ich mein Betriebswerk mit Hilfe meines Freundes festgestellt hatte, war große Bereisung durch den Oberforstmeister. Ich hatte nach vielen Kluppungen, Höhenmessungen, wochenlangen Berechnungen einen Abnutzungssatz von jährlich 3,6 fm je ha Holzbodenfläche ausgerechnet! Der Oberforstmeister fuhr mit einem Kutschwagen einen Tag lang durch das Revier, sah sich das Altersklassenverzeichnis an und erklärte, mehr als 3,0 fm je ha könnte das Revier nicht tragen, und dabei blieb es. Ich dachte, wenn dieser Mann diese Entscheidung nach einer eintägigen Bereisung treffen kann, wozu hatte ich mich dann eigentlich vier Monate lang abgeschunden? Die forstliche Intelligenz mußte doch wohl mit der Erhöhung der Dienstgrade mit einer bisher ungeahnten Geschwindigkeit zunehmen!

Als ich auf dem Bahnhof des Kreisstädtchens ankam, um nach dem Westen zurückzureisen – mein Freund mußte noch zwei Monate länger in L. bleiben – stellte ich zu meinem Schrecken fest, daß inzwischen das Lied: „Der Dollar steigt, es fällt die Mark" eifrig gespielt worden war. Die Fahrpreise der Reichsbahn folgten sehr schnell, und ich konnte für meine gesamte Barschaft gerade noch eine Fahrkarte nach Schönlanke lösen. Da saß ich nun auf dem Bahnsteig mit zwei Koffern, zwei Gewehren, meinem „Schnaps" im Rucksack – – und völlig leerem Geldbeutel. Ich gab zunächst einmal gottesfürchtig und voll Vertrauen mein Gepäck bei der Aufbewahrung ab – einlösen konnte ich es nicht wieder, wenn ich nicht irgendwo Geld auftrieb.

Schönlanke hatte eine Filiale der Deutschen Bank, ich gab meine Visitenkarte ab und ließ mich bei dem Direktor melden. „Was kann ich für Sie tun, Herr . . . (Blick auf die Visitenkarte) Frevert?" „Ich möchte Sie bitten, mir 50 Milliarden zu leihen" – – – Der Mann sah mich an, als ob ich den Verstand verloren hätte. Als ich ihm die Zusammenhänge geschildert hatte, wurde er zwar friedlicher, erklärte mir aber, außerstande zu sein, mir ohne Sicherheit und ohne Bürgen einen solchen Betrag geben zu können. Ich schlug vor, den alten Forstmeister S. in R., wo ich in der Studentenzeit gewesen war, und den ich persönlich kannte, anzurufen. Tatsächlich war der alte S. zu Hause und erklärte sich sofort bereit, bis zu 100 Milliarden für mich zu bürgen. Er hatte längst erkannt, daß das Geld ein papierner Witz geworden war, und daß es darauf ankam, mir erst einmal aus der Klemme zu helfen.

Kaum hatte ich meine 50 Milliarden, als ich sofort zum Bahnhof sauste und mir eine Fahrkarte nach Hann.-Münden löste. In Berlin machte ich einen Tag Station und besuchte meine dort wohnende Schwester. Da ich an einem Sonnabend in Hann.-Münden ankam, konnte ich erst am Montag zu meiner Bank gehen und die 50 Milliarden nach Schönlanke überweisen. Als der Betrag in Schönlanke ankam, konnte man gerade noch eine Schachtel Streichhölzer dafür kaufen.

Langsam wurde es Zeit, zum „Streben" überzugehen, d. h., man wurde „Oberstreber". Wir arbeiteten als Oberstreber hart. Die Schwierigkeit des Examens lag vor allem in der großen Zahl der Disziplinen, die geprüft wurden, und die völlig verschiedenartig waren. Insektenkunde und Agrikulturchemie, Verwaltung und Bürgerliches Gesetzbuch, Waldbau und Finanzwissenschaft usw.

usw. Die Bewertung der einzelnen Fächer erfolgte je nach Wichtigkeit mit verschiedenen Punktzahlen. Leider zählte „Jagd", die ich natürlich mit „Sehr gut" machte, nur einen einzigen Punkt.

Auf der Rückreise von Berlin, wo das Staatsexamen gemacht werden mußte, saßen wir als frischgebackene Forstassessoren im Speisewagen und feierten. Nun war es endlich soweit – – wie oft hatten wir während des gesamten Studiums geseufzt: Ich wollt', ich wär' Assessor und säß' im Speisewagen – – und nun war es soweit! Sollte es wirklich wahr sein, daß das Leben seinen schönsten Reiz verliert, wenn man kein Examen mehr vor sich hat? Heißt es nicht irgendwo: Wie traurig ist es doch, ein heiß ersehntes Ziel erreicht zu haben! – Uns wurde zum ersten Male klar, daß das Streben und Sehnen das Glück ausmachen, und daß die Erfüllung immer einen schalen Geschmack hinterläßt.

DRITTES KAPITEL

AUF HAHNEN, GAMS UND HIRSCH

Ich wurde als Assessor dem Forstamt Wolfgang bei Hanau als Assistent zugeteilt. Das entsprach durchaus meinen Wünschen, da ich unter keinen Umständen als sog. „Hilfsbremser" zur Regierung wollte.

Eine Tätigkeit bei der Forstabteilung eines Regierungspräsidiums prädestinierte einen nämlich, später Forstrat zu werden, und ich hatte nicht den grünen Rock angezogen, um auf einem Büroschemel mein Leben zu verbringen und Tintenspion zu werden. In Wolfgang saß damals Forstmeister Klein – von seinen Bekannten nur „Exzellenz" genannt. Er hatte das Aussehen und die Allüren einer alten Exzellenz, lahmte etwas auf einem Lauf und war ein äußerst geistreicher und musischer Mensch, der sich sehr für Kunst interessierte und voll von Ideen steckte. Leider erlaubte ihm seine schlechte Gesundheit nicht, seine Absichten und Ideen durchzuführen, weil ihm die Vitalität fehlte. Ich habe unendlich viel bei ihm gelernt, nicht nur als Forstmann, sondern auch als Mensch.

Mit dem Forstamt, das mitten im Walde etwa 8 Kilometer von Hanau entfernt gelegen war, war ein moderner Darrbetrieb gekoppelt. Klein hatte diese Darre völlig elektrifiziert und als modernste Trommeldarre – sogenannte Sicherheitsdarre – mit einer sehr hohen Kapazität aufgebaut. Damals begann man, bei den Holzarten verschiedene Rassen zu unterscheiden, und die Provenienz des Saatgutes spielte eine große Rolle. Klein gehörte zu den Vorkämpfern dieser Provenienzfrage und fuhr damals schon zu jedem Bestand persönlich hin, von dem Saatgut geworben werden sollte, um Standort, Klima und Wuchsform der Mutterbäume zu begutachten und die Weiterverwertung des Saatgutes zu beaufsichtigen. Er wirkte sehr früh in den Anerkennungskommissionen mit, die geeignete Bestände aussuchten und schlechtveranlagte Bestände aberkannten. Das Saatgut, also insbesondere Tanne-, Fichte-, Kiefern- und Lärchenzapfen, wurden durch Pflückerkolonnen unter Aufsicht gewonnen und dann, getrennt nach Provenienzen, in Wolfgang gedarrt und der Samen genau etikettiert und in großen Flaschen in eigens dazu gebauten Kellern kühl gelagert. Noch heute wird im großen und ganzen genauso verfahren, wie es zu Kleins Zeiten auf seine Initiative hin eingeführt wurde. Auch ein großer Pflanzgarten wurde angelegt, um zahlreiche Forstämter mit einem nach modernsten Gesichtspunkten herangezogenen Pflanzenmaterial beliefern zu können.

Mehrere hundert Schrebergärten waren an Einwohner der Stadt Hanau verpachtet – eine ständige Quelle von Scherereien und juristischen Schwierigkeiten, eine große Braunkohlenzeche buddelte im Tagebau an den Rändern des Reviers, und waldbaulich war es sehr vielseitig. Es gab eine Försterei mit Auewald an der Kinzig, mehrere Förstereien mit besten Kiefern, die durch- und unterstellt waren mit Buchen, und eine Buchenförsterei mit Beimischung von Eiben und stellenweise Lärchen. Eine vielseitigere Tätigkeit konnte man sich kaum vorstellen, als sie mir hier geboten wurde. Ich kann mich kaum erinnern, daß mir später in meiner 30jährigen Verwaltung als Amtsvorstand irgendeine Angelegenheit vorgekommen ist, die ich nicht als Assessor in Wolfgang bereits erlebt hätte.

Exzellenz Klein brachte mir eine außerordentlich wichtige Fähigkeit bei: das Wichtigste vom Unwichtigen unterscheiden zu lernen. Das klingt sehr einfach, ist aber in der Verwaltungspraxis, wie ich mich bei Kollegen immer wieder überzeugen konnte, sehr schwer. Wie viele Forstverwaltungsbeamte versacken heute im Unbedeutenden, sie ersticken im Papierkrieg, wollen alles selber machen und erkennen nicht, daß sie dadurch zum Nachdenken über die Gesamtwirtschaft, zum Überlegen und langfristigen Planen keine Kraft und Muße mehr aufbringen, sie ersticken im Subalternen. Das wichtigste ist, erkennen zu lernen, was so wichtig ist und solch wesentliche Folgen zeitigt, daß man es nur selbst machen kann und darf, und was andererseits nicht so wichtig ist, daß es nicht auch durch andere Kräfte bearbeitet werden könnte. Diese Methode des Delegierens von Aufgaben nach unten schafft selbständig denkende Untergebene, die Freude an ihrer Arbeit behalten, und deren Verantwortungsgefühl geweckt wird. Die Methode dagegen, alles an sich zu raffen, alles selbst tun zu wollen, weil es einem niemand gut genug macht, führt dahin, daß man selbst in Arbeit erstickt, daß man daher nicht mehr so sorgfältig arbeitet, und daß man seine Untergebenen zu unselbständigen Handlangern degradiert, die schließlich die kleinste Kleinigkeit nicht mehr ohne Rückfragen erledigen können. Als Henri Ford einen Generaldirektor engagierte, erklärte er ihm, daß er ihm ein sehr gutes Gehalt bieten würde, aber nur unter der Bedingung, daß er jeden Tag mindestens zwei Stunden lang seine Beine auf den Tisch legen würde, um nachzudenken über Planungen und Anordnungen, die er anderen erteilen könnte!

Exzellenz Klein war ein Meister im Delegieren, er war alles andere als ein Bürokrat und hielt sich den Kopf frei für neue und fortschrittliche Ideen, sowohl auf allen Gebieten seines Forstberufes, als auch für alles andere, was das Leben bietet. Er war daher stets anregend, immer interessant – ein großer Geist, der leider in einem gebrechlichen Körper steckte.

In Wolfgang gab es nur Niederjagd, leidliche Rehböcke, vor allem in der Auewaldförsterei, und in den letzten Jahren auch etwas Schwarzwild. Später ist Damwild eingesetzt worden, ich weiß aber nicht, wie sich dieses Wild weiterentwickelt hat. In Hanau, wo wir viel gesellschaftlich verkehrten, gab es einen Jagdklub, der um Langenseebold herum größere Feldjagden zusammengepachtet hatte. Hier stiegen im Winter gut geleitete Feldjagden mit wenig Schützen und viel Treibern, also das Umgekehrte von dem, was man heute leider vielfach erlebt. Ich habe dort zum erstenmal eine Feldjagd mitgemacht, die nur als Vorstehtreiben durchgeführt wurde, und bei der die Flanken mit Lappen in etwa $1/2$ Meter Höhe abgestellt wurden. Die Schützen standen nur in der Front. Wir hatten nicht den Eindruck, daß die Lappen von den Hasen respektiert wurden. Ich sah mehrfach, daß die Hasen ohne anzuhalten durch die Lappen gingen und überhaupt keine Notiz von der Lappstatt nahmen. Sicher war diese Methode, die Treiben durchzuführen, die pfleglichste, die man sich denken kann, besser als Kesseltreiben und auch besser als große Streifen, ganz zu schweigen von der Methode, die man heute leider oft mitmachen muß, die Front und die Flanken mit Schützen zu spicken und dann noch hinter der Treiberwehr Schützen gehen zu lassen, die alles, was sich nach rückwärts in Sicherheit bringen will, umbringen. Abends beim Schüsseltreiben wird dann lange darüber palavert, daß die Hasenstrecken von Jahr zu Jahr schlechter werden. „Von den Apfelbäumen fallen die Junghasen nicht!" pflegte mein alter Vater zu sagen. Außerdem muß man jeden Hasen, der beschossen wird, als verloren rechnen, denn fast immer bekommt er doch ein paar Schrote ab. Man muß daher eine Treibjagd so ansetzen und durchführen, daß ein Teil der Hasen unbeschossen entkommen kann. Wenn man dann die Suchjagd unterläßt und jedes Jahr nur etwa $^2/_3$ der gesamten Jagdfläche *einmal* abtreibt, dann brauchte man sehr bald nicht mehr über schlechte Hasenstrecken zu klagen. Die meisten Jäger wollen nicht entsagen, aber die richtige Hege verlangt Entsagung im größten Maße. „Entsagen sollst Du, sollst entsagen" heißt es im „Faust". Das gilt für uns Jäger, wenn wir Heger sein wollen, ganz besonders. Bei den böhmischen Streifen, die ich später häufig in den großen angepachteten Feldrevieren in Rominten durchführte, habe ich mit Lappen übrigens bessere Erfahrungen gemacht. Die aus Treibern bestehenden Flanken führten Lappen mit, so daß eine durchlaufende Kette von Treibern mit Lappen vorging. Diese bewegliche Lappstatt wurde von den Hasen gut gehalten, und nur wenige Hasen brachen seitwärts durch.

Was ein guter Verlorenbringer auf einer Treibjagd wert ist, erlebte ich damals mit meinem Deutschkurzhaar. Der Rüde war sehr kräftig und hatte noch nicht soviel englisches Blut, wie die meisten Deutschkurzhaar heutzutage. Ich hatte ihn selbst abgeführt, und sehr bald kam es dahin, daß ich bei den Treibjagden nur noch Nachsuchen machte. Da für mich seit meiner Jugend die Nachsuche das Interessanteste an der ganzen Jagd ist, habe ich diese Nachsuchen in bester Erinnerung. Es kam oft vor, daß ich mit meinem Hund 8 bis 10 Hasen am Tage zur Strecke brachte, die nach dem Beschuß wie gesund abgegangen waren. Bei einer Streife hatte ich den Rüden an einem Hasen geschnallt, der wirklich nichts abgekriegt zu haben schien, aber „Allasch" faßte den Hasen nach etwa 1 Kilometer langer Hetze und brachte ihn im Galopp an. Als er noch etwa 500 Meter entfernt war, kam ein anderer krankgeschossener Hase etwa 50 Meter entfernt an ihm vorbei. „Allasch" verhoffte mit seinem Hasen im Fang, legte ihn kurzentschlossen hin und hatte nach kurzer Hetze auch den zweiten Hasen erwischt. Er brachte, ohne zu überlegen, den zweiten Hasen, und kaum hatte ich ihm denselben abgenommen, als er ohne jeden Befehl von mir – ich hatte absichtlich nichts gesagt – sofort zurücklief, um den anderen abgelegten Hasen zu holen. Ein donnerndes „Bravo!" der ganzen Schützenkette, die dieses Bravourstück mit angesehen hatte, belohnte den guten Hund.

„Allasch" war Alles-Apporteur. Er brachte jeden Porzellanteller, jede Obertasse, jeden Metallgegenstand und jeden Hecht. Wenn die Kinzig im Frühjahr über die Ufer trat, stiegen die laichenden Hechte in die Entwässerungsgräben weit in die überschwemmten Wiesen hinein. Ich habe oft diese Hechte mit Schrot geschossen – sicher war das nicht ganz fischgerecht, aber es war reizvoll und interessant. „Allasch" apportierte diese Hechte. Zunächst hatte er die Sache mit dem vorschriftsmäßigen Griff in der Mitte des Fischkörpers versucht, und er machte ein richtig dummes Gesicht, wenn ihm der glitschige Fischkörper immer wieder aus dem Fang glibberte. Schließlich nahm er die Schneidezähne und biß fest in die Schwanzflosse, und so schleppte er den Hecht ans Ufer.

Außer „Allasch" führte ich damals noch meinen alten „Schnaps" und seinen Sohn „Bols", der sowohl an Schärfe als auch an Schönheit seinen Vater übertraf. Da es keine Sauen gab, wurden die Tekkel hauptsächlich zur Bauarbeit verwendet. Manchen Fuchs habe ich mit Vater und Sohn gesprengt und viele Dachse gegraben. Das Dachsgraben wurde geradezu zum Sport und zur Spezialistenarbeit, als ein Freund von mir das Forstamt Burgjoß im Spessart etwa 30 Kilometer von Wolfgang übernahm. Burgjoß hatte früher einen ausgezeichneten Auerwildbestand gehabt, der aber dauernd zurückging, also wurde den Dachsen der Tod geschworen. Jeden Samstag fuhr ich mit meinem Opel-Laubfrosch nach Burgjoß mit „Schnaps" und „Bols" und wir gruben Dachse. Beim Dachsgraben muß man Hunde haben, die wohl scharf, aber nicht zu scharf sind. Ein Hund ist einem starken Dachs immer unterlegen, weil dieser nicht nur ein stärkeres Gebiß, sondern außerdem noch die stark bewehrten Pranken hat, mit denen er gefährliche Hiebe austeilt, wenn ihm der Hund zu nahe kommt. Es ist ähnlich wie bei der Hetze mit einem Schweißhund auf einen starken Hirsch. Der Schweißhund soll so scharf sein, daß er den kranken Hirsch zu Stande hetzt, er soll dann den gestellten Hirsch ständig so beschäftigen, daß dieser stehenbleibt, aber er soll nicht so scharf sein, daß er versucht, den Hirsch niederzuziehen, denn dabei wird er über kurz oder lang geforkelt. So muß man von einem guten Dachshund verlangen, daß er den Dachs im Bau ständig beschäftigt, ihn anhaltend, und zwar stundenlang, ohne einmal nachzulassen, verbellt, aber er soll nicht versuchen, den Dachs zu würgen.

Wie oft hat man mir einen besonders scharfen Terrier angepriesen, mit der Behauptung, daß der Hund im Bau jeden Dachs abwürge – gerade das soll er eben nicht. In den seltensten Fällen ist der Hund imstande, einen gewürgten Dachs aus dem Bau herauszuziehen. Wenn man also nicht genau weiß, wo der Kampf stattgefunden hat, bleibt der verendete Dachs im Bau liegen, und das dürfte ja wohl nicht der Zweck der Übung sein. Der gute Dachshund darf aber auch beim Vorliegen niemals aussetzen, etwa, um mal eben nachzuschauen, ob Herrchen noch da ist. Besonders darf er es dann nicht tun, wenn man schon mit dem Einschlag begonnen hat. Der Dachs benutzt sonst sofort die Gelegenheit, um eine ganz andere Stelle des Baues aufzusuchen, dort Sand hinter sich zu scharren, also sich zu verklüften. Die meisten Mißerfolge beim Dachsgraben beruhen darauf, daß der Hund nicht anhaltend vorliegt, sondern von Zeit zu Zeit abläßt und dadurch dem Dachs Chancen zum Verklüften gibt. Nach meinen Erfahrungen lernt das ein Hund nur durch die Praxis, d. h., ein guter Dachshund ist immer nur ein älterer Hund. Ich habe es stets so gehalten, daß ich zwei Hunde hatte mit etwa vier bis fünf Jahren Altersunterschied, dann brachte der ältere Hund, der stets als erster in den Bau hineingelassen wurde, die Kniffe und Finessen dem jüngeren von selbst bei.

In dem Buntsandsteinboden von Burgjoß war das Graben im allgemeinen leicht, immerhin kamen auch sehr tiefe Baue mit Felsenspalten vor. Ich erinnere mich, daß ich einmal nach Hause gehen mußte, um Laternen zu holen, und erst spät abends mit dem letzten Einschlag fertig wurde. Dafür holten wir dann aber auch drei Dachse heraus, die hintereinander in der Endröhre gesessen hatten. Ich hatte mir vom Dorfschmied eine zweizinkige Gabel schmieden lassen, deren Zinken etwa 20 cm voneinander entfernt waren, während die beiden gleich langen, unten angespitzten Zinken eine Länge von ca. 25 cm hatten. Die Gabel steckte in einem stabilen 3 m langen Eschenstiel.

Lag der Hund fest vor dem Dachs vor, dann wurde oben mit Knüppeln auf den Boden geklopft, um den Dachs zum Zurückweichen zu veranlassen. Der Hund rückte dann sofort nach, und auf diese Weise konnte man sehr leicht die Richtung der unterirdischen Röhre feststellen. Hatten wir den Eindruck, daß der Dachs sich nicht mehr bewegte, also aller Wahrscheinlichkeit nach in einer Endröhre saß, dann wurde der Einschlag gemacht, und zwar so, daß man genau auf den Hund herunterkam. Schlug man über dem Dachs ein, dann hielt dieser das meistens nicht aus und ging im letzten Augenblick über den Hund zurück in den Hauptbau, und man hatte alle Graberei vergebens gemacht.

Sobald man am Hund war, wurde als erstes die rückwärtige Röhre zugestopft und dann erst der Hund abgenommen, wobei man bei „Schnaps" aufpassen mußte, daß man nicht gebissen wurde, da die giftige Kröte dann so rabiat vor Eifer und Passion war, daß sie nicht darauf acht gab, ob es die Hand des Herrn war, die nach ihm faßte. Nun mußte vollkommene Stille eintreten, und man stand, mit der Gabel bewaffnet, über der freigelegten Endröhre. Es dauerte meistens nur wenige Minuten, bis Grimbart vorsichtig seinen Kopf vorstreckte, angelockt durch das einfallende Licht und erstaunt über die plötzliche Stille nach soviel Tumult. In dem Moment stieß man mit der Gabel zu, so daß man den Kopf des Dachses vor der Gabel hatte, man drückte also mit der Gabel über dem Hals des Dachses diesen so fest auf den Boden, daß er nicht vor- und rückwärts konnte. Die Spitzen der Gabelenden bohrten sich dabei tief in den Boden. Es gehörte aber die Kraft eines ausgewachsenen Mannes dazu, einen Dachs auf diese Weise festzuhalten. Schnell sprang dann ein Mitjäger hinzu und schoß mit einer Pistole den Dachs in den Kopf. Hatte man den Dachs herausgezogen, dann kam es oft vor, daß noch ein zweiter hinter dem ersten gesessen hatte und hervorkam. Der Mann mit der Dachsgabel mußte also weiter genau aufpassen. Diese Methode des Dachsgrabens scheint mir die humanste und damit auch

Die Wilhelmshütte   *Die Lindenhütte (Rominter Heide)*

Bei 30 Grad Kälte in der Rominter Heide   *Zwei Wölfe auf einem Stand*

die waidgerechteste zu sein. Dachszangen, Dachsbohrer oder ähnliche Marterinstrumente habe ich niemals verwandt.

Wir luden oft zu diesen Dachsgraben die Damen und andere Gäste ein. Es wurden dann Kartoffeln in der Glut eines Feuers geröstet und Bratwurst, in Pegamentpapier gewickelt, in der heißen Asche gebraten, wobei man darauf achten mußte, daß die Würste schnell mit Asche zugedeckt wurden, damit das Papier kein Feuer fing. Nach 10 Minuten sind die Würstchen im eigenen Saft köstlich gebraten und schmecken zu Pellkartoffeln besser als manches Diner. Einige Pullen Rotspon waren vorher am Feuer liebevoll so lange gedreht worden, bis sie die richtige Temperatur hatten. Der Genuß dieser Picknicks litt nur etwas darunter, daß alles nach Dachs roch und schließlich auch schmeckte. Man hatte selten Wasser in der Nähe, um sich gründlich zu waschen. In späteren Jahren, als ich von der Zivilisation schon erheblich mehr angekränkelt war, nahm ich meistens eine große Kanne Wasser und Seife zum Waschen mit.

Das Forstamt Burgjoß war eine alte Wasserburg aus dem 11. oder 10. Jahrhundert. Zweifellos war früher das Wasser der Jossa, die unweit des alten Schlosses vorbeifloß, benutzt worden, um durch Versumpfung und Überflutung die alte Burg vor Überfällen zu schützen. Die Mauern waren im unteren Teil der Burg etwa 3 m dick und maßen oben in der 2. Etage noch 1,50 m. Das Erdgeschoß war wegen Feuchtigkeit unbewohnbar, hier waren Waschküche und Wirtschaftsräume untergebracht. Im ersten Obergeschoß wohnte damals der frühere pensionierte Forstmeister, und im zweiten Obergeschoß war die Dienstwohnung des amtierenden Forstmeisters, meines Freundes. Die Zimmer waren saalartig mit 1,50 m tiefen Fensternischen, und der Blick schweifte von hier über die Wiesen des Jossatales – es war, um mit Börries v. Münchhausen zu sprechen, ein „Schloß in Wiesen". Man konnte sich vorstellen, wie hier vor Jahrhunderten in den Fensternischen die Burgfräuleins mit ihren Stickrahmen saßen und nach den Troubadouren Ausschau hielten, man konnte hier träumen von Belagerungen in unzähligen Kriegen, die seit der Erbauung der alten Burg über das Land gegangen waren, mit Schwert und Harnisch und mit Bechergetümmel.

In Burgjoß schoß ich meinen ersten Auerhahn. Ich hatte während meiner Referendarzeit in der Rhön wohl eine Balz erlebt, aber bisher keinen Hahn frei gehabt. Ich habe seitdem in vielen Gegenden Hahnen geschossen und vor allen Dingen Gäste auf Hahnen geführt. Mit dem Auerhahn ist es eine merkwürdige Geschichte. Häufig ist die Erlegung so einfach, daß mir schon Gäste – und es waren nicht die schlechtesten Jäger, die so dachten – erklärten, es sei doch eigentlich eine zu leichte Sache, den balzenden Hahn vom Baum herunterzuschießen. Ein solch seltenes und edles Wild müsse vor der Erlegung mehr Mühe machen, mehr Schweiß erfordern, als es der Fall sei. Das mag oft zutreffen, aber oft ist es auch völlig anders. In Burgjoß brauchte ich drei Jahre, bis ich meinen Hahn hatte. Entweder schlug das Wetter um, und der bestätigte Hahn verschwieg am nächsten Morgen, oder der Hahn stellte sich beim Anspringen mehrfach um, und es wurde hell, bevor man an ihn heran kam, er ging vor Büchsenlicht zu Boden, oder man konnte ihn in einer dichten Fichte balzend, nicht finden und freibekommen oder, was häufig vorkam, eine schreckende Ricke ließ den Hahn verschweigen – kurzum, ich habe in den drei Hahnenbalzen alle Enttäuschungen erlebt, die einem Hahnenjäger widerfahren können. Als dann zu Ende der Balz des dritten Jahres der Hahn bestätigt gemeldet wurde, fuhr ich nachmittags nach Burgjoß, wir hörten den Hahn einfallen und worgen, und am nächsten Morgen sprangen wir den flott balzenden Hahn an, und ich schoß ihn von einer Kiefer herunter. Es war alles einfach, unkompliziert und wenig ereignisreich. Ich danke dem Hl. Hubertus, daß ich mich drei Jahre mühen mußte um meinen ersten Hahn, denn dadurch blieb der Urhahn, nächst dem Hirsch, mein liebstes Wild.

Die Balzlaute des Auerhahnes kommen mir immer etwas unwirklich vor, etwas urweltlich, nicht mehr recht passend in unsere Zeit. Wenn das erste Morgendämmern graut und man sieht diesen großen Vogel mit komischen Verrenkungen, diese, im Verhältnis zur Größe des Hahnes, leisen Balzlaute von sich geben – Laute, die so gar nichts gemein haben mit dem Ruf, Geschrei oder Singen aller anderen Vögel unserer Zeit – dann kommt mir der Auerhahn immer wie ein Überrest eines versunkenen Zeitalters, einer dahingeschwundenen Urwelt vor. Nicht umsonst wird der Auerhahn „Urhahn" genannt. Er hat etwas Uriges an sich und paßt in eine urige Landschaft, sei es der sturmzerzauste Wetterwald des Hochgebirges oder der Sumpfwald weiter, unberührter östlicher Räume. Im modernen Wirtschaftswald

WENN DER URHAHN BALZT

des Mittelgebirges oder der Ebene empfinde ich den balzenden Hahn als nicht ganz stichecht, als ein Requisit, das nicht mehr ganz dahin gehört. Damit soll nicht gesagt sein, daß Auerwild in diesen Revieren etwa unangebracht sei und keiner Hege bedürfe – im Gegenteil, ich beglückwünsche jeden Revierinhaber, der in seinen gepflegten Forsten noch Auerwild hat, der das Glück gehabt hat, daß dieser Kulturflüchter nicht vor Axt und Säge gewichen ist. Aber um den vollen Zauber der Auerhahnbalz auszukosten, um das Letzte, das Feinste zu erfühlen, muß man die Balz im Hochgebirge oder in östlichen Urwaldsümpfen oder – noch besser, unter beiden Verhältnissen erlebt haben.

In den riesigen Quellgebieten des Pripjet, der Jasiolda, des Narew und der Narewka ist eine solche nahezu unberührte Sumpflandschaft, in der es Auerwild und Birkwild in Massen gibt, und in der auch sonst ein ungeheuer reiches Vogelleben den Naturfreund und Jäger begeistert. Ich war dorthin eingeladen, um einen Auerhahn und einige Birkhähne zu schießen. Vom ersten Weltkrieg kannte ich ungefähr die Gegend, hatte aber damals keine Gelegenheit gehabt, zu jagen. Als ich ankam, wurde mir eröffnet, daß ich auch einen Rackelhahn schießen könnte, wenn ich Lust dazu hätte. Ich müsse aber den Rackelhahn zuerst schießen, weil er jetzt bestätigt sei, und weil außerdem dieser Rackelhahn den ganzen Balzplatz rebellisch mache und störe. Niemand freute sich mehr als ich; wann wird einem jemals Gelegenheit geboten, ein so seltenes Wild wie einen Rackelhahn zu schießen! Ich hatte viel über Rackelwild gelesen, aber trotzdem ich oft in Revieren war, die Auer- und Birkwild nebeneinander beherbergten, hatte ich niemals Bekanntschaft mit Rackelwild gemacht.

Am nächsten Morgen fuhren ein polnischer Jäger, der dort Gajowi genannt wird, und ich in stockdunkler Nacht auf einem Panjewagen los. Der Kutscher war ein bärtiger Weißruthene, der sein struppiges, unter einem Holzbogen gehendes, kleines Pferdchen mit lautem „Ista, Ista!" antrieb. Mein Gajowi sprach kein Wort deutsch, was mich aber nicht unangenehm berührte und mir lieber war, als wenn ich einen Schwätzer bei mir gehabt hätte. So konnte ich ungestört alle neuartigen Eindrücke in mich aufnehmen, und am Hahn würde ich schon ohne Belehrungen meinen Mann stehen – ich brauchte nur einen Menschen, der geländekundig war, und dazu brauchte es des Redens nicht.

Wir fuhren zunächst auf holprigen, sehr schmalen Waldwegen durch alte urwaldartige Bestände. Soweit ich in der Dunkelheit sehen konnte, meist Mischbestände von Laub- und Nadelholz, deren gewaltige Schönheit mir erst auf der Rückfahrt bei Tageslicht aufgehen sollte. Es war noch völlig dunkel, als wir nach etwa einstündiger Fahrt am Rande eines großen Sumpfgebietes hielten. Der Kutscher band seinem Pferdchen den Freßsack um und machte sich dann ein helloderndes Feuerchen an. Der Jäger wandte sich gegen den Sumpf, und nun ging es zunächst auf einem alten Knüppeldamm und dann quer in den Sumpf hinein auf nebeneinanderliegenden Stangen. Der Sumpf war bestanden mit einem lückigen Kiefernbestand, und Bülten reihten sich an Bülten, auf denen Ericaceen, Rauschbeere, Preißelbeere, Moosbeere, Porst und Sphagnummoos wuchsen. Zwischen den Bülten stand Sumpfgras und Wollgras und vielfach auch blankes Wasser. Wenn man in der Dunkelheit von den glatten Stangen abrutschte, was öfter vorkam, saß man gleich bis zur halben Wade im Modder. Wir hatten uns lange Stöcke, etwa wie Alpenstöcke, mitgenommen, um in der Dunkelheit auf den glatten Stangen besser balancieren zu können. Man kam aber nur sehr langsam vorwärts, da man sich buchstäblich mit den Füßen auf den Stangen entlangtasten mußte. Die Kiefern waren etwa 4–6 m hoch und maßen 15–20 cm Brusthöhendurchmesser, waren aber sicher 100 Jahre alt und älter, die einzelnen Jahresringe dieser Bäume waren nur mit dem Vergrößerungsglas zu erkennen, wovon ich mich später überzeugen konnte. Die Kronen waren ganz abgeflacht, so daß die Kiefern die Form von Pinien hatten. Hier, in dieser stagnierenden Nässe, konnte sich keine andere Holzart halten als die Kiefer, diese anpassungsfähigste aller Holzarten, die sowohl auf den trockensten als auch auf den nassesten Standorten noch gedeiht. Stellenweise lagen in dem Sumpfgebiet einzelne Sandinseln, die etwa 50 cm bis 1 m höher als das Sumpfniveau lagen, und auf denen die Kiefer sofort ihre alte Waldbaumgröße erreichte mit normaler Stamm- und Kronenentwicklung. Auf diesen Inseln war der Boden mit Beerkraut und stellenweise mit Heide bedeckt.

So wanderten wir mit unseren Stangen von Sandinsel zu Sandinsel, zeitweise bekamen wir den Blick frei auf weite, unbestockte Sumpfpartien, wo blanke Wasserflächen blinkten in Richtung der Jasiolda. Diese Landschaft hatte sich seit Urzeiten gewiß nicht gewandelt. Als nach der letzten Eiszeit die ungeheuren Schmelzwassermassen der Gletscher dieses Land bedeckten, blieben riesige, flache Seen zurück, nachdem die Hauptwassermengen in breiten Urströmen zum Meere abgeflossen waren. In diesen flachen Seen begann nun langsam die Verlandung – ein Prozeß, der heute noch nicht völlig abgeschlossen ist. Abgestorbene Pflanzenreste, insbesondere Sphagnummoos, bildeten dicke Torfschichten, die wiederum ein hervorragendes Wasserreservoir abgaben und die Reste der alten Urströme, die nunmehr zu Flüssen geworden sind, mit Zufluß speisen und so ein ungeheures Quellgebiet von der Größe mehrerer deutscher Provinzen darstellen. Seit Jahrtausenden dürfte sich hier im Charakter der Landschaft nichts geändert haben. Solche Kiefernbestände und solche Bülten, solches Sphagnumpolster, auf dem die roten Moosbeeren leuchten, solche Sandinseln mit stärkeren Beständen, solche Flora und Fauna waren schon in prähistorischer Zeit vorhanden wie heute. Schon als der paläolithische Jäger, der den weichenden Gletschern folgte, hierher kam, balzte der Urhahn hier sein Lied. Während eine Kiefernkussel abstirbt und im Sumpf versinkt und zu Torf wird, ringt schon auf der nächsten Bülte eine kleine kümmerliche Kiefer um ihr Dasein; hier ist ein ewiges „Stirb und Werde", aber nicht mit Katastrophen, mit großen Ereignissen, wie es im geschlossenen Hochwald Sturm, Feuer und Eisbruch verursachen, sondern langsam unmerklich sinken Generationen von Bäumen hin und neue Generationen wachsen heran; das Gesamtbild ändert sich kaum. In diese uralte Landschaft, in diese unendliche Einsamkeit, in diese schwermütig machende Weite des östlichen Sumpfwaldes paßt das geheimnisvolle, vorweltliche Lied des großen Hahnes! Wenn hier im ersten Frührot der Urhahn auf der flachen Krone einer wenige Meter hohen Kiefer steht und beim Schleifen seinen Kopf und Stingel steil nach oben richtet, zitternd mit dem gefächerten Stoß in Liebesekstase, dann durchschauert einen die Unendlichkeit der Zeit, in der tausend Jahre nichts sind, und man kommt sich kümmerlich wie eine Eintagsfliege vor im ewigen Werden und Vergehen der Natur.

Der Gajowi deutete an, daß wir am Rande einer Sandinsel warten müßten. Noch war es dunkel, nur der Waldkauz ließ von Zeit zu Zeit seinen Ruf erschallen und der Sperlingskauz pfiff dazwischen; auch das vibrierende uhu-uhu-uhu des Rauhfußkauzes war zu hören, sonst war alles still. Da zeigte sich hinten weit über der unendlichen Ebene der erste matte Streifen im Osten, und von der Jasiolda her tönte das Trompeten der Kraniche. Wie helle Fanfaren klingt das laute Rufen der herrlichen Vögel und schallt weit als erster Gruß an den kommenden Morgen über das unendliche Sumpfgebiet. Jetzt lassen auch die Kiebitze über den freien Sumpfflächen ihr kiwit-kiwit hören, und nun kommt das erste quorr-quorr-puitz-puitz der ziehendene Schnepfe – – da, nicht weit von uns ein leises Knappen, was gleich wieder verstummt. Tschuiii – beginnt an der nächsten Sandinsel der Birkhahn zu fauchen, und ringsherum fallen andere ein in das Balzkonzert. Ein zweiter Auerhahn balzt hinter uns, dann ein dritter und vierter, jetzt macht der erste Hahn schon ein richtiges „Gesetzl", wie der Gebirgler sagt. Schnepfen ziehen ununterbrochen über uns und neben uns mit lautem Quorren vorbei. Mit klingelndem Flug streichen Enten über uns hinweg und fallen mit lautem Klatschen auf einer nahen Blänke ein – nat-nat-nat lockt die Ente, und nun geht ein Konzert los, daß man Mühe hat, die Auerhahnen überhaupt noch zu hören. Trompetende Kraniche, rufende Kiebitze, hoch in der Luft meckernde Bekassinen, lockende Enten, quorrende und puitzende Schnepfen, fauchende und kullernde Birkhähne – man kann kaum mehr unterscheiden, wie viele es sind, das ganze Moor grudelt und brodelt – und vier flott balzende Auerhähne unterscheide ich. Wie soll man aus diesem Konzert den Rackelhahn heraushören können?! Jetzt setzen auch langsam und erst zaghaft die Drosseln ein, rauschend geht der große Hahn, der uns am nächsten gestanden hat, zu Boden. Gock-gock-gock locken die Hennen, und wir hören den Hahn flott am Boden weiter balzen. Ich bin völlig hingerissen von diesem Blaskonzert, so etwas habe ich noch nicht erlebt, das ist noch urwüchsige Natur. Hier ist der Mensch mit all seiner Qual noch nicht als Zerstörer und Verwüster aufgetreten. An Schießen denke ich gar nicht, ich bin fast froh, daß der Rackelhahn verschweigt, so daß ich in aller Ruhe den köstlichen Urwaldmorgen erleben kann.

Mein polnischer Jäger ist wohl abgestumpfter und murmelt

»SO N'N SCHWEINE, NICHT BALZT«

irgend etwas Polnisches vor sich hin, sicher sind es leise Flüche; oft hält er die Hand hinters Ohr, um besser horchen zu können, aber irgendeine Vogelstimme, die ich nicht kenne, höre ich nicht, also muß der Rackelhahn wohl nicht da sein, wie es bei seinem unsteten Wesen kaum verwunderlich ist. Jetzt singen die Drosseln in vollem Chor, Schnepfen ziehen nur noch vereinzelt, die Auerhähne sind zu Boden gegangen, an verschiedenen Stellen hören wir sie am Boden balzen, die Birkhähne verschweigen und halten die „Morgenandacht" – – da sagt der Jäger, der angeblich kein Wort Deutsch kann, in die andächtige Stimmung, die mich umfängt, hinein: „So'n Schweine, nicht balzt, halten Schnauze!" Ich wäre vor Lachen beinahe vom Jagdstock gefallen, und mit der feierlichen Stimmung war's nun vorbei.

Langsam turnten wir, nun bei Tageslicht erheblich leichter und bequemer, über die Stangenstege zurück zu unserem Panjewagen und fuhren nach Hause. Jetzt konnte ich die herrlichen, urwaldartigen Altholzbestände bewundern, durch die wir schon nachts gefahren waren. Es waren Mischbestände von Eiche, Winterlinde, Aspe, Hainbuche, Ahorn mit stellenweiser stamm- und gruppenweiser Beimischung von Fichte; an Bachläufen fand sich Erle und Esche, auch Ulme; an sandigen, etwas trockenen Partien dominierte sofort das Nadelholz, hier befanden sich Kiefern-Fichtenmischbestände von seltener Schönheit. Überall wucherte unter dem Altholz üppig die Naturverjüngung; selbst in vollkommen dicht bestockten Partien fand sich geschlossener Unterwuchs, der nur darauf zu warten schien, daß Sturm, Blitz oder Alter eine Lücke schufen, um sich sofort hochzuschieben. Rücksichtslos ist so ein Kampf ums Licht, der gleichzeitig der Kampf ums Dasein ist in einem Urwald. Sobald ein Stamm etwas Vorsprung im Wuchs hat, treibt er auch seine Seitenzweige mit brutaler Energie über die Köpfe seiner Nachbarn, diese vom Licht und Höhenwachstum damit ausschaltend. Der Stärkere zwingt den Schwachen erbarmungslos zu Boden – aber da unten am Boden, da wartet der Schwache, da lebt er lange im Schatten, wenn auch kümmerlich, und wenn auch das Wachstum seiner Krone eingeschränkt bleibt und seinem oberirdischen Teil Fesseln und Schrauben angelegt sind, unter der Erde wachsen seine Wurzeln weiter und, sobald derjenige, der ihn niedergerungen hat, scheitert, sei es, daß die Schneelast ihn zerbricht, sei es, daß der Sturm ihn fällt oder der

Blitz ihn zerschmettert, sofort schießt der Langunterdrückte hoch, nunmehr mit ebenso rücksichtslosen Ellenbogen alles niederringend, was sich ihm entgegenstellt, hinauf zum Licht – – hinauf zur Herrschaft! Ist der Urwald mit seinem Ringen ums Licht, mit seinem Kampf ums Dasein, nicht ein Abbild unseres menschlichen Lebens? Aber wir dünken uns besser, wir sind zivilisiert, wir arbeiten mit feineren Methoden und vor allem, wir tarnen die Methoden, aber die Härte und Brutalität des Kampfes ist im Endeffekt dieselbe.

An verschiedenen Stellen lasse ich den Kutscher halten, steige ab und sehe mir einige Baumriesen genauer an. Fichten bis 48 m Höhe, Eichen mit einem Derbholzinhalt von 30 fm und darüber sind keine Seltenheit, bestätigte mir später der zuständige Forstbeamte. Mit ähnlichem Wald muß Deutschland bedeckt gewesen sein, als Tacitus seine Germania schrieb, und man kann in solch einem Urwald Verständnis dafür bekommen, daß den Römern vor der Undurchdringlichkeit dieser Wälder grauste. Fährt man lange durch derartigen Urwald, so hat man neben dem Gefühl des Grandiosen und des Urwüchsigen doch auch die Empfindung, daß der Wald ursprünglich nicht der Freund, sondern der Feind des Menschen war und es auch heute noch an vielen Stellen der Erde ist, man denke nur an die grüne Hölle des Amazonas und die Fieberwälder des Kongo.

Abends gingen wir auf den Schnepfenstrich in einem anderen Teil des Reviers. Ich zählte über 20 Schnepfen, die ich sah, und schoß von acht Stück, die mir schußgerecht kamen, fünf. Mir wurde erzählt, daß es keine Seltenheit wäre, daß ein guter Schütze an einem Abend bis zu 10 Schnepfen erlegt. Es war dann auch das einzige Mal in meinem Leben, daß ich dort in Polen ein Schnepfenessen mitmachte, bei dem für jeden Teilnehmer zwei Schnepfen serviert wurden. Zu Hause ist man im allgemeinen froh, wenn man soviel geschossen hat, daß jeder eine halbe bekommt.

Am nächsten Morgen ging es, wieder über Stangenstege balancierend, zu unserer Sandinsel, um dem Rackelhahn ans Leder zu gehen. Wieder erlebte ich das Erwachen der Vogelwelt, und als die Birkhähne anfingen zu fauchen, hörte ich einen merkwürdigen Ton, der ganz ähnlich dem Fauchen eines Birkhahnes klang, aber doch wieder anders war. Es ist sehr schwer zu beschreiben – man muß es eben gehört haben. Hätte ich nicht gewußt, daß dort ein Rackelhahn sein sollte, so wäre mir wahrscheinlich gar nichts aufgefallen. Mein Gajowi geriet aus dem Häuschen, und mit dem Wort „Rackelhahn!" bezeugte er seine weiteren Fortschritte in der deutschen Sprache. Das Fauchen erscholl auf etwa 100 m Entfernung mitten in einem Kiefernkusselbestand; ich mußte also versuchen, heranzupürschen. Wir sackten, als wir unsere Sandinsel verließen, bis zur halben Wade in Modder und Wasser ein, aber meine Warschauer Juchtenstiefel hielten dicht, und langsam, ganz langsam pürschten wir uns vorwärts. Plötzlich erklang dies merkwürdige Fauchen rechts von uns, nach einiger Zeit kam es von links – aha, der Bursche lief oder hüpfte von Bülte zu Bülte. Jetzt hörte ich zwischen dem Fauchen auch ein leises Knappen, ähnlich wie beim Auerhahn, nur leiser und nicht so tönend, es fehlte das etwas Metallische im Ton, das beim Knappen des Auerhahns zu hören ist. Außerdem war das Knappen so leise, daß man es höchstens auf 60 m hören konnte. Ich sah mir mit Hilfe des Glases die Augen aus dem Kopf, um den Hahn wenigstens mal zu sehen, aber es war noch zu dunkel. Da reitet vor uns ein Stück ab, fällt aber unweit in einer Kiefernkrone wieder ein. Sofort höre ich von dort wieder das leise Knappen und sehe nun auf etwa 100 m den Hahn als Silhouette durch die Kiefernzweige halbverdeckt auf einer flachen pinienförmigen Kiefernkrone stehen. Langsam schiebe ich mich zur Seite, um eine andere Kiefer als Deckung zwischen uns zu bringen. Das gelingt auch, der Hahn knappt weiter und faucht jetzt auch mehrmals. Dem Jäger hatte ich gewinkt, zurückzubleiben, bei diesem Anpürschen ist schon einer zu viel. Ganz langsam schiebe ich mich vorwärts, immer genau die Kiefer im Auge behaltend, die ich als Deckung zwischen mir und dem Hahn habe; wenn ich diese Kiefer erreiche, ist der Hahn mein. Es wird inzwischen schon ziemlich hell, aber sehen kann ich den Hahn nicht, also kann er mich auch nicht eräugen – – nur langsam weiter – – da – als ich noch etwa 10 m vor der Deckungskiefer bin, reitet der Hahn ab, fällt nach 150 m wieder ein, und ich höre ihn dann wieder fauchen. Nochmal angehen hat keinen Zweck, dafür wird es zu hell und das Bruch bietet zu wenig Deckung. Inzwischen ist der Gajowi herangekommen, der alles genau von seinem Stand beobachtet hat. Er tippte auf meine erstklassige, nach Maß geschäftete Ejektor-Doppelflinte Kaliber 12 und sprach die denkwürdigen Worte: „Gewerr beschissen – – Kleinkaliber dobra!" Aber erstens hatte ich kein Kleinkaliber und zweitens bin ich kein Freund eines Kugelschusses auf Hahnen. Ich will damit nicht das in den Jagdzeitschriften schon mehrfach zu Tode gehetzte Thema: „Ist der Schrotschuß oder der Kugelschuß waidgerecht auf Auer- und Birkwild?", nochmal aufwärmen, aber ich war mehrfach dabei, wie ein Auerhahn, mit der Kugel geschossen, die er wahrscheinlich waidwund bekommen hatte, nicht gefunden wurde, und bin daher ein Anhänger des Schrotschusses. Daher war für mich trotz allem ein Kleinkaliber nicht „dobra". Ich hatte nicht den Eindruck, daß der Rackelhahn mich eräugt hatte, sondern der Bursche war so unstet und so unruhig, daß er ständig seinen Standort wechselte und dadurch auch Unruhe und Störung auf den ganzen Balzplatz brachte.

Noch zwei Morgen versuchte ich es unentwegt auf den Rackelhahn – ohne Erfolg. Das eine Mal sah ich ihn über eine Bültenlücke laufen, aber zum Schießen reichte es nicht. Er hielt nie so lange an einer Stelle aus, daß man sich hätte anpürschen können. Infolge des schwierigen Geländes kam man nur sehr langsam vorwärts, und wenn man etwa die Hälfte des Weges zurückgelegt hatte, stellte der Hahn sich um. Die Hoffnung, daß er sich doch auch einmal zu mir hin umstellen und auf Schußentfernung vor mir einfallen könnte, ging nicht in Erfüllung – es sollte halt nicht sein, und nun wurde es langsam Zeit, sich dem Auerhahn zu widmen.

Ich sollte einen alten Hahn schießen, der auch in dem „Rackelhahnbruch", wie ich es heimlich nannte, balzte, aber 500 m weiter nördlich von unserer alten Operationsbasis entfernt. Der Hahn sollte hier am Rande eines Kiefernaltholzhorstes balzen, der auf einer der schon beschriebenen Sandinseln stockte. Bei völliger Dunkelheit balancierten wir auf den verfluchten Stangenstegen zu dem Altholzhorst hin. Wir wollten den Hahn ziemlich frühzeitig angehen, da es ein alter Hahn war, der ziemlich früh zu Boden zu gehen pflegte. Der Hahn fing auch programmäßig an zu knappen, aber nicht am Rande auf seinem alten Balzbaum, sondern mitten in dem Horst. Bald spielte er sich ein, und wir gingen den flottbalzenden Hahn an, springen konnte man das nicht nennen, der Boden war eben, mit Heidekraut bewachsen, es war ein gemütliches Angehen, bei jedem Schleifen zwei Schritte. Als es feierlich wurde, ließ ich den Jäger zurück. Jetzt mußte ich den Hahn doch eigentlich sehen – – ich gehe beim nächsten Schleifen noch zwei Schritt weiter, nehme das Glas zu Hilfe – – aber ich sehe keinen Hahn. Dabei balzt der Hahn so nahe, daß ich ihn unbedingt unmittelbar vor mir haben muß. Ich mache noch einige Schritte und habe erneut den Eindruck, daß der Hahn direkt vor mir sitzen muß; weiterzugehen ist sinnlos, ich muß warten, bis es heller wird. Der Hahn balzt flott ohne Pause. Ich drehe den Kopf mal zurück – – Himmeldonnerwetter – – der Hahn balzt ja hinter mir, ich muß ihn untersprungen haben. Jetzt drehe ich den Kopf nach rechts – – da balzt der Hahn rechts von mir. Langsam werde ich nervös. Als ich den Kopf nach links drehe, habe ich den Eindruck, daß der Hahn links von mir steht – – da klackt unmittelbar neben meinem Hut die Balzlosung herunter, mir direkt vor die Füße. Ich schaue ruckartig senkrecht nach oben, und da steht der Hahn keine 4 m entfernt genau über mir auf einem dicken trockenen Kiefernast und – – verschweigt! Ich rühre kein Haar, schaue nur immer senkrecht nach oben, jetzt wird der Hahn langsam zur Zigarre, immer schmaler und länger, äugt mit leicht seitwärts gedrehtem Kopf links am Ast vorbei zu mir herunter, jetzt rechts vorbei – – nur nicht bewegen jetzt, dann ist alles verloren! Der Hahn äugt unentwegt, mir wird das Genick vollkommen steif – – nun schläft mein linker Fuß ein – – jetzt auch der rechte – – die Flinte fängt an in meinen Händen zu zittern – lange kann ich diese vermaledeite Stellung nicht mehr aushalten! Wilde Pläne durchkreuzen mein Hirn – die Flinte hochreißen und schießen – – Unsinn, entweder schießt du den Hahn auf die nahe Entfernung zu Brei, oder, was das Wahrscheinlichere ist, du schießt vorbei. Aber passieren muß jetzt was, ich halte es einfach nicht mehr aus – – das dachte dann wohl auch der Hahn, erlöste mich mitleidig aus der vertrackten Stellung – – und ritt ab! Der Gajowi kam und sagte nichts, sicher reichte sein deutscher Sprachschatz nicht aus, um seiner grenzenlosen Verachtung Ausdruck zu geben. Wir hätten noch bequem einen anderen Hahn anspringen können, es war noch ziemlich dunkel, es hätte sicher noch gereicht, und der Gajowi gab mir das auch zu verstehen – aber das wollte ich nicht. Ich hatte schon den Rackelhahn nicht gekriegt, jetzt wollte ich wenigstens den Auerhahn schießen, auf den ich angesetzt war. Aber ich kriegte ihn nicht, denn dieser alte Hahn hatte das im Morgengrauen unheimlich hellleuchtende Menschengesicht, in das er eine geschlagene Viertelstunde auf so nahe Entfernung hineingeschaut hatte, so übelgenommen, daß er seinen Balzplatz die nächsten Tage mied. Ich schoß dann schließlich einen anderen guten Hahn – es balzten etwa 12 Hähnen in dem Rackelhahnbruch – aber nicht auf einer Sandinsel, sondern mitten im Bruch, wo er auf einer 5 m hohen Kiefernkussel stand. Es war ein phantastisches Bild, wie dieser Hahn, so niedrig über der Erde riesengroß wirkend, mitten auf der abgeflachten Krone stand und sich gegen den hellen Morgenhimmel als Silhouette abhob. Als ich auf Schußentferung heran war, genoß ich mehrere Strophen lang dieses seltene Bild, bis mein Schuß ihm in höchster Liebesektstase den Lebensfaden abschnitt. Der Hahn wog $10^1/_2$ Pfund, was für die dortigen Verhältnisse nicht sehr viel war, es kamen Hähne bis zu 12 Pfund vor, und ich habe selbst einen Hahn, den ein anderer Gast geschossen hatte, mit $11^1/_4$ Pfund gewogen. Die Hähne waren auf der Unterseite des Stoßes und auch an der Bauchseite erheblich heller als die deutschen Hähne, so daß es sich hier wohl schon um einen Übergang zum Auerhahn des Ural handelt, der auf der Unterseite fast weiß sein soll.

In dem Sumpfgebiet der Jasiolda gab es neben dem zahlreichen Auer- und Birkwild auch Wolf, Luchs und viel Schwarzwild. Natürlich kamen auch Fuchs, Dachs und Baummarder vor – also alle Feinde der Waldhühner waren reichlich vorhanden, und trotzdem dieses starke Vorkommen! Allein in dem Rackelhahnbruch balzten, wie schon gesagt, ein Dutzend Auerhähne und im gesamten, allerdings sehr großen Revier balzten 150 große Hahnen, wobei bestimmt nicht der letzte balzende Hahn in den großen, ausgedehnten Brüchen verhört worden war.

Am gefährdetsten ist beim Auerwild bekanntlich das Gelege, das die Henne meistens sehr sorglos anzulegen pflegt, und das dann häufig eine Beute des Dachses und vor allem des Schwarzwildes wird. Auch das junge Gesperre ist zahlreichen Gefahren ausgesetzt. Gegen alle diese Gefahren hatte sich das Auerwild des Sumpfreviers geschützt, indem es auf den von Sumpf umgebenen Sandinseln balzte und sich fortpflanzte. Hierher kamen weder Dachs noch Sauen, ich glaube auch kaum, daß der Fuchs weite Strecken durch den Sumpf watet. Nach dem Auslaufen des Geleges war hier der Tisch für die

DIE WALDHÜHNER SIND KULTURFLÜCHTER

Aufzucht des Gesperres reichlich gedeckt – Moosbeeren und alle anderen Beerenarten, besonders Walderdbeeren, Kiefernnadeln und sonstige Äsung war genügend vorhanden. Ameisenhaufen gab es auf diesen Inseln auch, und im Sand war Gelegenheit zum Hudern. Sicher befanden sich auch Quarzsteinchen in dem diluvialen Sand, die als Magensteine für das Auerwild unentbehrlich sind. Heide- und Beerkraut boten auf den Sandinseln, die Moospolster und Bülten im angrenzenden Sumpf hervorragende Deckung. Auf dieser gesicherten Brut- und Aufzuchtsmöglichkeit für die Gesperre beruht zweifellos das ganze Geheimnis, daß alles Raubwild und auch das Schwarzwild in diesen Revieren dem Auerwild keinen Abbruch tun können. Daher ist bei uns im forstlich gepflegten Kulturwald in der Entwässerung der Brüche der Hauptgrund des Rückganges der Waldhühner zu suchen.

Birkwild gab es in den Revieren der Jasiolda in ungeheuren Mengen. In diesen riesigen Sumpf-Bruch-Moorgebieten waren alle Daseinsbedingungen für das Birkwild erfüllt. Trotz der zahlreichen Birkhähne, die hier balzten, war es aber nicht leicht, einen wirklich guten Hahn zu schießen. Die Hähne konnten im allgemeinen nur vom Schirm aus geschossen werden, aber da überall die Verhältnisse gleich günstig waren, hielten die Hähne nicht so sicher die Balzplätze ein, wie wir das in Birkwildrevieren Deutschlands gewohnt sind. Ich habe in Ostpreußen und in Westfalen auf Birkwild gejagt, und wenn man in diesen Revieren einen Hahn als abschußreif bestätigt hatte, baute man sich einen Schirm, und der Hahn war dann meist mühelos zu schießen. In den Sumpfrevieren der Jasiolda balzte der Hahn am nächsten Tag 100 m oder 150 m weiter, man konnte ihn aus dem Schirm sehr schön beobachten, aber auf Schußentferung kam er nicht. Die Hähne verteilten sich auch auf riesige Flächen, die Balz spielte sich nicht so konzentrisch ab, wie ich das in anderen Revieren erlebt habe. In den Partien, die mit Kiefernkusseln bestanden waren, in denen also Auerwild balzte, balzten zwar auch Birkhähne, aber hier Schirme zu bauen, lohnte sich nicht, da der kleine Hahn hier keinen Balzplatz beibehielt und das Gelände auch zu unübersichtlich war. Die Hauptbalzplätze waren die riesigen Bruchpartien, die horstweise mit Birken und Aspengestrüpp bestockt waren. Soweit das Auge reichte, war hier nichts als Sumpf und Bruch, und man bekam einen Eindruck von der Unendlichkeit und Weite der östlichen Landschaft, aber auch von der Schwermut und Melancholie, die über dieser Landschaft liegen, und die ihren stärksten Niederschlag in den getragenen Melodien der russischen Volkslieder finden. Weit hinten fließt irgendwo die Jasiolda, fließt ist schon zuviel gesagt, das Gefälle ist so minimal, daß man eine Bewegung des Wassers kaum wahrnehmen kann. Weit und breit ist Sumpf und Bruchwald und wieder Sumpf. In der Ferne liegen einzelne Sandinseln, auf denen ein paar niedrige mit Stroh gedeckte Holzhütten ein armseliges Dorf bilden – bei flüchtigem Eindruck eine Gegend der Trostlosigkeit, der Armut, der Eintönigkeit, die bedrückend wirkt; aber, wer sich dem eigenartigen Zauber dieses Landes länger hingibt, wird gefangen von der Großzügigkeit der Landschaft, von der Großräumigkeit, der Weite, die Urigkeit, der Unberührtheit von der Zivilisation und allem, das damit zusammenhängt. Man versteht, daß Menschen, die hier geboren sind, diese Landschaft in ihrer Einsamkeit und Weite über alles lieben.

Als Jäger ist man immer wieder begeistert von dem Vogelleben, das in den weiten Mooren und Brüchen herrscht. Es ist morgens früh, als ob das ganze Bruch brodelt und gurgelt, so balzen die Birkhähne, wo man auch hinhört. Es ist fast nicht zu unterscheiden, wie viele man von einem Platz aus hören kann, überall kullert und faucht es. Dazwischen trompeten die Kraniche, rufen die Kiebitze, locken die Enten, meckert die Himmelsziege – – es ist wie eine gewaltige Liebessymphonie der Sumpfvogelwelt, die man hier erlebt. Dort im weiten Bruch – dem sog. Dziki Nikor – sah ich auch zum erstenmal Kampfläufer. Jedes Männchen war anders gefärbt, und der Hochzeitsstaat ist mannigfaltig und farbenprächtig, daß von 100 Tieren keins dem anderen gleicht. Ich sah eine große Serie ausgestopfter Männchen – das Weibchen ist schlichtbraun gefärbt und unansehnlich, mit einer sehr guten Schutzfarbe ausgestattet – die alle in den verschiedensten Farben prangten, und zwar waren die Farben so geschmackvoll gegeneinander abgestuft, daß die Zusammenstellungen einen Modekünstler begeistert hätten. Von einem Schirm aus hatte ich Gelegenheit, die Balz zu beobachten. Auf einem verhältnismäßig kleinen Fleck tanzten etwa ein Dutzend Männchen wie die Florettfechter gegen- und umeinander. Wenn sie mit gesträubter Halskrause und

DIE TURNIERE DER KAMPFLÄUFER

ihren langen spitzen Schnäbeln aufeinander losfuhren, sah die Sache sehr kriegerisch und gefährlich aus, aber sie taten sich nicht das Geringste, das Ganze schien mehr ein Schauspiel zu sein, und ich mußte unwillkürlich an die glänzenden Turniere des Mittelalters denken, wo die in blitzendem Harnisch mit wallenden Federbüschen gekleideten Ritter mit großem Trara gegeneinander sprengten, um sich aus dem Sattel zu heben; aber selbst so weit kam es bei den Kampfläufern nicht. Zeitweise bildeten sie plötzlich alle zusammen einen dichten Knäuel. Ich habe selten so etwas Anmutiges und Graziöses und eine solch farbenfreudige Eleganz gesehen, wie dieses Minnespiel der Kampfläufer. Von Zeit zu Zeit erschien eine „Sie", um deren Minne all dieser Sturm im Wasserglas aufgeführt wurde, mit zierlichen Tippelschritten herbei, tippte einen der Kavaliere leicht mit dem Schnabel an, und er verschwand mit ihr. Mir wurde keineswegs klar, nach welchen Gesichtspunkten die Schöne ihre Auswahl traf. Um in die Geheimnisse des Fechtkomments und der Minnewerbung der Kampfläufer einzudringen, ist man als Mensch viel zu dumm! Aber dieser Morgen, an dem ich, ohne an Schießen zu denken, den Hochzeitsjubel der Vogelwelt und insbesondere das Liebesspiel der Kampfläufer im Dziki Nikor erlebte, wird mir immer unvergessen bleiben.

Ein interessantes Erlebnis hatte ich noch während meines dortigen Aufenthaltes auf dem Schnepfenstrich. Ich stand vor einer großen Naturverjüngung, die eine etwa 3 bis 4 Meter hohe dichte Dickung bildete und aus Aspe, Hainbuche, Linde, Birke und anderen Laubhölzern bestand. Aber die Schnepfen, die wie immer zahlreich da waren, strichen alle zu weit entfernt vorbei, so daß ich nicht zu Schuß kam. Ich wollte meinen Stand nicht selbständig ändern, da ich vom Jagdherrn an dieser Stelle angestellt worden war, und genoß das herrliche Drosselkonzert um mich herum, da hörte ich plötzlich vor mir in der Dickung – es mochte etwa 150 bis 200 Meter entfernt sein – ein markerschütterndes Schreien. Mir lief eine kalte Gänsehaut über den Rücken – das konnte nur ein Mensch in Todesnot sein. Laut drang das fürchterliche Schreien zu mir herüber, so als wenn ein Mensch mit aller Gewalt gewürgt würde, dann noch einmal Luft bekam, gellend aufschrie und stöhnte und ihm im nächsten Moment die Luft wieder abgeschnürt wurde. Das Schreien ging in ein Röcheln und Stöhnen über. Es war für mich, der ich von Jugend auf alle Stimmen der Natur kannte, keinerlei Zweifel, daß es sich nur um einen Menschen handeln konnte, der in der Dickung ermordet wurde. So schnell mich meine Beine trugen, rannte ich in Richtung des Standes, auf dem ich meinen Jagdherrn wußte, um ihn zu Hilfe zu holen. Auf halbem Wege kam er mir schon entgegen, denn auch er hatte das furchtbare Schreien gehört und geglaubt, es sei mir etwas zugestoßen. Daß das Schreien nur von einem Menschen herrühren konnte, stand auch bei ihm außer Zweifel. Wir drangen nun zu zweit in die Dickung ein, in Richtung des zuletzt gehörten Schreiens, fanden aber nichts Verdächtiges. Da es dunkel wurde, mußten wir die Suche aufgeben. Auf verschiedentliches Rufen erhielten wir keine Antwort. Mir ließ die Sache keine Ruhe. Ich hatte häufig das Schreien der Sumpfohreule gehört, das auch leicht mit der menschlichen Stimme verwechselt werden kann, aber das hatte völlig anders geklungen. Hier mußte sich vor unseren Ohren ein fürchterliches Verbrechen abgespielt haben. Wir gingen alle Tierarten durch, die überhaupt dort vorkamen, und kamen immer wieder zu dem Ergebnis, es kann kein Tier gewesen sein, solche Schreie stößt nur ein Mensch aus in höchster Todesnot! Am nächsten Morgen wurde das ganze Gebiet durch mehrere Jäger und Gendarmen abgesucht, ohne daß das Geringste gefunden wurde. Das Geheimnis des furchtbaren Schreiens und Stöhnens blieb unaufgeklärt. Erst viele Jahre später erschien in „Wild und Hund" eine Veröffentlichung über den Ranzschrei des Dachses, und zahlreiche Leser antworteten in Zuschriften, daß sie ebenfalls ein derartig unheimliches Schreien vernommen und sämtlich geglaubt hätten, daß es sich um einen Menschen handele. Es wurden verschiedene Erlebnisse geschildert, die ähnlich verlaufen waren, wie das, was ich im Urwald an der Jasiolda erlebt hatte. Es besteht für mich kein Zweifel mehr, daß auch uns damals ein Dachs diesen furchtbaren Schrecken eingejagt hatte. Alle Berichte in „Wild und Hund" stimmten darin überein, daß das Schreien im Hochsommer, im Juli und August, also während der Ranzzeit des Dachses, gehört wurde. Sicher ist, daß der Dachs nur äußerst selten diesen Schrei ausstößt. Es gibt nur wenige Jäger, die ihn gehört haben, und in der älteren Literatur wird nichts darüber berichtet. Ich selbst habe dieses Schreien auch nie wieder gehört, obschon ich viele Nächte und Tausende von Abenden und Morgen in Revieren draußen war, in denen der Dachs Standwild war.

Ich schoß noch zwei Birkhähne, den einen mühelos vom Schirm aus, den anderen während der Sonnenbalz von einer hohen Kiefer herunter, es waren beides nur mittlere Hähne. Auf einen alten, wirklich guten Hahn hatte es nicht klappen wollen. Aber, wenn im Frühjahr das Birkenlaub „wie'n Heller breit" ist, wenn die Schnepfe puizt und quorrt, dann schweifen sehnsüchtige Gedanken an die Jasiolda, wo im einsamen Sumpfurwald der große Hahn glöckelt, als wollte er die Jahrtausende der Ewigkeit zählen, und wo im weiten Bruch der Birkhahn „kullert und tollt".

Nach dieser Abschweifung zurück nach Burgjoß. Das Revier hatte damals einen recht guten Rotwildbestand. Ich erlegte einen sehr interessanten alten Sechser unter besonderen Umständen. Der Hirsch war zu Beginn der Brunft bestätigt worden, er hatte lange Stangen, aber nur sechs Enden. Die Augsprossen waren beide stark nach oben gebogen – eine seltene, daher besonders begehrenswerte Trophäe. Er war nur einmal gesehen worden, aber als Platzhirsch mit sieben Stück Mutterwild. Das Wetter war ungünstig, wir hatten viel Regen und die Hirsche meldeten schlecht. Ich war morgens, abends und auch über Tage unterwegs – ich bekam den Hirsch nicht zu sehen. Die Hauptbrunft war schon vorbei, als wir an einem Vormittag durch den Revierteil pürschten, in dem der Hirsch bestätigt war. Wir kamen in einem großen Fichten-Dickungskomplex einen Holzabfuhrweg entlang, der eine breite grasbewachsene Schneise kreuzte. Mein Freund, der vor mir ging, blickte vorsichtig um die Ecke auf die Schneise und fuhr zurück, mir Zeichen machend, daß irgend etwas Besonderes los wäre. Ich schob mich langsam vor und sah meinen alten Sechser mit einem Schmaltier auf etwa 80 Meter im Begriff in die Dickung zu ziehen. Die Büchse herunter – Sicherungsflügel herum – ins Gesicht gehen und schießen, war das Werk von einigen Sekunden. Der Hirsch machte im Schuß einen krummen Rücken und schlug mit einem Lauf etwas nach hinten aus. Im nächsten Augenblick war er mit dem Tier in der Dickung verschwunden. Das war entsetzlich schnell gegangen! Um aufgeregt zu werden, hatte man gar keine Zeit gehabt. Die Kugel mußte er haben, aber der Hirsch hatte im Augenblick des Schusses halb spitz gestanden, außerdem hatte er mit krummem Rücken gezeichnet – also wahrscheinlich waidewund. Aber dann mußten wir ihn kriegen, zumal mein Freund einen hann. Schweißhund hatte, allerdings war der Hund noch jung und ohne große Erfahrung. Nun machten wir aber eine Kette von Fehlern. Mein Freund hatte keine Rotwilderfahrung, aber ich war mit Rotwild groß geworden, und mir hätten diese Fehler nicht unterlaufen dürfen, aber man wird eben nur durch lange Erfahrung klug und der Mensch, also auch der Jäger, ist immer unzulänglich. Hier wurde das Unzulängliche nun wirklich zum Ereignis!

Wir warteten etwa zwei Stunden; da ich um 11 Uhr geschossen hatte, hätte man ruhig drei bis vier Stunden warten können, es wäre dann immer noch Zeit genug zur Nachsuche geblieben. Das am Anschuß gefundene Schnitthaar hielten wir für waidewund. Wenige Meter vom Anschuß verwies der Hund Schweiß, und dann ging es in die bürstendichte Dickung hinein. Mehrere Male fanden wir Schweiß – es war eine völlig normale Nachsuche, der Hund lag gut im Riemen, und es schien alles programmäßig abzulaufen – da polterte plötzlich ein Stück, nach dem Anschlagen zu urteilen, ein Hirsch, vor dem Hund weg. Mein Freund schnallte seinen Hund sofort. Das war der zweite Fehler. Der Hund hetzte lauthals durch die Dickung, und der Laut verlor sich dann hinter dem nächsten Bergrücken. Wir stürmten hinterher, ohne nach einem Wundbett lange zu suchen, und begingen damit den dritten Fehler. Der Hund kam erst nach Stunden zurück. Wir waren im halben Revier herumgefahren, um den Hund zu suchen. Als „Hirschmann" endlich zu uns stieß, war es später Nachmittag, und wir konnten an diesem Tage nichts mehr unternehmen, zumal der Hund auch völlig fertig war. Gegen Abend begann es zu regnen – und schließlich zu gießen – es scheint unabänderliches Naturgesetz zu sein, daß nach solch verfehlten Nachsuchen Regen einsetzt. Als wir am nächsten Morgen die Nachsuche fortsetzten, war jeder Schweiß verwaschen. Der Hund arbeitete mit Mühe noch etwa bis in die Gegend, wo er am Tage zuvor geschnallt worden war, fing dann aber an zu faseln, und wir brachten die Fährte nicht weiter fort. Wir wurden uns einig, daß der Hirsch die Kugel nicht waidewund, sondern als Streifschuß auf der Keule haben mußte. Er hatte halbspitz gestanden, ich konnte daher leicht etwas zu weit nach hinten abgekommen sein. Das Schnitthaar von den Dünnungen und von der Keule ist sehr ähnlich, das Aufschlagen mit dem Hinterlauf ließ ebenfalls Keulenschuß als wahrscheinlich erscheinen. Bei einem Keulenstreifschuß hatte „Hirschmann" den Hirsch natürlich nicht zu Stande hetzen können. Es paßte scheinbar alles herrlich zusammen – und war doch völlig falsch!

Als ich nach einigen Wochen zum Dachsgraben nach Burgjoß kam, wurde ich mit Hallo empfangen. Am Tage vorher hatte der zuständige Förster meinen Hirsch, der nach dem Geweih unverkennbar war, gesehen und deutlich auf der linken Keule mit dem Glas einen Strich feststellen können – der Hirsch hatte also tatsächlich nur einen Streifschuß. Mir fiel ein Stein vom Herzen. Ich war die ganzen Wochen seit dem Anschuß nicht mehr richtig froh gewesen. Der Förster berichtete mir dann persönlich noch genau über das Erlebnis und erklärte, wie sehr er sich gefreut hätte, mir diese Nachricht überbringen zu können. Drei Wochen später wurde mein Hirsch etwa 300 Meter von der Stelle, an der wir auf der Nachsuche den Hund geschnallt hatten, verludert gefunden! Der Förster hatte die Geschichte frei erfunden, um mich zu trösten. Wenn ich auch viel Verständnis für Jägerlatein habe, so war diese Lügerei doch unverzeihlich. Es war für mich ein Beweis, wie wenig man auf der Jagd, besonders bei Nachsuchen, anderen Leuten Glauben schenken darf. Bei schwierigen Nachsuchen muß man skeptisch, ja mißtrauisch gegen alle Behauptungen anderer, mißtrauisch gegen sich selbst und seinen Hund sein, der trotz aller Qualitäten auch nur ein unzulängliches Geschöpf ist.

Zweifellos war mein Sechser mit der Teilmantelkugel waidewund bis zu der Stelle gezogen, wo der Waldarbeiter ihn verludert gefunden hatte. Wahrscheinlich war er schon verendet, als wir mit der Nachsuche begannen. Der Hirsch, an dem wir „Hirschmann" geschnallt hatten, hatte zufällig auf der kranken Fährte gesessen oder gestanden, wahrscheinlich war es ein Beihirsch des Sechserrudels, und der Schweißhund, der noch nicht viel Erfahrung besaß, hatte stundenlang an dem gesunden Hirsch gehetzt.

Was war unser wesentlichster Fehler gewesen? Wir hätten uns vor dem Schnallen überzeugen müssen, ob wir wirklich den kranken Hirsch vor uns hatten, also zunächst nach dem Wundbett suchen. Dann den Hund, zunächst noch am Riemen, ein Stück arbeiten lassen und feststellen, ob man noch Schweiß hatte, also ob man wirklich am kranken Hirsch war. Ein weiterer Fehler war, daß wir uns am nächsten Tag mit der Hypothese eines Streifschusses beruhigten. Wenn wir mangels eines anderen Hundes mit einigen Waldarbeitern die Dickung abgesucht hätten, wäre der Hirsch gefunden worden. Aber wenn man aus dem Rathaus kommt, ist man immer klüger als wenn man hineingeht!

Trotz dieser Erfahrung in Burgjoß passierte mir viele Jahre später, als ich über erheblich größere Erfahrung verfügte und schon lange Jahre erstklassgie Schweißhunde geführt hatte, eine ähnliche Geschichte. Ein gesunder Hirsch hatte auf der Wundfährte eines laufkranken Hirsches gestanden und war auf dieser kranken, schweißenden Fährte 100 Meter entlang gezogen, hatte dabei wahrscheinlich sogar Schweiß an seine Schalen bekommen. Nachdem ich mich überzeugt hatte, daß der vor uns fortziehende Hirsch auf der Schweißfährte zog, d. h., ich nahm natürlich an, daß dieser Hirsch schweißte, schnallte ich meine Hündin. Es wurde eine Fehlhetze. Am nächsten Morgen brachte ich dann aber den laufkranken Hirsch zur Strecke, nachdem ich beim letzten Schweiß die Arbeit am Riemen wieder aufgenommen hatte. Man soll daher bei einer Nachsuche nie zu früh und nicht leichtfertig schnallen. Nur wenn man vollkommen sicher ist, das kranke Stück wirklich vor sich zu haben, gehört die Halsung herunter. Bei dem geringsten Zweifel in dieser Hinsicht ist es besser, noch einige 100 Meter am Riemen nachzuhängen, bis man sich einwandfrei überzeugen kann.

Meine Zeit in Wolfgang näherte sich dem Ende. Ich hatte in der Rangliste alle Assessoren angestrichen, die bereits ein Forstamt erhalten hatten, und stellte fest, daß ich etwa nur noch zehn Vordermänner hatte, es wurde also Zeit, sich um ausgeschriebene freie Stellen zu bewerben. Für mich stand fest, daß ich nur nach dem Osten wollte – da wurde das Forstamt Battenberg ausgeschrieben. Der bisherige Stelleninhaber war an die Regierung nach Oppeln geholt worden. Battenberg wurde als fabelhaft geschildert: Wohnung in einem alten, großherzoglichen Jagdschloß, das Revier waldbaulich

MEIN ERSTES FORSTAMT — BATTENBERG

vielseitig, weil eine isoliert gelegene Försterei erheblich bessere Böden aufwies als das Hauptrevier, das auf Tonschiefer und Grauwacke stockte, jagdlich sehr gut: Rotwild, Rehwild, Schwarzwild und in der isoliert gelegenen Försterei gute Niederjagd mit berühmten Fuchsstrecken, dann die Eder mit ihrer Fischerei und verschiedene Nebenbäche mit Forellen. Man sagte mir, eine Bewerbung könnte ich mir schenken, denn als erste Stelle würde Battenberg nicht in Frage kommen. Ich bewarb mich trotzdem – und erhielt das Amt. Zufällig waren keine älteren Bewerber aufgetreten. Ich habe es nie bereut, mich um dieses forstlich interessante, landschaftlich sehr schöne und jagdlich hervorragende Revier beworben zu haben.

Ich werde nie vergessen, welch herrlichen Anblick das hoch auf einem Berg gelegene Forstamt bot, als ich zum erstenmal mit meiner Frau, von Hanau kommend, nach Battenberg fuhr.

Kurze Zeit vor unserem Umzug nach Battenberg waren meine Frau und ich zu Gast bei Kleins. Prof. Eckstein aus Eberswalde, der bekannte Entomologe, war aus irgendeinem Grunde ebenfalls dort und aß mit uns zu Mittag. Nach dem Essen gingen wir zigarrenrauchend durch den Garten, und um uns herum spielte Klein-Fritzchen, der etwa fünfjährige Neffe von Kleins, der zu Besuch dort war. Große Hummeln umschwirrten die Gartenblumen und Klein rief: „Fritzchen, komm mal schnell her und sieh mal, was für große Bienen hier sind." Fritzchen kam herbei, sah die Hummeln und sagte in vorwurfsvollem Ton: „Aber Onkel Richard, das sind doch keine Bienen, das ist doch bombyx terrestris." Wir dachten, der alte Eckstein würde sich vor Schrecken hinsetzen: „Mein Gott, woher weiß der Junge das?" Unter unserem schallenden Gelächter wurde ihm aber sehr schnell klar, daß „Exzellenz Klein" zu Ehren des Besuches seinem Neffen tagelang diese Antwort eingetrichtert hatte.

Battenberg liegt im sog. Hessischen Hinterland am Südostende des Rothaargebirges. Das Revier war ein Teil eines riesigen Waldgebietes; Rothaargebirge und Sauerland stießen hier zusammen. In Battenberg selbst sind zwei Forstämter, Elbrighausen und Battenberg, nach Westen schließt das Forstamt Hatzfeld und nach Osten das Forstamt Frankenberg an. Früher hatte dieses hessische Hinterland zum Großherzogtum Hessen gehört, erst 1866 war es an Preußen im Austausch abgetreten worden. Seit dieser Zeit waren in dem älteren Jagdschloß das Forstamt Elbrighausen und in dem neuen Jagdschloß das Forstamt Battenberg, zusammen mit dem Amtsgericht, untergebracht. Der Amtsgerichtsrat saß bereits über 30 Jahre dort, er war ein Original und wirkte wie ein Patriarch in seinem gesamten Gerichtsbezirk. Er hatte ein enormes Personengedächtnis und kannte jeden Menschen, ja jedes Kind; er duzte grundsätzlich alle. Wurde in einem Termin ein Zeuge aufgerufen, dann wußte der Amtsgerichtsrat jedesmal auswendig: seinen Vornamen, mit wem der Zeuge verheiratet war, wieviel Kinder er hatte, wie alt die Kinder waren usw. Als ich kurze Zeit in Battenberg war, nahm ich zum erstenmal als Zuhörer an einem Gerichtstermin teil; es handelte sich um einen Holzdiebstahl. Der Angeklagte stammte aus Elsoff, einem alten Wilddiebsnest in einer verlassenen Gegend und war etwa 30 Jahre alt. Der Amtsgerichtsrat beschimpfte ihn während des Termins in gröblichster Weise: „Wie kommst Du Nichtsnutz dazu, das Holz zu stehlen? Weißt Du nicht, daß Du aus einer ordentlichen Familie kommst; jetzt machst Du Lümmel Deinem alten Vater solchen Kummer?!! Deine Frau scheint auch nichts zu taugen, sie hätte Dir die Jacke voll hauen sollen, als Du mit dem gestohlenen Holz nach Hause kamst. Was hast Du dummer Lausebengel Dir eigentlich dabei gedacht?" So ging es während der ganzen Verhandlung weiter, der zitierte Vater und auch die Frau saßen als Zeugen dabei und hörten sich die Schimpfkanonade mit an. Mir wurde leicht schwül zumute – das konnte doch nicht gut gehen, das ließen sich die Leute doch sicherlich nicht gefallen, der gute Amtsgerichtsrat würde bestimmt Scherereien bekommen – aber nichts dergleichen geschah. Die einzige Folge war, daß der alte Vater des Angeklagten nach dem Termin zum Amtsgerichtsrat ging und sich dafür bedankte, daß er seinem Sohn so energisch ins Gewissen geredet hatte, ganz besonders habe ihn gefreut, daß er ihn einen dummen Lausebengel genannt habe, denn das wäre sein Sohn tatsächlich!

Der Amtsgerichtsrat war äußerst angesehen und beliebt, jeder wußte, daß hinter dieser rauhen Schale ein gütiges, goldiges Herz schlug. Wenn irgendwelche Schwierigkeiten in meiner Familie waren, wenn ein Testament gemacht werden mußte, wenn sonstige Fragen über Grundstücke o. ä. auftauchten, wurde der „Herr Rat" gefragt. Er herrschte wie ein ungekrönter König in seinem Bezirk. Ich habe mich die acht Jahre, die ich in Battenberg war, mit ihm ausgezeichnet gestanden. Er war passionierter Jäger, ein humorvoller Gesellschafter und konnte köstliche Geschichten aus seiner 30jährigen Praxis im hessischen Hinterland erzählen.

Als ich nach Battenberg kam, brachte ich meine hann. Schweißhündin „Gilka – Winnefeld-Solling" mit. Mein Vorgänger im Amt, der spätere Landforstmeister Schulz, war ein guter und passionierter Jäger. Als er den Hund sah, meinte er, es sei ja sehr schön, daß ich einen Schweißhund hätte, aber ich würde keine Arbeit für ihn finden. In den zehn Jahren, in denen er Revierverwalter in Battenberg gewesen sei, könne er sich keines einzigen Falles erinnern, wo ein Schweißhund notwendig geworden wäre. Ich erwiderte, daß ich das nicht glauben könnte, in Battenberg wurden jährlich etwa 30 Stück Rotwild geschossen, in Elbrighausen 20 Stück, in Frankenberg ebensoviel. Dazu kamen die zahlreichen angrenzenden Feldjagden mit Mondscheinschießerei, und schließlich konnte man auch noch den Burgwald von Marburg dazu rechnen, wo jährlich in drei Forstämtern sicher 50 bis 60 Stück Rotwild erlegt wurden. In diesem riesigen Gebiet existierte kein Schweißhund, und da sollte ich keine Arbeit bekommen? Dieselbe Ansicht wie Schulz vertrat sein damaliger Inspektionsbeamter Borggreve, der Bruder des Oberlandforstmeisters in Berlin. Ich ließ mich aber nicht entmutigen, und die Battenberger Zeit wurde später so reich an Nachsuchen, daß ich zum Schluß nicht mehr in der Lage war, alle Suchen durchzuführen. Ich hatte in den letzten Jahren einen Hilfsförster, der in erster Linie zur jagdlichen Unterstützung nach Battenberg versetzt worden war, und der von September bis Januar fast nur mit Nachsuchen beschäftigt wurde.

Das Totschießen eines Hirsches vom Hochsitz herunter mit einer modernen Büchse mit Zielfernrohr und vergüteter Optik hat ja eigentlich mit Jagd gar nichts mehr zu tun. Der Mensch mit seiner modernen Technik ist dem Tier, das nach wie vor nur auf seine Sinne angewiesen ist, derartig überlegen, daß neben den Einschränkungen, die das Gesetz bietet, noch Beobachtung des jagdlichen Brauchtums und freiwillige Beschränkungen dazu kommen müssen – kurz gesagt, waidmännisches Denken und Handeln – um dem verfolgten Tier überhaupt noch eine Chance zu geben, in dem immer ungleicher werdenden Kampf. Eine Nachsuche dagegen, etwa auf einen laufkranken, mit allen Salben geriebenen alten Hirsch, das ist noch Jagd im wahrsten Sinne des Wortes, das erfordert Einsatz aller Körperkräfte, Anspannung aller Intelligenz und Zusammenarbeit mit dem Hund, es erfordert genaue Kenntnisse der Fährten- und Pürschzeichen, der Lebensgewohnheiten des Wildes, es erfordert große Erfahrungen, unbändige Passion und nie erlahmenden Spurwillen! Diese Eigenschaften und Fähigkeiten machen den richtigen Jäger aus. Ist das denn noch Jagd, wenn sich jemand für teures Geld eine Jagd pachtet und dann in der Hirschbrunft mit seinem Auto bis wenige hundert Meter an einen bequemen Hochsitz heranfährt, um von dort einen bestätigten Hirsch umzublasen? Das ist Snobismus, aber kein Waidwerk! Im Hochgebirge ist das auch heute noch anders, da steht immer noch der Schweiß vor dem Erfolg – aber wie lange wird es noch dauern, dann landet der „Jäger" im Hubschrauber auf der höchsten Alm und braucht dann auch nur noch bergab zu pürschen.

Während der Hirschbrunft wohnte ich in Battenberg stets in meiner „Wilhelmshütte", die zentral im Hauptrevier lag und von der aus Pürschpfade nach allen Richtungen gingen, so daß man bei jedem Wind pürschen konnte. Die Hütte war einfach, ja primitiv. Zwei kleine, hintereinanderliegende Räume, davor eine kleine Veranda, das Ganze mit einem alten schönen Strohdach gedeckt. Der vordere Raum diente als Aufenthalts- und Kochraum, der hintere hatte zwei Eisenbettstellen und gute Matratzen. Die Auffassungen über Jagdhütten sind verschieden. Es gibt Jäger, die die Primitivität vorziehen und auf Fichtenreisig oder höchstens einem Strohsack schlafen wollen, die tagelang von Brot und Wurst leben und allen Komfort ablehnen, und es gibt andere, die sich komfortable Jagdhäuser bauen mit gekacheltem Bad, elektrischem Licht und anderen Errungenschaften der sog. Zivilisation. Nach meiner Meinung liegt das Richtige in der Mitte. Man soll nicht ganz auf den Reiz des Primitiven verzichten. Wenn man vier Wochen lang auf einem Brettstuhl gesessen hat, lernt man hinterher den Wert eines guten Klubsessels erst richtig schätzen; man braucht auch nicht nur von Wurst und Brot zu leben, mit Hilfe von Eingewecktem und Büchsenkonserven kann sich auch der Ungeübte mühelos eine Mahlzeit bereiten, die nach langer Pürsch besonders gut schmeckt. Hat man zuviel Luxus, dann ist man sofort auf weibliche Hilfe angewiesen – ich habe es immer als besonders angenehm empfunden, auf der Jagdhütte allein mit meinen Hunden zu sein, oder in Gesellschaft eines gleichgesinnten Freundes, aber kein Personal um mich zu sehen. Die Betten müssen allerdings gut sein, besonders, wenn man älter wird, legt man keinen besonderen Wert mehr auf Fichtenzweige oder Strohsack, in dem die Mäuse rascheln.

Im Laufe der Jahre erlebte ich zahlreiche, interessante Nachsuchen und brachte in der Zeit, in der ich in Battenberg war, über 50 Geweihte, rund 80 Stück Kahlwild und einige Dutzend Sauen zur Strecke. Dabei sind kurze Totsuchen nicht mitgerechnet, bei denen man den Schweißhund eigentlich nicht gebraucht hätte. Ich war bald in der ganzen Gegend bekannt und wurde bis ins Siegerland und ins Sauerland mit meinen Hunden geholt. Ich hatte mir später einen Sohn von meiner „Gilka" herangezogen, „Solo von Battenberg", der aber an Leistung seine hervorragende Mutter nie erreichte. Ich nahm dann beide Hunde zur Suche mit, arbeitete mit der nie versagenden „Gilka", und wenn ich diese zur Hetze geschnallt hatte, arbeitete ich die warme Hetzfährte mit „Solo" am Riemen aus. Durch dieses viele Arbeiten auf warmer Fährte erreichte der Rüde bei Nachsuchen auf kalter Fährte die Leistungen seiner Mutter nicht, aber ich hatte mit dieser Methode den großen Vorteil, daß ich im Gebirge nicht lange nach der stellenden Hündin suchen mußte – wie oft hatten wir früher die Hündin abends überhaupt nicht mehr gefunden – während später „Solo" mich mit absoluter Sicherheit auf der Hetzfährte zu seiner stellenden Mutter führte.

Wie kam es nun, daß früher keine Nachsuchen gemeldet wurden, und daß es im Laufe der Jahre immer mehr wurden? Nachdem ich einige schwierige Suchen, vor allem auf laufkranke Stücke, mit Erfolg gemacht hatte, wuchs mein Ruf und vor allem der meiner Hündin ins Legendäre. Auch Mondscheinjäger meldeten plötzlich ihre Anschüsse, vor allem deshalb, weil ich mich grundsätzlich jeglicher Kritik enthielt. Ich war nicht dazu da, die schlechten Schützen zu kritisieren oder gar zu beschimpfen, sondern ich war dazu da, die Leiden der kranken Stücke abzukürzen und das Wildpret für die Ernährung zu retten. Hatte so ein Mondscheinschütze seinen Anschuß gemeldet und ich brachte das Stück im Staatswald zur Strecke – meistens verlief die Suche so – dann setzte ich mich dafür ein, daß der Schütze das Geweih oder beim Kahlwild die Grandeln erhielt. Das sprach sich schnell herum, und jeder holte mich herbei, zumal er wußte, daß ihm nicht der Kopf gewaschen wurde. Manchmal wurde es mir schwer, ruhig zu bleiben: führende alte Tiere, beste Zukunftshirsche, abgeworfene Rehböcke in der Schonzeit, die bei Mondschein für Rotwild gehalten worden waren, führende Bachen und ähnliche Schweinereien kamen vor! Aber ich machte meine Nachsuchen wegen des Wildes und nicht wegen der sog. „Jäger". Hätte ich mich anders verhalten, dann wären sehr bald keine Anschüsse mehr gemeldet worden, das Wild wäre verludert oder hätte erbärmlich gekümmert, und die sog. „Jäger" hätte ich doch nicht gebessert. Aber auch in den Staatswaldungen und bei guten Jagdpächtern bekam ich viele Suchen, nachdem ich einige Male beschossene Stücke, von denen man mit Sicherheit annahm, daß sie nur einen Streifschuß hatten oder gar gefehlt wären, zur Strecke gebracht hatte, weil sie, entgegen der Annahme des Schützen, eben doch die Kugel im Leben hatten. Früher hatte man sich mit Fehl- oder Streifschuß beruhigt. Mir wurde in meiner Battenberger Zeit klar, wie unendlich wichtig ein Schweißhund in einem Rotwildgebiet ist, der als Spezialist auch den schwersten Aufgaben gewachsen ist.

Die längste Suche, die ich in Battenberg erlebte, möchte ich hier schildern; die Suche wäre anders verlaufen, wenn ich damals schon einen zweiten Hund gehabt hätte. Auf meiner Wilhelmshütte erreichte mich vormittags die Nachricht, daß am Nachmittag zuvor im Nachbarforstamt Frankenberg ein Hirsch von einem Jagdgast beschossen worden war. Der Hirsch hätte mit Sicherheit Vorderlaufschuß, am Anschuß seien Knochensplitter gefunden worden. Ich fuhr, zusammen mit einem Jagdfreund, der bei mir auf der Hütte war, sofort zum Anschuß, wo mich der Schütze und der zuständige Förster schon erwarteten. Der Hirsch, ein ungerader Eissprossenzehner, war am Abend vorher gegen 5.30 Uhr beschossen worden und hatte eine Buchendickung angenommen. In der Nacht hatte es etwa acht Stunden nicht geregnet – nein, es hatte gegossen! Am Anschuß fanden wir zahlreiche Knochensplitter, die zweifellos vom oberen Lauf herrührten. Schweiß oder Schnitthaare waren nicht zu finden, da der Regen alles verwaschen hatte. Ich legte meine alte „Gilka" zur Fährte, und hinein ging es in die klatschnasse Dickung. Nach hundert Metern zeigte die Hündin einen völlig verwaschenen Tropfen Schweiß auf einem Stein, das war das einzige Zeichen, das wir auf der ganzen Nachsuche fanden! Zwei Stunden lang ging es nun durch Dickung und Stangenhölzer, wobei der brave Hund, jeden Widergang durch Bogenschlagen ausarbeitend, immer wieder die Fährte fortbrachte. Da keinerlei Anhalt vorhanden war, konnte ich nur, dem erfahrenen Hund vertrauend, am langen Riemen folgen. Irgendwelche Hilfen waren unmöglich, da weder Schweiß noch andere Zeichen erkennen ließen, ob der Hund recht hatte. Gesundes Wild war am Vormittag nach dem Regen überall frisch herumgezogen und brach auch verschiedentlich vor uns fort, und nichts bewies, daß die Hündin auf rechter Fährte war. Da ich aber meine alte Hündin genau kannte, folgte ich blindlings am langen Riemen, sicher wissend, daß sie niemals von einer einmal erkannten, kranken Fährte abgehen würde. Endlich kamen wir an einen Erdweg, auf dem man fährten konnte, und hier stand die deutliche Fährte eines Hirsches, der infolge des weichen Bodens tief eingetreten hatte, aber die Trittsiegel waren bis zum Rand mit Regenwasser angefüllt. Die Fährte konnte ebensogut drei Tage alt sein, das war nicht zu erkennen. Einem Teilnehmer erschien es mehr als zweifelhaft, ob dies wirklich die kranke Fährte war. Ich aber wußte, daß trotz aller widrigen Umstände meine Hündin recht hatte, und „Danach mein Hund verwundt" ging es weiter. Nach etwa 2 km Arbeit, bei der keinerlei Zeichen mehr gefunden wurden – mit jedem anderen Hund hätte man die Suche längst als hoffnungslos abgebrochen – kamen wir an den kranken Hirsch, der mit lautem Gepolter vor dem Hund fortbrach. Sofort wurde „Gilka" geschnallt, und lauthals ging die Hetze über Berg und Tal. Wir stürmten nach, was die Beine hergaben, und hörten bald den erlösenden Standlaut. Mit vorsichtig Wind holend, ging ich den gestellten Hirsch in der Dickung an. Herrlich tönte der tiefe Hals des edlen Hundes mir im Ohr. Höchste Jägerfreude, sich so an den gestellten Hirsch heranzuarbeiten, jeden Augenblick gewärtig, den Fangschuß geben zu müssen. Ich kam schließlich etwa 10 m an den gestellten Hirsch heran, ich sah den Hund, ich wußte genau, wo der Hirsch stand, aber ich konnte in der dichten Bürstendickung kein Haar von ihm sehen. Die gespannte Büchse im Anschlag, versuchte ich vorsichtig, einen Schritt zur Seite zu treten, und schon hatte der Hirsch mich weg und brach fort, laut hetzend die Hündin hinterher. Nach etwa 600 m erneut Standlaut. Vorsichtig versuchte ich, heranzukommen, aber schon lange, bevor ich in erreichbarer Nähe war, ging die Hetze weiter. Weit entfernt erklang alsbald der Standlaut des Hundes erneut zu mir herüber, und als ich mich der Stelle näherte, bot sich mir ein wundervolles Bild: Auf einer großen Kahlschlagfläche hatte sich der Hirsch im hohen, braunen Gras gestellt, hell von der Sonne beschienen, und wehrte mit dem Geweih den ihn stellenden Hund ab. Eine Zeitlang genoß ich diesen herrlichen Anblick, wie man es sonst nur auf den Bildern der Jagdmaler sieht, und dann versuchte ich mich abermals näher heranzupürschen, denn die Entfernung betrug über 200 m, und es war mir bei dem ständig den Hirsch umkreisenden Hund zu gewagt, so weit zu schießen. Infolge mangelnder Deckung bekam der Hirsch mich jedoch weg – und die Jagd ging wieder weiter. Und nun begann eine Nachsuche, die ich nicht vorausahnte. Wenn ich gewußt hätte, was uns bevorstand, so hätte ich doch den Schuß auf die weite Entfernung gewagt. Ich konnte beim Fortbrechen des Hirsches deutlich sehen, daß der rechte Vorderlauf schlenkerte. So schnell ich laufen konnte, folgte ich dem hetzenden Hund, verlor aber bald den Hetzlaut und das Schweigen des Waldes umfing mich. Nach langwierigem Abfährten stellten wir nun fest, daß Hirsch und Hund durch eine große Dickung hindurch in Richtung einer benachbarten Försterei gewechselt waren. Nachdem wir durch Signalblasen – ein Jagdhorn gehört unbedingt zur Ausrüstung des Schweißhundführers – die Teilnehmer an der Suche, die auch ortskundig waren, herbeigerufen hatten, wurde planmäßig die nächste Försterei abgesucht. Ergebnislos! In stockfinsterer Nacht, nachdem wir seit 4 Uhr morgens auf den Läufen waren, kehrten wir ohne Hirsch und Hund zurück. Nur wer das schon einmal selbst erlebt hat, weiß, welch niederschmetterndes Gefühl es ist, nach ergebnisloser Suche ohne Hund nach Hause zu müssen. Der brave Hund stellt bestimmt irgendwo das kranke Stück, sein Herr kann ihm keine Hilfe bringen! Todmüde läßt er vielleicht nach langen Stunden ab – man kriegt die Verzweiflung, wenn man sich das ausmalt.

SCHRECKLICHE NACHSUCHE

Spät abends kommt plötzlich die telephonische Meldung: Die Hündin ist mit dem Hirsch bei Einbruch der Dämmerung 13 km von der Stelle, wo sich der Hirsch zuletzt gestellt hat, von einem Bauern gesehen worden, der mit Steinen und ähnlichen harten Gegenständen nach dem Hund geworfen hat. Ein Jagdaufseher, der auf dem Hasenanstand draußen war, hat außerdem den von der Hündin gehetzten Hirsch vorbeigeschossen. Kurz hinterher eine neue telephonische Meldung: Ein Motorradfahrer mit einem Sozius ist in einer scharfen Kurve mitten im Wald mit dem Hirsch zusammengestoßen, so daß der Hirsch zu Fall gekommen ist und Hirsch, Motorrad, zwei Menschen und der Schweißhund auf- und übereinander im Chausseegraben gelegen haben. Die beiden Motorradfahrer, die wie durch ein Wunder ohne erhebliche Verletzungen davongekommen waren, hatten versucht, den Hirsch mit dem Taschenmesser abzufangen; bevor ihnen das jedoch gelang, hatte sich der Hirsch wieder hochgerappelt und war, vom Hunde gefolgt, verschwunden.

Auf Grund dieser Nachrichten wurden sofort die weiteren Dispositionen für den nächsten Tag getroffen. Ich schickte in der Nacht ein Auto nach Westfalen und ließ den bekannten Schweißhundführer, Revierförster Dickel, mit seiner „Isolde von der Hunau" holen. Dieser war am nächsten Morgen um 8 Uhr an der Stelle, wo der Bauer am Spätnachmittag des Vortages Hirsch und Hund zuletzt gesehen hatte. „Isolde" fiel die 16 Stunden alte, völlig schweißlose Fährte des Hirsches sofort an und arbeitete über Berg und Tal bis in den sog. Herzberg hinein. Hier wurde festgestellt, daß meine „Gilka" den Hirsch zweifellos lange gestellt hatte. Die Nachsuche, einschließlich Hetze, bis hierher betrug ohne die Widergänge etwa 15 km. Aber auch der Hirsch mußte allmählich müde geworden sein, denn er hatte die große Dickung im Herzberg nicht mehr verlassen und „Isolde" kam bald an den Hirsch heran und wurde nun geschnallt. Da sie auch nicht mehr die Jüngste war, hatte ich zur Vorsicht meine Steinbracke, den Kopfhund meiner Saumeute, mitnehmen lassen, der mit „Isolde" gleichzeitig geschnallt wurde. Unglückseligerweise kam die Bracke sofort nach dem Schnallen an ein Stück Rehwild und hetzte in entgegengesetzter Richtung an dem Reh. Die Schweißhündin ließ sich hierdurch selbstverständlich nicht beeinflussen, sondern hetzte nun allein den Hirsch, der sich aber wiederum nicht stellte. Die Hetze ging schließlich über die Eder in ein benachbartes Forstamt hinein, und da keine Brücke über den Fluß vorhanden war, wurde jeder Anschluß verloren. In weitem Umweg mußte erst mit den Autos an die Stelle gefahren werden, an der „Isolde" den Hirsch über den Fluß gehetzt hatte. Wie sollte man den stellenden Hund finden?! Man stelle sich das Mittelgebirge vor, ein Höhenzug hinter dem anderen, sehr weite Besiedlung und außerordentlich schwere Orientierung in völlig fremdem Gebiet. Alles war schließlich verzweifelt. Zwei Schweißhunde, die Bracke und der Hirsch waren fort! Schließlich trafen wir auf Leute, die Hirsch und Hund gesehen und gehört hatten. Eilten wir aber, was die Beine hergaben, dort hin, dann war die Jagd schon längst woanders. Der Hirsch stellte sich anscheinend immer nur für ganz kurze Zeit und brach dann wieder fort. Schließlich gelang es zweimal, in die Nähe des Hirsches zu kommen, er hielt aber nicht lange genug aus und wurde auf weite Entfernung und unter ungünstigen Umständen im ganzen viermal vorbeigeschossen. Der Führer der „Isolde" klappte uns schließlich infolge der Überanstrengung zusammen. Da kam die Nachricht von einem Hütejungen, der Hirsch sei soeben durch die Eder zurück! Die letzten Kräfte zusammengerafft und über Berg und Tal zur Eder. Hier fanden wir die brave „Isolde", die ganz hervorragend gearbeitet hatte, völlig erledigt am Ufer der Eder liegen. Sie hatte den ganzen Tag lang nicht von dem Hirsch gelassen und war nun infolge Erschöpfung nicht mehr imstande, über die Eder dem Hirsch zu folgen. Wir packten das brave Tier in Decken und trugen es zum Auto. Welch entsetzliches Ergebnis! Mein Schweißhund verschwunden, vielleicht geforkelt, jedenfalls keine Spur von ihm, „Isolde" völlig zur Strecke, die Bracke verloren und wir Jäger alle total erledigt und körperlich derartig überanstrengt, daß wir nicht mehr konnten, und trotz all dieser Mühen war der Hirsch fort!

Nach kurzer Erholung fuhren wir noch nachts mit dem Auto zu dem Anschuß, um dort nachzusehen, ob sich meine Hündin bei dem dort am Vorabend abgelegten Rucksack eingefunden hätte. Auch das war ergebnislos. Zum Überfluß ging mitten im Wald die Lichtmaschine entzwei, so daß wir ohne jede Beleuchtung im Schneckentempo die Rückfahrt machen mußten.

NUN GERADE!

Aber jetzt sagte ich: „Nun gerade!" Und wenn die ganze Jägerei des Kreises samt allen Hunden zusammenbricht, der Hirsch kommt zur Strecke, und wenn es 14 Tage dauert! Für den nächsten Morgen wurden noch nachts um 1 Uhr telephonisch 15 Jäger zusammengetrommelt. Pünktlich um 8 Uhr war auch alles zur Stelle. Vom Griffon über den Münsterländer bis zum Teckel waren alle Hunderassen vertreten. Nach der Richtung zu urteilen, die der Hirsch nach dem Überqueren der Eder am Abend vorher genommen hatte und die der Hütejunge beobachtet hatte, war anzunehmen, daß der Hirsch in den Herzberg zurückgewechselt war. Da er zwei Tage lang ununterbrochen gehetzt worden war, vermutete ich, daß er die Dickung im Herzberg im Laufe der Nacht nicht verlassen hatte, immerhin war das nur eine Annahme. Hätten wir noch einen dritten brauchbaren Schweißhund herbeiholen können, so hätte man genau wie am Vortage mit „Isolde" die Fährte ausarbeiten können. Da aber auf über 100 km im Umkreis leider kein wirklich guter Schweißhund, der mit Sicherheit solch schwierige Arbeit leisten konnte, außer „Gilka" und „Isolde" vorhanden war, mußten wir auf gut Glück die Herzbergdickung umstellen und drücken lassen.

Das erste Durchgehen durch die Dickung verlief ergebnislos, es wurde daraufhin zurückgetrieben und sämtliche Hunde wurden geschnallt. Dabei wurde der kranke Hirsch rege und kam einem vorgestellten Schützen, der ihm jedoch nur einen Keulenschuß beibringen konnte. Schließlich stellten die Hunde den Kranken, und ein Schuß auf den Träger erlöste ihn von all seinen Qualen.

Es war 12 Uhr mittags des dritten Tages, als das „Hirsch tot" und „Halali" sich an den herbstlich bunten Berghängen brach. Niemals in meiner langen Nachsuchenpraxis habe ich mit solchem Hochgefühl das Horn geblasen und dem Schützen den Bruch auf dem blanken Waidblatt überreicht. Zweieinhalb Tage hatten wir fast ununterbrochen die Nachsuche fortgesetzt, ein Hilfsförster von mir, den ich zur Unterstützung mitgenommen hatte, hatte in der ersten Nacht 1½ Stunden und in der zweiten Nacht 3 Stunden geschlafen, 25 km ohne Widergänge war die Suche lang gewesen! Zwei Schweißhunde und die Führer waren mehr tot als lebendig – aber unermüdlicher Spurwille und eiserne Energie hatten den Hirsch doch zur Strecke gebracht und die Leiden des Stückes beendet.

AUF HAHNEN, GAMS UND HIRSCH

Es war ein ungerader Eissprossenzehner mit hohem Vorderlaufschuß. Der gesunde Vorderlauf wies verschiedene Schrammen und Hautrisse auf, die bei dem Motorradzusammenstoß entstanden waren.

Meine „Gilka" hatte das Gebiet des Herzberges, in dem sie den Hirsch bis zur völligen Erschöpfung gestellt hatte, nicht verlassen und wurde von mir am nächsten Tag durch Signalblasen herbeigerufen und glücklich nach Hause gebracht. Auch meine Bracke bekam ich wieder. Diese war in einem Nachbardorf einem Gastwirt zugelaufen.

1932 hielt der Verein Hirschmann seine Hauptprüfung in Battenberg ab, an der, wie immer, auch der Schirmherr des Vereins, S. Kgl. Hoheit der Prinzgemahl der Niederlande, Herzog von Mecklenburg, teilnahm. Ich machte mit meiner „Gilka" den I. Preis, was beim Hirschmann soviel bedeutet, als wenn man bei den Olympischen Spielen eine Goldmedaille erringt. Die Bedingungen sind sehr schwer, und Leistung und Glück müssen, wie bei den Olympischen Spielen, zusammenkommen, um es zum I. Preis zu bringen. Am letzten Abend bei der Preisverteilung saß ich beim Festessen als Gast neben dem Prinzgemahl, und zusammen mit dem damaligen Präsidenten des A. D. J. V., Prinz Alfons v. Ysenburg, wurde es eine feuchtfröhliche Sitzung. Der Prinz von Ysenburg konnte bildschön Jägerlatein erzählen, aber mit soviel Überzeugungskraft und soviel Charme, daß der Herzog von Mecklenburg sich köstlich amüsierte. Prinz Heinrich der Niederlande war ein passionierter Jäger und Freund des hann. Schweißhundes, er fehlte, solange er lebte, auf keiner Veranstaltung des Vereins Hirschmann, seine Protektion hat dem Verein und dem roten Hund viel geholfen.

Nicht nur das Jagen, auch das Fischen spielte in Battenberg eine große Rolle. Vor dem ersten Weltkrieg hatte oberhalb von Battenberg der König von England eine lange Ederstrecke gepachtet und verbrachte oft inkognito Urlaubstage an der Eder, um mit der Fliege auf Forellen zu fischen. Schon aus dieser Tatsache geht hervor, wie hervorragend die Fischerei in der Eder war. Damals gab es allerdings noch nicht die Edertalsperre. Nach dem Bau der Sperre ging die Fischerei zurück, war aber auch in meiner Zeit noch recht gut,

Der Matador. Stärkster Hirsch der Rominter Heide mit 228 Nadlerpunkten

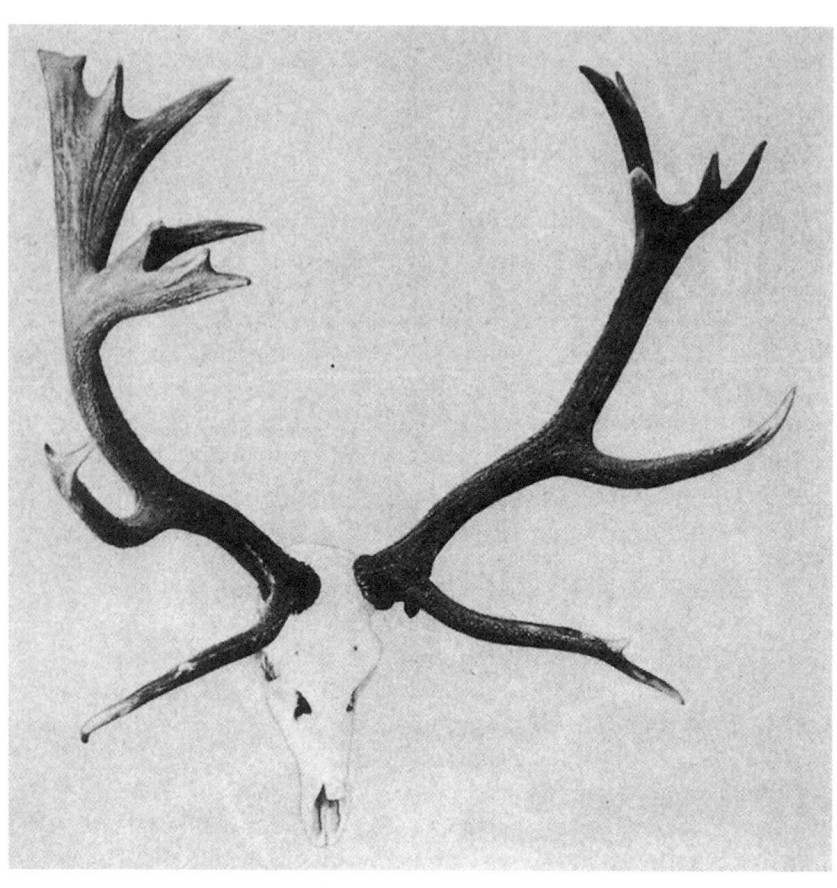

Der Ameisenhirsch

zumal sehr viel ausgesetzt wurde. Die Eder hatte Forellen, Äschen, Hechte, Barben und Weißfische aller Art, vor allem viel Döbel, die eine stattliche Größe erreichten.

Es wurde auf Forelle und Äsche nur mit der künstlichen Fliege, auf Hecht mit Blinker oder auch mit lebendem Köderfisch und auf die Barbe wohl auch mit dem dicken Tauwurm gefischt. Die Fischerei in der Eder war von Industriellen aus Iserlohn gepachtet, während ich die einmündenden Bäche – etwa 10 km zusammen – gepachtet hatte. In diese Bäche stiegen die Forellen gerne zum Laichen hinein, und so waren sie für die Ederfischerei sehr wichtig. Bald verband mich mit den Ederfischern eine herzliche Freundschaft, und ich hatte für die Ederstrecke großzügige Fischereierlaubnis. Ich habe damals oft die Jagd erst an zweiter Stelle rangieren lassen; wenn es an die Eder ging, waren die Rehböcke zum mindesten vergessen. Da zahlreiche Brücken über die Eder führten, konnte man beim Fischen von diesen Brücken aus in dem kristallklaren Wasser beobachten, wenn ein Hecht biß. Man warf den lebenden Köderfisch, der an einem Hakensystem befestigt war, in die Nähe des Hechtes, den man häufig schon vorher genau stehen sah. Es war interessant zu beobachten, wie verschieden sich die Hechte verhielten. Es kam vor, daß das arme Köderfischlein ½ Stunde und noch länger um den stillstehenden Hecht herumzappelte, ohne daß dieser Miene machte, anzubeißen, und es kam ebensooft vor, daß der Biß schon erfolgte, kaum daß der Köderfisch richtig im Wasser war. Der Hecht faßte den Köderfisch stets quer und schwamm dann eine Strecke fort, um erst nach einigen Minuten den Fisch ruckweise nach der Seite zu schieben, so daß er den Kopf fassen konnte, dann schluckte er schnell den Köder mit dem Kopf zuerst herunter und hatte damit das Hakensystem im Rachen oder sogar im Futtersack fest. Nun begann das Drillen – der aufregendste Teil des Fischens. Wenn man so von der Brücke aus fischte, war es zweckmäßig, einen Gehilfen zu haben, der vom Ufer aus mit einem Käscher den Hecht landete. Am besten bissen die Hechte im Oktober, kurz nach der Hirschbrunft an frühen, kalten Morgen.

Einmal im Jahr wurde auch mit dem Zugnetz gefischt, um die zahlreichen Döbel etwas zu dezimieren. Im Hochsommer sammelten sich die Döbel und andere Weißfische in großen Mengen an den tieferen Stellen der Eder, wo das Wasser langsamer floß. Hier wurde quer durch die Eder ein Stellnetz gestellt und dann mit einem Zugnetz gegen das Stellnetz zu vorgegangen. Natürlich standen auch zahlreiche Hechte hier, da durch die vielen Weißfische der Tisch für sie stets gedeckt war. Dieser große Fischzug wurde durch das sog. „Ederfest" im Hotel Clemens in Battenberg beschlossen. Prominente und weniger prominente Gäste nahmen daran teil, und wenn abends die gebackenen Hechte, in ihrer Käsekruste goldbraun leuchtend, auf den Tisch gebracht wurden, lag die Leber oben auf jedem Fisch. Jeder, der sich nahm, mußte dazu, altem Fischerbrauchtum entsprechend, einen Hechtlebervers aufsagen, also etwa:

Die Leber ist von einem Hecht
Und nicht von einem Spatzen.
Man kann beim Essen nur voll Lust
Laut schmatzen, ja, laut schmatzen.

Die Leber ist von einem Hecht
Und nicht von einem Pferde.
Wir saufen bei Clemens in Battenberg
Die Steine aus der Erde!

Die Leber ist von einem Hecht,
Drum eßt mir nicht zu wenig.
Wir krönen die Stirnen mit Laubgewind'
Karl Siebrecht, dem Ederkönig!

In diesem Stil ging es mit Knüttelversen weiter, und die Wogen der Begeisterung schlugen hoch.

In Battenberg fing ich an, mich literarisch zu betätigen. Ein Universitäts-Professor hatte mir als jungem Dachs gesagt: Bis zum Alter von 35 Jahren kann man als Mann noch suchen und probieren, in diesem Alter aber muß man sich entscheiden. Ist man Arzt, muß man klar sein, ob man die ehrgeizige oder die beschauliche Tour wählen will, kurzum, in diesem Alter muß man den Entschluß fassen, entweder mit der Masse zu trotten oder auf irgendeinem Gebiet etwas

Besonderes zu leisten. Es ist dabei gleichgültig, ob man die Biologie eines Käfers aus den Urwäldern des Amazonas erforscht oder auf einem anderen Gebiet etwas Besonderes kann und leistet. In irgendeiner Beziehung muß man aber, und sei es auf einem noch so kleinen Teilgebiet, mehr können als andere – wenn man etwas im Leben leisten und gelten will. Bis zu meiner Battenberger Zeit war ich mir keineswegs klar, daß ich neben meinem eigentlichen Forstberuf meine Lebensaufgabe darin sehen würde, das deutsche Waidwerk zu fördern, das jagdliche Brauchtum zu propagieren und ein Rotwildexperte zu werden, aber ich habe es bis heute nicht bereut, in dieser Richtung meine Kraft und Energie eingesetzt zu haben. – – Uns allen sind im Leben nur Teilerfolge beschieden, aber „wer immer strebend sich bemüht, den wollen wir erhören!" Ich begann in Battenberg zahlreiche jagdliche Artikel in der Jagdpresse zu schreiben, und ich gab die Bücher „Die gerechte Führung des hannoverschen Schweißhundes" und „Das jagdliche Brauchtum" heraus. Ich konstruierte das Waidblatt und hielt zahlreiche Vorträge jagdlichen Inhalts in verschiedenen Teilen Deutschlands.

In die Battenberger Zeit fiel auch meine erste Bekanntschaft mit dem Gamswild. Zwar hatte ich während meiner Münchner Studentenzeit bei Hochgebirgstouren häufig Gamswild beobachtet, aber ich hatte nie Gelegenheit gehabt, auf Gams zu jagen. Ein guter Freund von mir, der im Allgäu ein Gebirgsrevier gepachtet hatte, lud mich in jedem Jahr zur Gamsbrunft ein. Seit dieser Zeit hat es mich immer wieder im November in die Berge gezogen. Auf Sommergans zu jagen, habe ich dagegen immer abgelehnt – man nehme es mir nicht übel, aber das Gamswild sieht mir im Sommer zu ziegenähnlich aus. Dagegen im November, wenn sie „wie die schwarzen Teifi ausschaun", dann ist das Gamsjagen schon etwas Herrliches! Es geht mir mit den Sauen ganz ähnlich – so 'n Kartoffelkeiler im Sommer hat mich immer wenig gereizt, aber bei stiebendem Schnee, im Winter vor den Hunden, da ist eine Saujagd höchste Waidmannslust!

Ich habe auf Gams im Laufe der Jahre im Allgäu, im Karwendel, in Tirol und in der Steiermark gejagt. Meinen besten Bock schoß ich im Karwendel. Die Geschichte seiner Erlegung möchte ich hier schildern:

AUF HAHNEN, GAMS UND HIRSCH

Auf einer kleinen Station, nicht weit von Innsbruck, aber auf deutscher Seite, holte mich der Jäger „Xaverl" – wobei die Betonung auf „verl" und nicht auf „Xa" lag – am Bahnhof ab. Seine Nachrichten waren gut, nur wenig Schnee, die Gams daher noch ziemlich hoch stehend, so daß die Hütten gut lagen und man nicht einen zu weiten Anmarsch hatte. Die Brunft war in vollem Gange, und für mich war ein besonders starker Bock zum Abschuß bestimmt, der sog. „Trögelbock vom Hinteröd". Es dauerte eine ganze Zeit, bis ich kapiert hatte, wie dieser sagenhafte Bock eigentlich hieß. Es war ein alter, starker Gamsbock, der im Sommer im Hinteröd, einem riesigen Kar mit zahlreichen Almen, stand. Auf einer dieser Almen befand sich eine Jagdhütte und unweit davon ein Wassertrog, an dem das Almvieh getränkt wurde am ewig laufenden Brunnen, daher kam der Name „Trögelbock (Trogbock) vom Hinteröd". Der Jäger erzählte Mordsgeschichten von diesem Bock, daß er im Sommer ganz vertraut sei, aber sobald das Almvieh abgetrieben wäre, sei er wie verhext. Der Herr Ministerialrat aus München sei vergangenes Jahr acht Tage auf den Bock gepürscht und habe ihn nicht zu sehen bekommen. Aber heuer müsse er sterben, und wir würden's schon angehn, und was so Sprüche mehr sind, die vor der Jagd gemacht werden, die aber, wenn auch tausendmal gehört, immer wieder die Spannung steigern und das Jägerherz klopfen lassen.

Der Aufstieg am nächsten Tag hatte es in sich! Zwar führte ein richtiger, für das Almvieh bestimmter Pfad hinauf nach Hinteröd, aber wir kürzten verschiedentlich ab, um etwas schneller hinaufzukommen. Unterwegs waren hier und da die üblichen „Marterln" angebracht, auf denen zu lesen stand, daß der ehr- und tugendsame Hieronymus Soundso hier beim Holzaufladen verunglückte oder sonstwie zu Tode gekommen war. Eines von diesen „Marterln" ist mir unvergeßlich geblieben. Es war eine Darstellung der biblischen Legende von Abraham und Isaak. Abraham hatte aber nicht, wie in der alttestamentarischen Geschichte überliefert, ein langes Messer in der Hand, um damit seinen Sohn Isaak zu opfern, sondern zielte mit einem alten Steinschloßgewehr auf seinen an den Felsen gefesselten Sohn. Der alte Abraham war etwa so dargestellt wie Andreas Hofer, in der kurzen Lederhose mit einem riesigen Vollbart. Oben am Himmel war eine lichte Wolke gemalt, auf der ein kleines Engelchen thronte und in hohem Bogen aus dem Himmel heraus dem Abraham genau auf die Pulverpfanne seiner Büchse pinkelte. Unter diesem köstlichen Bild stand geschrieben: „Abraham, Du zielst umsunst, ein Engel Dir auf's Zündloch brunst!"

Die Hinterödhütte lag in etwa 1700 m Höhe, wir brauchten fünf Stunden, um hinzukommen. Ich war lange nicht in den Bergen gewesen und dann ohne Training gleich fünf Stunden bergauf – da blieb kein Auge trocken und Hemd, Pullover und Rock auch nicht. Ich schwitzte wie ein Reserveoffizier und zog eine Hülle nach der anderen aus. Aber als der Jäger, der mindestens zehn Jahre älter war als ich und wie ein Jüngling stieg, mir die Büchse tragen wollte, weigerte ich mich energisch. Wenn ich meine Büchse nicht einmal mehr in den Bergen tragen konnte, dann wollte ich lieber zu Hause bleiben und pürschen fahren, aber nicht in die Berge und auf Gams jagen.

Hinteröd war ein grandioses, uriges Kar, mit Latschenfeldern, Almen und Geröllhalden, lichten Zirbelkieferbeständen und weiter unten mit Lärchen und Fichten bestockt. Nach Süden begrenzt durch fast senkrechte Wände, war das ganze Gebiet ein wildes, uriges Terrain, einsam und weitabgelegen, herrlich zum Ansitz, zum Pürschen, gewaltig in seiner unberührten Schönheit. Dampfend kamen wir an der kleinen Hütte an. Der Jäger Xaverl machte zunächst einmal Feuer, stieß die Fenster auf, um die feuchte, modrige Luft hinauszulassen, und kochte uns einen Tee, zu dem er pro Tasse 6 (!) Löffel Zucker nahm. Zucker ist als Stärkungsmittel bei großen Strapazen ausgezeichnet, und ich habe, belehrt durch Xaverl, sein Beispiel oft nachgeahmt. Der bullernde Herd hatte die Hütte bald so erwärmt, daß wir uns umziehen konnten. Die naßgeschwitzten Hemden hingen bald zum Trocknen über dem am Herd angebrachten Holzgestell. Schnell ein kalter Imbiß, wobei auch das „Hirschmandl", der bayrische Gebirgsschweißhund des Xaverl, nicht zu kurz kam, und hinaus ging's in das wilde Kar. Wir pürschten zu einem kleinen Kopf, von wo man sehr guten Ausblick hatte, und saßen, gut eingepackt in Wollpullover und Lodenmantel, auf unseren Rucksäcken in der Sonne, die herrliche Gebirgslandschaft vor uns. Der Jäger deutete mit seinem Bergstock halb unter uns nach vorn: „Do isch a guater Wechsel, wenn ma hier hocke bleibe, kimmt uns sicher a Bock, vielleicht aa der Tröglbock!" Aber mein Verlangen nach dem Tröglbock ist heute gar nicht so groß, ich freue mich auf einige herrliche Tage hier oben und will nicht gleich am ersten Tag schießen. Aus den Zirbelkiefern da unten tönt der Ruf der Tannenhäher, die sich den Samen aus den schönen, dicken Zapfen herausholen – ich darf nicht vergessen, meinem Jungen zu Hause einen solchen Zapfen mitzubringen. Über uns schallt es gong – gong – die Vögel Wotans erinnern mich an den fernen Osten, wo der Kolkrabe noch häufig horstet. Weit auf der anderen Seite des Kars taucht jetzt ein Rudel Gams auf, und Xaverl zückt sein Spektiv, um hinüber zu spekulieren. Mit meinem 10 mal 50 Hensoldtglas kann ich nichts ausmachen, aber das 30fache Spektiv des Xaverl holt doch die Gegenstände selbst auf diese weite Entfernung so nahe heran, daß wir einen leidlichen Bock ansprechen können. „Der Tröglbock isch 's net", sagt der Xaverl, und als ich ihn frage, wieso er das auf diese Entfernung behaupten kann, erfahre ich, daß der Tröglbock eine außergewöhnlich breite Auslage hat, so als ob man beim Abkochen, wenn die Stirnzapfen weich sind, durch Auseinanderbiegen die Auslage künstlich verbessert hat, sagt der Xaverl. Ich werde auf den Tröglbock immer gespannter, denke an den Ministerialrat vom vergangenen Jahr, komme mir natürlich weit überlegen vor, male mir aus, wo ich in meinem Jagdzimmer die kapitalen Krucken hinhängen soll und überlege, ob der Bart wohl gut gereimelt sein wird. Für wirklich gute Bärte geht die Schußzeit zu früh zu Ende, drüben in Tirol schießen sie ihre Bartböcke erst im Dezember, bei uns ist am 30. November Feierabend. Immerhin, wir haben heute den 25. – also leidlich wird der Bart schon sein – da kommt ein Bock auf dem Wechsel halb unter uns, ich habe ihn genau im Glas und spreche ihn als etwa 5–6jährigen normal veranlagten Bock an. Xaverl bestätigt meine Beobachtung. „Den derfen 'S net schiaß'n, dös will erscht a Bock werdn." Ich habe gar keine Neigung zu schießen und beobachte, wie der Bock hinter einem großen Felsbrocken verschwindet. Ja, wenn so der Tröglbock käme, dann wär's um ihn geschehen. Entfernung gut 100 Schritt, freies Schußfeld – – ich male mir aus, wie er im Schuß zeichnen würde, und erlebe in der Phantasie schon die Erlegung und alles Drum und Dran im voraus. Inzwischen fängt es an zu dämmern und man ist nach dem stundenlangen Sitzen richtig steif geworden. „Hoam geht's", sagt Xaverl, und bald sitzen wir in der Hütte bei einer Petroleumfunzel und dampfendem Tee, und der Hüttenzauber mit all seiner Gemütlichkeit und Weltenferne, mit der Befreiung vom Joch der Zivilisation – so sagt man doch so schön, kann doch nicht davon lassen – umfängt uns. Aber zum Erzählen bin ich heute zu müde, obschon der Xaverl sein Lieblingsthema, die Astrologie, reitet. Er berechnet nach den Sternen, wann man auf der Jagd Erfolg hat, und wann nicht – – und glaubt fest daran. Ich höre nur noch mit halbem Ohr etwas von Mars und Venus und werde erst wieder wach, als es empfindlich kalt in der Hütte ist und Xaverl schon das Feuer anzublasen versucht.

Wir wollen heute noch einmal zu unserem Ansitzköpfle; Xaverl hat in den Sternen gelesen, daß es heute klappen wird – also in St. Huberti Namen!! Der Platz ist herrlich, und das viele Pürschen, vor allem in diesem Kar, ist bestimmt nicht das Richtige. Ich könnte mir denken, daß nicht viel dazu gehört, um das ganze Hinteröd gamsrein zu laufen. Das Wetter ist prächtig, der Schnee liegt etwa 10 bis 20 cm hoch, für diese Jahreszeit sehr wenig, und wir richten uns gemütlich auf unserem Beobachtungsposten ein. Ich komme ins Träumen, schließlich nicke ich ein, der Höhenunterschied macht doch sehr müde – – –. „Ein guater Bock, schiaßn's", flüstert heiser vor Erregung die Stimme des Xaverl neben mir. Was Bock? Ich fahre herum und sehe auf 80 Schritt einen guten Gamsbock stehen, der uns wohl durch meine unbeherrschte Bewegung schon weg hatte und herüberäugt. „Schiaßn's doch, ein 9–10jähriger Bock." Aber anstatt zur Büchse zu greifen, nehme ich erst das Fernglas hoch, spreche den Bock an – und flüchtig geht die Reise fort. Zwei-, dreimal pfeift es noch irgendwo, und der Gams ist wie ein Spuk verschwunden. „Den haben's verpatzt", sagte der Xaverl und schaut mich an, als ob er überlegt, ist der Kerl nur dämlich oder ist er vielleicht überhaupt kein Jäger?! So ein Stadtfrack, so ein damischer, der wo nur auf den Aktenschemeln hocke tut, dös gibt's da bei de Forstleut' drobe in Preißn! „Der Tröglbock woar' ja net", tröstet er bald wieder. „Freili, wanns der gewesn wär' – – –"

fügte er hinzu, ohne den Satz zu vollenden. Ja, wenn der's gewesen wär', dann hätte ich mich gleich an der nächsten Zirbelkiefer aufhängen können, wenn ich nicht vom Xaverl hätte „derschlagn" werden wollen. Da hatte ich mich ja richtig blamiert, wie ein Anfänger hatte ich mich benommen, ohrfeigen hätte ich mich können – – na usw. Jeder Jäger hat solch Situationen erlebt, und ich tröstete mich damit, daß es ja nicht der Tröglbock gewesen war, und daß es ja nur dem Tröglbock gelte, und daß ich nun natürlich Himmel und Hölle in Bewegung setzen würde, um den Tröglbock zu bekommen. Nun wurde es einfach zu einer zwingenden Notwendigkeit, den Tröglbock zu schießen, das verlangte die Jägerehre, der jagdliche Ruf – – alles stand auf dem Spiel.

Wenn man leicht durcheinandergeraten ist, dann tut ein gutes Frühstück Wunder, um das seelische Gleichgewicht wieder zu erlangen, und so beschlossen wir, Brotzeit zu machen. Was gibt es Schöneres, als draußen auf der Jagd zu frühstücken! Wer darüber lacht, ist ein armer Tropf, denn zu den Schönheiten dieses Lebens gehören auch die materiellen Dinge. Wem es gleichgültig ist, was er ißt und trinkt, der hat nie erfahren, was das Dasein hienieden zu bieten vermag. Auf unserem herrlichen Ansitzposten inmitten der wildromantischen Natur mit dem Nicker vor einem Stück Schinkenspeck herschneiden und die schmalen rosigen Streifen zusammen mit einem Stück guten Landbrotes hinter die Zähne schieben, versöhnt mit vielen Widrigkeiten des Lebens. Ein alter Amtsgerichtsrat aus der Paderborner Gegend sagte mir mal auf einer Treibjagd: „Meinen Sie denn, ich liefe den ganzen Tag wie ein Narr über die gefrorenen Sturzäcker diesen lächerlichen Hasen nach, wenn man dabei nicht so einen bildschönen Hunger und Durst bekäme?!" Na, soweit geht es nicht bei mir – aber manches Frühstück am Holzhauerfeuer oder auf der Jagd draußen ist mir doch in angenehmer Erinnerung. „Der Tröglbock", zischt es neben mir. Maria und Josef!! Da kommt der Bock angezogen auf dem Wechsel, akurat dort, wo vor ein paar Stunden der erste Bock kam. Ich greife vorsichtig zur Büchse – nur nicht verpatzen, nur nicht erst durchs Glas schauen – ist das einzige, was ich denken kann. Die Büchse ins Gesicht – „nehm's sich Zeit, er kommt no besser", flüsterte der Xaverl – – da bricht der Schuß – – – und flüchtig geht mein Gamsbock ab – –! „Gefehlt hoams, Kruzitürken noch emal, was isch jetzt dööös?? Gewackelt hoams mit de Stutzen wie a Lämmerschwanz. In'n Schnee isch gange, 10 Meter vom Bock hat's eingeschlage, i hab's stiebn sehn", flucht Xaverl ganz despektierlich los. Ich habe ein Gefühl im Kopf, als ob man mit einem Holzlöffel in meinem Gehirn herumgerührt hätte, und sitze völlig apathisch da, die abgeschossene Büchse in der Hand, selbst das Repetieren habe ich vergessen. Das durfte nicht passieren – das nicht – das einzige, was ich denken kann. Erst einen guten Bock verpatzt, dann den Tröglbock, den sagenhaften, vorbeigeschossen. Was heißt „vorbeigeschossen", einfach losgeknallt habe ich, ohne zu zielen, und das passiert dir, der du dir einbildest, ein großer Jäger zu sein, der du – Hubertus verhülle sein Haupt – sogar einen Ruf als guter Jäger hast! Ich bin tatsächlich dem Weinen nahe vor Wut, vor Scham und Verzweiflung. Ich war vorzeitig mit dem Finger an den Abzug gekommen, und so war mir der Schuß losgegangen. Aber jetzt nur keine Minute mehr auf dem dreimal vermaledeiten Ansitzposten bleiben. Steigen, laufen muß ich, bis ich vor Müdigkeit umfalle. „Erst hab's den Tröglbock vergrämt, jetzt wollens das ganze Hinteröd leerlaufen, dös machen mer net", widerspricht der Jäger, aber er schleift mich dann in sehr schwierigem Gelände derartig, daß mir bald Hören und Sehen vergeht und ich todmüde mit zerschlagenen Gliedern in völliger Dunkelheit an der Hütte ankomme.

Als der Jäger den Schmarren macht, kann er sich doch nicht verkneifen zu sagen, daß uns heute abend eine Gamsleber besser zu Gesicht gestanden hätte, aber sonst ist er von einer rührenden Freundlichkeit und hat seine gute Laune längst wiedergefunden. Als ich schon auf meinem Strohsack liege, schaut der Jäger nochmal aus der Hütte und meldet, daß das Wetter wohl umschlagen wird. Schon mittags hatten wir oben auf dem Kamm die weißen Schneefahnen gesehen, die der Wind herüberblies. Wenn nur kein Nebel kommt – – – war das Letzte, was ich dachte, und schon war ich eingeschlafen, todmüde, wie ich war. Am nächsten Morgen war dicker Nebel und es schneite leicht. Der Gamshüter hatte den Tröglbock in seine schützenden Arme genommen. „Mit dem Jagen is nix", sagte Xaverl. Also erst einmal weiterschlafen.

Hüttendienst, Essenbruzeln, Rauchen und Erzählen ist auch mal schön – – aber in mir brannte das Verlangen zu jagen. Der Tröglbock mußte her, und wenn sich alles verschwor dagegen. Der Jäger erzählte den ganzen Tag köstliche Geschichten von Wildschützen und Schmugglern, und sein Repertoire an Witzen war unerschöpflich.

Am nächsten Morgen war schönstes Wetter, leicht bewölkt, aber nebelfrei, und mit neuem Mut und Optimismus ging es hinein ins Hinteröd, um den Tröglbock zur Strecke zu bringen. Wir pürschten langsam, fast mehr stehend als gehend, saßen an geeignet erscheinenden Stellen lange an, pürschten dann wieder ein Stückchen weiter, und als wir schließlich Brotzeit machten, hatten wir wohl etliche Gams gesehen, auch einige leidliche Böcke darunter, aber mit dem Tröglbock war's nix. Der Xaverl hatte sogar versucht, mich zu überreden, einen etwa sechs- bis siebenjährigen Bock zu schießen, aber ich hatte den Jäger nur angesehen und stumm den Kopf geschüttelt, da wußte er Bescheid und redete nicht weiter zu. Das Hoffnungsbarometer sank. Sollte ich ohne Tröglbock das Hinteröd verlassen müssen? Der Aktenonkel aus München hatte immerhin keine Chance gehabt – ich aber hatte mir die hervorragende Gelegenheit versaut, hatte den sagenhaften Bock gefehlt – nur durch mein Träumen und Sinnieren – würde der Xaverl sagen. Inzwischen war der Jäger dabei, mit dem Spektiv in ein Latschenfeld zu spekulieren, das halb unter uns lag, und wo ihn irgend etwas besonders zu interessieren schien. „Da sitzt in den Latschen a Gams", sagte er schließlich, „a Bock is es aa, aber i krieg das Haupt nich frei." Ich nahm das Spektiv, strich an meinem Bergstock an, visierte erst über dem Fernrohr die beschriebene Stelle an, und sah dann, ohne das Rohr zu bewegen, hindurch. Als Anfänger mit diesem Gerät findet man sonst bei dem kleinen Gesichtsfeld nur schwer die richtige Stelle. Tatsächlich – – da saß ein Gams im Bett und ein Bock war's auch, das sah man an dem Bart, aber Träger und Haupt waren hinter einem Latschenbusch verborgen. Nach langem Kriegsrat beschlossen wir, auf einem Umweg etwas tiefer hinunterzusteigen, um einmal näher an den Gams heranzukommen und ihn womöglich frei zu kriegen. Wir merkten uns genau die Stelle, wo der Bock saß, und wir brauchten wohl eine Stunde lang, bis wir endlich den Bock sitzen sahen – noch einige Meter nach links, und wir hatten ihn frei.

DER TRÖGLBOCK SCHLÄFT

Ich hatte das zehnfache Glas am Kopf und sah einen sehr guten, ja kapitalen Gamsbock mit auffallend breiter Auslage – sollte es wahrhaftig der Tröglbock sein? Da setzte der Xaverl das Spektiv ab, holte tief Atem und sagte leise, aber mit zitternder Stimme: „Es isch der Tröglbock!" Mich durchfuhr es heiß vor Freude – jetzt endlich war es soweit, nun bloß keine Dummheiten machen, die Situation war immerhin kritisch. Der Bock saß auf einem kleinen freien Platz auf dem Latschenfeld in einer Entfernung von etwa 200 m. Auf den sitzenden Bock wollte ich nicht schießen, wenn er aber aufstand und auch nur zwei Schritte weiter vorzog, war er schon in den Latschen drin – eine verteufelte Geschichte! Wenn es also klappen sollte, mußte der Bock aufstehen und stehenbleiben, aber wie dem Bock diese an Selbstmord grenzende Handlungsweise aufzwingen?! Also, zunächst warten. Ich postierte mich so, daß ich jederzeit schußbereit war und am Bergstock anstreichen konnte. Immerhin, auf die Entfernung mußte ich genau hinhalten, wenn es gutgehen sollte. Inzwischen besah ich mir mit dem Glas und dem Spektiv den Bock genauestens, die Krucken waren hoch und schienen auch stark zu sein, die Auslage außergewöhnlich. Auch gehakelt waren die Krucken gut, der Bart war im Sitzen schlecht anzusprechen – – wenn er doch bloß aufstehen wollte! Aber er dachte gar nicht daran. „Er schläft", sagte der Xaverl leise. „Er schlaft halt immer noch", nach einer weiteren halben Stunde. „Schiaßn's im Sitzen", flüsterte er schließlich. Aber ich schüttelte mit dem Kopf, ich hatte noch nie auf ein sitzendes Stück Schalenwild geschossen, es sei denn, auf ein krankes Stück im Wundbett. Eine weitere halbe Stunde vergeht und der Nachmittag schreitet vor. Wenn das Licht erst schlecht wird, geht es überhaupt nicht mehr bei der Entfernung, und näher heranzukommen ist bei dem Gelände ausgeschlossen. Vor uns ist eine tiefe Rinne, und auf der anderen Seite ist am Hang das Latschenfeld, in dem der Bock auf einem kleinen freien Platz sitzt – fast ein Wunder, daß wir diese Stelle überhaupt gefunden haben, von der aus wir den Bock sehen können. Wir müssen den Bock hochbringen, anders geht es nicht.

Zuerst versucht der Xaverl es mit „Steinerln". Ich liege im Anschlag, das Fadenkreuz etwa 30 cm über dem Rücken des Bockes – – der Bock reagiert aber absolut nicht auf das „Steinerln". Selbst als der Xaverl einen gehörig dicken Steinbrocken in die Rinne unter uns rollen läßt, rührt sich der Bock nicht. Wahrscheinlich ist er stark abgebrunftet und fühlt sich in dem Latschenfeld vollkommen sicher. Also pfeifen – – aber auch Pfeifen hilft nichts, und zu laut zu pfeifen können wir nicht riskieren, da dann die Gefahr besteht, daß der Bock sofort flüchtig wird – und dann ist's ganz aus. Resigniert hört der Xaverl auch bald mit seinen schönen Pfeifarien auf und fängt an zu blädern, als auch das nichts hilft, flüstert er mir zu: – „Da kannst halt nix machen!!" – – und so sitzen wir weiter vor dem schlafenden Tröglbock und starren wie hypnotisiert in das Latschenfeld. Ich bin mir klar, daß, wenn nicht bald was passiert, die Sache schiefgeht, und ich beschließe schließlich, entgegen allen Jägerregeln, auf den sitzenden Bock zu schießen. Xaverl bindet unsere beiden Bergstöcke oben mit einem Bindfaden zusammen, so daß ein zweibeiniger Zielstock entsteht. Ich lege in der Gabel auf – – ziele sehr ruhig mit auf 200 m eingestelltem Zielfernrohr – – und komme ausgezeichnet in der Mitte des Blattes ab. Im Schuß schnellt der Bock sich wie ein Ball hoch in die Luft und ist sofort in den Latschen verschwunden. Die Kugel hat er – das ist mir klar – da taucht der Bock auf einer lichten Stelle in dem Latschenfeld für einen Augenblick auf, und wir haben beide den Eindruck, daß er den rechten Vorderlauf schont. Laufschuß – – –? dann ist die Entfernung von uns unterschätzt, und Xaverl meint nun auch, daß es vielleicht etwas weiter als 200 m sein könnten. Dazu die Streuung auf diese Entfernung, also ausgeschlossen ist ein Laufschuß nicht. Ehe ich es noch verhindern kann, schnallt Xaverl bereits sein „Hirschmandl", der den ganzen Vorgang genau beobachtet hat und auch sofort auf die richtige Fährte kommt und lauthals dem Bock folgt. Wenn das nur gut geht! Wir haben höchstens noch eine Stunde Licht; ob bis dahin der Hund gestellt hat, und ob wir bis dahin den Hund gefunden haben und dann noch den Fangschuß anbringen können, erscheint mir sehr fraglich. Als mir der Xaverl dann auch noch gesteht, daß dies die erste Hetze des „Hirschmandl" ist, bin ich mal wieder der Verzweiflung nahe! Warum habe ich mich auch nur verleiten lassen, auf den sitzenden Bock zu schießen! Es ist immer falsch, einem sitzenden Stück Schalenwild die Kugel antragen zu wollen. Wie oft habe ich das mit jagdpäpstlicher Überlegenheit meinen Lehrlingen und Referendaren eingehämmert – aber es ist keine Zeit für Selbstvorwürfe und zwecklose Anklagen. Dem Hunde nach, ist die einzig richtige Parole!

Die Jagd ist über die nächste Höhe hinweggegangen, und nun bleibt kein Faden trocken. Ich schnaufe hinter dem Xaverl her, der ein Höllentempo vorlegt – – endlich kommen wir völlig außer Atem oben auf der Höhe an – und hören tief unter uns in einer mit Zirbelkiefern und Lärchen bestandenen Schlucht den Standlaut des Hundes. Es beginnt bereits zu dunkeln, und der Xaverl schlägt vor, daß er allein absteigen will, um den Fangschuß zu geben. So schmerzlich mir das ist, so gebe ich ihm doch recht. Er ist schneller als ich und geländekundiger, und jetzt kommt's auf jede Minute an, sonst wird's uns dunkel und der Gams geht uns verloren. Ich setze mich also am Steilabhang hin und verschnaufe erstmal, während der Xaverl schon zwischen den Zirbelkiefern verschwunden ist. Aber kein Fangschuß fällt, und auf einmal geht der Standlaut wieder in Hetzlaut über, Richtung talabwärts, und verliert sich schließlich in weiter Ferne. Es wird immer dunkler – nichts mehr zu hören – ich klappere vor Kälte, das klatschnasse Hemd klebt mir am Leib, und der Jäger kommt nicht zurück. Gamsbock weg, Hund weg, und jetzt auch noch der Jäger verschwunden – – sollte ihm am Ende etwas passiert sein? Bei dem wilden Abstieg? Ich horche angestrengt, ob ich irgend etwas höre, aber das Schweigen der Nacht umfängt mich, und, nachdem ich ungefähr eine Stunde gewartet habe, mache ich mich auf den Weg zur Hütte. Das ist bei der Dunkelheit in dem unwegsamen Gelände gar nicht so einfach, und ich brauche fast zwei Stunden, bis ich völlig erledigt an der Jagdhütte ankomme. Kaum habe ich das Feuer angemacht, als auch Xaverl erscheint und berichtet, daß der Hirschmann von der kranken Fährte des Gamsbockes abgekommen sei und wohl auf einen einzelnen Hirsch gestoßen ist, der sich in der besagten Schlucht dem Hund gestellt hat. Als der Xaverl herankam, ging die Jagd sofort weiter talab, und im Schnee war einwandfrei zu sehen, daß es sich um einen gesunden Hirsch handelte, da keinerlei Schweiß zu finden war. Der Xaverl war der Fluchtfährte noch eine weite Strecke gefolgt, weil er hoffte, der Hund würde ablassen. Aber schließlich hatte er wegen der Dunkelheit abbrechen müssen und war dann zur Hütte aufgestiegen.

AUF HAHNEN, GAMS UND HIRSCH

Das war ja nun wirklich eine tolle Schweinerei, aber der Xaverl verlor den Mut nicht. Nach einem gewaltigen Abendessen stieg er zu dem zwei Stunden hinunter und gut drei Stunden herauf entfernten Jagdhaus, wo Telefon war, um den Hilfsjäger Toni mit seiner „Silva", einer alten, erfahrenen Schweißhündin, herauf nach Hinteröd zu beordern. Spät in der Nacht war der Xaverl zurück und meldete, daß der Toni morgen früh gegen 9 Uhr da sein würde. Früher ging's nimmer, da er schon um 4 Uhr in der Früh losgehen müsse, um den Weg bis 9 Uhr zu schaffen. Welch ein Aufwand! Alles nur wegen meiner schlechten Schießerei! Nur wegen des Tröglbockes, der den leibhaftigen Satan im Leib haben mußte!

Kurz nach 9 Uhr am nächsten Morgen erschien Toni, ein stämmiger, großer, gutaussehender Mann, der als Hilfsjäger angestellt war. Er brachte seine alte „Silva" und außerdem „Hirschmandl" mit, der ihm unterwegs, Richtung Heimat, entgegengekommen war. Er hatte schließlich wohl eingesehen, daß er den gesunden Hirsch doch nicht kriegen könnte, und von der Hetze abgelassen und war auf dem Wege zur Wohnung des Xaverl, als er dem Toni in die Arme lief. Da der Hund aber völlig übermüdet war, ließen wir ihn auf der Hütte zurück und zogen mit „Silva" los. Nun bestand ich aber darauf, daß vom Anschuß an am Riemen die Wundfährte ausgearbeitet wurde, was nebenbei gesagt, durch das Latschenfeld sicherlich kein Vergnügen war! Bald zeigte sich, wo „Hirschmandl" am Abend vorher die kranke Fährte überschossen hatte und abgekommen war. Der kranke Gams hatte einen Haken geschlagen, und der junge Hund hatte mit seiner geringen Erfahrung die Fährte überschossen und war dann wahrscheinlich sehr bald auf den gesunden Hirsch geraten.

Der Tröglbock schweißte gut und der rechte Vorderlauf schleppte, was im Schnee deutlich zu sehen war. Das Folgen der Wundfährte war keine Kunst, der Schweiß ließ zwar später nach, aber bei dem Schnee wäre die Fährte auch ohne Hund gut zu halten gewesen. Wohl aber war es eine große Anstrengung, der Fährte zu folgen, und ich war bald wieder wie aus dem Wasser gezogen. Die beiden Jäger nahmen mit ihrem Tempo keinerlei Rücksicht auf mich armen Mann aus der Ebene. Wir mochten etwa 1 km gefolgt sein, wobei der kranke Gams meist bergauf gezogen war, als die Fährte in ein großes Latschenfeld hineinstand. Es war mit Sicherheit anzunehmen, daß der Bock in diesem Latschenfeld stecken würde, „Silva" wurde geschnallt. Nach etwa zehn Minuten hörten wir weit hinten den Hetzlaut der Hündin, die Jagd kam dann wieder auf uns zu, und plötzlich sah ich den kranken Bock, wie er aus den Latschen herauswechselte und über eine große Geröllhalde hinauf gegen die steilen Wände flüchtete. Deutlich konnte ich mit dem Glas den schleppenden Vorderlauf erkennen. Jetzt wurde auch die Hündin sichtbar und kurz danach ertönte der Standlaut, anscheinend aus einem Riß heraus oder hinter einem Felsblock, denn sehen konnten wir nunmehr weder Gams noch Hund. Nun nichts wie hin! „Der kimmt uns nimmer aus" sagt Xaverl und saust los. Ich hinterher, aber die Geröllhalde, die so harmlos ausgesehen hatte, hatte es in sich, ein verteufeltes Terrain, viel steiler, als ich gedacht hatte. Riesige Felstrümmer versperrten das Vorwärtskommen, und wir brauchten fast eine volle Stunde, bis wir in die Nähe der ständig lautgebenden Hündin kamen. Jetzt wurde es ernst. Der Toni wollte allein weiter, um den Fangschuß anzubringen. So sehr ich das verstand und so richtig es im allgemeinen ist, wenn nur der Hundeführer den Fangschuß gibt, so bitter wäre es mir in diesem Falle gewesen, wenn ein anderer dem Tröglbock nach all diesen Erlebnissen und Nackenschlägen den Fangschuß gegeben hätte. Ich pürschte also, die Büchse im Arm, langsam weiter vor, gefolgt von Xaverl und dem Toni. Als ich vorsichtig einen großen Felsblock umging, stand plötzlich auf etwa 80 m der Tröglbock vor mir an einem hausgroßen Felsblock, umkreist von der lautgebenden, hirschroten Hündin, im Hintergrund ragten die rotleuchtenden, fast senkrecht aufragenden Steilwände hoch. Ich holte ein paarmal tief Luft, strich mit der Büchse am Bergstock an und – – – im Schuß brach der Tröglbock zusammen und war schon verendet, als wir hinzutraten, und der Toni seine brave „Silva" belobte und streichelte. Einen Bruch bekam ich erst auf dem Heimweg, denn wir waren weit oberhalb der Latschengrenze, wo kein Baum und kein Strauch mehr wuchs.

Die erste Kugel hatte den rechten Vorderlauf oben und den linken Hinterlauf noch oberhalb der Schale verletzt, aber ohne den Knochen zu zerschlagen. Der Bock hatte also nicht ganz breit, sondern halb spitz gesessen, und die Entfernung war von uns unterschätzt worden, so daß die Kugel wohl seitlich richtig, aber zu tief saß.

Nördlich von Battenberg lag das Revier Hallenberg. Hier war, einige Jahre vor meiner Dienstübernahme in Battenberg, Muffelwild ausgesetzt worden und hatte sich gut entwickelt. Ich entschloß mich daher, auch in Battenberg diese sympathische Wildart einzubürgern. Dank der Gebefreudigkeit meiner Freunde hatte ich bald das Geld für den Ankauf zusammen – der Staat hat für solche Dinge bekanntlich nie Geld – und besorgte aus der Tschechoslowakei vom Grafen Edelsheim zwei Widder und sechs Schafe. Man hatte mir versichert, daß dieses Wild reinblütig sei, also nicht mit dem „ungarischen Zackelschaf" gekreuzt war. Mir lag daran, Wild auszusetzen, das unter keinen Umständen schälte. Nach den damaligen Erfahrungen hatte nur das mit den ungarischen Zackelschafen gekreuzte Wild diese Untugenden. Heute scheint diese Annahme nicht mehr ganz haltbar zu sein. Daß nichtreinblütiges Muffelwild überall stark schält, scheint erwiesen zu sein, aber nach den neuesten Untersuchungen muß man mit der Möglichkeit rechnen, daß auch reinblütiges Muffelwild, das in dem bisherigen Standrevier niemals geschält hat, in einen anderen Biotop gebracht, plötzlich anfängt zu schälen, so daß man also praktisch bei der Neueinbürgerung auch von reinblütigem Wild keine Garantie hat, daß es nicht schält. Das ist sehr bitter und wird der Verbreitung dieses schönen Wildes in Zukunft Abbruch tun. Daß verschiedene Umweltfaktoren den Geschmack des Wildes beeinflussen können, dafür nur ein Beispiel, daß ich Reviere kenne, in denen der Besenpfriem (sarothamnus scoparius) vom Rotwild niemals, auch in strengen Wintern nicht, verbissen wird, und daß in anderen Revieren der Besenpfriem sehr gerne genommen, ja direkt als Futterpflanze zum Anbau empfohlen wird. Immerhin besteht die Möglichkeit, das ausgesetzte Wild wieder abzuschießen, wenn es sich herausstellt, daß die Umwelt die Voraussetzungen für das Schälen schafft. Tatsache ist, daß das Muffelwild in Battenberg und in den Nachbarrevieren, auf die es sich inzwischen verteilt hat, bis heute nicht schält, seit dem Aussetzen sind aber inzwischen rd. 25 Jahre vergangen. Der Bestand hat sich auf über 200 Stück vermehrt.

Jägerhof Rominten (Haupteingang)

Jägerhof Rominten (Einfahrtseite)

MUFFELWILD WIRD AUSGESETZT

Wir setzten damals aus Ersparnisgründen die acht Stück in ein sehr kleines Eingewöhnungsgatter von etwa 2 ha Größe. Das Wild wurde aus Wildfängen Ende Februar geliefert, ich hatte, wohlgemerkt, keine Wildhandlung eingeschaltet, da man dann niemals für die Provenienz garantieren kann, sondern Direktbezug vorgezogen. Anfang April setzten die Schafe bereits im Gatter, und die kleinen Lämmer folgten sofort und verhältnismäßig flüchtig ihren Müttern. Da ich Angst hatte, daß wildernde Hunde in das kleine Gatter kommen könnten, ließ ich das Wild schon Mitte April in freie Wildbahn. Man soll bei der Einbürgerung von Wild nie die Stücke zu lange im Eingewöhnungsgatter lassen, alle Nachteile des Gatterwildes treten dabei auf, ohne daß Vorteile zu erkennen sind. Wenn nämlich dem ausgesetzten Wild der Standort nicht zusagt, wechselt es doch fort zu einem ihm genehmeren Standort, ob es nun 4 Wochen oder 1½ Jahre im Eingewöhnungsgatter gestanden hat. Selbstverständlich ist es wünschenswert, daß das Wild zum erstenmal im Gatter setzt.

Das Muffelwild blieb zu meiner Zeit in einem Gebiet von etwa drei Förstereien, also auf einer Fläche von 1500–1800 ha stehen, war also ungewöhnlich standortstreu. Merkwürdigerweise überquerte es niemals nach Osten ein enges Tal, in dem ein Bach, eine Landstraße und eine Eisenbahn entlangführten. Die Eisenbahn war eine Nebenlinie und nur wenig befahren, und auch die Landstraße wies damals keinen dichten Verkehr auf. Nach Westen wechselte das Wild dagegen sehr bald über das Grenztal zum Nachbarforstamt hinüber, obschon auch in diesem Tal ein Bach und eine Landstraße entlangführten. Ob die Muffel also nur die Eisenbahnschienen gemieden haben, wage ich mangels sonstiger Beobachtungen nicht zu behaupten.

Ich habe das Muffelwild jahrelang sehr oft und sehr genau beobachtet, es trat überhaupt nicht im Felde aus, stand sehr selten auf Wiesen, sondern zog in Buchenverjüngungsschlägen über weite Flächen, hier und da kurz äsend und irgendwelche Kräuter und Gräser bevorzugend. Verbiß von Forstpflanzen aller Art oder etwa Schälschäden wurden niemals beobachtet. Bestimmte Wechsel wurden im allgemeinen nicht innegehalten, aber es gab besonders beliebte Einstände.

AUF HAHNEN, GAMS UND HIRSCH

Als ich schon einige Jahre in Rominten war, erhielt ich vom Regierungsforstamt in Kassel die Mitteilung, daß einem Widder, den ich ausgesetzt hatte, die rechte Schnecke in den Träger zu wachsen drohte, und daß der Widder, der inzwischen 10jährig geworden war, abgeschossen werden müsse. Da ich das Wild ausgesetzt hätte, würde ich hiermit eingeladen, den Widder in Battenberg zu schießen. So viel Generosität habe ich beim Fiskus nur einmal in meinem Leben erlebt! Es war wohl auch diesmal nicht der Fiskus, sondern der damalige Leiter des Regierungsforstamtes Kassel-West, Oberlandforstmeister Linnenbrink, der in Battenberg zuletzt mein Inspektionsbeamter gewesen war, der diese großzügige Einladung veranlaßt hatte.

Ich fuhr von Ostpreußen nach Battenberg, um den Widder zu schießen, und um anschließend im Allgäu zur Gamsbrunft zu sein. Drei Tage hatte ich für Battenberg vorgesehen. Ich kannte das Revier wie meine Westentasche, ich wußte, wo das Muffelwild mit Vorliebe stand, ich kannte alle Pürschpfade und Wechsel, wußte, wie der Wind an einzelnen Hängen und Höhen strich – und brauchte eine ganze Woche, um den Widder zu kriegen! Ein Beweis dafür, wie heimlich und unstet das Muffelwild ist und daß es genauso schwierig und damit so reizvoll ist, *den* bestimmten Widder zu schießen als etwa *den* bestimmten Hirsch oder Rehbock.

Da das Rotwild infolge der ständig zunehmenden Bevölkerungsdichte und der ständig verfeinerten und immer intensiver werdenden Landeskultur, sowohl auf forstlichem wie auf landwirtschaftlichem Sektor, immer mehr auf Inseln, sog. Rotwildgebiete, zurückgedrängt wird, bedeutet das Muffelwild, das anpassungsfähiger ist und in dieser Hinsicht mehr dem Rehwild ähnelt, für viele Reviere einen Ersatz des Rotwildes und für alle Reviere eine erfreuliche Bereicherung der freilebenden Tierwelt. Dabei ist das Muffelwild – von Haus aus zwar ein Bergwild – nicht unbedingt auf das Gebirge angewiesen. Das Herauswachsen der Schalen, das besonders in der Schorfheide beobachtet wurde, und von dem man annahm, daß die mangelnde Abnutzung, infolge des Sandbodens und des Fehlens von Stein- und Felspartien, die Ursache sei, hat sich später als eine Erkrankung der Schalen herausgestellt und wurde in steinigen Revieren auch beobachtet. Auf jeden Fall ist das gesamte Mittelgebirge als Standort für das Muffelwild geeignet, nur allzu hohe Schneelagen liebt das Wild nicht, in solchen Gebieten treten im Winter Verluste auf.

Wenn ich zurückblicke, dann war in Battenberg das Schöne, daß ich dort, weder von Vorgesetzten noch von prominenten Gästen behelligt, jagen durfte. Später in Rominten und auch im Schwarzwald wurde die Jagd, wenigstens auf den edlen Hirsch, immer mehr eine Repräsentationsangelegenheit, wohl sehr interessant, aber, jagdlich betrachtet, nicht mehr so ungebunden, so frei, so schön! Wenn ich in der Brunft mit einem Freunde in der Wilhelmshütte war, wenn wir morgens und abends pürschten und die Hirsche mit dem Ruf angingen, wenn wir tagsüber im weiten Umkreise Nachsuchen mit dem Hannoveraner machten – – das war herrlichstes, ungebundenes Jagdleben; und wenn ein Hirsch zur Strecke gekommen war, dann ließ ich ihn vor der Wilhelmshütte strecken und wir bliesen ihm das „Hirschtot" und das „Halali" als letzten Gruß. Und dann wurden aus dem Kellerloch unter der Hütte die Pullen hervorgeholt. Nur zwei Getränke waren zum Tottrinken eines Hirsches zugelassen, „Dorette lächelt" und die „Schwarze Johanna". Das erstere Getränk bestand aus Pilsner Bier und Sekt und das zweite aus schwarzem Johannisbeersaft und Sekt. Die „Schwarze Johanna" war mehr etwas für Damen, während wir Männer Pilsner mit Schampus vorzogen. Wenn dann „Dorette" längere Zeit gelächelt hatte, ging man mit brennenden Kerzen nach draußen, um zum hundertstenmal das Geweih und den Hirsch zu besehen, und wenn „Dorette" ausgelächelt hatte, dann stieg als letztes das berühmte Lied vom Gamsgebirg:

So leb denn wohl, du wunderschönes Gamsgebirg,
Wo's Schiaßn überall
In Berg und Wiesental –
So leb denn wohl, du wunderschönes Gamsgebirg,
Wo's Schiaßn überall verboten ist!

VIERTES KAPITEL

ROMINTEN

Rominten – das waren wogende Fichten- und Kiefernwälder, Rominten – das waren erlen- und aspenumsäumte, grünleuchtende Wiesen, Rominten – das waren stille Waldseen mit Hecht und Schlei, mit Aal und Krebsen, Rominten – das waren murmelnde Wasser, die im Mondlicht gleißten, Rominten – das waren stille Brüche mit Porst und Rauschbeere, Rominten – das war Stille und Ruhe, war Ferne vom Hasten der Zivilisation, Rominten – das war das Röhren der Hirsche zur Brunftzeit, Rominten – das war das Trompeten der Kraniche, das Puitzen und Quorren der Schnepfen, das Klingeln der Wildenten, das Meckern der Bekassinen, Rominten – das war blauender Himmel mit goldenen Birken mit weißen Altweiberfäden, Rominten – das war tiefverschneiter Forst mit seinen vor Kälte knackenden Bäumen, mit dem Rufen der Wodansvögel, Rominten – das war heulender Sturm mit stiemendem Schnee, mit dem Dampfen der Pferde und dem Geläut der Schlitten, Rominten – das war Büchsenschall und Hörnerklang, Rominten – das war das Paradies für den Jäger und Naturfreund!

Als ich 1936 in Wiesbaden meine militärische Bekanntmachungsübung als Reserveoffizier machte, wurde ich aus Berlin angerufen, man wolle mich in die Schorfheide versetzen. Ich nahm Urlaub, fuhr nach Berlin ins Ministerium und bat um die Erlaubnis, mir die Verhältnisse in der Schorfheide ansehen zu dürfen. Nach meiner Besichtigungsreise lehnte ich ab; meine Eindrücke in der Schorfheide waren in jeder Beziehung negativ gewesen. Ich wäre ein Narr gewesen, wenn ich freiwillig mein schönes Battenberg aufgegeben hätte.

Ich hatte in Berlin mit solcher Schärfe abgelehnt, daß ich hoffte,

DAS JAGDLICHE PARADIES

man würde mich in Ruhe lassen, aber wenige Wochen später erfolgte ein neuer Anruf, ich solle mir Rominten in Ostpreußen ansehen, es würden dort zwei Forstämter frei, von denen ich mir eins aussuchen könnte. Ich flog also nach Königsberg und fuhr von dort nach Rominten, um das mir schon aus meiner Referendarzeit einigermaßen bekannte Gebiet zu besichtigen, vor allem aber, um mich über die Personalverhältnisse zu orientieren. Ich merkte sofort, hier konnte, hier durfte ich nicht nein sagen. Die Aussicht, mit Hermann Göring und sonstigen Gästen des Dritten Reiches zu tun zu haben, reizte mich nicht sehr, aber als Jäger konnte ich dieses Angebot nicht ausschlagen – für Rominten hätte ich mich dem leibhaftigen Teufel verschrieben! Als ich im Sommer 1945 als Flüchtling, der nichts als das Leben gerettet hatte, einen alten Bekannten aus der Nähe von Battenberg wiedertraf, sagte mir dieser: „Sehen Sie, Frevert, jetzt haben Sie die Quittung! Ich habe Ihnen damals abgeraten, nach Rominten zu gehen, wären Sie meinem Rat gefolgt, dann säßen Sie heute noch geruhsam in Battenberg!" Ohne mich zu besinnen, antwortete ich: „Und wenn ich vorher gewußt hätte, wie es mir ergehen würde – – ich wäre trotzdem hingegangen!!"

Ich habe über meine Zeit in Ostpreußen ein besonderes Buch „Rominten" geschrieben, das ich dem Leser, der sich für dieses herrliche Revier näher interessiert, empfehle. In einem einzigen Kapitel kann man der Bedeutung dieses Reviers nicht gerecht werden. Ich beschränke mich daher darauf, zu versuchen, einen allgemeinen Einblick in die Verhältnisse Ostpreußens zu geben und einige nette Geschichten und Anekdoten aus der damaligen Zeit zu berichten.

Ostpreußen war das Land der Güter, aber es war nicht das Land der Junker, wie man sich das im Westen Deutschlands oft vorgestellt hatte. Der Landbesitz war nur zu einem geringen Teil in den Händen des Adels, die meisten Güter gehörten bürgerlichen Landwirten. Ein Junkertum im üblen Sinne war in Ostpreußen schon deshalb nicht möglich, weil Klima und Bodenverhältnisse erheblich höhere Ansprüche an den Wirtschafter stellten, als das im Westen der Fall war und heute noch ist. Bei der Kürze der Vegetationszeit mußten Bestellung und Ernte erheblich schneller vonstatten gehen als im Westen. Die Landwirtschaft erforderte also viel mehr Arbeitskräfte und Pferde oder Maschinen als anderswo.

Wer da nicht organisieren und rechnen konnte, war sehr schnell bankrott, und wer sich unter diesen schwierigen Umständen behauptete, mußte ein Kerl sein und etwas verstehen. Das Verhältnis zwischen Landarbeiter und Gutsbesitzer war bis in unsere Zeit patriarchalisch geblieben. Die „Instleute" erhielten keinen hohen Lohn, aber sie hatten Wohnung, ein Stück Land, ein oder zwei Schweine im Stall und bekamen Milch und sonstiges Deputat an Getreide, Kartoffeln usw. Sie lebten einfach, aber nicht schlecht und sicher besser und glücklicher als mancher Industriearbeiter in den westlichen Steinwüsten, der an barem Gelde erheblich mehr verdiente. Während im Sommer hart, zur Zeit der Ernte und Bestellung sogar sehr hart gearbeitet wurde, war das Leben im Winter sehr viel geruhsamer. Diese Zeit dauerte oft fünf, manchmal auch sechs Monate, und die notwendigen Arbeiten wie Dreschen, Holzfahren und ähnliches waren ohne Hast und große Anstrengung in dieser langen Zeit zu schaffen. Der Gutsherr mußte die Leute aber die ganze Zeit durchhalten, er konnte nicht, wie im Westen in der Industrie, die Leute bei schlechter Konjunktur arbeitslos werden lassen. Hierdurch entstand für die Landarbeiter das Gefühl des Geborgenseins, der Sicherheit, und es erwuchs eine Zusammengehörigkeit, eben ein patriarchalisches Verhältnis. Der Landarbeiter verkaufte nicht dem Gutsherrn seine Arbeitskraft, sondern er fühlte sich zum ganzen Gutsbetrieb gehörig, er war ein Teil einer Arbeitsgemeinschaft. Natürlich war das nicht überall so, aber die treue Anhänglichkeit, die heute noch, nach 12 Jahren, zwischen früheren Gutsbesitzern und ihren „Instleuten" hier im Westen besteht, dürfte Beweis für das Gesagte sein.

Neben den größeren Gütern gab es in Ostpreußen den sog. Besitzer. Es waren das Bauern, die etwa 50 bis 100 ha bewirtschafteten. Diese Besitzgröße war in Ostpreußen für die besonderen Verhältnisse aber zu klein, es sei denn, daß besonders guter Boden vorhanden war. Nach meiner Überzeugung war in Ostpreußen das Optimum etwa 200 bis 500 ha; bei kleinerem Besitz wurde das Wirtschaften unlukrativ und bei größerem unübersichtlich.

Natürlich gab es auch Arbeiterlandwirte, also Menschen, die in erster Linie als Waldarbeiter, als Wegarbeiter, als Maurer usw. ihr Brot verdienten, und die fast immer – jedenfalls auf dem Lande draußen – ein eigenes Häuschen und eine eigene Landwirtschaft besaßen, die von den übrigen Familienangehörigen bewirtschaftet wurde. Diese Arbeiter standen sich nicht schlecht. Wenn in Ostpreußen auch nicht die Spitzenlöhne westlicher Industriearbeiter gezahlt wurden, so hatten diese Holzhauer usw. doch einen guten Lohn, sie hatten mehr bares Geld als die Instleute, und auch in schwierigen Konjunkturverhältnissen hatten sie infolge ihrer kleinen Landwirtschaft immer satt zu essen.

Meine Wünsche, an deren Erfüllung ich meine Zustimmung, nach Rominten zu gehen, geknüpft hatte, wurden mir in Berlin anstandslos erfüllt bis auf einen. Ich hatte u. a. darum gebeten, die Jagdleitung der gesamten Rominter Heide in meine Hände zu legen, da ich sehr schnell erkannt hatte, daß nur bei einer einheitlichen Leitung das Höchstmögliche bei dem Rotwild zu erreichen war. Bisher, merkwürdigerweise auch in der kaiserlichen Zeit, hatte jeder Forstmeister jagdlich für sein Revier gewirtschaftet, der Abschuß war forstamtsweise festgesetzt, die Fütterung blieb den einzelnen Forstmeistern überlassen, die finanziellen Mittel für jagdliche Zwecke wurden den Forstmeistern einzeln zugewiesen usw. Es war klar, daß dabei keine Höchsterfolge in der Hege zu erzielen waren, denn das Wild hielt sich natürlich nicht an die Grenzen eines Forstamtes. Ein Gatterrevier wie Rominten kann jagdlich nur *einheitlich* bewirtschaftet werden. Dabei war die Heide eigentlich kaum noch als Gatterrevier zu bezeichnen, sie umfaßte 25 000 ha, die als Waldinsel in einem großen Feldbezirk lagen. Diese 25 000 ha waren eingegattert, der Zaun war über 100 km lang, er war daher niemals ganz dicht zu halten. Zahlreiche Einsprünge befanden sich in dem Gatter, außerdem waren sämtliche angrenzenden Feldjagden, zusammen etwa 10 000 ha, angepachtet, so daß das Gesamtrevier 35 000 ha groß war – da konnte man trotz des Gatters kaum noch von einem Gatterrevier sprechen.

Die erstrebte jagdliche Gesamtleitung wurde mir aber sehr bald von Hermann Göring persönlich übertragen. Als ich ihm die Vorteile einer solchen einheitlichen Abschuß- und Hegeplanung auseinandersetzte, sah er das sofort ein und ging noch einen Schritt weiter, indem er mir auch die forstliche Leitung, und zwar unter

Loslösung der gesamten Rominter Heide aus dem Verband der preußischen Forstverwaltung, übertrug. Ich hatte also die Funktionen eines Regierungsforstamtes und unterstand unmittelbar dem Ministerium, und zwar dem Reichsjagdamt. Diese auch forstliche Unterstellung unter das Reichsjagdamt war verwaltungsmäßig natürlich schwierig und löste Ärger aus. Daß sie trotzdem funktionierte, ist in erster Linie dem Takt und der Geschicklichkeit des Oberstjägermeisters Scherping und seines forstlichen Referenten, Oberlandforstmeister Nüßlein, zu verdanken.

Ich selbst hatte als Oberforstmeister der Rominter Heide eine sehr selbständige, man kann sagen, einmalige Stellung; aber ich habe sie niemals ausgenutzt und für mich und meine Beamten nie versucht, persönliche Vorteile herauszuholen. Ich habe alle meine Forstbeamten – es waren 55 an der Zahl – stets wissen lassen, daß der, der die Situation für sich ausnutzt, also die gute Stimmung Görings oder eines anderen offiziellen Gastes dazu benutzt, irgendwelche privaten Vorteile herauszuholen, die Heide verlassen muß! Ich muß gestehen, daß eine ausgezeichnete Kameradschaft unter den Forstbeamten aller Dienstgrade bis zum bitteren Ende geherrscht hat, nicht einer ist „abtrünnig" geworden, auch nicht nach Beendigung des Krieges. In einer Zeit, in der man sonst so viel Erbärmlichkeit, so viel Gemeinheit, so viel Denunziation erlebt hat, erfüllt es mich mit Freude und Glauben an den guten Kern des Menschen, wenn ich ehrlichen Herzens dieses gute Urteil über meine Rominter Forstbeamten niederschreiben kann.

Als ich in Rominten die Dienstgeschäfte übernahm, war gerade eine große Nonnenkalamität zu Ende gegangen, d. h., sie dauerte eigentlich noch an. Man bekämpfte die Nonne durch Giftbestreuung vom Flugzeug aus. Der die Aktion leitende Forstassessor erklärte, 2500 ha Holzbestand durch die Bestäubung gerettet zu haben. Es kam darauf an, wie man die Sache ansah. Nonnenkalamitäten pflegen nach zwei bis drei Jahren in sich zusammenzubrechen, da meistens bei Massenvermehrung die sog. Polyederkrankheit ausbricht, der die Raupen erliegen. Probezählungen hatten nun ergeben, daß je Baum eine unerhörte Menge – ich kann mich aus dem Gedächtnis nicht auf Zahlen verlegen – Raupen pro Baum vorhanden waren. Die Begiftung war, von gutem Wetter begünstigt, ein voller Erfolg, denn es wurden 95 bis 98 % aller Raupen vernichtet. Die verbleibenden 2 bis 5 % reichten aber aus, den Stamm kahl zu fressen, sie hatten Nahrung genug, sich zu verpuppen, und die Kalamität ging also ins nächste Jahr hinein weiter, während vielleicht ohne Bekämpfung alle Raupen restlos verhungert bzw. der Polyederkrankheit zum Opfer gefallen wären; der Beweis und der Gegenbeweis sind schwer zu erbringen. Es soll auch hier kein Werturteil über Giftbestäubung gefällt werden, es soll nur gesagt werden, daß eine 95%ige Vernichtung eines Insektenschädlings noch keineswegs ein wirklicher Erfolg zu sein braucht. Wenn ich z. B. 1 Million Insektenschädlinge auf einer bestimmten Fläche festgestellt habe und ich vergifte 95 % — was an sich ein sehr hoher Prozentsatz ist — dann bleiben 5 %, also 50000 Stück, übrig, die sich satt fressen können, die sich verpuppen und sich im nächsten Jahr stark vermehren.

Leider werden wir Forstleute uns wohl damit abfinden müssen, daß wir in absehbarer Zeit nicht ohne die Chemo-Therapie auskommen werden, aber man sollte sich hüten, wegen ein paar Maikäfern oder wegen einiger Mäuse Totalbestäubungen oder -bespritzungen vorzunehmen. Mit Gift in größerem Umfang stören wir das Gleichgewicht in der Natur, wir vernichten nicht nur die dem Menschen schädlichen Insekten, sondern auch die nützlichen, wir töten die Raubinsekten aller Art, und inwieweit wir die Bodenfauna durch Totalbegiftung zerstören, dürfte noch nicht restlos erforscht sein.

Wir werden, wie schon gesagt, bei Insektenkatastrophen vorläufig nicht ohne chemische Mittel auskommen, aber wir sollten aufhören, hemmungslos tonnenweise Gift in die Natur zu bringen, wenn es nicht unbedingt nötig ist. Es dürfte in vielen Fällen besser sein, gewisse Schäden in Kauf zu nehmen und mit anderen, vielleicht nicht so schnell wirkenden, aber natürlicheren Mitteln die Schadinsekten zu bekämpfen. Ich denke da vor allen Dingen an biologische Bekämpfungsmethoden, also Vogelschutz, Züchtung und Vermehrung von Raubinsekten, von Krankheitsviren u. ä. Es ist erfreulich, festzustellen, daß die Wissenschaft, die noch vor wenigen Jahren das Gift als Allheilmittel ansah, jetzt bereits ihre warnende Stimme erhebt und den Schwerpunkt der Forschung auf den biologischen Sektor verlegt hat.

In Rominten traten die Nonnenkalamitäten periodisch auf, man konnte sagen, daß alle 40 bis 60 Jahre eine Massenvermehrung der Nonne vorhanden war; welche Ursache das hatte, war nicht zu ergründen. Eine große Kalamität hatte in den 50iger Jahren des vorigen Jahrhunderts geherrscht, ihr waren besonders die Jagen um den Ort Rominten herum zum Opfer gefallen. Man hatte damals den Einschlag des trockenen Holzes nicht geschafft, große Abteilungen waren zusammengebrochen, das vermodernde Holz lag mehrere Meter hoch, und überall fand sich Aspen- und Birkenanflug ein. Diese Jagen wuchsen ohne forstliche Pflege wieder hoch. Kaiser Wilhelm II. bestimmte ferner 1899, daß keine Axt diese Abteilungen, die als „wilde Jagen" bezeichnet wurden, berühren sollte. In diesem Urwald von Aspen, Birken, Ahorn, Hainbuche und Erle war später überall die Fichte von außen her wieder angeflogen, so daß ein romantisch schöner und jagdlich hervorragender Urwald entstanden war, der vor allem im Herbst eine herrliche Farbensymphonie darstellte. Die Wiesen leuchteten dann in hellstem Grün und waren mit lilafarbenen Herbstzeitlosen dicht besät, der Wald prangte in knalligem Gelb der Aspen, in der Goldfarbe der Birken und dem tiefen, satten Grün der Fichten – – und darüber stand der azurblaue Himmel des östlichen kontinentalen Klimas, während feine, weiße Altweiberfäden in der Luft schwebten; wenn dann noch ein braunroter Hirsch auf einer solchen lilagrünen Wiese stand, gab es eine Komposition von Farben, die nur in der Natur schön war. Ich habe Prof. Löbenberg oft ermuntert, diese Landschaft einmal zu malen, aber er hat es nicht getan – selbst auf dem besten Gemälde hätte, zumindesten das Lila der Herbstzeitlosen, kitschig gewirkt.

Die Insektenkalamitäten waren übrigens nicht, wie man so oft hört, eine Folge moderner Forstwirtschaft, insbesondere keine Folge der so viel geschmähten gleichaltrigen Monokulturen. Schon in prähistorischer Zeit müssen solche Kalamitäten mit einer gewissen Periodizität eingetreten sein. Pollenanalytische Untersuchungen in den Mooren und Brüchen der Rominter Heide ergaben, daß eine gewisse Zeit lang überwiegend Fichtenpollen neben Aspen, Birken, Hainbuchen und Eichenpollen abgelagert waren. Schlagartig hörten dann die Fichtenpollen auf, und eine gewisse Zeitspanne lang waren

»WILDE JAGEN« UND POLLENANALYSE

nur die Laubholzpollen nachweisbar. Dann nahmen die Fichtenpollen wieder zu, um schließlich wieder dominierend zu werden. Nach einiger Zeit wiederholte sich derselbe Vorgang. Die Fichte muß also schon in prähistorischer Zeit in erheblichem Maße bestandsbildend aufgetreten, wenn auch früher infolge des zweifellos höheren Grundwasserstandes mehr Laubholz in der Rominter Heide vorhanden gewesen sein muß als zu unserer Zeit. Die Fichte ist dann plötzlich – also zweifellos durch eine Katastrophe – ausgeschaltet und die Laubhölzer sind geblieben. Langsam eroberte dann die Fichte wieder die Gebiete, die sie vorher schlagartig verloren hatte. Nur Insektenkatastrophen können für diese Erscheinung die Ursache gewesen sein.

Bis in unsere Tage konnte man so die Entwicklung der Bestände beobachten. Im Jahre 1910 war ein starker Nonnenfraß im Forstamt Warnen. Die kahlgefressenen Flächen wurden damals mit Stieleiche aufgeforstet, die sowohl als Saat wie auch als Kleinpflanzung eingebracht wurde. Mit zwischenständiger Birke und Aspe waren die Flächen zu unserer Zeit frohwüchsige Stangenhölzer. Der Nonnenfraß von 1935/36, dem noch eine Borkenkäferkalamität folgte, hatte etwa 2000 ha Kahlfläche geschaffen, die im Jahre 1944, als wir die Heide räumen mußten, fertig aufgeforstet waren. Auch diesmal waren je nach Bodenverhältnissen große Gebiete mit Stieleichen kultiviert worden.

Das Forstamt Nassawen – später Oberforstamt Rominter Heide – das ich mir als Dienstsitz ausgesucht hatte, lag am Nordrand der Rominter Heide. Das Dienstgehöft bestand aus einem alten, im Landhausstil gebauten Haus und einem großen, von den Ökonomiegebäuden umbauten Hof. Nach drei Seiten fiel das Gelände ab zu zwei Seen, deren Fischerei ich vom Staat gepachtet hatte. Nach der dem Hof abgekehrten Seite lag ein kleiner Park mit schönen alten Bäumen. Das Ganze machte den Eindruck eines mittleren gepflegten Gutshofes. Ich hielt vier Pferde, Trakehner Abstammung, darunter zwei Zuchtstuten, Rindvieh, Schweine, Geflügel aller Art und ein Auto. An Personal waren zwei Kutscher, eine Wirtschafterin – in Ostpreußen Wirtin genannt – und zwei Mädchen vorhanden. Ich erwähne das nur, um zu zeigen, in welchem Lebensstil ein Forstmeister in Ostpreußen lebte.

Auf dem Kuhstall war ein altes Storchennest, das jedes Jahr besetzt war und wo immer junge Störche ausgebrütet wurden. Ich hatte den Ehrgeiz, auch auf der Scheune ein zweites Nest zu haben, und ließ das alte Wagenrad, das dort befestigt war, erneuern, die Eisenteile entfernen und gut mit Weiden durchflechten. Die Störche besahen im nächsten Frühjahr die neue Nistgelegenheit eingehend, aber ein Horst wurde nicht gebaut. Dabei möchte ich erwähnen, daß die Landesfrauenklinik in Insterburg stolz ein in jedem Jahr besetztes Storchennest auf dem Dach trug, wohl die einzige Frauenklinik in Deutschland – und dann soll noch jemand daran zweifeln, daß der Storch die Kinder bringt!

Eines Tages kam nun ein berühmter Wünschelrutengänger nach Nassawen – er sollte im Jägerhof nach Wasseradern forschen – und ich erzählte ihm meinen Mißerfolg mit dem zweiten Storchennest. Der Wünschelmann nahm seine Stahlrute und stellte fest, daß sich genau unter dem angebrachten Rad zwei starke Wasseradern kreuzten. Es sei ausgeschlossen, erklärte er daraufhin, daß jemals ein Storch dort nisten würde. Als kurze Zeit später mein Vorgänger, Oberforstmeister Wallmann, bei mir zur Entenjagd als Gast war, erzählte ich ihm diese Geschichte. Er hörte sich alles in Ruhe an und sagte dann: „Zu meiner Zeit hat mindestens 15 Jahre lang jedes Jahr ein Storchenpaar auf dem alten Rad, das Sie erneuert haben, genistet." Man sieht, auch Wünschelrutengänger unterliegen Irrtümern! Allerdings besteht die Möglichkeit, daß sich Wasseradern verlagern.

Ostpreußen war das Land der Pferde. Die Erntewagen wurden „Vierelang" gefahren, und man fand selbst bei kleineren Besitzern ausgezeichnete Mutterstuten, die von den überall auf dem Lande verteilten Hengsten des staatlichen Gestüts Trakehnen gedeckt wurden. Diese kleinen Züchter – dazu gehörten auch die Forstbeamten – behielten die Fohlen bis zum Herbst, also etwa ein halbes Jahr, dann kauften die Gutsbesitzer diese Fohlen auf, um sie weiter aufzuziehen. Als Dreijährige wurden sie dann an die Militärverwaltung als „Remonte" verkauft. Der Vorsitzende dieser Remontekommission, meistens ein alter Kavallerieoberst, der sog. „Remontepräses", war ein kleiner König in Ostpreußen. Es gab Güter, die im Jahr 40 bis 70 Remonten stellten. Von dem glatten

Absatz dieser Remonten hing die Wirtschaftlichkeit des ganzen Betriebes zu einem hohen Anteil ab. Die Remontekommissionen bestanden aus Männern, die nicht zu bemogeln waren. Ich habe oft Remontemärkte mitgemacht und, obschon ich mir einbildete, etwas von Pferden zu verstehen, habe ich immer wieder gestaunt, mit welcher Sicherheit sofort die geringsten Fehler erkannt wurden. Eine solche Fähigkeit kann zum Teil durch Erfahrung erworben werden, der Blick dafür muß aber angeboren sein, und man muß mit Pferden aufgewachsen sein, um es zu wirklichem „Pferdeverstand" zu bringen. Mich interessiert diese Frage deshalb besonders, weil das Wiedererkennen der Hirsche in der gleichen Ebene liegt. Es gab in der Rominter Heide Forstbeamte, die jeden Hirsch auch ohne Geweih wiedererkannten, so wie der Schäfer seine 300 Schafe sämtlich kennt, obschon die Tiere für den Laien alle gleich aussehen. Ich besitze diese Fähigkeit trotz jahrelanger Übung nicht, aber Forstbeamte, die den sechsten Sinn für Hirsche hatten, waren fast immer auch gute Pferdekenner. Ein großer Teil der Forstbeamten hielt sich Mutterstuten und verkaufte die Fohlen im Herbst an die Güter.

Trotz des Pferdereichtums der Provinz Ostpreußen war es nicht leicht, ein paar gute Pferde zu kaufen. Es galt auch in guten Kreisen durchaus nicht als unanständig, seinen besten Freund beim Pferdekauf übers Ohr zu hauen. Man war in dieser Beziehung eben „Kopscheller", d. h., wer so wenig von Pferden verstand, daß er die Fehler selbst nicht sah, der fiel eben beim Kauf herein, es war seine eigene Schuld, daß er so dämlich war! Dabei wurde an sich korrekt verfahren. Das Pferd wurde in allen Gangarten vorgeführt, aber irgendwelche, nicht gleich ins Auge springenden Fehler wurden den Interessenten nicht gesagt – sollte der Käufer doch selbst sehen, was mit dem Gaul los war. Man mußte das wissen, wenn man nach Ostpreußen kam, um Pferde zu kaufen. Aber die Remontekommission konnte man nicht täuschen. Ich verkaufte im Sommer 1939 einen bildschönen Wallach an die Militärverwaltung. Damals wurden für den bevorstehenden Polenfeldzug zusätzlich Pferde gemustert. Der Wallach war etwas zweifelhaft auf der Vorderhand, aber nur wenn er sehr beansprucht wurde, was bei mir aber bei den weiten Entfernungen sehr oft der Fall sein mußte. Das

Pferd wurde angekauft, aber nach Beendigung der ganzen Aktion kam der Remontepräses zu mir und sagte: „Ich nehme an, daß Ihr Wallach bis Warschau durchhält, und das wird ja genügen." Er hatte sofort die einzige Schwäche des Tieres erkannt.

Bekannte Pferdezüchter, mit denen ich viel zusammen war, waren mein Schwager Karl Rothe-Samonien und v. Kobylinski-Korbsdorf. Der Sohn meines Schwagers, Otto Rothe, hat bei den Olympischen Spielen in Helsinki und in Stockholm die silberne Mannschaftsmedaille in der Military für Deutschland geholt, und mit dem Schwiegersohn Kobylinskis verbindet mich heute noch eine herzliche Freundschaft. Kobylinski war bis 1933 Präsident des A.D.J.V. für Ostpreußen. Seiner Initiative waren die berühmten Elchschutzverordnungen zu verdanken, die der damalige Landwirtschaftsminister, spätere Ministerpräsident Otto Braun, unterzeichnete und damit zweifellos nach dem ersten Weltkrieg den Elch in Ostpreußen vor der Ausrottung rettete.

Kobylinski hatte einen Gutsförster, Jonigkeit, der weit und breit als Original bekannt war. Als einmal der bekannte Kammerherr von Oldenburg-Januschau, der seinerzeit als Reichstagsabgeordneter den Reichstag mit einem Leutnant und zehn Mann auflösen wollte, meinen Freund K. besuchte, machten die beiden, damals schon älteren Herren, eine Wagenfahrt durch den Gutsforst. Unterwegs begegnete ihnen der alte Jonigkeit, die Büchse über der Schulter. „Juten Morjen, jnädiger Herr!" „Waidmannsheil, Jonigkeit, na, wie jeht's?" fragte der Oldenburg den Alten, den er schon lange kannte: „Jehen, jeht noch ganz gut, jnädiger Herr, bloß man die Füßkes woll'n nich mehr so..." „Na, dann steigen Sie mal ein und fahren Sie mit uns." Und mit einem „Dank auch schön" steigt Jonigkeit auf den Bock, setzt sich neben den Kutscher und legt die Büchse neben sich, so daß der Lauf auf die beiden Herren im Wagen gerichtet ist. Nach einiger Zeit wird der Weg sehr schlecht. Als der Wagen in ein richtiges Schlagloch hineinrumpelt, geht die Büchse von Jonigkeit los und die Kugel fährt zwischen den Köpfen der beiden Herren hindurch. Der Januschauer gerät in eine wahnsinnige Wut, drischt auf den alten Jonigkeit los: „Sind Sie denn wahnsinnig geworden, eine geladene Büchse so auf den Wagen zu stellen, Sie wollen uns hier im Wagen wohl totschießen, Sie verfluchter Kerl,

MEIN JAGDZIMMER

Sie – – –" Der alte Jonigkeit hörte sich die Schimpfkanonade in aller Ruhe an, und als sich der Wutausbruch etwas gelegt hatte, sagte er treuherzig: „Jnäd'ger Herr, wenn ich ihr nich jestochen jehabt hätte, wär' se nie nich losjegangen!"

Kobylinski war ein ausgezeichneter und passionierter Reiter. Als vor dem ersten Weltkrieg seine Schwester in Potsdam heiratete, ritt er in einem viel beachteten Dauerritt von Ostpreußen nach Potsdam und tanzte anschließend bei der Hochzeitsfeier die ganze Nacht durch. Er lebte sehr einfach und bescheiden und war, auch noch in hohem Alter, unerhört zäh im Ertragen aller Strapazen. Ich war später im zweiten Weltkrieg längere Zeit mit ihm zusammen und habe in ihm einen Kavalier alter Schule, einen hervorragenden Jäger und Reiter und einen überaus geistreichen und interessanten Unterhalter schätzen gelernt.

Als ich im Herbst 1936 nach Ostpreußen übersiedelte, richtete ich mein Haus nach meinen Wünschen ein, zumal ich sicher hoffte, bis zu meiner Pensionierung auf dieser Stelle bleiben zu können. Ein großes, saalartiges Zimmer wurde als Jagdzimmer bestimmt und mit Holz bis zu $1/3$ Höhe getäfelt. Dort wurden die stärksten Trophäen aufgehängt. Hatte ich in späteren Jahren einen besseren Hirsch, Bock usw. geschossen, dann wurde die jeweils schlechteste Trophäe auf den Flur oder die Diele verbannt und das Beste kam ins Jagdzimmer. Es waren verhältnismäßig nur wenig Trophäen in diesem Zimmer, aber diese hingen vor weißem Rauhputz und hatten Platz genug, um voll zur Wirkung zu kommen. Ich hatte im Laufe der Jahrzehnte fast auf alles europäische Wild gejagt, und von allen Wildarten hing wenigstens eine Trophäe im Jagdzimmer. Trotzdem wurde durch weise Beschränkung ein musealer Eindruck vermieden. Das Zimmer war nur mit Kerzenlicht zu beleuchten, als Konzession an die zivilisatorischen Bedürfnisse gab es lediglich einen Steckkontakt, an dem man gegebenenfalls eine elektrische Stehlampe anschließen konnte.

In der einen Ecke des Raumes baute ich einen großen offenen Kamin. Diese offenen Kamine sind eine Marotte von mir. Überall, wo ich gewesen bin, habe ich Kamine gebaut. Man kann nirgends so gut nachdenken wie vor dem prasselnden Feuer, man wird auch niemals Langeweile empfinden bei dem Anblick der rotglutenden Flamme. „Das Feuer ist der beste Unterhalter" — — sagt Nietzsche. Die heutigen Menschen kennen das Feuer kaum noch. Zentralheizung und elektrische Küche beherrschen die Wohnung, und die heranwachsenden Kinder verlieren jede Beziehung zum Feuer, obwohl dieses für die Menschheit von allergrößter Bedeutung ist. In fast allen alten Kulturen wird das Feuer für heilig gehalten, und es gab Priester und Priesterinnen, die das Feuer hüteten und bewahrten. Mit dem Geschenk des Feuers wurde der Mensch erst ein höheres Wesen. Sicher war das Feuer durch Unachtsamkeit häufig verloren worden und man mußte warten, bis durch Blitzschlag die Flamme wieder gewonnen und behütet werden konnte. Daher die uralte Sorge um die Bewahrung dieser Gottesgabe.

Wir hatten auf Obersekunda einen Professor, der Junggeselle war und uns eines Tages im Unterricht erzählte, daß er seine Wirtschafterin fristlos entlassen hätte, weil sie den Herd, des Hauses heiligste Stätte, eine „Kochmaschine" genannt hätte. Wir lachten damals als Pennäler über den schrulligen Pauker – später habe ich an diese Episode oft denken müssen. Im letzten Kriege waren meine Soldaten nicht imstande, bei Regenwetter im östlichen Urwald ein Feuer anzuzünden, und sie waren erstaunt, als ich mit Birkenrinde und Reisig in kürzester Zeit eine hellodernde Flamme hervorzauberte, sie hatten den Umgang mit dem Feuer infolge ihrer Verstädterung völlig verlernt. Nicht umsonst bauen heute die Architekten fast in jedes bessere Haus einen Kamin ein – der Mensch hat eine uralte Sehnsucht nach dem sichtbaren Feuer, das Wärme, Kraft und Leben spendet.

Wenn bei mir die Gefahr bestand, in der niederträchtigen Sorge des Alltags zu versinken, dann habe ich mit einem Kienspan den Kamin angesteckt. Die Stunden, die ich mit guten Freunden vor dem flackernden Feuer über Gott und die Welt meditierte oder auch allein sinnend verbrachte, sind mir stets besonders wertvoll erschienen. Kein Platz eignet sich auch besser, das Vergessen zu erlernen, das oft lebensentscheidend sein kann.

Auch das Gefühl des Geborgenseins, des Zuhauseseins, ist nie so stark wie vor dem brennenden Kamin. Der nüchterne Realist mag sagen, daß ich den Kaminfimmel habe — — andere Leute sammeln

Kapitalhirsch aus Rominten

Verlandender See (Igler See)
in der Rominter Heide

Partie aus dem Romintetal

ZAUBER DES KAMINFEUERS

Briefmarken, Münzen oder was weiß ich – ich baue Kamine und fühle mich glücklich dabei.

Die Rominter Heide bestand aus vier Forstämtern: Warnen, das später zur Erinnerung an den vor Warschau gefallenen Forstmeister Dr. Barckhausen in „Barckhausen" umbenannt wurde, Nassawen, Rominten und Szittkehmen, später in „Wehrkirchen" umgetauft. Während des Krieges wurde unmittelbar an der litauischen Grenze noch ein neues Forstamt Adlersfelde eingerichtet und zur Rominter Heide geschlagen. Seit alten Zeiten war Rominten ein bevorzugtes Jagdrevier gewesen. Die Hochmeister des deutschen Ritterordens, später die Herzöge von Preußen, dann die Kurfürsten von Brandenburg, insbesondere der Große Kurfürst, haben hier gejagt und hatten an der Rominte, damals „Romitte" genannt, schon Jagdhäuser. Später wurde Rominten, dessen Wildstand in der ersten Hälfte des 19. Jahrhunderts stark zurückgegangen war, neu entdeckt von dem Prinzen Friedrich-Karl von Preußen, dem späteren Feldmarschall des Krieges 1870/71. Als Kaiser Wilhelm II. im Jahre 1888 zur Regierung kam, erhob er sehr bald das alte historische Hohenzollernrevier zum Hofjagdrevier. Unter seiner Regierung erlangte das Jagdgebiet Weltruf. Nach 1918 jagten in Rominten die preußischen Ministerpräsidenten und Minister, und 1933 reservierte sich Hermann Göring die Heide. Die kaiserliche Glanzzeit wurde bezüglich der Stärke der Hirsche weit überboten.

Es ist ein eigentümliches Zusammentreffen in meinem Leben, daß ich stets in alten Hofjagdrevieren gewirkt habe: Wolfgang war ein altes fürstliches Revier, das Forstamt befand sich in einem schönen, alten Jagdschlößchen. In Battenberg hatten die Hessen gejagt, vor allem der „große Jäger", Landgraf Ludwig VIII. von Hessen, hatte hier kapitale Hirsche gestreckt, die zum Teil von Ridinger auf Kupferstichen verewigt sind, während die Originalgeweihe heute noch in Kranichstein bei Darmstadt hängen und unsere Bewunderung erregen. Rominten, das alte hohenzollernsche Leibrevier, war meine nächste Station, und es folgte später Kaltenbronn, das altes großherzoglich badisches Hofjagdrevier war, in dem zahlreiche Angehörige der alten regierenden Fürstenhäuser Europas gejagt haben – von Großfürst Nikolai Nikolajewitsch bis zu Kaiser Wilhelm II., von den Markgrafen und Großherzögen von Baden bis zum Herzog von Edinburgh, dem Gemahl der jetzigen Königin von England.

1937 stieg in Berlin die Internationale Jagdausstellung. Wir begannen mit den ersten Vorbereitungen bereits im Winter 1936. Ich erhielt den Auftrag, das Rotwildrevier Rominten in drei nebeneinanderliegenden Kojen darzustellen und außerdem eine große Schau „Jagdliches Brauchtum" aufzubauen. Was für diese Ausstellung an Arbeit geleistet wurde, davon macht sich der Außenstehende kaum einen Begriff. Für Rominten kam die Ausstellung zu früh – und die zweite Internationale Ausstellung in Düsseldorf 1954 zu spät! Die stärksten Hirsche wurden in Rominten in den Jahren 1938 bis 1944 erbeutet, 1954 aber war das Gros dieser Kapitalhirsche beim Zusammenbruch verlorengegangen. Wo die einmalige Geweihsammlung Görings, in der allein 50 Rominter Kapitaltrophäen vorhanden waren, geblieben ist, weiß ich nicht. Die meisten Geweihe waren nach dem Westen „gerettet", wahrscheinlich sind sie von da als „Souvenirs" weiter „gerettet" worden. Trotz aller Nachforschungen konnte ich 1954 in Düsseldorf nur vier Geweihe Görings zusammenbringen, darunter allerdings den besten Rominter, den berühmten „Matador", der in Düsseldorf der zweitstärkste Hirsch der gesamten Ausstellung war.

In Berlin konnten wir 1937 aus Rominten wohl starke Geweihe, aber nichts Überragendes zeigen, zumal die starken Kaiserhirsche, die vor 1914 erlegt waren, in der Revolution 1918 verlorengegangen waren! Es ist die Tragödie Romintens, daß aus zwei Epochen höchster Entwicklung die Trophäen bis auf geringe Reste verloren sind. Was hat dieses eine Revier von 25 000 ha Größe an Kapitalgeweihen geliefert! In meinem schon einmal erwähnten Buch „Rominten" ist der Nachweis darüber erbracht.

In Berlin 1937 war die Organisation der Internationalen Jagdausstellung großzügig, man bekam genug Geld, um das, was erforderlich war, zu gestalten. 1954 in Düsseldorf stand die Ausstellung unter der Übung einer Messe. Jedes Stück Bindfaden, jeder Nagel mußte von der Zentrale angefordert werden! Wichtigste Dinge wurden bis zum letzten Moment hinausgezögert, immer aus Angst, es könnte zuviel kosten.

Für den Außenstehenden war Düsseldorf natürlich ein großes

INTERNATIONALE JAGDAUSSTELLUNG

Erlebnis, aber es war zu früh, um diese Ausstellung zu starten. Der Deutsche kann oft nicht warten, er hat keine Geduld und keine Zähigkeit. Hätten wir die zweite Internationale Jagdausstellung zwei oder drei Jahre später gemacht, wäre der Erfolg noch größer gewesen, zumal wir dann auch mehr Gelder gehabt hätten. Man hatte außerdem den großen Fehler gemacht, die gesamte Gestaltung einem Architekten zu überlassen, der von Jagd nicht das Geringste verstand. In Berlin hatte dagegen die künstlerische Gestaltung Prof. Löbenberg in Händen, der gleichzeitig Künstler und Jäger in hohem Maße ist.

Wer also hinter die Kulissen geschaut hat – und das habe ich bei beiden Jagdausstellungen getan –, muß mir beipflichten, daß die Berliner Ausstellung der Düsseldorfer weit überlegen war. Natürlich lag das auch darin begründet, daß durch den totalen Zusammenbruch sehr viel Material verlorengegangen war, daß die Jagd erst seit kurzem wieder in deutschen Händen lag, und daß nur geringe finanzielle Mittel zur Verfügung standen – – aber dann hätten sich die maßgebenden Stellen eben weigern sollen, die Ausstellung zu machen. Es wird ewig schade sein, daß sich der Präsident des D. J. V. vom „conseil international de la chasse" hat überreden lassen, der Ausstellung in Düsseldorf zuzustimmen.

Aber einen positiven Eindruck hat diese Ausstellung in Düsseldorf doch auch bei mir hinterlassen: Solange es noch so viele Männer gibt, die aus Interesse an der Sache, aus wirklicher Liebe und Leidenschaft für das Waidwerk bereit sind, derartige Opfer an Zeit, Arbeit und Ärger zu bringen – so lange kann es um die Jägerei noch nicht schlecht bestellt sein! Solange Männer, unter den primitivsten, ja unwürdigen Verhältnissen untergebracht und verpflegt, monatelang für eine Demonstration für Jagd und Hege nicht zögern, ihr Bestes zu geben – so lange können wir optimistisch in die Zukunft sehen und brauchen negative Erscheinungen nicht zu tragisch zu nehmen!

Die mit derartigen Ausstellungen nun einmal verbundenen Empfänge und Festlichkeiten waren in Berlin wohl etwas übertrieben, in Düsseldorf dafür aber zu gering. Unvergeßlich wird mir die Festaufführung 1937 in Berlin in der Staatsoper bleiben. Es wurde „Der Freischütz" gegeben, mit dem der Reigen der Feste eröffnet wurde.

Obschon ich zweimal die Festspiele in Bayreuth und Salzburg erlebte, und obschon ich an mehreren großen Theaterpremieren in Berlin und München teilgenommen habe, hat niemals vorher oder nachher eine Theateraufführung solch einen Eindruck bei mir hinterlassen. Ausstattung und Kostüme waren für diese Aufführung neu beschafft worden, die besten Künstler hatte man verpflichtet, es war alles getan, um diese Festaufführung zu einem besonderen Ereignis werden zu lassen. Nur geladenes Publikum war anwesend, und dieses bestand aus der jagdlichen Prominenz der Welt. Fracks in Grün, Blau, Schwarz und Rot und herrliche Toiletten und kostbarer Schmuck ergaben ein unerhört festlich buntes Bild. In allem Talmischein des „Dritten Reiches" waren die Olympischen Spiele 1936 und die Internationale Jagdausstellung 1937 für mich in meinem Leben Höhepunkte berauschender Schönheit und festlichen Glanzes. Sie verdanken diese Möglichkeit, unabhängig von der Zeit, nicht zuletzt ihrem internationalen Charakter.

In meinen Erinnerungen aus Ostpreußen spielen auch die Elche eine Rolle. In der Rominter Heide gab es kein Elchwild mehr, zumal die Heide seit 1890 eingegattert war, aber bei Meliorationsarbeiten und beim Anlegen von Gräben auf den Wildwiesen wurden verschiedentlich Abwurfstangen gefunden, so daß mit Sicherheit feststeht, daß in früheren Jahrhunderten auch der Elch Standwild in Rominten gewesen ist. Ich schoß meinen ersten Elch im Forstamt Kobbelbude als Gast des dortigen Forstmeisters. Wenn man Elchwild in freier Wildbahn noch nie gesehen hat, ist man vom ersten Anblick sehr stark beeindruckt. Es ist nicht nur die Größe dieser Tiere, sondern auch der eigenartige Körperbau, der völlig anders ist als beim Rotwild, Rehwild oder unseren sonstigen Schalenwildarten. Besonders das Haupt mit dem riesigen Windfang, der sog. Muffel, wirkt bizarr und aufregend.

Man liest oft in Jagdzeitschriften, daß der Erleger beim Anblick des erlegten Stückes eine Art Wehmut empfindet, ein schlechtes Gewissen bekommt, daß er dieses Tier getötet hat. Ich habe dieses Empfinden nie gehabt, nicht beim Hirsch und nicht beim Rehbock und schon lange nicht bei einem Keiler – – wohl aber bei meinem ersten Elch. Der Elch ist weich. Er brach also mit meiner 9,3-mm-Kugel in der Fährte zusammen. Ich kam mir irgendwie kümmerlich vor. Da hatte ich ein so großes Tier, das in Deutschland selten war und wie ein Relikt aus grauer Vorzeit wirkte, mit einem einzigen Schuß getötet – von Kampf, von Erjagen im ursprünglichen Sinne konnte nicht die Rede sein. Es war mir so, als ob ich ein Pferd erschossen hätte! Dieser Eindruck wurde verstärkt durch das Verhalten des Elches. Das Elchwild war häufig – nicht immer – erheblich weniger scheu als alle anderen Schalenwildarten. Man mußte den Eindruck haben, daß diese Tiere sich ihrer Größe und Stärke bewußt waren und daher den Menschen längst nicht so fürchteten, wie etwa das Rotwild.

Am besten paßte dieses urige Wild in den sog. Elchwald, ein etwa 50000 ha großes Niederungsrevier, das im Überschwemmungsgebiet der Memel lag, und in dem weite Gebiete mit Erlenniederwald bestockt waren. Hier fand der Elch an Weichhölzern aller Art, besonders Erlen, Aspen, aber leider auch Eschen und anderen Werthölzern, reiche Nahrung. Der Elch lebt zum großen Teil von Blättern und jungen Trieben. Ich habe Eschenhorste gesehen, die etwa 5 bis 6 m hoch und bis in die Spitze restlos kahl geäst waren. Der Elch überreitet solche Stämmchen mit seinem Körpergewicht und biegt sie zu Boden, um sie dann völlig kahl zu beißen. Der Laie zerbricht sich den Kopf darüber, wie es möglich ist, daß in dieser Höhe ein totaler Verbiß stattgefunden haben soll.

Hier im Elchwald schoß ich einen starken, alten Stangenelch. Man saß entweder auf sehr hohen Hochsitzen, von denen man etwas Einblick in das Meer von Schilf und Niederwald hatte, und von dem aus breite Schneisen gehauen worden waren, so daß man einen Schuß anbringen konnte, oder man fuhr auf einem „Kahnchen" pürschen; das Letztere habe ich für erheblich reizvoller gehalten. Man saß vorne im Kahn, und hinten stakte ein Waldarbeiter mit langer Stange fast lautlos durch das Wasser. Mit etwas Phantasie konnte man sich vorstellen, man sei in Venedig. Riesige Gebiete, mit Erlenniederwild bestockt, waren durch ein Netz von Kanälen erschlossen. Jeder Verkehr, insbesondere der Holztransport, ging über diese Kanäle. Kam ein Querkanal, dann stieg man kurz vorher aus und pürschte vorsichtig am Uferrand, auf Bülten balancierend, vor, um die Uferränder des Querkanals abzusuchen. Die Elche standen sehr häufig am Ufer der Kanäle, um hier die Weidenschößlinge zu verbeißen. Meinen Stangenelch sahen wir auf diese Weise auf sehr weite Entfernung – es mochten etwa 800 m sein – am Rande eines Kanals in Weidebüschen stehen. Zu Fuß konnte man die Strecke nicht überwinden, da zwischendurch völlig versumpfte Strecken lagen. So stakten wir langsam – der Wind war gut – hart am Ufer mit dem Kahn bis auf 300 m heran, dann stieg ich aus und pürschte noch etwa 150 m vor. Der Elch brach auf meinen Schuß nach zwei Fluchten verendet zusammen. Als ich ihn aufgebrochen hatte – das Aufbrechen eines starken Elches grenzt an Schwerarbeit – stakte mein Begleiter los, um vier Waldarbeiter herbeizuholen, während ich dem alten Vorzeitrecken die Totenwacht hielt. Wie herrlich war es doch, daß dieses urige Wild in Deutschland noch seine Fährte zog! Wie nahe war 1918 seine Vernichtung gewesen! Wie gut hatte sich die Hege verantwortungsbewußter Jäger inzwischen ausgewirkt; auf 1800 bis 2000 Stück wurde der Bestand an Elchwild zu meiner Zeit in Ostpreußen geschätzt. Welch gute Folgen hatte auch beim Elch die Hege mit der Büchse gehabt. Durch planmäßigen Abschuß der Stangenelche und Schonung der jüngeren Schaufler hatte sich das Verhältnis zwischen Stangenelchen und Schaufelelchen außerordentlich zugunsten der letzteren verschoben. Es ist übrigens erwiesen, daß beide Formen auch schon früher in prähistorischer Zeit nebeneinander vorgekommen sind, weil man sowohl Stangengeweihe als auch Schaufelgeweihe aus Mooren ausgegraben hat. Ziel der Hege war natürlich der gute Schaufler, und wenn der ostpreußische Elchschaufler auch nicht an die besten schwedischen oder kanadischen Elche herankam, so waren es doch sehr beachtliche Trophäen, die etwa in der Zeit von 1935 bis 1944 in Ostpreußen erbeutet wurden.

Inzwischen kam mein Begleiter mit den Holzhauern zurück. Wir hatten viel Mühe, den starken Wildkörper aus dem Bruch heraus in den Kahn zu bekommen. Wir streckten ihn im Kahn, mit dem Haupt auf einer Bank liegend und mit Brüchen geschmückt. Ich saß dem kapitalen Haupt gegenüber und rauchte meine Zigarre, und langsam stakte mein Begleiter den Kahn über die Kanäle zurück. Ich hätte stundenlang so fahren können im Anblick des riesigen Wildkörpers, leise durch das Wasser gleitend. Es war die eigenartigste Heimkehr nach einer Jagd, die man sich denken kann.

EIN PROFESSOR ERSCHRICKT

Bekanntlich läßt sich der Elch in Gefangenschaft nicht gut halten. In Ostpreußen hatte jedoch ein Graf D. einen zahmen Elch, der zu einem kapitalen Schaufler heranwuchs und frei im Park herumlief. Er kam auch ins Haus, ging die Treppen ohne Schwierigkeit hinauf und hinunter und wurde in keiner Weise bösartig, wie das bei zahmen Rothirschen und Rehböcken immer der Fall ist.

Eines Tages kam ein Kunstprofessor aus Berlin zu Besuch, um sich die Kupferstichsammlung des Grafen D. anzusehen. Man saß in einer Ecke der Halle und trank Tee, und zwar saß der Gast so, daß er seinen Rücken der Flügeltür nach draußen zukehrte. Plötzlich kam der Elch herein, infolge des Teppichs war er nicht zu hören. Er stellte sich hinter den Sessel, auf dem der Professor saß, und blieb mit stoischer Ruhe dort stehen, sein Haupt ragte genau über den Kopf des Gastes. Da sagte der Graf: „Hinter Ihnen, Herr Professor, steht jemand, der möchte Ihnen auch noch guten Tag sagen." Der Professor, in der Annahme, die Frau des Hauses sei gekommen, will aufspringen, dreht sich herum und sieht auf allernächste Entfernung das Haupt eines Elches vor sich. Der Mann sank in seinen Sessel zurück und mußte mit Kognak wieder auf die Beine gebracht werden. Er erklärte später, daß es weniger Schrecken gewesen wäre, was ihn umgeworfen hätte, als daß ihm schlagartig die Erkenntnis gekommen sei, er müsse wahnsinnig geworden sein und unter Halluzinationen leiden, denn ein riesiger Elch in solch unmittelbarer Nähe könnte unmöglich Wirklichkeit sein!

Fast jeden Winter wechselten Wölfe nach Ostpreußen ein, und zwar in die großen Waldgebiete am Ostrande der Provinz, also Memelwald, Rominter Heide, Borker Heide und Johannisburger Heide. Ich selbst habe sowohl in Ostpreußen als auch in Polen und Litauen auf Wölfe gejagt und im Laufe der Jahre drei Wölfe geschossen und war bei der Erlegung von etwa 20 Wölfen dabei. Dieses für einen deutschen Jäger seltene Wild übt natürlich eine ungeheure Anziehungskraft aus, denn nur wenigen vergönnt Diana die Gunst, auf diesen Räuber waidwerken zu dürfen. In früheren Jahrhunderten wurde der Wolf mit allen nur möglichen Mitteln gejagt, Wolfsgruben, Wolfsgärten, Fallen aller Art spielten dabei die Hauptrolle. Aber auch große Treibjagden auf Wölfe wurden abgehalten, vornehmlich mit dem sog. „Wolfszeug", und besondere

Wolfsjäger waren angestellt, die Spezialisten in der Bejagung und Erlegung dieses Raubwildes waren. Eine Treibjagd auf Wölfe in Polen, die ich mitmachte, und die sich kaum von den Wolfsjagden der vergangenen Jahrhunderte unterschied, will ich erzählen.

Bei einer Neuen, Mitte Januar, fuhren wir morgens beim ersten Büchsenlicht los – zwei Gajowis, ein Jagdfreund und ich, sowie zwei Mann zur Bedienung der Lappen. Wir hatten vier Pferdeschlitten, im ersten fuhr mein Freund mit einem Gajowi, im zweiten ich mit dem zweiten Gajowi, und dann kamen zwei Schlitten vollbeladen mit 6000 m Lappen und den zwei Hilfskräften. Lautlos glitten die Schlitten durch den Pulverschnee, ein herrlich klarer Wintermorgen zog herauf, dichter Schneehang auf allen Zweigen und Ästen der urwaldartigen Bestände, durch die wir fuhren. Wie eine Wolke schlug der Atem der Pferde aus den Nüstern und gefror an unseren Pelzen sehr bald zu einem weißen Reif – es waren sicher 15 bis 20 Grad unter Null, aber bei der klaren trockenen Luft, geschützt durch Filzstiefel und Schafspelz und innerlich brennend vor Erwartung und Passion, spürte man die Kälte nicht. In flottem Trabe ging es eine schnurgerade Schneise entlang, gesprochen wird kein Wort, jeder biegt sich an seiner Seite aus dem Schlitten heraus, um keine Spur oder Fährte ungesehen zu überfahren. Da, ein kurzer Halt – es ist ein starker Luchs, der sich über die Schneise spürt. Trotz des Pulverschnees ist das deutlich an den runden Trittsiegeln zu erkennen. Verschiedentlich kreuzen wir Fährten von Rotwild und Rehwild, auch eine Elchfährte überqueren wir – da hält der vorderste Schlitten wieder. Mein Jagdfreund und der Gajowi steigen aus. Als wir hinzukommen, stehen wir vor einer Wolfsspur. Der eine Gajowi beugt sich zu der Spur herunter, geht einige Schritte rückwärts der Spur nach und meint, daß es sich um drei bis vier Wölfe handeln muß. Dieser Gajowi war ein Spezialist für Wölfe, ein Mann, der genau Wechsel und Gewohnheiten der Wölfe kannte, der den sechsten Sinn für Wölfe hatte. Er stammte aus Masuren und war ein vierschrötiger, gewaltig wirkender Mann.

Da die Wölfe stets genau in die Spur des Vordermannes treten, ist es nicht ganz leicht festzustellen, um wieviel Wölfe es sich jeweils handelt; in Zweifelsfällen tut man am besten, der Spur rückwärts so weit zu folgen, bis die Wölfe sich mal getrennt haben, was beim

Verhoffen oder Lösen öfter einmal vorkommt, so daß man dann die Einzelspuren ansprechen kann.

Wir lassen die beiden Schlitten mit den Lappen auf der Wolfsspur warten und umschlagen nun mit unseren beiden anderen Schlitten das vor uns liegende Jagen. Alles geht leise und still vor sich, um die Wölfe auf keinen Fall rege zu machen. Als wir wieder zusammentreffen – mein Jagdfreund ist links und ich bin rechts herumgefahren – berichtet mein Freund, daß die Wölfe heraus sind. Sofort fährt ein Schlitten zurück und beordert die Lappenschlitten in Richtung des Wolfswechsels etwa drei Jagen voraus, wo sie weitere Anordnungen von uns abwarten sollen. Wir umschlagen nun Jagen für Jagen – immer sind die Wölfe wieder heraus, aber der Masur erklärt, daß die Spur nicht ganz frisch ist, sondern daß sie von heute nacht stammt. Die Wölfe sind also nicht etwa von uns rege gemacht worden, so daß wir noch Hoffnung haben, sie festzukriegen. So fahren wir stundenlang hinter den Wölfen her, immer wieder die Lappenschlitten nachziehend und vorschickend. Der Wald wirkt tot, man sieht nicht ein einziges lebendes Wesen, und wenn wir nicht zahlreiche Fährten von Rotwild, Rehwild und Sauen dauernd kreuzen würden, könnte man annehmen, das ganze riesige Revier sei so gut wie wildleer. Der dichte Unterwuchs, der in fast allen Jagen vorhanden ist, läßt kaum einen Einblick in die Bestände zu, und wo mal ein Kahlschlag geführt ist oder der Sturm eine Lücke gerissen hat, hat sich sofort ein üppigwuchernder Anflug von Birke, Aspe, Hainbuche, vermischt mit Fichte, angefunden, so daß sehr bald eine bürstendichte Dickung entsteht. Diese kompakte Geschlossenheit eines Urwaldreviers macht die Landschaft fast unheimlich, man kommt sich in den riesigen Beständen verloren vor und hat den Eindruck, erdrückt zu werden. Man fährt Stunde um Stunde im Schlitten und sieht nichts als Wald und wieder Wald wie eine geschlossene Mauer, wie eine drohende Masse. Der Ausblick, die Abwechslung, das Liebliche, das eine mitteldeutsche Landschaft mit ihren Wiesentälern, Kulturflächen und eingestreuten Dörfern und Siedlungen bietet, fehlen hier im Urwald vollkommen. Dieser etwas feindliche Eindruck, den der Wald macht, wird noch unterstrichen durch die Leblosigkeit, durch die Totenstille, die über allem liegt. Aber man hat nicht viel Zeit, solchen Gedanken beim Kreisen auf Wölfe nachzuhängen, denn es heißt, scharf aufzupassen, um unter keinen Umständen zu überspüren.

Inzwischen ist es Mittag geworden, wir sind bereits 30 km gefahren und müssen den Pferden eine Pause gönnen. Als wir mit unseren beiden Lappenschlitten wieder zusammentreffen, wird schnell ein Feuerchen gemacht – der Pole macht immer und überall Feuerchen – und ausgiebig wird gefrühstückt. Die Pferdchen bekommen ihren Freßsack um und werden mit Decken zugedeckt, was in Polen eine Seltenheit ist. Aber wir können uns dem Zauber des Frühstückes im tiefverschneiten Urwald nicht lange hingeben – der Gajowi drängt zum Aufbruch, sobald die Pferde ausgefressen haben; denn gegen 2 Uhr nachmittags pflegen die Wölfe oft schon rege zu werden, und wenn wir sie heute noch einlappen wollen, wird es höchste Zeit.

Als wir das nächste Jagen umschlagen, spüren wir eine neue Wolfsspur in das Jagen hinein, es scheinen zwei Wölfe zu sein, die von rechts hergekommen sind und wahrscheinlich mit unserer alten Rotte nichts zu tun haben. Beim Zusammentreffen stellen wir fest, daß nichts heraus ist, also müssen die erste Rotte von drei bis vier Wölfen und die zuletzt gespürten zwei Wölfe zusammen in dem Treiben stecken. Lautlos zurück zu den Lappenschlitten – weit hängt man aus dem Schlitten heraus, um noch einmal nachzuspüren, damit die Sache auch ganz sicher ist – kein Zweifel, in dem Jagen müssen die Wölfe stecken. Das Jagen ist ein teilweise bruchartiger Erlen-Aspen-Kiefernbestand mit einigen Schilfpartien und teilweise ein Fichten-Birkenmischbestand mit dichten Anflughorsten – Bestandsverhältnisse, wie sie der Wolf und auch der Luchs besonders lieben.

Nun geht die Arbeit des Lappens los. Die schweren Fahrpelze werden ausgezogen, und die Lappen, die schön gebündelt zu je hundert Meter Länge auf den Schlitten liegen, werden, ohne daß ein Wort dabei gesprochen wird, in etwa 1 m Höhe aufgehängt, und zwar auf der dem Treiben abgekehrten Seite der Schneise, damit sie frei und gut sichtbar hängen. Die Lappen sind leuchtend rot und gelb gefärbt und heben sich gut vom Schnee ab. Nach zwei Stunden angestrengter Arbeit steht die Lappstatt, die Uhr zeigt bereits 3 Uhr nachmittags. Das wird morgen eine feine Jagd werden! Für heute ist es zum Treiben zu spät. Bei den weiten Entfernungen und den

DIE WÖLFE WERDEN EINGELAPPT

kurzen Tagen gelingt es nur in seltenen Fällen, an ein und demselben Tag zu kreisen und zu jagen, meistens wird erst am nächsten Tag das Treiben durchgeführt, nachdem am Tage vorher die Wölfe gekreist und gelappt sind. Ich habe es selbst erlebt, daß die Wölfe bis zu vier Tagen in einer solchen Lappstatt gehalten wurden! Man konnte, wenn man Wölfe gelappt hatte, telegraphieren und zur Wolfsjagd einladen. Voraussetzung war jedoch, daß kein Sturm- und Stiemwetter herrschte, sondern stilles, klares Wetter und möglichst Mondschein, damit die Wölfe nachts die Lappen sehen konnten. Allerdings kamen hierbei auch Ausnahmen vor. Ich erlebte es auch mehrfach, daß die Wölfe nachts die Lappstatt überfallen hatten oder auch unter den Lappen durchgekrochen waren. Wollte man ganz sicher gehen, dann war es empfehlenswert, die Lappen doppelt zu ziehen, also die obere Lappstatt etwa 1,20 m und die untere 0,50 m hoch, hierzu brauchte man aber bei großen Treiben viele Kilometer Lappen, und es war eine erhebliche Arbeit, eine solche doppelte Lappstatt aufzubauen. Wahrscheinlich waren es beim Mißlingen, alte, erfahrene Wölfe, die schon öfters in einer Lappstatt gesteckt hatten und den Rummel genau kannten und daher die Lappen nicht mehr respektierten. Auch kam es vor, daß eingelappte Wölfe an Wild innerhalb der Lappen gerieten und dann an diesem hetzten. Das gehetzte Stück überfiel natürlich die Lappen, und die Wölfe hetzten in fast allen Fällen nach. Jungwölfe bleiben dagegen, nach meiner Erfahrung, fast immer einige Tage in der Lappstatt und können dann mit Erfolg bejagt werden. So hatten wir einmal im Wald von Augustowo eine alte Wölfin und drei Jungwölfe eingelappt. Wir ließen die Lappstatt mehrere Tage stehen, da einige prominente Gäste von weither kommen sollten. Die alte Wölfin kroch in der ersten Nacht unter den Lappen durch, während die Jungwölfe nicht gewagt hatten, ihr zu folgen. In den nun folgenden Nächten heulten sich die Wölfe gegenseitig an. Die alte Wölfin kam bis auf wenige hundert Meter von außen an die Lappstatt heran und fing an zu heulen, und die Jungwölfe antworteten stundenlang auf dies Geheul aus der Lappstatt heraus, ohne jedoch zu wagen, die Lappstatt zu überfallen und zu ihrer Mutter zu wechseln. Am dritten Tag wurden die Jungwölfe gejagt, zwei von ihnen kamen zur Strecke.

Doch zurück zu unseren eingelappten Wölfen! Am nächsten Morgen fuhren wir mit fünf Schützen zu der Lappstatt. Zwei Gajowis waren schon vorausgefahren und hatten vorsichtig das Treiben umschlagen. Sie meldeten bei unserem Eintreffen, daß alle Wölfe noch drinsteckten. Nun wurde die Lappstatt auf 500 m Länge leise aufgenommen und diese Strecke mit fünf Schützen abgestellt. Getrieben wurde im rechten Winkel zur Windrichtung, so daß die Schützen halben Wind hatten. Der Wolf pflegt beim Treiben zunächst gegen den Wind zu gehen, man kann aber natürlich nicht gegen den Wind treiben, weil dann die wechselnden Wölfe von den vorgestellten Schützen den vollen Wind bekommen. Wird dagegen im rechten Winkel zur Windrichtung getrieben, dann wechselt der Wolf gegen den Wind, kommt dort an die Lappen und geht nun an den Lappen entlang, bis er an die Lücke gelangt, wo er versucht, auszubrechen, und dabei den Schützen schußgerecht kommt. Deshalb sind die beiden ersten Posten an den Lücken stets die besten, und zwar die dem Wind zugekehrten. Aber auch hier gibt es natürlich Ausnahmen, immerhin ist das Treiben auf eingelappte Wölfe eine ziemlich sichere Sache, wenn es richtig und vorsichtig gemacht wird.

Die Treiber waren auf Umwegen an die andere Seite des Treibens auf Schlitten herangebracht und hatten sich entlang der Lappen verteilt. Nach der Uhr wurde angegangen – es empfiehlt sich nicht, die Wolfsjagden anzublasen, da die Wölfe häufig sehr leicht rege sind und schon durch das Blasen auf die Läufe kommen und dann durch die Treiberlinie zurückgehen. Auf alle Fälle darf das Signal zu Beginn des Treibens keinesfalls von den vorgestellten Schützen aus gegeben werden. Ich stellte nach meiner Uhr fest, daß das Treiben etwa fünf Minuten in Gang sein mußte – hören konnte man bei dem Schneehang nichts, auch sollte ohne großen Krach getrieben werden – als es links von mir zweimal hintereinander knallte. Ich stand auf dem vierten Stand – die besten Chancen waren also links von mir, da der Wind von dort herkam und die Wölfe, wie oben beschrieben, wenn alles programmäßig gehen sollte, zunächst, links an den Lappen entlangwechselnd, den am Ende der Lappstatt stehenden Schützen kommen mußten. Es vergingen etwa zehn Minuten – lautlose Stille um mich herum – tief verschneit ist das Bruch vor mir, in das ich von meinem Stand aus etwa 50 bis 60 m weit hineinsehen kann, – da bemerke ich, wie irgend etwas Graues im Troll heranwechselt – ein Reh denke ich zunächst – da sehe ich den Kopf und jetzt einen Augenblick den ganzen Körper – ein starker Wolf – jetzt ist er verdeckt – schnell die Gelegenheit benutzt und mit der Büchse ins Gesicht – da taucht er im leichten Troll wieder auf – halb spitz auf mich zu – auf 30 m Entfernung komme ich gut auf dem Strich ab – eine Schneewolke – – der Wolf liegt! Er versucht noch einmal hochzukommen, ehe ich aber schießen kann, sinkt er bereits verendet zurück und liegt so tief im Pulverschnee, daß ich nichts mehr von ihm sehen kann. Jetzt klopft das Herz aber doch vor Aufregung, und ich muß mich zusammenreißen, um noch still zu stehen und nicht hinzulaufen vor Freude, und um die seltene Beute zu betrachten. Nach fünf Minuten fällt drüben, anscheinend auf demselben Stand wie vorher, wieder ein Schuß – das scheint ja heute gut zu klappen! Nach einiger Zeit höre ich bereits die Treiber – na – jetzt wird's wohl zu Ende sein – da sehe ich links vor mir im stiebenden Schnee einen Wolf ankommen – Büchse hoch – mitziehen – Wolf – Baum – Wolf – Baum – das gerät nicht mehr, sagt der Ostpreuße, der Bestand ist zu dicht – Entfernung etwa 60 m – – also erst auf der Schneise schießen. Ich ziehe gut mit – – da verhofft der Wolf unmittelbar vor der Schneise einen Augenblick, und ich habe den unverschämten Dusel, daß er für mich frei ist. Ein abgezirkelter Blattschuß wirft ihn in den Schnee, und ich weiß mich vor Freude nicht zu fassen – – zwei Wölfe auf einem Stand!! Das ist selbst in diesen Revieren, in denen der Wolf noch Standwild ist und durchaus nicht selten vorkommt, ein unerwartetes Waidmannsheil.

Aber ich wurde geschlagen – der zweite Schütze links hatte aus einer anwechselnden Rotte von vier Wölfen eine saubere Dublette herausgeschossen, die beiden anderen Wölfe waren zurück durch die Treiber und dann auch durch die Lappen gegangen. Mit dem letzten Schuß, den ich gehört hatte, hatte derselbe Schütze noch einen Kugelfuchs zur Strecke gebracht, so daß er zwei Wölfe und einen Fuchs auf einem Stand erlegt hatte. Immerhin war die Strecke von vier Wölfen und einem Fuchs, zumal mit fünf Kugeln, ein hervorragendes Ergebnis, unsere Mühen vom Tag zuvor waren voll belohnt. Der Gajowi aus Masuren aber hatte recht gehabt, die erste

Rotte, die wir gestern verfolgten, hatte aus vier Wölfen bestanden, wozu noch die beiden zuletzt eingespürten Wölfe kamen, so daß sechs Wölfe in der Lappstatt gesteckt hatten.

Ungeheuer war die Entfernung, die Wölfe oft in einer Nacht zurücklegten. Wir haben mehrfach Spuren, die wir nach einer Neuen frühmorgens fanden, bis in die sinkende Nacht mit Schlitten verfolgt und mußten dann ergebnislos abbrechen, weil sich die Wölfe nirgends gesteckt hatten. Spätnachts kamen wir dann mit völlig übermüdeten Pferden, mit denen wir an solchen Tagen bis zu 80 km gefahren waren, wieder zu Hause an, und man selbst hatte nach solchen Tagen auch genug. Aber herrlich war's trotzdem, dieses Wolfsjagern im dichtverschneiten östlichen Urwald.

Einmal wurde ein starker Wolfsrüde erlegt, der eine Eisenschlinge um den Hals hatte. Die Bevölkerung stellte in der dortigen Gegend viel Schlingen, sogar Sauen mit abgedrehten Schlingen kamen gelegentlich zur Strecke. Der Wolf, den ein Jagdfreund von mir schoß, hatte die Drahtschlinge sicher schon sehr lange getragen, der Draht hatte sich am Hals in den Balg eingeschnitten und war teilweise eingewachsen. Der Wolf war gut bei Leibe, die Schlinge hatte ihn anscheinend nicht behindert. Er kam beim Treiben an einem Holzabladeplatz entlang, auf etwa 300 m schon zu sehen, hochflüchtig parallel der Lappen und von diesen etwa 50 m entfernt. Es war ein herrliches Bild, wie er mit hechelnder Zunge flüchtig durch den Schnee kam, immer den Kopf etwas zur Seite der Lappen gedreht. Am Ende der Lappstatt stand als erster Schütze mein Freund, ich war der nächste Schütze und konnte so alles sehr genau verfolgen. Sobald die Lappen aufhörten, bog der Wolf fast im rechten Winkel ab, um durch die Lücke zu wechseln, dabei kam er meinem Freunde breit, der ihm hochflüchtig eine saubere Kugel antrug, so daß der Wolf sich im stiebenden Schnee überrollte. Es war der erste Wolf, den er schoß, und es war seit Jahren sein sehnlichster Wunsch gewesen, einen Wolf zu schießen. Er begann auf seinem Stand einen Indianertanz aufzuführen, riß trotz der Kälte seine Pelzmütze vom Kopf und warf sie vor Freude immer wieder hoch in die Luft!

Die Wölfe rissen in der dortigen Gegend außer Rehwild und Rotwild vor allem Sauen, und es kamen Jahre vor, in denen man so gut wie überhaupt keine Frischlinge sah, weil fast alle von den Wölfen gerissen worden waren. Aber auch an stärkere Sauen gingen die Wölfe heran. Bei einem Treiben auf gelappte Wölfe wurde von den Treibern eine Bache gefunden, die schon halb aufgefressen war. Ich ging persönlich zu der Stelle hin, um mir die Sau anzusehen. Es handelte sich um eine sehr starke Bache mit sehr viel Weiß, die aufgebrochen etwa ein Gewicht von 220 bis 230 Pfund haben mochte, und die zur Hälfte von den Wölfen verzehrt worden war. Es war dies allerdings der einzige Fall, den ich erlebt habe, daß eine so starke Sau von Wölfen gerissen wurde. Es ist nicht ausgeschlossen, daß diese Bache irgendeine Schußverletzung gehabt hat und daher den Wölfen zum Opfer fiel. Bei fast allen Wölfen aber, bei deren Erlegung ich zugegen war, und deren Magen ich untersuchte, habe ich neben Rehhaaren, Rotwildhaaren, Hasenwolle und Undefinierbarem fast immer Sauborsten gefunden.

Sehr leicht ließen sich die Wölfe in den polnischen Revieren ankirren. An ein ausgelegtes Pferdeluder kamen sie sehr bald – bei Schnee und großer Kälte sogar schon bei Büchsenlicht. Ich habe öfters Wölfe am Luder beobachtet, das Schießen am Luder war jedoch verpönt. Hierbei möchte ich betonen, welch ausgezeichnete und waidgerechte Jäger die Polen waren. Wolf und Luchs durften z. B. nur mit der Kugel geschossen werden, Rotwild und Schwarzwild wurde genauso gehegt wie das übrige Wild. Die Jägerei war ausgezeichnet ausgebildet und geschult. Ich erinnere mich an einige besonders prominente polnische Jäger, mit denen ich waidwerken durfte: Exzellenz Lipski, Botschafter in Berlin, Graf Potocki und General Fabricy.

Voraussetzung für die Beobachtung von Wölfen war das Vorhandensein eines sehr hohen Hochsitzes, der unabhängig vom Wind macht. Man fuhr mit dem Schlitten dann so an die Hochsitzleiter heran, daß man vom Schlitten aus gleich auf die vierte oder fünfte Sprosse der Leiter stieg, ohne den Erdboden zu betreten. Die Wölfe pflegten nämlich zuerst mehrmals das ausgelegte Luder zu umkreisen in erst weiteren, dann immer enger werdenden Bogen und kamen nicht heran, wenn sie dabei auf einigermaßen frische Menschenspuren stießen. Natürlich nahmen auch die Sauen das Pferdeluder an, und ich hatte beim Ansitz am Luder ein interessantes Erlebnis.

So war ich einmal etwa eine Stunde vor Dunkelwerden mit dem

Schlitten an die Hochsitzleiter herangefahren und, mit Filzstiefeln und schwerem Schafpelz ausgerüstet, die Leiter mühsam hochgeklettert. Es war klares Wetter und wenige Tage vor Vollmond, das Thermometer hatte vor meiner Abfahrt 15 Grad unter Null gezeigt, also würde es nachts sicherlich auf 20 Grad hinuntergehen. Ich hatte mir aber den Schlitten erst auf 11 Uhr nachts wiederbestellt, mußte also so lange durchhalten. Bei Einbruch der Dämmerung kam eine Rotte Sauen, eine Bache mit Frischlingen und mehrere Überläufer an das Luder und fingen an, sich gütlich zu tun. Es sah zu komisch aus, wie sie die einzelnen Rippenknochen des Pferdes immer wieder durchs Gebrech zogen, sie lutschten richtig daran, um auch die letzte Fleischfaser von den Knochen herunterzukriegen. Es war ein Grunzen und Quietschen wie auf einem Körnungsplatz. Bei dieser Beobachtung wurde einem die Zeit nicht lang. Plötzlich hörte ich weit einen Wolf heulen und nach einiger Zeit wieder, aber nun schon erheblich näher. Die Sauen hatten von dem Heulen des Wolfes keinerlei Notiz genommen, sondern eifrig weitergefrühstückt, ein Überläufer hatte sich sogar so weit in den Pferdekörper buchstäblich hineingefressen, daß nur noch Hinterhand und Pürzel herausguckten. Plötzlich warf die Bache auf – ein erschrecktes Blasen – und wie der Blitz verschwand die ganze Rotte hochflüchtig. Sollte etwa der Wind von meinem Hochsitz heruntergezogen sein, oder sollten die Wölfe kommen? Nach kurzer Zeit sah ich drüben im Schatten des Bestandes den ersten Wolf auftauchen, aber wohl eine halbe Stunde verstrich, bis nacheinander zwei Wölfe langsam zum Luder kamen und sofort anfingen, Fraß aufzunehmen, wobei sie sich gegenseitig anknurrten und anfletschten und überhaupt so benahmen, wie futterneidische Hunde. Man hätte bei dem Mondlicht sehr gut schießen können, aber ich wußte, daß der Jagdherr das nicht wünschte, so begnügte ich mich mit Zielübungen und stellte letztlich fest, daß ich moralisch beide Wölfe mit Sicherheit geschossen hatte. Da hörte ich hinter mir im Bestand blasen, die beiden Wölfe verließen langsam das Luder und zogen sich mit eingekniffener Rute zurück. Tapp – tapp – tapp hörte ich es unter meinem Hochsitz ziehen – und dann wurde im vollen Mondlicht ein Mordskeiler sichtbar, und was für einer! Ein richtiger Urwaldkeiler, die hier bis über 4 Zentner aufgebrochen schwer wurden. Da reichte das be-

Verfasser mit Rominter Kapitalgeweih

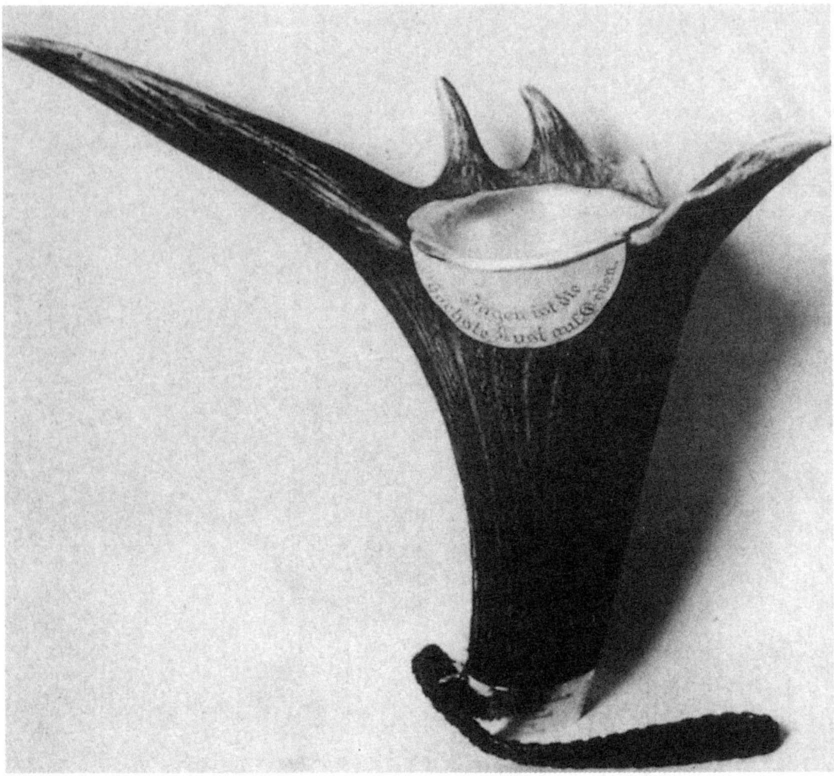

Der Geweihbecher aus Rominten

So wurden dem Erleger eines Hirsches die Grandeln überreicht

rühmte Klavier als Vergleich nicht mehr aus, man mußte mindestens an einen Bechsteinflügel denken! Der dort unten war bestimmt der stärkste Keiler, den ich in meinem Leben gesehen habe, obschon ich mehrere Dreizentnerkeiler erlegt habe. Er zog, ohne die Wölfe zu beachten, an das Luder heran, die Wölfe verschwanden endgültig. Die alten Wolfsjäger bestätigten später meine Beobachtung, daß Wölfe einem wirklichen Hauptschwein stets ausweichen, da sie vor den Waffen eines solchen Keilers Angst haben.

Interessant war das ziemlich seltene Vorkommen vom Fuchs in diesen Revieren. Ich möchte annehmen, daß die Füchse von den Wölfen gerissen wurden und daher so selten waren. Da der Wolf mit Vorliebe Hunde reißt, warum sollte er nicht auch an den Fuchs herangehen. Allerdings habe ich für meine Annahme keine Beweise, sicher ist jedoch, daß der Wolf in freiem Feld den Fuchs mühelos einholt.

Es ist unglaublich, wie sich ein Wolf vollschlingen kann. Ich war dabei, wie Wölfe zur Strecke kamen, die frisch am Riß gewesen waren und geradezu ekelhaft vollgeludert waren. Wie alle Raubtiere, kann der Wolf aber auch tagelang ohne jede Nahrung auskommen. Ich habe erlegte Wölfe untersucht, die völlig leer waren und sicherlich mehrere Tage keinerlei Fraß aufgenommen hatten. Es ist daher schwierig, Gewichte von Wölfen zu vergleichen. Ein vollgeluderter Wolf wiegt sicherlich bis zu 15 Pfund mehr als ein Wolf, der völlig leer ist. Wenn man daher Wolfsgewichte vergleichen will, muß man die Wölfe vor dem Wiegen aufbrechen und die Gewichtsangaben ohne den Aufbruch machen, wie das beim Schalenwild von jeher geschieht. Der stärkste Wolf, den ich in Polen erlegt habe, wog 86 Pfund, war aber so gut wie leer, vollgeludert hätte er sicherlich hoch in die 90 Pfund gehabt. Die meisten Wölfe hatten Gewichte zwischen 70 und 80 Pfund und Jungwölfe wogen 60 bis 65 Pfund.

In Ostpreußen traten die Wölfe, mit seltenen Ausnahmen, nur im Winter auf und auch nur in sehr strengen Wintern. Wenn der Schnee einen halben Meter und darüber lag, wenn das Thermometer 20 Grad Kälte und noch weniger zeigte, wenn bei eisigem Ost- und Südostwind die feinen Eiskristalle wie Pulver in der Luft wirbelten, wenn die Eisblumen an den Fenstern nicht mehr auftauten, wenn der Wind sich dann zum Sturm steigerte, dem draußen kein Pelz und drinnen kein Kachelofen mehr gewachsen war, wenn es – wie der Ostpreuße sagt – richtiges Stiemwetter war, dann erfaßte die Wölfe Litauens und Polens ein großes Sehnen nach den wildreichen Revieren Ostpreußens, dann trabten sie durch die eiskalten Winternächte aus ihren Einständen in den riesigen Waldgebieten von Augustowo und Bialystok gen Westen, Hunderte Kilometer weit auf uralten Fernwechseln, auf denen schon Generationen von Wölfen getrabt waren in ihrem Drang nach Westen, und auf denen nur wenige in ihre alten Standquartiere zurückkehrten. Fast alle wurden in Deutschland zur Strecke gebracht, die als winterliche Gäste Unheil über die gepflegten Rotwild- und Rehwildbestände ostpreußischer Reviere brachten; aber immer wieder drangen Vorposten dieses Räubers, dieser Geißel der Wildbahn, nach Westen vor. Wie finden die Wölfe die alten Wechsel, die schon seit Jahrzehnten der Jägerei bekannt sind? Woher wissen sie, daß hundert Kilometer weiter nach Westen große Wildbestände sind, die ihren Hunger stillen können? Alles das wird wohl immer ein Geheimnis bleiben. Wenn wir bei Rotwild und Sauen von Fernwechseln sprechen, die zwischen weit entlegenen Waldgebieten bestehen und bekannt sind, so können wir uns immer vorstellen, daß ältere Tiere diese Kenntnis auf die jüngeren übertragen, aber wie findet ein einzelner Wolf, der nie in Deutschland gewesen ist, den alten Fernwechsel, der, aus den Wäldern Litauens und Polens viele Kilometer weit über freies Feld führend, in der Johannisburger Heide oder im Memelwald endet?

In den ostpreußischen Revieren entlang der litauischen und polnischen Grenze – und nur in diese Grenzgebiete wechselten in den letzten Jahrzehnten Wölfe ein – wurde immer sehr bald festgestellt, wenn ein Wolf da war, auch ohne, daß Spurschnee lag. Schon am Verhalten des Rotwildes merkte man, daß ein solcher Räuber im Revier sein Unwesen trieb. Überall fand man flüchtige Fährten, das Wild war unstet, hielt keine Wechsel mehr, wurde sehr heimlich, und bald wurden dann auch die ersten Risse gefunden. Der Wolf jagte in diesen Revieren sehr verschwenderisch. Während ich in Polen oft erlebte, daß die Wölfe an ihren Riß zurückkehren, habe ich dies in den ostpreußischen Revieren nie erlebt, meistens wurde

FERNWECHSEL UND WOLFSRISSE

das gerissene Stück nur angeschnitten und dann liegengelassen. Die Jagdmethoden, die die Wölfe anwandten, waren ganz verschieden und wechselnd. So stellte ich bei Schnee einwandfrei fest, daß ein Wolf, in Deckung auf dem Bauch kriechend, sich an ein Rudel Rotwild herangepürscht und dann aus nächster Nähe ein Schmaltier aus dem Rudel angesprungen und an der Drossel niedergerissen hatte. Ein andermal ging ich die Hetzfährte eines Wolfes aus, der ein Alttier durch zwei Forstämter hindurch etwa 8 bis 9 km weit hochflüchtig verfolgt hatte, und dann das gewiß völlig zustande gehetzte Wild gerissen hatte. Im Winter 1937/38 hatte sich ein Wolf in meinem Revier an eine Rotwildfütterung herangeschlichen und ein Alttier unmittelbar an der Heuraufe gerissen. Der Wolf mußte, nach der Fährte im Schnee zu urteilen, das völlig vertraute und nichts ahnende Stück angesprungen haben. Er hatte dem Alttier Drossel und Schlund aus dem Träger herausgerissen. Jeder Jäger, der öfters ein Stück aufgebrochen und aus der Decke geschlagen hat, weiß, wie dick und widerstandsfähig die Decke gerade am Träger ist und was schon dazu gehört, mit einem leidlich scharfen Messer die Decke an dieser Stelle durchzuschärfen. Der Wolf hatte nicht nur mit einem Biß die Decke zerfetzt, sondern Drossel und Schlund mit herausgerissen und damit den Tod des Stückes herbeigeführt.

Am häufigsten wurden Rehe gerissen. Bei tiefem Schnee war es für die Wölfe ein leichtes, ein Stück Rehwild zu hetzen und zu reißen. Meistens hatte der Wolf das Stück nur wenige hundert Meter verfolgt, dann eingeholt und niedergerissen. Allerdings gelang ihm dies nicht immer auf Anhieb. Ich ging einmal eine Hetze hinter einem Stück Rehwild aus und stellte im Schnee einwandfrei fest, daß der Wolf dreimal vergeblich das Reh angesprungen hatte. Jedesmal war im tiefem Schnee Haar zu finden und eine Art Schleifspur zu sehen, also waren zweifellos Reh und Wolf zu Fall gekommen, es war Haar geflogen und Reh und Wolf waren zu Boden gekommen. Dreimal war jedoch das Reh wieder flüchtig abgegangen, erst beim vierten Versuch war es gerissen und dann an den Dünnungen und an den Keulen wenig angeschnitten worden.

Meistens hielten sich die Wölfe nur kurz in den ostpreußischen Revieren auf, sobald Tauwetter einsetzte, wechselten sie zurück, aber, wie schon erwähnt, gelang das nur den wenigsten, die meisten wurden vorher zur Strecke gebracht, denn sobald ein Wolf in einem Revier bestätigt war, ging ein intensives Jagen los. Bei jeder Neuen wurde mit Schlitten alles abgekreist, und, sobald der Wolf fest war, wurde es an das Forstamt gemeldet. Früher hatte man im allgemeinen mit Posten oder grobem Schrot auf Wölfe geschossen, ich ordnete aber sofort an, daß nur der Kugelschuß erlaubt sei, und das war richtig so – einmal aus waidgerechten Erwägungen heraus, denn es kann nicht als waidmännisch bezeichnet werden, auf ein so starkes Wild mit einem so dicken Balg mit Schrot zu schießen, und zweitens, weil beim Schießen mit Schrot oder Posten die Feststellung des Erlegers fast zur Unmöglichkeit wird.

War ein Wolf eingekreist gemeldet – meistens steckten die Wölfe in großen Brüchen, nur selten in geschlossenen Dickungen – dann wurde durch Fernsprecher alles mobilisiert, was eine Büchse tragen konnte. Der Treffpunkt mußte möglichst früh vereinbart werden, denn ab 2 Uhr nachmittags waren die Wölfe meistens schon wieder rege, zum mindestens gingen sie sehr leicht nachmittags schon beim Anstellen aus dem Treiben heraus. Die Meldungen der Kreiser mußten also spätestens bis 10 Uhr vorliegen. Das Einlappen hatte wenig Zweck, da die Wölfe in den Revieren, in denen sie nur Gastrollen gaben, so scheu und unstet waren, daß sie im allgemeinen keine Lappen hielten oder bereits beim Einlappen das Jagen verließen. Ein Einlappen über Nacht, wie in Polen, gelang bei mehreren Versuchen in Ostpreußen nicht. Die Wölfe wechselten nachts stets aus der Lappstatt heraus. Da die Verkehrsverhältnisse in den deutschen Revieren erheblich besser waren als in Polen und man mit Hilfe des Telephons genügend Schützen in kürzester Zeit zusammentrommeln konnte, wurde stets noch an demselben Tag auf die eingespürten Wölfe gejagt.

In einem besonders strengen Winter machte uns in meinem Revier ein starker Wolf erheblich zu schaffen. Wir bemerkten bereits Anfang Dezember – sonst wechselten die Wölfe meist erst Mitte Januar nach Einsetzen des richtigen östlichen Winters zu – an dem Verhalten des Wildes, daß im Revier etwas nicht in Ordnung sein konnte. Bald wurden auch die ersten Risse gefunden. Es konnte kein Zweifel bestehen, daß ein Wolf sein Unwesen trieb, spüren war unmöglich, da keinerlei Schnee lag. Die Temperatur war immer 10 bis 15

Grad unter Null. Wenn kein Schnee kam, war kaum etwas Vielversprechendes auf den Wolf zu unternehmen. Ansitz beim Mondschein an den zahlreichen Lauerhütten meines Reviers, an denen Pferdeluder ausgelegt war, führte zu keinem Ergebnis, das Luder wurde allenthalben von Füchsen und Sauen angenommen, aber der Wolf ließ sich weder am Luder sehen, noch wurde er gespürt. Er hatte das Luder gar nicht nötig, es war genug Rehwild, Damwild und Rotwild da, täglich also liefen Meldungen über gefundene Risse ein.

Erst Anfang Januar kam der erste, von der ganzen Jägerei heißersehnte Schnee. Während man in Polen in den dortigen riesengroßen, urwaldartigen Revieren den Wolf nicht ausrotten wollte, sondern ihn mit einer gewissen Schonung bejagte, was auch voll berechtigt war, konnten wir in den jagdlich gepflegten ostpreußischen Revieren unter keinen Umständen einen Wolf dulden, da der Schaden, den er in unseren Jagdgebieten nicht allein durch Reißen, sondern auch durch Beunruhigung des gesamten Wildstandes anrichtete, zu groß war.

Am ersten Tag nach der Neuen wurde kein Wolf gespürt; das war nichts Außergewöhnliches. Es kam öfters vor, daß ein Wolf am Tage nach Neuschnee seinen Einstand nicht verließ, ein Verhalten, das man auch bei anderem Wild, insbesondere bei Rotwild und Sauen, beobachten kann. Am nächsten Morgen wurde der Wolf schon um 9 Uhr früh fest gemeldet im sog. Hühnerbruch. Sofort ging das Telephonieren los, und um zwölf Uhr trafen wir, eine Jagenbreite vom Einstand des Wolfes entfernt, zusammen. Fünfzehn Schützen waren zusammengekommen, so daß wir die Front und auch einen Teil der Flanken abstellen konnten – für den Rückwechsel blieb allerdings kein Schütze zur Verfügung, aber auf dem Rückwechsel pflegt der Wolf nur zu kommen, wenn er vorne Wind bekommt oder erfolglos beschossen worden ist. Das Hühnerbruch war stellenweise sehr licht, so daß man von einzelnen Ständen aus einen weiten Einblick in das Treiben hatte, andere Partien waren wiederum mit Erle, Birke und auch Schilf bestanden, sicher steckte der Wolf in einer solchen Schilfpartie.

Die Treiber waren ebenfalls eine Jagenbreite von dem Treiben entfernt auf der entgegengesetzten Seite zusammengezogen und sollten erst angehen, nachdem die Schützen ihre Stände eingenommen hatten. Lautlos wurde angestellt. Die Schlitten blieben am Treffpunkt zurück, nur der Schlitten eines Revierförsters fuhr noch etwas weiter mit, weil der betreffende Revierförster eine Knieverletzung hatte und nicht so weit zu Fuß gehen konnte. Seine junge, hübsche Frau spielte den Kutscher und blieb schließlich auf einer Schneise mit dem Schlitten stehen, und zwar so, daß sie durch keinen Schützen gefährdet werden konnte. Der Revierförster humpelte zum nächsten Stande – wäre er nur in seinem Schlitten sitzengeblieben, doch davon später. Ich stand vielleicht eine Viertelstunde auf meinem Stand, die Treiber mußten schon angetreten sein – das Treiben wurde nach der Uhr angegangen – als es auf der entgegengesetzten Seite knallte, kurz darauf eine wilde Schießerei, ich zählte vier schnell hintereinander abgegebene Schüsse. Das ist sicher daneben gegangen, denke ich; da wird auch schon von drüben her abgeblasen.

Der Wolf war sofort nach dem Antreten der Treiber langsam und sehr vertraut öfter verhoffend, auf einer lichten Stelle in Richtung Schützenfront gewechselt. Der Schütze, auf den der Wolf zuwechselte, hatte diesen bereits von weitem kommen sehen und stand, die Büchse im Anschlag, gut gedeckt, um ihn in aller Ruhe anlaufen zu lassen. Da hatte ein Schütze von der Flanke her auf eine Entfernung von etwa 150 m in das Treiben hinein auf den Wolf geschossen. Die Passion, in diesem Fall mußte man schon sagen Schußgier, waren mit ihm durchgegangen. Der Wolf, der in der Front sicher zur Strecke gekommen wäre, wurde auf die weite Entfernung gefehlt und kam nun hochflüchtig, von seiner ersten Richtung schräg abbiegend, einem jungen Hilfsförster, der mit seinem Repetierer eine wahre Kanonade eröffnete und auf den schließlich auf dreißig Schritt bei ihm vorbeiflüchtenden Wolf drei Kugeln los wurde. Der Nachbar hatte auch noch geschossen – – und alles war vorbei! Der Wolf hatte in windender Fahrt das Jagen verlassen und war nun unmittelbar bei der jungen Förstersfrau, die friedlich in ihrem Schlitten saß, vorbeigekommen; nur mit Mühe hatte sie das wild werdende Pferd zügeln können.

In den nächsten Tagen setzte Stiemwetter ein, der Wolf war nicht festzukriegen, da die Spuren zu schnell verwehten. Nach etwa einer Woche wurde er endlich in einem Nachbarforstamt fest gemeldet, aber die Meldung war ziemlich spät gekommen, wir konnten erst gegen zwei Uhr nachmittags zusammentreffen. Als wir anstellten, stand die Spur des Wolfes schon aus dem Treiben heraus – also wieder nichts! Tagelang wurde der Wolf überhaupt nicht gespürt, kein Wunder, denn ohne eine Neue war es sehr schwer, einen Wolf zu spüren, da die Wölfe dann sehr gerne die ausgetretenen Rotwildwechsel annehmen und dann überhaupt nicht zu spüren waren. Der Wolf wechselte kurze Zeit später auf einem seit Jahrzehnten bekannten Fernwechsel aus der Rominter Heide aus. Er war einer der wenigen, dem es gelungen war, seinen Balg aus der Rominter Heide zu retten.

Ich hatte auch das seltene Waidmannsheil, in Polen einen Luchs zu schießen. Ich stand zwischen zwei prominenten Gästen mitten im Treiben auf einem Mittelgestell, so daß wir die erste Hälfte des Treibens an der Front und die zweite Hälfte auf dem Rückwechsel waren. Ich hatte, solange wir in der Front standen, mit fünf Kugeln vier Sauen, darunter zwei grobe, geschossen. Als die Treiber bei uns durch und auf die andere Seite der Schneise getreten waren, sah ich durch eine Lücke im Bestand auf 100 m einen vermeintlichen Fuchs angeschnürt kommen, ich dachte, das wird ein feiner Kugelfuchs, ging in Anschlag und wartete, daß der Fuchs auf einer vor mir befindlichen Lücke erscheinen sollte. Da bewegte sich in der dichten Verjüngung etwas, und, wie ich abkam, sah ich, daß ich einen starken Luchs vor mir hatte. Im Schuß sprang er etwa 2,5 m hoch an eine alte Eiche und krallte sich in deren Rinde fest; ich hatte sofort repetiert, sah aber den Schweiß rot leuchtend genau auf dem Blatt herausrinnen und wußte, daß die 9,3 ihre Schuldigkeit tun würde. Der Luchs hatte den Kopf mir zugedreht und keckerte mich wütend an, dann verließen ihn die Kräfte und er stürzte rücklings verendet zu Boden. Kaum hatte ich mich wieder etwas gefaßt, da hörte ich es vor mir tapp – tapp – tapp im trockenen Laub kommen – das konnte nur eine starke Sau sein. Ich ging sofort in Anschlag – aber ich wollte nicht mehr schießen. Meine Nachbarn waren keine Kugel losgeworden, und ich hatte schon vier Sauen und einen Luchs geschossen – verzweifelt suchte ich dem Nachbarschützen zuzuwinken, aber der Unglückliche hörte etwas schwer, hatte also das Anwechseln des Wildes nicht vernommen und schaute ausgerechnet nach der anderen Seite. Da kam ein Hauptschwein auf der Schneise zwischen uns – ich wartete, solange es ging, aber als es drüben nicht knallte, wurde ich gerade noch im letzten Augenblick die Kugel los, 50 m vom Anschuß lag ein grober Keiler. Fünf Sauen, darunter drei grobe, und ein Luchs mit sieben Kugeln auf einem Stand – – das gelingt nur einmal im Leben und dann auch nur, wenn Diana, die launische, einen 'mal ausnahmsweise besonders liebt.

Im Jahre 1937 erhielt ich von Hermann Göring den Auftrag, als Gastgeschenk dem polnischen Staatspräsidenten Exzellenz Mosciky einen hannoverschen Schweißhund zu überbringen. Ich kam mir vor wie die alten Besuchsjäger, die früher als Geschenk einem Nachbarfürsten einen Leithund überbringen mußten. Meistens wurde damals der Jäger gleich mitgeschenkt, was in meinem Falle erfreulicherweise unterblieb! Noch Mitte des vorigen Jahrhunderts wurden zwei Schweißhunde als Geschenk an den Kaiserhof nach Wien gebracht. Der Förster, der die Hunde überbringen mußte, zog es vor, vom Harz zu Fuß nach Wien zu gehen. Der Postkutsche wollte er die kostbaren Tiere nicht anvertrauen, so wanderte er mit seinen Hunden durch die deutschen Lande bis zur Wiener Hofburg. Ich machte die Sache etwas moderner und fuhr mit meinem „Wahrto v. Feuerstein" im Schlafwagen I. Klasse über Warschau nach Bialowies, wo ich dem Staatspräsidenten den Rüden übergab. Ich wurde äußerst liebenswürdig empfangen und lernte in dem Staatspräsidenten eine sehr sympathische, weltgewandte Persönlichkeit kennen. Ein deutschstämmiger Oberjäger sollte den Schweißhund führen. Ich blieb etwa eine Woche in Bialowies und wohnte in dem alten Zarenschloß, um den Oberjäger in der Führung des Hundes zu unterweisen. Wir machten ausgedehnte Gänge und Fahrten in den herrlichen Urwald und ich ließ „Wahrto" auf kalter Fährte arbeiten, unterwies den Jäger in allen hirschgerechten Dingen und hatte zum Schluß den Eindruck, daß der Hund und sein neuer Führer ihre Sache schon machen würden.

Im folgenden Winter schoß der polnische Staatspräsident auf einer Drückjagd einen Luchs vorderlaufkrank. Knochensplitter am Anschuß ließen über den Sitz des Schusses keinen Zweifel. Da man keine anderen Hunde hatte, mußte der Oberjäger am nächsten Morgen die Sache mit „Wahrto" machen. Der Hund arbeitete die Fährte, die gut schweißte, einwandfrei, und nach etwa 1½ km wurde der Luchs aus dem Wundbett flüchtig. Der Oberjäger war in arger Bedrängnis – den wertvollen Hund an einem solch wehrhaften Wild zu schnallen, erschien ihm mehr als riskant. Da es sich aber um den Luchs des Staatspräsidenten handelte, entschloß er sich doch, die Hetze zu wagen. Nach kurzer Zeit hörte er bereits den wütenden Standlaut des Hannoveraners, und als er sich vorsichtig heranpürschte, sah er den Luchs auf einer vom Winde geworfenen starken Fichte sitzen, während der Hund den Rüden wütend verbellte. Sobald der Hund näher herankam, versuchte der Luchs, mit der gesunden Pranke nach ihm zu schlagen, wobei er immer vornüber über den Stamm fiel. Der Fangschuß machte dem Drama ein Ende, der hannoversche Schweißhund aber stieg in ganz Polen in seinem Ansehen erheblich. Als 1939 die Russen in Bialowies einrückten, wurde der herrliche „Wahrto" sofort erschossen – als Attribut kapitalistischer Ausbeutung, wie mir der Oberjäger später persönlich erzählte.

Im Vorwinter jeden Jahres veranstaltete ich in Nassawen die sog. „Westelbische Jagdwoche". Ich lud für eine Woche lang ein halbes Dutzend alte Freunde aus dem Westen ein, und dann wurde acht Tage lang nur gejagt. Entenstrich und Papchenjagden, Treibjagden und böhmische Streifen auf Hasen und Hühner, Saujagden mit der Meute und Pürsch auf Kahlwild und für denjenigen, der noch keinen Rominter Hirsch geschossen hatte, auch auf einen Abschußhirsch, füllten die Tage. An den Abenden wurde der Becher geschwungen oder, wenn Mondschein war, an den Lauerhütten auf Fuchs und Marder angesessen. Wie glücklich bin ich heute, daß ich vielen alten Jagdfreunden dieses Vergnügen vermitteln konnte, wie freue ich mich heute über jeden Hirsch, den ein Freund von mir in Rominten geschossen hat, und dessen Geweih gerettet wurde.

Bei einer solchen westelbischen Jagdwoche wäre beinahe eine schlimme Sache passiert. Ein Freund von mir sollte einen Abschußhirsch schießen. Ein guter Abschußhirsch in Rominten war aber so viel, wie im Westen ein Kapitalhirsch. Einer meiner Förster führte meinen Freund auf einen bestätigten Hirsch, dessen Wechsel genau bekannt war. Der Hirsch trat mit zwei anderen jungen Hirschen abends auf einer Wiese aus und zog später bei Dunkelheit zu einer etwa 1 km entfernten Fütterung. Am ersten Abend waren die Hirsche zu spät ausgetreten, so daß man nicht mehr ansprechen konnte. Immerhin hatte mein Freund mit seinem guten Glas noch sehen können, wie hoch das Geweih gewesen war. Er kam noch ganz aufgeregt im Forstamt an, daß er einen so starken Hirsch schießen dürfe. Am nächsten Abend saßen Förster und Gast kaum im Schirm – es war noch vollkommen Tag – als sie etwa 1 km entfernt einen Hund hetzen hörten. Ein hetzender Hund war für Rominten, für ein derartig gepflegtes Revier, natürlich besonders schlimm. Der Förster pürschte also sofort los und ließ meinen Freund, da nicht revierkundig, allein im Schirm zurück. Das Geweih des Abschußhirsches war genau beschrieben, auch waren Abwurfstangen vom Jahr vorher gezeigt worden. Beim letzten Büchsenlicht traten die beiden jüngeren Hirsche auf die Wiese. Jetzt mußte jeden Augenblick der Abschußhirsch – es war ein 14-Ender mit doppelseitiger Stiefelknechtkrone – erscheinen. Mein Freund drehte den Sicherungsflügel herum und machte sich fertig – da teilten sich die Zweige und der dritte Hirsch trat aus der Dickung heraus. Wie mein Freund schon in Anschlag geht, durchfährt es ihn: So stark kann doch dein Hirsch nicht sein, so gewaltig hat er doch auch gestern abend nicht ausgesehen. Er setzt ab, nimmt sein zehnfaches Glas und setzt sich vor Staunen auf die Sitzbank. Es war ein Hirsch, wie man ihn sich nur erträumen kann, ein Hirsch, so gewaltig, so ungeheuerlich – mit einem Wald von Enden auf dem Haupt, daß einem der Atem wegblieb! In diesem Augenblick kehrte der Förster lautlos in den Schirm zurück und erstarrte vor Schrecken – – – der dritte Hirsch auf der Wiese war der „Matador", der stärkste Hirsch der ganzen Heide, der auf der Internationalen Jagdausstellung in Düsseldorf der zweitbeste Hirsch der Welt wurde!

Mir lief es noch nachträglich heiß und kalt den Rücken herunter, als ich abends die Geschichte hörte. Bei etwas weniger Sorgfalt und Vorsicht meines Freundes hätte der „Matador" gelegen, und das wäre, beim Hl. Hubertus, eine Katastrophe geworden. Der Hirsch hatte sich aus irgendeinem Grunde plötzlich umgestellt, er hatte sonst seinen Einstand in einer anderen Försterei. Zwei Tage später schoß mein Freund dann aber seinen richtigen Hirsch, der bis heute sein Lebenshirsch geblieben ist.

DER GEWEIHBECHER UND »TANTE GRETCHEN«

Abends wurde der Hirsch totgetrunken, das Haupt wurde, nach dem Verblasen vor dem Forstamt, abgeschlagen und auf den Sims des offenen Kamins gestellt, in dem die Birkenscheite gluteten. Der letzte Bissen steckte im Äser. Fichtenbrüche hinter dem Haupt gaben den richtigen Hintergrund, rechts und links brannten mehrarmige alte Messingleuchter, vor dem Kamin lag auf der Sauschwarte der hannoversche Schweißhund, und alle Teilnehmer der westelbischen Jagdwoche saßen in weitem Bogen um das Feuer. Der glückliche Erleger mußte aus dem Geweihbecher trinken, der aus der kapitalen Krone einer Abwurfstange aus Rominten gefertigt worden war. Die Krone war ausgehöhlt und in die Hohle ein silberner Becher eingelassen, der etwa $^1/_3$ Liter faßte. Auf dem umgeschlagenen Rand des Bechers war eingraviert: „Jagen ist die höchste Lust auf Erden."

Jeder, der als mein persönlicher Gast einen Hirsch geschossen hat, muß aus dem Becher trinken und wird auf der unteren silbernen Einfassung durch Eingravieren seines Namens verewigt. Aus dem Becher darf nur Sekt getrunken werden. Zwanzig Namen stehen bis heute auf dem Pokal, der von meiner Frau auf dem Treck von Ostpreußen gerettet wurde und sich heute noch als kostbares Erinnerungsstück in meinem Besitz befindet. Die Abwurfstange, in deren Krone der Becher eingelassen wurde, ist aus Tausenden Rominter Abwurfstangen ausgesucht und dürfte einmalig sein. Fast alle, die diesen Pokal geschwungen haben, tranken damit ihren Lebenshirsch tot, sie alle tranken Freude, Frohsinn und höchstes Jägerglück!

Im Ort Rominten lag das Hotel „Zum Hirschen", ein staatliches Lokal, welches langfristig an Frau Schebsdat verpachtet war. „Tante Gretchen" war für alle jungen Hilfsförster und Forstanwärter wie eine Mutter. Wie mancher junge Grünrock bekam hier, wenn am Ende des Monats das Geld knapp wurde, eine gute, kostenlose Atzung. Die Küche von „Tante Gretchen", auch „Heidewirtin" genannt, war berühmt. Besonders beliebt waren die Krebse, die bei der Heidewirtin herrlich lecker schmeckten, wahrscheinlich auch, weil sie stets frisch aus dem nicht weit entfernten Marinowosee geholt wurden.

Nach Beendigung der Jagdsaison, etwa Mitte Februar, fand im „Hotel zum Hirschen" ein grüner Abend statt, zu dem sämtliche Forstbeamten, die Nachbarsgutsbesitzer und sonstige Bekannte und

Freunde der grünen Farbe mit ihren Damen erschienen. Meistens herrschte um diese Zeit bittere Kälte, und es war ein schönes Bild, wenn ein Schlitten nach dem anderen angeklingelt kam, um seine in dichte Pelze gehüllten Insassen abzusetzen.

Eine besondere Hasenjagd, die ich in Polen mitmachte, möchte ich noch schildern. Wir waren etwa zehn Flinten und schossen in normal besetzten Revieren an einem Tag 1200 Hasen! Dieses fast unglaubliche Ergebnis wurde erzielt durch eine unerhört große Zahl von Treibern. Es waren im ganzen drei Kessel vorgesehen, und man hatte für jeden Kessel eine Fläche von 4000 ha abgetrieben. Morgens früh waren die Treiberwehren aus verschiedenen Dörfern mit Fahrzeugen an genau vorher bestimmte Stellen gefahren und waren von dort ausgelaufen, bis der Anschluß an die Nachbarwehren erreicht war. Als der Riesenkessel geschlossen war, wurde langsam nach der Mitte hin vormarschiert. Die Leitung erfolgte mit Hilfe von Leuchtkugeln, da Hornsignale bei den riesigen Entfernungen nicht durchgedrungen wären. Obschon viele Hasen durch die Treiberketten zurückgingen, war es doch gelungen, den größten Teil auf den Endkessel, der etwa 250 ha groß war, zusammenzutreiben. Dieser Endkessel war natürlich tagelang vorher durch lange Stangen mit darangebundenen Strohwischen eindeutig gekennzeichnet worden. Dieses Manöver – die Organisation war schon eine kleine Generalstabsarbeit – war an drei, etwa 10 km voneinander entfernten Stellen durchgeführt.

Als wir Schützen im Wagen angefahren kamen, standen die Treiber um den Endkessel herum mit einem Zwischenraum von etwa 8 m. Sobald ein Schütze seinen, durch eine Stange markierten Stand erreicht hatte, traten rechts und links von ihm je zehn Treiber zurück und marschierten sofort nach Hause. Dadurch entstanden also, der Zahl der Schützen entsprechend, zehn Löcher in der Treiberwehr, die von den Hasen angenommen wurden und von den Schützen verteidigt werden mußten. Als ich auf meinem Stand ankam, sah ich mindestens 20 bis 30 Hasen in dem Kessel herumwetzen. Kaum waren die Treiber rechts und links zurückgetreten, als auch schon der Durchbruch losging. Wir schossen in jedem Kessel rund 400 Hasen, im ersten etwas weniger und im letzten mehr. Nach Been-

EINE HASENSCHLACHT IN POLEN

digung des ersten Kessels kamen die Wagen herbei, man fuhr zu den auf der nächsten Straße haltenden Autos und mit diesen etwa 8 bis 10 km weiter zu dem nächsten von den Treiberwehren zusammengedrückten Kessel. Die Treiber des ersten Kessels waren mit ihrer Tätigkeit fertig und konnten nach Hause gehen. So wurden etwa 12000 ha abgetrieben in nur drei Kesseln – allerdings unter Aufbietung einer unerhörten Anzahl von Treibern. Es war eine Hasenschlacht, keine Hasenjagd mehr zu nennen! Aber wenn man das Ergebnis ins Verhältnis setzt zu dem Treiberaufgebot, dann erscheint die Sache nicht einmal so ungünstig. Ich schätze, daß an der Jagd 2500 Treiber teilgenommen haben, jeder dann aber nur einen halben Tag. Es würden also auf 1250 Tagewerke fast ebensoviel Hasen kommen. Ich habe in den letzten Jahren in Süddeutschland leider viele Treibjagden mitgemacht, bei denen längst nicht je Treiber ein Hase zur Strecke kam.

Bei dieser Jagd wurde mir glaubhaft erzählt, daß ein bekannter polnischer Großgrundbesitzer sich in Berlin zwei Schwester-Doppelbüchsen 5,6 mm Kaliber mit einer ganz schwachen Pulverladung hatte bauen lassen. Er ließ auf seinen großen Gütern die Hasenkessel so treiben, daß sie nicht ganz rund, sondern birnenförmig verliefen. Er selbst stand als einziger teilnehmender Schütze am offenen Stiel der Birne mit seinem Büchsenspanner und schoß die breit kommenden Hasen mit Kugel!

Wir würden so etwas als jagdlichen Snobismus bezeichnen. Aber schießen muß der Mann gekonnt haben!

Etwa 20 km von Rominten entfernt lag das Hauptgestüt Trakehnen. In Rominten wuchsen die stärksten Hirsche und in Trakehnen die besten Pferde Europas. Es war sicher kein Zufall, daß auf engstem Raum diese beiden Höchstleistungen vorhanden waren. Neben der Hege in Rominten und neben den züchterischen Erfahrungen in Trakehnen spielten bestimmt die Umweltfaktoren eine entscheidende Rolle. Während Rominten ein durchweg hügeliges Terrain aufwies, war Trakehnen völlig eben. Von dem Ort Trakehnen, der im wesentlichen aus den Gestütsgebäuden und -stallungen, aus den Wohnungen des Landstallmeisters und des Gestütspersonals bestand, gingen strahlenförmig breite alte Eichenalleen durch das Gestütsgelände, das teilweise aus riesigen Pferdekoppeln, teilweise aus landwirtschaftlich genutzten Flächen bestand, da die Zuchtstuten Arbeit haben mußten. Es war ein herrliches Bild auf den weiten Koppeln – Roßgärten sagt der Ostpreuße, wie er auch vom Roßarzt, nicht vom Tierarzt, spricht – die Herden der Mutterstuten mit ihren Fohlen weiden zu sehen. Vielfach waren die Herden nach Farben geordnet, und das Herz lachte dem Pferdefreund im Leibe, diese herrlichen Tiere in ungezwungener Freiheit auf den leuchtend grünen Wiesen zu sehen. Das Buch über Trakehnen ist inzwischen auch geschrieben und damit hat der Verfasser, Oberlandstallmeister Dr. Heling, auch diesem Kleinod Ostpreußens ein literarisches Denkmal gesetzt.

Im Herbst wurden in Trakehnen regelmäßig Jagden geritten. Insbesondere wurden die Dreijährigen, die im Sommer von dem Gestütspersonal zugeritten waren, auf den Jagden erprobt. Es wurde eine Schleppe gelegt und auf dieser Schleppe jagten lauthals die Meutehunde, hinter ihnen der „Master" und dann das bunte Feld der Reiter. Was gab es Schöneres als, umgeben von den leuchtenden Herbstfarben, über die Koppeln Trakehnens zu reiten! Die Hindernisse waren z. T. schwer, aber fair, zudem handelte es sich ausschließlich um natürliche Hindernisse, bei denen nur hier und da etwas nachgeholfen war. Der Reiz des Reitens wurde durch diese natürlichen Verhältnisse erhöht. Gefürchtet war der sog. Judengraben, an dem mancher Neuling aus dem Sattel fiel – aussteigen mußte, wie man dezent sagte. Dieses Aussteigen war manchmal nicht billig, es kostete abends eine Runde im „Hotel zum Elch", das inmitten des Dorfes Trakehnen lag. Ich war damals Reserveoffizier bei der Reitenden Artillerie-Abteilung in Insterburg, die zur Kavalleriebrigade, später im Kriege zur Kavalleriedivision, gehörte. Mein Kommandeur war äußerst pferdepassioniert und ein alter Rennreiter. Wenn die Hirsche ausgeschrien hatten, dann ging das ganze Offizierskorps eine Woche lang nach Trakehnen, um Jagden zu reiten. Tagsüber ritt man über die grünen Koppeln oder machte wohl auch eine kleine taktische Übung, und abends kamen die Damen von den umliegenden Gütern und aus Insterburg, und im „Hotel zum Elch" wurde getanzt und Bowle getrunken. Wer Reiten und Jagen liebte, und wessen Passion Hirsche und Pferde waren – der kam in Ostpreußen auf seine Kosten! Wie herrlich klang das

REITJAGDEN IN TRAKEHNEN UND DER AMEISENHIRSCH

Große Halali am Ende jeder Reitjagd: „Dankt dem, der Reiten und Jagen uns gab!"

Obschon ich meine Rotwilderfahrungen, wie schon gesagt, in einem besonderen Buch „Rominten" niedergelegt habe, will ich doch hier in meinen Erinnerungen wenigstens die Erlegung eines Hirsches schildern; eines Hirsches, um den ich mehr Mühe gehabt und mehr Schweiß vergossen habe, als um irgendeinen anderen meiner rd. 200 Rothirsche, die ich bis heute zur Strecke gebracht habe.

Im Forstamt Warnen, später „Barckhausen", wurde von dem dortigen Revierverwalter, Forstmeister Dr. Barckhausen, ein Dreistangenhirsch bestätigt. Er pürschte zwei Jahre auf diesen Hirsch ohne Erfolg. Nach seinem Tode bemühte ich mich mit allen Mitteln um diesen Hirsch, aber drei weitere Jahre dauerte es, bis ich ihn endlich strecken konnte.

Der Hirsch stand im Winter an einer bestimmten Fütterung, aber während der übrigen Zeit des Jahres blieb er verschwunden. Er wurde nirgends in der Brunft bestätigt, trotz aller Anstrengungen der gesamten Jägerei. Zwei Jahre lang hatte ich vergebens alles versucht – da wurde der Hirsch, wie jedes Jahr, wieder an der Fütterung bestätigt und mir gemeldet. Ich fuhr sofort hin, um ihn mir anzusehen. Tatsächlich kam der Hirsch mit einem Rudel von drei anderen Geweihten noch bei gutem Büchsenlicht. Er trug den Namen „Ameisenhirsch", weil mein Freund Barckhausen beim ersten Bestätigen dieses Hirsches längere Zeit in einem Ameisenhaufen sitzen mußte und völlig zerstochen worden war, da er sich nicht rühren konnte, ohne den Hirsch zu vergrämen.

An der Fütterung hatte ich den Hirsch von meinem Schirm aus gut im Glase, er hatte zweifellos erheblich zugenommen, das sah ich auf den ersten Blick. Außerdem war er ein ungerader 22-Ender, aber – – die dritte Stange fehlte! Dafür hatte er an der linken Stange, dort, wo früher die dritte abgezweigt sein mochte, also gleich über der Rose, einen faustdicken Knubbel sitzen. Die rechte Krone war schaufelförmig geworden und der Hirsch machte einen gewaltigen Eindruck, auch ohne die dritte Stange. Die beiden Augsprossen waren nach außen leicht umgebogen, und hierdurch sowie durch die schaufelförmige Krone und den faustdicken Knubbel wirkte das Geweih abnorm und bizarr, erschien dadurch aber nur noch begehrenswerter. Mir ist eine Trophäe, die in ihrer Ausformung einmalig ist, immer wertvoller gewesen als ein noch so gutes Geweih oder Gehörn, das völlig gleichmäßig aufgebaut ist und wegen seiner vollendeten Schönheit auf die Dauer leicht langweilig wird. Einen guten und edelgeformten 16-Ender kann man in Ostpreußen leichter schießen, als ein starkes abnormes Geweih erbeuten, das wird einem im allgemeinen nur einmal im Leben geschenkt. Zu den berühmtesten Geweihen aller Zeiten gehören der 66-Ender auf der Moritzburg und der 44-Ender aus Rominten, den Kaiser Wilhelm II. streckte. Beide Hirsche sind nicht wegen ihrer Stärke, sondern wegen ihrer bizarren Formen berühmt, aus denen man, wenn man will, einen 66-Ender bzw. einen 44-Ender herausrechnen kann.

Nun ging es also auf den „Ameisenhirsch". Ich saß morgens bei eisiger Kälte auf den Schneisen in der großen Dickung, in der der Hirsch seinen Tageseinstand hatte, ich fuhr im Schlitten bei sonnigem Wetter die Wege in der ganzen Umgebung ab, ich saß nachmittags an, ich pürschte – – es klappte nicht! An der Fütterung erschien der Hirsch aber fast regelmäßig. Es war, als ob ihn der Erdboden verschluckte, sobald er die Fütterung verließ. Das Terrain war für mich äußerst ungünstig, für den Hirsch besonders vorteilhaft, sehr hügelig, viel Unterholz, hohes, trockenes Gras und daher unübersichtlich. Die Dickung war dicht geschlossen, aber innen hatte sie einige Sterbelücken, wo die Sonne schön hineinschien, warum sollte der Hirsch also seinen Einstand verlassen? Ich sagte mir, einmal wird er doch seine schwache Stunde haben, und war eisern hinter ihm her. Am 31. Januar mußte ich mich geschlagen geben, ich hatte ihn nicht zur Strecke bringen können. Also dann in der nächsten Feiste, schwor ich mir zu. Wenn nur dem Hirsch nichts zustieß, das war meine einzige Sorge.

Am 1. August ging es wieder los, bis dahin hatte ich darüber nachgedacht, wie es zu machen sei, daß keinerlei Störung in der Gegend des Einstandes entstand. Sämtliche Forstbeamte wußten natürlich längst von meinen Bemühungen um den Hirsch, für mich ging es nun also auch um die Jägerehre. Wo ich hinkam, wurde ich gefragt:

ES WILL NICHT KLAPPEN

„Na, haben Sie den Ameisenhirsch schon?" Ich saß abends und blieb die Nacht draußen, um frühmorgens zur Stelle zu sein. Ich saß über Tage stundenlang an der sog. „Badestube". Gerade auf diese Suhle hatte ich die größten Hoffnungen gesetzt, hier hatte ich den Hirsch vor drei Jahren zum erstenmal gesehen. Aber der August war verhältnismäßig naß und kühl und die Hirsche kamen nicht wie in heißen, trockenen Sommern in die „Badestube". Ich fiel langsam vom Wildpret, Tag und Nacht war ich hinter dem Hirsch her und hatte dabei viel dienstliche Arbeit. Ich war langsam am Verzweifeln! Wenn ich den Hirsch in der Feistzeit nicht bekam, waren die Chancen in der Brunft sehr gering. Kein Mensch wußte, wo der Hirsch brunftete, er war niemals in der Brunft bestätigt worden. Außerdem waren Gäste für die Brunft angemeldet, die ich selbst führen mußte, also, allzuviel Zeit würde ich in den Hochbrunfttagen – und nur in diesen Tagen war ein so alter heimlicher Hirsch zu haben – kaum für mich selbst behalten. Es war schon Ende August geworden und außer einer starken Fährte, die ich verschiedentlich gefunden hatte, und die vom „Ameisenhirsch" herrühren mochte, hatte ich noch nichts von ihm festgestellt.

Da saß ich eines Morgens unweit der „Badestube" an einem großen Kahlschlag, auf dem Birkenanflug, Himbeere und stellenweise Farn üppig wucherten. Als es schummrig wurde, sah ich auf etwa 350 m Entfernung drei Hirsche auf den Kahlschlag ziehen und äsen. Es waren offensichtlich zwei geringe und ein starker Hirsch. Sollte es tatsächlich der Gesuchte sein?? Ich bohrte die Augen in mein Fernglas hinein, aber das Licht reichte noch nicht zum Ansprechen – da setzten sich die drei Hirsche in Bewegung, und zwar halbspitz auf mich zu, und nun erkannte ich in dem starken Hirsch einwandfrei den „Ameisenhirsch". Die rechte Schaufelkrone war noch mächtiger geworden, die Augsprossen standen weit auseinander, die Enden konnte ich noch nicht zählen, dazu reichte das Licht noch nicht auf diese Entfernung. Jetzt blieb der Hirsch etwas zurück und schlug an einer einzelnen, etwa 3 m hohen Kiefer, daß die Fetzen flogen. Schießen – – – nein, noch nicht! Es waren sicher noch 275 bis 300 m, das Licht hätte wohl ausgereicht, mit Zielfernrohr wäre es gegangen, aber auf diese Entfernung war mir die Sache zu riskant, ich durfte diesen Hirsch nicht vorbeischießen, er durfte auch keine schlechte

Kugel bekommen – – – also warten! Erstens wird es ja von Sekunde zu Sekunde heller, und zweitens kommt er mir ja in die Büchse gezogen.

Die beiden anderen Hirsche waren mir inzwischen auf etwa 200 Meter nahegekommen, der „Ameisenhirsch" schlug immer noch an seiner Kiefer. Jetzt waren die beiden geringen Hirsche – es waren ein gut veranlagter junger Kronenzehner und ein mittelalter Zwölfer – auf etwa 150 m heran – jetzt auf 100 m – – der Kapitale bearbeitete immer weiter seine Kiefer – – es mußte etwas geschehen, die Beihirsche zogen mir sonst so nahe auf den Pelz, daß ich mich nicht mehr rühren konnte. Den Schuß trotz der Entfernung auf den Hirsch wagen? – – Das Licht war jetzt gut geworden – – nein, das ging nicht! Der Hirsch stand jetzt halbspitz von mir abgewandt – da warf der Zehner, der vorne zog und auf etwa 60 bis 70 m heran war, plötzlich auf, im selben Augenblick merkte ich, daß mir der Morgenwind, der plötzlich aufgekommen war, ins Genick wehte, und flüchtig gehen beide Hirsche ab. Ich versuche noch, den „Ameisenhirsch" ins Zielfernrohr zu bekommen – – da trollt er auch schon spitz von mir fort – an Schießen ist gar nicht zu denken. Ich hätte mich umbringen können vor Zorn! Der Hirsch sollte mir nicht gehören, er hatte den Teufel im Leib!

Etwa 3 km von dem Feisthirscheinstand befand sich ein Komplex von 6 Jagen, die mit Eichen aufgeforstet waren. Vor etwa 20 Jahren hatte hier ein großer Nonnenfraß einen Kahlschlag verursacht, und man hatte damals die ganze Fläche mit Eichenpflanzungen und Eichelsaat aufgeforstet. Die Kulturen waren sehr gut gelungen, und in den nun vorhandenen Eichendickungen, die mit Aspen- und Birkenanflug durchstellt waren, brunfteten jedes Jahr mehrere Hirsche; es gelang nur selten, diese Hirsche einwandfrei zu bestätigen. Da der „Ameisenhirsch" auf keinem der bekannten Brunftplätze in den letzten Jahren aufgekreuzt war, lag die Vermutung nahe, daß der alte, schlaue Herr in diesen Dickungen brunftete, wenig schrie und daher niemals aufgefallen und bestätigt worden war. Auf alle Fälle beschloß ich, ihn hier zu suchen und die übrige Jägerei auf die üblichen Brunftplätze zu verteilen.

In den Eichen war zunächst nicht viel los. Ich verbrachte jeden Abend und Morgen, an denen ich nicht durch Führung der Gäste in

Anspruch genommen wurde, am Rande der Eichendickung, um zu verhören. Irgendwelches Pürschen auf den Schneisen oder Wegen innerhalb des Dickungskomplexes hätte keinen Sinn gehabt, ich hätte das Wild nur vergrämt. Dem zuständigen Forstbeamten hatte ich mitgeteilt, daß dieser Revierteil für mich reserviert bleiben sollte. So herrschte in den Eichen unbedingte Ruhe, wenn der „Ameisenhirsch" wirklich dort brunftete, wurde er also bestimmt nicht gestört.

Die Brunft näherte sich inzwischen ihrem Höhepunkt. Von allen Brunftplätzen der Heide liefen Meldungen von bestätigten Hirschen ein. Da wurde ich eines Abends noch spät angerufen, daß an der sog. „Eselswiese" ein Hirsch mehrmals nach Schwinden des Büchsenlichtes mit sehr guter Stimme gemeldet hätte. Die Eselswiese war nur etwa zwei Morgen groß und lag am Ende der Eichendickung; auf der anderen Seite war Fichtenaltholz.

Ich saß am nächsten Abend beizeiten am Fichtenaltholz an, hatte die Wiese gut und übersichtlich vor mir auf etwa 80 m Entfernung, soweit hatte ich mich ins Altholz hineingesetzt, um mich unter allen Umständen sicher, und ohne zu stören, vom Wilde absetzen zu können. Es blieb in der Nähe der Wiese alles still, auch als ringsherum schon Hirsche meldeten. Da – – als das Büchsenlicht schon geschwunden war, knörte plötzlich mit sehr tiefer Stimme ein Hirsch, einmal jenseits der Eselswiese in den Eichen in Richtung auf einen alten, verschilften Karpfenteich, der mitten in der Eichendickung lag. Die Stimme war gut, danach könnte es schon der „Ameisenhirsch" sein – da zog ein Alttier, dem bald ein Kalb folgte, auf die Wiese. Zwei weitere Stücke folgten, und dann kam ein Hirsch, soviel konnte ich noch erkennen an der Stärke des Rumpfes, was er aber auf dem Kopf hatte, war nicht mehr auszumachen, dazu war es bereits zu dunkel. Ein schwacher Hirsch konnte es nicht sein, das sah ich an der ganzen Figur und an der Stärke. Ich mußte mir also unbedingt Gewißheit verschaffen und beschloß, am nächsten Morgen den Hirsch anzugehen. Inzwischen war es völlig dunkel geworden. Der Hirsch schien einen Beihirsch auf den Schwung zu bringen, er verfolgte ihn trensend und prasselnd in die Eichen hinein. Diesen Augenblick benutzte ich, um lautlos zurückzupürschen.

Die Nacht schlief ich wenig, und vor dem ersten Grauen war ich am nächsten Morgen in der Nähe der Eselswiese. Es war klar, und es war Hochbrunft! Ringsumher schrien die Hirsche, daß der Wald dröhnte. Das war nicht mehr das Schreien des suchenden Hirsches, das war nur noch Kampf- und Sprengruf, wohin man hörte. Zehn verschiedene Hirsche stellte ich von meinem Standpunkt aus fest, und das Jägerherz lachte mir im Leibe bei diesem herrlichsten aller Konzerte. Welch urwüchsige, welch verhaltene Kraft, welche durch Mark und Bein gehende Wirkung liegt doch in dem wirklichen Schreien eines hochbrunftigen Hirsches. Ich meine nicht das zeitweise Melden oder Knören, sondern den fast ohne Pause ausgestoßenen Kampfruf, der dröhnend durch den Wald schallt und selbst einem alten Jäger die Gänsehaut über den Rücken jagt. Auf der Eselswiese war es still, aber nicht weit von dem Karpfenteich war der Teufel los, dort schrien mehrere Beihirsche wie toll und dazwischen erklang von Zeit zu Zeit der abgrundtiefe Baß des Platzhirsches, dann wieder mehrfach schnell hintereinander ausgestoßene Sprengrufe – jetzt wieder Beihirsch rechts, der auch gar keine schlechte Stimme hatte, aber gegen die Stimme des Platzhirsches kam er nicht an. Wenn das nicht der „Ameisenhirsch" war, wollte ich Hans heißen! Geladen mit Spannung und Passion, erwartete ich den Morgen, ich konnte erst bei vollem Büchsenlicht an den Hirsch heran, solange es nicht hell war, hatte die Sache keinen Zweck.

Langsam schob ich mich auf einem halbzugewachsenen Abfuhrweg, der seit dem Abtrieb des Vorbestandes nicht mehr benutzt worden war, etwas näher an den Rabatz vor mir heran, so daß ich, sobald es hell wurde, mit gutem Wind den Hirsch angehen konnte. Langsam kam das Morgenrot hoch – jetzt gilt es! Jetzt zeig', mein Lieber, was du als Jäger kannst. Diesen alten, von Beihirschen umgebenen Platzhirsch in der dichten Eichendickung mit dem Ruf angehen und zur Strecke bringen, das ist schon Waidwerk, das ist schon den Einsatz wert! – Hubertus hilf!

Langsam schob ich mich in Richtung auf das Schreien hinein in die Dickung. Zunächst kam ich gut vorwärts, die Eichen waren hier in 2 m Abstand in Reihen gesät und hatten sich unten so weit von Ästen gereinigt, daß man, wenn man niederkniete, ganz gut in den Reihen entlangsehen konnte. Ob man allerdings ein Geweih ansprechen konnte, das erschien fraglich, denn in dieser Höhe waren überall dichtbelaubte Zweige. Nur an wenigen Stellen wies die Dikkung lichtere Partien auf, vor allem dort, wo Aspen und Birken die Eichen verdämmt hatten und nun erheblich vorwuchsen und kleinere lichte Horste in der Dickung bildeten. Ich hatte Zielstock, Fernglas und Schweißhund am Rande der Eichen abgelegt und nur noch die Büchse und den Hirschruf bei mir. Es war inzwischen vollkommen hell geworden; damit verschwiegen aber auch die Hirsche, nur von Zeit zu Zeit verriet ein leises Knören, daß der Platzhirsch noch an derselben Stelle war, es mußte am Rande des oben erwähnten Karpfenteiches sein. Dieser Karpfenteich lag in einer Mulde von niedrigen Hügeln umgeben, ein verteufeltes Terrain, zumal die Dickung unmittelbar bis an den Teich ging bzw. bis an das den Teich umgebende Erlengestrüpp und Schilf. Ich kroch auf allen vieren, um wenigstens etwas Ausblick zu haben, die Entfernung zu dem immer seltener meldenden Hirsch schätzte ich auf etwa 200 m, als es plötzlich ganz nahe vor mir knackte. Sofort legte ich mich platt wie eine Schlange hin – – – da tauchte ein kapitaler Hirsch vor mir auf und zog nur wenige Meter von mir entfernt vorüber, so daß mir sein Brunftgeruch in die Nase zog. Halblinks von mir, auf einer kleinen lichten Stelle auf etwa 15 m Entfernung verhoffte der Hirsch – – wenn das nur gut ging! Ich richtete mich eine ganze Kleinigkeit auf und sah einen sehr guten 18-Ender mit gleichmäßig edlem Geweih, anscheinend noch jung – das konnte doch nicht der Platzhirsch sein? – da kriegte mich der Hirsch weg und mit Donnergeprassel ging er hochflüchtig ab. Ich setzte sofort den Hirschruf an den Mund und zwei-, dreimal den Sprengruf zornig hineingeschmettert – ein unwilliges tiefes Knören drüben am Karpfenteich war die Antwort. Das scheint noch einmal gut gegangen zu sein!

Aber das Knören war auf der anderen Seite vom Teich. Wenn ich aber erst noch um den ganzen Teich herumpürschen mußte, jeden Augenblick gewärtig, mit anderen Beihirschen zusammenzuprasseln, dann sah die Sache schlecht aus. Ich kroch weiter auf allen vieren in Richtung Teich und war nun etwa auf 50 m an ihn herangekommen, ohne aber etwas vom Wasser sehen zu können. Ich mußte warten, bis der Platzhirsch noch einmal meldete, die Gefahr mitten in das Rudel hinein zu geraten, war zu groß. Sollte ich noch einmal leise auf dem Ruf knören? Sollte ich mahnen? Nein, auf das Knören und Mahnen stand der Hirsch vielleicht zu, und ich hätte ihn an dieser dichten Stelle, an der ich lag, erst auf wenige Meter vorher sehen können, und an Schießen wäre überhaupt nicht zu denken gewesen. Sollten sich nun wieder so zwischen Lipp' und Kelchesrand unüberwindliche Hindernisse auftürmen? Ich überlegte fieberhaft, was ich machen könnte, aber ich kam immer wieder zu dem Entschluß, zu warten.

Vor mir war es totenstill, von weither meldete ab und zu einmal ein Hirsch, ein herrlicher Morgen zog herauf, die Sonnenstrahlen erreichten soeben die Spitzen der Bäume, und ich lag zusammengekauert zwischen zwei Eichensaatstreifen und war langsam überzeugt, daß der Hirsch längst im Bett saß und von den Strapazen der Nacht ausruhte. Also mal wieder nichts! Ich konnte froh sein, wenn ich hier heil wieder herauskam, ohne den Hirsch zu vergrämen. Das würde noch eine Schleicherei und Kriecherei geben, die selbst dem alten Winnetou zur Ehre gereichen würde – da plätscherte es plötzlich gegenüber an der anderen Seite des Teiches im Wasser. Sollte das Wild ins Wasser ziehen, etwa sich suhlen oder den Teich durchrinnen wollen? Wie eine Schlange glitt ich zwischen den Saatstreifen herüber zum Teich – da glitzerte schon die Wasserfläche – weiter – am Rande mache ich mich, gedeckt durch das Schilf, ganz leise hoch und sehe auf der anderen Seite des Teiches, keine 80 m weit, ein Alttier bis zum Bauch im Wasser stehen und die Wasserpflanzen, die mit der Spitze aus dem Wasser herausragen, abäsen. Wo das Kahlwild ist, muß auch der Hirsch sein, durchfährt es mich; und da teilt sich auch schon der Schilfgürtel, und mit einem zweiten und dritten Stück Kahlwild tritt der Hirsch in den Teich hinein – – – – – der „Ameisenhirsch"! Ich sehe die starke Schaufelkrone an der rechten Stange – und erkenne die weitausladenden Augsprossen – das ganze mächtige Geweih, wie der Hirsch etwa 10 m weit in den Teich hineinzieht und bis zum Brustkern im Wasser steht! Leise geht der Sicherungsflügel herum, ich hebe die Büchse. Herrgott, welch ein Bild, der Kapitale, mit den drei Tieren im Wasser stehend, vor dem in allen Farben leuchtenden Hintergrund! Eine Handbreit über der Wasserlinie komme ich ab. Spritzende Fontänen und lautes Geplansche der hochflüchtig abgehenden Tiere folgen dem hallenden Donner des Schusses, der jäh die herrliche Stimmung zerreißt. Der Hirsch macht eine hohe Flucht und bricht im Teich zusammen, nur die rechte, gewaltige Schaufelkrone ragt über die Wasserfläche, als sich der Wellenschlag etwas beruhigt hat, sonst ist vom Hirsch nichts zu sehen. Automatisch habe ich repetiert und trete einen Schritt vor. Da – ein Strudel im Wasser – der Hirsch wird wieder hoch und trollt klatschend und spritzend zum Ufer. Sofort ist die Büchse wieder an der Backe, und als der Hirsch gerade am Uferrand verschwinden will, faßt ihn die Kugel, und ich höre ihn drüben zusammenbrechen. Mein erster Gedanke war: Bravo! Nun brauchst du wenigstens nicht ins kalte Wasser, um den schweren Kerl aus dem Modder zu ziehen. Dann aber packte mich die wilde Freude. Der Ameisenhirsch! Endlich, endlich hat es geklappt.

Als ich bei ihm ankam, war er längst verendet, er hatte gerade noch das Ufer erreicht und war am Rande der Eichendickung zusammengebrochen, beide Kugeln saßen im Blatt. Ich stand einige Minuten andächtig mit dem Hut in der Hand vor diesem kapitalen Hirsch, dann stellte ich sein Haupt mit Hilfe einer Astgabel etwas hoch, so daß das Geweih mir voll zugewandt war, setzte mich ihm gegenüber auf einen alten Baumstubben, steckte mir eine Brasilzigarre an und hielt ihm die Totenwacht. Das war ein Lebenshirsch! Einen besseren würde ich nie schießen, eine seltenere Trophäe nie erbeuten. Größere Strapazen hatte ich noch nie um einen Hirsch ertragen. Sicher war ich über 2000 km seinetwegen gefahren, geritten und gepürscht! Wie viele Nächte hatte ich mir ihm zuliebe um die Ohren geschlagen, wieviel hundert Stunden angesessen, auf wie viele andere Hirsche verzichtet!

Leuchtend in der Frühsonne eines herrlichen Herbsttages stand der bunte Wald um mich – das Gold der Aspen und Birken, das Gelbgrün der Eichen, das Dunkelgrün der Erlen spiegelte sich im Blau des Wassers, feine weiße Fäden des Altweibersommers spannen sich in der Luft von östlicher Klarheit und Frische, hoch über mir zogen Kraniche laut rufend nach dem warmen Süden, weit irgendwo knörte ganz leise ein Hirsch – welch Glück, ein Mensch und Jäger zu sein!

Einige Jahre später schoß ich doch noch einen stärkeren Hirsch, aber als Erlebnis blieb die Erlegung des „Ameisenhirsches" doch am schönsten und der Höhepunkt meiner jagdlichen Erfolge.

Mitten in die Hegearbeiten und in viele schöne Pläne, die ich in

Rominten hatte, platzte der zweite Weltkrieg hinein. Zum zweiten Male wurde ich, wie Millionen andere, aus der gradlinigen Lebensbahn herausgerissen. Bis zum letzten Augenblick hatten wir noch gehofft, der Aufmarsch der Truppen in Ostpreußen, der schon seit Anfang August 1939 im Gange war, könnte nur eine Demonstration sein, um als politisches Druckmittel zu wirken – – da kam der Angriffsbefehl für den 1. September. Ich machte den Polenfeldzug bei der 1. Kavalleriebrigade, später 1. Kavalleriedivision, mit, ebenso den Russenfeldzug.

Während des ganzen zweiten Weltkrieges, vom ersten Tage an, bin ich das schlechte Gewissen nicht losgeworden. Während ich 1914 bis 1918 stets von der Richtigkeit und von dem Recht unseres Kampfes überzeugt war und immer glaubte, für eine gute Sache – für Kaiser und Reich – mein Leben einzusetzen, hatte ich im zweiten Weltkrieg immer die Überzeugung, daß dieser Krieg ein verbrecherischer Wahnsinn sei, der mit Sicherheit zum Untergang Deutschlands führen mußte. Es war nicht immer leicht, mit dieser Überzeugung seine Pflicht zu tun.

Als am Abend vor Beginn des Russenfeldzuges Generalmajor Feldt, der Kommandeur der 1. Kavalleriedivision, den Angriffsbefehl Hitlers vor seinen Regimentskommandeuren verlesen hatte – ich war als Hauptmann vom Stabe dabei – sagte er etwa wörtlich:

„Meine Herren, wir alle, die wir hier versammelt sind, haben den Krieg nicht gewollt, wir wissen auch nicht, ob er eine zwingende Notwendigkeit ist, aber als Soldaten sind wir dazu erzogen, unserem Eide getreu zu gehorchen! Ich danke Ihnen, meine Herren."

Welch ein Unterschied zu 1914! Damals hochgehende Wogen der Begeisterung bei jung und alt, brausendes Singen der „Wacht am Rhein", verherrlichter Heldentod fürs Vaterland – und im zweiten Weltkrieg? resignierendes Bewußtsein, daß man verdammt war, zu gehorchen!

In Rominten habe ich zum erstenmal im Rundfunk gesprochen und bin bis heute diesem großen Propagandainstrument treu geblieben. Ich habe zahlreiche jagdliche Interviews gegeben, kürzere und längere Vorträge gehalten über jagdliche Fragen aller Art, über Naturschutz im allgemeinen und über Tierschutz und Vogelschutz im besonderen. Ich habe im Unterhaltungsfunk, im Zeitfunk und Schulfunk, auch im Fernsehfunk mitgewirkt, und man hat mich oft gefragt, ob das wohl richtig wäre, ob es nicht besser sei, jagdliche Dinge nicht allzusehr in die Öffentlichkeit zu bringen. Man sollte froh sein, wenn man ein Jagdrevier sein eigen nennen könnte, aber man sollte still und ruhig bleiben, je weniger die Allgemeinheit von Jagd erführe, desto besser sei es. Neid, Mißgunst, Gleichmacherei und ähnliche menschliche, allzu menschliche Eigenschaften würden sonst nur geweckt. Ich habe stets den entgegengesetzten Standpunkt vertreten. Man kann in der heutigen Zeit nicht mehr die Absicht verfolgen, einen Teil der Bevölkerung unorientiert zu halten, und sei es auch nur auf dem Gebiet der Jagd. Ich glaube daher, daß Aufklärung über jagdliche Dinge, Belehrung über die freilebende Tierwelt, Schilderungen landschaftlicher Schönheit, Propagierung des Naturschutzes in Wort, Bild und Schrift wichtiger sind als Geheimniskrämerei und Vertuschenwollen. Darüber müssen wir Jäger uns ganz nüchtern klar sein, wir können das deutsche Waidwerk nur retten, wir können die freilebende Tierwelt nur erhalten, wenn Jagd und Naturschutz und alles, was damit zusammenhängt, einen möglichst starken Rückhalt an der Gesamtbevölkerung haben. Nur, wenn der Nichtjäger in der Großstadt dafür eintritt, daß in Deutschlands Wäldern weiter Rotwild leben soll, nur, wenn der Bauer dagegen ist, daß eine Tierart ausgerottet wird, trotzdem sie einen gewissen Schaden auf seinen Feldern anrichtet – nur dann werden unsere Enkel in Deutschland noch jagen können. Mit allen Mitteln versuchen, auch dem Nichtjäger Natur und Jagd nahezubringen, ihn zu belehren über alles, was da draußen kreucht und fleucht, was da lebt und webt, ihn zu veranlassen, die Natur in allen ihren Erscheinungsformen wieder zu lieben als das Teuerste, was er besitzt, nämlich seine Heimat – das ist der Sinn meiner seit Jahrzehnten durchgeführten Publizistik.

„Die Liebe zur Natur und ihren Geschöpfen und die Freude an der Pürsch in Wald und Feld wurzelt tief im deutschen Volk." Diese Liebe und Freude zu erhalten und zu fördern, das war die Absicht und das Ziel meiner Vorträge, Reden, Interviews, Artikel und Bücher seit über 30 Jahren!

Man sagt heute oft, mit der Jägerei ging es bergab, die Jagdmoral sei noch nie so schlecht gewesen wie heute, Waidgerechtigkeit gäbe es nur noch in der Theorie, in Artikeln der Jagdzeitschriften und in der Phantasie romantischer Narren. Ich empfehle diesen Pessimisten die alten jagdlichen Klassiker zu lesen, wie Fleming, Döbel und Diezel – und man wird feststellen, daß es mit der Waidgerechtigkeit der Alten auch nicht immer zum besten war. Die gesamten Autoren jammern vor 200 und 100 Jahren genauso über einen Niedergang der waidmännischen Auffassungen, wie man es heute allenthalben hört. Diezel hat seine berühmte „Niederjagd" kurz nach 1848 geschrieben, also nach einer Zeit, die wohl durch den schlimmsten Wildmord gekennzeichnet war, den wir in Deutschland erlebt haben. Trotzdem hat er den Glauben an das deutsche Waidwerk nicht verloren. Welch ein Geschrei und Gezeter wurde erhoben über das Zusammenschießen des Wildes während der Besatzungszeit! Heute sagt uns die Statistik, daß die Abschußziffern beim Schalenwild längst die Zahlen von 1938/39 erreicht, z. T. sogar schon überschritten haben. Der Schalenwildausschuß des DJV beschwört bereits die Jäger, die Schalenwildbestände nicht zu sehr anwachsen zu lassen. Wir Deutsche sind Extremisten und dieser Extremismus ist auf allen Gebieten unser größter nationaler Fehler. Warum können wir nicht die meditas aurea – die goldene Mitte – zur Richtschnur unseres Lebens und Handelns wählen? Das derzeitige Robotern bis zum Managertod hat mit der meditas aurea nichts mehr zu tun! Wenn irgendwo ein paar Aasjäger auf einer Treibjagd ein halbes Dutzend Hirsche zusammengeschossen haben, dann ist das zwar tiefbedauerlich und verachtungswürdig – aber das deutsche Waidwerk und die gesamte Jagdmoral ist doch deshalb nicht gleich gefährdet. Wie viele anständige, gute, waidgerechte Jäger leben in Deutschland, und wie viele haben zumindest das Streben dazu!

Noch vor 50 Jahren war es üblich, am Ende der Pachtzeit, eine Jagd restlos auszuschießen, wenn man nicht wußte, ob man die Jagd wiederbekam, und niemand fand etwas dabei. Unsere Großväter schossen Rehwild grundsätzlich mit Schrot – das galt nicht als unwaidmännisch. Ich habe im ersten Kapitel noch von eingestellten Jagen erzählt, die ich selbst miterlebt habe; in meiner Jugend war noch das Fangen von Vögeln in Schlingen, der sog. Dohnenstieg, erlaubt. Das Tellereisen, dieses Marterinstrument, wurde überall verwendet, lange Artikel in den Jagdzeitschriften befaßten sich mit der besten Kirrung, mit allerlei Fanggeheimnissen. Noch Raesfeld widmete in seinem Standardwerk „Das Deutsche Waidwerk" ein besonderes Kapitel der „Jagd am Horst", wobei nicht nur Raubvögel, sondern auch Fischreiher und andere Vogelarten mühelos erlegt wurden. Daß man noch vor 200 Jahren Füchse mit Netzen zu Tode prellte, daß man Bären gegen Keiler kämpfen ließ, daß man Kolbenhirsche jeden Alters erlegte, daß man das Wild zu Hunderten in Netze trieb, um es abzumeucheln – – sei nur am Rande erwähnt. Man sollte daher mit negativ extremen Urteilen und Verurteilungen vorsichtiger und milder sein – noch gibt es eine deutsche jagdliche Ethik, noch gibt es eine Jagdmoral, noch gibt es ein jagdliches, anständiges Brauchtum, und noch gibt es zahlreiche anständige Jäger, die diese Tugenden nicht nur propagieren, sondern, was wichtiger ist, auch vorleben. Mit negativem Geunke allein bessert man nichts – – erziehen, belehren und vorleben ist wichtiger und wirksamer als schimpfen!

Von Rominten aus machte ich zwei Hauptprüfungen des Internationalen Schweißhundverbandes mit, 1936 in Ungarn und 1937, anläßlich der Jagdausstellung in Berlin, im Solling. Die Prüfung in Ungarn fand in Devecser statt, einer alten Burg des Grafen Esterhazy, Thomas. Die deutschen Teilnehmer sammelten sich in Wien, von wo mit einem Autobus nach Devecser gefahren werden sollte. In Wien erwartete uns ein liebenswürdiger, charmanter Österreicher, der die Führung des Busses übernommen hatte. 20 km hinter Wien hatten wir Autopanne. Es dauerte drei Stunden, bis wir wieder fahrbereit waren. Wir hatten uns solange mit „Heurigem" getröstet und fuhren leicht beschwingt gen Ungarnland. Bis zur Grenze ging alles glatt, aber in Ungarn wußte weder der Führer noch der Fahrer Bescheid. Es wurde Nacht, und es regnete, die Straßen waren schlecht, und wenn bei einer Straßenkreuzung der Fahrer den neben ihm sitzenden Österreicher fragte, wie er fahren solle, erwiderte dieser: „Fahren's halt rechts!" Bei der nächsten Kreuzung: „Fahren's halt links!" Und so ging es weiter. Schließlich platzte uns der Papierkragen. Ich fragte den sog. Führer, ob er denn überhaupt wüßte, wo wir wären, „aber nein, bitt' schön, ich war noch nie in Ungarn, es ist stockdunkel draußen, ich hab' keine Ahnung!" Herrliche

Situation! 9 Uhr abends, strömender Regen, schlechte Straßen und – – irgendwo in Ungarn!

Ich ließ mir die Karte geben und den Fahrer weiter geradeaus fahren. Im nächsten Dorf, am ersten Haus, ließ ich halten und klopfte die Bewohner, die längst schliefen, heraus. Zum Glück sprach einer der Mitfahrenden etwas Ungarisch. Wir erfuhren den Namen des Dorfes – – der Name stand nicht auf der Karte, aber die nächste Stadt wußte der Magyare, auch der Weg dahin war ihm bekannt. Also griff ich mir den Mann, schleppte ihn zum Bus und wir fuhren los. In der nächsten Stadt erhielt er 20 Pengö, bedankte sich unter tausend Verbeugungen und ging zu Fuß in sein Dorf zurück. Am Rande der Stadt griff ich mir erneut einen Einwohner, der uns zum nächsten Flecken führte, und so kamen wir, zwar unter Aufwendung zusätzlicher Fahrgelder, aber ohne Umweg, auf die beste und sicherste Art nach Devecser.

Devecser war eine alte Burg etwa aus dem 12. Jahrhundert. Der Besitzer, Graf Esterhazy, hatte den mittelalterlichen Charakter der Burg vollkommen erhalten. Es gab keine Öfen und kein elektrisches Licht. In einer Ecke der saalartigen Räume war eine Esse, in der meterlange Holzklötze brannten, von der Decke herab hingen vlämische Kronen mit Hunderten von brennenden Kerzen. Die Treppe lag in einem Turm als Wendeltreppe und wurde durch Windlichter erleuchtet, der Speisesaal glänzte im Lichte zweier riesiger Kerzenkronen, und in einer Ecke stand auf einem etwa 1,50 m hohen Podest der stärkste Hirsch des Jagdherrn. Hinter dem Geweih stand ein alter Messingleuchter; sobald der Jagdherr das Schloß betrat, steckte ein Diener die Kerzen dieses Leuchters an, die dann während der Anwesenheit des Schloßherrn ständig brannten. Das war kein Brauchtum mehr, das war Trophäenkult in höchster Vollendung!

Unter der alten Burg waren riesige Keller, in denen große Fässer mit Somlo-Wein lagerten. Der Ungar exportierte den Tokaier, aber den Somlo-Wein trinkt er selbst. Dieser Wein wächst, wie man mir sagte, auf Lavaboden. Er war schwer und süffig, ohne jede Blume, vielleicht an die Ruländer und Sylvaner des Kaiserstuhles erinnernd, Weine, die ebenfalls auf altem Lavaboden wachsen. Lieblich ging uns Deutschen dieser köstliche Trunk ein.

Morgens früh standen zehn Juckergespanne im Schloßhof, die

IM ALTEN SCHLOSS DEVECSER

Kutscher mit schrägsitzender Pelzmütze und mit über der Schulter hängendem Dolman. Auf den 60 bis 80 m breiten Erdwegen wurde nur Galopp gefahren, und wir alle dachten: Herrgott, wie schön kann das Leben sein! Aber das Leben war in Ungarn nur für eine dünne Oberschicht so schön, es war ähnlich wie vor dem ersten Weltkrieg im Baltikum, wo ein kleiner, führender und besitzender Teil der Bevölkerung ein herrliches Leben führte, allerdings auch Träger einer hohen Kultur war, während die Masse der Einwohner zwar nicht hungerte und darbte, das wurde erst nach der Umwälzung üblich, aber eben doch stets nur im Schatten der „Titanen" lebte.

Die Gastfreiheit der Ungarn war sprichwörtlich, und wir verlebten herrliche Tage in Devecser. Ich sah dort die beste Arbeit eines hannoverschen Schweißhundes, die ich je erlebte. Oberjäger Fuchs führte die dem Grafen Esterhazy gehörige Hündin „Dido v. Wasserberg". Die Hündin war heiß und deshalb nicht für die internationale Konkurrenz gemeldet worden, sie machte also nur eine Schausuche. Ohne Riemen arbeitete die Hündin die sehr schwierige, mit vielen Widergängen behaftete alte Fährte eines laufkranken Schmaltieres, ohne einmal vorzuprellen, stets wartend, bis der Führer nachkam, bis zum Wundbett und hetzte dann erst auf Befehl dem kranken Stücke nach, stellte anhaltend, bis der Fangschuß fiel, und ließ dann niemanden, nur ihren Führer, an das verendete Stück heran. „Dido" wurde damals gedeckt von dem in Deutschland sehr bekannten Rüden „Wahrtoo-Winnefeld", und ein Produkt dieser Verbindung schenkte mir Graf Esterhazy ein Jahr später in Gestalt des „Dula-Huscarokelö" gen. „Hirschmann". Dieser „Hirschmann" wurde der beste Schweißhund, den ich je besessen habe. Er übertraf noch meine alte „Gilka" und hat in Rominten unglaubliche Leistungen auf der Wundfährte vollbracht.

Ich war später noch verschiedentlich in Ungarn – zu großen Fasanenjagden. Aber diese Massenjagden, die mehr Schießsport als Waidwerk sind, wurden oft genug beschrieben, so daß ich mir die Schilderung schenken kann. Mit Bewunderung erfüllt hat mich dabei aber stets die ausgezeichnete Organisation und Leitung dieser großen Jagden. Nur wer selbst ähnliche Jagden arrangiert hat, kann beurteilen, welche Erfahrung und welche Mühe für den glatten Ablauf einer solchen Jagd Voraussetzung sind.

Wir schossen in Böhmen einmal in fünf Jagdtagen rd. 8000 Stück Wild zu etwa zehn Flinten – es war eine gräßliche Strapaze, aber kein Vergnügen, geschweige denn die „Höchste Lust auf Erden". Meine Schulter war blau und geschwollen, mein Zeige- und Mittelfinger waren wund und mit Leukoplast verklebt, die Haut über meinem Backenknochen war aufgeplatzt und verbunden – das war sportliche Akrobatik, auf die ich nicht trainiert war. Ich schieße gern vor guten Hunden 40 bis 50 Hühner an einem Tag, ich schieße auch gerne auf dem Strich 15 bis 20 Enten oder auf einer gut geleiteten Treibjagd 20 bis 30 Hasen, aber 150 bis 200 Stück Flugwild an einem Jagdtage, das ist Schwerarbeit!

Ich war in Ostpreußen, vor allem während der Kriegszeiten, in denen ich zeitweise reklamiert war, vollbepackt mit Arbeit. Wenn irgend jemand etwas leistete, wurde ihm immer noch mehr aufgeladen nach dem ostpreußischen Pferdesprichwort: „Hau dem, wo jeht, wo nich jeht, jeht doch nich!" Trotzdem fand ich noch die Zeit zu literarischer Arbeit. Ich gab im Auftrage des Verlages Paul Parey das Raesfeldsche Standardwerk „Das Deutsche Waidwerk" neu heraus, was eine erhebliche Arbeit bedeutete, da man erst beim Lesen der alten Ausgabe sah, wieviel sich inzwischen geändert hatte. Seitdem sind mehrere weitere Ausgaben dieses Buches, von mir bearbeitet, herausgegeben worden. Auch das ist ein Beweis dafür, das waidgerechtes Denken in Deutschland trotz allem noch nicht verschwunden ist, daß ein solches umfangreiches Werk in so großer Menge gekauft wird. Für mich war es eine große Freude und Ehre, das literarische Erbe eines Ferdinand v. Raesfeld antreten und fortentwickeln zu dürfen. Auch zahlreiche jagdliche Artikel habe ich in Ostpreußen geschrieben und veröffentlicht.

Anfang Juli 1944 wurde ich auf persönlichen Wunsch Hermann Görings mit den besten Teilen meiner Kampfgruppe im Osten herausgezogen und nach Rominten verlegt. Göring hatte sein Quartier in dieser Zeit im Jägerhof in Rominten. Er fuhr jeden Morgen mit dem Kraftwagen nach „Wolfsschanze" in der Nähe von Angerburg, wo Hitler sein Hauptquartier hatte, und wo jeden Morgen Lagebesprechung war, an der Göring als Oberbefehlshaber der Luftwaffe teilnahm. Am 20. Juli 1944 fuhr Göring ausnahmsweise nicht nach

„Wolfsschanze". Gegen Mittag wurde ich zu ihm befohlen und er eröffnete mir, daß ein Attentat auf Hitler erfolgt sei, und daß ich sofort höchste Alarmbereitschaft befehlen sollte. Alle Zugänge zum Jägerhof sollten sofort gegen Panzer gesichert werden und alle, die gewaltsam versuchen sollten, zu ihm vorzudringen, sollten unter Feuer genommen werden, gleichgültig, um wen es sich handelte. Es passierte aber gar nichts.

Der Russe kam immer näher, und die Front kam schließlich etwa 15 km ostwärts des Randes der Rominter Heide zum Stehen. Die Besetzung der Front auf unserer Seite war erschreckend schwach, die Reserven waren kümmerlich. Ich brachte daher meine Familie in Sicherheit und schickte den Treck auf die Reise gen Westen. Ein Kutschwagen mit meinen edlen ostpreußischen Juckern, zwei Leiterwagen mit meinen ostpreußischen Stuten bespannt. Im Kutschwagen meine Frau mit den Kindern, auf dem Leiterwagen meine beiden Kutscher mit Familie, meine Wirtschafterin, die heute noch bei mir ist, und eine Hausangestellte. Meine Frau erwartete in wenigen Monaten unser zweites Kind. Es war alles nach genauem Plan gepackt – etwas Bekleidung, etwas Wäsche, etwas Porzellan, etwas Kochgeschirr, der Silberkasten, die wertvollsten Teppiche und Bilder, Matratzen und sonstiges Bettzeug, Gewehre, Gläser und die sechs stärksten Geweihe – – – und sehr viel Hafer. Die Pferde und die Erhaltung ihrer Leistungsfähigkeit waren das Wichtigste – das haben viele, die auf den Treck gingen, nicht bedacht und dafür entsetzlich büßen müssen. Ich hatte in zwei Weltkriegen so viele Märsche mit Pferden erlebt, daß ich in dieser Beziehung sehr gut vorsorgen konnte.

Als alles bereit war, ging ich mit meiner Frau durch das ganze Haus. Man sah überhaupt nicht, daß etwas fehlte – das Haus war noch komplett eingerichtet und alles in schönster Ordnung. Wir sahen jeden Raum genau an – unsere Schlafzimmer, in denen unser ältester Sohn geboren war, die Kinderzimmer, in denen die Spielsachen standen und lagen wie immer, die Wohnzimmer, Eßzimmer, Jagdzimmer usw. Dann saßen wir vor dem brennenden Kamin, an dem so viele starke Hirsche totgetrunken worden waren. Ich hatte eine Flasche alten französischen Champagner heraufgeholt – aber der Sekt schmeckte nicht, und wir kämpften beide mit den Tränen, mit dem heulenden Elend. Keiner wollte dem anderen zeigen, daß ihm drohte, die Haltung zu verlieren. Dann fuhr der Treck ab – – und kam heil bis an die Oder.

Ich blieb zurück, um die Rominter Heide mit meiner Kampfgruppe zu verteidigen – –

Wenige Tage bevor der Russe angriff und nördlich und südlich der Heide mit Panzern durchbrach, schoß ich meinen Lebenshirsch – – einen ungeraden 24-Ender, der heute noch über 10 kg wiegt und in Düsseldorf, zur Spitzenklasse gehörend, die goldene Medaille erhielt. Kurze Zeit später kam ich ins Lazarett in Berlin und lag bis Februar 1945 in Gips. Die Leute meiner Kampfgruppe, prächtige Kerle, mit denen mich beste Freundschaft verband, wurden in den Kämpfen in Ostpreußen aufgerieben oder gerieten in russische Gefangenschaft. Darunter war auch Forstmeister Lopsien, der mich, während ich draußen als Soldat war, in Rominten vertreten hatte und nun zum Schluß in meiner Kampfgruppe als Reserveoffizier mitwirkte. Er war einer der besten und gewissenhaftesten Forstbeamten der Rominter Heide. Erst 1951 kam er aus russischer Gefangenschaft zurück, gesundheitlich und seelisch schwer angeschlagen. Er ist sich selbst und seinen Mitmenschen gegenüber stets treu geblieben – – was kann man Besseres von einem Mann sagen!

Die letzten Tage in der Heide waren entsetzlich! Zunächst hatte ich mein Stabsquartier in meinem Hause in Nassawen, dann mußte ich es verlegen in die Försterei Nassawen, von dort ins kaiserliche Jagdschloß in Rominten, und dann schlossen die russischen Panzer die Heide von Norden und Süden ein und wir saßen in der Falle.

Hege und Jagd in Rominten waren mir zur Lebensaufgabe geworden. Ich sah alles vernichtet. Der verlorene Krieg war eine Tatsache. Alles das, wofür ich gewirkt und gearbeitet hatte, erschien gegenüber dem apokalyptischen Geschehen sinnlos und lächerlich, und nur das Bewußtsein, für Frau und Kinder in der bevorstehenden Notzeit sorgen zu müssen, hielt mich damals davon ab, freiwillig den Weg durch das große, dunkle Tor zu gehen, durch das es keine Rückkehr gibt, einen Weg, den Tausende Ostdeutsche in ihrer Verzweiflung gegangen sind.

Braver 14-Ender, erlegt 1948 von einem Holländer – Forstamt Herrenwies (Baden)

*Mein Lebenshirsch und mein jüngster Sohn,
beide wiegen dasselbe: 10 kg und 100 g*

MUTTER OSTPREUSSEN, MEINE HEIMAT!

Ich habe Ostpreußen geliebt. Für mich wurde dieses Land meine Wahlheimat. Meine besten Jahre habe ich in Rominten verbracht – – meine wertvollsten jagdlichen Erkenntnisse dort gewonnen. Mein Glaube, daß dieses Land urdeutsch ist, wird nie wankend werden, meine Hoffnung, daß uns dereinst diese Provinz wiedergegeben wird, ist unerschütterlich, meine Liebe zu diesem östlichsten Teil Deutschlands wird immer in meinem Herzen brennen!

Die Zeitspanne von zwölf Jahren seit 1945 ist so gering gegenüber einer 700jährigen deutschen Kulturepoche, daß wir keine Veranlassung haben, müde im Wollen und schwach im Hoffen zu werden!

Ich möchte das Kapitel über meine Rominter Zeit schließen mit einem Spruch, den ich Jahre später niederschrieb, und den ein Flüchtlingskind auf einer Ostpreußenfeier in Baden deklamierte:

Mutter Ostpreußen!
Einsame, am Brückenkopf Deutschlands,
Abseits den Schwestern,
Den sicher geborgenen, wohnend,
Über alles von Deinen Kindern geliebte,
Sag, was wissen die Andern,
Mutter, von Dir?

(Agnes Miegel)

Sie sollen wissen von Deinen ragenden Kiefernwäldern
in Masuren,
Wo die gewaltigen Stämme auf den fischreichen Seen
verfrachtet wurden.
Sie sollen wissen von den grünen Koppeln Trakehnens, wo
unter uralten Eichen die besten und edelsten Pferde
Europas weideten.
Sie sollen wissen von dem Zauber der Nehrung, wo die
gelbe Wanderdüne an das Haff reichte, und wo das Gold
des Meeres, der Bernstein, gewonnen wurde.
Sie sollen wissen von der alten preußischen Krönungsstadt
Königsberg, wo Schiffahrt und Handel blühten, und von
seiner Universität, wo Immanuel Kant lebte und lehrte.

ROMINTEN

*Sie sollen wissen vom Elbinger Land mit seinen breiten,
satten Kühen, mit seinen wogenden Feldern und seinen
Kornkammern für die westlichen Großstädte.
Sie sollen wissen von Rominten, wo im tiefen Tann, wenn
Birke und Aspe sich golden färbten, der Urhirsch brunftete
und schrie.
Sie sollen wissen von der Niederung mit ihren Flößern und
Fischern und dem urigen Wild, dem Elch, in freier Wildbahn.
Sie sollen wissen von den alten Denkmälern deutscher Kultur,
den Ordensburgen, den Kirchen, den blühenden Städten und
der ehrwürdigen Marienburg.
Und sie sollen wissen von Tannenberg, dem ragenden Mal
deutscher Einigkeit, Macht und Stärke – –
Das warst Du, Mutter Ostpreußen, meine Heimat!*

FÜNFTES KAPITEL

ÜBERGANG UND NEUBEGINN

Den Zusammenbruch in Holland erlebte ich als Kommandant der Hauptstadt der Niederlande „Den Haag". Die letzte Nacht vor der Übergabe verbrachte ich zusammen mit einem holländischen Baron in seinem mit viel Geschmack eingerichteten Hause. Wir philosophierten die ganze Nacht über Gott und die Welt, wobei wir auch den Teufel einbezogen.

Am nächsten Morgen stand ich in meinem Stabsquartier gegenüber dem „Hotel des Indes" inmitten der Offiziere meines Stabes und erwartete den kanadischen Divisionskommandeur, um ihm die Stadt zu übergeben. Wir waren Kapitulierende, nicht Kriegsgefangene im engeren Sinn.

Ich wurde Kommandant des deutschen Gefangenenlagers Scheveningen und erreichte, daß wir unsere gesamten Verpflegungsvorräte einschließlich Marketenderwaren mit nach Scheveningen nehmen durften. Uns haben diese Sachen im Lager Scheveningen sehr gut getan.

Verhältnismäßig früh wurde ich entlassen, da Forst- und Landwirte vorzeitig, zur Sicherung der Ernte, zur Entlassung kamen. Es war das einzige Mal, daß ich praktisch erlebte, daß für die Forstwirtschaft die Koppelung mit der Landwirtschaft wirkliche Vorteile brachte. Ich ließ mich zu meiner Mutter, die im Westen wohnte, entlassen. Wo meine Familie war, wußte ich, wie viele tausend andere, nicht. Meine Frau war bis in die Letzlinger Heide getreckt und hatte dort in einer alten, leerstehenden, baufälligen Försterei Unterkunft gefunden. Wir waren überzeugt gewesen, daß bei einer Besetzung Deutschlands, die Russen niemals über die Elbe kommen würden, aber leider hatten wir uns getäuscht. Meine Frau war 24 Stunden, bevor der Russe das Gebiet westlich der Elbe besetzte, mit den Kindern – der jüngste Sohn war auf dem Treck im Bunker in Berlin geboren – weiter gen Westen geflohen mit einigen Handkoffern und dem, was sie auf dem Leibe hatten, denn alles andere war geplündert worden.

Bei meiner Mutter fand ich die Anschrift meiner Frau, die zu ihren Verwandten nach Niedersachsen geflohen war. Als ich zwei Tage später auf dem Rittergut H., das dem Schwager meiner Frau gehörte, ankam, fand ich ein besseres Flüchtlingslager vor. Das schöne, alte Gutshaus war bis in die Mansarden hinein überbelegt. Wir wohnten und schliefen mit unseren vier Kindern in einem Raum, und es erhob sich die bange Frage: Was nun?

Etwas Geld hatten wir noch, aber wir konnten uns leicht ausrechnen, wann damit Schluß sein würde. Eine Wiederanstellung im Forstdienst in Niedersachsen war infolge völliger Überfüllung ausgeschlossen, man konnte die Straßen mit östlichen Forstleuten, vom Oberlandforstmeister bis zum Assessor, pflastern. Gehalt, das einem nach dem „wohlerworbenen Beamtenrecht" zugestanden hätte, gab einem niemand. Eine Rückkehr in das östlich besetzte Deutschland und die Wiederaufnahme einer dortigen forstlichen Tätigkeit aber schieden aus, wie mich ein kurzer Besuch belehrte, den ich in Berlin und in Potsdam und in der Letzlinger Heide bei einem Freunde durchführte, der vorerst dort noch als Forstmeister geblieben war.

So stand ich mit meiner Frau und fünf Kindern praktisch vis-à-vis de rien! Meine Freunde, die im Westen wohnten, hatten mir andererseits schon soviel geholfen, daß ich sie nicht mehr weiter bitten mochte. So versuchte ich, mich als Fallensteller durchzuschlagen.

Ich erhielt Erlaubnis von unseren Verwandten, auf Füchse Eisen zu stellen, und begann nun mit allen Schikanen, mein Leben dem Fuchsfang zu widmen. Nachts „bewachte" ich das Gut gegen Plünderer, wie sie damals durch die Lande zogen, und mit denen ich einen harten Zusammenstoß hatte, der mir fast das Leben kostete. Und tagsüber ging ich dem Fuchsfang nach.

Wenn ich nachts Wache hatte, und meinen selbstgebauten Tabak aus einer halblangen Pfeife meines Vaters rauchte, beschäftigte ich mich damit, meine Erinnerungen und jagdlichen Erfahrungen zu Papier zu bringen, die damals noch frisch und gegenwärtig waren.

ICH LEBE ALS FALLENSTELLER

Dieses Rückerinnern und Niederschreiben hat mir seelisch viel geholfen. Ich vergaß die erbärmliche Gegenwart. Am Tage aber revidierte ich meine Eisen, legte Luderplätze an, balgte gefangene Füchse ab und fabrizierte aus den Nachgeburten der Kühe „unfehlbare Fuchswittrung".

In dem ersten Flüchtlingswinter fing ich über 20 Füchse und verdiente damit so viel Geld, daß ich mit meiner Familie ganz gut leben konnte, wobei vor allem aber auch der Hilfe unserer Verwandten dankbarst gedacht sein muß. Die Fuchsbälge brachte ich nach Hannover auf den schwarzen Markt. Am Bahnhof, zu Füßen des Denkmals des letzten Königs von Hannover, Ernst-August, war damals ein finsterer Betrieb. Hunderte von meist jungen Kerlen und gräßlichen Weibern trieben sich hier herum, und man konnte von der amerikanischen Zigarette bis zum Schweineschinken und von der Armbanduhr bis zum Anzugstoff alles kaufen, allerdings zu enormen Preisen. Ein Fuchsbalg brachte, je nach Qualität, zwischen 300 und 500 RM. So verdiente ich so viel Geld, daß ich alles das, was es auf Karten gab, kaufen konnte. Selber habe ich auf dem schwarzen Markt niemals etwas gekauft, dazu reichten die Fuchsbalg-Erlöse nun wieder nicht.

In weitem Umkreis wurden keine Füchse gefangen, die alliierten Jäger schossen kaum Füchse, so daß sich die Füchse, zu deren Bejagung schon in den letzten Kriegsjahren nicht viel Zeit vorhanden gewesen war, stark vermehrten. So kam es denn, daß durch meine Fänge in keiner Weise eine Verminderung des Bestandes eintrat – im Gegenteil, es wurden immer mehr. Ich fing im folgenden Winter erheblich mehr Füchse als in der ersten Fangsaison.

Es war ein großes Glück für mich, daß damals die Tollwut noch nicht auftrat, und daß Fuchspelze für Damen die große Mode in Amerika waren. Welche Auswirkungen die Mode auf die Jagd haben kann, erleben wir zur Zeit. Der Fuchs wird augenblicklich viel zuwenig bejagt, weil sein Balg derzeit nichts gilt. Gewiß geben verständige Jagdherren ihren angestellten Berufsjägern Prämien für erlegte Füchse; in den wenigsten Revieren aber gibt es angestellte Berufsjäger. Der Fuchs wird also nur auf der Treibjagd, wenn er vorkommt, erlegt. Früher, als die Bälge Geld brachten, war der Fuchs eine schöne Nebeneinnahme für die Forstbeamten. Ich habe

ÜBERGANG UND NEUBEGINN

Revierförster gekannt, die jedes Jahr ihre 15–20 Füchse auf dem Brett hatten und damit ein schönes Stück Geld machten. Heute lohnt der Balg die Patrone nicht, von den Mühen des Fangens überhaupt nicht zu reden. Außerdem hat der Staat in seiner Unersättlichkeit sich als Teilhaber auch in diese Einnahmen eingeschaltet, so daß der Forstbeamte nicht einmal mehr den vollen Nutzen seiner Mühen hat.

Während man beim Marder eine geringe Bejagung vielleicht noch billigen kann, wirkt sie sich beim Fuchs verhängnisvoll aus. Der Fuchs hat keine Feinde. Außer durch Tollwut und Räude kann ihm nichts passieren. Im Urzustand wurde er, ebenso wie alles Schalenwild, vom Wolf reduziert. Wann werden aber die Staatsforstverwaltungen so viel Verständnis aufbringen, daß sie auf die Erlegung von Füchsen Prämien ausgeben? Bisher ist das nur dort geschehen, wo bereits die Tollwut aufgetreten war und wo es somit eigentlich zu spät war.

Ich möchte nicht mißverstanden werden – ich bin ein großer Freund allen Raubwildes. Ich will den Fuchs nicht ausrotten, aber er muß bejagt werden – und das ist z. Z. in weiten Gebieten der Bundesrepublik kaum noch der Fall.

Inzwischen schrieben wir das Jahr 1946. An meiner trostlosen Lage hatte sich nichts geändert. Ich konnte auf die Dauer aber meine Familie natürlich nicht mit Fuchsfang ernähren, es mußte irgend etwas geschehen. Eine ganze Anzahl meiner Kollegen hatte den grünen Rock ausgezogen und waren in die Holzindustrie gegangen, wo sie damals zwar auch nur ein kümmerliches Dasein führten, aber doch für die Zukunft wenigstens einen Hoffnungsstrahl sahen. Auch an mich trat ein Bekannter heran und wollte mich veranlassen, in sein frisch gegründetes Holzkontor einzutreten. Die Versuchung war sehr groß. Ich bat mir einige Tage Bedenkzeit aus – und sagte dann „Nein". Ich habe diese Ablehnung nie bereut, es war mir klar, daß ich alles, wofür ich bisher gelebt, alles, was ich getan, alles, wofür ich mich begeistert hatte, hinter mich werfen müßte, daß ich mit beiden Beinen in die Holzbranche einsteigen mußte, und daß ich den Rest meines Lebens dann nur noch des Geldes wegen arbeiten würde.

Da kam ich im Winter 1946/47 auf meiner Stellungssuche auch

EINBERUFUNG NACH SÜDBADEN

nach Süddeutschland und hörte hier, daß Südbaden Forstverwaltungsbeamte suchte; das klang wie ein Märchen. In Norddeutschland wußte man nicht, wie man stellungsuchende Forstleute aller Dienstgrade unterbringen sollte, und im Süden waren Grünröcke begehrt! Ich fuhr sofort schwarz über die französische Zonengrenze und meldete mich bei der Forstabteilung in Freiburg. Der damalige Personalreferent empfing mich sehr freundlich und fragte mich, wohin ich am liebsten gehen würde. Ich kannte die forstlichen Verhältnisse Badens sehr wenig. In allen anderen Gauen Deutschlands wußte ich besser Bescheid. Nach kurzem Überlegen erklärte ich daher: „Ich möchte unter gar keinen Umständen auf einen Büroschemel. Schicken Sie mich bitte dorthin, wo möglichst wenig Menschen und möglichst viele Hirsche sind!"

„Dann kommt für Sie nur das Murgtal in Frage", lachte der Referent. Drei Wochen später hatte ich meine Einberufung nach Südbaden, dem alten „Muschterländle", das sich damals einen Staatspräsidenten leistete – Herrn Wohleb –, der zwar an Gestalt klein, aber ein Riese an Geist und ein großer Humanist war.

Ich übernahm zunächst das Forstamt Forbach I im Murgtal, später noch das Forstamt Herrenwies dazu. Die Verhältnisse waren damals in der französischen Zone infolge der sog. Entnazifizierung grotesk. Alles, was irgendwie mit der Partei zu tun gehabt hatte, saß hinter Stacheldraht: Forstmeister, Landräte, Bürgermeister, Kaufleute, Industrielle usw. Außerdem hatte der Franzose im Gegensatz zu Norddeutschland nur wenig Ostflüchtlinge ins Land gelassen, eigentlich nur die, die eine Stellung oder Arbeitsgelegenheit nachweisen konnten. So kam es, daß in dem kleinen Südbaden beispielsweise über 20 Forstverwaltungsbeamte fehlten, zumal Badens Forstbeamte im letzten Weltkrieg weit über dem Durchschnitt liegende blutige Verluste erlitten hatten.

Die Versorgung der französischen Zone war bei weitem die schlechteste in ganz Westdeutschland. Ich selbst habe in Forbach Hunger ausgestanden, wie in zwei Weltkriegen nicht! Ich kannte keinen Menschen, einen schwarzen Markt gab es, im Gegensatz zur englischen und amerikanischen Zone, nicht. Es gab nur Tauschgeschäfte mit dem benachbarten Württemberg. Nacht für Nacht fuhren Lkws, zum größten Teil „Holzkocher", mit Brennholz nach Württemberg hinüber, um Holz gegen Weizen, Kartoffeln oder Fett einzutauschen. Als ich etwa 14 Tage in Forbach war, und diese Verschiebungen von Holz feststellte, ging ich zum Bürgermeister, um ihn zu veranlassen, Schritte gegen diesen Schleichhandel zu unternehmen. Der Bürgermeister lachte mich aus und sagte: „Wenn Sie, Herr Oberforstmeister, hier nicht verhungern wollen, müssen Sie auch Holz gegen Lebensmittel tauschen!"

Oft kam es vor, daß die württembergische Gendarmerie die Holzwagen unbehelligt über die schwäbische Grenze fahren ließ, sich dann aber auf die Lauer legte, um nachts bei der Rückkehr die Wagen zu kontrollieren und die mühsam eingetauschten Lebensmittel zu beschlagnahmen. Das an sich schon gespannte Verhältnis zwischen Baden und Württemberg wurde dadurch nicht gerade besser.

Die Zuteilungen auf die Lebensmittelkarten erfolgten meist erst nach Monaten, nur Brot gab es laufend. Dieses Brot war aus muffigem Maismehl gebacken und schmeckte so entsetzlich, daß es heute meine Schweißhunde nicht fressen würden. Als ich sechs Wochen in Forbach war, hatte ich auf Karten nur Maisbrot und einen Salzhering erhalten! Ich lebte von Milch, die mir meine Förster verkauften, und die ich sauer werden ließ, um sie ohne Zucker mit Maisbrot zu essen. In den Gaststätten gab es fast nur gekochten Topinambur; ich habe damals geschworen, dieses Zeug bis an mein Lebensende nicht wieder über meine Lippen zu bringen. Selbst als Schnaps widersteht mir dieser penetrante Geruch und Geschmack, obschon behauptet wird, daß Topinambur sehr gesund sein soll.

Meine Familie kam erst ein halbes Jahr später nach Forbach, nachdem die Forstamtswohnung frei geworden war. Mein Vorgänger war gefallen und seine Witwe hatte noch so lange die Wohnung besetzt. Der Umzug erfolgte mit einem Lkw, unser Hab und Gut füllte nur den halben Wagen, die andere Hälfte hatte Professor Olberg, der aus Eberswalde vertrieben war, mit seinen Siebensachen belegt. Olberg übernahm das Forstamt Forbach II, das bekannte Revier der Murgschifferschaft. Wir haben ausgezeichnete, herzliche Kameradschaft gehalten, zumal uns die gleiche Not zusammenkettete.

MIT PROFESSOR OLBERG IN FORBACH

Die Anpassung an die forstlichen Verhältnisse Badens war für uns Preußen nicht so schwierig, wie vielfach angenommen wurde. Wir hatten in unserer Ausbildungszeit die Waldungen von Aachen bis Königsberg und von Oppeln bis Schleswig kennengelernt, und außerdem ist es leichter, in einem Gebiet Waldbau zu treiben, das 1000 bis 1600 mm Jahresniederschlag hat, als in Gebieten, die 400 bis 600 mm Regen im ganzen Jahr auszuweisen haben. Aber ich möchte mich nicht in einen Streit über Waldbau einlassen. Wenn sechs Forstleute zusammen sind, haben sie bekanntlich sieben verschiedene waldbauliche Ansichten.

An Jagen war vorläufig überhaupt nicht zu denken. Als bereits eine große Anzahl Jäger in der Bizone wieder Waffen führen durfte, war das in der französischen Zone noch ausgeschlossen. Das Forstamt Forbach I gehörte, wie alle anliegenden Reviere, zu einer etwa 25 000 ha umfassenden sog. „chasse reservée", die dem französischen Hauptquartier, das in Baden-Baden residierte, zur Verfügung stand.

Ich jagte damals nur mit Fernglas und Spazierstock. So erlebte ich die Hahnenbalz von Anfang bis zum Ende, war 14 Tage lang jeden Abend und Morgen draußen, ging in der Hirschbrunft mit dem Ruf die Hirsche an, ohne befürchten zu müssen, störend zu wirken oder das Wild zu vergrämen. Man betrieb diese „Jagd" nach ganz anderen Gesichtspunkten, man war völlig anders eingestellt. Es ging um das Sehen, um das Beobachten, und das eine wurde mir damals klar, daß auch platonische Jagd sehr, sehr schön sein kann.

Wenn ich den großen Hahn angesprungen hatte, dann setzte ich mich in guter Deckung hin und beobachtete mit meinem Glas jede Bewegung, jeden Balzlaut, das gesamte Verhalten bis zum Heruntergehen auf den Boden. Ich habe in dieser „gewehrlosen, schrecklichen Zeit" viel mehr Wildbeobachtungen machen können als früher, wo es letzten Endes doch immer darauf ankam, daß geschossen wurde. Ich habe verstehen gelernt, daß es gute Jäger gibt, die die Büchse und Flinte in den Schrank gestellt haben und nur noch mit der Kamera jagen. Et bonum in malo! sagte der „Philosoph im grünen Rock", und dieses Sprichwort läßt sich auf die meisten negativen Ereignisse und Erscheinungen des menschlichen

Lebens anwenden. Etwas Gutes ist immer im Schlechten vorhanden – und wäre es nur eine neue Erkenntnis und damit eine geistige Bereicherung.

Von den Franzosenjagden hielt ich mich immer fern. Oft wurde ich von dem Büro der „chasse reservée" angerufen, ich sollte eine Jagd vorbereiten – – ich meldete mich stets krank. Nur wenn ein Stück krankgeschossen war und gemeldet wurde, war ich mit meinem Schweißhund zur Stelle, um die Leiden der armen Kreatur zu verkürzen.

Eines Tages wurde ich erneut angerufen, ich sollte eine Drückjagd vorbereiten, und zwar für den Oberbefehlshaber der gesamten französischen Besatzungstruppen. Inzwischen war das Fraternisierungsverbot gefallen. Ich sagte mir, daß ich mich jetzt im Sinne der Europa-Idee dieser Forderung nicht mehr entziehen konnte, und bereitete nun eine in jeder Beziehung erstklassige Jagd vor. Mit größter Gründlichkeit wurde alles genau eingeteilt und vorgesehen. Jeder Stand war markiert, sechs blasende Forstbeamte waren aufgeboten, der Ablauf der Jagd bis in die kleinste Einzelheit festgelegt. Alles ging motorisiert vor sich und klappte, wie eine gut geleitete Drückjagd klappen muß, wenn sie eine Quelle der Freude sein soll. Der Oberbefehlshaber mußte zu einer bestimmten Zeit zu einer wichtigen Besprechung abfahren. Ich legte die Treiben so, daß zwei Minuten nach Beendigung des Treibens sein Wagen, geführt von einem Hilfsförster, an seinem Stand vorfuhr, so daß er bequem rechtzeitig nach Baden-Baden kam. Die Folge dieser Jagd war unerwartet. Ich bekam eine Büchse, Patronen und Abschußerlaubnis auf alles Rotwild, einschließlich jagdbare Hirsche, und zwar in der gesamten „chasse reservée". Das war fast so toll wie in Rominten! Ich hatte völlig freie Büchse auf 25 000 ha! Aber ich habe sehr wenig davon Gebrauch gemacht, ich habe in den Jahren bis zur Rückgabe der Jagd an die Deutschen drei geringe, abschußnotwendige Hirsche, einige Stücke Kahlwild und zur Wildschadenverhütung einige Sauen geschossen – das war alles.

Inzwischen hatte ich im sog. „Heiligenwald" – es war dies ein etwa 1000 ha großer Waldbesitz der katholischen Kirche, der zum Forstamt Forbach I gehörte – einen für den Schwarzwald ungewöhnlich starken Hirsch bestätigt. Der Hirsch stand in der Feistzeit

»CHASSE RESERVÉE«

und auch im Winter im sog. „Gereth", einer großen Dickung, die an das Feld angrenzte. Nur ein Hirsch, der laufend Feldäsung hatte, konnte hier ein solches Geweih schieben. In der Brunft stand der Hirsch an der Grenze des Stadtwaldes Baden-Baden, brunftete aber auf einem großen Kahlschlag des Heiligenwaldes. Ich hatte den Hirsch mehrfach schußgerecht vor mir, und ich hätte ihn schießen dürfen, da ich auch jagdbare Hirsche frei hatte, aber ich sagte mir: „Das muß der Zuchthirsch werden für den Wiederaufbau des Rotwildbestandes, dieser Hirsch muß sich bis zum letzten Samentropfen vererben und der Stammvater einer gutveranlagten Hirschgeneration werden." Hätte ich gewußt, welches Schicksal dieser Hirsch haben würde, dann hätte ich ihn vielleicht damals doch geschossen!

Selbstverständlich sagte ich niemandem etwas über den „Gereth-Hirsch", wie ich ihn nannte, aber er wurde auch von anderen Leuten gesehen und irgendwie bekamen auch die französischen Jäger Wind. Ich sagte auf Befragen zwar immer, daß die Bevölkerung gewohnt sei, die Endenzahl zu verdoppeln, wenn man von einem 18-Ender erzählte, dann wäre es höchstens ein ungerader Zehner, aber so recht überzeugend wirkte ich nicht.

Während der Feiste und auch im Winter war der Hirsch nicht gefährdet, aber in der Brunft konnte die Sache leichter fehlgehen. Drei Brunftzeiten gelang es mir, den Hirsch zu bewachen. Ich war morgens und abends in der Abteilung 10 des Heiligenwaldes – eben des erwähnten Kahlschlages – und wenn ein französisches Auto am Zufahrtsweg stand, „fühlte" der Hirsch sich gestört, ohne daß ein französischer Jäger, der an dem Brunftplatz ansaß, etwas merkte.

Es war zur dritten Brunft. Ich saß unterhalb des Kahlschlages zusammen mit meiner Frau schon sehr früh abends an. Vor uns war eine steil nach oben gehende Schneise, die weit in die Dickung, den Tageseinstand des „Gereth-Hirsches", hineinführte. Wir hörten auf dem Weg rechts oberhalb des Hanges ein Auto kommen – also trafen französische Jäger ein. Es verging vielleicht eine halbe Stunde, da meldete der „Gereth-Hirsch", dessen Stimme ich genau kannte, in der Dickung und ein Beihirsch antwortete ihm ebenfalls in der Dickung. Das Konzert verstärkte sich. Plötzlich trieb der „Gereth-Hirsch" etwa 80 m oberhalb von uns ein Schmaltier über die Schneise Richtung Kahlschlag. Es ging alles so schnell, daß ich gar nicht dazu kam, mit dem Taschentuch zu winken; rufen oder pfeifen aber konnte ich nicht, weil das die Jäger gehört hätten. Der Hirsch meldete mehrmals rechts von uns in der Dickung, aber bereits bedenklich nahe an dem Kahlschlag – – da knallte es oben. Vier Schüsse fielen schnell hintereinander, über unsere Schneise flüchtete nichts zurück – – also mußte der „Gereth-Hirsch" beschossen worden sein! Ich war der Verzweiflung nahe. Nun hatte ich diesen hervorragend veranlagten Hirsch so oft pardonniert und hatte mir jahrelang die größte Mühe gegeben, ihn zu beschützen, und nun war er doch geschossen worden – und das fast vor meinen Augen. Wir gingen nicht hin, es war mir zu bitter.

Zu Hause telephonierte ich sofort den zuständigen Förster an, der mir meldete, daß die Jäger ihm mitgeteilt hätten, sie hätten einen Hirsch in Abteilung 10 geschossen, er solle morgen früh mit einem französischen Lkw mitfahren, um den Hirsch zu holen. Was es für ein Hirsch wäre, hatten sie nicht gesagt.

Die ganze Nacht lang überlegte ich, ob in den wenigen Minuten, die zwischen der Überquerung der Schneise und den Schüssen lagen, der Hirsch wohl schon auf der freien Fläche sein konnte.

Am nächsten Morgen rief mich der Revierförster an und sagte, sie hätten den Hirsch geholt, es sei ein geringer Achter etwa vom dritten Kopf! Mir fielen große Findlingsblöcke vom Herzen. Die französischen Jäger hatten also, während der Platzhirsch mit abgrundtiefer Stimme in der Dickung schrie, auf den vor dem Rudel austretenden Beihirsch geschossen. Bekanntlich erlebt man es oft in der Brunft, daß der Beihirsch, in der unübersichtlichen Dickung ängstlich geworden, vor dem Rudel und vor dem Platzhirsch die Dickung verläßt. Wie herrlich und wie göttlich schön kann doch Dummheit sein!

Vier Wochen später kam mir morgens früh der „Gereth-Hirsch" zusammen mit einem Kronenzehner am Gereth entgegengezogen. Ich ließ die Hirsche auf 80 m herankommen, dann nahm ich die gestochene, aber gesicherte Büchse hoch, und als das Korn genau auf dem Blatt war, zog ich ab – – – „klick" machte es, die Hirsche warfen auf und gingen flüchtig ab – ich hatte den kapitalen ungeraden 18-Ender moralisch einwandfrei erlegt!

Bis zur nächsten Hirschbrunft hatten wir die Jagdhoheit wieder zurückerhalten. Es war eigenartig – – ich hatte früher geglaubt, durch den Verlust aller materiellen Dinge über äußeren Besitz erhaben zu sein, aber ich gestehe offen, daß ich erst wieder ein ganzer Mensch wurde und mein volles Selbstbewußtsein erst dann zurückerlangte, als ich wieder im Besitz einer Zielfernrohrbüchse, eines Schweißhundes und eines Autos war. Vielleicht sollte man so etwas nicht niederschreiben, denn irgendwie ist das ja beschämend, wenn man von derartigen äußeren Dingen abhängig ist. Ich kann auch behaupten, daß ich auch in der größten Notzeit in meinem Verhalten und in meiner Haltung niemals Niveau verloren habe, aber innerlich wurde ich doch erst wieder ein ganzer Kerl durch diese äußerlichen Dinge. Sie bestätigten mir das Gefühl meiner Unabhängigkeit.

In der ersten Brunft, in der wir wieder jagen durften, sah ich den „Gereth-Hirsch" zusammen mit meinem Jagdfreund Professor Hueck an einem herrlich klaren Morgen mit drei Alttieren auf dem Kahlschlag in Abteilung 10. Leichte Nebelfetzen zogen langsam über die im ersten Licht heller werdende Fläche. Der Hirsch wirkte wie ein Rominter. Sein Wildpretgewicht war sicherlich um 30 % geringer als bei den Rominter Kapitalhirschen, daher waren die Relationen zwischen Geweih und Wildkörper etwa dieselben. Der Hirsch trieb vor uns ein Tier, schrie, tat sich nieder, schrie im Sitzen, stand wieder auf, trenzte, knörte – und es wurde fast heller Tag, ehe er hinter seinen Tieren über die Grenze in den Stadtwald von Baden-Baden zog. Der Professor war ganz hingerissen, ein solches Bild habe er, seit 30 Jahren im Schwarzwald jagend, noch nicht erlebt! Ich wurde wehmütig an Rominten erinnert, wo solche und noch viel herrlichere Bilder einem oft beschieden waren.

Inzwischen hatte ich veranlaßt, daß der „Gereth-Hirsch" als bester Vererber für tabu erklärt wurde. Alle umliegenden Jagdberechtigten hatten sich verpflichtet, den Hirsch nicht zu schießen; er sollte überhaupt nicht geschossen werden, sondern sich so lange vererben, wie er konnte. Bei der Hege mit der Büchse wird so oft vergessen, daß es sich dabei nicht allein darum handelt, das Geringwertige, das schlecht Veranlagte, totzuschießen, sondern daß mindestens ebenso wichtig ist, das wirklich gut Veranlagte leben zu lassen. Der Landwirt schlachtet seinen besten Zuchtbullen auch nicht auf der Höhe seiner Leistungskraft, sondern er läßt ihn Kühe decken, solange er das kann.

Die Stadt Baden-Baden begann, den Abschuß von Hirschen zu verkaufen und hatte im folgenden Jahr einen Ia-Hirsch frei, dessen Abschuß verkauft wurde. Dem Erwerber dieses Abschusses wurde gesagt, daß ein ungerader 18-Ender nicht geschossen werden dürfte; selbstverständlich wußte darüber auch der führende Förster Bescheid.

Als der Gast mit seinem führenden Förster nach einigen Tagen vergeblichen Pürschens auf dem Rückweg nach Hause war – es war in der Nähe der Abteilung 10 des Heiligenwaldes – meldete plötzlich ein Hirsch in einer kleinen Fichtendickung. Am Rande dieser Dickung stand ein Hochsitz. Der Förster beorderte den Gast auf den Hochsitz und drückte die Dickung in Richtung auf den Hochsitz durch. Dem Jagdgast kommt ein starker Hirsch mit guter Kronenbildung trollend aus der Dickung – jagdbarer Hirsch zweifellos – Büchse hoch – ein Knall – hohe Flucht – nach 50 m liegt der „Gereth-Hirsch"!

Es wurde ein Riesenskandal! Anstatt den Förster anzuklagen, nahm man den Jagdgast an. Natürlich hätte auch der Jagdgast sich den Hirsch näher ansehen müssen, da er wußte, daß ein 18-Ender nicht geschossen werden durfte, aber wenn ein Förster anfängt, in der Hirschbrunft Hirsche zu drücken, dann ist er der Hauptschuldige und nicht der Jagdgast! Der Führer eines Jagdgastes hat in erster Linie die Aufgabe, auf Grund seiner Revier- und Wildkenntnisse den Gast so zu führen, daß dieser zu Schuß kommt, er hat die weitere wichtigste Aufgabe, zu sagen, was der Gast schießen darf und was nicht. Wenn der Führende sich von seinem Gast entfernt, um Treiber zu spielen, dann hat er auf die Handlungsweise des Gastes keinen Einfluß mehr.

Es kam schließlich zu einem Prozeß, und der glückliche, unglückliche Erleger des berühmten „Gereth-Hirsches" mußte dafür teuer bezahlen, aber zum Schluß erhielt er das Geweih.

Die alten Römer sagten: Habent sua fata libelli! „Bücher haben ihre Schicksale"; aber auch Geweihe haben ihre Schicksale. Um manches alte, starke Geweih spannt sich ein Roman. Zwei solche Geweihschicksale möchte ich hier einflechten.

Ich erwähnte schon in dem Kapitel über meine Rominter Zeit, daß ich kurz vor dem Einmarsch der Russen einen Kapitalhirsch schoß, den stärksten Hirsch meines Lebens. Der Hirsch hatte den Namen „Leutnant" und war seit langen Jahren bekannt. Sein Geweih war mit dem letzten Sonderzug nach dem Westen abgegangen. Nach der Rückkehr aus der Gefangenschaft begann ich mich vorsichtig nach den Kapitalgeweihen der Rominter Heide zu erkundigen. Ich dachte dabei manches Mal wehmütig an meinen Lebenshirsch, an meinen „Leutnant". Sicher war das Geweih irgendwo zerbombt oder verbrannt, vielleicht auch als Siegesbeute und „Souvenir" in fremde Länder gebracht. Nicht einmal ein Photo von dieser Trophäe hatte ich gerettet, aber die Erinnerung an diesen starken Hirsch, dem ich als letztem Rominter unter dem Kanonendonner der nahen Front das „Hirschtot" geblasen hatte, blieb immer lebendig in mir.

Im Jahre 1953 besuchte mich für längere Zeit ein passionierter ungarischer Jäger. Im Gespräch empfahl ich ihm, auch nach München zu fahren, um dort das Deutsche Jagdmuseum zu besichtigen. Als er zurückkam, erzählte er freudestrahlend, er wäre nicht nur im Jagdmuseum, sondern auch in den staatlichen zoologischen Sammlungen in Nymphenburg gewesen, und dort hätte er zwei kapitale Rominter Hirsche gesehen. Auf dem Schädel des einen stände „Matador" und auf dem Schädel des anderen „Leutnant"! Vor freudigem Erschrecken mußte ich mich hinsetzen. Wie kamen die beiden Geweihe in die staatlichen zoologischen Sammlungen in München? Die Erklärung war sehr einfach. Die amerikanische Besatzungsmacht hatte die Geweihe irgendwo beschlagnahmt und dem bayrischen Staat übergeben, der sie den zoologischen Sammlungen einverleibte.

Nun, der heilige Bürokratismus forderte sein Recht, und es gab noch einen kleinen Papierkrieg, aber dank dem Entgegenkommen des bayrischen Kultusministeriums hängt der Hirsch heute auf einem Ehrenplatz an meiner Wand. Als ich ihn in München abholte, mußte ich ein sechssitziges Taxi mieten, denn in einen normalen viersitzigen Pkw ging das Geweih nicht hinein. Abends saß ich mit einem guten Jagdfreund und seiner Frau in einer Ecke des Weinlokals „Halali". Der „Leutnant" stand auf einem Podest, von dem Inhaber des Lokals, der selber passionierter Jäger ist, liebevoll mit Brüchen geschmückt, von warmem Kerzenlicht umspielt, und wurde zehn Jahre nach seiner Erlegung feierlich totgetrunken. Manch Münchener Jäger kam an unseren Tisch und umfaßte bewundernd die klobigen Stangen, aber auch mit Handschuhnummer 10 konnte man sie nicht umspannen. In vorgerückter Stunde ergriff mein Freund die Laute und sang dem alten Rominter Recken die schönen Jagdlieder aus Tirol und Steiermark und schließlich die seligen Weinlieder aus Wien und Grinzing. Das Lokal war voller Gäste, anscheinend alles Jäger, die der Inhaber davon benachrichtigt hatte, daß ein einmalig starker Hirsch bei ihm totgetrunken würde. Die Stimmung ging hoch, und als ich gegen 3 Uhr morgens meinen „Leutnant" wieder in ein sechssitziges Taxi packte, meinte der Gastwirt, wenn ich alle 14 Tage einen derartig starken Hirsch bei ihm tottrinken würde, könne er für die übrige Zeit sein Lokal schließen.

Ein weiteres Geweihschicksal fand seinen Abschluß auf der Internationalen Jagdausstellung 1954 in Düsseldorf; es begann in der Brunft 1942, und zwar ebenfalls in Rominten.

Ein Jagdgast hatte in der Hirschbrunft in Rominten einen kapitalen 18-Ender geschossen. Wir saßen abends in der Halle des Jägerhofes und tranken bei loderndem Kaminfeuer den Hirsch tot. Es wurde eine lange Sitzung. Schließlich war es so spät geworden, daß es sich nicht mehr lohnte, schlafenzugehen. Ich sollte am Morgen einen anderen Gast auf einen ungeraden 20-Ender führen, den sog. „Klumpenbalis". Der Name kommt aus dem Litauischen und heißt soviel wie Klumpenwiese. Da in Ostpreußen die Maulwurfhügel mit „Klumpen" bezeichnet wurden, würde die wörtliche Übersetzung also „Maulwurfshügelwiese" lauten. Nach dieser Wiese hatte der Hirsch also seinen Namen erhalten, weil er dort seinen Brunftplatz hatte. Für Rominter Verhältnisse trug er kein sehr edles Geweih, vor allem fehlten ihm die Eissprossen und die Krone war etwas zusammengedrückt, auch die Stangen ließen zu wünschen übrig. Der Hirsch war daher schon seit mehreren Jahren zum Abschuß bestimmt worden. In der Brunft 1941 hatte ein guter alter Jagdfreund von mir aus Westfalen ihn vorbeigeschossen und sich deswegen fast die Haare ausgerauft.

Der Gereth-Hirsch vom „Heiligenwald"

Meine drei aus Ostpreußen geretteten Kapitalgeweibe im „Haus Rominten"

DER KLUMPENBALIS

Wie gesagt, auf diesen Hirsch sollte es am nächsten Morgen gehen. Wir saßen bei der endgültig letzten Pulle, und zum 35. Mal wurde die Erlegung des über dem Kamin stehenden Hirsches erzählt, da tat sich die Tür auf und mein Jagdgast erschien, fertig ausgerüstet zur Frühpürsch. Als er mich sah, erklärte er sofort: „Gehen Sie ins Bett, Sie können mich heute doch nicht führen, ich werde irgendwo anders hingehen und wir müssen dann eben morgen auf den ‚Klumpenbalis' pürschen."

Mit der Verbissenheit, die einem nur der Alkohol verleiht, bestand ich jedoch auf unserem Vorhaben.

Es war ein herrlicher Brunftmorgen, klar und kalt. Nach menschlichem Ermessen hätten die Hirsche röhren müssen, daß der Wald zitterte. Aber als wir beim ersten Grauen bei dem Birkenbruch ankamen, in dem der Hirsch, wie ich genau wußte, seinen Tageseinstand hatte, war alles totenstill. Weit und breit meldete kein Hirsch. Es wurde volles Büchsenlicht, ohne daß wir etwas hörten oder sahen. Da nahm ich den Eifelruf und schrie mit meiner vom Trinken und Rauchen mächtig rauh gewordenen Stimme kräftig hinein. Sofort kam die Antwort auf eine Entfernung von etwa 300 m aus dem Birkenbruch. Trotz aller Künste, die ich anwandte – ich knörte und schrie aus Leibeskräften, mahnte und schlug mit dem Zielstock in die Büsche – stand der Hirsch leider nicht zu. Er antwortete ständig, und auch um uns herum fielen verschiedene Beihirsche in das Konzert ein, so daß es außerordentlich lebhaft um uns wurde, aber der „Klumpenbalis", der zweifellos sein Mutterwild bei sich hatte, kam uns keinen Schritt näher, im Gegenteil, ich hatte den Eindruck, als ob er langsam von uns wegzöge. Also, hinein in das Bruch!

Mit einem unvorstellbaren Krach versuchten wir den Hirsch anzupürschen, zwischendurch schrie ich ihn ständig an und schlug mit meinem Zielstock gegen Büsche und schwache Stämme, daß die Fetzen flogen.

Wir kamen dem Hirsch nicht näher. Ständig antwortend trieb er sein Rudel langsam von uns weg. Plötzlich merkte ich, daß der Hirsch bereits auf der das Bruch umgebenden Wiese stehen mußte. Zu unserem Glück hatten wir bis an den Bruchrand einen Moosstreifen, auf dem wir langsam und vorsichtig bis an den Rand des Bruches vorpürschen konnten.

Als wir behutsam durch eine kleine Lücke der Fichtertraufe auf die Wiese sahen, bot sich uns ein überraschender Anblick. Sechs Stück Mutterwild, eng zusammenstehend mit hochgestellten Lauschern, äugten gespannt zu dem Bruch herüber und warteten offensichtlich auf das Erscheinen des Nebenbuhlers ihres Paschas. Der kapitale Hirsch stand etwas abseits und schrie aus Leibeskräften.

Ein Blick genügte, um ihn anzusprechen. „Es ist der Klumpenbalis, bitte schießen!" flüsterte ich so leise wie nur möglich. Im Schuß zeichnete der Hirsch gut und kam hochflüchtig auf 80 m an uns vorbei in das Bruch geflüchtet, wo wir ihn bald zusammenbrechen hörten. Es war der stärkste Hirsch, den der Gast – es war Oberstjägermeister Scherping – in seinem Leben geschossen hatte, und er ist sein Lebenshirsch geblieben.

Bei der Eroberung Berlins durch die Russen verlor der Erleger seinen gesamten Besitz und auch sämtliche Trophäen. Nur ein Photo rettete meine Frau auf ihrem Treck aus Ostpreußen. Dieses Photo übersandte ich ihm selbstverständlich, damit er wenigstens eine kleine Erinnerung an seinen Lebenshirsch haben sollte.

Es war einige Wochen vor der Internationalen Jagdausstellung in Düsseldorf, als mir ein Industrieller aus Westfalen mitteilte, er hätte einige starke Hirsche bei einem Antiquitätenhändler gekauft, die die Aufschrift „Rominten" und das Erlegungsdatum trügen. Unter diesen Geweihen entdeckte ich den „Klumpenbalis"; mit Hilfe der geretteten Photographien konnte ich ihn einwandfrei identifizieren. Als ich kurz vor der Jagdausstellung meine „Schau Rominten" vorbereitete und für diesen Zweck liebenswürdigerweise auch die von dem Industriellen angekauften Geweihe erhielt, kam Scherping in die Vermessungshalle, um die inzwischen ausgepackten Trophäen zu besichtigen. Ich hatte den „Klumpenbalis", mit einigen Brüchen geschmückt, hinten in der Halle aufgehängt und nahm den Erleger unter den Arm und sagte, ich müsse ihm etwas Interessantes zeigen. Seine Fragen, um was es sich handele, beschwichtigte ich und zog ihn weiter mit mir. Wir bogen um eine Ecke herum – und wenige Meter vor ihm hing der kapitale Hirsch. „Kennen Sie diesen Hirsch?" – „Wie haben Sie das fertiggebracht? Das ist ja mein ‚Klumpenbalis'!" Cervi habent sua fata!

DER LEBENSHIRSCH DES OBERSTJÄGERMEISTER

Von Forbach aus machte ich zunächst gelegentliche und später regelmäßige Rundfunkreportagen über jagdliche Dinge aller Art beim Südwestfunk Baden-Baden. Ich habe darüber hinaus auch einige Sendungen mit dem Fernsehfunk gemacht, obschon die Fernsehsendungen erheblich schwieriger zu gestalten sind als die beim Rundfunk. Bei letzteren kann man schneiden, also nicht gelungene Stellen wieder aus dem Tonband entfernen, man kann einzelne Stellen wiederholen und einflicken, kurz, man kann korrigieren. Beim Fernsehen geht aber bei der Direktaufnahme jede Bewegung und jedes Wort in den Äther, irgendeine nachträgliche Korrektur ist nicht möglich. Wenn man einen vorher aufgenommenen Film sendet und ihn nachher bespricht, dann ist das niemals für die Beschauer am Fernsehschirm so aktuell und so wirkungsvoll, wie eine Direktaufnahme und Sendung.

Der Südwestfunk wandte sich eines Tages an mich mit der Bitte, eine Hirschbrunftreportage zu starten – – warum sollte man nicht einmal mit dem Mikrophon auf die Jagd gehen, wenn man dabei auch keine Geweihe, aber die Stimme des Hirsches erbeuten konnte!

Ich beobachtete drei Tage lang einen Brunftplatz aus sicherer Entfernung, wo zwei Brunftrudel austraten. Es war ein großer Kahlschlag, an denen damals im Schwarzwald kein Mangel herrschte, und dessen einziger Vorzug wohl in der Ermöglichung dieser Mikrophonjagd lag. Am unteren Teil des sanft geneigten Hanges lief ein Holzabfuhrweg entlang, der für die Anfahrt des Übertragungswagens geeignet erschien. Bei dem anhaltend guten Hochdruckwetter floß der Wind stetig zu Tal, so daß alle Voraussetzungen für das Gelingen des Unternehmens gegeben schienen. Es kam also nur darauf an, die Mikrophone so anzubringen, daß sie sich in möglichster Nähe des schreienden Hirsches befanden. Nachdem ich genau festgestellt hatte, wie die beiden Rudel zogen, und wo die Hirsche auf der großen Fläche schrien, ging es los.

Nachmittags, gegen vier Uhr, wurde der Ü.-Wagen herangefahren und hinter einem hochaufgeschichteten Brennholzstoß so aufgebaut, daß der Wagen von der Kahlfläche aus nicht zu sehen war. Die drei übrigen Seiten des Wagens wurden mit großen Fichtenzweigen vollkommen getarnt. Nun wurden strahlenförmig die drei Mikrophone ausgelegt, in einem Abstand von etwa 100–150 m vom

Wagen entfernt. Wir banden die Mikrophone an kleine $1^{1}/_{2}$ m hohe Fichten und befestigten dann noch Zweige drum herum, so daß die Mikrophone fast unsichtbar waren, das Gummikabel mußte dagegen frei auf dem Boden liegenbleiben.

Ich hatte absichtlich den Einbau so frühzeitig vornehmen lassen, damit die menschliche Wittrung, die an den Kabeln und Mikrophonen haftete, möglichst noch verwittern sollte, bis das Wild austrat. Ein viertes Mikrophon wurde außen am Wagen angebracht, damit ich in dieses mit dem Eifelruf hineinschreien konnte, um den Hirsch zu reizen. Als alles vorbereitet war, verließen wir den Brunftplatz, um erst kurz vor der Dämmerung unsere Plätze einzunehmen. Der Chefreporter und der Tonmeister bezogen im Wagen ihre Stellungen, während ich draußen, gut gedeckt von allen Seiten, neben dem Wagen saß, um mich durch Zeichen mit den Insassen verständigen zu können.

Mit Schwinden des Büchsenlichtes trat von links das erste Rudel aus. Da das Wild über einen Kamm zog, sah ich das Wild silhouettenhaft gegen den helleren Abendhimmel, aber auch das auf dem Kamm angebrachte Mikrophon konnte ich mit dem Glas gut erkennen. Es dauerte dann auch nicht lange, und das Wild hatte das Mikrophon entdeckt. Eine alte Tante zog näher heran und „besah" auf etwa 2 m Entfernung eingehend diese merkwürdige Sache, sehr bald kam ein zweites Stück, und etwa 5 Minuten lang beäugten die beiden unsere Mikrophone, auf deren Tarnung wir so stolz gewesen waren. Schließlich beruhigte sich jedoch das Wild und der Hirsch, der inzwischen ebenfalls die Dickung verlassen hatte, fing an zu treiben – ohne jedoch zu schreien. Dabei kam uns das Wild immer näher und war schließlich nur noch 20–30 m von dem Ü.-Wagen entfernt. Die Situation wurde äußerst kritisch, plötzlich ertönte in die lautlose Stille das monotone Schnarchen des Wagenfahrers, der an seinem Steuer fest eingeschlafen war und nun wie ein Holzknecht sägte! Ich konnte von draußen den Mann nicht wecken, da jede Bewegung von mir von dem nahen Wild vernommen worden wäre. Auf einmal mußte ihm wohl der Kopf heruntergefallen sein, denn er tat einen ganz lauten Schnarcher –– und –– wachte auf! Die übrigen Insassen des Wagens, die auch eingeduselt waren, schreckten hoch und der Tonmeister wollte schon die Apparatur zur Auf-

JAGD MIT DEM MIKROPHON

nahme einschalten, da er dachte, der laute Schnarcher sei der erste Hirschschrei gewesen. Durch beschwörende Zeichen von draußen – Finger an den Mund legen, Drohen mit der Faust, heftiges Kopfschütteln, konnte ich schließlich die Wageninsassen wieder beruhigen. Infolge des Treibens von seiten des Hirsches hatte das Wild nichts von alledem vernommen. Jetzt aber zog auch das zweite Rudel auf die Kahlfläche hinaus. Der Platzhirsch dieses Rudels meldete mehrere Male. Inzwischen war es fast völlig dunkel geworden. Ich nahm den Kopfhörer um, womit ich praktisch mein Ohr bei den Mikrophonen draußen hatte, also genau hören konnte, ob der Hirsch in der Nähe der Mikrophone schrie und somit eine Aufnahme möglich war. Nach kurzer Zeit schon hörte ich den Hirsch deutlich schreien – – und nun kam die Schwierigkeit: Das erste Rudel stand immer noch etwa 30–50 m entfernt, mußte also das mit der Aufnahme verbundene summende Geräusch aus dem Ü.-Wagen unbedingt vernehmen. Wenn dieses Rudel aber flüchtig wurde, würde das andere Rudel sicherlich auch abgehen und alles war verloren! Ich entschloß mich, trotzdem den Versuch zu wagen, zumal der Hirsch des zweiten Rudels jetzt ununterbrochen am Mikrophon schrie. Ich gab also das verabredete Zeichen. Im nächsten Moment lief das Tonaufnahmeband mit leise summendem Geräusch an. Mit Donnergeprassel ging das nahestehende Wild hochflüchtig ab, der zweite Hirsch verstummte sofort, und auch von dort hörte ich es knacken und brechen. Totenstille herrschte nach wenigen Sekunden auf der ganzen Fläche. Der ganze Aufwand schien also vergeblich gewesen zu sein.

Ich war ziemlich verzweifelt. Alles hatte sich so schön angelassen. Während ich mir überlegte, ob wir abbauen sollten, um eventuell die Aufnahme einige Tage später noch einmal zu versuchen – meldete plötzlich der zweite, entferntere Hirsch wieder und zog bald darauf auch näher an das Mikrophon heran, wie ich mit meinem Kopfhörer deutlich vernahm. Ich gab daher das Zeichen, das Tonband wieder laufen zu lassen. Nun klappte es wunderbar. Zwar „spielte" das erste Rudel, das so nahe gestanden hatte, nun nicht mehr mit, aber das entferntere Rudel konnte auf die weite Entfernung das summende Geräusch nicht wahrnehmen und blieb völlig vertraut, zumal es nun auch dunkle Nacht geworden war. Das

Tonband lief, und ich hörte das Schreien des Hirsches im Kopfhörer immer lauter, immer toller! Jetzt hörte ich den Hirsch deutlich an einer Fichte schlagen – jetzt schrie er aus vollem Halse den Kampfruf in das Mikrophon, daß mir der Kopf dröhnte – man muß bedenken, daß ich praktisch mein Ohr am Mikrophon hatte, und wann erlebt man es, daß einen ein Hirsch auf ein oder zwei Meter Entfernung voller Wut anschreit? Meine Frau, die neben mir im Schirm saß, aber keinen Kopfhörer hatte, blieb ganz ruhig – sie hörte den Hirsch auf etwa 150 m schreien – nichts Aufregendes, während mich ein richtiges Jagdfieber packte, als der Hirsch ununterbrochen röhrte, trenzte und mir aus vollem Halse den Sprengruf in die Ohren schrie. Wenn der Tonmeister nicht irgendeinen Fehler gemacht hatte oder eine Störung in der Technik eintrat, hatten wir in freier Wildbahn die Stimme des Hochgeweihten eingefangen, wie dies bisher in dieser Form wohl kaum gelungen war.

Nun gab ich das Zeichen, das vierte Mikrophon, das vorne am Kotflügel des Ü.-Wagens anmontiert war, einzuschalten, dann nahm ich den Eifelruf und schrie den Hirsch an. Infolge des nahen Mikrophons kam mein Ruf in voller Lautstärke ebenfalls auf das Tonband. Sofort antwortete der Hirsch wütend und zog noch näher an das Mikrophon heran – – er mußte unmittelbar an der Fichte stehen, in der das Mikrophon versteckt hing – – jetzt fing er an zu schlagen und – – – klick – klick ging es im Kopfhörer. Der Hirsch hatte mit seinem Geweih an das Mikrophon selbst geschlagen. Jetzt der Kampfruf in einer Lautstärke, daß mir das Trommelfell dröhnte. Ich sah, wie der Tonmeister im Ü.-Wagen schwitzte vor Aufregung, weil er jeden Augenblick erwartete, daß sein Mikrophon zum Teufel ging. Noch einmal schrie ich den Hirsch mit dem Kampfruf an, und sofort antwortete es drüben dröhnend. Dann ließen wir es genug sein. Meine Frau und ich standen mit lautem Getöse auf und, uns laut unterhaltend, gingen wir mit kräftigen Schritten auf dem Weg ein Stück weiter. Das Wild sprang, ohne zu schrecken, ab, die Störung, die ja unvermeidlich war, wurde nicht übelgenommen, wie ich nach einigen Tagen feststellen konnte. Dann kletterten der Chefreporter und der Tonmeister aus dem Wagen heraus, wir schüttelten uns die Hände vor Freude – es war dieselbe Stimmung, als ob wir einen guten Hirsch zusammen erlegt hätten.

TAUSENDE VON JÄGERN HÖRTEN DEN HIRSCH AM RADIO

Zu Hause in ihren vier Pfählen saßen später Tausende und Abertausende von Jägern, die früher genauso andächtig der Stimme wilder Brunft und Liebe gelauscht hatten wie wir und hatten durch diese Aufnahme vielleicht eine glückliche Stunde.

Am folgenden Tag wurde die dazugehörige Reportage durchgeführt. Die Sendung wurde sehr gut aufgenommen. Deshalb beschlossen wir, in der kommenden Hahnenbalz das Liebeslied des Urhahnes auf das Tonband zu bannen.

Ich bestätigte mehrere Tage hintereinander sehr sorgfältig einen Hahn und telefonierte dann den Ü.-Wagen des Südwestfunks herbei. Der Wagen wurde ungefähr 120 m von dem Balzbaum in das Unterholz hineingefahren und mit Zweigen so getarnt, daß man nichts mehr von ihm sehen konnte. Dann wurde das Gummikabel bis unter den Balzbaum gelegt und das Kabelende mit dem Mikrophon an einer dürren, etwa 7 m langen, trockenen Fichtenstange befestigt. Diese Stange mit dem Mikrophon, das ebenfalls mit einigen Fichtenzweigen getarnt war, lehnten wir an eine alte Kiefer, auf der der Hahn regelmäßig zu balzen pflegte. Das Wetter war ausgezeichnet, klarer Himmel ohne jede Luftbewegung. Irgendwelcher Wind, und sei er auch noch so schwach, rauscht im Walde und verstärkt sich später in der Sendung zu einem Orkan!

Die Rundfunkleute schickte ich nach Hause. Ich selber setzte mich abends zum Verlusen, gut gedeckt, an. Der Hahn fiel prompt auf seiner dicken Kiefer ein, worgte noch einige Male und schlief dann ein. Als er fest schlief, pürschte ich lautlos fort. Der Wetterbericht für den nächsten Tag war gut – – also mußte es nach menschlichem Ermessen klappen – – wenn – – ja, wenn die Technik keinen Strich durch unsere Rechnung machte. Es war uns schon einmal passiert, daß nach langen, mühevollen Vorbereitungen die Technik aus uns Laien unverständlichen Gründen versagte.

Bei völliger Dunkelheit schlichen wir uns am nächsten Morgen an den Ort der Tat. Die Rundfunkleute kletterten leise in ihren Wagen, der Chefreporter schob sich in die Mitte zwischen Hahn und Ü.-Wagen in einen dichten Fichtenhorst, und ich pürschte lautlos mit dem zuständigen Revierförster unter die Kiefer, auf der der Hahn stand.

Langsam verstrichen die Stunden – – – von Zeit zu Zeit rief der

Waldkauz, und der Sperlingskauz und Rauhfußkauz, die beide sehr selten in Deutschland sind, aber im nördlichen Schwarzwald brüten, meldeten lebhaft. Da - - klackte unmittelbar neben uns die Losung des gerade über uns stehenden Hahnes herunter - - kurze Zeit darauf schüttelte der Hahn sein Gefieder - - und - - endlich kam das erste, fast zaghafte Knappen. Wenn man so den Beginn des Balzens beim allerersten Grauen erlebt, wird einem klar, daß die Gebirgler den Beginn der Balzarie „Glöckeln" nennen. Es ist, als ob eine kleine Glocke unregelmäßig angerührt wird; für mein Ohr ist jedenfalls in dem langsamen Knappen ein etwas metallischer Ton enthalten.

Jetzt machte er den ersten Vers - - und - nach kurzer Zeit balzte der Hahn flott. Beim nächsten Schleifen faßten der Revierförster und ich die Fichtenstange und hoben sie senkrecht hoch, so weit unser Arm reichte. Dann rief ich, während der Hahn das nächste Mal schleifte, laut durch den stillen Wald: Einschalten! Und nun hielten wir, bis uns die Arme zitterten, die Stange so hoch, daß das Mikrophon höchstens 3–4 m von dem Hahn entfernt war. Es war noch verhältnismäßig dunkel, der Hahn merkte also nichts - - da ertönte plötzlich ganz nah das Pfeifen des Sperlingskauzes und, mehrmals rufend, flog er ausgerechnet um unsere Kiefer herum. Wir hatten also in freier Wildbahn auch noch das Rufen dieses äußerst seltenen Kauzes auf das Tonband bekommen - - das war allein die ganze Mühe wert gewesen!

Da uns die Arme lahm wurden, nahmen wir die Stange herunter und riefen - alles natürlich nur während des Schleifens - dem Ü.-Wagen zu: Abschalten!

Ich gestehe offen, daß mir, obschon ich kein Techniker bin und nach meiner ganzen Veranlagung die Technik nicht unbedingt für einen Fortschritt der Menschheit halte, diese Art Jagd doch eine große Freude gemacht hat. Je älter man wird, desto weniger Wert legt man aufs Schießen, ohne daß deshalb etwa die Jagdpassion abnimmt. Aber das Beobachten des Wildes, das Erkennen biologischer Zusammenhänge, die Hege, das Sammeln von Erfahrungen und die Jagd mit der Kamera und auch mit dem Mikrophon werden reizvoller als das Erlegen.

DER URHAHN UND DER RUNDFUNK

Im Jahre 1953 wurde mir die Verwaltung des Forstamtes Kaltenbronn, an das mein bisheriges Forstamt Forbach I angrenzte, übertragen. Kaltenbronn war altes Hofjagdrevier der Großherzöge von Baden gewesen. Prominente Gäste hatten hier vor 1914 und auch später noch, als das Revier nach 1918 zum Nießbrauch auf Lebenszeit der letzten Großherzogin durch Staatsvertrag überlassen wurde, gejagt. Kaiser Wilhelm II. war oft in Kaltenbronn und hatte in diesem hervorragenden Hahnenrevier viele Auerhähne erlegt, einmal in 24 Stunden 5 Hahnen! Russische Großfürsten, der schwedische Kronprinz und viele andere Fürstlichkeiten, darunter auch der Gemahl der Königin von Großbritannien, Prinz Philip, Herzog von Edinburgh, waren Jagdgäste in Kaltenbronn gewesen. Ein altes Jagdbuch, das heute noch vorhanden ist, enthält die Eintragungen aller dieser Gäste.

Mit der Übertragung dieses großen Staatswaldreviers waren meine Wünsche für dieses Leben erfüllt. Ich brauchte mich nicht mehr mit Bürgermeistern der waldbesitzenden Gemeinden herumzuärgern, die den Wald als milchgebende Kuh, die man nur sehr unwillig füttern wollte, ansahen. Ich fand ein waldbaulich sehr interessantes und auch vielseitiges Revier vor – und – ich hatte wieder Hirsche und große Hahnen!

Kurze Zeit später, nachdem das Land „Baden-Württemberg" gebildet war, wurde durch Kabinettsbeschluß das Forstamt Kaltenbronn zum Repräsentationsjagdrevier des Landes ernannt. Prominente Gäste des In- und Auslandes wurden zur Hirschbrunft und Hahnenbalz von der Regierung eingeladen, und ich konnte meine Erfahrungen, die ich gerade auf diesem Gebiet hatte, gut verwerten. Es ist in solchen Revieren nicht damit getan, daß der Gast ein bestimmtes Stück Wild schießt und dann mit der Trophäe wieder abfährt, sondern der Jagdgast – ganz besonders, wenn es sich um einen Ausländer handelt – soll ein schönes Erlebnis haben, er soll sich besonders gut behandelt fühlen, er soll den besten Eindruck, nicht nur auf jagdlichem Gebiet, sondern auch von der Landschaft, von Land und Leuten mitnehmen. Man soll diese Dinge nicht unterschätzen.

Es ist ein Unterschied, ob der Gast den Eindruck hat, daß eine Jagdeinladung eine nun mal notwendige Geste darstellt, oder ob er die Überzeugung gewinnt, daß man ihm eine ganz besondere

Freude bereiten möchte, daß für ihn große und umfangreiche Vorbereitungen getroffen sind, und daß für ihn ein besonders guter Hirsch oder Hahn bestätigt wurde. Ein ausländischer Ambassadeur bezieht die Achtung und die Liebenswürdigkeit, die man ihm erweist, auf sein ganzes Land, und seine diplomatische Einstellung ist nun einmal auch von vielen kleinen Einzeleindrücken abhängig, die man in einem Lande, in dem man akkreditiert ist, empfängt.

Ich habe in Battenberg, Rominten und Kaltenbronn viele prominente Gäste aus aller Herren Länder geführt und interessante Eindrücke und Erfahrungen dabei sammeln können. Aus der Vielfalt dieser Erlebnisse seien einige hier mitgeteilt.

Man lernt auf der Jagd und beim Glücksspiel die Menschen am besten kennen. Beide Tätigkeiten sind Ausfluß von Leidenschaften, und beim Frönen einer Leidenschaft verlieren viele Menschen ihre Hemmungen. Die Maske, die der moderne Mensch trägt, wird leichter gelüftet – – manchmal sogar vollkommen fallengelassen. Es ist nicht immer erfreulich, was da zutage kommt, aber ich habe auch sehr viele prächtige Menschen ohne Maske auf der Jagd kennen und achten gelernt. Ich habe Männer geführt, die große Industriekapitäne waren, und für die Geld keine Rolle spielte, die aber bescheiden und mit allem zufrieden waren und sich über jede Kleinigkeit herzlich freuen konnten. Und ich habe andere erlebt, die arrogant und anmaßend waren, denen nichts gut genug war, und die zu führen und zu betreuen eine ungeheure Selbstbeherrschung erforderte; erfreulicherweise waren die letzteren in der Minderheit.

Aus der Fülle der Erinnerungen auf diesem Gebiet seien einige Anekdoten berichtet:

Ein Ministerialdirektor aus dem Reichsverkehrsministerium hatte in meinem Nachbarrevier im Rothaargebirge einen Hirsch beschossen, und ich wurde am nächsten Morgen mit meinem Hund zur Nachsuche gebeten. Der Hirsch hatte eine gute Kugel und lag 100 m vom Anschuß verendet in der Dickung. An der kurzen, aber sorgfältigen Arbeit meines Hundes hatte der Jagdgast eine große Freude. Er ließ sich eingehend alles erklären. Als wir den Hirsch aufbrachen, faßte der Ministerialdirektor mit seinen grauen Wildlederhandschuhen mehrmals mit zu und beschmutzte sich die Handschuhe erheblich. Als ich ihn darauf hinwies, doch lieber die Handschuhe auszuziehen, lächelte er: „Das tue ich absichtlich. Sehen Sie, wenn ich das ganze Jahr über in meinen Amtsräumen sitze und mir Akten über Akten auf den Schreibtisch gelegt werden, und wenn es dann gar zu toll wird, und man an dem Sinn der Arbeit und des ganzen Daseins verzweifelt, wenn man, wie man in Westfalen sagt, ,das arme Dier' kriegt – – dann ziehe ich die rechte Schublade meines Schreibtisches auf und darin liegt dieses Paar Handschuhe, das ich seit vielen Jahren nur in meinem Urlaub, den ich stets während der Hirschbrunft nehme, trage. Und dann rieche ich an den Handschuhen, und Sie wissen sicher, daß der Geruchssinn der beste Erinnerungssinn ist, besser als das Gesicht und das Gehör – und wenn ich dann an dem Handschuh den scharfen Geruch des Brunfthirsches rieche, der den Handschuhen noch anhaftet – dann versinkt alles um mich herum, dann sehe ich die bunten, im Herbstgold leuchtenden Berge, dann fliegen weiße Spinnwebfädchen durch mittagheiße, klare Septembertage, dann höre ich im Geiste den Sprengruf des Platzhirsches – dann kommen all die herrlichen Erinnerungen an viele Pürschen mit interessanten Erlebnissen – dann steht vor meinem geistigen Auge auch die heutige Nachsuche mit Ihnen – und dann bin ich wieder ein anderer Mensch, die Depressionen weichen, und ich kann wieder arbeiten und verschließe die Handschuhe wieder in ihrer Schublade!"

Um ein Haar wäre ich von einem Jagdgast einmal erschossen worden, der zudem noch ein guter alter Freund von mir war. Ich hatte ihn, zusammen mit seiner Frau, auf einen Feisthirsch eingeladen. Mit dem Hirsch klappte es überraschend schnell. Schon am zweiten Abend zogen bei noch leidlichem Büchsenlicht zehn Feisthirsche auf eine Wiese, an deren Rand wir, gut gedeckt, in einem Schirm saßen. Mein Freund schoß auf einen ungeraden 12-Ender mit weiter Auslage, zweifellos ein älterer Hirsch, der keine Zukunft mehr hatte. Der Hirsch zeichnete sehr gut im Schuß, flüchtete dann spitz von uns weg, während die übrigen Hirsche nach rechts hin verschwanden, und blieb am Bestandesrand stehen, so daß wir gerade noch den Spiegel des Hirsches sehen konnten. Ich hoffte, daß der Hirsch jeden Moment zusammenbrechen würde, aber er tat uns den Gefallen nicht, sondern stand, ohne sich zu rühren, auf demselben Fleck. Zum Schießen war es zu weit, so pürschten wir schließlich um die Wiese herum, um auf Schußentfernung an den Hirsch heranzukommen. Als wir uns vorsichtig aus dem Bestand gegen den Wiesenrand vorschoben, stand der Hirsch noch genauso wie vorher, aber es war so dunkel geworden, daß man nur noch mit Hilfe des Glases den Spiegel erkennen konnte. Mein Freund erklärte mir, nicht mehr schießen zu können, da er durch sein Zielfernrohr kein einigermaßen sicheres Abkommen mehr habe. Mir war die ganze Sache unangenehm, denn der Hirsch war nach seinem Verhalten bestimmt schwer krank, würde also bald verenden und bei der Hitze bis morgen sicherlich grün sein. Ich beschloß daher, den Fangschuß zu wagen. Der Hirsch stand eine Kleinigkeit schräg, und wenn ich in Höhe des Spiegels etwas seitlich abkam, mußte die Kugel waidwund eindringen und schräg nach vorne den Hirsch durchschlagen. Ich strich also an einem Baum an, faßte den sich hell abhebenden Spiegel ins Fernrohr, ging etwas nach links und kam, meiner Ansicht nach, gut ab, soweit man das bei der Dunkelheit noch sagen konnte. Mein Freund stand seitwärts und hatte den Hirsch im Glase, während ich schoß. Im Schuß brach der Hirsch zusammen. Wir gingen hocherfreut quer über die Wiese auf den Hirsch los.

Als wir an den Bestandesrand kamen, war kein Hirsch zu finden. Brennesseln und Schilf standen dort mannshoch. Bei der Dunkelheit war trotz allen Suchens, trotz Verbrauchs einer Schachtel Streichhölzer, kein Hirsch festzustellen. Die dämlichen Gesichter, die wir beide gemacht haben müssen, waren bei der Finsternis, Gott sei Dank, auch nicht zu sehen! Es war mir völlig schleierhaft, wie es kam, daß wir nicht gehört hatten, wie der Hirsch wieder hoch wurde und fortgezogen war. Daß er im Schuß zusammengebrochen war, hatten wir beide einwandfrei gesehen und gehört, da war kein Irrtum möglich. Wir fuhren sehr bedrückt nach Hause und holten den Schweißhund, den ich ausgerechnet an diesem Abend nicht bei mir hatte. Mit zwei Laternen bewaffnet, begannen wir in stockfinsterer Nacht die Nachsuche, wobei ich mich völlig auf den Hund verlassen mußte. Als der Hund, fest im Riemen liegend, etwa 300 m weit von meinem letzten Anschuß weg geführt hatte, ohne daß ein Hirsch zu sehen oder zu hören war, trug ich den Hund ab und verbrach die Stelle sorgfältig. Es war nunmehr kein Zweifel, daß der

BEINAHE WÄRE ICH ERSCHOSSEN WORDEN

Hirsch doch nur einen schlechten Schuß hatte, und daß es am nächsten Morgen noch eine längere Nachsuche geben würde.

Beim ersten Morgengrauen waren wir wieder am Ort der Tat und untersuchten mit Hilfe des Schweißhundes erst einmal genau die beiden Anschüsse. Nach dem Schnitthaar stellten wir sehr bald fest, daß der Hirsch von meinem Freund einen hohen Vorderlaufschuß und von mir offenbar einen Streifschuß am Träger haben mußte. Bald passierten wir den gestern abend in den Boden gesteckten Hauptbruch, und dann führte die Nachsuche nach einigen Haken und Bogen in eine große Fichtendickung hinein. Diese Dickung war sehr ungleichaltrig, hatte mehrere dichtgeschlossene Partien, aber auch einige erst vor wenigen Jahren kultivierte Flächen. Auf einer solchen Kulturfläche lag mitten in dem Dickungskomplex ein kleiner Hügel, von dem aus man einen verhältnismäßig guten Überblick hatte und vor allem die ganze Gegend sehr gut überhören konnte. Auf diesen Hügel postierte ich meinen Freund, ihm einschärfend, daß, wenn es zur Hetze käme und der Hund stellen sollte, ich selbst den Fangschuß geben würde, er solle auf alle Fälle auf seinem Stande bleiben und beobachten, bis er abgerufen würde. Dann hing ich am Riemen der kranken Fährte nach, kam bald an den Hirsch und schnallte den Hund. Nach kurzer Hetze stellte sich der Hirsch noch in derselben Dickung, und ich pürschte mich vorsichtig an den Gestellten heran. Der Hirsch stand aber in sehr dichtem Zeug. Auf etwa 10 m herangekommen, sah ich bereits die Läufe durch die unteren trockenen Äste und wollte eben, mit der Büchse im Anschlag, einen Schritt zur Seite treten, um den Rumpf des Hirsches freizubekommen, als es plötzlich unmittelbar vor mir knallte und mir die Kugel eine Handbreit neben dem Kopf vorbeiflog und einen Fichtenast abschlug, der unmittelbar über meiner Schulter war. Der Hirsch machte wenige Fluchten und brach verendet zusammen.

Ich holte sämtliche Flüche aus meinem Militär- und Jägerleben hervor und beschimpfte meinen vor Schreck völlig gelähmten Freund nach allen Tonarten. Er hatte den Hund nicht weit von seinem Beobachtungsposten hetzen und stellen hören. Da war die Jagdpassion mit ihm durchgegangen, alle Ermahnungen, seinen Posten nicht zu verlassen, waren vergessen, und er hatte sich vorsichtig an den Hirsch herangepürscht, ausgerechnet von der entgegengesetzten Seite. Es war nur ein glücklicher Zufall, daß er mich nicht getroffen hatte, umgekehrt hätte ich ihn natürlich auch totschießen können, wenn er etwas später gekommen wäre. Dümmer wurden wir beide nicht durch diesen Vorfall! Als der Schrecken sich gelegt hatte, war seine Freude über den braven Hirsch um so größer, und wir gerieten in eine richtig übermütige Stimmung, wie es stets zu sein pflegt, wenn man einer großen Gefahr mit heiler Haut entronnen ist.

In den hessischen Bergen sollte bei mir ein rheinischer Industrieller einen Hirsch schießen, der liebenswürdig und freundlich mit mir auf meiner sehr einfachen Jagdhütte hauste und trotz seiner 65 Jahre eifrig beim Stubendienst behilflich war, wobei man ihm allerdings anmerkte, daß er sicherlich zum erstenmal in seinem Leben Geschirr abtrocknete oder Feuer anmachte. Leider war er etwas schwerhörig, was insofern störend wirkte, weil er den Krach, den er beim Pürschen vollführte, selbst nicht hörte und daher überzeugt war, völlig lautlos durch das Revier zu schleichen.

Eines Abends hatten wir einen Hochsitz bezogen, der in einer mannshohen Fichtenkultur auf einem alten Eichenüberhälter angebracht war. Es war ein herrlicher Platz, man hatte oben von der Kanzel einen weiten Blick über die Berge und vor einem lag die vielversprechende Fichtenkultur, die mit ihren kleinen Lücken ein sehr beliebter Brunftplatz war. Anschließend lag ein großer Komplex geschlossener Dickungen und dichter Stangenhölzer, in denen das Wild gerne seinen Tageseinstand nahm. Zu der Hochsitzleiter führte ein Pürschpfad, so daß man, zumal die Fichten an dieser Stelle schon etwas höher waren, völlig gedeckt an die Hochsitzeiche herankommen konnte. Der Stamm der alten Eiche war infolge der Freistellung beim Abtrieb des Vorbestandes dicht mit Wasserreisern besetzt, so daß man auch die Leiter ungesehen ersteigen konnte. Also ein Hochsitz wie er sein soll, man konnte unbemerkt vom Wilde, auf- und abbaumen, vorausgesetzt, daß der Wind gut war.

Wir saßen also in der dichten Krone dieser sicher 300 Jahre alten Eiche, genossen die schöne Aussicht und hatten uns eine von den guten Zigarren des Direktors angebrannt; das Jägerleben war wiedermal „voll Lust". Da meldete drüben in den Stangenhölzern ein

LAUFSCHUSS

Hirsch mit sehr guter Stimme. Da er nicht näherzog, nahm ich den „Eifelruf" und begann, ihn anzuschreien. Der Hirsch gab gut Antwort, zog auch näher heran und stand plötzlich am Rande unserer Kultur auf etwa 120 m und begann an einer Fichte zu schlagen. Es war ein guter Kronenzehner mit außergewöhnlich weiter Auslage, wie ich sie im dortigen Revier noch nicht erlebt hatte. Nachdem ich den Hirsch angesprochen hatte und überzeugt war, einen älteren Hirsch vor mir zu haben, bat ich den Gast zu schießen. Ich legte meinen Hut unter seine Büchse, damit er eine weiche Auflage hatte, der Schütze setzte sich gut zurecht, rückte noch etwas nach vorn, um besser bergab zielen zu können, setzte dann noch einmal ab, um tief Luft zu holen – und schoß. Der Hirsch ging vorne steil hoch, brach dann zusammen, kam aber sofort wieder hoch und auf die Läufe und verschwand im dichten Stangenholz, wobei ich deutlich sah, daß er einen Vorderlauf schleppte. Am Anschuß Splitter von Laufknochen – also Nachsuche morgen früh, heute abend war es zu spät. Zwei Stunden später, als wir mit einem guten Kognak auf der Hütte unsere Stimmung etwas aufbessern wollten, fing es an zu regnen; der Regen ging im Laufe der Nacht in Gießen über und hörte auch am Morgen nicht auf. Um es kurz zu machen, wir bekamen den Hirsch trotz Schweißhund und trotz intensiver Nachsuche nicht. Der Gast reiste bekümmert ab.

Der Hirsch blieb zunächst verschwunden; wir hatten aber in diesem Jahr eine Buchenmast, so hoffte ich, er würde den Schuß bei der guten Winteräsung ausheilen. Ich hatte auch in den Nachbarrevieren Bescheid gesagt und den Hirsch genau beschrieben, aber er wurde nirgends gesehen.

Als ich in der nächsten Feistzeit an der sog. „Pferdewiese" eines Abends auf einem Hochsitz saß, erschien mit drei geringen Hirschen der Zehner, leicht lahmend wie eine alte Exzellenz, aber den kranken Lauf voll aufsetzend und gebrauchend, und mit einem Kronenzehnergeweih, das dem des vergangenen Jahres genau glich, nur noch etwas stärker geworden war. Am selben Abend schrieb ich an meinen Direktor einen langen Brief, beschrieb ihm den Hirsch genau und lud ihn zur kommenden Brunft auf seinen Hirsch ein, denn niemand anders als er sollte diesen Hirsch schießen.

So hausten wir beide in der Brunft wieder auf meiner Jagdhütte und pürschten eifrig auf den Laufkranken, aber – er war nicht zu bestätigen. Wir hörten wohl nachts auf der Kultur an der alten Eiche einen Hirsch mit guter Stimme melden, aber bei Büchsenlicht war der Brunftplatz leer. Frühmorgens meldete der Hirsch noch ab und zu in den Stangenhölzern, aber ihn mit dem Gast im Bestande anzugehen, das traute ich mich nicht. Also: Daueransitz! Abpürschen der übrigen Brunftplätze, Verhören – alles war vergebens. Eine volle Woche lang schleppte ich den Gast im Revier herum, ohne auch nur mit Sicherheit zu wissen, wo der Gesuchte stand. Da hörten wir nachmittags gegen 3 Uhr, als wir in der Nähe der bewußten Kultur auf einem alten Stubben saßen und gerade überlegten, wo wir heute hingehen sollten, einen Hirsch ganz faul auf der Kulturfläche melden. Wie elektrisiert sprangen wir auf, und so schnell wie möglich ging's auf dem Pürschpfad in Richtung Eichenhochsitz. Als wir kurz vor der Leiter waren, meldete der Hirsch unmittelbar vor uns, er konnte höchstens 80 m vor der Eiche stehen! Ich gab dem Gast ein Zeichen, er möchte zunächst unten bleiben. Ich selbst kletterte lautlos wie eine Katze die Leiter hoch. Als ich oben ganz vorsichtig über den Rand des Hochsitzes sah, saß der Hirsch etwa 60 m entfernt vor mir auf der Kultur und unweit von ihm äste ein einzelnes Schmaltier. Es war der lang Gesuchte! Vorsichtig trat ich zurück und winkte dem Gast, heraufzukommen, wobei ich ihm durch Zeichen klarmachte, daß höchste Lautlosigkeit und Vorsicht geboten sei. Tatsächlich kam er auch heil und ohne daß das Wild etwas merkte, oben an. Ich zeigte vorsichtig mit dem Finger auf den Hirsch und flüsterte: „Ihr Hirsch! Bitte schießen, ich knöre ihn an, dann wird er aufstehen!" Der Direktor sah angestrengt in die Richtung, nahm dann umständlich das Fernglas hoch und erwiderte: „Ich sehe keinen Hirsch!" Ich beschrieb ihm ganz leise und vorsichtig, daß der Hirsch dort unmittelbar vor uns frei in der Sonne sitze, links von ihm stehe das Schmaltier. Der Direktor sah durchs Glas – ohne Glas, minutenlang, in die angegebene Richtung und erklärte: „Ich sehe keinen Hirsch!" Ich geriet in gelinde Verzweiflung. Das war ja völlig unmöglich, den riesigen, völlig frei sitzenden Hirsch auf 60 m Entfernung nicht zu sehen! Beim Herumspekulieren stieß der Gast auch noch trotz aller Vorsicht an das Holz des Hochsitzes – das Schmaltier warf auf, drehte ab und zog spitz von uns fort. „Jetzt sehe ich das Schmaltier", sagte der Direktor. „Nehmen Sie um Gottes willen die Büchse", zischte ich, „der Hirsch wird gleich hoch werden." Da stand der Hirsch auch schon auf und zog langsam hinter dem Schmaltier her. „Ich werde ihn noch einmal anhalten, dann müssen Sie schießen", flüsterte ich aufgeregt. „Jetzt sehe ich den Hirsch", erwiderte der Gast erleichtert; da hatte ich auch schon den „Eifelruf" am Mund und knörte den Hirsch an. Sofort drehte er bei, verhoffte und stand nun auf etwa 100 m breit wie eine Scheibe und äugte zu uns herüber. Ich hatte den Hirsch im Glase – – jeden Moment auf den Schuß wartend – – aber es knallte nicht. Ich sah zur Seite. Da stand mein Direktor friedlich neben mir, hatte mit beiden Händen das Glas am Kopf und betrachtete sich glückselig den Hirsch. Der Hirsch drehte wieder um und zog nun, allmählich trollend, hinter dem Schmaltier her spitz von uns fort, leicht lahmend und mit schaukelndem Geweih, dessen weite Auslage von hinten noch gewaltiger wirkte.

Ich war völlig am Rande meiner Selbstbeherrschung. Aber als wir uns dann unterhielten, kam die Erklärung. Der Gast war farbenblind, er sah kein Rot in Grün. Der rote Hirsch in den dunkelgrünen Fichten wurde von ihm also erst gesehen, als er sich bewegte; solange der Hirsch und auch das Tier aber stillstanden bzw. saßen, war für ihn nichts zu erkennen.

Zweimal bin ich von Jagdgästen leider auch angeschossen worden und einmal auch meine Frau. Auf einer Entenjagd erhielt sie von einem leichtfertig schießenden Schützen ein Schrotkorn in den Augenwinkel. Gottlob blieb das Korn in der Haut stecken und konnte mühelos herausgenommen werden. Mein erster Anschuß war dagegen erheblich unangenehmer. Es war bei einem Vorstehtreiben im Walde. Mein Nachbarschütze, ein noch junger, sehr passionierter Jäger, stand etwa 40 m neben mir. Wir konnten uns beide genau sehen. Plötzlich kam ein Hase flüchtig von hinten über die Schneise und wollte unmittelbar neben mir ins Treiben hinein. Da sehe ich, wie mein Nachbar mit der Flinte ins Gesicht geht, ich will ihm noch zurufen, da knallt es auch schon in dem Augenblick, als der Hase gerade etwa 2 m neben mir ist. Der Schütze überschoß den Hasen und ich bekam die ganze Ladung ins rechte Bein. Mir fiel vor Schmerz und Schreck die gespannte Flinte aus der Hand. Ich bin mehrere Male im Kriege verwundet worden, zweimal mit Knochenverletzungen, aber das war ein Schmarren gegen den Schmerz, den dieser Schrotschuß verursachte. Ich lag drei Wochen in der Klinik und habe heute noch 13 Schrotkörner im Schienbeinknochen verkapselt sitzen. Wie durch ein Wunder war das Kniegelenk unversehrt geblieben, oberhalb und unterhalb des Gelenks dagegen saßen die Schrote wie gespickt.

Das zweite Mal erhielt ich mehrere Schrote in den Oberschenkel. Die Situation war dieselbe wie das erste Mal. Genau zwischen uns kam ein Fuchs aus dem Treiben, auf den ich nicht schoß, um dem Gast den Fuchs zu lassen. Als der Fuchs auf dem anderen Ende der Schneise war, knallte es und der Schuß ging anscheinend vor den Fuchs, der sofort kehrt machte und in das Treiben zurückwechselte. Für den Bruchteil einer Sekunde sah ich in die Flintenläufe des Nachbarn, der in der Aufregung mitzog und im Augenblick, als der Fuchs genau zwischen uns war, schoß. Gott sei Dank traf er den Fuchs, und die Hauptladung hatte der also abgekriegt, aber vier Schrote trafen mich in beide Oberschenkel, und gegen meine hohen Stiefel klatschte es erheblich, ohne daß diese Schrote jedoch durchschlugen. Die Körner im Oberschenkel heilten ohne jede Entzündung ein und haben mir niemals mehr Schwierigkeiten bereitet.

Im Kaltenbronn war unter vielen anderen auch der britische Botschafter, Sir Hoyer Miller, als Gast auf einen Auerhahn durch die Regierung in Stuttgart eingeladen. Ich konnte ihm bei der Begrüßung mitteilen, daß ich bereits vor rd. 20 Jahren seinen Vorgänger, Sir Henderson, der damals Botschafter in Berlin war, in Rominten auf einen Hirsch geführt hatte. Sir Hoyer Miller war ein erfahrener und passionierter Jäger, der viel in Schottland auf grouse gejagt hatte. Er kannte beim Schrotschuß daher nur das Hinwerfen des Schusses, nicht aber das Zielen und langsame Durchkrümmen auf ein stehendes oder sitzendes Wild. Ich habe von jeher alle Jagdgäste vorher auf die Scheibe schießen lassen. Die Auerhahngäste bekommen daher eine Scheibe auf etwa 30 m vorgesetzt, auf der in Lebensgröße die aus schwarzem Papier ausgeschnittene Silhouette eines großen Hahnes aufgeklebt ist. Sir Hoyer Miller warf den Schuß auf die stehende Scheibe und hatte auf 30 m drei ganze Schrotkörner auf dem Hahn sitzen. Beim zweiten Schuß derselbe

Mißerfolg. Erst als ich ihm klarmachte, daß er den Schuß nicht, wie beim schottischen Moorhuhn, hinwerfen durfte, sondern zielen und langsam durchkrümmen müsse wie beim Kugelschuß, hatte die nächste Scheibe 19 Treffer, der Hahn wäre bestimmt mausetot heruntergekommen.

Begeistert vom Kaltenbronn und der Auerhahnbalz war der Botschafter von Costarica. Er hatte drei Tage Zeit und wollte die Hahnenbalz von Grund auf kennenlernen, also beeilten wir uns nicht mit dem Schießen – was bei Gästen immer falsch ist! Das Wetter kann umschlagen, es können andere widrige Umstände eintreten, und oft sind totsichere Angelegenheiten plötzlich keineswegs mehr sicher und alles ist anders.

Wir hatten zusammen den Hahn abends genau bestätigt und wußten die Kiefer, auf der er stand, der Hahn worgte abends und fing sogar an zu balzen, so daß wir ihn hätten anspringen können – aber er schien für den nächsten Morgen so sicher, daß wir ihn nur verhörten und nach Eintreten der Dunkelheit nach Hause gingen. Am nächsten Morgen pürschten wir bei noch völliger Nacht bis auf 30 m an den Schlafbaum heran und warteten. Der erste hellere Schimmer im Osten kam – es wurde schummrig – es wurde fast Büchsenlicht – der Hahn rührte sich nicht! Es wurde immer heller – der Hahn gab keinen Laut von sich! Er mußte aber noch auf der Kiefer stehen, die höchstens 30 m entfernt war. Da wir bis zu der Kiefer hin dichten Fichtenanflug hatten, der etwa 3–4 m hoch war, beschloß ich, den verschweigenden Hahn anzupürschen, was niemals gut geht. Der Botschafter mußte mittags abfahren, also ging es ums Ganze. Wir schoben uns zentimeterweise vor, immer wieder nahm ich das Glas hoch und versuchte, durch die dichten Fichtenzweige die Kiefernkrone abzuleuchten, schließlich, es war beinahe hell, sah ich durch die Zweige der unterständigen Fichten den Hahn wie eine Silhouette friedlich auf einem trockenen Kiefernast unterhalb der Krone stehen. Warum er nicht balzte, ist mir heute noch unverständlich! Es dauerte eine Weile, bis ich dem Botschafter klargemacht hatte, wo der Hahn stand, und bis er ihn sah. Dann nahm er das Gewehr hoch und trat ganz vorsichtig und langsam nach links, um mit angebackter Flinte den Hahn freizukriegen. Ich blieb wie eine Salzsäule stehen, den Hahn auf 25 m im Glase. Auf den

Schuß fiel der Hahn wie ein Stein zu Boden. Einen nicht balzenden, frei auf einem hohen Ast stehenden Hahn anzupürschen und zur Strecke zu bringen, ist bestimmt nicht vielen Jägern gelungen.

Selbst Bundeskanzler Adenauer war eines Tages bei mir zu Gast, allerdings nicht zum Jagen, sondern um sich das Jagdsignalblasen anzuhören, das ich ihm in einem bewaldeten Tal am Herrenwieser See in völliger Einsamkeit durch meine Forstbeamten vorführen ließ. Anschließend war er über zwei Stunden bei mir in der Jagdhütte bei Schwarzwälder Speck mit Brot und Kirsch. An allem zeigte er sich äußerst interessiert. Er fragte nach den forstlichen Verhältnissen, nach der Holzindustrie, nach den sozialen Zuständen, nach der Wirtschaft, dem Lebensstandard der Bevölkerung usw. Ich habe in meinem Leben mit vielen prominenten Persönlichkeiten aus vieler Herren Ländern zusammen gesessen, der Besuch des Bundeskanzlers aber hat auf mich durch seine Schlichtheit, Natürlichkeit und Interessiertheit einen besonderen Eindruck gemacht.

Nachdem ich in Düsseldorf die Geweihschau der Jugoslawen gesehen hatte, war es mein sehnlichster Wunsch, in diesen gesegneten Revieren einmal sein zu dürfen. Zwar hätte Rominten, wenn alle Trophäen, die dort erbeutet wurden, zur Verfügung gestanden hätten, wohl die der Jugoslawen übertroffen – aber so waren die Hirsche aus den Donauauen, insbesondere aus Slawonien, doch der Höhepunkt der Ausstellung in Düsseldorf. Schon ein Jahr später ging mein Wunsch in Erfüllung.

In hochherziger Weise lud mich ein Jagdfreund ein, mit ihm im Auto nach Jugoslawien zu fahren, nicht, um dort einen Hirsch zu schießen, das wäre für mich unerschwinglich gewesen, sondern um Rotwild und Revier und die Besonderheiten der dortigen Jagd kennenzulernen, und um meine jagdlichen Erfahrungen und meine Rufkenntnisse zur Verfügung zu stellen.

Die Reviere, die wir in Slawonien zu sehen bekamen, waren ausgesprochene Auereviere. Herrliche Stieleichen und Eschenmischbestände durch- und unterstellt mit Aspe, Silberpappel, Maßholder, Weißdorn, Wildbirne und einer üppigen Strauch- und Unkrautvegetation. Alluvialer Schlickboden schuf zusammen mit dem Klima und dem reichlich vorhandenen Wasser die besten Voraussetzungen für ein geradezu tropisches Wachstum aller Pflanzen.

SLAWONISCHE AUEREVIERE

Außerhalb des Waldes dehnte sich die unendliche, an das nahe Ungarn erinnernde Ebene mit den weiten Kukuruzfeldern, mit den weidenden Rinderherden, Schweine- und Schafherden, mit den Ziehbrunnen, die abends als Silhouette gegen den leuchtenden Himmel standen; und wehmütige Erinnerungen wurden wach an zurückliegende Jagdfahrten nach Ungarn, Polen und an den verlorenen Osten. Man hat in Jugoslawien den Bauern nicht enteignet und zum Knecht auf seinem früher eigenen Grund und Boden gemacht, so daß dort kleinbäuerliche Wirtschaft vorherrscht, allerdings mit einer Ablieferungspflicht eines bestimmten Prozentsatzes des erzeugten Produktes. Man konnte aber alles, einschließlich Lebensmittel, frei kaufen, und zwar zu Preisen, die etwa unseren Preisen in Westdeutschland entsprechen. Einige Sachen waren teuer, so z. B. Textilien, anderes war billiger, so vor allem Lebensmittel. Jedoch alle Luxuswaren waren sehr teuer.

Nachdem wir unseren Wagen in einer Scheune abgestellt hatten, fuhren wir auf einer Waldbahn mit einer Tretdraisine hinein in die herrlichen Bestände slawonischer Stieleichen, die auf dem internationalen Holzmarkt ein Begriff sind. Das uns zugewiesene Revier war 12 000 ha groß, davon der überwiegendste Teil im Dickungsalter. In den letzten Jahrzehnten war überall ein starker Einschlag durchgeführt, die herrlichen Altholzbestände waren somit stark zusammengeschrumpft. Die Dickungen waren durchweg Naturverjüngungen, in denen alle 20–30 cm ein Baum stand. Hier konnte man wirklich sagen, daß die Bäume „wie die Haare auf dem Hund" standen. Durchforstungen setzten erst im Alter von 60 Jahren ein. Gewirtschaftet wurde auf der Großfläche, so daß riesige zusammenhängende, gleichaltrige Bestandeskomplexe vorhanden waren.

Unsere Waldunterkunft (Baracke) lag z. B. in einer rd. 500 ha großen, in den letzten drei Jahren von Altholz geräumten Verjüngungskultur. Das ganze Revier war in quadratische Abteilungen aufgeteilt, die 800 mal 800 m maßen, so daß jede Abteilung 64 ha groß war. Die Schneisen waren gut freigehalten und einigermaßen übersichtlich, aber innerhalb der einzelnen Abteilungen gab es kaum Wege, höchstens noch ein schmales Mittelgestell, welches aber meistens zugewachsen war. Der Holztransport fand auf einer Waldeisenbahn statt, und die Loren wurden von Pferden gezogen.

Leider hatten wir während unseres Aufenthaltes sehr hohen Wasserstand, wie er um diese Jahreszeit dort sehr selten ist. Da wir wußten, daß wir in einem Auerevier jagen würden, hatten wir vorsorglich neben Jagdstiefeln auch Gummistiefel mitgenommen. Die Jagdschuhe haben wir nicht ein einziges Mal anziehen können, und unsere Gummistiefel reichten auch nicht aus, so daß wir die ganze Zeit in geliehenen, bis an den Bauch reichenden Fischerstiefeln aus Gummi pürschen mußten. In jeder Bodenvertiefung stand Wasser, meistens kniehoch, manchmal bis an den Bauch reichend. Dabei herrschte eine Temperatur von 30 Grad im Schatten. Wir waren adjustiert wie die Entenjäger: hohe Fischerstiefel, grünes Hemd mit aufgekrempelten Ärmeln, Strohhut mit Mückenschleier. Gesicht, Hände und Arme wurden mit Mückenöl eingerieben, und nur Büchse, Fernglas und Zielstock ließen erkennen, daß wir auf den Brunfthirsch pürschten.

Wenig Rotwild, etwas Rehwild, Hunderte Graureiher, Tausende Enten und anderes Wassergeflügel, Millionen Frösche und Laubfrösche und – Milliarden Mücken, das war die Fauna des slawonischen Auewaldes! Aber daneben gab es auch einige ornithologische Delikatessen. Wir sahen verschiedentlich Schlangenadler, Fischadler und den Schwarzstorch. Seit Ostpreußen hatte ich den Waldstorch nicht mehr gesehen. Sein herrliches Flugbild ließ schmerzliche Erinnerungen an Rominten wach werden.

Als wir am 9. 9. in unserem Waldlager ankamen, erklärte uns der Oberjäger: „Heger hat gesehen großes Hirsch! Kann nicht erkennen Trophäe, aber schrecklich stinkt!" Danach mußte also die Brunft im Gange sein.

In der Nacht zuvor, „eine Nacht zurück", wie der Slawe sagt, hatten auf der schon geschilderten riesigen Verjüngungsfläche mehrere Hirsche gemeldet, aber von da ab war es wie abgeschnitten. Der Höhepunkt der Brunft liegt in den Auerevieren zwischen dem 8. bis 12. September, auch der 15. September soll stets noch ein besonders guter Tag sein. Wir hörten aber in der ganzen Zeit nur sehr wenige Hirsche schreien und, obschon es ab 12. September kühler wurde, auch zwischendurch mal regnete, blieb das Revier still. Dabei waren die Hirsche da, wir fanden überall die klobigen Fährten, frische Schlagstellen und Brunftkuhlen, aber wir sahen im ganzen in den acht Tagen nur drei Hirsche und zwei Stück Kahlwild. Die örtliche Jägerei war verzweifelt, so schlecht sei es noch nie gewesen, das viele Wasser sei schuld. Aber wir stellten fest, daß die Hirsche, kniehoch im Wasser stehend, schrien und frisch geschlagen hatten – – die Hitze sei schuld, aber als es kühler wurde, schrien die Hirsche nicht besser. Es ist natürlich möglich, daß sich, infolge des Wassers und der Temperaturverhältnisse, die Brunft in diesem Jahre verschoben hatte, und daß die besten Tage der Hochbrunft bei unserer Abreise am 15. 9. noch nicht da waren. In früheren Jahren war aber immer, nach übereinstimmender Aussage der gesamten örtlichen Jägerei, die Hochbrunft zwischen dem 8. und 12. 9. gewesen.

Zur eigentlichen Jagdausübung ist zu sagen, daß *nur* die Jagd mit dem Hirschruf einen Erfolg verspricht. Pürschen hat keinen Sinn, da man nur die schmalen Schneisen übersieht und fast nirgends Einblick in die dichten Bestände hat. Man läuft sich das Wild nur aus dem Revier, wenn auf allen Schneisen frische Menschenspuren stehen. Auch mit dem Ansitz ist nicht viel zu machen. Auf der Erde ansitzen ist wegen der Mücken, trotz aller Jagdpassion, fast unmöglich, der Ansitz auf den vorhandenen Hochsitzen aber führt selten zum Erfolg, da das Wild keine bestimmten Wechsel und Brunftplätze innehält. Wir haben die Hochsitze nur benutzt, um zu verhören. In der Ebene hört man die Hirsche sehr weit. Sobald ein Hirsch gut meldet, muß man ihn dann mit dem Ruf angehen. Dabei muß man das Schreien, das Mahnen, das Anstreichen an Ästen, das Schlagen usw. perfekt beherrschen, denn anpürschen kann man den schreienden Hirsch nur in den seltensten Fällen – der Hirsch muß zum Jäger kommen, nur dann kann man Erfolg haben, wobei Ansprache und Schießen verteufelt schnell gehen müssen. Es ist eben ganz ähnlich wie in den Karpaten. Die zusätzliche Schwierigkeit der Berge in den Karpaten wird hier erheblich ausgeglichen durch Wasser und Mücken.

So waren wir eines Morgens einen schreienden Hirsch angegangen, er antwortete gut und schrie mit einer abgrundtiefen Stimme. Wir kamen auf etwa 200 bis 300 m an ihn heran; er stand in den dichten Stangen, mit seinem Rudel im Wasser. Zwischen uns lag eine lange Mulde, in der das Wasser bis zu 2 m tief war. Trotz aller

Künste gelang es uns nicht, den Hirsch von seinem Rudel fort und durch das tiefe Wasser zu locken. Die Schwierigkeiten der Bejagung sind also groß. Wer aber den Ruf beherrscht, gut auf den Beinen ist, sich vor Mücken nicht fürchtet und schnell schießen kann – – dem winken in Slawonien Jagdfreuden besonderer Art.

Daß das Rotwild dort ungewöhnlich stark ist, ist bei den geschilderten Umweltfaktoren kein Wunder. Wir hatten eine Eichelvollmast in diesem Jahr, Sprengmasten sind häufig, auf den Feldern wuchs der leckere Kukuruz, Weichhölzer zum Verbiß waren in Hülle und Fülle vorhanden, und auf den Schneisen wuchs der blanke Klee – da müssen schon dicke Hirsche wachsen. Über die Stärke der Trophäe brauche ich nichts zu erzählen, jeder Besucher der Internationalen Jagdausstellung in Düsseldorf hat sie gesehen. Das Wildpretgewicht war erstaunlich. Leider waren authentische Gewichtsangaben nicht zu erhalten, aber ein Jäger erzählte z. B., daß ein Metzger einen erlegten Hirsch zerwirkt verkauft habe und 220 kg ausgewogen hätte, das wäre also ohne Haupt, Decke und Läufe! Der Hirsch müßte also aufgebrochen, ohne Haupt bahnfertig, also so, wie wir in Deutschland die Hirschgewichte berechnen, über 250 kg gewogen haben! Das wäre das doppelte Gewicht der Hirsche in Westdeutschland! Da die Geweihe ebenfalls doppelt so stark sind, ist das Verhältnis von der Körpergröße zur Trophäe das gleiche wie bei uns. Tatsächlich wirkten dann auch die Geweihe beim lebenden Hirsch der Aureviere nicht so überwältigend wie die Trophäe allein, weil das Verhältnis dasselbe ist. Wenn in Rominten ein Hirsch von 150 bis 160 kg Wildpretgewicht ein Geweih von 10 kg trug, wirkte das viel wuchtiger, als wenn in Slawonien ein Hirsch von 250 kg Wildpretgewicht ein gleichstarkes Geweih hat. Es ist daher, auch für einen erfahrenen Rotwildjäger, nicht ganz leicht, einen Auehirsch auf Anhieb richtig anzusprechen.

Auffallend waren die langen Schädel des Rotwildes. Das Haupt des Hirsches, aber auch des Kahlwildes, war unverhältnismäßig viel länger als bei unserem deutschen Rotwild. Bei den Fährten fiel mir auf, daß die „Stümpfe", das bekannte hirschgerechte Fährtenzeichen, sehr selten zu sehen waren, d. h., daß die Schalenspitzen offenbar in dem weichen Schlickboden sich viel langsamer abnutzten und rund wurden als bei uns etwa im Gebirge auf steinigem Boden.

FÜNFZENTNERHIRSCHE UND SLIBOWITZ

Leider gab es in Slawonien keine Schweißhunde. So war es nicht möglich, Fehlschüsse einwandfrei durch den Hund bestätigen zu lassen. In einem Nachbarrevier schoß ein ausländischer Gast einen Hirsch waidwund, der mangels eines Hundes nicht gefunden wurde. Rechnet man die Differenz zwischen Abschußprämie und Bußgeld zuzüglich des Wildpretwertes, dann hätte ein guter Schweißhund allein durch das Finden eines starken Hirsches seinen Anschaffungspreis verdient.

Zweifellos ist die ganze Jagdorganisation noch im Aufbau, was auch von den leitenden Jägern immer wieder betont wird. Das Bemühen, einen hervorragenden Jagdbetrieb hinzustellen, war überall bemerkbar. Der Empfang und die Betreuung durch alle jugoslawischen Dienststellen waren liebenswürdig und mustergültig. Die Unterkunft war einfach, aber sauber, die Verpflegung ausreichend. Vom Hammel am Spieß bis zum Paprikasalat, vom „Backhändl" bis zur Zuckermelone war alles tadellos, und der „Slibowitz" fehlte bei keiner Mahlzeit. Zu trinken gab es weißen, sehr bekömmlichen Landwein oder roten, serbischen Rosenwein. Man trank den Wein grundsätzlich vermischt mit Sodawasser und lebte sehr solide, was bei den Strapazen – täglich 7 bis 8 Stunden in Fischerstiefeln! – auch notwendig war.

Daß wir als Schneider abfuhren, lag nicht an der jagdlichen Organisation und auch nicht an der örtlichen Jägerei. Wenn die Hirsche nicht schreien, ist in diesem Revier nichts zu machen.

Seit 1955 habe ich wieder die Gamsbrunft erleben dürfen, und zwar in Steiermark, wo ein guter Bekannter von mir ein herrliches Revier langfristig gepachtet hat. 1940 war ich zum letzten Male mit der Büchse im Hochgebirge gewesen, nach 15 Jahren war es wieder soweit. Ich liebe, trotzdem mir langsam die Berge sauer werden, das Jagen im Hochgebirge über alles. Hier hat die moderne Technik noch nicht derartigen Einfluß erlangt wie im Mittelgebirge und in der Ebene. Im Hochgebirge steht noch immer der Schweiß vor dem Erfolg, und nur dann ist eine Trophäe wertvoll, wenn sie mühsam errungen ist, wenn sie den ganzen Einsatz des Jägers erfordert. Die Stärke eines Hauptschmuckes spielt erst in zweiter Linie eine Rolle, ich sagte schon, daß es nichts Relativeres gibt als die Trophäe.

ÜBERGANG UND NEUBEGINN

In der Gamsbrunft 1956 wäre es beinahe um mich geschehen gewesen. Ich beschoß auf weite Entfernung einen sehr guten suchenden Bock auf einer freien Halde am Rande der Waldgrenze. Im Schuß sah ich, daß ich etwas hinten abkam. Der Bock zeichnete auch waidwund und tat sich nach wenigen Schritten in unserer Sicht nieder. Wir, d. h. der mich führende Jäger Christandel und ich, zogen uns unsere Lodenmäntel an, setzten uns auf unsere Rucksäcke und steckten eine Zigarre an, um zu warten, bis der Gams verenden würde.

Plötzlich erschienen auf dem gegenüberliegenden Hang Skifahrer und müdeten den Gams auf. Dabei zog er so ungeschickt von uns fort, daß es nicht möglich war, noch eine Kugel anzubringen. Da der Bock in die steilen Felsen hineinzog, wo wir ihn nur schwer bergen konnten, schlug Christandel vor, er wolle vorgreifen und dem Bock den Wechsel abschneiden. Ich sollte nach etwa 20 Minuten auf der Wundfährte, die im Schnee mühelos zu halten war, nachfolgen. Der Gams hatte einen Wechsel angenommen, der zunächst am Hang entlang unterhalb senkrechter Felsen führte. Als ich auf dem immer schmaler werdenden Band einige Zeit auf der gut schweißenden Fährte gefolgt war, fiel kurz vor mir ein Schuß und Christandel rief laut: „Er liegt!"

Ich versuchte auf dem schmalen Wechsel so schnell wie möglich vorwärtszukommen – da war es mir, als ob mir beide Beine unter dem Körper weggerissen würden. Ich rutschte mit dem Kopf zuerst in sausender Fahrt ab, krampfhaft hielt ich mit der rechten Hand den Bergstock fest, dabei die Hand mit dem Stock, so fest ich konnte, zu Boden drückend. Wohin die Reise ging, konnte ich nicht sehen. Dann spürte ich plötzlich, wie ich frei fiel – fiel – fiel – und dann schlug ich auf, und der Bergstock verfing sich rechts und links hinter zwei Felsblöcke. Ich hing mit dem Kopf nach unten, mit der rechten Hand mich am Bergstock festhaltend, und schrie aus Leibeskräften. Christandel kam wie der Teufel angebraust und befreite mich aus meiner scheußlichen Lage. Wenn sich der Bergstock nicht verfangen hätte, wäre die Sache übel geworden, denn 20 m weiter kam ein erheblich senkrechter Absturz, den ich wohl kaum ohne Knochenbrei überstanden hätte. Der freie Fall, den ich getan hatte, war nur etwa 5 bis 6 m tief gewesen, aber auch das hätte schon kaputte

Knochen geben können. So hatte ich nur einige Schürfungen davongetragen und war schon am nächsten Tag wieder im Berg.

In den letzten Jahren hat man viel über die Frage gestritten, ob das Rotwild, unter Berücksichtigung der hohen Kultur in Land- und Forstwirtschaft, noch eine Daseinsberechtigung hat oder nicht. Dem Schlagwort „Wald *oder* Wild" wurde die Forderung „Wald *und* Wild" entgegengesetzt. Über die Schäden, die das Rotwild im deutschen Wald anrichtet, wurden professorale Gutachten erstattet, die zu schrecklichen Ergebnissen kamen. Während früher in erster Linie nur die Landwirte auf das Rotwild schimpften, kamen nun auch Angriffe von seiten der Forstwirtschaft, da die maßgebenden forstlichen Spitzen glaubten, die Verantwortung nicht weiter tragen zu können. Inzwischen ist es etwas ruhiger in diesem Streit geworden. Auch die Extremisten wollen sich vor der Jagdgeschichte nicht mit dem Omen belasten sehen, das Rotwild, diese herrliche Tierart, in Deutschland ausgerottet zu haben, letzten Endes nur um schnöden Profits willen.

Ich bin Forstmann und Jäger zugleich, und der Leser wird von mir erwarten, daß ich zu dem Rotwildproblem, das heute das Jagdproblem Nr. 1 ist, Stellung nehme. Ich will versuchen, diese Stellungnahme so objektiv wie möglich darzulegen.

Ganz allgemein ist zunächst zu sagen, daß der Mensch nicht allein vom Brot lebt, und daß ich eine rein kommerzielle Einstellung zu allen Lebensfragen, sowohl vom Individuum her als auch vom Standpunkt des ganzen Volkes aus, ablehne. Der Staat steht auf demselben Standpunkt, denn sonst würde er nicht jährlich Millionenbeträge zur Förderung der Künste, zur Unterhaltung von Parks und Anlagen und für sonstige ideelle Dinge des Lebens aufwenden. Auf die Jagd übertragen, heißt das also, daß die Allgemeinheit und der einzelne Betroffene bereit sein müssen, gewisse Opfer materieller Art für die Erhaltung der freilebenden Tierwelt aufzubringen. Die entscheidende Frage ist nur, wo die Grenze des Zumutbaren liegt.

Ich vertrete den Standpunkt, daß das Rotwild in vielen Landstrichen keine Daseinsmöglichkeit mehr hat. Dort, wo auf besten Böden eine intensive Land- und Forstwirtschaft getrieben wird, ist der Schaden, den das Rotwild anrichtet, nicht mehr zumutbar. Dagegen muß verlangt werden, daß dort, wo geringere Böden nur eine mäßige Forstwirtschaft zulassen, wo die möglichen Holzarten beschränkt sind und der Zuwachs gering ist, daß dort dem Rotwild eine Freistatt gewährt wird, und daß dort der Schaden bewußt und ohne Vertuschung in Kauf genommen wird. Das ist z. B. in Mitteldeutschland überall in hohen Gebirgslagen auf mittlerem Buntsandstein der Fall. Es trifft ebenso für das Hochgebirge zu, und zwar für alle Lagen, in denen der Wald nur Schutzwald und kaum noch Nutzwald ist. Es trifft in der Ebene auf trockenen, diluvialen Sanden zu, wie wir sie in der Mark Brandenburg, in Hinterpommern und früher in Westpreußen hatten.

Die obersten Jagdbehörden sollten daher, zusammen mit den Forstverwaltungen, die Gebiete aussuchen, die man dem Rotwild als Inseln, als Oasen, noch zubilligen will, und die die oben skizzierten Voraussetzungen erfüllen. Daß in diesen Gebieten hier und da auch noch Landwirtschaft betrieben wird, darf und kann kein Hinderungsgrund sein. Es ist sowieso auf längere Sicht unmöglich, daß die Allgemeinheit durch Bezahlung höherer Preise für Lebensmittel die Gelder aufbringt, die eine Subvention derjenigen Bauern bedeutet, die heute noch – bei einer landwirtschaftlichen Überproduktion in der Welt – auf absolutem Waldboden Landwirtschaft treiben. Wenn ich hier im Schwarzwald sehe, wie die Frauen in Körben auf dem Kopf oder im Rückkorb – dem sog. „Erbübel" – den Mist und das Saatgut den Berg hinauftragen, um oben in Steillagen mit Hackkultur 30 bis 40 Jahre lang hintereinander Kartoffeln zu pflanzen, die dann die dritte oder, wenn es hoch kommt, die vierte Frucht bringen, dann ärgere ich mich, daß bei so viel Fehlinvestierung von Arbeitskraft und Geld jede geschälte Fichte, peinlichst in Geld ausgerechnet, auf der Debetseite des „Kontos Rotwild" notiert wird. Wenn ich sehe, daß in Zwergbetrieben von 4 bis 5 ha Trecker angeschafft werden, die nur zu $1/10$ ausgenutzt werden können, und wenn ich mir vor allem vorstelle, wieviel mehr Holz in Deutschland im Wald zuwachsen könnte, wenn in dem parzellierten und devastierten, zum großen Teil als schlechter Niederwald bewirtschafteten Bauernwald eine vernünftige Forstwirtschaft getrieben würde, dann bekommt man, bezüglich der Rotwildschäden, einen ganz anderen Gesichtswinkel.

AGRARPOLITIK UND ROTWILDWÄLDER

Ich saß vor einigen Jahren mit einem maßgebenden Amerikaner zusammen, der seit 1945 in Deutschland war und einen Überblick hatte, der mich verblüffte. Er faßte sein Urteil dahin zusammen, daß er voll Bewunderung sei über den Wiederaufbau Deutschlands; in Deutschland sähe man, wo die Marshallplangelder geblieben seien. Nur in einem Punkt seien wir total rückständig, und das sei die deutsche Landwirtschaft! Er führte unter anderem an: Naturalteilung, mangelnde Flurbereinigung, Fehlinvestition in Kleinbetrieben, landwirtschaftliche Bewirtschaftung absoluter Waldböden, zu große Differenzierung der einzelnen Betriebe und dadurch ein viel zu weitgehender Zollschutz, der für die Allgemeinheit eine Lebensverteuerung bedeutet usw.

Man verstehe mich bitte nicht falsch, ich zitiere hier nur diese Probleme. Ich weiß, daß die Lösung nicht so einfach ist, und daß man amerikanische Verhältnisse nicht ohne weiteres auf Deutschland übertragen kann. Ich erwähne dieses Thema überhaupt nur, um zu zeigen, daß noch längst nicht überall alles so wirtschaftlich und kommerziell ist, wie es sein könnte. Sicher ist der Schaden, den die Maikäfer jedes Jahr der deutschen Volkswirtschaft zufügen, viel größer als der gesamte Rotwildschaden, von den Maikäfern aber haben wir gar nichts, vom Rotwild dagegen sehr viel. Sicher sind die Verluste, die durch Mäuse und Ratten angerichtet werden, erheblich höher. – Man sollte also auch hier nicht Extremist sein, sondern nach dem Motto: Leben und leben lassen! handeln.

Doch zurück zu meinen Vorschlägen. Diese Rotwildgebiete, deren Größe bei 15 000 bis 20 000 ha anfangen darf, müßten unabhängig von Landes-, Kreis- oder sonstigen Grenzen „bewirtschaftet" werden. Kleinere Gebiete auszuscheiden, wäre sinnlos. Das Rotwild zieht, je nach Witterung und Jahreszeit, sehr weit, besonders in gebirgigem Gelände. Daher hat es keinen Zweck, kleinere Gebiete zu Rotwildrevieren zu erklären. Es hat auch keinen Sinn, die Abschußplanung in einzelnen Revieren, und seien sie auch 4000 ha groß, durchzuführen. Ich bekomme immer das große Lachen, wenn ich lese, daß Jagdpächter, die ein Revier von etwa 800 bis 1000 ha haben, in ihren Plänen von „Standwild" sprechen. In einem derartig kleinen Raum gibt es kein Rotwild als Standwild, da gibt es nur Wechselwild.

ÜBERGANG UND NEUBEGINN

Die Zählung des Rotwildes, die Aufstellung des Abschußplanes, die Fütterung, die Schau und Bewertung der Trophäen müssen in einem Rotwildgebiet einheitlich durchgeführt werden. Dabei ist ein gesetzlicher Zwang keineswegs notwendig. Es gibt bereits zahlreiche derartige Rotwildgebiete in Deutschland, die so verfahren, wie ich es schildere.

Der Zusammenschluß von Staats- und Pachtrevieren muß auf freiwilliger Basis erfolgen, einzelne Außenseiter spielen dabei keine Rolle. Das Gebiet als solches muß aber von der obersten Jagdbehörde, zusammen mit der Forstverwaltung, festgelegt sein.

Wenn so verfahren wird, werden wir das Rotwild auch noch unseren Enkeln erhalten können – nur über einen Punkt müssen sich alle Beteiligten klar sein, und zwar sowohl die Staatsforstverwaltung als auch die Jagdpächter: Eine Rotwildjagd ist bei dem heutigen Stand unserer Zivilisation und bei dem heutigen Stand unserer Landeskultur ein Luxus und kostet Geld! Ein Leben ohne Luxus aber ist nicht wert, gelebt zu werden! Ich habe gelesen, daß die Bevölkerung Westdeutschlands im Jahre 1956 fast 16 Milliarden für sog. „Luxusgüter" ausgegeben hat. Wer vom Schicksal begnadet wurde, eine Rotwildjagd zu haben, muß dafür bezahlen. Er sollte aber sich bemühen, weniger an Wildschaden und Wildschadenverhütung in Gestalt von Zäunen, Schutzmitteln für die Forstpflanzen usw. aufzuwenden, als dafür, daß das Wild im Walde wieder eine natürliche Äsung in ausreichenden Mengen vorfindet. Die Anlage von Wildäckern, die Düngung von Schneisen, die Kultivierung der Wildwiesen, der Anbau von Mastbäumen aller Art, die ausreichende Winterfütterung sind besser für die Schadensverhütung als passiver Schutz, der vielleicht die Forstpflanzen und die Feldfrüchte vor Schaden bewahrt, aber dem Wild die Existenzmöglichkeit nicht verbessert.

Bei der Festsetzung des für ein ganzes Rotwildgebiet bestimmten Abschußplanes, der auf der gemeinsamen Zählung beruhen muß, ist es selbstverständlich, daß die Jagdpächter gegenüber den Staatswaldungen im Abschuß bevorzugt werden müssen. Der Pächter einer Rotwildjagd wendet erhebliche Mittel auf, er muß daher bei der Freigabe von Ia-Hirschen und auch bei der Menge des freigegebenen Wildes besser bedacht werden im Verhältnis zu seiner Pachtfläche

OASEN DER STILLE

als der angrenzende Staatswald, dessen Forstbeamte das Glück haben, in einem Rotwildrevier Dienst tun zu dürfen.

Auf das schärfste muß verurteilt werden, wenn auf der einen Seite der Staat wohl theoretisch mitmacht und die Rotwildgebiete festsetzt, aber dann sich weigert, irgendwelche nennenswerten Mittel für die Erhaltung und Hege des Rotwildes auszugeben, obschon er einen Millionenetat hat. Ich darf mit Genugtuung feststellen, daß im Lande Baden-Württemberg diese selbstverständliche Konsequenz gezogen worden ist, aber ich weiß, daß das in anderen Ländern der Bundesrepublik leider nicht der Fall ist. Repräsentationsjagden für ausländische Botschafter werden mit großer Geste gegeben, aber Geld für Hege und Pflege des Wildes werden nicht bewilligt, obschon die Einnahmen der Staatsforstverwaltungen in den letzten Jahren fast überall die Voranschläge überschritten haben.

Wenn diese Rotwildgebiete richtig und großzügig ausgesucht werden, wenn die Bewirtschaftung und Betreuung einheitlich erfolgt, wenn alles getan wird, um die natürlichen Äsungsverhältnisse zu verbessern, wenn im Winter ausreichend gefüttert wird, wenn Schutzmaßnahmen gegen Verbiß und Schälen durchgeführt werden und wenn – und das ist das Allerwichtigste – nur ein geringer Bestand gehalten wird, dann werden auch noch unsere Urenkel den edlen Hirsch schreien hören und werden, fern von Technik und der Unrast der Zeit, dieses herrliche Tier in freier Wildbahn erleben können.

Wir sind dabei, „Oasen der Stille" zu schaffen, Waldgebiete so abzuschließen, daß kein Auto, kein Lärm dorthin dringt. So müssen wir auch Oasen des Rotwildes haben – als Jäger wünsche ich mir möglichst viele – die sich mit den Oasen der Stille meistens decken werden. Vielleicht liegt die fernere Zukunft des deutschen Waldes nicht allein in der Holzproduktion, sondern mehr noch in den Wohlfahrtswirkungen, und zu diesen gehört auch die Erhaltung der freilebenden Tierwelt.

In den letzten Jahren hatte ich zunehmend immer mehr Gelegenheit, in der oberrheinischen Tiefebene auf Hasen, Fasanen und Hühner zu jagen – die Karnickel sind leider an der Myxomatose eingegangen, aber wie das nach Seuchen immer zu sein pflegt, werden nach einigen Jahren doch wieder welche da sein. Ich habe bereits sehr gute Jagden mitgemacht, auf denen weit über 100 Hasen geschossen wurden, und andere, auf denen 80 bis 100 Fasanen zur Strecke kamen. Eines nur ist schrecklich – auf einer Jagd erscheinen meistens 30 Schützen und 15 Treiber! Genau das Umgekehrte wäre richtig. Über das Problem der allzu vielen Jäger ist oft gesprochen worden. Man ist in einzelnen Gebieten dazu übergegangen, keine Fortbildungskurse für Anlernlinge mehr abzuhalten. Das halte ich für falsch. Wir müssen uns einen anständigen Nachwuchs heranbilden, wer nicht für Nachwuchs sorgt, treibt Raubbau – da spreche ich als Forstmann, und das gilt überall. Wenn wir weniger Jäger haben wollen, dann haben wir das selbst in der Hand, wir müssen die Anforderungen in den Jägerprüfungen hinaufschrauben. Wenn aber der Ausbilder der Lehrlinge etwa selbst in der Prüfungskommission sitzt, dann ist natürlich keine Auslese möglich. Ich habe mich als langjähriger Prüfer stets darauf eingestellt, ein hohes Niveau zu verlangen. Wenn das nicht vorhanden war, habe ich die Anwärter rücksichtslos durchfallen lassen, einmal von zwölfen acht. Diese Zivilcourage muß ein Prüfender haben. Wenn ich in der Jagdpresse die Lamentationen lese, daß die Qualität der Jäger ständig zurückgeht, dann kann ich nur lachen. Warum haben die Prüfungskommissionen denn unzulänglichen Leuten die Qualifikation zur Erlangung eines Jagdscheines gegeben?

Der Andrang zur Jägerprüfung ist andererseits auch sehr erfreulich. Er zeigt, daß weite Kreise unseres Volkes noch Liebe zur Natur, noch Interesse an Wald und Wild, noch Passion für das Waidwerk aufbringen. Und das sollten wir fördern, nicht einschränken. Oft kommen Jungjäger zu mir und klagen, daß sie zwar den Jagdschein, aber keine Gelegenheit hätten zu jagen; eine eigene Jagd könnten sie nicht pachten. Ich habe ihnen stets geraten: Lernt das Jagdhorn blasen, führt einen Hund ab, möglichst als Verlorenapporteur – – – und ihr bekommt in kurzer Zeit mehr Jagdeinladungen, als euch lieb ist.

1955 baute ich mir oberhalb von Gernsbach, dem Dienstsitz des Forstamtes Kaltenbronn, mit dem Blick ins Murgtal und auf die Schwarzwaldberge, ein Haus, das ich in Erinnerung an meine Wahl-

HIER SOLL MEIN WÄHNEN FRIEDEN FINDEN

heimat Ostpreußen „Haus Rominten" nannte. Hier soll mein „Wähnen Frieden finden", hier will ich den Abschied von diesem Dasein mit Würde erwarten. Wenn ich abends aus meinem Revier oder von der Jagd müde nach Hause komme, dann klettert in der oberen Etage mein Jüngster, der jetzt vier Jahre alt ist, aus seinem Gitterbettchen, kommt im „Polter" die Treppe herunter, sitzt dann auf meinem Schoß, während ich mich vor dem offenen Kamin wärme, in dem die Birkenscheite gluten, und ich muß ihm Jagdgeschichten erzählen, wie mein Vater das vor 55 Jahren mit mir tat. Ich singe ihm aber nicht des Großvaters alten Gassenhauer, sondern, leicht mit ihm schunkelnd, summe ich den alten Mainzer Karnevalsschlager, dessen Trost ich so oft erlebte:

Heile, heile Gänschen,
's wird alles wieder gut.
Die Katze hat ein Schwänzchen,
's wird alles wieder gut.
Heile, heile Mausespeck,
In hundert Jahr'n ist alles weg!

SCHLUSSWORT

Aus dem bunten Mosaik meiner Erlebnisse habe ich einige Steine herausgeholt und beschrieben. Ich habe mich bemüht, die bunten, die hellen Steine zu bevorzugen und die grauen oder gar die schwarzen im Schoß der Erinnerungen zu belassen. Die Kunst des Vergessens ist lebensentscheidend. Wozu sollte man das Tragische, das Entsetzliche, das man erlebt hat, wieder hervorzerren ans Licht, nachdem man sich jahrzehntelang bemüht hat, es auszulöschen – was doch niemals ganz gelingt.

Sechs Jahrzehnte sind vollendet. Das Leben trug mich hinauf zu ersehnten Höhen und warf mich zurück in den Abgrund. Was kann noch kommen? Ich glaube, nicht viel, was einen besonders erregen könnte. Man soll seinen Jahresringen entsprechend leben. Wir Forstleute wissen, daß der Zuwachs im Alter abnimmt. Es gibt zwar Holzarten, bei denen im Alter wohl der Massenzuwachs ab, aber der Wertzuwachs zunimmt. Aber es wäre wohl Vermessenheit, sich einzubilden, einer solchen Holzart gleich zu sein!

Als Studenten sangen wir:

Post iucundam iuventutem
Post molestam senectutem
Nos habebit humus!

Noch hat mich die Erde nicht, aber die senectus molesta nähert sich unaufhaltsam, und die Forstassessoren spitzen schon den Bleistift, um mich in der Rangliste durchzustreichen – – – ein Vordermann weniger!

Wenn ich zum Schluß das Resumée meines bisherigen Lebens ziehe, dann bleibt etwas Positives: Trotz Umwertung aller Dinge,

O, KÖNNT' ES HERBST IM GANZEN JAHRE BLEIBEN

trotz zweier Weltkriege mit all ihren Folgen, trotz zweier Geldentwertungen mit der Vernichtung aller Vermögen, trotz Atomangst und Managertum – geblieben ist die Liebe zur Natur und all ihren Geschöpfen, geblieben ist die Hege und Pflege aller Tiere der freien Wildbahn, geblieben ist das deutsche Waidwerk, geblieben aber ist auch das hohe Ethos des Forstberufes, das letzten Endes darin gipfelt, einen Baum wachsen zu sehen und zu sorgen und zu arbeiten, nicht für sich selbst, sondern für die späteren Generationen!

Und geblieben ist die unbändige Jagdpassion:

> *Heut' will ich suchen,*
> *Morgen geht's ans Treiben*
> *Und übermorgen winkt der Vogelherd.*
> *O, könnt' es Herbst im ganzen Jahre bleiben –*
> *Dann hätt' ich alles, was mein Herz begehrt!*
>
> (Diezel)

Das Jägerleben ist voll Lust
und alle Tage neu

ERSTES KAPITEL

Der Schaufler vom Kaltenbronn

Im nördlichen Schwarzwald liegt, zwischen den Tälern von Murg und Enz, ein großes Waldgebiet, welches so gut wie unbesiedelt ist. Dieser auch heute noch verhältnismäßig einsame Teil des nördlichen Schwarzwaldes umfaßt etwa 20 000 ha; sein in der Mitte gelegener Kern ist das staatliche Forstamt Kaltenbronn, welches ich seit 1953 verwalte.

Kaltenbronn trägt seinen Namen zu Recht, bis fast 1 000 m über N. N. reicht die höchste Erhebung, der sog. „Hohloh", und schneereiche Winter sind bei den hohen Niederschlägen sehr häufig. Ein Dorf Kaltenbronn gibt es nicht, nur ein kleines Kurhaus, ein Jagdhaus und eine Försterei sind vorhanden. „Kurhaus" nennen sich im Schwarzwald sehr viele Gaststätten, obwohl es nichts zu kuren gibt, außer der guten Luft, aber Kurhaus klingt besser als Gaststätte oder Hotel. Im Kurhaus Kaltenbronn also gibt es weder Heilbäder noch sonstige Kurmittel, aber gut essen und trinken kann man dort. Schon vor 200 Jahren wurde hier eine Gastwirtschaft errichtet, die damals in der Nähe der Landesgrenze viel Schmuggler, Wilddiebe und anderes zweifelhaftes Volk beherbergt haben muß, denn der Markgraf von Baden entzog bald dem Gastwirt und Schmierbrenner die Konzession, die später aber doch wieder erteilt wurde.

Noch früher, und zwar um das Jahr 1700, hatte der Markgraf Ludwig Wilhelm von Baden, der sog. „Türkenlouis", im Kaltenbronn ein Jagdhaus eingerichtet. Damals schon war Kaltenbronn Hofjagdrevier des Markgrafen, und zwar hauptsächlich wegen des hohen Auerwildbestandes. Das Rotwild spielte damals keine Rolle, der Bestand war sehr gering; erst in der zweiten Hälfte des 19. Jahrhunderts vermehrte sich das Rotwild sehr stark und wurde neben dem Auerwild ein wesentliches Jagdobjekt.

DER SCHAUFLER VOM KALTENBRONN

Die ältesten Mitteilungen über die jagdlichen Verhältnisse des Kaltenbronner Gebietes stammen aus einer Urkunde des Jahres 1310. Die Grafen von Württemberg zogen in diesem Jahre „uff die Bärehatz und Wolfshatz" und fanden im Enztal und auf den westlichen Höhen reiche Jagdbeute. Raubwild und Auerhahn waren jahrhundertelang im wesentlichen das jagdbare Wild im Kaltenbronn. Neben dem Raubwild werden aber auch die Holzköhler, die Pottaschbrenner, die Pechsieder und die Zundelschneider, die mit und ohne Genehmigung den Wald bevölkerten und devastierten, eine wesentliche Ursache für den geringen Rotwildbestand gewesen sein. Der starke Vieheintrieb, der damals überall im Walde vorhanden war, mußte sich ebenfalls ungünstig auf eine Vermehrung des Rotwildes auswirken.

Im Jahre 1848 hatte der damalige Großherzog von Baden sogar den Totalabschuß des Rotwildes im ganzen Land angeordnet. Im Forstamt Kaltenbronn kamen in diesem Jahr 14 Stück zur Strecke, ein Beweis, wie gering der Bestand gewesen sein muß. Ein kleines Rudel soll sich damals in den Latschenfeldern am Hohloh eingestellt haben, und da diese Latschenfelder fast undurchdringlich waren, wie sie es heute noch sind, entgingen diese letzten Stücke der Vernichtung. Sie sind also die Ahnen des heutigen guten Rotwildbestandes geworden.

Nachdem im Jahre 1794 das markgräfliche Jagdhaus im Kaltenbronn abgebrannt war, während der Jäger Körner draußen im Revier die Hahnen verluste, wurde infolge der Kriegswirren der Neubau erst 1807 fertig. Aber dieser Neubau war nur primitiv und mußte schon im Jahre 1820 durch ein massives Haus ersetzt werden. Dieses neue Haus ist heute noch vorhanden und trägt den stolzen Namen „Kurhaus". 1950 und 1951 wurde es umgebaut und modernisiert.

1897 wurde das ebenfalls heute noch vorhandene Großherzogliche Jagdhaus im Blockhausstil errichtet. Hier wohnte die Großherzogliche Familie mit ihren Jagdgästen, besonders während der Hahnenbalz und im Herbst während der Hirschbrunft, ebenso bei den großen Drückjagden auf Rotwild, die Ende Oktober bis Anfang November abgehalten wurden. Prominente Gäste aus aller Welt haben damals wie heute im Kaltenbronn gejagt.

KALTENBRONN IST ALTES HOFJAGDREVIER

Nach 1918 war der Nießbrauch an dem alten Hofjagdrevier Kaltenbronn durch Vertrag auf Lebenszeit dem Großherzog bzw. der Großherzogin zugesichert worden. Die Großherzogin überlebte ihren Mann sehr lange, sie starb erst im hohen Alter von 92 Jahren im Jahr 1952. Bei ihrem Tode stellte sich heraus, daß sie diesen ihr zustehenden Nießbrauch nicht voll ausgenutzt hatte. Während sonst beim Nießbrauch fast immer die Gefahr besteht, daß das Objekt des Nießbrauchs über Gebühr in Anspruch genommen wird, war hier der zulässige Einschlag an Holz nicht erfüllt worden, so daß der Staat mehr stehendes Holz übernahm, als ihm zustand. Im Wege gütlicher Einigung mit den Erben der Großherzogin wurde damals eine Entschädigung für die Erben festgesetzt. Darüber hinaus hatte die Großherzogin aber zu ihren Lebzeiten das Wegenetz des Forstamtes in einen hervorragenden Zustand versetzt, die Forstgebäude waren überholt, das Kurhaus wurde unter Aufwand erheblicher Mittel renoviert – kurz es war viel investiert worden, so daß der Staat beim Ableben der Großherzogin ein erstklassig gepflegtes Revier übernahm, das sich zweifellos in einem besseren Zustand befand als zu Beginn des Nießbrauches im Jahre 1919. Wesentlichen Anteil an dieser erfreulichen Entwicklung hatten der damalige Präsident der Großherzoglichen Verwaltung, Schuhmann, und der Amtsvorstand des Forstamtes, der spätere Oberlandforstmeister Leonhard.

Im Jahre 1954 wurde das Forstamt Kaltenbronn durch das badisch-württembergische Ministerium in Stuttgart zum Repräsentationsjagdrevier des Landes Baden-Württemberg bestimmt und damit wieder die alte Tradition des Hofjagdrevieres aufgenommen. Da man aber in Schwaben bekanntlich nicht sehr viel für Repräsentation übrig hat, wurde die Bezeichnung später in „Staatsjagdrevier" umgeändert. Das hinderte jedoch Stuttgart nicht daran, in- und ausländische Jagdgäste nach Kaltenbronn einzuladen, wie das in den übrigen Ländern der Bundesrepublik auch der Fall ist.

Von dem Kaltenbronner Jagdbetrieb, der Hege und von anderen Erlebnissen und Erfahrungen ist mancherlei interessant. Ich möchte davon einiges berichten, und zwar an Hand der Lebensgeschichte eines besonders markanten Hirsches, des „Schauflers".

Im Frühjahr 1954 ging ein Kurgast in der Nähe der Försterei

spazieren, und der ihm nachgelaufene Setter des Kurhauspächters – seine Vorliebe ausgerechnet für Setter in diesem Waldrevier habe ich ihm nicht abgewöhnen können – apportierte aus dem Farnkraut heraus eine Geweihstange. Dieses wäre nichts Außergewöhnliches gewesen, denn das Rotwild zog nachts oft unweit der Häuser vom Kaltenbronn herum, aber die Stange war sehr eigenartig, sie war schaufelartig gewachsen und sah fast einem Damhirsch oder Elch ähnlicher als einem Rothirsch.

In der Brunft tauchte 1954 in der Försterei Brotenau Abt. 27 ein starker Hirsch als Platzhirsch auf, der später jedoch abgeschlagen wurde. Er hatte eine eigenartige Kronenbildung, fiel aber schon damals durch die Stärke seines Geweihes auf, wenn auch sein ganzes Gehaben und seine Figur einen noch jungen Hirsch vermuten ließ. Die Stangen waren sehr flach und hatten zwischen den Enden richtige Schwimmhäute, die sich nach der Krone zu wie Schaufeln verbreiterten. Wir nannten den Hirsch daher den „Schaufler". Er war nicht stark im Wildbret, fährtete sich auch verhältnismäßig schwach, hatte wenig Mähne und schrie sehr viel. Bis Ende Oktober blieb er beim Kahlwild, obwohl bestimmt kein Stück mehr brunftig war.

Anfang November wurde der Hirsch an der Fütterung bei der Försterei Kaltenbronn bestätigt, und nun kam uns zum erstenmal der Gedanke, ob der Hirsch, dessen Abwurfstange der Setter im Frühjahr apportiert hatte und unser „Schaufler" identisch sein könnten. Aber wir verwarfen den Gedanken schnell wieder, denn bei uns im Gebirge konnte doch ein Hirsch von einem Jahr zum anderen nicht derartig zugenommen haben. Die Stange vom Jahr vorher konnte höchstens vom dritten, vielleicht vom vierten Kopf sein, dann wäre also der „Schaufler" ein Hirsch vom vierten oder fünften Kopf mit sechzehn Enden!

Mit Sehnsucht erwarteten wir das Frühjahr, um die Abwürfe vergleichen zu können. Inzwischen kam nachts ein Hirsch regelmäßig an die Häuser vom Kaltenbronn und richtete Unheil an den Blumenbeeten und Rhododendronbüschen an, er schlug auch an den jungen, zur Verschönerung gepflanzten Birkenstämmchen, und dieser Hirsch war, wie wir schon vermuteten, wirklich der „Schaufler"! Jede Nacht gab er seine Gastrolle, wie beim nächsten Vollmond einwandfrei festgestellt wurde. Der Hirsch war mit seinen flachen

DER SCHAUFLER WIRD BESTÄTIGT

Stangen und seiner schaufelartigen Krone so unverkennbar, daß ein Irrtum ausgeschlossen war. Der Revierförster begann nun, unmittelbar vor seinem Haus, etwa 30 bis 40 m davon entfernt, den Hirsch zu füttern. Es wurden jeden Abend zwei Tröge mit leckeren Sachen gefüllt, am nächsten Morgen war alles blankgeputzt.

Wir unterscheiden im Kaltenbronn, wie ich es schon in meiner Broschüre „Die Fütterung des Rotwildes" ausgeführt habe, Anlockfutter, Ernährungsfutter und Kraftfutter, hinzu kommt das dauernd gegebene und dauernd nötige Saftfutter. Mit dem Anlockfutter beginnen wir schon Mitte Oktober. Auf den Futterplätzen werden einige wenige Runkelrüben, Riesenkuhkohlstauden und getrocknete Vogelbeeren – falls es welche gibt, was nicht jedes Jahr der Fall ist – in die Krippen gefüllt. Der Riesenkuhkohl wird auf eingezäunten Wildäckern gezogen. Das Futter wird alle 2 bis 3 Tage erneuert. Dieses Anlockfutter soll dem Wild nur zeigen, daß die alten Futterplätze wieder beschickt werden, und es soll ihm die Sicherheit geben, daß der Heger für sie sorgt. Es hat keinen Zweck, an das Wild unmittelbar nach der Hirschbrunft große Mengen zu füttern, das Wild findet überall noch reichliche Äsung, es sei denn, daß sehr früh Schnee fällt. Das beste Anlockfutter sind Apfeltrester, die außerdem den Vorzug haben, nichts zu kosten. Die Keltereien sind froh, wenn ihnen der Rückstand weggeholt wird. Die modernen hydraulischen Pressen holen den Saft ziemlich restlos aus den Äpfeln heraus, aber der Nährwert der Trester ist deshalb nicht geringer. Um sie dem Wilde schmackhafter zu machen, mischen wir etwas mit Melasse angerührte Kleie dazwischen. Wir schütten also Weizenkleie in ein Faß und gießen unter ständigem Umrühren so viel flüssige Melasse dazu, bis ein Brei entsteht, der aber noch trocken sein muß. Von dieser Melassenkleie mischen wir etwas unter die Apfeltrester, schütten auch manchmal noch etwas auf die flach auf dem Boden ausgeschütteten Trester. Das Rotwild ist geradezu gierig auf diese Mahlzeit, die viel besser und billiger ist als die sonst bei Anlockfutter üblichen Falläpfel. Das Anlockfutter hat noch den weiteren Zweck, das Wild, insbesondere die Hirsche, die in der Brunft im Revier waren, über Winter auch dort zu halten, damit sie nicht unrühmlicherweise in Nachbarjagden bei Vollmond vom Hochsitz oder im Januar bei tiefem Schnee auf Treibjagden umgebracht werden. Es ist selbstverständlich, daß das Anlockfutter nicht dazu dienen darf, Wild am Futterplatz zu schießen, jedes Schießen auf Wild ist im Umkreis von 300 m von den Fütterungen verboten, auch im Sommer, wenn nicht gefüttert wird, denn das Wild muß genau wissen, daß ihm niemals in der Nähe der Fütterung eine Gefahr droht.

Mit dem Ernährungsfutter beginnen wir, je nach den Witterungsverhältnissen, etwa Anfang bis Mitte Dezember. An Fütterungen, an denen nur oder doch vorwiegend Hirsche stehen, füttern wir stärker als an ausgesprochenen Kahlwildfütterungen. Das Ernährungsfutter besteht aus Heu, Runkelrüben und, falls vorhanden, aus Kartoffeln und etwas Kastanien.

Ab Januar beginnen wir dann mit dem Kraftfutter, das im Februar in der besten Konzentration und größtmöglichen Menge verabreicht wird. An Kraftfutter wird Hafer, Troblaco, noch besser getrocknete Zuckerrübenschnitzel, Weizenkleie und an Hirschfütterungen auch Sesamkuchen gegeben. Die zu fütternden Mengen sind leider abhängig vom Finanzminister. Wenn ich doppelt so viel Geld zur Verfügung hätte, wäre es um die Geweihbildung besser bestellt. Nun, wir sind glücklich, daß der Staat überhaupt noch Geld gibt zur Erhaltung dieser herrlichen Tiere in freier Wildbahn.

Man hört gelegentlich die Ansicht, daß das Rotwild, wenn es nach vorgeschriebenen Gesichtspunkten abgeschossen oder geschont und, nach den neuesten Erkenntnissen der Ernährungschemie gefüttert würde, gar kein Wild mehr sei. Man solle lieber mit geringeren Trophäen vorlieb nehmen, aber dafür das Wild sich seine Nahrung selbst suchen lassen. Wenn dann strenge Winter kämen, müsse eben alles, was nicht durchhielte, eingehen. Diese Ansichten mögen für Urwaldverhältnisse zutreffen, aber wir können in unserer durch die Zivilisation und Landeskultur völlig veränderten Landschaft Rotwild nur noch halten, wenn wir die Erfahrungen und Gesichtspunkte, die bei der Haustierzucht gewonnen werden auch beim Wild zur Anwendung bringen, sonst ist das Rotwild zum Untergang verdammt. Wenn es aber Möglichkeiten gibt, das Rotwild zu erhalten, dann haben wir die Verpflichtung, diese Möglichkeit zu erschöpfen, denn wir Menschen sind es ja, die die grundlegenden Änderungen im Biotop herbeigeführt und dem Wild die natürlichen Lebensgrundlagen genommen haben!

FÜTTERUNGSGEHEIMNISSE

Während der gesamten Fütterungsperiode, also von Mitte Oktober bis Ende März oder Anfang April, muß auch Saftfutter gegeben werden. Wir nehmen, wie schon gesagt, hierzu Runkelrüben und, solange der Vorrat reicht, Riesenkuhkohl. Man kann auch Silage als Saftfutter geben, aber dann muß man gute Sachen einsilieren, also Luzerne, Klee, Zuckerrübenblätter u. ä. Hat man nur das Gras von Waldwiesen zur Verfügung, hat das Einsilieren wenig Sinn, denn die Anlage und Beschickung der Silos ist teuer und lohnt sich daher nur, wenn hochwertiges Saftfutter erzeugt wird. Außerdem ist immer die Gefahr des Verderbens gegeben, wenn nicht sorgfältig genug damit umgegangen wird. Die Runkelrüben dagegen sind billig – wir bezahlen zwischen 1,80 und 2,20 DM pro Ztr. – und halten sich in einem frostsicheren Keller, der bei jeder Fütterung vorhanden ist, ausgezeichnet.

Die Intensivierung der Fütterung ab Januar ist nicht nur wegen der dann meist vorhandenen Schneelage notwendig, sondern ab Januar wächst auch im Mutterleibe der Fötus, das Muttertier braucht also erhebliche Nahrungsmittel, wenn es nicht stark abkommen soll, denn der Fötus selbst nimmt sich rücksichtslos, was er braucht. Der Hirsch beginnt ab Januar die Reserven aufzuspeichern, aus denen er im April und Mai sein Geweih schiebt. Es ist also falsch, dem Hirsch erst dann Kraftfutter zu geben, wenn er anfängt zu schieben. Das Geweih wird aus im Körper gespeicherten Reservestoffen gebildet, die eben nur durch langanhaltende Fütterung vorhanden sind.

Obschon der „Schaufler" regelmäßig jede Nacht kam und die Krippen leermachte, sahen wir ihn bei Büchsenlicht niemals, auch bei Schnee wollten wir die Fährte nicht ausgehen, um ihn nicht in seinem Tageseinstand zu stören. Im März 1955 fanden wir beide Abwürfe, der „Schaufler" hatte zum Dank für die gute Fütterung die eine Stange vor und die andere unmittelbar hinter der Försterei abgeworfen. Diese zweite Stange hatte aber ein Kurgast gefunden und sofort mit auf sein Zimmer genommen, man hatte es aber gemerkt, und so wurde sie ihm aus dem Koffer wieder herausgeholt. Ein Vergleich der Petschafte sowie der Furchen in den Stangen ergab, daß die Schaufelstange, die der Setter apportiert hatte, ebenfalls vom „Schaufler" stammte. Die Zunahme vom dritten auf den vierten Kopf war enorm, während die Stange im Jahr 1954 900 g wog, also ein Gesamtabwurfgewicht von etwa 1800 g vorhanden war, wogen die Abwürfe des Jahres 1955 3500 g, also fast das Doppelte. Die Stangen hatten ungerade 16 Enden, und das vom vierten, vielleicht vom fünften Kopf. Diesen Hirsch galt es zu schonen, aus dem konnte noch einmal etwas wirklich Kapitales werden. Schade nur, daß er an Wildbret nicht sehr stark war. Als Idealhirsch bezüglich der Vererbung war der Hirsch nicht zu bezeichnen. Wenn man auf die Dauer starke Trophäen erzielen will, muß man darauf achten, daß das Wildbretgewicht hinaufgeht, denn nur ein starker Körper wird im allgemeinen auch ein starkes Geweih tragen. Der „Schaufler" war in dieser Hinsicht eine Ausnahme.

Mitte Juni wurde der „Schaufler" von dem zuständigen Revierförster am hellen Mittag an einem Wildacker in der Nähe der Latschenfelder gesehen, er hatte fertig geschoben, war aber noch im Bast. Der Revierförster zeichnete sofort das Geweih in sein Notizbuch. Ein Vergleich mit den Abwürfen bestätigte, daß es wirklich der Schaufler war. Das aber blieb das einzige Mal, daß der Hirsch bei Büchsenlicht außerhalb der Brunftzeit gesehen worden war, er war also schon damals unglaublich heimlich. Desto erstaunlicher war dann aber sein Mangel an Vorsicht nachts an den Häusern vom Kaltenbronn. Er erschien auch im Sommer fast jede Nacht, äste auf den Wiesen um das Kurhaus herum, verbiß die Blumen und Stauden unmittelbar am Eingang des Kurhauses und benutzte natürlich die Rhododendronsträucher und die neu gepflanzten Birkenheister zum Fegen und Schlagen. Aber beim ersten Morgengrauen war er jedesmal verschwunden. Ich hätte ihn natürlich sehr gern einmal bei Büchsenlicht gesehen und setzte mich mehrere Male in den Mittagsstunden an dem Wildacker an, an dem der Revierförster den Hirsch im Bast bestätigt hatte, aber es blieb vergebens.

Die Wildäcker sind im Kaltenbronn natürlich eine große Anziehungskraft für das Wild, denn der nährstoffarme Boden – es handelt sich um mittleren Buntsandstein – trägt nur eine kümmerliche Flora, vor allem hier in einer Höhenlage von 800 bis 1000 m. Die Hauptnahrung des Wildes besteht daher in Heidelbeerkraut und mehr oder weniger sauren Gräsern, deshalb haben wir stets versucht, die natürlichen Äsungsbedingungen zu verbessern.

WILDACKER UND NATÜRLICHE ÄSUNG

Mein Vorgänger im Amt kam auf eine glänzende Idee. Anstatt mit Porphyr, dem hier im nördlichen Schwarzwald üblichen Wegebaumaterial, die Beschotterung der Holzabfuhrwege vorzunehmen, verwandte er nur Kalkschotter von der Schwäbischen Alb. Der Preis war frei Verwendungsstelle derselbe, ja der Kalk war eher noch billiger und als Material ebenso gut wie Porphyr. So wurden 116 km sog. A-Wege mit Kalkstein beschottert. Im Sommer lagert sich hinter jedem Auto eine weiße Kalkstaubwolke rechts und links vom Wege ab, und bei Regen fließt die Kalkmilch in die Grabenböschung. So findet entlang der Wege eine ständige Kalkdüngung statt. Weißklee, Erdbeere und andere kalkliebende Pflanzen und süße Gräser bedecken die Böschungen und bieten beste Äsung für das Wild. Rechnet man nur, daß rechts und links vom Wege ein je 1 m breiter Streifen vorhanden ist, dann sind das 2 × 116 000 = 232 000 qm oder 23,2 ha bestgedüngte Äsungsfläche, die nichts gekostet hat. Nebenbei erreichen wir noch, daß das Wild sich mehr verteilt, weil ja überall im Revier die gekalkten Wege vorhanden sind. Die aus forstlichen Gründen durchgeführten Kalkdüngungen großen Stils dienen ebenfalls der Verbesserung der Äsung. Die im Kaltenbronn seit etwa 10 Jahren durchgeführten Versuchsflächen zeigen, neben erheblichen Zuwachssteigerungen am Holz, eine völlige Veränderung der Flora nach Kalkdüngung. Wir düngen jedes Jahr etwa 60 ha Wald, so daß diese Maßnahme auch für das Wild eine erhebliche Bedeutung hat. Auch die vorhandenen Wildwiesen werden gedüngt und mit Kalk und Kunstdünger verbessert.

Es ist bedauerlich, daß, überall wo Kleinlandwirte sind, die Viehhaltung zurückgeht, die Folge davon ist nämlich, das man den Grasschnitt der im Walde gelegenen Wiesen nicht mehr verkaufen kann. Die Wiesen müssen aber mindestens einmal im Jahre gemäht werden, wenn sie nicht völlig verwildern und entarten sollen. Nur ein Teil wird von Waldarbeitern gemäht, das Heu wird als Winterfutter für das Rotwild verwandt. Aber das ist eben nur ein geringer Teil. Er kann auch nicht vergrößert werden, weil Mähen und Verbringen des Grases im Tagelohn unheimlich viel Geld kosten. Ich habe mir so geholfen, daß ich einem Herrn, der norwegische Fjordpferde besitzt, die sehr anspruchslos sind, große Wiesenflächen verpachtet habe mit der Auflage, die Pferde weiden zu lassen und die

Wiesen zu pflegen und zu düngen. In einem Nachbarforstamt hat man Jungvieh und Rinder den Sommer über auf die Waldwiesen getrieben und ebenfalls gute Erfolge damit erzielt. Es ist unbedingt abzulehnen, die Waldwiesen aufzuforsten, einmal leidet das Landschaftsbild erheblich – ein schreckliches Beispiel dafür ist der Harz – und außerdem wird die Erhaltung des Rotwildes damit völlig in Frage gestellt.

Die Wildäcker sind im Forstamt Kaltenbronn verteilt im ganzen Revier angelegt. Man muß mit Hilfe der Wildäcker eine möglichst weitgehende Verteilung des Wildes herbeiführen. Alles, was eine Konzentration des Wildes fördert, muß bei Fütterung aller Art peinlichst vermieden werden. Es ist also z. B. nicht richtig, ein oder zwei große Wildäcker im Revier zu haben, man soll viele kleine derartige Anlagen besitzen. Bezüglich der Bestellung der Äcker ist es natürlich vorteilhafter, wenige große Flächen zu haben, da dann der Maschineneinsatz lohnend wird, aber die Nachteile sind, wie gesagt, auf der anderen Seite zu groß.

Wir bauen in den Kaltenbronner Wildäckern nur solche Futterpflanzen, die eine möglichst große Futtermasse liefern, es ist daher völlig sinnlos, z. B. Hafer anzubauen; die Futtermenge, die erzeugt werden kann, ist viel zu gering. Als geeignete Pflanzen haben sich bewährt Riesenkuhkohl – die je qm erzeugte Futtermasse beträgt im Kaltenbronn bei Volldüngung bis zu 9 kg! – weiterhin Topinambur, der den Vorteil hat, mit seinen Knollen noch im Winter dem Wild Äsung zu bieten, nachdem die Blätter und Stengel bis auf den Boden abgeäst sind. Topinambur hat nur den Nachteil, daß er keinerlei Frost verträgt. Da es aber im Kaltenbronn häufig schon im September friert, muß man dem Wild die Äcker, die mit Topinambur bestellt sind, schon Anfang September öffnen, also zu einer Zeit, wo eine Fütterung weder zulässig noch nötig ist. Völlig frosthart ist der westfälische Furchenkohl, den wir seit einigen Jahren ebenfalls anbauen, aber die erzeugte Futtermasse ist nicht befriedigend. Er ist aber in gewissem Maße perennierend, schlägt also, wenn man ihn nicht zu sehr verbeißen läßt und die Gatter des Ackers rechtzeitig schließt, wieder aus. Gut hat sich auch Comfrey bewährt, eine in der Landwirtschaft Norddeutschlands viel angebaute Futterpflanze, die in Baden merkwürdigerweise fast unbe-

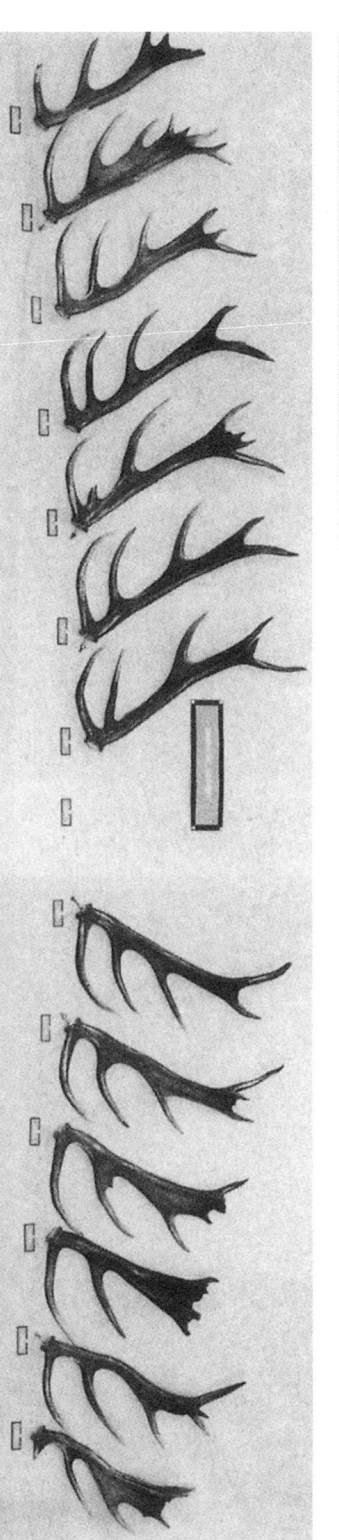

*Abwurfserie des „Schauflers"
von 1954 bis 1960
(1960 fehlt die linke Stange)*

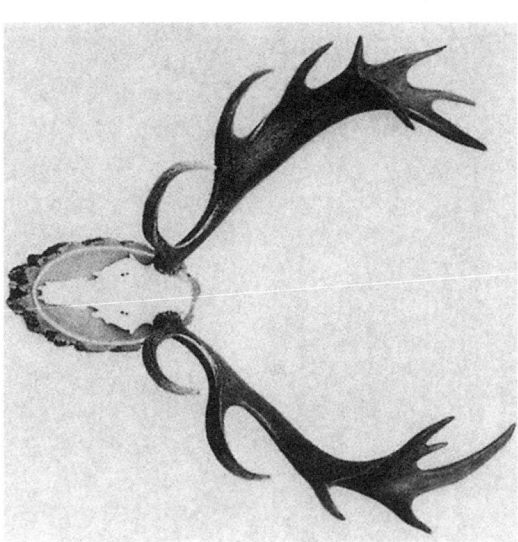

Abwurf des „Schauflers" 1955

Abwurf des „Schauflers" 1958

Rominter Rotwildfütterung im Kaltenbronn. In den Berg gebauter Rübenkeller mit darüber befindlichem Vorratsraum (ob.) Heuraufe und Futterkasten (unt.)

kannt ist. Comfrey ist perennierend, wuchert wie Unkraut, aber man muß im Juli das erstemal das Gatter öffnen und abäsen lassen, dann im August wieder und zur Hirschbrunft das drittemal. Die erzeugte Futtermenge ist also im ganzen befriedigend, aber der Zeitpunkt, in dem das Gatter zum ersten- und zweitenmal geöffnet werden muß, ist ungünstig; im Juli und August hat das Wild auf den Wiesen und in den Beständen noch reichlich genug Äsung, und es ist unnötig, ihnen weiteres Futter darzubieten.

In der Feistzeit trieb sich der „Schaufler" jede Nacht bei den Häusern vom Kaltenbronn herum. Eines Nachts stand er bei Mondschein zwischen den Gartentischen und -stühlen vor der Terrasse des Kurhauses. Der Kurhauspächter machte vorsichtig das Fenster auf, um ihn mit seinem Fernglas genauer besehen zu können. Dabei knarrte der Fensterverschluß. Der Hirsch warf auf und hatte im Geweih einen Gartenstuhl hängen. Das versetzte ihn natürlich in eine panische Angst, er wurde mit Gartenstuhl hochflüchtig und überfiel mit gewaltigem Poltern den nahen Kegelbach. Hierbei verlor er seinen Stuhl, der, wie der Wirt am nächsten Morgen feststellte, friedlich im Bach lag.

Vier Wochen später, es war wieder Vollmond, war ich in meinem Jagdhaus im Kaltenbronn, das wenige Meter von der durchgehenden Straße entfernt liegt. Man kann von der Kurhausterrasse in mein Wohnzimmer sehen, wenn die Gardinen nicht zugezogen sind. Während ich, im Wohnzimmer auf- und abgehend, meiner Frau in die Schreibmaschine diktierte, stand der Schaufler in vollem Mondlicht hinter dem Hofzaun und äste an der Böschung. Er war von mir, der ich laut diktierend hin und herging, etwa 8 m entfernt und mußte mich, auch wenn die Fenster geschlossen waren, genau hören. Vom Kurhaus aus sah man den Hirsch unter dem Fenster stehen und sah mich im Zimmer hin- und hergehen. Meine Frau und ich ahnten nichts von dem stillen Zuhörer unserer Arbeit. Nun versuchte man, uns vom Kurhaus anzurufen, aber das Telefon war nicht in Ordnung. Als ich den letzten Brief fertig diktiert hatte, ging ich noch einmal vor die Haustür, um nach dem Wetter zu sehen. Ich öffnete also die Tür, schaltete zu gleicher Zeit das Hoflicht an und – – stand dem „Schaufler" mit seinem mächtigen Geweih auf wenige Meter gegenüber. Er hatte das Haupt über das Hoftor geschoben, und wir sahen uns bei hellstem Licht auf wenige Meter in die Augen! Ich weiß nicht, wer von uns beiden den größeren Schreck bekam. Der Hirsch warf sich auf jeden Fall mit einer hohen Flucht herum, seine Schalen klapperten laut auf der Teerdecke der Straße. Diese nächtliche Vertrautheit grenzte schon beinahe an Frechheit. Die Beihirsche, die er gelegentlich mitbrachte, blieben stets viel vorsichtiger.

Ich war überzeugt, daß der „Schaufler" ein ganz besonders intelligenter Hirsch war, er unterschied genau, wann der Mensch für ihn eine Gefahr war, und wann nicht. Es kann nämlich keinem Zweifel unterliegen, daß es dumme und kluge Hirsche gibt, furchtsame und mutige, standortstreue und wanderlustige. Das Tier ist genauso ein Individuum wie der Mensch. Der eine Hund ist intelligenter als der andere, das eine Pferd ist störrisch, das andere fromm und gutmütig. Ich glaube, daß wir die Fähigkeiten und die Intelligenz der Tiere häufig unterschätzen, es ist wohl nur die Wahrnehmung und das Bewußtwerden anders als beim nachdenkenden Menschen. Wir sagen dazu, das Tier handelt aus Instinkt, aber Instinkt ist ein Wort, unter dem man sich alles oder nichts vorstellen kann. Wir Menschen neigen dazu, alles zu registrieren, womit aber an sich noch keinerlei Erkenntnisse gewonnen werden. Wenn wir den Namen einer Blume wissen, den der alte Linné ihr mehr oder weniger willkürlich gegeben hat, so glauben wir etwas von Botanik zu verstehen.

Das Studium der Verhaltensweise der Tiere ist z. Z. sehr aktuell und zweifellos hochinteressant, aber wir beurteilen die beim Experiment sichtbar werdenden Erscheinungen nach *unserem* Verstand und *unserer* Deutungsweise. Ich bin davon überzeugt, daß das Rotwild den zuständigen Förster und die Waldarbeiter einzeln genau kennt, und zwar an der Wittrung, dafür gibt es viele Beweise. Ein klarer Beweis dafür ist z. B. die Tatsache, daß das Rotwild vertraut die Fütterung annimmt, die kurz vorher noch durch die Hand des Fütterers ging, also bestimmt noch seine Wittrung hat. Sobald aber ein Fremder die Fütterung beschickt, kommt das Wild erst sehr spät, meistens sogar erst bei voller Nacht, an die Tröge und bleibt auch dann äußerst mißtrauisch. Der „Schaufler" kannte bestimmt die ständigen Bewohner vom Kaltenbronn, er kannte auch die Hunde und wußte genau, daß sie im Zwinger waren und ihm nichts tun konnten, denn er nahm sein Futter 15 m vom Hundezwinger entfernt auf und reagierte auf das Bellen der Hunde überhaupt nicht.

Den ganzen Sommer über wurde der Hirsch bei Büchsenlicht nicht gesehen, in der Brunft aber stand er wieder in Abt. 27 und führte zum erstenmal ein Rudel, das ihm aber im Verlauf der Brunft verschiedentlich abgenommen wurde. Er kreuzte dann bei anderen Brunftplätzen auf und schrie sehr viel. Man hätte ihn ein Dutzend Mal schießen können, er schien aber zu „wissen", daß er zum Totschießen noch nicht reif war!

Im Frühjahr 1956 warf er am 24. März ab, aber leider fanden wir nur eine Stange. Der Revierförster suchte wochenlang die ganze Umgebung vergeblich ab. Erst im Frühjahr 1960 wurde die zweite Stange gefunden. Auch die Passtangen vom Jahre 1954 und 1957 fanden wir im Frühjahr 1960 nachträglich. Es stellte sich heraus, was wir auch schon vorher beobachtet hatten, daß der Hirsch die Schaufelbildung gewechselt hatte. War im Jahr 1955 die rechte Stange breit und schaufelartig ausgebildet, dann war im folgenden Jahr diese Erscheinung auf der linken Stange vorhanden. Mit dem Älterwerden ging die Schaufelbildung überhaupt zurück, so daß etwa vom achten Kopf ab von einer Schaufelbildung nicht mehr gesprochen werden konnte. Ich habe in meinem Buch „Rominten" eingehend berichtet, daß wir auch in der Rominter Heide Hirsche hatten, die im Laufe ihres Lebens die Form ihrer Geweihe derartig veränderten, daß es sehr schwer war, die Abwürfe zu identifizieren, und daß es andere gab, die ihr ganzes Leben lang den gleichen Geweihaufbau und die gleiche Ausformung behielten, so daß man z. B. die Abwürfe vom vierten und zehnten Kopf sofort als von ein und demselben Hirsch stammend erkannte. Wenn man beim „Schaufler" die Abwürfe vom vierten und neunten Kopf nebeneinanderhält, kann man nur an bestimmten Merkmalen, wie Länge und Biegung der Augsprosse, Petschaftform und Furchenverlauf, erkennen, daß es derselbe Hirsch ist.

Als ich während der Sommerferien mit meiner Familie in meinem Jagdhaus wohnte, nahmen wir ein Pferd in Pension, damit meine Jungens reiten konnten. Das Pferdchen weidete friedlich auf den Wiesen um das Jagdhaus herum und hatte sich gleich gut eingewöhnt. Als wir eines Abends gerade zu Bett gehen wollten, wieherte plötzlich das Pferd laut auf und kam in gestrecktem Galopp quer über die Wiese bis an den Zaun, denn – dort stand der „Schaufler"! Der Gaul hatte ihn natürlich für seinesgleichen gehalten und war freudig wiehernd bis an den Zaun, etwa 50 m vom Standort des Hirsches entfernt, galoppiert. Wind hatte unser Wallach von dem Hirsch nicht bekommen können – wohl aber bekam der „Schaufler" Wind von dem Pferd – ich beobachtete die ganze Sache hinter der Gardine stehend – der Hirsch sicherte bei der freudigen Begrüßung zum Pferd hinüber und – äste seelenruhig weiter. Er nahm auch weiterhin keinerlei Notiz von ihm, obgleich das Pferd noch mehrere Male laut wieherte. Der Wallach kannte keinen Hirsch, aber der „Schaufler" kannte Pferde, da die Fuhrleute im Kaltenbronn heute noch mit Pferden das Holz rücken. So wußte er, daß Pferde und Fuhrleute zu den ungefährlichen Lebewesen gehören.

In der Brunft stand der „Schaufler" wieder in Abt. 27. Er war schon Mitte September dort und blieb bis Ende Oktober, schrie anhaltend und hatte ein starkes Rudel zusammengetrieben, wie man es sonst im Kaltenbronn selten erlebt, da immer mehr männliche als weibliche Stücke vorhanden sind.

Da der Hirsch an Wildpret verhältnismäßig gering ist, wirkt er desto imponierender, denn die Relation zwischen Körper- und Geweihgröße bestimmt den Eindruck. In Jugoslawien wog ein Hirsch 4 bis 5 Zentner. Wenn solch ein Koloß ein Geweih von 18 Pfund auf dem Haupt trug, war das kein überwältigender Eindruck und man neigte dazu, das Geweih zu unterschätzen. In Rominten wog dagegen ein Hirsch in der Brunft etwa 300 bis 320 Pfund. Wenn er dann ein Geweih von 18 Pfund oder darüber trug, war das ein gewaltiger Anblick. Ich schätze, daß der „Schaufler" bahnfertig etwa 250 Pfund höchstens hat, dementsprechend wirkt er in freier Wildbahn mit seinem Geweih fast wie ein starker Rominter Hirsch.

Ende Oktober kehrte der „Schaufler" zu seinem Jahreseinstand – den wir immer noch nicht genau kannten – zurück, und zwar brauchte er für die etwa 4 km weite Entfernung vom Brunftplatz bis zum Erscheinen im Kaltenbronn drei Tage. Wir beobachteten das nun mehrere Jahre lang, er bummelte zurück und ließ sich reichlich Zeit dabei.

Eines Tages war ein Kurgast, der einen unangebundenen Hund

bei sich hatte, abends auf dem immer benutzten Wechsel an den „Schaufler" geraten, und der Hund hatte den Hirsch lauthals gehetzt. Daraufhin erschien der Hirsch drei Tage lang überhaupt nicht. Alle Krippen waren morgens unberührt. Dann kam er mehrere Wochen lang auf einem anderen Wechsel, er vermied also peinlichst die Stelle, wo er mit dem Hund zusammengetroffen war. Man sieht daraus, wie empfindlich ein Hirsch gegen Störungen ist, wenn sie ihm wirklich bedrohlich erscheinen. Derselbe Hirsch, der sich aus dem Hundegebell des Kaltenbronner Zwingers nichts machte, der friedlich weiteräste, wenn ihn aus nächster Nähe ein Pferd laut wiehernd begrüßte, nahm den hinter ihm herhetzenden Hund sehr übel.

Ich berichte all diese kleinen Episoden deshalb, weil man nur selten einen Hirsch in freier Wildbahn so lange Jahre in seiner Verhaltensweise so genau beobachten kann.

Natürlich blieb die Existenz dieses Hirsches nicht unbekannt. Sämtliche Kurgäste sahen draußen im Wald den „Schaufler", d. h. jeder Hirsch, der überhaupt gesehen wurde, war für sie der „Schaufler", auch wenn es nur ein kleines Achterchen war. Als im Spätherbst einige Kurgäste nach 9 Uhr abends versuchten, den „Schaufler" anzupürschen, und er auch sonst mehrmals gestört wurde, wurde ihm die Sache zu dumm. Er mochte nicht so lange warten, bis der letzte Kurgast im Bett lag, und so verlegte er sein Nachtmahl vor und erschien bereits um 6 Uhr, sofort nach Schwinden des Büchsenlichtes. Wenn die Kurgäste sich dann wie die Indianer um 9 Uhr heranschlichen, war seine Krippe längst leer und er war schon wieder fortgezogen.

Der Futtertrog steht immer etwa 25 m von der Landstraße entfernt. Die von oben kommenden Autos sah der Hirsch also schon von weitem, weil das Scheinwerferlicht ihn ungehindert traf. Er pflegte dann einige Fluchten zu machen bis über eine kleine Bachbrücke, verhoffte, bis das Auto vorbei war, um dann sein Mahl fortzusetzen. Die Autos, die dagegen von unten heraufkamen, konnte er nicht sehen, weil das Scheinwerferlicht durch einen Schuppen abgefangen wurde. Diese Autos ließ der Hirsch dann auf 25 m Entfernung stillstehend vorbeifahren, es kam auch kaum vor, daß die Insassen dieser Wagen den Hirsch bemerkten.

DER SCHAUFLER VOM KALTENBRONN

Im Winter 1958 bekamen wir Angst um den „Schaufler". Es lag über 1 m hoher Schnee, und der Hirsch war seit einer Woche nicht zur Fütterung gekommen. Schweren Herzens entschlossen wir uns, den Wechsel, der tief ausgetreten war, auszugehen. Wir stießen nach etwa 1½ km auf ihn und fanden mehrere nahe beieinanderliegende Betten, die in dem tiefen Schnee wie tiefe Kuhlen aussahen, in denen große Haufen Losung lagen. Der Hirsch hatte zweifellos hier jahraus, jahrein seinen festen Einstand, der Platz war ideal gewählt: Am Rande des Latschengebietes in dem sog. „Grindegürtel" standen zwischen einzelnen Latschenbüschen bis auf den Boden beastete Fichten; weder ein Wanderweg noch ein Fahrweg führt in der Nähe vorbei, und eine Holznutzung fand naturgemäß in den Grindebeständen nicht statt, es herrschte also ein urwaldartiger Bestandescharakter. Viel Heidelbeere und Heidekraut gaben Äsung, und hier, geschützt gegen den Wind in tiefen Schneekuhlen, hatte der „Schaufler" „gehockt", wie der Badener sagt, und wir hatten uns umsonst gesorgt. Der Hirsch nahm die Störung in seinem sonst so ruhigen Einstand erstaunlicherweise nicht übel – sollte er auch hierbei gewußt haben, daß ihm keine Gefahr drohte, da ihm nur der gewohnte Geruch des Revierförsters in den Windfang schlug?

Groß ist die Liste der Jagdgäste, die zu großherzoglichen Zeiten im alten Hofjagdrevier und in den letzten Jahren, seit Kaltenbronn Staatsjagdrevier ist, hier gejagt haben. Kaiser Wilhelm II. war mehrfach im Kaltenbronn zur Auerhahnbalz als Gast des früheren Großherzogs Friedrich II. und seiner Gemahlin, Großherzogin Hilda. Das großherzogliche Paar war übrigens in Baden sehr beliebt, und wenn nicht in ganz Deutschland 1918 die Monarchien beseitigt worden wären – die Badener hätten ihren Großherzog gerne behalten. In Baden hatte stets eine demokratische Monarchie geherrscht, und der Großherzog war mehr der erste Bürger unter Gleichen, als Monarch gewesen. Als ich 1947 nach Baden kam – als sog. „Hergeloffener" oder „Zugeschmeckter" – fiel mir auf, daß in allen Kreisen, mit denen ich zusammenkam, in fast ehrfürchtiger Weise von „unserer Großherzogin" gesprochen wurde, die damals noch lebte.

Außer Wilhelm II. war auch sein Sohn, der deutsche Kronprinz,

VIELE GÄSTE JAGTEN IM KALTENBRONN

Gast im Kaltenbronn. Er schoß in der Balz 1902 einen starken Auerhahn. Der damalige Kronprinz und spätere König von Schweden war häufig im Kaltenbronn, ebenso der jetzige Herzog von Edinburg, der Gemahl der Königin von England. Selbst die Russen waren durch Großfürst Michael Michailowitsch vertreten.

In der Zeit zwischen den beiden Weltkriegen übte der Neffe der Großherzogin, Markgraf Berthold von Baden, die Jagd im Kaltenbronn aus. Nach dem Rückfall des Forstamtes an den badisch-württembergischen Staat jagten hier Minister und Botschafter, Generäle und Abgeordnete, Senatoren und Generaldirektoren.

Die Jagdgeschichte ist immer zugleich auch eine Kulturgeschichte und eine Geschichte der Politik. Die jeweilig Herrschenden und Maßgebenden jagen – das war schon zu den Zeiten der Pharaonen so und wird auch so bleiben. Man könnte daher die Jagdgeschichte Kaltenbronns überschreiben: „Von Kaiser Wilhelm II. bis zum Abgeordneten Wilhelm Schulze." Zahlreiche Ausländer, Amerikaner und Briten, Franzosen, Schweizer und Perser, waren unter den Gästen der letzten Jahre. Mir persönlich macht die Betreuung dieser prominenten Gäste, die ich fast immer selbst führe, große Freude. Man lernt interessante Menschen kennen, die nach der Erlegung eines großen Hahnes oder eines guten Hirsches auch einmal aus sich herausgehen. In dem kleinen, gemütlichen, holzgetäfelten Jägerstübchen im Kurhaus sind bei solchen Gelegenheiten Gespräche geführt worden, wie sie auf dem Bonner Parkett nicht möglich sein dürften.

Ich habe fast 20 Jahre lang, erst in Rominten und jetzt im Kaltenbronn, prominente und prominenteste Jagdgäste geführt und habe manche internationale Unterhaltung gehabt. In vielen Staatsrevieren, in denen Jagdgäste mit oder ohne Bezahlung jagen, wird dem Gast ein bestimmter Revierteil, meistens eine ganze oder halbe Revierförsterei, zugewiesen, und der zuständige Förster muß nun diesen Gast führen. Ich habe stets ein anderes Prinzip vertreten: Wir Forstbeamten versuchen, das Wild zu bestätigen, sowohl Hahnen als auch Hirsche, und die Meldungen über die Ergebnisse laufen täglich zweimal – nach der Frühpürsch und nach der Abendpürsch – bei mir ein und werden in einem dicken Kalender, von meinen Beamten nur die „Hirschbibel" genannt, eingetragen. Jetzt wird von

PROMINENTE GÄSTE
DIE IM KALTENBRONN
JAGTEN

Kaiser Wilhelm II.

Großherzog Friedrich von Baden
Großherzogin Hilda

Kronprinz Wilhelm von Preußen
Max Prinz von Baden
(späterer Reichskanzler)

Kronprinz Gustaf von Schweden und Norwegen

Großfürst Michael Michailowitsch von Rußland

Markgraf Berthold von Baden

Prinz Heinrich XXXIII. von Reuß

Prinz Philip von Griechenland (Herzog von Edinburgh)

Negus Haile Selassie, Kaiser von Äthiopien

Fürst Esfandiary, Persischer Botschafter
Sir Hoyer Miller, Britischer Botschafter

Dr. Eugen Gerstenmaier
Bundestagspräsident

Dr. Farny
Minister für Bundesangelegenheiten

Bundesminister Dr. von Merkatz

Eddleman, General (USA)

Bundestagsabgeordneter Ruhncke

Everest, General (USA)

Dr. Carl von Campe, Deutscher Botschafter in Chile

mir zentral angeordnet, welcher Gast auf welchen Hirsch bzw. Hahn jagen soll. Es jagt also im allgemeinen jeder Gast auf einen bestätigten Hirsch oder Hahn. Hierdurch sind die Chancen erheblich größer, als wenn die Gäste regional eingeteilt werden.

Bei den Hahnen ist die Sache nicht sehr kompliziert, es sind meistens nur wenige Gäste da, es gibt nur eine beschränkte Zahl von Balzplätzen, die Einteilung ist daher sehr einfach zu machen. In der Hirschbrunft dagegen ist die Sache schon schwieriger. In den letzten Jahren waren während der Brunft 12 bis 15 Jagdgäste in Kaltenbronn, manchmal 7 bis 8 zugleich, in dieser Zeit ist dann zweimal am Tag großer Jagdrat. Die Förster kommen meistens persönlich zu mir in mein Jagdhaus, das zentral im Revier liegt, und erstatten Bericht. Dann wird der Plan gemacht. Das ist für mich das Schönste und Interessanteste der ganzen Hirschbrunft! Der Wind muß berücksichtigt werden, wie zieht der Hirsch, wo hat er an diesem Morgen zum letztenmal geschrien? Wie kommt man heil, das heißt, ohne gemerkt zu werden, auf den Hochsitz, und wie kommt man, ohne zu stören, wieder herunter? Woran ist der Hirsch zu erkennen, wie sieht die Krone aus, links und rechts? Wie alt ist der Hirsch? Wieviel Mutterwild hat er bei sich gehabt? Wie ist bei dem und jenem Wind die Anfahrt? Können sich die Gäste auch nicht gegenseitig stören, wenn der eine schießt? Hat der Jagdgast auch vorher auf die Scheibe geschossen, und wie? Ist sein Kaliber stark genug, hat er die richtige Munition? Kann man ihm eine Pürsch zumuten, oder knarren seine Stiefel und hustet und prustet er laut? Kann man mit ihm also nur ansitzen? Wann muß abgefahren werden, um wieviel Uhr muß der Hochsitz besetzt sein? Wo werden die nicht führenden Forstbeamten zum Beobachten und Bestätigen eingesetzt? Wie kommen sie dorthin, ohne mit Jagdgästen zu kollidieren oder zu stören?

Das sind so einige Erwägungen und Überlegungen, die bei diesen Lagebesprechungen angestellt werden müssen. Daneben wird berichtet und registriert, was gesehen wurde. Es wird versucht, die Hirsche zu identifizieren, wobei das Aufzeichnen des Geweihes im Notizbuch gute Hilfe leistet. Es wird festgestellt, wo und um welche Zeit ein Hirsch gemeldet hat, ob die Stimme gut war. Dann, wie der Hirsch gezogen ist, und ob man ihn am nächsten Tag da und dort abpassen kann, um ihn zu bestätigen – kurzum, diese Besprechungen sind äußerst interessant und geradezu spannend. Um erfolgreich planen zu können, müssen eine ganze Menge Voraussetzungen erfüllt sein: man muß das Revier wie seine Westentasche kennen, man muß immer wissen, was sehr schwer ist, wie der Wind geht. Das ist in der Ebene einfach, im Gebirge dagegen erlebt man immer wieder Nackenschläge. Ein Drehen der Hauptwindrichtung um wenige Grade kann an bestimmten Örtlichkeiten eine Änderung des Windes um 180° bedeuten. Der gesamte Jagdplan fällt ins Wasser, wenn der Jagdgast nach langer Fahrt und anschließender Pürsch auf dem Hochsitz ankommt und – den Wind im Genick hat.

Man muß aber auch die Wechsel und Gewohnheiten des Wildes genau kennen, man muß wissen, wie das alte, schlaue Leittier einen im vergangenen Jahr an der Nase herumgeführt hat. Man muß die Suhlen und Salzlecken einkalkulieren, und man muß vor allem genau erkannt haben, was man einem Jagdgast zumuten kann, und was nicht. Leider werden die meisten Herren erst mit 60 oder gar 70 Jahren so prominent, daß sie nach Kaltenbronn eingeladen werden, und es ist nicht immer ganz leicht, mit diesen Gästen dann zum Erfolg zu kommen. Zäh und ausdauernd sind sie alle – das scheint die hervorstechendste Eigenschaft des Alters zu sein – und „wollen wollen sie auch" sagt der Ostpreuße, aber sie schnaufen und husten, neigen zu Schwindel und sehen schlecht, und sie bekommen Jagdfieber, um das ein Jüngling sie beneiden könnte.

Von den vielen Erlebnissen mit Jagdgästen, von den Pannen, die passierten, und von manch lustiger Episode möchte ich, ohne indiskret zu werden, einiges berichten. „Nomina sunt odiosa" sagten die alten Römer, also sprechen wir von Herrn X und Y.

Ein ausländischer Minister war auf einen Hahn eingeladen. Er kannte Auerwild und hatte schon mehrere Hahnen geschossen. Wir saßen abends auf dem Balzplatz des Reviers, um den Hahn zu verlusen. Ich hatte einen bestimmten Hahn vorgesehen, den ich schon mehrere Jahre kannte, und der, etwas abgesetzt vom Hauptbalzplatz, am Rande eines Holzabfuhrweges balzte. Wir setzten uns an, und zwar so, daß wir die Stelle, an der der Hahn zu balzen pflegte, gut überhören, aber auch bequem und lautlos wieder verlassen konnten.

Der Hahn schwang sich ziemlich spät ein, knappte noch einige Male, worgte dann und schlief ziemlich schnell ein. Der war uns morgen früh sicher!

Als wir noch bei völliger Dunkelheit, allerdings bei Mondlicht, am nächsten Morgen vorsichtig auf dem Holzabfuhrweg vorpürschten, balzte der Hahn schon flott. Mir ist es viel lieber, die Hahnen fangen nicht so früh an, denn dann ist immer die Gefahr vorhanden, daß sie auch sehr früh zu Boden gehen. Wir sprangen den Hahn an und standen, ausgezeichnet gedeckt durch die tiefherabhängende Traufe einer alleinstehenden Fichte, in Schußentfernung vor ihm. Ich bog die Traufe vorsichtig, während der Hahn schleifte, auseinander und sah ihn sofort auf etwa 30 Schritt in halber Höhe einer Tanne stehen. Deutlich war im ersten Morgengrauen der weiße Spiegelfleck zu erkennen, und mit Hilfe des Glases sah man den ganzen Hahn sehr gut. Das war eine bombensichere Angelegenheit! Wir warteten in Ruhe ab, bis es etwas heller geworden war. Während der Hahn schleifte, erklärte ich dem Minister genau, wo der Hahn stand, und wie er sich verhalten sollte. Als ich dann aber vorsichtig die Traufe wieder auseinanderbog, da – – – sah der Gast den Hahn nicht, obschon dieser völlig frei stand und auf seinem Ast herumtanzte, einen Vers nach dem anderen machend. Ich beschrieb noch einmal die Stelle, legte schließlich meinen Zielstock auf den Hahn an und ließ den Gast am Stock vorbeisehen – er bekam ihn nicht klar! Der Botschafter trug eine dicke Brille, und wahrscheinlich war er völlig nachtblind. Nach weiteren fünf Minuten – es war inzwischen volles Tageslicht geworden – versuchte ich es noch einmal – vergebens! Es gehören schon gute Nerven dazu, in solchen Situationen sich vollkommen beherrschen zu können. Da stand der Hahn völlig frei auf gute Schrotschußentfernung – und der Gast sah ihn nicht! Während ich mir in meinem Innern zuflüsterte: Ruhig bleiben, nicht wild werden, nur ruhig bleiben – ging der Hahn plötzlich zu Boden und – fiel 2 m von uns entfernt ein! Da standen wir nun wie die Salzsäulen, denn *nun* sah auch der Gast endlich den Hahn. Der Hahn konnte uns aus dieser nahen Entfernung nicht als Menschen ausmachen, er rätselte an uns herum, sein Stingel wurde immer länger, und nach qualvollen Minuten ritt er ab. Vorsicht ist besser als Neugier, hatte er sicher gedacht, aber ich glaubte nicht, daß er vergrämt war, da er uns wahrscheinlich bis zum Schluß nicht als Menschen erkannt hatte und so auch nicht ernstlich gestört sein konnte.

Wir setzten uns abends auf dem Hauptbalzplatz an, der zuständige Förster sollte unseren Hahn vom Morgen verlusen. Bei uns waren einige Hahnen, die ich aber alle nicht für alt hielt. Als wir uns dann später mit dem Förster trafen, erzählte er, „unser" Hahn – es konnte sich nur um den Hahn vom Morgen handeln – wäre etwa 50 m von seinem morgendlichen Baum eingefallen. Der Förster wußte genau, wo der Hahn stand. Am nächsten Morgen waren wir sehr früh zur Stelle. Alles war noch still.

Ich wollte es nun, um ganz sicherzugehen, besonders gut machen, und wir pürschten auf Schrotschußentfernung an den Schlafbaum heran, nahmen Deckung in einem kleinen Naturverjüngungsbusch und warteten. Jetzt plusterte und schüttelte sich der Hahn, dann hörten wir die Losung zur Erde klatschen – aber sehen konnten wir nichts, dazu war es noch zu dunkel. Schließlich fing der Hahn an leise zu knappen und spielte sich, zunächst noch mit einigen Pausen, gut ein. Er schien nahe am Stamm der Fichte zu stehen, das ist immer ungünstig. Während der Minister und ich nun verzweifelt um den Baum herumsprangen, um den Hahn frei zu bekommen, blieb der Förster in Deckung sitzen. Als wir auf der anderen Seite des Baumes in gräßlichem Geröll steckten, rief der Förster plötzlich während des Schleifens: „Ich sehe den Hahn!" Beim nächsten Vers rief ich: „Wo? Beschreiben Sie bitte genau." Und nun ging ein lautes Wechselgespräch zwischen uns hin und her, wobei wir die flott aufeinander folgenden Verse ausnutzten und nur aufpassen mußten, daß die Sätze kurz blieben, die wir uns wie Bälle zuwarfen, damit sie nicht über die Dauer des Schleifens hinausrollten. Wir konnten aber trotz des Zwiegespräches den Hahn von unserem Standpunkt aus nicht sehen, also sprangen wir zurück in Richtung Förster. Aber bevor wir ihn erreichten – ritt der Hahn ab. Ganz nahe am Stamm in halber Baumhöhe hatte er gestanden, aber er war überhaupt nur von dem Platz des Försters zu sehen und zu schießen gewesen. Hätten wir die ganze Anspringerei unterlassen und wären schön sitzen geblieben, dann wäre der Hahn unser gewesen – – vorausgesetzt, daß der Minister ihn gesehen hätte!

DER SCHAUFLER VOM KALTENBRONN

Ein Botschafter, der auf einen großen Hahn eingeladen war, erschien im eleganten Straßenanzug, mit Halbschuhen und Seidenstrümpfen. Mein Angebot, von mir wenigstens dicke Socken und Jagdschuhe anzuziehen, lehnte er kategorisch ab, er sei abgehärtet, ihm mache Kälte nichts aus. Alle meine Vorstellungen waren vergeblich. Nun gut, wir zogen abends los, um einen Hahn zu verlusen. Der Botschafter ohne Hut – er hatte überhaupt keinen mitgebracht – und im leichten Straßenmantel. Er fror auf dem Ansitz natürlich wie ein junger Hund, und ich stellte schnell fest, daß er überhaupt nicht wußte, was der Auerhahn für ein Tier war, er hatte noch nie auch nur die Abbildung eines Hahnes gesehen und war baß erstaunt, als ich ihm auf seine Frage erklärte, daß man den Hahn nicht essen könne: „Ja, was macht man denn dann mit dem Tier, wenn man es geschossen hat?!" „Man hängt ihn ausgestopft an die Wand, Exzellenz" – – – „Dazu habe ich aber gar keine Lust, und außerdem paßt so etwas nicht in meine moderne Diplomatenwohnung." Es fiel unweit von uns ein Hahn spät ein, balzte noch recht gut, so daß der Gast wenigstens den Balzgesang des Urhahnes mitbekam, denn am nächsten Morgen fuhr er nach Baden-Baden, um sein Glück im Spielkasino zu versuchen.

Ich habe jahrelang versucht, die Lebensgewohnheiten und die Verhaltensweise des Auerwildes zu studieren und habe immer wieder erkennen müssen, daß einem wohl keine andere Wildart so viele Rätsel aufgibt, wie gerade der Urhahn. Man sagt, das Auerwild sei ein Kulturflüchter, und das trifft im großen und ganzen auch zu, aber während das Auerwild an einer Stelle die kleinste Bestandesveränderung übelnimmt und den Balzplatz verläßt und meidet, erträgt es an anderen Stellen die gröbsten Störungen, ohne darauf zu reagieren. Ich erlebte einen solchen Fall in Herrenweis, einem Forstamt, das nicht weit vom Forstamt Kaltenbronn entfernt ist. In einem Mischbestand von Tanne, Kiefer, Fichte an einem Westhang war ein alter bekannter Balzplatz. Als ich im Frühjahr 1947 dorthin kam, bestätigte ich, zusammen mit dem Revierförster zehn balzende Hahnen auf diesem einen Platz. Der gegenüberliegende Hang wurde im Sommer 1947 kahlgeschlagen im Wege der damaligen französischen Exploitationshiebe, das geschälte Holz blieb auf der Fläche liegen und war im Frühjahr 1948 noch nicht abgefahren. Die Hahnen hatten diesen am gegenüberliegenden Hang stattgefundenen Kahlschlag und wahrscheinlich das helleuchtende, geschälte Holz so übelgenommen, daß kein einziger Hahn balzte. Wir fanden die Hahnen erst nach zwei Jahren auf einem etwa 2 km entfernten Balzplatz wieder. In einer anderen Försterei desselben Forstamtes war ein guter Balzplatz an einem Steilhang in einem Fichtenaltholz, das mit wenigen alten Tannen durchstellt war. Hier balzten jedes Frühjahr vier bis fünf Hahnen. Der Altbestand war etwa 4 ha groß und schon sehr licht geschlagen, da allenthalben eine geschlossene Fichtennaturverjüngung vorhanden war. Aus forstlichen Gründen mußte langsam aber stetig weiter geräumt werden. Die Hahnen focht das nicht an, sie balzten schließlich ganz nah beieinander auf einer Gruppe von etwa zehn alten Fichten, die man mit Rücksicht auf sie stehen gelassen hatte, während schließlich ringsherum alles gehauen war. Es war fast unmöglich, hier einen Hahn zu schießen, sie standen so nah beieinander, daß ein Anspringen immer schiefging, da mindestens einer der Hahnen den Jäger bestimmt wegbekam, denn daß alle vier Hahnen gleichzeitig schleiften, kam natürlich nicht vor. Dieser Zustand dauerte mehrere Jahre. Erst als die letzten alten Fichten geschlagen wurden, verlegten die Hahnen ihren Balzplatz. Diese völlig entgegengesetzte Verhaltensweise ist schwer zu erklären. Im ersten Fall genügte ein Kahlschlag in der Nachbarschaft, um alles Auerwild zu vergrämen, und im letzten Fall klammerten sich die Hahnen an die letzten paar Bäume!

Als ich vor acht Jahren Kaltenbronn übernahm, balzten dort die Hahnen auf mehreren bekannten Balzplätzen. In den letzten Jahren begannen die Hahnen sich plötzlich zu verteilen. Die alten Balzplätze sind wohl besetzt, aber nicht mehr so stark wie früher. Dafür balzen an zahlreichen anderen Plätzen einzelne Hahnen oder auch wohl zwei bis drei Stück. An den alten Balzplätzen ist natürlich nicht gehauen und alles vermieden, was die Landschaft irgendwie verändern könnte. Was also hat die Hahnen veranlaßt, ihre Verhaltensweise zu verändern? Oft ist ein Hahn, der vertreten wurde, endgültig für die ganze Balz vergrämt, wie ich mehrmals erlebte. Ein andermal nimmt es ein Hahn überhaupt nicht übel, selbst wenn er mehrere Morgen hintereinander gestört wurde.

DER SCHAUFLER VOM KALTENBRONN

Ich liebe das Auerwild besonders wegen des Geheimnisvollen, wegen der vielen Rätsel, die es dem Naturbeobachter aufgibt.

Da ich meine Trophäen, bis auf einige Reste, 1944/45 verloren habe, wollte ich gerne wieder einen Auerhahn schießen, um wenigstens einen ausgestopften Hahn in meinem Jägerheim zu haben. Als wir nach dem Kriege wieder Gewehre tragen durften – ich hatte das Glück, schon etwas früher eine Büchse führen zu können – schoß ich auf einer noch von den Franzosen beschlagnahmten Privatjagd einen alten Hahn. Ich hatte von den Franzosen damals freie Büchse bekommen, weil ich eine Drückjagd für den französischen Oberbefehlshaber organisiert hatte, besaß aber nur einen alten vergraben gewesenen Militärkarabiner 98 und hatte als Patronen nur noch Leuchtspurmunition. Als ich morgens den vorher genau bestätigten Hahn ansprang, war es noch sehr dunkel. Schließlich sah ich den Hahn hoch in der Krone einer alten Kiefer stehen. Korn und Kimme waren nur schwer zusammenzubringen, weil ich die dunkle Kiefernkrone als Hintergrund hatte. Ich zielte also gegen den helleren Himmel, und als ich dann Korn und Kimme zusammen hatte, ging ich vorsichtig auf den Hahn über, faßte etwas unten an und – ein Feuerstrahl ging infolge der Leuchtspurmunition von meiner Gewehrmündung zum Hahn! Als ich meinem alten Freund, der im ersten Weltkrieg Kampfflieger gewesen war, die Geschichte bis hierher erzählt hatte, unterbrach er mich und sagte: „– – und dann ging der Hahn brennend zu Boden!" Er ging zu Boden, aber nicht brennend, die Kugel hatte ihn glatt waidwund durchschlagen, so daß das Ausstopfen keine Schwierigkeiten machte.

Wenn die Hahnen lau balzen, habe ich oft mit gutem Erfolg das Locken der Hennen nachgemacht und dadurch den Hahn zu lebhafterem Balzen veranlaßt.

Ich führte vor Jahren einen Gast, der sich erst zu Ende der Balzzeit freimachen konnte. Die Hahnen balzten zwar noch, aber sie gingen, wie das am Ende der Balzzeit immer zu sein pflegt, früh zu Boden, machten auch längere Pausen zwischen den einzelnen Balzarien, die ganze Sache war nicht mehr sicher. Ich hatte einen Hahn bestätigt, er stand auch abends ein, als wir ansaßen, um zu verlusen, knappte und worgte er noch einige Male. Dann wurde es still. „Hah-

EINE HENNE UND ICH LOCKEN UM DIE WETTE

nen, die des Abends worgen, balzen gut am andern Morgen" sagt man. Aber am anderen Morgen balzte der Hahn sehr faul, er machte zwei bis drei Verse und verschwieg dann. So kamen wir nicht rechtzeitig heran, ich begann also den Lockruf der Hennen nachzuahmen, und sofort balzte der Hahn wie wild und wir konnten wieder einige Schritte machen. Das wiederholte sich mehrere Male. Wir sahen den Hahn – es war fast taghell geworden – in der Krone einer alten Weißtanne stehen, aber zum Schießen war es noch zu weit. Der Hahn verschwieg mal wieder, und, als ich wieder lockte, rauschte es neben uns und keine 20 m von uns fiel eine Henne auf den Boden ins hohe Beerkraut ein und lockte nun mit mir um die Wette! Jetzt wurde der Hahn aber auf Grund dieses Haremskonzertes sehr lebhaft. Wir sprangen ohne Rücksicht auf die Henne weiter, die denn auch beleidigt abritt. Der Hahn war so in Fahrt, daß wir bis auf Schrotschußentfernung herankamen und der Gast ihn mühelos schießen konnte.

In der Hirschbrunft war ein hoher NATO-General als Jagdgast im Kaltenbronn. Täglich kamen Blitzgespräche oder Telegramme, die seine Ankunft immer wieder hinausschoben. Als er schließlich eintraf, war die Hirschbrunft vorbei, und, da er nur zwei Tage Zeit hatte, klappte es nicht. Er versprach, Anfang November für einen Tag noch einmal zu kommen. Wie sollte ich Anfang November innerhalb eines Tages den General zu Schuß bringen? Das schien völlig unmöglich, aber andererseits wäre es peinlich gewesen, wenn der Befehlshaber ein zweites Mal als Schneider abgefahren wäre. Ich beschloß also, einen Hirsch für ihn zu drücken. Wir bestätigten in einer kleinen Dickung einen alten Eissprossenzehner zusammen mit zwei geringen Beihirschen. Wenn keine Störung eintrat, war anzunehmen, daß der Hirsch den sehr ruhigen und abgelegenen Einstand halten würde.

Der General kam morgens an, er war mit seiner Düsenmaschine bis Stuttgart geflogen und kam, zusammen mit seinem Dolmetscher, von dort mit dem Auto. Ich sagte ihm, daß wir etwas vorsichtig drücken würden, und daß ich ihn anschließend bei mir auf dem Jagdhaus zum Tee einladen möchte. Er bedankte sich, aber leider müsse er die Einladung zum Tee ablehnen, da er abends beim Ministerpräsidenten eingeladen sei und erst noch nach Hause müsse, um sich umzuziehen. Die Maschine war zu seinem Hauptquartier zurückgeflogen und sollte um 16 Uhr wieder in Stuttgart sein, um ihn abzuholen. „In Westfalen, Herr General, machte man das anders", sagte ich, „die Großkopfeten ziehen sich grundsätzlich im Auto während der Fahrt um. Telefonieren Sie doch mit Ihrem Hauptquartier, daß Ihre Galauniform, die Sie heute abend tragen müssen, in die Maschine gebracht wird, und lassen Sie das Flugzeug nicht nach Stuttgart, sondern zum Düsenjägerflughafen in Söllingen kommen. Söllingen ist erheblich näher, und wenn Sie sich dann während des Fluges umziehen, sind Sie pünktlich und ‚in Schale' um 20 Uhr bei Ihrem Empfang und können seelenruhig bei mir bis 18 Uhr Tee und auf Wunsch auch stärkere Getränke nehmen." Der General sah mich von der Seite an. Es wurde genauso gemacht, und wir verbrachten einige sehr feuchtfröhliche Stunden auf meinem Jagdhaus.

Aber zurück zum Morgen. Wir stellten uns etwa 100 m vom Dickungsrand entfernt im Altholz an dem uns bekannten Wechsel an, wo wir einen provisorischen Schirm errichtet hatten. Der Revierförster drückte mit allen Finessen sehr vorsichtig die Dickung durch. Der General führte eine amerikanische Büchse, auf der das Zielfernrohr fest aufgelötet war, und die außerdem kein Visier und Korn hatte. Man konnte also nur durch das Zielfernrohr schießen. Ich hatte dringend abgeraten, diese Büchse zu nehmen, und hatte dem General meine Büchse angeboten, auf der sich ein Fluchtvisier befand. Ich erklärte ihm, daß er im Bestand niemals mit dem Zielfernrohr auf einen ziehenden oder gar trollenden Hirsch fertig würde, er aber war überzeugt, daß er nur mit seiner Büchse schießen könnte.

Die Hirsche kamen uns wie an der Schnur gezogen, der Eissprossenzehner zuletzt auf etwa 70 m, und nun kam es, wie es kommen mußte und wie ich es vorausgesagt hatte: Der General zog mit seinem Zielfernrohr mit – Baum – Hirsch – Baum – Hirsch – Baum – – es hätte längst knallen müssen. Der General versuchte verzweifelt, den Hirsch ins Zielfernrohr zu bekommen. „Er geriet nicht", wie der Ostpreuße sagt, und der Hirsch zog unbeschossen an uns vorbei. Welche Nervenkraft gehört dazu, einen Jagdgast in solch einer Situation nicht zu erwürgen! Eigentlich sollte Vater Staat den Verwaltern von Staatsjagdrevieren jedes Jahr einen Sanatoriumsaufenthalt zur Stabilisierung des Nervensystems zubilligen!

In der nächsten Dickung kam das Wild – ich wollte nun den General natürlich auch Kahlwild schießen lassen – auf einem Wechsel, an dem wir nicht standen. Selbst ihre Lieblinge pflegt Diana nicht so zu verwöhnen, daß sie an einem Tag zweimal eine Chance gibt, wir drückten den ganzen Tag ohne Erfolg. Im letzten Treiben, in dem gerne die Hirsche in einer kleinen Dickung stehen, kam uns in scharfem Troll auf nahe Entfernung ein Hirsch, den ich sofort als Eissprossenachter, also als abschußnotwendigen IIb-Hirsch ansprach. Inzwischen hatte der General auch klein beigegeben und führte nun meine Büchse ohne Zielfernrohr und mit Fluchtvisier. Der Hirsch erhielt die Kugel im ziemlich dichten Stangenholz durch den Brustkern, der rechte Vorderlauf schleppte. Wir setzten sofort die ausgezeichnete Wachtelhündin des zuständigen Revierförsters – wir hatten damals nur junge Schweißhunde, die eine solche Fährte nach Möglichkeit noch nicht arbeiten sollen – auf die frische Fährte. Die Hündin hetzte bald lauthals bergauf, dann ging die Jagd wieder bergab, und unten im Tal erklang dann der Standlaut. Die ganze Suche und Hetze dauerte nicht länger als 20 Minuten. Wir liefen zu den Autos und ich brachte den General an den kranken Hirsch, der sich im Wasser des Baches gestellt hatte, so daß er ihn sehen konnte, und der Revierförster gab dann den Fangschuß.

Es war ein ungerader Eissprossenachter, ein ausgesprochen abschußnotwendiger Hirsch. Die Freude war groß, aber es war eben nur ein Hirschlein, und ich sagte: „Herr General, das ist kein Hirsch für einen Vier-Sterne-General, das ist nur ein Hirsch für einen Ein-Stern-General!" Der Befehlshaber amüsierte sich köstlich.

In der folgenden Brunft kam er dann wieder, um einen „Vier-Sterne-Generalshirsch" zu schießen, und er erlegte unter meiner Führung mit sauberem Schuß einen ungeraden Vierzehnender.

Ein Bundestagsabgeordneter kam in der Feistzeit zu mir, um einen Hirsch zu schießen, in der Brunft hatte er keine Zeit. Nun ist es im Kaltenbronn, vielleicht wenn man Dusel hat, möglich, in der ersten Augusthälfte noch einen Feisthirsch zu bekommen, aber Ende August sind die Hirsche so heimlich, daß es fast aussichtslos ist.

Außerdem vermeiden wir ab Ende August alle Störungen. Ab 1. September wird die Holzabfuhr gesperrt, die Holzhändler wissen das bereits und richten sich mit der Abfuhr entsprechend ein. Die Forstbeamten dürfen ab 1. September nicht mehr morgens und abends rausgehen und ansitzen, sie bekommen in dieser Zeit von mir Kriminalromane geliehen, damit sie abends nicht jagdliche Gelüste bekommen. Die Schranken, die alle Holzabfuhrwege sperren, werden Tag und Nacht verschlossen gehalten, kurzum, es geschieht ab Ende August alles, um jegliche Störung zu vermeiden. Denn das habe ich in meinem langen Jägerleben festgestellt, zuerst kommt beim alten Hirsch das Bedürfnis nach Ruhe. Wird er vor die Wahl gestellt: Ruhe und schlechte Äsung oder Unruhe mit guter Äsung, dann wählt er die Ruhe und verzichtet auf die gute Äsung.

Der Abgeordnete war aber gar nicht so wild aufs Schießen, er wollte vor allen Dingen einmal ausspannen. Er wohnte auf einer meiner Förstereien völlig einsam und war glücklich, der Hetze einmal etwas entronnen zu sein. Da die Försterei kein Telefon hatte, war er auch fernmündlich nicht zu erreichen, was ihn besonders freute. Ich hatte ihm geschrieben, er solle einen Kasten Bier, eine Kiste Wein oder auch beides mitbringen, ansonsten würde er in der Försterei gut verpflegt. Aber dieses Idyll ohne Jagd mußte ja einmal ein Ende haben, und ich wollte auf keinen Fall, daß ein jagdlich wirklich passionierter Abgeordneter als Schneider Kaltenbronn verließ.

Wir wußten nun, daß in einer Dickung, nahe der Grenze, ein Rudel Feisthirsche stand. Das war nämlich jedes Jahr im August der Fall. Aber wir kannten die Hirsche nicht, weil wir bisher peinlichst vermieden hatten, dort hinzugehen und zu stören. Man muß seine Hirsche nicht dauernd sehen wollen, diese törichte Neugier der Menschen schätzt das Rotwild gar nicht.

Über Tage, d. h. zwischen 10 und 14 Uhr, wurde am Rande dieser Dickung ein behelfsmäßiger Hochsitz gebaut, und tatsächlich kam drei Tage später morgens früh beim ersten Büchsenlicht der Abgeordnete auf einen besseren II b-Hirsch zu Schuß. Der Hirsch zeichnete, drehte dann ab und zog, sichtlich krank, spitz von ihm weg und ins Altholz hinein. Am Rande des Altholzes blieb er längere Zeit stehen, und der Gast, ebenso wie der Förster, dachten jeden

EIN BUNDESTAGSABGEORDNETER IST GLÜCKLICH

Augenblick, er würde zusammenbrechen. Der Hirsch aber zog weiter und tat sich erst im Altholz nieder, aber so durch Felsbrocken verdeckt, daß nur Haupt und Geweih zu sehen waren. Also Zigarre anstecken! Nach einer Stunde saß der Hirsch immer noch im Wundbett, und der Förster sagte sich sehr richtig, jetzt muß ein Schweißhund her, die Sache ist verdächtig, der Hirsch hat zweifellos sehr große Schmerzen, aber er verendet nicht. Ich wurde verständigt und war etwa zwei Stunden später zur Stelle.

Als ich vorsichtig den Hochsitz hinaufkletterte, sah ich den Hirsch immer noch mit erhobenem Haupt im Altholz sitzen, allerdings legte er von Zeit zu Zeit das Haupt auf den Boden, er schien doch sehr krank zu sein. Ich beschloß, mit dem Schweißhund am Riemen den Hirsch anzugehen, um den Hund sofort zu schnallen, wenn der Hirsch hochwerden sollte. Als ich vorsichtig an ihn heranpürschte, legte er das Haupt zur Seite, streckte alle vier Läufe und war verendet, offensichtlich hatte das Erscheinen des Oberforstmeisters ihm den Rest gegeben! Seit Abgabe des Schusses waren vier Stunden vergangen. Wie wir beim Aufbrechen feststellten, hatte die Kugel die Leber und Milz durchschlagen, und damit hatte der Hirsch noch vier Stunden gelebt! Ein neuer Beweis dafür, daß man einen krankgeschossenen Hirsch in Ruhe lassen muß. Wären der Gast und der Förster nach dem Schuß an den Hirsch herangegangen, dann wäre dieser bestimmt wieder hoch geworden und es hätte eine kilometerlange Nachsuche gegeben, deren Erfolg im Sommer bei großer Hitze und bei einem Feisthirsch, der häufig bei einer starken Feistauflage nicht schweißt, auch, wenn man gute Hunde hat, nicht immer sicher ist.

Ich habe selten bei einem Jagdgast eine solche Freude erlebt wie bei diesem Bundestagsabgeordneten. Er freute sich richtig kindlich, jungenhaft, übermütig und war restlos glücklich. Wir fuhren ins Kurhaus und ließen uns die frische Leber braten – nach dem besonderen Rezept des Kurhauses schmeckt auch eine Hirschleber sehr gut – und dann tranken wir den Hirsch mit dem alten traditionellen Getränk „Dorette lächelt", Pilsner mit Schampus, tot. Ich hatte das Gefühl, einem gehetzten Menschen unserer Tage einige glückliche Stunden bereitet zu haben, das ist ein schönes und befriedigendes Bewußtsein!

DER SCHAUFLER VOM KALTENBRONN

Ein besonderes Kapitel sollte man eigentlich über das Husten schreiben! Es ist ganz eigenartig, man hat gar keinen Husten ist auch nicht erkältet und bekommt plötzlich, meistens in dem Augenblick, wo der Hirsch austritt, oder überhaupt, wenn es auf der Jagd feierlich wird, einen unbändigen Hustenreiz, eine Folge der Nervosität. Nun gibt es Menschen, die einen solchen nervösen Reizhusten mehr oder weniger dauernd haben oder aber bestimmt bekommen, sobald eben ihre Nerven angespannt werden. Zu diesen Leuten gehörte ein Jagdgast, der mehrere Jahre hintereinander zum Kaltenbronn kam und zweifellos ein sehr guter und passionierter Rotwildjäger war. Er hatte auch schon eine Anzahl Hirsche geschossen, aber beim Ansitz – eine längere Pürsch konnte man ihm, aus Gesundheitsgründen, nicht zumuten – bekam er alle 20 Minuten einen Hustenanfall! Sofort hielt er dann seinen Hut vor das Gesicht, um den Schall zu dämpfen, aber bei ruhigem Wetter vernimmt das Rotwild das Husten trotzdem mehrere hundert Meter weit. Der Gast hatte eine rührende Ausdauer, aber wenn es gerade so weit war, daß das Wild wohl kommen mußte, dann kam – – der verdammte Hustenreiz!

Ich führe immer, wenn ich jage, sei es auf Hahn oder Rotwild, hustenstillende Bonbons bei mir, das ist Dienst am Jagdkunden! Aber bei Herrn X half das überhaupt nichts, dabei war er Nichtraucher und in keiner Weise erkältet. Nach vielen vergeblichen Ansitzen wurde mir ein guter Kronenzehner gemeldet, der schon früh ins Altholz zog und dort schrie und brunftete. Am Rande des Altholzes war ein Hochsitz, um den herum der Hirsch treibend beobachtet wurde, er schien also ziemlich sicher zu sein – aber mit dem Husten würde die Sache bestimmt schiefgehen. Ich fuhr kurzentschlossen zu meinem Hausarzt und fragte ihn, ob es nicht ein Mittel gäbe, um für eine bestimmte Zeit die Halsnerven lahmzulegen, ohne eine solche Betäubung könne man doch bei einer Halsuntersuchung gar nicht auskommen? Mein Doktor meinte, daß das Beste natürlich eine Spritze sei, aber wie sollte ich meinem Jagdgast vor Beginn der Pürsch eine Spritze verpassen? Es gab aber auch Pillen, nur schärfte der Arzt mir ein, daß man innerhalb von 24 Stunden keinesfalls mehr als zwei Pillen schlucken dürfte, wirken täten sie ungefähr $1/2$ bis 1 Stunde. Er schrieb mir also das Rezept, und ich fuhr mit meinen Pillen wieder hinauf zum Kaltenbronn. Herr X war erst etwas skeptisch, als ich ihm erklärte, er müsse eine Pille schlucken, hatte aber dann doch so viel Vertrauen zu mir, daß er die Pille zu sich nahm.

Als wir den Hochsitz bezogen hatten, wobei Herr X besonders komisch aussah, da er seinen aufgeblasenen Gummi-Sitzring über seinen Hut gestülpt hatte, um beide Hände frei zu haben, riet ich ihm zu der besagten Pille. Nach 20 Minuten fragte ich ihn, wie er sich fühle, mir war offengestanden nicht ganz wohl bei dem Gedanken an das Teufelszeug, von dem man in 24 Stunden nur zwei Stück nehmen durfte. Er erklärte aber, es ginge ihm gut, er habe nur ein so unheimlich lähmendes Gefühl im Hals d. h., er habe eigentlich gar kein Gefühl mehr, von einem Hustenreiz merke er auf jeden Fall nicht das geringste, also genau das, was wir wollten.

Der Hirsch meldete bald und trieb um unseren Hochsitz herum ein brunftiges Stück. Da er ständig in Bewegung war, war es für mich nicht ganz leicht, ihn anzusprechen. Das Geweih war gut, aber wie alt der Hirsch war, darüber konnte ich mir nicht klar werden. Mit Rücksicht auf den prominenten Gast, dem ich unmöglich täglich zweimal eine Halslähmung zumuten konnte, sagte ich: „Bitte schießen, ich halte den Hirsch an". Als er breit an uns vorbeitrieb, mahnte ich ihn ziemlich laut an, aber er verhoffte erst beim dritten Mahnen, so sehr war er in Fahrt und brunftiger Erregung. Im Schuß zeichnete der Hirsch gut, brach dann vorne zusammen, wurde sofort wieder hoch und trollte mit schleppendem Vorderlauf in Richtung Dickung ab. Wenn der Brustkern angefaßt war, lag der Hirsch morgen früh am Dickungsrand, das war sicher. Wenn aber X nur den Vorderlauf zerschmettert hatte, dann würde es morgen früh eine schwierige Nachsuche geben.

Nach mehreren Stunden Arbeit mit Schweißhunden kamen wir am nächsten Mittag an den Hirsch heran, der Hund stellte ihn nach ziemlich langer Hetze im Kegelbach. Es war ein herrliches Bild: Der Hirsch stand etwa 30 cm tief im Wasser vor einem Steilhang, der mit hellgrünem Hirschgras bedeckt war. Am Rande des Baches stand eine alte Birke, die in grellsten Herbstfarben leuchtete, und mitten in dieser Farbensymphonie der rote Hund und der rote Hirsch! Dazu das Rauschen des Baches und der Standlaut des Hundes! Solche Augenblicke, wenn man sich an den sich stellenden Hirsch vorsichtig heranschiebt, sind Höhepunkte im Jägerleben und bleiben unvergeßlich. Im Schuß brach der Hirsch zusammen und war verendet, saß aber aufrecht im Wasser wie ein Standbild. Sein Geweih war in einer Baumwurzel des Steilhanges hängengeblieben und hielt den Wildkörper hoch.

Als wir den Hirsch an Land gezogen hatten, durchfuhr mich ein eisiger Schreck: Das war, beim heiligen Hubertus, derselbe Hirsch, den ich vor vier Tagen einen anderen Jagdgast nicht hatte schießen lassen, weil er mir noch Zukunft zu haben schien. Das Schlimme war, daß der andere Jagdgast noch nicht zu Schuß gekommen war. Da es sich um einen alten, erfahrenen Rotwildjäger handelte, würde er den Hirsch sofort wiedererkennen! Wo hatte ich nur am Abend vorher meine Augen gehabt, daß ich den Hirsch nicht wiedererkannt hatte. Das Pillenexperiment hatte mir den Verstand geraubt.

In solchen Fällen ist immer offenes und ehrliches Bekennen das Richtigste, alles Vertuschenwollen oder Lügen schafft nur Mißtrauen. Ich ging also zu Herrn Y und sagte ihm, was passiert war, es täte mir leid, aber ich sei auch nur ein Mensch und damit Irrtümern unterworfen. Ich bat ihn, Herrn X nichts davon zu sagen, da es diesem sicherlich dann peinlich sein würde, den Hirsch geschossen zu haben. Selbstverständlich bemühte ich mich nun besonders, Herrn Y zu Schuß zu bringen, und er erlegte zwei Tage später einen 14 Ender, der zwar nicht sehr stark war, aber ein etwas abnormes und damit besonders interessantes Geweih hatte und abschußnotwendig war. Ob Herr Y wirklich den Hirsch wiedererkannt hätte, weiß ich bis heute nicht, aber ich ließ es darauf nicht ankommen.

Herr Z liebte den Daueransitz, er hatte zwar noch niemals einen Hirsch geschossen, war aber nicht von der Überzeugung abzubringen, daß man mit Daueransitz Erfolg haben müsse. Ich stehe durchaus nicht auf diesem Standpunkt. Wenn man stundenlang auf dem Hochsitz „hockt", wie der Badener sagt – dann küselt auch mal der Wind und das Wild, welches in der Dickung steht, weiß längst, daß der Hochsitz besetzt ist, während der ausdauernde Jäger eisern weiter auf das Erscheinen des Wildes wartet. Meiner Ansicht nach stört Daueransitz genauso wie zu vieles Pürschen, man kann durch vieles Pürschen ein Revier leermachen und durch Daueransitz auch viel verderben. Natürlich besteht beim Daueransitz, vor allem in der Hirschbrunft, die Chance, daß einem ein neu zuziehender Hirsch in die Büchse läuft, aber die Störung auf dem Brunftplatz, oder in der vor einem liegenden Dickung, sollte man nicht zu gering einschätzen.

Wir haben im Kaltenbronn viele Hochsitze und auch sog. Erdschirme und Erdstände, im ganzen sind es 84 Ansitzstellen. Aber ich dringe immer darauf, daß niemals zwei- oder gar dreimal hintereinander eine Ansitzstelle bezogen wird. Das dauernde Schlechten-Wind-Machen auf demselben Hochsitz taugt nichts. Wegen der häufigen und hohen Niederschläge (1600 bis 1800 mm im Jahr) bauen wir die Hochsitze grundsätzlich mit Dach. Wir bauen auch einigermaßen bequem, da wir meistens, wie schon gesagt, ältere Jagdgäste haben, und wir bauen sehr hoch, nicht etwa, weil ich glaube, daß man einen hohen Hochsitz auch bei schlechtem Wind beziehen kann, im Gebirge schlägt der Wind immer wieder zu Boden, aber man muß meistens hoch bauen, um alle toten Winkel einsehen zu können.

Es gibt im Kaltenbronn Hochsitze, die ein Teil der Gäste nicht besteigen können. Die Namen wie „Krähenhorst" oder „Himmelsleiter" deuten schon die Höhe dieser Hochsitze an. Sie werden aus Rundholz gebaut, wobei die Teile der Stützen, die in die Erde kommen, imprägniert werden. Die Wände der eigentlichen Kanzel werden mit Maschendraht von außen und innen bespannt, der Hohlraum wird dann mit Moos ausgefüllt. Auf diese Weise paßt sich der Hochsitz in seiner Bauweise der Landschaft an und kann nicht störend empfunden werden. Es ist entsetzlich, welche Hochsitzbauten man in vielen, ja den meisten Revieren sieht! Bretterhäuschen mit und ohne Benagelung mit Dachpappe, die reinsten „Klos auf Stelzen" stehen in der herrlichsten Waldlandschaft und beleidigen jedes Auge, das noch ein Empfinden für Schönheit hat. Mit denselben Mitteln, ja viel billiger, denn Bretter sind heutzutage sündhaft teuer, lassen sich geschmackvolle Ansitze schaffen, wenn man etwas Sinn dafür hat. Das gleiche gilt für Schirme und Erdstände. Man nehme als Verkleidung immer das Material, das am wenigsten auffällt, also im Stangenholz schwache Stangen, am Wiesenrand Schilf, im Altholz Rinde oder in Kaltenbronn Moos – aber Bretter und Teerpappe sind Baustoffe, die im Wald stören und scheußlich wirken. Der Bau mit Moos ist nicht nur billig und ästhetisch einwandfrei, er ist auch warm und läßt keinen Wind durch.

DER SCHAUFLER VOM KALTENBRONN

Ein Hochsitz muß so gebaut sein, daß man ihn, ohne vom Wild gemerkt zu werden, besteigen und auch wieder verlassen kann. Das bedeutet, daß jeder Hochsitz, der mitten auf einer großen Kultur oder gar freiem Feld steht, fehl am Platz ist. Wenn ich nicht, unbemerkt vom Wild, den Hochsitz verlassen kann, störe ich, und das kann man sich nur wenige Male erlauben, sehr bald tritt dann kein Wild mehr in der Nähe des Hochsitzes aus. Der Hochsitz muß also am Bestandsrand einer Kultur oder Wiese stehen, die dem Wind abgekehrt ist. Da bei uns in Westdeutschland die vorherrschende Windrichtung Westwind ist, muß also der Hochsitz grundsätzlich am Ostrande der Kultur bzw. der Wiese aufgerichtet werden. Muß man ausnahmsweise, weil es das Gelände nicht anders zuläßt, den Hochsitz an eine andere Stelle bauen, dann darf dieser Sitz nur bei entsprechendem Wind bezogen werden.

Wir haben in Kaltenbronn ein Verzeichnis mit allen Hochsitzen aufgestellt, das jeder Förster besitzt. In diesem Verzeichnis sind alle Hochsitze aufgeführt, die bei Ost-, West-, Nord- und Südwind besetzt werden dürfen. Wenn man acht bis zehn Gäste gleichzeitig einweisen muß, ist auch für die Ortskundigen eine solche Liste ein gutes Hilfsmittel. Außerdem haben wir Jagdkarten gezeichnet, in denen sämtliche Hochsitze, Erdstände und Schirme, sämtliche Brunft- und Balzplätze, sämtliche Pürschpfade und Jagdhütten, sämtliche Fütterungen und Salzlecken und sämtliche Wildäcker eingezeichnet sind. Auch eine solche Karte ist in einem gut geleiteten Rotwildrevier eine Notwendigkeit.

Doch zurück zu Herrn Z. Er war also Daueransitzler und bezog morgens früh seinen Hochsitz und kam abends spät zurück. Er baumte zwischendurch einmal ab, ging zur nächsten Revierförsterei, aß und trank dort etwas und – saß weiter. Ein völliger Unsinn, der sich deshalb besonders katastrophal auswirken mußte, weil ja leider der Forstdienst auch in der Hirschbrunft weitergeht, und weil, dem Himmel sei's geklagt, ausgerechnet am 30. September, also während der Hochbrunft, das Forstwirtschaftsjahr zu Ende geht und außer den Monatsschlußverlohnungen auch noch zahlreiche Jahresabschlußarbeiten erledigt werden müssen. Die Anforderungen an die Forstbeamten in dieser Zeit gehen daher weit über das zumutbare Maß hinaus. Aber wir Forstleute waren noch niemals Vertreter des Acht-

Stunden-Tages, geschweige denn der 40-Stunden-Woche. Ich selbst und mit mir wohl auch heute noch die überwiegende Mehrzahl der Forstbeamten aller Dienstgrade sehen ihre Tätigkeit, ihren Dienst an Wald und Wild nicht als Arbeit, sondern als eine erfreuliche und innere Zufriedenheit gebende Tätigkeit an. Sie verkaufen nicht ihre Leistung an ihren Arbeitgeber, sondern sie tun ihre Pflicht aus innerer Berufung, aus Begeisterung für Wald und Wild, aus Liebe zur Natur. Der Forstbeamte muß immer da sein, immer zur Verfügung stehen, ob ein Holzhändler am Samstagnachmittag oder Sonntagvormittag Holz ansehen will, ob an Sonn- und Feiertagen Wasserschäden drohen, ob ein Waldbrand mittags oder nachts ausbricht – jederzeit muß er einsatzbereit sein. Dafür kann er sich dann an anderen Tagen seinen Dienst einteilen, wie er will, er ist also noch ein relativ freier Mensch in seiner Berufstätigkeit, und ich kann nur hoffen, daß das zum Wohle des Waldes und des Wildes so bleibt. Wenn man diesen Berufsethos zerschlägt, dann habe ich Angst um den deutschen Wald.

Herr Z machte also etwa eine Woche lang Daueransitz. Der Förster, der ihn führte, war verzweifelt und lief ihm tagsüber mehrere Stunden davon, um seine dringendsten forstlichen Arbeiten zu erledigen, er mußte sowieso noch die Nacht zu Hilfe nehmen, um fertig zu werden. Ich hatte inzwischen mehrere sehr prominente Gäste führen müssen, die aber zu Schuß gekommen waren, und so bekam ich etwas Luft und nahm Herrn Z morgens mit hinaus, wobei ich ihm gleich kategorisch erklärte, daß er Thermosflasche und Rucksack zu Hause lassen könnte, denn ich würde nicht mit ihm den ganzen Tag ansitzen.

Ich wußte, daß ein ungerader Zwölfer in einem Stangenholz brunftete und in den letzten Tagen noch bei Büchsenlicht geschrien hatte. Wir gingen mit beginnendem Büchsenlicht in das Stangenholz hinein und setzten uns mit gutem Wind so an, daß wir eine kleine Blöße, die durch Windwurf entstanden war, gut übersehen konnten. Der Gast führte eine Bockbüchsflinte, sicher ein sehr teures Gewehr, aber für die Hirschbrunft nicht so ganz das Richtige, wie mir schien. Es war schon taghell, als ein Hirsch über uns am Hang trenste, er schien ein Tier zu treiben. Es dauerte dann nicht lange, und der trockene Kopf eines Alttieres tauchte gegenüber im Stangenholz auf, neben dem Tier mit völlig verängstigtem Gesicht das Kalb. Es wußte noch nichts von Brunft und diesem ganzen Zirkus, ihm kam das alles noch unheimlich vor – dann kam der Hirsch, es war der ungerade Zwölfer! Das Wild zog uns sehr nahe auf den Pelz, und auf etwa 35 m Entfernung, als der Hirsch gut breit stand und durch mein Mahnen verhoffte, knallte es. Der Hirsch brach im Schuß zusammen, war verendet und rührte keinen Lauf mehr. Ich dachte, der Mann muß ja eine Zauberbüchse schießen, so etwas gibt es doch gar nicht. Von einem Krellschuß war gar keine Rede, der Hirsch war im Schuß tot und blieb tot! Er hatte die Kugel am Trägeransatz auf der Wirbelsäule, aber mir kam die Einschußstelle so groß vor und mir schwante Schreckliches. „Machen Sie doch bitte einmal Ihre Büchse auf", bat ich, und da stellte sich dann heraus, daß der Unglücksmann an den verkehrten Abzug geraten war und mit Brenneke auf den Hirsch geschossen hatte. Welcher Dusel, daß der Hirsch so nah gewesen war, welcher Dusel, daß er ihn ausgerechnet durch die Wirbelsäule getroffen hatte, welcher Dusel, daß er ihn überhaupt getroffen hatte! „Den Seinen gibt's der Herr im Schlaf!", und er hatte fast eine Woche jeden Tag fast 14 Stunden gesessen – – ich gönnte ihm den Hirsch von Herzen. Selten wurde ein Jagdgast im Kaltenbronn so hochgenommen wie Herr Z.

Oft und gerne bin ich mit einem Minister gepürscht, der ein alter erfahrener Jäger und ein schneller und ausgezeichneter Schütze war. Wenn ich leise zischte: „Schießen", dann knallte es auch schon. Ich habe nicht erlebt, daß er vorbeigeschossen oder einen Hirsch krankgeschossen hätte. Das kann man leider nicht von allen Jagdgästen sagen! Der Minister war klein, aber drahtig, auf ihn paßte genau das Wort „klein – – aber joho!" Er hat unter meiner Führung mehrere Hirsche im Laufe der Jahre geschossen und man konnte ihm schon etwas zumuten. Mit ihm konnte man den schreienden Hirsch mit dem Ruf angehen, was man nur mit wenig Gästen riskieren kann, weil ihre Leistungsfähigkeit, ihre schnelle Auffassungsgabe, das schnelle und sichere Schießen nicht mehr gegeben sind.

Einen interessanten Pürschgang, den ich mit dem Minister erlebte, möchte ich schildern. Wir hatten am Abend vorher tüchtig gebechert, weil die Unterhaltung so angeregt war, daß wir uns nicht trennen konnten. Der Minister war ein glänzender Unterhalter und konnte köstliche Geschichten zum besten geben, ohne sich jemals zu wiederholen. Am nächsten Morgen war er aber pünktlich zur Stelle; ich hatte ihm einen „Forstfiskalischen Dienstmädchenwecker" mitgegeben, der selbst Tote zum Erwachen brachte. Wir hatten nämlich immer Scherereien mit dem Wecken gehabt. Die Gäste verschliefen, wenn der einzige Kurhauswecker kaputt war, und allzuoft hatte ich die Jagdgäste wecken müssen, indem ich ihnen Steinchen ans Fenster warf. Schließlich wurde mir die Sache zu dumm und ich erstand auf Staatskosten drei gewaltige Wecker, die das Kurhaus erbeben ließen. Zwei Jahre wartete ich auf das Monitum des Rechnungshofes, richtig, da kam auch schon die Anfrage, warum und zu welchem Zweck auf Staatskosten drei Weckuhren beschafft wären? Erst wollte ich damals eine humoristische Antwort zurückschreiben, aber ich glaube, die armen Menschen, die ein ungnädiges Schicksal dazu verdammt hat, ihr Leben lang Rechnungen zu prüfen und nachzuschnüffeln, ob vielleicht irgend etwas nicht den Bestimmungen des § 97 Ziffer 3 b entspricht – derartige Menschen können keinen Humor ertragen, und so berichtete ich also sachlich und wahrheitsgemäß und fügte hinzu, daß den eingeladenen Staatsgästen nicht zugemutet werden könnte, sich durch Steinwürfe gegen ihr Hotelfenster wecken zu lassen. Es erfolgte dann auch nichts mehr und die Wecker wurden inventarisiert.

Ich hatte mehrere Tage einen Hirsch mit guter Stimme in einer kleinen Dickung schreien hören, aber er verließ die Dickung erst bei voller Dunkelheit und zog bei erstem Büchsenlicht schon wieder ein, schrie dann aber in der Dickung bis in den hellen Morgen hinein. Nach Stimme und Verhalten mußte der Hirsch alt sein. Niemand kannte ihn, aber ein Schneiderlein war es sicherlich nicht, denn seine Fährte, die ich verschiedentlich fand, zeigte ausgeprägte Stümpfe, das sicherste Fährtenzeichen für einen alten Hirsch. Diesen Hirsch nun wollte ich mit dem Minister in der Dickung angehen. Die Dickung mochte etwa 15- bis 20jährig sein und hatte infolge Schneebruchs einige Lücken. Ich hoffte, daß es gelingen würde, den Hirsch auf einer dieser Lücken zu fassen. Den Hirsch sehen und schießen, mußte natürlich eins sein, ein sorgfältiges Ansprechen war unmöglich, denn er würde einen wahrscheinlich sofort weg haben.

Wir bezogen einen Schirm unweit der Dickung und hörten sehr

bald den Hirsch, der im Altholz, welches an die Dickung angrenzte, schrie. Sehr früh zog er zu Holze. Es war noch kein Büchsenlicht, als er bereits in der Dickung meldete. Wir warteten, bis es vollkommen hell war, legten dann Schweißhund, Fernglas und Mäntel im Schirm ab, so daß der Minister nur seine Büchse ohne Zielfernrohr und ich nur den Zielstock und den Eifelruf mitführten. Man würde in der Dickung nur auf allernächster Entfernung schießen müssen oder können. Ein Zielfernrohr war daher eine Belastung, der Schuß mußte hingeworfen werden, wenn wir den Hirsch halbwegs frei hatten. Der Wind war ausgezeichnet, er stand bergab, und wir drangen gegen den Wind in die Dickung ein. Kaum waren wir 10 m vorgepürscht, als ganz nahe vor uns ein Hirsch prasselnd fortflüchtete. Ich nahm sofort den Eifelruf und schickte ihm den Sprengruf hinterher. Es hatte sich zweifellos um einen Beihirsch gehandelt, denn die tiefe bekannte Stimme meldete etwa 50 m vor uns und schickte nun seinerseits uns den Kampfruf entgegen. Auf einem ausgetretenen Wildwechsel pürschten wir leise weiter und kamen nach etwa 20 m an eine der mir bekannten Schneebruchlücke. Birken und Vogelbeeren hatten sich hier angesamt, aber man konnte etwa bis auf eine Entfernung von 20 m im Halbkreis schießen. Wir gingen in die Knie, und ich mahnte leise. Kurz darauf war in der Dickung ein Knören zu hören. Der Hirsch stand vielleicht 30 m entfernt. Wir krochen zentimeterweise auf allen vieren auf dem Wechsel weiter vor und gewannen etwas Deckung hinter einigen kleinen verbissenen Fichtengruppen. Während der Minister die gestochene Büchse am Kopf hatte, mahnte ich erneut – zu schreien wagte ich auf die nahe Entfernung nicht mehr. Der Hirsch antwortete prompt und zog bis an den Rand der geschlossenen Dickung, er stand jetzt höchstens 10 m von uns entfernt. Jetzt nahm ich einen kleinen, trockenen Zweig vom Boden auf und brach ihn durch. Auf dieses Knacken schrie der Hirsch uns an, daß uns das Trommelfell dröhnte, Entfernung höchstens noch 10 m! Man müßte ihn greifen können und sah doch kein Haar von ihm! Weiter vorpürschen war sinnlos, wir mußten warten. Von Zeit zu Zeit knackte ich wieder mit einem kleinen Zweig, und jedesmal schrie der Hirsch wütend zurück, rührte sich aber keinen Zentimeter von seinem Fleck. Uns zitterten allmählich die Knie, das lange Niederknien war mir als altem

DER HIRSCH WAR UNS ÜBER

Rheumatiker verflucht unangenehm, aber – – wir mußten durchhalten! Plötzlich hörten wir den Hirsch nach links wegziehen, er streifte mit dem Geweih an, auf die nahe Entfernung hörten wir jeden Tritt und Atemzug. Sicher wollte er uns umschlagen und sich Wind holen, dabei mußte er von links über die Schneisenlücke kommen, aber – er blieb am Dickungsrand stehen, schrie wütend den Kampfruf, ging aber nicht aus der vollen Deckung heraus, nur etwa 25 m war er von uns entfernt! Auf einmal wurde es totenstill, wir hörten überhaupt nichts mehr, es knackte nicht der leiseste Zweig. Ich richtete mich etwas auf, nahm den trockenen Kartoffelbovist aus der Tasche, drückte drauf, so daß der Sporenstaub im Winde verwehte – – der Staub zog langsam in Richtung Hirsch! Der Wind küselte, wie so oft im Gebirge, und der Hirsch hatte also aus nächster Nähe unseren Wind bekommen, war aber nicht etwa hochflüchtig abgegangen, sondern hatte sich lautlos gedrückt, wir hatten, trotz der nahen Entfernung nichts gehört. Wir pürschten so leise wie möglich aus der Dickung heraus, streckten die steifen, z. T. eingeschlafenen Glieder und mußten uns eingestehen: Der Hirsch war uns über!

Um einen Brunfthirsch in einer Dickung anzugehen, was man nur sehr selten, wegen der damit verbundenen Störung, machen soll, muß man auch Dusel haben, und, um Dusel auf der Jagd zu haben, muß man jung sein, und das waren wir beide leider nicht mehr.

Wir gingen zurück, um nach Hause zu fahren, in dem Bewußtsein, diesen alten Hirsch in der Dickung völlig vergrämt zu haben. Als wir etwa 800 m gegangen waren, schrie plötzlich – die Sonne stand schon hoch am Himmel – rechts vor uns ein Hirsch im Altholz. Wir pürschten an einem Loshieb, der mit etwa meterhohem Fichtenanflug bestockt war, entlang den Hirsch an, der hinter einer kleinen Bodenwelle im toten Winkel stand. Als wir an den Rand der Bodenwelle kamen, sahen wir ihn mit drei Stück Mutterwild im Altholz halb links vor uns stehen, in einer Entfernung von ungefähr 120 m. Es war ein ungerader Zwölfender, etwa vom zehnten Kopf. Ich sagte dem Minister, er möchte, gedeckt durch den Fichtenbusch, einige Meter vorpürschen und dann den Hirsch schießen. Ich wollte zurückbleiben, weil beim Anpürschen in hellem Tageslicht schon ein Jäger zu viel ist. Der Minister kroch also mehrere Meter vor, bis

er den Hirsch gut frei hatte, richtete sich in Kniestellung hoch, und
– pitsch – machte es – Versager! Während der Hirsch schrie, repetierte der Minister vorsichtig durch, ging erneut ins Gesicht und
– pitsch – machte es wieder. Das gab es doch nicht, daß zwei fabrikgeladene Patronen Versager waren, an der Büchse mußte etwas nicht
in Ordnung sein. Das Kahlwild hatte bereits aufgeworfen, die Situation wurde also mehr als kritisch! Ich kroch wie eine Schlange die
wenigen Meter zum Minister vor und reichte ihm meine Büchse.
Inzwischen war auch der Hirsch, wohl veranlaßt durch das Verhalten des Kahlwildes, aufmerksam geworden und sicherte zu uns herüber. Der Minister hob sich auf die Knie etwas hoch, zielte kurz mit
meiner Büchse und – im Schuß machte der Hirsch eine Flucht und
brach nach etwa 50 m zusammen.

Ich suchte erst einmal die repetierten Patronen zusammen und
stellte fest, daß das Zündhütchen nicht eingedrückt war, die Büchse
hatte also zweimal abgestochen. Ohne zu stechen hätte der Minister
schießen können. Aber wer denkt in solch einem Augenblick daran,
daß der Stecher nicht richtig eingestellt ist, das Nächstliegende ist
doch, daß man an einen Versager glaubt. Die Freude war groß, aber
was wäre geworden, wenn der erste Hirsch uns auf wenige Meter
in der Dickung gekommen wäre! Die Büchse hätte abgestochen, und
der Hirsch wäre über alle Berge gewesen! So hatte Diana uns beiden
alten Knaben im letzten Augenblick doch noch gelächelt, und dafür,
daß der Minister mit meiner Büchse seinen Hirsch geschossen hatte,
war nach altem Brauch eine gute Pulle fällig, die wir dann auch zu
Ehren des Deutschen Waidwerkes und des hl. Hubertus einträchtig
miteinander tranken, wobei ich nicht genau weiß und mich nicht
erinnern kann, ob es bei der einen Pulle blieb. Ins Gästebuch aber
schrieb der Minister:

Schön war die Pirsch
Mein war der Hirsch!
Am 3. Oktober
Zwei Kognak, Herr Ober!

General Everest, USA, mit Verfasser im Kaltenbronn

Mr. Zane mit Verfasser und zwei Kaltenbronner Hirschen. Im Vordergrund: Hann. Schweißhündin „Blanka vom Hessenwald"

Streckeverblasen im Kaltenbronn

DIE BÜCHSE STICHT AB

Der „Schaufler" wurde im Laufe des Jahres das Gesprächsthema im Kaltenbronn, wohl selten hat es ein Hirsch zu solcher Berühmtheit gebracht, wie er. Natürlich trug das Kurhaus mit Inhaber und Personal zu dieser publicity erheblich bei. Kam ein hoher Vorgesetzter zur Bereisung, dann war die erste Frage nicht „Wie stehen die Kulturen?" oder „Wieweit ist der Holzverkauf?" Es wurde auch nicht gefragt: „Haben Sie Schneebruchschäden im Revier?" o. ä., sondern die erste Frage lautet immer: „Was macht der ‚Schaufler'?!"

1957 fanden wir nur einen Abwurf, am 12. März 1958 wurden beide Abwürfe am 20. März, und 1959 wieder am 12. März, gefunden, 1960 war es der 11. März, d. h., er warf an diesen Terminen ab, gefunden wurden die Stangen meistens einige Tage später. Vom 8. März ab saß der zuständige Revierförster jeden Abend am verdunkelten Fenster seines Zimmers, um mit einem guten Nachtglas festzustellen, ob der „Schaufler" seine Stangen noch hatte. In aller Frühe fuhr er in diesen kritischen Tagen mit seinem Wagen alle Holzabfuhrwege in der Gegend des Tageseinstandes ab, da die Möglichkeit bestand, daß er auf einem dieser Wege die Stangen abwarf, und dann würden sie höchstwahrscheinlich vom ersten besten Passanten gestohlen werden. Es war also immer alles auf Hochtouren, bis dann endlich die Stangen vorlagen und nun kritisch betrachtet und verglichen wurden.

Die Abwürfe 1959, die der Hirsch also 1958/59 getragen hatte, wogen trocken stark 4,5 kg, wobei zu berücksichtigen war, daß zwei Enden in der linken Krone abgekämpft waren, man also etwa 5,0 kg Abwurfgewicht rechnen konnte, so daß das Geweihgewicht 6 kg betragen hätte. Der Hirsch war jetzt vom neunten, vielleicht sogar vom zehnten Kopf. Nach langem Überlegen wurde beschlossen, den Hirsch in der Brunft 1959 schießen zu lassen. Natürlich hätte er noch ein oder besser zwei Jahre älter sein können, aber ich habe so oft im Leben erfahren, daß bekannte und besonders starke Hirsche irgendwie umkamen, und dieses Risiko wollte ich bei diesem Hirsch unter gar keinen Umständen eingehen. Wie oft hatte ich es erlebt, daß derartig starke Hirsche geforkelt wurden, daß sie von Autos angefahren wurden, daß sie in Nachbarjagden bei Mondlicht umgebracht oder angeschossen wurden, um dann zu veludern.

Ich stellte daher den Antrag beim Ministerium, daß der „Schaufler" von Bundestagspräsident Dr. Gerstenmeier in der Brunft 1959 geschossen werden sollte. Das Kabinett lud den Präsidenten daraufhin auf den Hirsch ein, aber nun muß ich auch die Vorgeschichte dieser Einladung erzählen: Der Präsident war 1958 bereits auf einen Ia-Hirsch nach Kaltenbronn eingeladen worden. Selbstverständlich führte ich den Gast persönlich, der nur zwei Tage Zeit hatte. Am zweiten Morgen war Hochbrunft, es war klar und kalt. Die Hirsche schrieen, wie ich es seit Rominten nicht wieder erlebt hatte. Wir gingen einen Pürschweg hoch, um eine Kanzel zu erreichen. Rechts vor uns tobte ein Rabatz, der unbeschreiblich war, die Hirsche schrieen pausenlos – ein Platzhirsch und mindestens fünf bis sechs Beihirsche um ihn herum, und dann schrieen immer zwei bis drei Hirsche gleichzeitig – der Wald dröhnte, und das Herz des Jägers tanzte vor Freude in der Brust, daß es so etwas in Deutschlands Wäldern noch gab.

Als wir an die Kanzel kamen – es war noch kein Büchsenlicht – stellten wir fest, daß sich der Betrieb mehr hangabwärts verlagert hatte. Wir pürschten schnell einen Grasweg vor bis in einen Schirm, von dem aus man die ganze größere Kulturfläche übersehen konnte. Hinter der Kultur im Altholz dröhnte der Wald. Langsam kam das Büchsenlicht und drüben am Altholzrand tauchte das trockene Haupt eines Alttieres auf, es folgte ein Rudel von acht Stück und dann – kam der Hirsch! Es war ein phantastischer Anblick, als er aus dem Schattendunkel des Fichtenaltholzes auf die Kultur trat, die weiß vom Rauhreif im ersten Morgenlicht leuchtete. Es war – ich brauche es wohl nicht mehr zu sagen – der „Schaufler", wie ich auf den ersten Blick sah. Der Präsident war begeistert von diesem Erlebnis. Ich erklärte ihm leise, er dürfe leider diesen Hirsch nicht schießen, da er mindestens noch ein Jahr leben bleiben müsse, er sei noch nicht alt und reif genug. Der Präsident stellte sofort sein Gewehr in die Ecke des Schirms und flüsterte mir zu, daß er selbstverständlich den Hirsch unter diesen Umständen nicht schießen würde. Wir genossen das herrliche Bild, wie der starke Hirsch die Beihirsche abschlug, trenste, schrie und tobte, während die Kälber des Rudels mit erschrockenen Gesichtern durcheinanderfuhren. Kahlwild und Hirsch zogen nach links auf Büchsenschußentfernung an uns vorbei in eine unterhalb liegende Dickung, in der, wenn auch mit Unterbrechungen, ein Hirsch mit sehr guter tiefer Stimme geschrieen hatte. Ich schlug daher vor, den Schirm zu verlassen und nach unten zu pürschen in der Hoffnung, den Hirsch mit der tiefen Stimme noch zu Gesicht zu bekommen. Den zuständigen Revierförster ließ ich zur weiteren Beobachtung im Schirm zurück und pürschte mit dem Präsidenten hangabwärts. Als wir zehn Minuten weg waren, zog ein alter, starker Zwölfer mit einem brunftigen Tier über die Kultur und kam dem Revierförster wie an der Schnur gezogen, wir dagegen sahen nichts mehr! Alles Wild war zu Holze gezogen, und die Hirsche schrieen nur noch in den Dickungen. Wären wir sitzengeblieben, hätte es bestimmt auf den Zwölfer geklappt. Der Wille, es besonders gut zu machen, ist wohl lobenswert, aber Glück, Glück muß der Mensch, ganz besonders der Jäger, haben, sonst klappt es eben nicht.

Der Bundestagspräsident fuhr als Schneider heim, was mir sehr peinlich war. Wie froh war ich daher, als nun in der Brunft 1959 die Einladung an den Bundestagspräsidenten, den „Schaufler" zu schießen, genehmigt wurde. Ich ließ dort, wo der geschilderte Schirm stand, einen Hochsitz bauen, ich versah die in Frage kommenden Hochsitze mit Türchen, die mit Patentschlössern abzuschließen waren, um unbefugtes Betreten und damit Störung zu verhindern. Ab 1. September durfte kein Beamter die Gegend, in der der „Schaufler" zu brunften pflegt, mehr betreten, aber – der „Schaufler" brunftete ausgerechnet in diesem Jahr nicht in der bewußten Abt. 27. Sommer und Herbst waren ungewöhnlich heiß gewesen – es war das berühmte Weinjahr – und das Rotwild brunftete in den kühleren Tälern, entlang den Bächen, wo noch etwas frisches Gras wuchs, während auf den Kulturflächen, wo sonst die Brunft stattfand, alles verdorrt war und daher überhaupt kein Rotwild stand. Jetzt galt es also, den „Schaufler" zu suchen. Ich hatte für denjenigen, der ihn zuerst bestätigte, einen doppelten französischen Kognak ausgesetzt und hielt für diesen Zweck eine Flasche Martell bereit.

Der Brunftbetrieb war schon in vollem Gang, viele Gäste waren bereits eingetroffen, jeden Morgen und Abend wurde an Hand der „Hirschbibel" der Jagdplan bekanntgegeben und alles bis ins einzelne organisiert: Wer, wann auf was geführt werden sollte, wann und wo, wer mit wem abfahren mußte usw. usw. Als wir eines

DER SCHAUFLER VOM KALTENBRONN

Abends in meinem Jagdhaus die übliche Lagebesprechung abhielten, erschien plötzlich mein höchster Vorgesetzter aus Stuttgart und erklärte: „Ich habe den ‚Schaufler' bestätigt!" Mein erster Impuls war, ihm völlig kommentwidrig um den Hals zu fallen vor Freude, aber dann holte ich lieber die Pulle Martell hervor und schenkte ihm den ausgesetzten Doppelstöckigen ein – mir natürlich auch, ich mußte ja höflich mit ihm anstoßen. Als aber nach dem feierlichen Prost die Beschreibung kam, unterstützt durch eine auf dem Hochsitz angefertigte Zeichnung, stellte ich zu meiner größten Enttäuschung fest, daß es der „Schaufler" nicht sein konnte. Der Kognak war futsch und umsonst getrunken, aber er war trotzdem von Herzen gegönnt. Immerhin sagte ich mir skeptisch, daß bei mehreren solchen Fehlmeldungen die Pulle wohl nicht ausreichen würde.

In zwei Tagen wollte der Bundestagspräsident kommen, und – der „Schaufler" war nicht bestätigt – war verschwunden! Der Außenstehende wird vielleicht sagen, das ist doch ein schrecklicher Zirkus, dieses Getue mit Jagdgästen und Hirschen, ich aber sage, es ist unerhört interessant, es ist sozusagen der Kampf zwischen der Intelligenz des erfahrenen Jägers und den hochentwickelten Sinnen des Wildes. Es ist darüber hinaus das Spiel mit dem Zufall, mit dem Glück. Es ist eine Probe auf die Erfahrungen und Erkenntnisse des Jägers, die er durch Jahrzehnte sammelte. Diese Überlegungen, diese Kombination, diese Planungen sind das interessanteste an der ganzen Hochwildjagd. Und wie oft muß man beschämt kapitulieren und einsehen, daß ein alter, geriebener Hirsch einem doch überlegen ist.

Am Morgen des Tages, an dem der Bundestagspräsident eintraf, meldete mir der Revierförster aus Brotenau, daß er den Hirsch einwandfrei bestätigt hätte. Mir fiel ein Stein vom Herzen, so groß wie eine Mietskaserne! Jetzt würde die Sache schon klappen, jetzt, wo wir wußten, wo der Hirsch überhaupt war. Er brunftete in einem Altholz etwa 1½ km von seinem alten Brunftplatz entfernt an einem Hang. Unten im Tal war ein Wasserlauf, und wahrscheinlich zog das Rudel im Laufe der Nacht an das Wasser, um bei der Trockenheit zu schöpfen und das dort noch frische Gras zu äsen.

Wir waren am Abend an Ort und Stelle. Da wir keine rechte Deckung hatten und auch keinen Ansitz, steckten wir uns Farnkraut hinter die Hutbänder und setzten uns mitten in den Farn, oberhalb von der Stelle, wo der Förster am Morgen den Hirsch bestätigt hatte.

Es passierte an diesem Abend gar nichts, nur nach Büchsenlicht schrie ein Hirsch einige Male unten am Bach.

Abends saßen wir im Jägerstübchen des Kurhauses, es wurden Jagdgeschichten und andere Geschichten erzählt, und jeder war froh, nichts über Politik und ähnliche schreckliche Dinge zu hören. Diese abendlichen Unterhaltungen im Jägerstübchen gehören in der Jagdzeit, neben den Planungen, zum Schönsten der ganzen Hirschbrunft und werden sicherlich allen Jagdgästen des Kaltenbronn in bester Erinnerung bleiben. Beim vorhergehenden Essen hatten die Grandeln eines erlegten Hirsches, mit Siegellack auf einem Tannenzweig befestigt, auf dem Teller des glücklichen Erlegers gelegen. Nach dem Essen war draußen vor dem Kurhaus, umgeben von hochragenden alten Fichten, die Strecke des Tages gelegt, beleuchtet von vier großen Kienfeuern und von den Forstbeamten feierlich verblasen – und dann saßen wir gemütlich im Jägerstübchen und tranken die guten badischen Weine vom Kaiserstuhl und aus der Ortenau, vom Bodensee und vom Markgräfler Land.

Manchmal bog sich die Holztäfelung der Decke bedenklich, wenn die Humanisten allzusehr der lateinischen Sprache huldigten, aber auch manches befreiende Gelächter hat durch das Jägerstübchen geklungen. Ich glaube, kein Jagdgast hat sich dem Zauber und dem Nimbus einer Kaltenbronner Hirschbrunft entziehen können. Meine Forstbeamten kamen während dieser Zeit natürlich zu kurz. Sie saßen des Abends an ihrer Monatsverlohnung und Jahresabschlußrechnung. Aber wenn alles vorbei war, und wenn man wieder ausgeschlafen hatte, also etwa Ende Oktober, dann steigt jedes Jahr das „Brunftfest" im Kaltenbronn. Sämtliche Forstbeamten, selbstverständlich auch das Büropersonal, mit ihren Frauen versammeln sich im Kurhaus zu einem erlesenen Festessen. Alle komischen und tragischen Erlebnisse mit den Jagdgästen werden noch einmal durchgehechelt, Gedichte über Erlebtes werden vorgetragen, und so ist dieses „Brunftfest" eine Bestätigung der Kameradschaft und des guten Geistes unter allen Beamten und Angestellten des Forstamtes, und damit die Voraussetzung für einen glatten und reibungslosen Ablauf des Dienstbetriebes, besonders aber auch für den Erfolg eines Staatsjagdrevieres.

Am nächsten Morgen waren wir vor Büchsenlicht am gleichen Platz. Verhältnismäßig spät meldete ein Hirsch unten am Bach, trieb aber dann sein Stück hin und her, Beihirsche fielen ein, und es entwickelte sich ein gutes Konzert. Zu sehen bekamen wir nichts, da der Bestand aus Fichten, Tannen und Buchen plenterartig und daher sehr unübersichtlich war. Schließlich hatten wir den Eindruck, daß der Hirsch weiter vorgezogen war, und wir pürschten nach. Plötzlich war der Hirsch oberhalb des Weges, auf dem wir vorgingen. Wir pürschten weiter und konnten den Weg nicht in seiner ganzen Länge übersehen, weil er einen Knick machte. Ausgerechnet an dieser nicht einzusehenden Stelle überfiel der Hirsch den Weg, ohne daß wir ihn sehen konnten. Schließlich hatten wir einen Hirsch frei – aber es war ein Eissprossenzehner, wahrscheinlich ein Beihirsch. Inzwischen entwickelte sich auf der anderen Seite des Baches ein Mordsbetrieb. Drei – vier Hirsche schrien pausenlos, und wir nahmen die Beine in die Hand, um erst hinunter ins Tal zu kommen und dann vorsichtig auf einem Pürschpfad auf der anderen Seite wieder anzusteigen. Da kam uns zunächst ein Achter ganz nah, dann ein Zwölfer, beides zweifellos Beihirsche. Die Hirsche zogen schnell nach rechts oben ab, so als ob sie gestört wären, uns aber hatten sie bestimmt nicht wahrgenommen, der Wind war auch gut. Der Platzhirsch links vor uns – ob es der „Schaufler" wirklich war, wußten wir nicht – schrie noch einmal oder zweimal und verstummte dann. Wo noch vor wenigen Minuten Hochbetrieb geherrscht hatte, war jetzt lautlose Stille.

Wie sich nachher herausstellte, war ein Kurgast von der anderen Seite mit schlechtem Wind quer durch den Bestand auf den Brunftbetrieb losgegangen und hatte alles vergrämt.

Wir nennen hier die Leute, die mit japanischen Gläsern bewaffnet, im Lodenmantel und grünem Hut uns den Jagdbetrieb stören, die „Waidmannsheilgehilfen". Diese Kategorie von Menschen ist viel schlimmer als die völligen Laien, die meistens zufrieden sind, wenn sie in der Ferne einen Hirsch schreien hören, und die die Hauptwege nicht verlassen, weil sie auch meistens etwas Angst haben.

DIE PÜRSCH WIRD GESTÖRT

Wenige Tage später hatte ich ein ähnliches Erlebnis mit einem amerikanischen Oberbefehlshaber. Im entscheidenden Moment kamen zwei „Waidmannsheilgehilfen" quer durch die Dickung hindurch, um die schreienden Hirsche anzugehen. Spricht man mit solchen Leuten – ich pflege dabei stets höflich zu bleiben, da es gar keinen Sinn hat, sich aufzuregen – dann hört man die übliche Argumentation: „Der Wald gehört uns genauso wie Ihnen, mich interessieren die Bäume und die Hirsche genauso wie Sie, der einzige Unterschied ist, daß Sie die Hirsche schießen dürfen und ich nicht." Im allgemeinen wird derjenige, der ein bestimmtes Recht erworben hat, auch in der Ausübung dieses Rechtes geschützt, bei der Jagd ist das leider nicht der Fall. Es gibt zahlreiche Menschen, die nichts dabei finden, einem anderen das Jagdrecht zu schmälern, es gibt sogar welche, die das gerne tun, sei es aus Neid, oder weil sie übertriebene Tierschützler sind und die Erlegung des Wildes verhindern wollen. Tatsache ist, daß die Störungen in der Hirschbrunft in den letzten Jahren derartig zugenommen haben, und zwar in allen Teilen Deutschlands, daß der ordnungsmäßige Abschuß und Jagdbetrieb ernstlich in Frage gestellt ist.

Bevor ich mit dem Präsidenten auf den „Schaufler" pürschte, hatten sich ergötzliche Geschichten ereignet: Natürlich tat es den Bewohnern vom Kaltenbronn leid, daß der nun jahrelang bekannte, immer wieder Gesprächsstoff liefernde „Schaufler" geschossen werden sollte. Aber schließlich hatten wir ihn ja nicht jahrelang gehegt, damit er eines Tages ruhmlos an Altersschwäche einging, oder daß er „drüben" bei Mondlicht umgebracht würde. Die Frau des zuständigen Försters versuchte, den Hirsch kurz vor der Brunft mit Leckerbissen festzuhalten und schüttete ihm ab 10. September Falläpfel und schließlich sogar Aprikosen auf die Wiese vom Kaltenbronn. Der „Schaufler" nahm diese Liebesgaben auch dankbar an, aber um den 20. September herum war er doch verschwunden – er pfiff auf alle Äpfel und Aprikosen, als der Urtrieb der Liebe ihn erfaßte. Für uns war die Sache insofern interessant, weil wir nun genau wußten, daß der Hirsch zum Rudel getreten war, leider jedoch in diesem Jahr zum erstenmal nicht, *wo* er zum Rudel getreten war.

Der Kurhausinhaber hatte einen kleinen Sohn, der etwa sieben

DER SCHAUFLER VOM KALTENBRONN

Jahre alt war, als der Bundestagspräsident auf den „Schaufler" pürschte. Der Junge kannte natürlich auch den „Schaufler" und war gelegentlich bei Vollmond aus seinem Gitterbett geholt worden, damit er den auf der Wiese äsenden Hirsch sehen sollte. Als der Präsident nun gekommen war, erschien Thomas I. – er wurde der I. genannt, weil mein jüngster Sohn Thomas II. und ein noch jüngerer Sohn eines Revierförsters Thomas III. hießen – bei mir und sagte: „Herr Frevert, der Herr Gerstenmeier darf aber den „Schaufler" nicht schießen, das mußt du mir versprechen!" Ich sagte, ich würde mal mit ihm sprechen, und wir wüßten dies Jahr überhaupt nicht, wo der Hirsch wäre. Aber das genügte dem Jungen nicht, er hielt den Dienstweg genau ein und ging nun zum Fahrer des Präsidenten und trug ihm seine Sorge vor. Der aber lachte ihn aus, was man bei Kindern nie tun soll, denn sie wollen ernst genommen werden. Thomas I. ging nun zur letzten Instanz, er antichambrierte regelrecht, indem er sich auf die Treppe setzte, als der Präsident seine Mittagsruhe hielt, und wartete so lange, bis dieser wieder herunterkam: „Herr Gerstenmeier, du darfst aber den ‚Schaufler' nicht schießen, das ist unser Haushirsch, ich werde sehr traurig, wenn du ihn schießt." Der Bundestagspräsident kam ganz entsetzt zu mir und sagte, wenn das etwa ein halbzahmer Hirsch wäre, dächte er nicht daran, ihn zu schießen, der Junge hätte ihm richtig leid getan. Ich beruhigte ihn aber und erklärte ihm, daß der Hirsch nur nachts vertraut sei, und daß uns seine Erlegung noch eine harte Nuß zu knakken aufgeben würde, von „halbzahm" könnte bei diesem Hirsch keine Rede sein, er sei nur erheblich intelligenter als andere Hirsche.

Am nächsten Tag war auf dem gestörten Brunftplatz nichts los, wir erlebten nichts, und der Präsident mußte abfahren, versprach aber noch einmal kurz wiederzukommen. Drei Tage später wurde der „Schaufler" schreiend und treibend unweit seines alten Brunftplatzes in Abt. 27 bestätigt. Ich hörte den Rabatz von weitem, konnte aber nicht dorthin fahren, weil ich einen anderen Jagdgast zu führen hatte. Der Revierförster war aber den Hirsch angegangen und hatte festgestellt, daß es der „Schaufler" war. Der Hirsch hatte also, wahrscheinlich infolge der Störung durch den „Waidmannsheilgehilfen", den Brunftplatz verlassen und war nun wieder in die Gegend zurückgekehrt, wo er all die Jahre gebrunftet hatte.

DU DARFST DEN SCHAUFLER NICHT SCHIESSEN

Ich telephonierte sofort mit dem Bundestagspräsidenten, erreichte ihn aber erst abends spät. Er fuhr sofort die Nacht durch zum Kaltenbronn und war pünktlich um 4 Uhr am nächsten Morgen zur Stelle. Ich hatte drei Weihnachtsbäume vorbereiten lassen, von dem der Revierförster zwei und ich einen trugen. Der Hirsch hatte am Morgen in einem reinen Altholz gebrunftet, und die Deckung dort war spärlich. Wir wollten also diese Bäume mit uns führen, um schnell an einem Stamm einen improvisierten Schirm zu haben, hinter dem man Deckung nehmen konnte, wenn es feierlich wurde. Wie wir so, unsere Fichten tragend, im Morgendämmern vorpürschten, mußte ich an „Macbeth" denken, wo der Wald von Birnam auf Schloß Dunsinan zukommt und Malcolm sagt: „Laßt jeden Mann sich einen Ast abhauen und vor sich hertragen –." Die Bäumchen bewährten sich aber glänzend. Schon Raesfeld beschreibt in seinen Büchern das „Ankriechen mit dem Wisch", und ich habe verschiedentlich gute Erfolge gehabt, wenn ich eine kleine Fichte oder einen dichtbelaubten großen Ast als Deckung mitschleppte. Aber es war wie verhext! Da, wo der Hirsch am Tage vorher wie wild geschrieen hatte, und wo er gesehen worden war, war wenig los. Schließlich meldete vor uns im Fichtenaltholz ein Hirsch. Wir gingen, gedeckt durch eine Bodenwelle, den Hirsch an, bauten schnell unsere Fichtenbäumchen um eine alte dicke Fichte und warteten so in guter Deckung. Der Hirsch trieb, vor uns tresend, und ... da kam er auch schon aus dem toten Winkel heraus. Es war ein guter Zwölfer, aber – – – der „Schaufler" war es nicht! Der Hirsch trieb ein Tier nahe an uns vorbei, so daß man ihn mühelos hätte schießen können, aber der Präsident schüttelte mit dem Kopf, den „Schaufler" oder keinen! Ich hätte genauso gehandelt.

Wir versuchten noch eine Abend- und Morgenpürsch, die Brunft flaute ab, und der „Schaufler" wurde nicht mehr gesehen. Diesen Hirsch, den man jahrelang in der Brunft mit einem Stein hätte totwerfen können, wurde in dieser Brunft, in der er geschossen werden sollte, nur zweimal kurz bestätigt. Während er sonst bis Ende Oktober beim Kahlwild blieb, erschien dieser Gewitterkerl diesesmal schon am 10. Oktober abends bei der Försterei Kaltenbronn, um die Reste der Aprikosen zu verzehren!

Natürlich kann man sagen, der Hirsch war jetzt in einem Alter,

in dem erfahrungsgemäß die Hirsche sehr vorsichtig und heimlich zu sein pflegen – – – vielleicht haben aber auch die Wünsche von Thomas I. oder aber die Aprikosen doch ihre Wirkung gehabt?!
Der Bundestagspräsident fuhr das zweite Jahr als Schneider heim – – für mich eine niederschmetternde Tatsache, niemand hätte ihm diesen für den Schwarzwald selten kapitalen Hirsch mehr gegönnt als ich. Nun, ich hoffe, daß es mir vergönnt ist, in der Brunft 1960 den hohen Gast endlich auf den Hirsch zu Schuß zu bringen. Noch setzt der „Schaufler" nicht zurück.

Im Winter 1959/60 stand der Hirsch genauso sicher und dreist wie immer jede Nacht an den Häusern von Kaltenbronn und nahm das dargereichte Futter. Sobald Mondlicht war, wurde er mit einem guten Glas bestätigt. Am besten konnte man ihn natürlich ansprechen, wenn Schnee lag. Es war interessant zu sehen, wie ungemein vorsichtig der Hirsch war, er nahm immer nur wenige Bissen und sicherte dann erst wieder längere Zeit. Im ganzen hielt er sich höchstens ½ bis ¾ Stunde an seinem Futtertrog auf. Er kam stets zuerst, und einige Zeit darauf folgten dann seine Beihirsche oder manchmal auch einige Stücke Kahlwild.

Auch in der Fährte war der Hirsch jetzt genau zu erkennen, da er nicht sehr stark an Wildbret ist, fährtet er sich verhältnismäßig schwach, aber die „Stümpfe" sind so stark ausgeprägt, daß man im ersten Augenblick nicht sagen konnte, in welcher Richtung die Fährte stand. Die Schalenspitzen sind so abgerundet, daß das Trittsiegel als romanisch anzusprechen ist. Die Schalen selbst aber sind nicht lang und auch nicht sehr breit. Ein unverkennbares Fährtenbild für ein geschultes Auge.

Als wir Anfang März hatten, wurde der Revierförster unruhig. Jeden Abend saß er lange hinter der Fenstergardine und paßte auf, ob der „Schaufler" schon abgeworfen hatte. Die Alten sagen, daß sich die Hirsche „schämen", wenn sie abgeworfen haben, und dann einige Zeit unsichtbar bleiben. Sicherlich ist daran etwas Wahres. Man muß sich vorstellen, daß der Hirsch das ganze Jahr hindurch die erhebliche Masse auf seinem Haupt trägt. Plötzlich, ja schlagartig wird ihm die Last genommen, das löst natürlich eine Art Schock und Schrecken aus, und das Tier ändert sein Verhalten so lange, bis es sich an den neuen Zustand gewöhnt hat, das ist verständlich. Aber der „Schaufler" war zunächst jeden Abend, ohne abgeworfen zu haben, wieder an den Futtertrögen und hatte mehrere Stücke Rotwild bei sich, darunter einen Hirsch, der schon abgeworfen hatte. Es war interessant zu beobachten, wie sich die Zusammensetzung änderte. Manchmal kam der Hirsch allein oder mit einem starken Eissprossenzehner als Beihirsch, manchmal brachte er völlig neue Hirsche, ja sogar Kahlwild mit.

Am 10. März kam der „Schaufler" nur mit einer Stange, und am 11. März war er ohne Geweih. Er hatte also einen Tag früher abgeworfen als in den letzten Jahren. Wenige Tage später wurde die rechte Stange gefunden und zwar in den Latschen in der Gegend seines Tageseinstandes. Die Stange war gegenüber dem Vorjahr wohl etwas länger, aber die Zunahme war gering. Der Hirsch ist abschußreif.

Eines besonders berühmten Gastes muß ich noch gedenken: Der Negus von Äthiopien, Kaiser Haile Selassi, der „Löwe von Juda", war im Kaltenbronn. Der Negus weilte zur Kur in Baden-Baden und hatte den Wunsch geäußert, einen Einblick in den deutschen Wald zu bekommen. Nachdem er eine Rundfahrt durch den Stadtwald Baden-Baden gemacht hatte, kam er mit seiner Enkelin, Prinzessin Aida, nach Kaltenbronn. Meine Frau und ich hatten den Negus zu einer Tasse Tee auf unser Jagdhaus eingeladen. Ich war bis an die Grenze meines Reviers dem Kaiser entgegengefahren und hatte ihn dort begrüßt, während meine Frau ihn an der Schwelle des Jagdhauses erwartete – es ging alles genau nach „Pappritz-Protokoll". Hinter dem Cadillac des Negus fuhr ein Chevrolet, der voll von Abessiniern saß – seine Leibwache. Kaum hielt der Wagen des Negus vor dem Jagdhaus, als die Leibwache aus dem Wagen sprang und, während meine Frau den Negus begrüßte, „besetzte" die Leibwache das Haus. Zwei Mann waren oben in den Mansardenzimmern, einer bewachte den Keller, einer im unteren Geschoß die Küche und oben, vor dem Zimmer, in dem wir Tee tranken, stand ein baumlanger Nubier mit weiß blinkenden Zähnen. Der Negus war äußerst liebenswürdig, sprach aber, entgegen unseren Erwartungen, erheblich besser französisch als englisch, obschon er doch während des Krieges in England im Exil gelebt hatte.

DER SCHAUFLER VOM KALTENBRONN

Meine Frau und ich waren etwa ein halbes Jahr vorher in Addis-Abeba gewesen und hatten dort den Empfang des griechischen Königspaares miterlebt, so gab es Gesprächsstoff genug und der Kontakt war schnell gefunden. Der Negus wollte natürlich Hirsche sehen, aber die Jagd ist eben doch eine „Quelle von Enttäuschungen". Wir sahen bei unserer anschließenden Rundfahrt keinen Schwanz. Der Leidtragende bei dem ganzen Besuch war Thomas II., mein jüngster Sohn. Er hatte sich, in Erwartung eines Kaisers mit Krone und Hermelin, in seinem Zimmer verbarrikadiert als der Negus kam, und als er schließlich Mut schöpfte und zu uns kommen wollte, um guten Tag zu sagen, stand da der baumlange Nubier vor der Tür, und vor Angst vor diesem großen Schwarzen retirierte er schnell wieder in sein Zimmer zurück. Für ihn war also dieser „Kaiserbesuch" eine große Enttäuschung.

Man soll ein Kapitel humoristisch abschließen, der Humor ist das einzige, was dieses Dasein überhaupt erträglich macht. Ein Landtagsabgeordneter war auf einen Hirsch eingeladen und schoß an einem Sonntagmorgen einen uralten, sehr starken Achter, einen Hirsch, wie man ihn gerne schießt und ihn sich als hegender Jäger noch lieber an die Wand hängt. Die Stimmung war besonders gut, zumal ein deutscher Botschafter am selben Morgen ebenfalls einen alten starken Achter geschossen hatte. Man wußte nicht, welche Trophäe begehrenswerter war – der Hirsch des Abgeordneten war knuffig und dick, der Hirsch des Botschafters ungewöhnlich lang.

Die Heimatgemeinde des Landtagsabgeordneten wußte, daß ihr Abgeordneter in Kaltenbronn zur „Hirschbrunft" weilte und beschloß, einen Betriebsausflug zum Kurhaus Kaltenbronn zu machen. Mittags erschien somit in unsere aufgeräumte Stimmung der ganze heimatliche Verein zusammen mit seinem Posaunenchor. Lautdröhnend bliesen sie uns ihre Lieder vor. Wohl noch niemals ist ein Hirsch durch einen Posaunenchor tot geblasen worden!

ZWEITES KAPITEL

JAGD UND BEUTE

Der „Narewka-Bock"

Es war im Quellgebiet der Narewka. Große Uwaldflächen wechselten ab mit Sumpfgebieten, auf denen Binsen und saure Gräser den Boden bedeckten. Diese Sümpfe wirkten wie ein Schwamm, sie hielten die atmosphärischen Niederschläge fest und gaben sie, wenn eine Übersättigung des Fassungsvermögens eingetreten war, in tausend Rinnsalen an die Narewka ab, die sich durch dieses Gebiet hindurchschlängelte, ohne daß das Wasser sich zu bewegen schien. Das Gefälle war so gering, daß von einem Fließen nicht die Rede sein konnte. Der Urwald reichte manchmal bis nahe ans Ufer des Flusses heran, an anderen Stellen wieder trat er weit zurück und breite Sumpfflächen säumten beide Ufer. In diesem ausgedehnten Sumpfgebiet waren mehr oder weniger große Sandinseln, Relikte aus der Eiszeit, sie lagen höher und waren trockener, und hier gedieh auch sofort der Wald, der an den trockensten Stellen aus starken, alten Kiefern, teilweise aus Mischwald von Erle, Birke, Hainbuche, Stieleiche, durchstellt mit Fichten, bestand. Eigentliche Wege gab es kaum, hier und da führte eine schmale Schneise, die aber meistens halb zugewachsen war, durch diese urige Landschaft. Es gab wenig Wild, denn die Wölfe und Luchse hielten es kurz, wie ja überhaupt die Wildmassen nur in kultivierten Gegenden vorkommen, wo das Raubwild fehlt und der Mensch seine Überhege getrieben hat.

Ich pürschte eines Tages Anfang Juni am Rande des Urwaldes entlang, um die Narewka-Sümpfe einmal abzuleuchten. Pürschen konnte man es eigentlich nicht nennen, denn ich mußte oft von Bülte zu Bülte springen, wobei ich mehrmals bis über die Knie einsank, oder ich mußte mir durch dichtes Unterholz einen Weg bahnen. Auf einmal sah ich auf der anderen Seite der Narewka, etwa in der Mitte zwischen Urwald und Fluß, einen roten Punkt. Die Entfernung bis dorthin betrug etwa 500 m, aber mein gutes Glas zeigte mir einen Kapitalbock, kapital, daß es mir den Atem verschlug! Das mußte ein Klotzbock sein! Er äste auf einer kleinen Wiesenfläche, und diese Fläche hatte eine andere Farbe als das umliegende Sumpfgelände. Wahrscheinlich war der Boden dort auch etwas erhöht und die Gräser waren süß. Ich erwog alle Möglichkeiten, wie ich diesen Bock wohl kriegen könnte, aber der alte Knabe hatte sich einen verteufelt guten Einstand gewählt. Je nach dem Wetter saß er wahrscheinlich auf der Sumpfblöße, vielleicht auch gelegentlich in dem breiten Schilfgürtel am Rande der Narewka, oder, wenn ihn die Mücken zu sehr plagten, zog er sich wohl in das dichte Unterholz des nahen Urwaldes zurück. Heute blieb er auf seiner kleinen, hellgrünen Wiesenfläche, sicherte häufig, wie alte Böcke das tun. Langsam schwand das Büchsenlicht. Ich merkte mir genau die Stelle und ging nach Hause, um für den Heimweg das letzte Licht noch auszunützen, denn bei völliger Dunkelheit wäre es ein böser Rückmarsch geworden.

Am nächsten Vormittag versuchte ich auf der anderen Seite der Narewka vorzustoßen, aber das war ein hoffnungsloses Beginnen. In Deckung kam ich höchstens auf 400 m an die Stelle heran, wo der Bock zu stehen pflegte, im Wald oder Waldesrand vorwärts zu kommen war völlig unmöglich, man hätte einen Krach gemacht, daß der Bock einen schon auf einen halben Kilometer gehört hätte. Am Spätnachmittag war ich wieder an derselben Stelle, von wo ich den Bock am Tag vorher bestätigt hatte. Etwa eine halbe Stunde vor Einbruch der Dämmerung erschien er, aus dem Urwald kommend, mit einem Schmalreh zusammen. Das Gehörn war wirklich klotzig, ich hatte sicherlich noch niemals vorher einen derartig kapitalen Bock geschossen – aber ich wurde in dem Entschluß, den Bock unter allen Umständen zu erbeuten, schwankend. Welch herrliches Leben führten die Zwei da vor mir! Durch die Geländeverhältnisse in seltener Weise geschützt, hatten sie Äsung und Ruhe und lebten wie im Paradies. Gewisse Nachteile des Daseins gab es allerdings auch für sie: Da waren einmal die Millionen von Mücken, die ständig quälten, und wenn der Winter mit hohem Schnee kam, dann kam auch die Not, kamen Wölfe, die erbarmungslos sind und nicht danach fragen, ob das Leben im Sommer vielleicht idyllisch war. Aber ich schob

EIN KAPITALBOCK WIRD BESTÄTIGT

diese dummen Gedanken beiseite, die Jagdpassion siegte, der Bock mußte zur Strecke, das stand fest – aber wie? Das stand keineswegs fest! Ich studierte noch einmal von meinem Beobachtungspunkt aus genau das Gelände – es gab nur eine einzige Möglichkeit, ich mußte den Wasserweg benutzen. Einen Kahn hatte ich nicht, schwimmen oder waten ging auch nicht. Büchse, Patronen und Glas wären naß geworden, außerdem war überall entlang des Ufers ein 20 bis 30 m breiter Schilfgürtel, durch den ich niemals hindurchgekommen wäre, der Bock hätte mich eräugt und vernommen. Es blieb also nichts anderes übrig, als ein Floß zu bauen. Ich zeichnete mir den Waldrand in mein Notizbuch, ebenso die Schlangenlinien der Narewka, und vermerkte mir vor allem markante Bäume am Waldrand, um mich bei der Floßfahrt orientieren zu können. Nachdem ich diese genaue Zeichnung fertig hatte, zog ich mich vorsichtig zurück. Natürlich hatte ich an beiden Tagen auch genau den Wind geprüft, wenn das Wetter so blieb, war auch er günstig.

Am nächsten Morgen ging es an den Floßbau: Etwa sechs Stämme von dem Holzlageplatz, der etwa 3 km oberhalb des Bockeinstandes lag, wurden mit Latten zusammengenagelt, und dann wurde das Ganze mit einem 1½ m hohen Geländer umgeben. An dieses Geländer band ich große Schilfbündel, so daß das Ganze wie eine längliche Schilfinsel aussah. Zwei lange Stangen zum Staken, und vor allem eine etwa 3 m lange Leiter vervollständigten den schwimmenden Hochsitz. Die Leiter wollte ich gegen das Geländer stellen, um über das Schilf sehen und gegebenenfalls schießen zu können. Gewisse Sorge machten mir die zahlreichen Enten, die es auf der Narewka gab. Wenn sie in der Nähe des Bockes mit lautem Nat-nat-nat hoch wurden, sprang der Bock sicherlich ab, und bis wir unser Periskop – sprich Leiter – ausgefahren hatten, war der Bock über alle Berge verschwunden, aber dieses Risiko mußten wir auf uns nehmen. Vor allem mußte alles sehr langsam vor sich gehen, um Plätschern und andere Geräusche zu vermeiden. Wir mußten damit rechnen, daß die Narewka Untiefen hatte, und daß wir auf Grund geraten könnten. An die beiden oberen Holme der Leiter banden wir ebenfalls Schilfbündel, um sie zu tarnen.

Am Nachmittag ging es los. Ich hatte mir einen Gajowi zum

Mitfahren und Staken bestellt, aber da kam ein erhebliches Gewitter. Wir mußten die Wasserfahrt zunächst verschieben. Am nächsten Tag regnete es und der Wind war böig. Erst am 4. Tag hatten wir wieder gutes Wetter und günstigen Wind. Nun wollte ich aber nach so langer Zeit nicht alles auf eine Karte setzen, denn der Plan mußte auf Anhieb gelingen. Wie sollten wir sonst ohne große Störung das Floß zurückbekommen, wenn wir vergeblich hinunter fuhren und der Bock aus irgendwelchen Gründen nicht da war? Also ging ich zunächst am Spätnachmittag wieder an meinen alten Beobachtungspunkt, und tatsächlich – da stand der Bock im vollen Tageslicht mit seinem Schmalreh auf der Äsungsfläche. Ich besah ihn mir mit dem Glas noch einmal genau, prägte mir erneut die Konturen des Waldrandes ein und dachte: Warte nur, Bürschlein, morgen kracht's! Morgen abend bist du mein!

Wir fuhren am nächsten Nachmittag um 4 Uhr ab. Die Leiter hatten wir vorne am Floß gegen das Geländer gelehnt, und, damit sie nicht nach hinten wegrutschen konnte, mit einer quergenagelten Latte festgekeilt. Nun gondelten wir mit unserer Arche los. Der Gajowi stakte ausgezeichnet. Staken will gekonnt sein, und wir kamen trotz der vielen Windungen der Narewka, gut vorwärts. Die Orientierung war äußerst schwer, meistens sahen wir rechts und links nur eine Schilfwand und darüber den blauen Himmel. Von Zeit zu Zeit, wenn der Wald etwas näher herankam, sah man die Kronen und Spitzen der Bäume. Es war auch sehr schwer, die Entfernung zu schätzen, die wir schon zurückgelegt hatten. Schließlich wurde mir die Sache unheimlich – wenn wir zu weit fuhren, war ja alles verloren – denn das unhandliche schwere Floß hätten wir wohl kaum gegen den Strom lautlos wieder zurückstaken können. Ich ließ also nahe an den Schilfgürtel heranfahren. Der Gajovi hielt hinten mit der Stakstange das Floß fest, ich nahm meine Büchse und stieg ganz vorsichtig und langsam die Leiter hoch, um mich zu orientieren, wo wir eigentlich waren. Ich hatte mir hinter mein Hutband Schilf gesteckt, um völlig getarnt zu sein. Als ich über den Schilfrand hinaussehen konnte, stellte ich fest, daß wir mindestens noch 1 km weiter mußten – drüben war die vorspringende Waldspitze, die ich mir genau gemerkt hatte, dahinter mußte dann die große Einbuchtung sein mit den markanten beiden hohen Fichten –, ich stieg vorsichtig

...n des Verfassers mit altem, reifem
...rsch aus dem nördlichen Schwarzwald

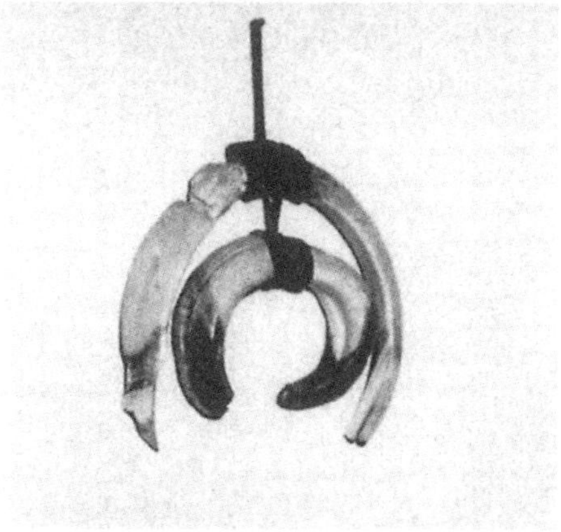

Die Waffen meines stärksten Keilers

Der starke Urwaldkeiler (260 kg)   *Ein Hauptschwein (163*

noch eine Stufe höher, um vielleicht die hohen Fichten schon sehen zu können – – da – – krachte es unter mir, das Geländer, an dem meine Leiter lehnte, war gebrochen! Ich sauste mitsamt der Leiter ins Schilf, in Modder und Wasser, so schnell, daß ich erst wieder richtig zu mir kam als ich schon naß und weich im Moor saß. Mein erster Gedanke war die Büchse, aber die hatte ich instinktiv festgehalten. Dem Gajovi, der aufgeregt herumgestikulierte, gebot ich mit Zeichen energisch Ruhe, damit der Bock nicht vergrämt wurde. Bei Licht besehen war mein Sturz auch so stark durch Schilf und Modder gebremst worden, daß ich mit dem Schrecken davongekommen war, es war mir nichts passiert. Eine nähere Untersuchung ergab, daß die Geländerlatte einen schwarzen Hornast hatte, darauf hatten wir beim Floßbau nicht geachtet.

Zunächst kletterte ich mit Hilfe des Gajovi wieder auf das Floß, dann wurden Gewehr, Patronen und Fernglas mit Wasser abgewaschen und abgespült, der ganze Lauf der Büchse saß dick voll Schlamm! Mit einem Schilfhalm und tüchtigem Durchpusten bekam ich ihn aber wieder klar. Dann wurde das Floß gedreht und die Leiter auf der anderen Seite gegen das Geländer gelehnt, nachdem wir uns überzeugt hatten, daß hier kein Hornast im Holz war. Langsam wurden wir wieder flott, und die Wasserfahrt konnte nach diesem Zwischenintermezzo weitergehen.

Als ich den Eindruck hatte, weit genug zu sein, ließ ich wieder halten, stieg vorsichtig die Leiter wieder hoch und stellte fest, daß wir uns etwa 100 bis 120 m von dem hellgrünen Wiesenfleck, dem Äsungsplatz des Bockes befanden, aber – – – kein Rehbock war zu sehen! Nun, es war auch noch sehr früh, also würden wir warten.

Ich baumte leise wieder ab und steckte mir eine Zigarre an, um die schrecklich vielen Mücken etwas zu verscheuchen. Sehr angenehm war dieses Stillsitzen nicht, ich fing langsam an, in meinen klatschnassen Kleidern zu frieren, da fiel mir eine ähnliche Situation ein, als ich vor langen Jahren als Referendar in Rohrwiese in Westpreußen einen Rehbock schießen wollte, der auf eine sehr große Wiese auszog, und der seinen Tageseinstand in der die Wiese säumenden Kieferndickung hatte. Diese Dickung aber war schon feindliches Territorium. Ich hatte den Bock nach langen vergeblichen Bemühungen bekommen, nachdem ich mich frühzeitig, schon am hellen Nachmittag, in den Bach hineingesetzt hatte, der sich durch die Wiese schlängelte. Ich mußte etwa 2 Stunden in dem moddrigen Bach sitzen, bis der Bock kam und von mir erlegt wurde. Durch das lange Sitzen in Wasser und Modder war ich völlig steif. Nach dem Aufbrechen hatte ich mir den Bock über die Schulter geschlagen und ihn zu dem ziemlich weit entfernten Forstamt getragen. Dabei hatte sich Modder und Schweiß auf meinem Rücken und Anzug zu einer harten Kruste vereinigt, und mit Modder- und Schweißhänden hatte ich mir die lästigen Mücken aus dem Gesicht gewischt. Ich sah aus, daß man mich im Forstamt zunächst überhaupt nicht erkannte!

Meine Zigarre war zu Ende, mit leisem Zischen verlosch der Stummel im Wasser. Ich nahm meine Büchse und stieg vorsichtig die Leiter wieder hoch, um nach meinem Bock zu sehen. Bevor ich die letzte Sprosse erreichte und der Blick über das Schilf frei wurde, krümmte ich mich zur Vorsicht ganz zusammen, richtete mich dann vorsichtig Zentimeter um Zentimeter hoch, und – – – der Äsungsplatz war leer! Aber nein! Dort drüben, zwischen den Bülten, da war irgend etwas Dunkles, etwas, was da nicht hingehörte. Vorsichtig nahm ich das Glas hoch: Da saß er, mein Bock, zwischen den Bülten im hohen Schilfgras. Nur das kapitale Gehörn und die Lauscher waren zu sehen. Natürlich konnte er durch die Spitzen der Binsen und Gräser nur zu gut eräugen, was um ihn herum vorging. Wie gut, daß ich übervorsichtig gewesen war! Nun stellte mich der Kapitale auf eine harte Probe. Anpfeifen wollte ich ihn nicht, es konnte sein, daß er dann sofort flüchtig wurde, und dann war er vergrämt. Denn, das war mir bei dem ganzen Unternehmen von Anfang an klar, jede Störung würde diesen alten, schlauen Urian sofort vergrämen, und wie sollte man einen Bock, der im Urwald seinen Standort wechselte, wohl wiederfinden! Das lange Stehen auf einer Leiter ist äußerst unangenehm und anstrengend, weil das ganze Körpergewicht nur auf einer sehr kleinen Unterstützungsfläche ruht. Auf einmal wurde etwa 10 m hinter dem Bock das Schmalreh hoch, es hatte so tief in den Binsen gesessen, daß ich es überhaupt nicht gesehen hatte. Langsam zog es auf die hellgrüne Äsungsfläche, und da – – – wurde auch der Bock hoch! Ich hatte den Sicherungsflügel leise herumgelegt und eingestochen, die Büchse lag gut auf einer höheren Sprosse der Leiter auf, und der Bock zog mir richtig, wie man sagt, in die Büchse hinein. Plötzlich schoß mir der Gedanke durch den Kopf: Wenn nun das Pulver in den Patronen vorhin bei dem unfreiwilligen Bad naß geworden ist?! Dann hast du einen Versager! Nein – weg mit dem dummen Gedanken – ich war im Anschlag – ich zog langsam mit – der Bock verhoffte (es mochten etwa 100 m sein) – ich kam gut ab. Im Schuß machte der Bock eine hohe Flucht und ging dann mit schleppendem linken Vorderlauf ab. Der Gajovi, der nichts hatte sehen können, war auf den Schuß hin aufgeregt aufgesprungen, und das Floß kam bedenklich ins Schwanken, um ein Haar wäre ich noch einmal ins Wasser gefallen. Ich kriegte fürchterlich das Fluchen. Ich konnte doch den Bock nicht vorderlaufkrank geschossen haben? Ich war doch gut abgekommen! Einen vorderlaufkranken Bock bekamen wir ohne guten Hund, und der war nicht vorhanden, niemals in diesem Gelände. Was tun?! Ich machte dem Gajovi durch Gesten und Zeichen klar, daß er den Anschuß suchen sollte. Ich blieb auf der Leiter und winkte ihn ein. Nach langem Rufen und Winken fand er dann auch wirklich Schweiß, und ich wühlte mich durch Schilf und Sumpf zu ihm hin. Da lag einwandfrei Lungenschweiß, also mußte der Bock liegen. Wahrscheinlich war die Blattschaufel zerschlagen, daher der schleppende linke Lauf. Nach etwa 80 m fanden wir ihn hinter ein paar Zwergbirkenbüschen. Er war längst verendet. Er war der bisher stärkste Bock meines Lebens, ich habe auch später keinen besseren mehr geschossen. Das Wildpretgewicht betrug aufgebrochen und ohne Haupt 24 kg! Der Bock war 8- bis 10jährig nach dem Gebiß, und das Gehörn wog vollkommen trocken 510 g.

Die Trophäe ist, wie fast meine gesamte übrige Habe, in Ostpreußen den Russen in die Hände gefallen.

Eine silbergraue alte Dame

*Ein Tiroler wollte jagen
Einen Gamsbock, Gamsbock silbergrau.
Doch es wollt' ihm nicht gelingen,
Denn das Tierlein, Tierlein war zu schlau!*

(Tiroler Jägerlied)

Der Aufstieg hatte es in sich gehabt; wir – der Jäger Franzl und ich – waren über drei Stunden steil bergan gestiegen und hatten außer Pullover und Reservewäsche auch noch die Konservenverpflegung für mehrere Tage im Rucksack. Ich schwitzte wie ein Reserveoffizier – sagte man früher – und alle möglichen guten Vorsätze kreisten in meinem Gehirn: Das nächste Mal würde man 14 Tage vorher eine Saftkur machen, um abgespeckt in die Berge zu fahren. Das Maß Bier gestern abend zu trinken, war natürlich auch völlig falsch gewesen usw. usw., aber was in Wirklichkeit fehlte war das Training, denn der Jäger Franzl, der noch zwei Jahre älter war als ich, stieg mühelos in einem Höllentempo, ohne daß ihm das das geringste auszumachen schien. „Der Weg ist ganz kommod' – – in zwei Stunden san mer an der Hütt'n", hatte der Franzl gesagt, als es losging. Wir brauchten natürlich über drei Stunden, und standen nun vor der in einem wilden Kar am Rande der Baumgrenze gelegenen Jagdhütte. Eine Jagdhütte im Gebirge soll geschützt liegen – das war hier der Fall. Sie soll eine schöne Aussicht haben – auch das war hier der Fall, und sie muß Wasser in der Nähe haben – das aber traf hier leider nicht zu! 300 m entfernt war eine Schneegrube, von dort mußten wir den Schnee in Eimern herbeischleppen, um ihn in großen Kochtöpfen auf dem Herd aufzutauen. Das Waschen wurde daher klein geschrieben, und das ist, nach den Strapazen, die man als Hochgebirgsjäger aushalten muß, ein sehr großer Mangel. Komfortabel braucht eine Jagdhütte im Gebirge nicht zu sein, man wohnt ja meistens nur wenige Tage dort, weil man im Hochgebirge viel eher als in der Ebene oder im Mittelgebirge ein Revier stört, so daß es meistens zwecklos ist, von ein und derselben Hütte aus längere Zeit zu pürschen. Ein leidliches Bett, wenigstens bezüglich der Matratzen, sollte aber auch in der einfachsten Hochgebirgshütte vorhanden sein. Das Schlafen auf Latschenzweigen mag sehr romantisch sein, aber auf diese Art Romantik legt man, wenn man älter wird, keinen allzu großen Wert mehr.

Wir richteten uns in unserer kleinen Hütte ein, im Herd bullerte das rote Zirbelholz, vor uns stand bald dampfender Tee, die nassen Hemden hingen zum Trocknen über der Stange, die Zigarren brannten – – und nun wurde der Jagdplan gemacht. Dieses Planen gehört für mich zu dem Schönsten einer ganzen Jagd. Man muß überlegen, wo das Wild bei welchem Wetter stehen könnte, auch muß man sich klar sein, wie der Wind wahrscheinlich gehen wird, schließlich muß man den richtigen Anmarschweg genau kennen, kurzum, es sind zahlreiche Überlegungen anzustellen, die das ganze jagdliche Vorhaben außerordentlich spannend machen. Zum Schluß stellt man dann meistens fest, daß alle Überlegungen und alle Planungen völlig falsch waren, und daß alles mal wieder ganz anders gekommen ist, als man vorher gedacht hat.

Wir machten noch einen kleineren Pürschgang zum Rande des Kars, wo man einen herrlichen Ausblick über die Rottenmanner Tauern bis weit hinein in das Tote Gebirge und in das wildzerklüftete Gesäuse hatte. Die Süd- und Südwesthänge waren frei von Schnee, und nur an den Nord- und Osthängen lag eine geschlossene Schneedecke, es war also ein selten günstiges Wetter für die Gamsbrunft. Zwar mußten wir damit rechnen, daß die Gams sehr hoch stehen würden, wie das bei solchen Wetterverhältnissen immer zu sein pflegt, ich habe aber auch erlebt, daß bei sehr hoher Schneelage die Gams keineswegs heruntergedrückt wurden, sondern ganz hoch oben standen und brunfteten, wo der Schnee durch den Wind weggeweht war, oder, wo durch Lawinen apere Stellen entstanden waren. In solchen Fällen bedeutet es meistens eine ungeheure Anstrengung, sich durch den tiefen Schnee bis hinauf zu den Brunftplätzen zu arbeiten, und oft muß man aufgeben und als Schneider zu Tal ziehen.

Dieses Mal schien uns der Wettergott aber hold zu sein, es klarte gegen Abend vollkommen auf und Franzl prophezeite für den nächsten Tag herrlichstes Wetter. Mit dem ersten Büchsenlicht ging es am nächsten Morgen los. Wir pürschten auf verhältnismäßig bequemen Jägerpfaden eine Ostwand ab, so daß wir guten Einblick in die gegenüberliegende West- und Südwestwand hatten. Wir sahen drüben unter einer Lärchengruppe vier geringe Hirsche stehen, die sich die Sonne auf die Decke scheinen ließen und sich offenbar nur noch überlegten, wo sie sich niedertun sollten, um zu ruhen und wiederzukauen. Auf einmal fing einer von ihnen an so recht herzhaft zu gähnen, es dauerte nicht lange und auch der zweite und dritte gähnte, und – auf einmal gähnte auch der Franzl neben mir. Es ist doch nichts so ansteckend wie das Gähnen! Als wir etwa 500 m weitergepürscht waren, wurde am gegenüberliegenden Hang die Szenerie erheblich wilder und steiler und ein breiter Graben tat sich auf, der vom hohen Kamm herunter bis ins Tal hinein führte und mit riesigen Geröllbrocken besät war. Stellenweise sah das Bodengrün hervor. Wir setzten uns auf unsere Rucksäcke und leuchteten erst einmal dieses langgestreckte Kar mit unseren Gläsern ab. Im obersten Drittel stand ein einsamer Gams, sicher würde es ein mittelalter Bock sein, der nach Geisen suchte.

Als ich mein Glas auf ihn richtete, stellte ich erstaunt fest, daß das Stück am ganzen Körper silbergrau war. Erst glaubte ich an eine Lichtspiegelung, aber die silbergraue Farbe blieb, auch als sich das Stück etwas gedreht hatte. Längst hatte Franzl sein Spektiv auf den Gams gerichtet, er murmelte unverständliche Worte vor sich hin und sagte schließlich mit einem Seufzer: „Es is halt die graue Geis!" Ich ließ mir das Spektiv geben, strich am Bergstock an, visierte zuerst über das Spektiv, um die Geis zu finden, schaute dann hindurch, drehte so lange bis das Bild scharf war und sah – richtig – eine vollkommen silbergraue Geis vor mir mit unwahrscheinlich hohen und weitausgelegten Krucken. Ich jagte nun seit 30 Jahren im Hochgebirge, aber eine solche Geis hatte ich noch nie gesehen. Es war nicht so, daß etwa nur ein weißlicher Schimmer auf dem Rücken der Gams lag, nein, das ganze Stück war gleichmäßig hell silbergrau. Fragend sah ich den Franzl an, und nun fing er an zu erzählen, er kenne die Geis schon fast seit zehn Jahren, seit drei Jahren hätte sie kein Kitz mehr geführt. Sie wäre sicherlich zwanzig Jahre alt, und zahlreiche Jäger hätten sich schon auf sie versucht, aber immer sei es schiefgegangen, denn die Geis habe den Teufel im Leib, habe einen sechsten Sinn, und was derlei Sprüche noch mehr sind.

DIE GEIS HAT DEN TEUFEL IM LEIB

Bei mir stand sofort fest – ich würde nur auf diese Geis jagen und alle Hebel in Bewegung setzen, um auf diese Geis zu Schuß zu kommen. Der Franzl war nicht sehr erbaut von meinen Plänen, er meinte, das hätten schon viele andere versucht und zwar auch jüngere als ich. Das Gelände gegenüber sei mörderisch, irgendwelche Jägerpfade seien nicht vorhanden und der Wind sei tückisch und unberechenbar. Wir würden nur kostbare Zeit mit der Geis verlieren und keinen guten Bock bekommen. Das alles aber war mir ganz egal, ich wollte nur die silbergraue alte Dame zur Strecke bringen, alle anderen Gamsböcke waren mir ganz gleichgültig geworden.

Die Geis war inzwischen etwas weiter hinuntergezogen, in dem ganzen Kar schien sonst keinerlei Wild zu stehen. Um dessen ganz sicher zu sein, beobachteten wir noch etwa eine halbe Stunde lang die Umgebung, aber außer der silbergrauen Geis, die friedlich äste, war kein lebendes Wesen zu sehen. „Also – geh'n mer's an", sagte ich zum Franzl, und vorsichtig stiegen wir bis unten in den Graben und auf der anderen Seite des Kars wieder hoch. Es war eine ziemlich halsbrecherische Tour, das Gelände war völlig blocküberlagert, und man mußte sehr aufpassen, daß man nicht zwischen die Felsblöcke trat oder von einem kantigen Block abrutschte. Wir kamen nur sehr langsam vorwärts und pürschten immer so, daß wir hinter der Grabenkante waren, so daß die im Graben stehende Geis uns nicht äugen konnte. Der Wind war gut, nach menschlichem Ermessen hätte die Sache klappen müssen. Wir hatten uns von der gegenüberliegenden Seite das Gelände genau eingeprägt, hatten uns vor allen Dingen einige Zirbelkiefergruppen und Latschenbüsche gemerkt, und ich hatte den Eindruck, daß wir etwa auf Schußentfernung an die Silbergraue heran sein müßten. Langsam schoben wir uns nach der Kante des Grabens hin vor, als es auf einmal rechts unter uns laut pfiff. Wir waren an einem Rudel Geraffel, das hinter großen Felsblöcken gestanden oder gesessen hatte, vorbeigepürscht, und nun hatte das Wild Wind von uns bekommen. Als wir in den Graben Einblick nehmen konnten – war alles wie leergefegt. Selbstverständlich war auch die alte Dame längst verschwunden, sicher war sie nach oben über den Kamm geflüchtet. „So oder ähnlich ist es immer gegangen", sagte Franzl, aber ich gab mich keineswegs geschlagen. Ich sah mir das Gelände noch einmal genau an und wurde mir darüber klar, daß man von der anderen Seite den Graben angehen mußte, und daß man nicht von unten nach oben, sondern, nachdem man einen weiten Bogen geschlagen hatte, in der Horizontalen auf den Graben lospürschen mußte, und zwar in der jeweiligen Höhe, in der man die Geis vorher von der anderen Seite hatte stehen sehen. Franzl schüttelte zwar bedenklich den Kopf, als ich meinen Plan entwickelte. Der Hang auf der anderen Seite wäre sehr steil, und es gäbe dort viel überkippte Platten, auf denen man keinen Halt fände. Wenn man erst ins Rutschen käme, dann brauchte man wohl nicht mehr weiterzupürschen, weder auf diese noch eine andere Geis, denn dann sei man hin! Nun ja, für heute war bestimmt nichts mehr zu machen, wir pürschten daher auf einem Umweg zur Hütte zurück, sahen auch noch Rot- und Gamswild, aber es war nichts Aufregendes dabei.

In Ermangelung einer frischen Leber machten wir auf der Hütte eine Büchse Gulasch auf und gingen dann früh schlafen. Franzl hatte vorgeschlagen, am nächsten Tag nicht auf die Geis zu gehen, sondern in einem ganz anderen Revierteil in entgegengesetzter Richtung zu pürschen, um dort vielleicht einen Bock zu schießen. Die silbergraue Matrone sollte sich erst einmal wieder ein bißchen beruhigen. Mir leuchtete dieser Plan durchaus ein. So pürschten wir also am nächsten Morgen in entgegengesetzter Richtung auf einem verhältnismäßig bequemen Jägerpfad entlang, der etwa an der Baumgrenze verlief. Man hatte herrlichste Fernsicht, freute sich an den bizarren Formen der alten Wetterlärchen und Wetterzirbeln, das ganze war eine sehr gemütliche Angelegenheit. Schließlich setzten wir uns an einen breiten Geröllgraben auf eine kleine vorspringende Nase, von wo wir nach oben und unten einen guten Überblick hatten, und machten Brotzeit. Auf einmal sah ich schräg vor uns ein Gamskitz, das schwankend ein paar Schritte machte, sich dann niedertat, mühsam wieder aufstand, sich wieder niedertat und sich schließlich auf die Seite legte; es war offenbar sehr krank. Eine Geis war nirgends zu sehen, also schien die Mutter das kranke Kitz seinem Schicksal überlassen zu haben. Ich sagte dem Franzl, ich wolle das Stück von seinen Leiden erlösen und ihm den Fangschuß geben. Aber dafür war Franzl gar nicht zu haben, er befürchtete, daß durch den Schuß die ganze weitere Pürsch verdorben würde. Gerade wollte ich trotzdem schießen, als plötzlich ein Schatten über uns hinhuschte. Wir blickten auf, da schwebte fast auf Schrotschußentfernung ein Adler, sich wundervoll gegen den dunkelblauen Himmel abhebend, durch das Kar. Auch er hatte das kranke Kitz entdeckt. Aber nur wenige Sekunden konnten wir das herrliche Bild des schwebenden Adlers auf nächste Entfernung genießen – – da hatte er uns auch schon weg, warf sich fast senkrecht in der Luft hoch und verschwand mit schnellen Flügelschlägen. Als wir zu unserem Kitz hinuntersahen, stellten wir fest, daß es alle vier Läufe gestreckt hatte und inzwischen verendet war.

Nach einiger Zeit pürschten wir weiter. Als Franzl, der vor mir ging, vorsichtig um eine Felsnase herumschaute, winkte er mir vorsichtig zu, und als ich, ebenfalls zentimeterweise mich vorbeugend, um die Felsnase sah, stand vor uns auf einem haushohen Felsblock, die vier Läufe nah zusammengezogen, ein Gamsbock wie eine Silhouette gegen den Himmel, es war ein herrliches Bild! Wie aus Erz gegossen, stand der Gamsbock und äugte mit etwas schräggehaltenem Haupt zu uns hinunter. Es mochten etwa 200 m sein, man konnte bei der guten Beleuchtung mit dem zehnfachen Glas jedes Haar erkennen. Der Bart war sehr gut, er hatte sich umgelegt und bewegte sich von Zeit zu Zeit im Winde. Die Krucken waren schwer anzusprechen, da uns der Bock unentwegt anäugte und man so die Krucken nur spitz von vorne sehen konnte, also blieb es ein Geheimnis, ob er gut gehakelt war. Auf jeden Fall waren die Krucken mittelhoch, also ein Kapitalbock war es bestimmt nicht. Wir zogen uns vorsichtig hinter unsere Felsnase, wo wir völlig gedeckt waren, zur Beratung zurück. Franzl war sehr dafür, daß ich den Bock schießen sollte, er wäre mindestens zehnjährig, vielleicht nicht sehr hoch, aber mit starken Schläuchen, die Auslage sei auch gut – kurzum, er machte mir die Sache nach jeder Seite hin schmackhaft. Ich sah mir ganz vorsichtig den Bock noch einmal an, er stand immer noch so wie vorher und äugte unentwegt zu uns hinüber. Sicher hatte er irgendeine Bewegung gemerkt und war neugierig geworden, rührte sich aber nicht vom Fleck. Schlecht war der Bock bestimmt nicht, aber ob er zehn Jahre alt war, das mochten die Götter und der Hl. Hubertus wissen! Ich entschloß mich zu schießen. Wir banden also, gedeckt hinter unserer Felsnase, die beiden Bergstöcke mit einem Taschentuch so zusammen, daß eine Gabel entstand, ich legte meine Büchse hinein und schob mich nun ganz langsam etwas vor.

Ich kam sehr gut ab, im Schuß sprang der Bock mit allen vier Läufen hoch in die Luft, stürzte, sich überschlagend, von dem haushohen Felsbrocken herunter, rutschte noch eine steile Graslehne etwa 30 m weiter bergab und blieb mausetot liegen. Es war ein wunderbares Bild, wie der Bock nach dem Schuß durch die Luft geflogen kam.

Der Bart war sehr gut, ebenso die Krucken. Aber der Bock war nur achtjährig und bekam im nächsten Frühjahr auf der Trophäenschau in Steiermark einen roten Punkt. Mir aber hat er deshalb nicht weniger Freude gemacht, und nachdem wir die Totenwacht gehalten, den Bart gerupft und den Bock aufgebrochen hatten, gingen wir zurück zur Hütte. Dieses Heimgehen mit Beute ist für mich immer eine besondere Freude und vermittelt mir eine besondere Stimmung. Man hat das Gefühl, Erfolg gehabt zu haben, und wenn die Strapazen besonders groß und die Schwierigkeiten schwer zu überwinden waren, ist die Erfolgbefriedigung besonders zu spüren. Dabei spielt es gar keine Rolle, ob mein Junge ein Bündel Rebhühner oder ein paar Fasanen am Galgen beim Heimweg von der Jagd vor mir herträgt oder zwei riesige Neger in der Dornbuschsteppe Afrikas das gewaltige Haupt eines Büffels wuchten.

Franzl ging langsam auf dem Pürschpfad zu der Hütte, hatte den Bock am Gamsträger über dem Rucksack auf dem Rücken, die Krucken waren oben im Rucksack eingehakt, und der Latschenbruch im Äser wippte bei jedem Schritt auf und nieder. Hinterhergehend freute ich mich einer guten Trophäe, fühlte noch einmal nach dem in Papier eingewickelten Bart in meiner Brusttasche und schaute abwechselnd auf den Gams vor mir und auf die herrliche, gewaltige Gebirgslandschaft um mich herum.

Abends zeigte ich meine Kochkünste. Franzl behauptete, noch niemals eine so gute Gamsleber gegessen zu haben. Wir hatten einen Liter Tiroler Roten mit hinaufgeschleppt, die Hälfte wurde zum Tottrinken des Bockes geopfert, die andere Hälfte wurde verwahrt für den nächsten Tag, denn da sollte ja die ehrwürdige, silbergraue Matrone totgetrunken werden.

Am nächsten Morgen ging es also wieder los, wieder zu unserem

DIE PÜRSCH WAR LEBENSGEFÄHRLICH

Beobachtungsposten, von wo wir den Graben genau übersehen konnten. Wir stellten fest, daß die silbergraue alte Dame genau am gleichen Fleck stand wie zwei Tage vorher. Weiter unten im Graben sahen wir noch mehrere Stücke Gamswild zwischen den Geröllbrocken auftauchen. Ich studierte rechts vom Graben genau die Wand, merkte mir genau, wie hoch die Gams stand, damit wir möglichst in gleicher Höhe auf den Graben zupürschten, und dann wurde ein riesiger Umgehungsmarsch gemacht. Der Anstieg bis zur richtigen Höhe war noch erträglich, aber nun begann das Traversieren am Steilhang! Das Gelände war scheußlich, vielfach bestand der Fels aus Platten, die so steil waren, daß das geringste Rutschen einen Absturz bedeuten konnte. Ich hatte alles zurückgelassen, nur die Büchse und den Zielstock bei mir, aber meine Hoffnung, daß das Gelände besser würde, wurde betrogen, es wurde immer steiler und gefährlicher. Schließlich sagte ich mir, daß es als Vater von fünf unversorgten Kindern nicht zu verantworten sei, diese halsbrecherische Kraxelei weiter fortzusetzen und mein Leben dabei zu riskieren, nur wegen einer Gamsgeis. Aber dann sah ich im Geist wieder die herrliche silbergraue Decke und die unwahrscheinlich hohen Krucken vor mir, biß die Zähne zusammen, und weiter ging's. Franzl rann der blanke Schweiß über das Gesicht, weniger vor Anstrengung als aus Angst um mich, aber schließlich hatten wir die verdammten Felsplatten hinter uns gebracht und kamen in ein Geröllfeld, in dem das Vorwärtskommen zwar auch kein Spaziergang war, wo mir aber außer einem verknacksten Fuß nichts mehr passieren konnte.

Jetzt tauchte vor uns schon die einzelne, knorrige Wetterlärche auf, die am Rand des Kars stand, deren bizarre Form ich mir genau eingeprägt hatte. Etwas oberhalb dieser Lärche hatte die Geis in dem Kar gestanden. Zunächst setzten wir uns erst einmal einen Augenblick hin, um etwas zu verschnaufen, denn ich hatte mich wirklich total verausgabt, meine Knie zitterten bedrohlich. Vorsorglich banden wir die Bergstöcke nach bewährtem Muster mit einem Taschentuch zusammen, dann ging es vorsichtig auf den Grabenrand zu. Als ich etwa 8 bis 10 m vor dem Grabenrand war, den Graben selbst aber noch nicht einsehen konnte, spürte ich plötzlich den Wind im Genick. Der tiefe Graben wirkte wie ein Sog und der Wind, der bis dahin kontinuierlich bergab gegangen war, wurde von dem tiefen Graben angesaugt und fiel bereits einige Meter vor der Kante in den Graben hinein. Ich war mir blitzschnell darüber klar, daß es jetzt auf Sekunden ankam, und versuchte, so schnell wie möglich die letzten Meter zu überwinden. In der linken Hand hielt ich die zusammengebundenen Stöcke, rechts die entsicherte Büchse. Als ich am Grabenrand ankam und einsehen konnte, verschwand die silbergraue Gams gerade rechts oben am Kamm! Ich hatte die Büchse angeschlagen, es waren aber sicher 400 m, und außerdem stand die Gams für mich spitz, schießen wäre also Wahnsinn und außerdem unwaidmännisch gewesen.

Franzl bekam fast einen Tobsuchtsanfall, er holte alle Flüche Steiermarks und Tirols hervor und schimpfte geradezu lästerlich. Ich ließ die Kanonade über mich ergehen und war auch sehr verzweifelt. Da war nun wirklich die ganze gräßliche Schinderei für die Katz gewesen! Ja, der Franzl hatte doch recht gehabt, die Geis war einfach nicht zu haben, sie hatte ihren Einstand so gut gewählt, daß sie von allen Seiten Wind bekam, und daß sie nach unten hin freien Ausblick hatte, so daß man tatsächlich nur mit gewaltigem Dusel auf Schußentfernung an sie herankam. Und ich hatte eben diesen Dusel nicht gehabt!

Als ich nach unten schaute, um festzustellen, wie wir am besten wieder hinunterkämen, saß da ein kapitaler Fuchs etwa 150 m entfernt auf einem großen Schneefeld. Spitzbübisch äugte er hinauf und –lachte, ich fühlte es, er lachte sogar aus vollem Halse, er lachte uns aus, weil wir mit unseren zwei Beinen trotz aller Klugheit dem vierbeinigen Tier des Hochgebirges weit unterlegen waren. Dieser spitzbübisch lachende Fuchs gab mir meine gute Laune wieder, Franzl aber meinte, ich sollte nun wenigstens den Fuchs schießen; aber darum ging es mir nicht, ich beobachtete ihn lieber ein Weilchen mit dem Glas. Nach einiger Zeit wurde er flüchtig und traversierte mühelos an der steilen Wand über die Felsplatten, so, als ob unsereins auf einer Kurpromenade spazierenginge!

Wir stiegen ab, doch der Abstieg hatte es in sich! Müde und zerschlagen erreichten wir die Stelle, wo wir den Graben genau einsehen konnten, und wo wir Rucksäcke und Lodenmantel zurückgelassen hatten. Ich schaute zum letzten Mal hinein in den tiefen

Graben und – – – da stand doch, weiß Gott, hoch oben auf dem Kamm, oben im Himmel, könnte man beinahe sagen, die Silhouette einer Gams! Wir sahen mit dem Spektiv herauf – – es war wahrhaftig die silbergraue alte Dame! Auch sie lachte, lachte, daß es ihren grauen Körper schüttelte – oder zitterte vielleicht das Spektiv in meiner Hand – – – ?

„Doch es wollte nicht gelingen,
Denn das Tierlein, Tierlein war zu schlau — —"

Der Lahmiel

Vor einigen Jahren gab es einen französichen Ministerpräsidenten Laniel. Nach ihm benannten wir einen Hirsch, aber wir nannten ihn nicht Laniel, sondern „Lahmiel", und das kam so:

Ich saß in der Brunft 1954 mit einem Jagdgast, einem älteren Herrn, auf einer Kanzel, die an einem Altholzrande stand. Vor uns hatten wir nach rechts eine etwa 6jährige Fichtenkultur, und direkt vor dem Hochsitz und nach links war eine geschlossene Fichtendickung. Um nun einen Einblick in die Fichtendickung zu haben, war eine etwa 6 m breite Schneise ca. 150 m weit freigehalten worden, so daß man vom Hochsitz aus das Wild, das über die Schneise zog, zumindest sehen, eventuell auch anhalten und schießen konnte.

Es war früher Nachmittag, die Sonne stand noch am Himmel. Plötzlich sahen wir einen geringen Hirsch, der links nur einen Spieß und eine verkrüppelte Augsprosse und rechts eine geringe Achterstange trug, auf die Schneise ziehen. Ich hatte sofort das Glas am Kopf und sagte: „Fertigmachen, ein abschußnotwendiger Hirsch!" – da zog der Hirsch auf der Schneise entlang auf uns zu. Er lahmte geradezu erbärmlich, ein Vorder- und ein Hinterlauf schienen schwer verletzt zu sein, so daß der Hirsch vorne links und hinten rechts lahmte und wie ein Kamel im Paßgang auf uns zu schwankte. Der Jagdgast hatte die Büchse bereits am Kopf, ich mahnte den Hirsch, der jetzt etwa 80 m entfernt war, an, und er stand sofort breit wie eine Scheibe – – – klick – machte die Büchse meines Gastes! Der Hirsch warf auf und war sofort nach rechts in der Dickung verschwunden, Als die Repetierbüchse vorsichtig und leise geöffnet wurde, um die vermeintliche Versagerpatrone auszuwechseln, stellte sich heraus, daß überhaupt keine Patrone im Lauf gewesen war. Der Schütze hatte oben auf dem Hochsitz laden wollen, aber nur das Schloß gespannt, ohne dieses zurückzuziehen und eine Patrone aus dem Magazin vorzuführen. Während mein Gast nun leise vor sich hinfluchte und ich den Kopf schüttelte – selbstverständlich nur in Gedanken – erschien der Hirsch erneut von rechts und kam wieder auf die Schneise. Ich schrie ihn sofort an, er verhoffte auch einen Augenblick, allerdings jetzt auf etwa 120 m Entfernung. Es mußte nun natürlich alles verteufelt schnell gehen – der Schuß brach und – ging vorbei! Ich sah keinerlei Reaktion des Hirsches, da ich ihn bei Abgabe des Schusses genau im 10fachen Glas hatte, ich hätte bei der guten Beleuchtung sogar Haare fliegen sehen müssen. Wie die eindeutige Untersuchung des Anschusses ergab, hatte der Schütze in der Aufregung, in der er sich befand, den Hirsch überschossen.

Wir waren beide sehr niedergeschlagen. Welche Qualen hatte der Unglückshirsch ausgestanden, und nun war die Gelegenheit, ihn zu erlösen, verpaßt worden!

Mein Gast, ein sehr guter und passionierter Jäger, schwor bei allen Heiligen, daß er auf keinen anderen Hirsch schießen und nicht ruhen und rasten würde, bis er diesen armen Kerl von seinem Leiden erlöst hätte. Wir waren uns einig, daß der Hirsch beide kranken Läufe benutzt hatte, daß es sich also nicht um eine frische Verletzung, sondern um eine sicherlich 1 bis 2 Jahre alte Verwundung handeln müßte. Wie war es nur möglich, daß ein Tier mit zerschossenem Hinterlauf und zerschossenem Vorderlauf am Leben blieb und seit Jahr und Tag, schwankend wie ein Schiff auf hoher See, durch das Revier zog?

Selbstverständlich wurde die gesamte Jägerei der Umgegend sofort über das Vorhandensein dieses Hirsches verständigt und der Hirsch wurde für jeden zum Abschuß freigegeben.

Mein Jagdgast war jedes Wochenende da und machte Dueransitz, um den „Lahmiel", so hatten wir den Hirsch getauft, zur Strecke zu bringen. Es war alles vergebens. Ende November sah einer meiner Förster den Hirsch, als er mit dem Auto durch's Revier fuhr, über den Weg schaukeln, aber bevor er halten und aussteigen konnte, hatte ein dichtes Stangenholz den Hirsch aufgenommen.

WIE EIN KAMEL SCHAUKELTE DER HIRSCH

Der folgende Winter brachte sehr tiefen Schnee und ich sagte mir, daß der Hirsch nun sicherlich eingehen würde und verendet irgendwo gefunden würde, aber der „Lahmiel" blieb verschwunden.

Da erreichte den Jagdaufseher einer Nachbarjagd im April 1956 – also 1½ Jahre später – die Nachricht, ein laufkranker Hirsch sei einen Steinbruch hinabgestürzt und habe unten im Steinbruch schwerkrank gesessen. Ein Stangensucher, der im Revier nach Abwürfen gesucht habe – was langsam zu einem Volkssport geworden ist – habe versucht, heranzukommen, um dem Hirsch die Stangen vom Haupt zu brechen – eine wohl einmalige Methode, um zu Abwurfstangen zu kommen! – Da habe sich aber der Hirsch wieder aufgerappelt und sei schwerkrank fortgeflüchtet. Der Stangensucher habe daraufhin seinen Schäferhund auf den Hirsch gehetzt, der Hirsch habe sich bald gestellt, den Hund aber, trotz seiner schweren Laufverletzungen, mit dem einen gesunden Vorderlauf derartig über den Schädel geschlagen, daß der Hund längere Zeit vollkommen benommen war und von dem Hirsch abgelassen habe. Der Hirsch sei in Richtung der Nachbarjagd, parallel zum Hang, fortgewechselt.

Der Revierjäger der Nachbarjagd wurde verständigt. Es bestand kein Zweifel, daß es sich bei dem Hirsch um den nun allmählich berühmt gewordenen „Lahmiel" handelte. Der Stangensucher beschrieb das Geweih genauso, wie wir es zwei Jahre vorher angesprochen hatten. Wie sich später herausstellte, hatte der Hirsch aber jedes Jahr abgeworfen und dann wieder ein sehr ähnliches Geweih geschoben.

Der Revierjäger fährtete bald den kranken Hirsch auf sandigen Stellen des Reviers. Die Schalen des Hinterlaufes waren, infolge der schonenden Benutzung, sehr lang ausgewachsen, wie man das bei Ziegen sieht, die sehr lange im Stall gestanden haben. Auch bei Muffelwild habe ich diese Erscheinung beobachtet. Aber zu Gesicht bekam niemand den „Lahmiel".

Beim Kreisjagdamt war inzwischen die Freigabe dieses Unglückshirsches während der Schonzeit beantragt und genehmigt worden.

Endlich, es war Ende Juli geworden, konnte der Revierjäger, der mit großem Eifer hinter dem Hirsch her war, den „Lahmiel" bestätigen. Er sah ihn morgens früh auf große Entfernung in eine verhältnismäßig kleine Dickung hineinwanken – wechseln konnte man das nicht mehr nennen. Er holte sofort seinen Jagdherrn, stellte diesen auf einem Horizontalwechsel vor und legte dann seinen hann. Schweißhund zur Fährte, um den „Lahmiel" waidgerecht zu lancieren. Er sollte wenigstens, nach all den entsetzlichen Qualen, einen waidgerechten Tod finden. Der Hannoveraner fiel die Fährte sehr gut an, und in der Dickung wurde der Hirsch hoch, wie der Revierjäger deutlich hörte und am Heftigwerden seines Hundes merkte. „Lahmiel" nahm, wie richtig vermutet, den Horizontalwechsel an und kam dem vorgestellten Jagdherrn – aber so unglücklich, daß dieser den Schuß nicht loswerden konnte.

Welch schrecklicher Unstern stand über dieser armen, gequälten Kreatur! Nach kurzer Beratung wurde beschlossen, daß der Jäger mit dem Schweißhund der Fährte folgen sollte, um entweder eine Hetze zu machen um dem Hirsch, der sich sicher sehr bald stellen würde, den Fangschuß zu geben, oder aber so nahe an den Hirsch heranzukommen, daß er eine Kugel anbringen konnte.

Bereits nach wenigen 100 m stand der völlig erschöpfte Hirsch vor dem Revierförster und erhielt von diesem die erlösende Kugel auf's Blatt.

Ich wurde sofort fernmündlich verständigt und fuhr an Ort und Stelle. Der Hirsch sah erbarmungswürdig aus. Er war völlig abgekommen wie ein Brett und hatte noch nicht gefegt, aber ein ganz ähnliches Geweih geschoben, wie ich es zwei Jahre vorher gesehen hatte. Er hatte auch verhärt, aber die Decke war am Brustkern und an den Sprunggelenken der Läufe völlig wund und aufgeschlagen. Der Hirsch mußte oft zusammengebrochen sein vor Erschöpfung und war dann wohl auf dem Brustkern weitergerutscht. Der linke Lauf hatte einen alten Schuß ganz hoch am Ansatz der Blattschaufel, man fühlte die Knochenverdickung, und der Lauf war entsprechend verkürzt. Der rechte Hinterlauf war ebenfalls hoch in der Keule zerschlagen gewesen und mit dicken Knochenwucherungen wieder verheilt. Außerdem war an dem selben Hinterlauf oberhalb der Schalen noch eine Verdickung, und diesen Hinterlauf schien er stark geschont zu haben, denn die Schalen waren lang herausgewachsen. Im Ziemer war ebenfalls eine alte Verletzung, die zwar keinen Knochen getroffen, aber eine dicke Geschwulst hinterlassen hatte.

ENDLICH ERLÖST

Der Hirsch war derartig abgekommen, daß man ihn nicht einmal als Hundefutter verwerten konnte!

Ich ließ den kranken Vorderlauf mit Blattschaufel und die rechte Hinterkeule mit Lauf auslösen und schickte das ganze an das Jagdinstitut nach Freiburg. Dort habe ich mir später die präparierten Knochen angesehen. Es ist mir bis heute ein Rätsel geblieben, wie der Hirsch diese schweren Verletzungen durchstehen und ausheilen konnte. Der gebildete Kallus war völlig porös, die Wunde mußte also monatelang geeitert haben, und der Hirsch hatte während dieser Zeit nur zwei Läufe benützen können. Er hatte mehrere schneereiche Winter durchgestanden. Wie war es möglich, daß er nicht verhungerte?

Ich schätze, daß der Hirsch bereits 1952, also 1½ bis 2 Jahre bevor ich ihn mit dem Jagdgast sah, angeschossen wurde, so daß seine Leidenszeit also 3 bis 4 Jahre gedauert hat. Zweifellos war er mit Posten beschossen worden. Teilmantelkugeln hätte er wohl nicht ausgeheilt.

Der „Lahmiel" ist das entsetzlichste Hirschschicksal, das ich je erlebt habe – und alles nur, weil ein gewissenloser Schießer – Jäger kann man da wohl nicht sagen – mit Posten auf einen Hirsch schoß, ohne eine richtige Nachsuche zu machen, und die Qual dieses armen Tieres wurde durch unglückliche Umstände fast um zwei Jahre verlängert!

Hohlschüsse

Als Hohlschuß bezeichnet man bekanntlich einen Durchschuß durch den Brustkorb des Wildes – also einen Kammerschuß, bei dem keine nennenswerten Verletzungen lebenswichtiger Organe eintraten, und bei dem das beschossene Wild im allgemeinen nicht zu haben ist, da die Verletzung verheilt. Bei unseren modernen Geschossen mit Teilmantel, Hohlspitze und Scharfrand ist eine solche Wirkung äußerst selten. Zunächst darf das Geschoß keinen Rippenknochen fassen, weil sonst sofort die Deformierung des Geschoßkopfes und damit eine erhebliche Zerreißung der Gewebe des Wildkörpers eintritt. Die Kugel muß also beim Ein- und Ausschuß zwischen den Rippen durchwischen. Weiterhin darf keine nennenswerte Verletzung der Lunge eintreten, was wohl nur in ausgeatmetem Zustand möglich ist. Ob anatomisch die Möglichkeit besteht, daß die Kugel zwischen Lunge und Zwerchfell den Wildkörper passieren kann, ohne die Lunge überhaupt zu verletzen, glaube ich nicht. Bei den Hohlschüssen, die ich in der Praxis erlebte, war jedesmal die Lunge verletzt, allerdings nur ein unterer Lungenflügel, und dieser war, mangels einer Deformation des Geschosses, glatt durchschlagen. Es kam im Kriege häufig vor, daß Soldaten die von einem Infanteriegeschoß einen glatten Brustdurchschuß hatten, mit dieser Verwundung zu Fuß zur Verwundetensammelstelle gingen, und schon nach wenigen Wochen, völlig wiederhergestellt, an die Front zurückkamen. Also auch hier müssen Verwundungen vorgekommen sein, die wir Jäger beim Wild als Hohlschüsse bezeichnen. Selbstverständlich dürfen bei einem Hohlschuß weder Zwerchfell noch Schlund verletzt worden sein.

In meinem langen Jägerleben und in meiner sehr umfangreichen Nachsuchpraxis habe ich nur zweimal einen Hohlschuß erlebt. Beide Vorkommnisse möchte ich kurz berichten:

Als junger Forstmeister wohnte ich während der Hirschbrunft wie immer in meiner bescheidenen Jagdhütte in den hessischen Bergen zusammen mit meinem hannoverschen Schweißhund. Während der Hochbrunfttage war ich fast immer zu Nachsuchen unterwegs. Der Ruf meines Hundes reichte weit über die Grenzen der Nachbarreviere hinaus, und täglich kamen Jagdpächter in ihren Autos zu meiner Hütte hinaus, um mich auf krankgeschossene Hirsche zur Nachsuche zu holen. Während nun meistens die westfälischen Wagen der Großindustrie – die meisten Reviere der weiteren Umgebung waren von westfälischen Industriellen gepachtet – erst nach der Frühpürsch erschienen, hörte ich eines Morgens bereits beim Aufstehen einen Wagen draußen vorfahren. Es war ein Kollege von einem etwa 40 km entfernten Forstamt, der, völlig niedergeschlagen, meine Hilfe zu einer Nachsuche erbitten wollte. Der Unglückliche hatte im vergangenen Jahr einen guten Hirsch krank geschossen, und dieser war, trotz Nachsuche, nicht gefunden worden. Allerdings hatte man keinen guten Schweißhund zugezogen, sondern mit allen möglichen anderen Hunden die Suche versucht.

DER HIRSCH HAT BLATTSCHUSS

Schließlich hatte man mit Waldarbeitern noch die benachbarten Dickungen umgekrempelt, ohne Erfolg zu haben. Im Winter war der Hirsch dann verludert gefunden worden. Natürlich mußte der Vorgang der vorgesetzten hohen Regierung gemeldet werden, und es hatte damals eine erhebliche Zigarre gegeben. Nun hatte der Forstmeister gestern abend, noch bei gutem Büchsenlicht, auf einen jagdbaren Hirsch geschossen, der schreiend beim Rudel stand. Der Hirsch hatte wie bei gutem Blattschuß gezeichnet und war dann flüchtig hinter dem Rudel her über den Kahlschlag in ein dichtes Stangenholz abgegangen. Einen kranken Eindruck hatte der Hirsch nicht gemacht, aber das Zeichnen war einwandfrei beobachtet worden. Der Schütze – gewitzigt durch die regierungsforstamtliche Zigarre – war überhaupt nicht auf den Anschuß gegangen, sondern, nach einigen ruhelos verbrachten Stunden, noch in der Nacht losgefahren, um mich mit meinem Hund zu holen.

Wir frühstückten erst einmal auf meiner Hütte gewaltig, und dann fuhren wir durch den dämmernden Herbstmorgen zum Ort der Tat. Dort hatten sich bereits mehrere Revierförster und einige Jagdgäste versammelt, die den „berühmten Hund" arbeiten sehen wollten. Der Schütze bestieg den Hochsitz und winkte mich ein. Ich hatte meine Schweißhündin – es war „Gilka Winnefeld-Solling" Z. R. 805, abgelegt und ging zunächst allein in Richtung des Anschusses. Dieser war schnell gefunden: Der Hirsch hatte gut breit vor einer kleinen, etwa 1 m hohen Fichtengruppe gestanden und war vom Hochsitz aus auf etwa 80 m beschossen worden. Auf den kleinen Fichten fand ich sofort Schnitthaar vom Ausschuß und außerdem mehrere Spritzer Lungenschweiß. Auch vor der Fichtengruppe lagen einige Schnitthaare, die zweifellos vom Einschuß herrührten. Es war kein Zweifel möglich – – – der Hirsch hatte einen tadellosen Blattschuß. Ein Vergleich der Schnitthaare mit meinem Schnitthaarbuch, welches ich stets bei Nachsuchen bei mir führe, überzeugte den Schützen und alle übrigen Anwesenden, daß nur ein Blattschuß in Frage kommen könnte. Ich erklärte dem immer glücklicher aussehenden Forstmeister, daß er mich darum nicht hätte 40 km herbeizuholen brauchen, um den mit tödlicher Sicherheit im nahen Stangenholz mausetot liegenden Hirsch nachzusuchen. Um dem Hund jedoch die Freude zu machen, wollte ich die kurze Totsuche doch eben machen, und ich dockte den Riemen ab und führte die alte „Gilka" zum Anschuß.

Es wurde eine böse Enttäuschung! Ich fand nur sehr wenig Schweiß, der nach 60 m – noch bevor der Hirsch das Stangenholz erreicht hatte – völlig aufhörte. Der erfahrene Hund hielt trotzdem die Fährte, konnte aber in dem Fichtenstangenholz nichts mehr zeigen, was auf den kranken Hirsch hindeutete. Zweifellos hatte sich der Hirsch überhaupt nicht vom Rudel getrennt. In dem Stangenholz stank es geradezu hundenasenbeleidigend nach Brunft. Beihirsche traten vor uns weg, und wir hatten nach etwa 500 m Nachsuche weder ein Wundbett noch sonst irgendetwas gefunden! Ich trug die Hündin ab und fing beim letzten Schweiß erneut an – die Gesichter des Schützen und der übrigen Teilnehmer wurden schon erheblich länger – und hatte denselben Mißerfolg. Um es kurz zu machen, ich suchte mit Vorhinsuche die ganze Umgebung des Anschusses auf etwa 400–500 m im Umkreis ab und fand nichts von dem Hirsch. Auf der Fährte, die der Hund zweimal gearbeitet hatte, länger als 500 m nachzuhängen, erschien mir sinnlos, weil ich mir sagte: Wenn der Hund recht hat – und bei der großen Erfahrung und dem wirklichen Können meiner Hündin durfte ich das annehmen – dann kann der Hirsch keinen tödlichen Schuß haben. Der Hirsch war nach dem Schuß in keiner Weise gestört oder angerührt worden, der Schütze hatte nicht einmal den Anschuß betreten. Mit einem normalen Blattschuß hätte der Hirsch 100–200 m vom Anschuß verendet liegen müssen, zumindest hätte er ein Wundbett machen müssen. Einen Blattschuß aber hatte er, der Beweis war eindeutig – also blieb nur die Annahme eines Hohlschusses übrig! Als ich diese Auffassung dem Schützen und den anderen Herren auseinandersetzte, war die Wirkung zunächst ein betretenes Schweigen. Schließlich sagte ein älterer Hegemeister, das ginge doch nicht, man könne doch den Hirsch nicht verludern lassen, er wolle 20 Waldarbeiter holen und dann sämtliche Dickungen der Umgebung absuchen lassen. Dem Forstmeister stand die bange Frage auf dem Gesicht geschrieben: Wie sag ich's meinem Kinde?! Im vorliegenden Fall also meiner vorgesetzten Behörde? Ich beschwor aber meinen Kollegen, nichts zu unternehmen, vor allem nicht durch zweckloses Umhersuchen die ganze Brunft zu

ES WAR EIN RICHTIGER HOHLSCHUSS

stören, sondern statt dessen ab 4 Uhr nachmittags den Hochsitz wieder zu beziehen und den Hirsch zu erwarten, der sicher noch beim Rudel stehe und voraussichtlich auch wieder austreten werde. Es kostete eine lange Überredung bis mein Vorschlag durchdrang, und ich fuhr, gespannt auf die weitere Entwicklung, auf meine Hütte zurück.

Einige Tage danach erhielt ich eingehenden Bescheid: Der Forstmeister hatte verabredungsgemäß gegen 16 Uhr den Hochsitz bezogen. Kurze Zeit später hatte bereits ein Hirsch im Fichtenstangenholz gemeldet, in dem wir morgens nachgesucht hatten. Noch bei leidlichem Büchsenlicht war dann dasselbe Rudel vom Tag vorher auf die Kahlfläche gezogen, gefolgt von demselben Platzhirsch, der trensend ein Tier trieb und einen völlig gesunden Eindruck machte. Mit gutem Blattschuß brach der Hirsch nach wenigen Fluchten zusammen. Die Kugel vom Abend vorher saß kurz hinter dem Blatt, Ein- und Ausschuß kalibergroß. Der eine untere Lungenflügel war am Rande glatt durchschlagen, der Hirsch hätte die Verletzung sicher in wenigen Wochen ausgeheilt. Beschossen war er mit einem 8-mm-Geschoß, jedoch sind mir leider Ladung und Geschoßform nicht mehr in Erinnerung.

Den zweiten Hohlschuß erlebte ich bei einer Hauptprüfung des Vereins Hirschmann. Am Spätnachmittag war ein Schmaltier von einem Revierförster beschossen worden. Der Revierförster, der als ausgezeichneter Schütze galt, berichtete, daß er auf das breitstehende Stück kurz hinter dem Blatt abgekommen wäre. Das Stück hätte wie beim Blattschuß gezeichnet, wäre dann trollend abgegangen und würde sicher nicht weit vom Anschuß verendet liegen. Der Schütze hatte selbstverständlich den Anschuß nicht betreten. Das Richterkollegium beschloß daher, am nächsten Morgen zunächst auf ein anderes Stück nachzusuchen, bei dem der Schütze sich über den Sitz der Kugel nicht ganz klar war. Die erste Suche wurde jedoch nur eine verhältnismäßig kurze Totsuche, da das beschossene Stück Leberschuß hatte und nach etwa 150 m verendet gefunden wurde. Immerhin war es doch etwa 11 Uhr vormittags geworden, bis wir an der Stelle ankamen, von wo das Schmaltier von dem Revierförster beschossen worden war. Bei unserer Gruppe befanden sich im ganzen drei hannoversche Schweißhunde mit ihren Führern, darunter auch ich mit meiner schon vorher erwähnten „Gilka Winnefeld-Solling".

Bei den Hauptprüfungen des Vereins Hirschmann kommt es nicht nur darauf an, daß Hund und Führer etwas können, sondern man muß auch Glück bei der Suchenzuteilung haben. Da nämlich nur auf natürlicher Wundfährte gearbeitet wird, ist jede Suche verschieden und es kommt darauf an, daß man für seinen Hund eine Arbeit erhält, die alle Chancen bietet. Das ist jedoch nur der Fall bei einer Nachsuche, die nicht zu leicht ist, und bei der vor allem das kranke Stück noch nicht verendet ist, denn ohne einwandfrei absolvierte Hetze erhält kein Hund beim Verein Hirschmann den ersten Preis. Es ist durchaus nicht immer möglich, allen teilnehmenden Hunden bei einer Hauptprüfung sämtliche Chancen zu bieten. Insofern sind die Teilnehmer und Hundeführer erheblich mehr von der Gunst des Schicksales, von Pech und Dusel, abhängig als etwa die Teilnehmer an einer Gebrauchshundeprüfung.

So war ich gar nicht böse, als diese vermeintliche Totsuche auf das Schmaltier nicht mir, sondern einem anderen Hundeführer zugeteilt wurde. Die ganze Angelegenheit verlief auch zunächst den Erwartungen entsprechend. Es wurden am Anschuß Schnitthaare gefunden, die zweifellos vom Rumpf stammten, und der hann. Schweißhund hielt auch zunächst die nur wenig aber regelmäßig schweißende Wundfährte, die mittlerweile etwa 20 Stunden alt war, ruhig und sicher. Die Reise ging in coupiertem Gelände durch Buchenstangenhölzer. Das Stück hatte gelegentlich einen Haken gemacht, den der Schweißhund, soweit ich mich erinnere „Rollo-Zillbach", gut ausarbeitete. Allmählich wurde die Sache aber schwieriger, nach etwa 800 – 1000 m Suche war für das menschliche Auge kein Schweiß mehr sichtbar und der Hund brachte die Fährte nicht mehr richtig vorwärts. Von einer kurzen Totsuche konnte also keine Rede mehr sein! Das Richterkollegium und alle übrigen Teilnehmer waren sich darüber einig, daß das Stück einen sehr schlechten Schuß haben müßte, nur der betreffende Revierförster blieb dabei, daß er kurz hinter dem Blatt abgekommen war. Da „Rollo" offensichtlich mit seiner Kunst am Ende war, wurde er, auf Geheiß der Richter, abgetragen und der dritte Hundeführer mit der Fortsetzung der Suche beauftragt. Dieser griff bis zum letzten Schweiß zurück, aber auch dieser Hund kam nicht weiter als „Rollo", fand jedoch noch einmal einen Tropfen Schweiß, konnte aber, trotz Bogenschlagens, die Fährte aus dem Gewirr der Widergänge nicht herausbringen. Mittlerweile war es etwa 15 Uhr geworden, es mußte unbedingt etwas geschehen, wenn man das Stück noch an diesem Tage zur Strecke haben wollte. Die Richter erteilten nunmehr mir den Auftrag, mit meiner „Gilka" mein Heil zu versuchen.

Ich fing ebenfalls beim letzten Schweiß an, und die Hündin führte mich in das Gewirr von Widergängen, an denen die anderen beiden Hunde gescheitert waren. Ich gab der Hündin die volle Riemenlänge, beeinflußte sie überhaupt nicht, und in bestechender Manier schlug sie immer weitere Bogen, um den Abgang aus dem Fährtenchaos zu finden. Dabei verwies sie mehrfach kleine völlig getrocknete Schweißspritzer. Das Stück hatte zweifellos die Nacht an dieser Stelle verbracht, war viel hin- und hergezogen und hatte dadurch ein Durcheinander von Fährten geschaffen, aus dem nicht ganz leicht herauszufinden war. Ich überlegte schon, ob ich die Hündin abtragen und durch Vorgreifen und Vorhinsuchen das Vorwärtskommen beschleunigen sollte, als meine „Gilka" sich in den Riemen legte und anscheinend die Abgangsfährte gefunden hatte. Nach mehreren 100 m zeigte sie noch einmal Schweiß, so daß wir einwandfrei wußten, der Hund hat recht. Nach etwa 2½ bis 3 km kamen wir, wobei verschiedene Widergänge und Haken ausgearbeitet wurden, ohne daß wir jedoch den geringsten Schweiß fanden, an eine in einem Buchenstangenholz liegende 0,5 ha große Fichtendickung. Ich verhielt die Hündin, um die Richter und die etwas auseinandergezogene Zuschauerkorona herankommen zu lassen. Zeit war aber keine mehr zu verlieren, der kurze Novembertag ging bereits zur Neige, und wenn noch eine Hetze gemacht werden mußte, war jetzt jede Minute kostbar. Kaum waren alle herangekommen, drang ich daher mit meinem Hunde in die Dickung ein. Nach etwa 20–30 m wurde das kranke Stück aus dem Wundbett hoch. Kurz darauf ein Riesengeschrei bei der Korona am Rande der Dickung, woraufhin ich meine Hündin schnallte und so schnell wie möglich aus der Dickung herausief, um meine „Gilka" besser hören zu können. Draußen herrschte eine unbeschreibliche

Aufregung: Das kranke Stück war hochflüchtig, einen völlig gesunden Eindruck machend, mitten durch die Zuschauer hindurch geflüchtet. Dabei war von verschiedenen Teilnehmern einwandfrei, und zwar auf beiden Seiten, kurz hinter dem Blatt, der Ein- bzw. der Ausschuß gesehen worden. Inzwischen verhallte der Hetzlaut meiner Hündin weit in der Ferne und es wurde dämmrig! Ich machte mir Vorwürfe, die Hündin noch geschnallt zu haben, aber wer konnte damit rechnen, daß das Stück 25 Stunden nach dem Anschuß noch so mobil war. Nun wurden die Beine in die Hand genommen und so schnell wie möglich der Hetze gefolgt. Bei schwindendem Büchsenlicht hörten wir weit in der Ferne endlich den Standlaut meiner Hündin. Ein Revierförster, der besser laufen konnte als wir, gab dem gestellten Stück den Fangschuß. Als Richter und Führer endlich am Ort der Tat eintrafen war es fast völlig Nacht!

Die Untersuchung des Schmaltieres ergab einen kalibergroßen Durchschuß kurz vor dem Zwerchfell mit einer geringfügigen Verletzung des einen unteren Lungenflügels. Die Hetze war 4 km lang, das Stück hätte den Schuß bestimmt ausgeheilt.

Der Spruch der Richter abends lautete: I. Preis und Ehrenpreis! Ich war selten als Schweißhundführer so glücklich wie an diesem Abend, und der damalige Ehrenvorsitzende des Vereins Hirschmann, Prinz Heinrich der Niederlande, lud mich zum Essen und gewaltigem Umtrunk ein. Ein Grund zum Feiern war ja wirklich vorhanden! Was für den Sportsmann die Goldene Olympiamedaille bedeutet, das ist für den Schweißhundführer der I. Preis auf einer Hauptprüfung.

Am Neusiedler See

Schon immer hatte ich den Wunsch gehabt, den Neusiedler See kennenzulernen, das Vogelparadies, das Land der herrlichen Weine, des Gänsestrichs und der großen Hasenschlachten. Wir wollten zunächst nur eine Erkundungsfahrt dorthin machen und fuhren im Sommer vor einigen Jahren über Wien nach Osten gen Burgenland. Die Straße führt entlang der Donauauen, wo ich mit dem unvergessenen Hofrat Class gejagt habe. Man sagte uns, daß in diesen einmaligen Jagdgebieten mehrere Staustufen gebaut werden sollten – die Technik vernichtet damit auch dieses herrliche Jagdrevier.

Unser Ziel war Ilmitz, ein kleines Dorf am Ostrand des Neusiedler Sees. Dort kamen wir recht und schlecht in einer Gastwirtschaft unter, ohne großen Komfort, aber mit der Liebenswürdigkeit und dem Charme der Österreicher empfangen und behandelt.

Der Neusiedler See ist Naturschutzgebiet und untersteht dem „Österreichischen Naturschutzbund" in Wien. Wir wurden während unseres Besuches von einem ehemaligen Forstbeamten aus der Bukowina, der als Naturschutzwart angestellt war, betreut.

Mein Freund, Graf D., mit seiner charmanten Gattin und ich verbrachten eine köstliche Woche in der Weite dieser Landschaft, die mit ihrem kontinentalen Klima, mit ihrer Landwirtschaft, mit ihren Pferden und ihren jagdlichen Verhältnissen uns an die gemeinsame Heimat Ostpreußen erinnerte und oft wehmütig stimmte.

Als wir mit dem großen Wagen meines Freundes in Ilmitz vor der Wohnung des Naturschutzwartes hielten, lief die Dorfjugend zusammen, um das elegante Auto zu bewundern – wir stiegen aus und besahen begeistert die Pferdegespanne, die gerade vom Acker zurück ins Dorf kamen. Was man nicht hat, das erscheint interessant und begehrenswert; uns interessierten die durchweg guten Pferde, die dort gezüchtet wurden – die Dorfbewohner bestaunten das Attribut einer ihnen fremden Welt, das Auto, eine geschickte Zusammenstellung von gelacktem Blech und Chrom! Um wieviel schöner und wertvoller ist das lebendige Tier!

Am nächsten Morgen ging es früh zur sog. „Langen Lake", es sind das Seereste, die östlich des eigentlichen Neusiedler Sees gelegen sind. Diese verschieden großen Seereste sind sehr flach, haben z. T. breite Schilfufer und sind das eigentliche Vogelparadies. Der Neusiedler See ist früher erheblich viel größer gewesen und ist im Laufe der Zeit weitgehend verlandet. Glaubersalz und Salpeter haben sich an den verlandeten Stellen abgesetzt und die Flora ist dementsprechend. Wir fanden überall die sog. „Salzkresse", eine Sedumart, lila Salzastern mit gelbem Stern, herrlich rotblühende Disteln und andere salzliebenden Pflanzen. Das Gelände ist flach wie ein Tisch und geht unmittelbar in die ungarische Puszta über. Auf burgenländischer Seite ist der Pusztacharakter allerdings weitgehend verschwunden, weil der größte Teil des Landes landwirtschaftlich genutzt wird oder aufgeforstet worden ist. Aber die Weite des Himmels mit der herrlichen Wolkenbildung, die Großräumigkeit und die Ferne des Horizontes, die Sonnenaufgänge und Untergänge und die warmen Mondnächte mit dem millionenfachen Zirpen der Grillen sind geblieben und geben der Landschaft den Charakter östlicher Größe und Melancholie – einen unbeschreiblichen Zauber, dem man sofort verfällt, wenn man Ostpreußen, Polen, Rußland und ihre Weiten erlebt hat.

Wir sahen an der „Langen Lake" Purpurreiher und Silberreiher, die ich später in Afrika wieder begrüßen konnte, dann Löffler und Rotschenkel – letzterer umkreiste uns laut schreiend, weil wir wohl in die Nähe seines Nestes gekommen waren – Säbelschnäbler und Stelzenläufer, Trauerseeschwalben, Regenpfeifer und natürlich Wildgänse, die schon Junge führten. Es war eine interessante Ornis an der „Langen Lake", die allerdings durch die Vogelwelt Ostafrikas weit übertroffen wird.

Mit dem Gänsestrich ist es am Neusiedler See eine eigene Sache. Wenn das Wetter und der Wind richtig sind, kann der Strich im Herbst hervorragend sein. Mein Freund ist später zwei Jahre hintereinander unten gewesen, um Gänse zu schießen, aber immer hatte er Pech mit der Witterung.

Am Abend fuhren wir über Neusiedel und Purbach, wo der Türke aus dem Schornstein schaut, nach Rust, dem größten Weindorf am See. Rust hat 400 ha Weingärten und dürfte damit eine der größten Weingemarkungen sein. Rust hat auch ungewöhnlich viel Storchennester. Auf jedem Haus des kleinen Städtchens befindet sich mindestens ein Storchennest, manchmal mehrere. Die Hasenjagden sind hier vorzüglich, die Jägerei klagte aber darüber, daß der Wein neuerdings an gespannten Drähten gezogen wird, so daß man die Treiben nur noch bergauf und bergab und nicht mehr horizontal nehmen kann, was eine Erschwerung der Jagdausübung bedeutet. Es werden vornehmlich Rieslingreben und Muskateller angebaut, beide Sorten werden gemischt und ergeben, bei dem milden Klima, einen sehr säurearmen Wein mit viel Würze aber wenig Blume. Die Weine brauchen nicht gestoppt zu werden und bekommen, auch in geringen Jahren, keinen Zuckerzusatz, sind also sehr bekömmlich und süffig, aber nicht leicht. Wir haben dort den Wein, der noch den Vorzug hatte, sehr billig zu sein, ausgiebig genossen, und er ist uns vorzüglich bekommen. Interessant war noch, daß man im Frühjahr zwischen die Rebreihen Roggen sät, den man im Juni niederwalzt und liegenläßt. Man erreicht dadurch, daß der sehr feinkörnige Boden nicht bei großer Trockenheit, die dort häufig ist – die Niederschlagsmenge beträgt pro Jahr nur 500 bis 600 mm –, verweht. Aber der beste Wein wuchs nicht in Rust, sondern auf dem Ostufer des Sees zwischen Podersdorf und Ilmitz. Der Gewannname lautete merkwürdigerweise „Hölle", wahrscheinlich, weil es dort so heiß wie in der Hölle zu sein pflegt. Wir verbrachten nach einer halsbrecherischen Fahrt auf miserablen Wegen einen Abend in der Hölle auf einem Weingut, das am Ufer des Sees lag, und wo wir unter Obstbäumen die halbe Nacht saßen, während der Vollmond über dem Wasser stand. Es war so warm, daß wir die Röcke ausgezogen hatten. An rohgezimmerten Holztischen tranken wir die köstlichen Kreszenzen, die hier in der Hölle gereift waren, und aller Kummer und aller Gram fielen von uns ab. Als dann noch die Zigeuner kamen und der Primas uns einen Czardas ins Ohr geigte – da war das Leben voll Schönheit und Glück. Welch köstliche Gottesgabe ist doch der Wein, in richtiger Art und Weise genossen!

An einem der nächsten Morgen stakten wir mit einem Boot von Ilmitz aus durch den breiten Schilfgürtel zum See. Das Schilfmeer – anders kann man es nicht bezeichnen – das einen großen Teil des Neusiedler Sees bedeckt, ist riesengroß. Zirka 5000 ha des Sees sind mit einem Wald von Schilf bedeckt. Die Folge davon ist, daß wohl viel Wassergeflügel Brutmöglichkeit findet, daß aber der Fischotter fast gar nicht vorkommt. Er kann keine Burgen bauen und muß weite Strecken durch das dichte Schilf schliefen, ehe er an die Wasserfläche und damit an seine Jagdgründe gelangen kann.

Als wir den breiten Schilfgürtel durchstakt hatten, blieben wir gedeckt am Rande des Schilfes liegen.

Verschiedene Entenarten strichen klingelnd über uns. Mit langsamem Flügelschlage, den Kopf weit zurückgelegt, flogen Graureiher an uns vorbei, um in dem flachen Wasser einzufallen und auf ihre Beute zu passen. In der Ferne hörten wir das brüllende radump – radump der großen Rohrdommel, überall lockten die Bläßhühner – Papchen nannten wir sie in Ostpreußen – am entfernten Ufer riefen die Kibitze und meckerten die Beckassinen.

Ein wundervoller Morgen zog herauf, und selbst bei Sonnenaufgang wurde es kaum kühler. Der Fischer, der uns gestakt hat, erzählt von den ungarischen Flüchtlingen, die nach der blutigen Niederschlagung des ungarischen Freiheitsaufstandes, durch den See gekommen waren. Der See ist so flach, daß er fast überall durchwatet werden kann, und so war er ein beliebter Übergangswechsel über die Grenze. Jetzt war alles mit Hochständen und Stacheldraht abgeriegelt, auch hier hat sich der unglückselige „Eiserne Vorhang" niedergesenkt, der Ost und West voneinander trennt.

Die Sonne stieg höher, und um uns schwirrten und surrten die Libellen im glücklichen Liebesspiel. In seliger Januskopulation vereint, schwebten sie über der glitzernden Wasserfläche in der Morgensonne. Ihre Leiber glänzten blaugolden im Licht, und ihre seidenen Flügel schwirrten so schnell, daß das menschliche Auge nur einen Wirbel erkennen konnte. Seit Jahrhunderten trieben sie dieses Liebesspiel, vereinigten und liebten sie sich im gleißenden Sonnenlicht – die Glücklichen. Sie wußten nichts von Atomangst und all den Sorgen, die sich der weise und doch so törichte Mensch selbst geschaffen hat!

In der Ferne wurde ein Boot sichtbar, beim Näherkommen stellte sich heraus, daß es ein Fischer war, der seine Reusen und Stellnetze revidiert hatte. Ich sah in seinem Kahn, als er zu einem kleinen Schwatz längsseits bei uns lag, einen kapitalen Hecht von etwa 5 bis 6 Pfund. Schnell waren wir handelseinig, und mit dem Hecht, den ich mit Schilf bedeckte, um ihn gegen die Sonnenstrahlen zu schützen, ging es heimwärts.

Mittags briet ich selbst den Hecht in unserem Gasthaus. Es war die Sensation nicht nur des ganzen Hauses, auch die Nachbarschaft kam herbei, um zu sehen, wie „der Herr aus Deutschland" selbst einen Hecht briet. Erst wird die Haut abgezogen, aber der Kopf bleibt dran. Erstens schmecken Backentaschen und sonstige Teile des Kopfes sehr gut, und außerdem gehört es zur Zeremonie des Hechtessens, daß die Insignien der Passion Christi fein säuberlich aus dem Kopf präpariert und den Essensteilnehmern vorgezeigt werden. Im Kopf eines starken Hechtes stecken nämlich die Dornenkrone, die Kreuznägel, das Kreuz und die Lanze, mit der Christus in die Seite gestoßen wurde. Nach Entfernung der Haut wird der Hecht mit geräucherten Speckstreifen gespickt, genau wie ein Hase. Alles war in Ilmitz vorhanden, aber wir mußten das ganze Dorf abklappern, bis wir eine Spicknadel fanden.

So vorbereitet, wurden Speckstreifen in die Pfanne gelegt, der Hecht von beiden Seiten angebraten und zum Schluß in der Röhre gedünstet. Sobald er gar war, wurde ein Brei, der aus geriebenem Käse und dicker saurer Sahne angerührt war, etwa 1 bis 2 cm dick auf den ganzen Hecht gestrichen und nun das Ganze in der Bratröhre ohne Deckel braungebraten. Mit gelblich-brauner Käsekruste bedeckt, wurde der Hecht serviert. Seine gesondert gebratene Leber lag als besondere Delikatesse oben auf.

Die gräfliche Familie und ich „bezwangen" den Hecht, wir tranken dazu den köstlichen Muskateller-Powie aus der Hölle. Wir aßen, bis wir in die Knie gingen.

Man mag mich nach dieser Schilderung einen Sybaritiker schimpfen, aber wer sich über materielle Genüsse dieses Lebens erhaben dünkt, ist in meinen Augen bedauernswert.

Wir besuchten auch Eisenstadt und besahen das alte Schloß des Fürsten Esterhazy und die Erinnerungsstätte an den großen Komponisten Haydn, der hier als fürstlicher Hofmusikmeister lange gewirkt und zahlreiche Symphonien komponiert hat. Der Saal, in dem seine Kompositionen uraufgeführt wurden, ist noch vorhanden. Als Haydn in Eisenstadt lebte und wirkte, kam – wie uns erzählt wurde – eines Tages ein reicher Bauer zu ihm, dessen einzige Tochter Hochzeit feiern wollte, und bestellte bei ihm ein Musikstück zur Hochzeitsfeier. Haydn, der wenig Lust hatte, für den Bauern etwas zu komponieren, wollte ihn abschrecken und verlangte als Bezahlung einen fetten Ochsen. Ohne mit der Wimper zu zucken, willigte der Bauer ein, und Haydn schrieb ihm nolens – volens für die Hochzeit seiner Tochter ein Menuett, das unter dem Namen „Ochsenmenuett" in die Musikgeschichte eingegangen ist.

Gejagt habe ich am Neusiedler See nicht. Wir wollten auf unserer Fahrt ins Burgenland nur erkunden. Mein Freund war später einige Male unten, aber mit wenig Erfolg. Die Hasenjagden sind, wie gesagt gut, aber neuerdings, nachdem der Wohlstand auch Österreich erreicht hat, meistens für sehr hohe Beträge an Wiener Jäger verpachtet und leider vielfach parzelliert worden. Für den Naturfreund und Ornithologen lohnt aber eine Reise an den Neusiedler See, und wenn möglich weiter durch das herrliche Burgenland, man braucht nicht immer zu jagen und zu schießen, um die Welt schön zu finden!

Urwaldkeiler

Für das Schwarzwild ist der westdeutsche Raum zu klein geworden. Über 200 Menschen wohnen hier inzwischen auf dem Quadratkilometer, jeder achte Bewohner hat ein Auto, in Kürze wird es jeder Vierte sein, der letzte Quadratmeter Land wird intensiv bewirtschaftet – da bleibt kein Platz mehr für das urige, ritterliche Schwarzwild. Man schießt es tot, „allwo man es findet", denn den Wildschaden kann niemand bezahlen, den das Schwarzwild anrichtet. Man hat von einer „Schwarzwildbekämpfung" gesprochen, nicht mehr von Saujagden, man hat in einzelnen Ländern alle Schonvorschriften aufgehoben, also besonders die Schonung der Bachen, während sie Frischlinge führen. Wie sich das mit den Forderungen des Tierschutzes verträgt, ist mir allerdings unverständlich, wenn man bewußt durch Abschuß der führenden Bache ein halbes Dutzend Frischlinge elendiglich verhungern läßt. Auf der anderen Seite ist der Schaden, den das Schwarzwild, besonders in kleinbäuerlichen Gegenden, verursacht tatsächlich unerträglich und schafft eine derartige Mißstimmung, ja Haß gegen alles, was Jagd und Hege heißt, daß man nicht weiß, wie man aus diesem Dilemma herauskommen will. Es ist sinnlos, als passionierter Jäger und Heger einer gewissen Schonung der Sauen das Wort zu reden, andererseits krampft sich das Herz des Tierfreundes zusammen, wenn man hört, daß führende Bachen geschossen werden.

Die intensiven Nachstellungen haben dazu geführt, daß die Sauen durchweg nicht älter als drei Jahre werden, ja selbst dieses Alter ist schon eine Ausnahme, ein dreijähriger Keiler gilt schon als etwas Besonderes, und dabei ist er in Wirklichkeit noch ein Jüngling. Ein wirkliches Hauptschwein, also ein Keiler von sechs Jahren an aufwärts, ist eine solche Seltenheit in Deutschland geworden, daß man eher mehrere jagdbare Hirsche schießen kann als einen einzigen wirklich starken Keiler.

Es war mir vergönnt, in Ostpreußen und vor allem in Polen und Litauen noch auf wirklich starke Sauen zu jagen. Einige Erlebnisse möchte ich schildern.

Ich war im letzten Weltkrieg zeitweise mit der Verwaltung und dem Schutze eines großen östlichen Urwaldgebietes beauftragt. Es gab dort wenig Rotwild, starkes Schwarzwild, viel Wölfe und große und kleine Hahnen in solcher Zahl, wie ich es nie wieder erlebt habe.

Neben anderen Hilfskräften wurde mir auch ein Berufsjäger aus Bayern zugeteilt, den ich auf einer einsam gelegenen Försterei einsetzte. Wir wollten starke Hirsche, von denen es nur sehr wenig gab, und starke Keiler schonen bzw. nur nach einem festgesetzten Abschußplan schießen und wandten die Grundsätze des Reichsjagdgesetzes auch hier in den urwaldartigen Revieren eines besetzten Landes an. Der bayerische Jäger erklärte, wohl Rotwild und Gams zu kennen, auch große und kleine Hahnen, und die Mankeis kenne er gut, aber eine lebende wilde Sau habe er noch niemals gesehen. Ich beschrieb ihm also das Schwarzwild und seine Lebensgewohnheiten, machte ihm vor allen Dingen den Fährtenunterschied zwischen Rotwild und Sauen klar und nannte ihm die Durchschnittsgewichte für Überläufer. Diese gab ich ihm frei in beschränkter Zahl, dagegen wurde jeder Abschuß eines groben Keilers oder einer Bache streng untersagt. Ich empfahl ihm, sich die Sauen erst einmal eine zeitlang anzusehen und zu betrachten, dann würde er als Jäger schon bald einen Blick dafür bekommen und sehr schnell lernen, einen Keiler von einer Bache zu unterscheiden und vor allen Dingen einen Überläufer von einem Hauptschwein.

Nachdem sich der Jäger in seinem Forsthaus eingerichtet hatte, machte er am zweiten Morgen in der Frühe einen Pürschgang. Er hatte nach der Karte festgestellt, daß das Waldgebiet, das er zu betreuen hatte, auf mehrere Kilometer an eine große Feldmark angrenzte. Als er nun beim ersten Büchsenlicht den Feldrand erreichte und mit seinem Glas die vor ihm liegenden Felder absuchte, sah er weit in den Kartoffeln einen schwarzen Klumpen, der sich bewegte.

„Das scheint also ein Stück Schwarzwild zu sein", durchfuhr es den Mann aus den bayerischen Bergen. Langsam setzte sich die Sau in Bewegung und wechselte ziemlich genau auf den Standort des Jägers los, der angestrengt durch sein Glas das komische Tier betrachtete. Wie hatte der Chef gesagt? Ein grober Keiler sei so groß wie ein Klavier – dies Stück aber war nicht klaviergroß – nein bestimmt nicht – also mußte es wohl so ein Überläufer sein. Leise entsicherte er seine Büchse, und als die Sau etwa auf 100 m den schützenden Wald erreichen wollte, krachte es. Der Bayer hört nur noch ein Blasen und Brechen, dann war alles still. Nun, das schien ja gut geklappt zu haben, er war gut abgekommen, und seiner Kugel war er sicher.

Um nichts falsch zu machen, ging er zu seinem Forsthaus zurück und holte den aus Deutschland mitgebrachten Foxterrier. Er nahm auch einen polnischen Waldarbeiter mit, damit er helfen sollte, das Stück heimzutragen.

Am Anschuß lagen Schweiß und Schnittborsten, der Fox wurde geschnallt und sauste, wie aus der Pistole geschossen, in den dichten Wald hinein. Nach einigen Minuten hörte man Knurren, Zausen und Bellen. Mein Jäger aus den schönen bayerischen Bergen sauste mit dem Gajovi dem Hund nach und – Beiden verschlug es den Atem – da lag zwar kein Klavier, aber ein Bechsteinflügel! Ein Tier, wie ein Elefant so groß, nein wie ein Möbelwagen!

Es war der stärkste Keiler der seit langen Jahren in der dortigen Gegend gestreckt war. Er wog aufgebrochen 520 Pfund, also 260 Kilo, sein Alter wurde auf 8 bis 10 Jahre geschätzt. Natürlich war es ein Kartoffelkeiler, der sich in der Feldmark gütlich getan hatte, drei Finger dick Weiß hatte er unter der Schwarte, die vorne am Schild ungefähr 4 cm dick war. Er war also das, was die Alten ein „Panzerschwein" nannten. Es war und blieb das stärkste Hauptschwein, das ich in meinem ganzen Leben gesehen habe! Auf der Abbildung erkennt man die Größe des Wildkörpers besonders gut, wenn man die Kleinheit des Foxterriers damit vergleicht. Leider wurde kein besseres Foto gerettet.

Was sollte ich nun machen? Ich konnte dem Mann doch nicht den Kopf abreißen, und der Keiler wurde auch nicht wieder lebendig. Ich machte also gute Miene zum bösen Spiel und dachte lange dar-

Sommergams. So ähnlich sah die „silbergraue alte Dame" aus

Bei der Bodenbalz

über nach, wie es wohl kommt, daß starke Keiler, auch starke Hirsche und begehrenswerte Rehböcke, fast immer von Anfängern erlegt werden. Jedenfalls habe ich in einem langen Jägerleben es sehr oft erlebt, besonders bei Treibjagden, daß die starken Keiler von Forstlehrlingen oder sonstigen blutigen Anfängern umgebracht wurden.

In demselben Revier schoß auch ich den stärksten Keiler meines Lebens – man sieht, nicht immer lächelt Diana nur den Forstlehrlingen – aber ich schoß erst einige Monate später nach der Rauschzeit.

Es lag etwa eine 30 cm hohe Schneedecke, und ich kam von einer Revierfahrt im Schlitten zurück. In meiner Begleitung war ein polnischer Gajovi. Das kleine Panjepferdchen ging in kurzem Zuckeltrapp unter dem großen Deichselbogen, und wir glitten fast lautlos durch die weiße Pracht. Rechts von uns standen unter lückiger Naturverjüngung, einige Alteichen, die etwas Sprengmast gehabt hatten, und man sah überall unter den Bäumen das frische Gebräch von Sauen, die nach der Mast gesucht hatten. Ja, wenn wir in Deutschland noch viele solcher weitständigen Eichenbestände hätten, die fast jedes Jahr etwas Mast tragen, und wenn nicht der verfluchte Eichenwickler nun schon seit Jahrzehnten in jedem Frühjahr die Eichen kahl fräße, dann ginge es den Sauen zu Hause in Deutschland auch besser – dachte ich gerade – da wechselte ein sehr starker Keiler etwa 80 m vor uns ganz vertraut und langsam von links nach rechts über die Schneise. Ich ließ sofort halten, stieg vorsichtig aus und pürschte mit schußbereiter Büchse langsam vor. Nach etwa 60 m sah ich den Keiler halbrechts von mir auf gute Schußentfernung unter einer alten Eiche stehen und eifrig Mast aufnehmen. Als er breit trat, kam ich gut tief Blatt ab, der Keiler ruckte im Schuß etwas zusammen und zog sichtlich krank nach rechts weg. Infolge des Unterwuchses war er aber für uns sehr schnell verschwunden. Die Situation war ausgesprochen unangenehm. Es war Spätnachmittag, einen Hund hatten wir nicht bei uns – immer ein Fehler – den Keiler bis morgen früh liegen lassen konnten wir nicht, da die Wölfe ihn bis dahin bestimmt gefrühstückt hätten. Wenn man nicht weiß, was man machen soll, steckt man sich am besten erst einmal eine Zigarre an, das Nachdenken wird dadurch angeregt! Wir überlegten also anhand einer Brasil, was zu tun sei. Wenn wir nach Hause fuhren, um einen Hund zu holen, konnten wir frühestens in zwei Stunden wieder hier sein, dann war es stockdunkle Nacht; allerdings hatten wir Mondschein und klaren Himmel. Ein sofortiges Nachgehen war in dem unübersichtlichen Gelände ein Wagnis. Bei diesen Überlegungen verging etwa eine halbe Stunde und es begann zu dämmern, als ich mich schließlich doch entschloß, vorsichtig auf der Schweißfährte nachzugehen. Ich ließ den Gajowi etwa 3 bis 4 m neben mir gehen, damit wir beide freies Schußfeld hatten, wenn der Keiler überraschend annehmen sollte.

Wir fanden reichlich Schweiß im Schnee, und ich folgte sehr langsam, die Büchse schußbereit; selbstverständlich hatte ich das Zielfernrohr abgenommen, um über Kimme und Korn den Schuß schneller hinwerfen zu können. Alle paar Meter blieben wir stehen und lauschten angestrengt. So mochten wir vielleicht 150 m vom Anschuß entfernt sein, als das Unterholz vor uns dichter wurde. Als ich stehenblieb, hörte ich deutlich vor mir ein Blasen und dann auch das Röcheln des kranken Keilers. Ich nahm die Büchse, in Erwartung eines Angriffes, hoch, aber ich hörte weiterhin nur ein Blasen und jetzt ein Klappen mit den Gewehren. Ich habe dieses Klappen oft gehört, wenn die Hunde einen kranken Keiler gestellt hatten und man sich heranpürschte, um den Fangschuß zu geben. Es ist ein Geräusch, das eine eigenartige Wirkung auf den Menschen hat, man wird etwas weich in den Knien. Mein Gajowi ruckte mit entsetzter Miene zurück und deutete schreckensbleich an, daß nur ein Absetzen in Frage käme. Ein Annehmen des kranken Hauptschweines – daß die Sau ein Hauptschwein war, hatte ich an der klobigen Fährte und der ungewöhnlichen Schrittweite einwandfrei festgestellt – zu provozieren, nein, dazu hatte auch ich keine Lust, und so gingen wir mit angebackter Büchse langsam rückwärts. Es muß ein köstliches Bild gewesen sein, wie wir zwei „mutigen" Jäger, Gesicht dem Feinde zugewandt, langsam und leise uns mit Erfolg absetzten. Nichts wie nach Hause hieß die Parole, und unser Pferdchen mußte laufen, so schnell es konnte. Nach etwa drei Stunden waren wir zurück mit einem Deutschdrahthaar und einem Militärgewehr mit aufgepflanztem Seitengewehr als Saufedererersatz bewaffnet. Ich wollte diesen guten Keiler unter gar keinen Umständen den Wölfen überlassen. Wir folgten der Fährte genau so weit, wie

DER KEILER KLAPPT MIT DEN GEWEHREN

drei Stunden zuvor, und schnallten dann den gut im Riemen liegenden Hund. Gleich am Rande des dichten Unterholzes hörten wir ein Knurren und Zausen und als wir vorsichtig folgten, zerrte der Drahthaar an dem längst verendeten Keiler. Der ganze Apparat wäre also nicht nötig gewesen, der Keiler war offenbar kurz nach unserem ersten Folgen verendet. Trotzdem hatten wir es richtig gemacht, denn einem angeschossenen Stück Schwarzwild ohne Hund und ohne blanke Waffe in die Dickung zu folgen, ist sorglose Dummheit und hat mit Mut und Schneid gar nichts zu tun.

Der Keiler wurde auf mindestens 12 Jahre geschätzt und wog aufgebrochen 316 Pfd. Er war aber total abgerauscht wie ein Brett und hatte sicher 40 bis 50 Pfd. Weiß verloren, hätte also vor der Rauschzeit sicher $3^{1}/_{2}$ bis 4 Ztr. gewogen. Die Gewehre waren mehrfach abgebrochen gewesen und wieder nachgeschliffen, die Haderer ungewöhnlich stark. An dem einen Zahn hatte er eine Zahnfistelentzündung durchgemacht, die ihm sicherlich viel Schmerzen bereitet hatte. Sein Schild war dick und hart wie ein Brett, und die Schwarte wies verschiedene verkrustete Schmisse auf, die er sich wohl in den Kämpfen während der Rauschzeit geholt hatte. Er steckte voll von Trichinen, und sein Wildbret mußte vergraben werden, ein Genuß wäre es bei dem alten Urian wohl auch sonst nicht gewesen.

Ich schoß noch manchen Keiler mit besseren Waffen, aber dieser blieb mit Abstand mein stärkstes und ältestes Hauptschwein.

Die folgende Geschichte handelt nicht von einem östlichen Urwaldkeiler, aber der Bursche war mindestens ebenso bösartig und gefährlich wie ein Hauptschwein aus Polens Urwäldern. Ich hatte mir, als ich junger Forstmeister in Battenberg war, eine kleine Saumeute angeschafft, die aus rauhaarigen Foxterriern und westfälischen Bracken bestand. Um die Meute einzujagen, hatte ich ein kleines Hatzgatter von etwa 1 ha Größe angelegt. Da wir unter dem Druck der Wildschäden in den benachbarten Feldmarken in der Försterei Berghofen einen Saufang hatten bauen müssen, setzten wir nun die gefangenen Sauen in das Hatzgatter und übten so die Meute ein. Selbstverständlich durfte aus Sicherheitsgründen in dem Hatzgatter nicht geschossen werden, sondern die Sauen wurden, wenn die Hunde sie gestellt oder gedeckt hatten, mit der Feder abgefangen.

JAGD UND BEUTE

Es waren immer nur Frischlinge und Überläufer in dem Saufang gefangen worden; die Jagd in dem Hatzgatter war also eine wenig aufregende Sache. Meist stellten die Hunde die Sau schon nach kurzer Hatz, sprangen dann die „Kujel" an, und schließlich hing die ganze Meute fest, und man konnte ohne Schwierigkeiten dem Drama mit der Saufeder ein Ende machen.

Eines Tages meldete mir der zuständige Revierförster, daß ein 3- bis 4jähriger Keiler in dem Saufang sei. Was sollten wir tun?! Ich wäre mir kümmerlich vorgekommen, wenn ich diesen wehrhaften Keiler im Fang erschossen hätte oder, was auf dasselbe herausgekommen wäre, den Auftrag dazu gegeben hätte. Wir brachten ihn also ins Hatzgatter, ich wollte ihn persönlich mit der blanken Saufeder abfangen. Der Förster hatte schwerste Bedenken, der Keiler hätte sich in dem Hatzgatter derartig wild gebärdet, daß man Angst bekommen könne. Wenn der Förster Mais zur Körnung in das Gatter warf und sich von außen der Umzäunung näherte, kam der Keiler sofort angebraust, stellte sich auf die Hinterläufe, versuchte am Gatter hinaufzuklettern, wobei er schauerlich mit den Waffen klappte. Der Förster erklärte, es wäre sträflicher Leichtsinn, nur mit einer Saufeder bewaffnet in das Gatter zu gehen, es bliebe gar nichts anderes übrig, als den Keiler im Gatter zu erschießen, aber ich hatte A gesagt und mußte nun auch B sagen, schließlich ging es um mein Prestige.

Ich wartete etwa eine Woche und ließ den Keiler gut mit Mais und Kartoffeln füttern – aber meine Hoffnung, daß er ruhiger und friedlicher werden würde, war trügerisch. Sobald man von außen an das Gatter kam, stürzte der Bursche herbei wie ein gereiztes wildes Tier.

Alle Forstbeamten und auch meine Frau nahmen an der großen Hatz teil. Ich hatte mir hohe Schaftstiefel angezogen, und die Klinge der Saufeder war so scharf wie eine Rasierklinge geschliffen. Meine Förster hielten die abgehalsten Hunde bereit, und dann gingen wir auf das Gatter zu. Sofort erschien der Keiler schäumend vor Wut. Ich kam mir vor wie ein Torero, der in die Kampfarena tritt. Als wir das Gatter erreicht hatten, wurden die Foxe und Bracken über das Gatter geworfen und sie stürzten sich wie die Teufel von allen Seiten auf die Sau. Diesen wilden Rabbatz benutzte ich, um das

DER KEILER ÜBERRENNT MICH

Gatter zu überklettern. Meine Frau und die Forstbeamten kletterten am Zaun etwas hoch, um so von erhöhten Plätzen dem schauerlichen Schauspiel zuzusehen. Ein Förster hatte noch eine zweite Saufeder, um eventuell zu Hilfe kommen zu können, falls die Sache kritisch werden sollte.

Nachdem die Hatz schon einige Male in dem Hatzgatter herumgegangen war, stellte sich der Keiler in einer etwa 2 Ar großen bürstendichten Buchennaturverjüngung. Ich feuerte die Hunde mit lautem „Huu faß, hu Sau" an und ging langsam auf den Buchenhorst los. Ich hielt die Feder so vor mich, daß die Klinge hochkant gerichtet war und wollte beim Annehmen die Klinge auf den Stich von oben nach unten stoßen, um so das Herz zu treffen, das beim Schwarzwild bekanntlich sehr tief sitzt. Aber ich hatte nicht genügend einkalkuliert, daß der Kopf eines Keilers fast den gesamten Stich abdeckt. Jedenfalls kam ich zu weit links und zu hoch ab und setzte dem Keiler die Klinge auf den Wurf statt auf den Stich. Die haarscharfe Schneide schlitzte der Sau die Schwarte bis hinter den einen Teller auf, so daß eine breite, etwa 30 cm lange, stark schweißende Wunde entstand, die natürlich in keiner Weise lebensgefährlich war. Immerhin wurde der Keiler doch etwas aus seiner Richtung gebracht, so daß er nicht frontal auf mich prallte, sondern etwas seitlich. Ich schlug lang hin, die Feder flog hoch durch die Luft, und die Meute stürzte sich, durch die Schweißwitterung völlig wild geworden, erneut auf den Keiler. Ich rappelte mich wieder hoch, stellte fest, daß mir nur das linke Bein weh tat und von oben bis unten schweißig war – es war aber nur der Keilerschweiß, ich hatte nur leichte Prellungen davongetragen.

Einige Foxe hatten sich jetzt in den Keiler verbissen und hingen in den Keulen fest, während die anderen Hunde die Sau von vorne beschäftigten. Außerdem war der Schweiß über das linke Licht geronnen, so daß die Sau auf der einen Seite kaum mehr äugen konnte. Ich zog es aber doch vor, den Förster mit der zweiten Saufeder zu Hilfe zu rufen, und dann gingen wir beide die gestellte bzw. teilweise gedeckte Sau an. Wir gingen etwa 3 m nebeneinander, so daß man gegenseitig schnell zu Hilfe kommen konnte, denn der Keiler konnte ja immer nur einen angreifen und mußte dann dem anderen, wenigstens halb, breit kommen. Als wir näher an den Rabbatz herankamen, nahm der Keiler sofort wieder an und zwar diesmal den Revierförster. Aber sein Tempo war erheblich langlamer als beim ersten Angriff, weil die beiden Foxe, die an dem Keiler hingen, ihn doch stark bremsten. Ich stürzte vor und stieß ihm die Feder bis an die Parierstange ins Blatt, eine Sekunde später hatte er auch das Eisen des Försters im Brustkorb und war sofort verendet. Die Hunde waren wie rasend, wir mußten die Fänge mit kurzen Knüppeln losbrechen, so fest hatten sie sich – wie in einem Krampf – in der Sau verbissen. Als wir sie anhalsen wollten, bissen sie wie Feuer nach uns.

Der Keiler wog 180 Pfd. aufgebrochen. Es war natürlich Blödsinn gewesen, was ich getan hatte, die Sache hätte sehr leicht schiefgehen können; aber damals war ich 30 Jahre jünger als heute und auch Leichtsinn kann manchmal schön sein!

Ich habe später viele, viele Sauen in dem großen Hatzgatter in Rominten mit der Feder vor Hunden abgefangen, aber wehrhafte Keiler habe ich nie wieder in ein Hatzgatter hineingelassen, sondern nur Überläufer und Frischlinge. Der eine Versuch in Battenberg reichte mir aus!

Einige Jahre vor dem letzten Weltkrieg hatte ich Gelegenheit, eine offizielle Staatsjagd auf Sauen, Wolf und Luchs in Polen mitzumachen.

Mit vielen kleinen Schlitten, die mit den bekannten Panjepferdchen bespannt waren, ging es frühmorgens hinaus in den Urwald. Über schmale, tiefverschneite Schneisen und Wege ging die Fahrt zum ersten Treiben.

Es wurde mit zwei Treiberwehren gejagt. Die erste Treiberwehr war beim Eintreffen der Schützen schon angetreten, und die zweite bezog ihre Posten während des ersten Treibens. Die einzelnen Treiben lagen mehrere Kilometer voneinander entfernt, weil der Wolf bei einer Aneinanderreihung der Treiben infolge des Schießens und des Treiberlärmes sofort das nächstliegende Treiben verlassen würde. Abgestellt wurden wir in der Front, und auf jeden Flügel kamen höchstens noch zwei Schützen, der Rest der Flanken war gelappt. Das Lappen erfolgte hauptsächlich wegen der Wölfe. Der Wolf pflegte die Lappen gut zu halten, während die Sauen keine Notiz nehmen, was bei dem schlechten Äugen des Schwarzwildes kein Wunder ist.

Jeder Schützenstand war durch eine kleine künstliche Fichtenhecke ausgebaut, so daß man bis zur Brust gut gedeckt stand, aber bequem über die Brüstung des Fichtenschirmes beobachten und schießen konnte.

Wir waren etwa 15 Schützen, von denen, wie gesagt, auf den Flanken je zwei standen, während die übrigen die Front des Treibens verteidigten. Der Zwischenraum zwischen den einzelnen Schütten betrug etwa 100 m, so daß das Treiben etwa 1 russisches Werst, also etwa 1200 m breit war. Jede Treiberwehr war mindestens 50 bis 60 Mann stark, und außerdem gingen etwa 8 bis 10 Jagdhüter in der Treiberwehr mit, um für Ordnung zu sorgen und durch Jagdhornblasen und häufiges Schießen mit der Flinte das Wild vorwärts zu bringen. Es wurde also laut getrieben und versucht, das Wild mit Gewalt vor die Schützen zu bringen, was für den Wolf zweifellos richtig ist, aber bei den Sauen schiefging. Vor allem die alten, geriebenen Keiler, die solch lautes Treiben nicht zum erstenmal erlebten, brachen häufig an den Flanken durch oder gingen zurück durch die Treiberwehr und ließen sich dabei weder durch das Gebrüll der Treiber noch durch das Blasen und Schießen der Jagdhüter beeinflussen.

Im ersten Treiben kamen dem Oberstjägermeister Scherping, der auch als Jagdgast teilnahm, drei Luchse, wie an einer Schnur gezogen, ein einmaliges Erlebnis. Es handelte sich wahrscheinlich um eine ranzende Luchsin und zwei um ihre Gunst werbende Kuder. Scherping sah die Luchse kommen, erkannte sofort die Situation und schoß mit einer sauberen Kugel den zweiten Luchs, einen starken Kuder. Den ersten und dritten Luchs ließ er passieren, obschon er eine Doppelbüchse führte und bequem einen zweiten Luchs hätte schießen können. Er wurde dann auch sofort nach Beendigung des Treibens von den Polen gefragt, warum er nicht noch auf einen zweiten Luchs geschossen hätte, um so eine wohl einmalige Doublette zu erzielen. Scherping erklärte, daß er dies Wild für viel zu selten und edel hielte, als daß man davon mehr als ein Stück in seinem Leben schießen dürfe. Diese Einstellung machte bei den Polen einen ausgezeichneten Eindruck, sie waren in ihrer jagdlichen Gesinnung sehr gute Waidmänner, und achteten eine Auffassung, wie Scherping sie vertrat, sehr hoch.

Außer dem Luchs wurden in diesem Treiben noch zwei Überläufer geschossen, mehrere stärkere Sauen waren seitwärts durch die Lappen und zurück durch die Treiberwehr gegangen, was man an dem rasenden Gebrüll, Geschieße und Geblase schon gemerkt hatte.

Ich fragte einen der prominenten polnischen Jäger, warum sie die Treiben nicht kämmten – mit Hunden konnten sie wegen der Wölfe nicht jagen – also von beiden Seiten gleichzeitig eine Treiberwehr losschickten, die in der Mitte des Treibens sich traf und dann weitertrieb, so daß also in einem Gang praktisch das Treiben hin und zurückgenommen wurde. Ich habe mit dieser Methode des Kämmens auf Schwarz- und Rotwild die besten Erfahrungen gemacht, allerdings braucht man dann mehr Schützen, da man mindestens zwei Seiten des Treibens abstellen muß. Der Pole erwiderte, daß sie das absichtlich nicht machten, da das Wild dann erheblich weniger Chancen hätte, und da es fast unmöglich sei, besonders gute Stände für prominente Gäste auszusuchen und zu bestimmen, beim Kämmen könnte das Wild überall auswechseln. Auch aus dieser Einstellung kann man die ausgezeichnete waidmännische Gesinnung der polnischen Jäger ersehen.

Beim zweiten Treiben hatte ich einen sehr guten Stand, mein übernächster Nachbar war der polnische Staatspräsident. Die Schirme befanden sich entlang einer halbverwachsenen Schneise. Vor uns war ein Kiefernaltholz mit einzelnen etwa 3 bis 4 m hohen dichten Fichtenanflughorsten unterstellt. Die Horste waren aber so weit voneinander entfernt, daß man gute Einsicht hatte und etwa anwechselndes Wild schon von weitem sehen konnte.

Kurz nach Beginn des Treibens sah ich auf etwa 250 m ein starkes Stück Schwarzwild, gemächlich trollend, genau auf mich zuwechseln. Ich nahm vorsichtig das Glas hoch – beim Hl. Hubertus, das war ein Keiler, wie ich bis dahin in meinem Leben noch keinen gesehen hatte, das war ein Hauptschwein wie ein Klavier! Ich bekam ein Jagdfieber, daß mir buchstäblich die Zähne klapperten und mir richtig weich in den Knien wurde. Solche Keiler gab es nur noch in Polens Urwäldern oder in den Karpaten und auch dort nur noch sehr selten. Ich rang das verflixte Zittern nieder, jetzt nur nichts falsch machen, nur keine unnötige Bewegung – der Wind war gut – der Keiler mußte mir in die Büchse laufen. Langsam, ganz langsam

DER KEILER DURCHBRICHT DIE TREIBERKETTE

ließ ich das Glas sinken, nahm die Büchse, gedeckt durch meinen Schirm bis in Brusthöhe. Der Keiler war jetzt etwa auf 100 m herangewechselt, verhoffte einen Augenblick und schob sich dann in einen etwa 80 m von mir entfernten, vielleicht 2 Ar großen dichten Fichtenverjüngungshorst. Ich rührte kein Haar, jeden Augenblick mußte der Keiler aus dem Horst wieder herauskommen, und dann mußte es knallen. So vergingen in höchster Spannung 10 Minuten – 20 Minuten – ich flehte Diana an – ich betete zum Hl. Hubertus, zu allen Heiligen, daß dieser Urkeiler, dieses Hauptschwein meines Lebens endlich aus dem Fichtenhorst herauskommen möchte. Die Treiber kamen immer näher – – da – – als sie noch etwa 50 m von dem Horst entfernt waren, brach der Keiler hervor, aber nicht zu mir her, sondern zurück durch die Treiberkette. Ein ohrenbetäubendes Gebrüll der Treiber, Schießen und Schreien der Jagdhüter – nichts half. Hochflüchtig durchbrach das Schwein die Treiberkette und rettete, wie wahrscheinlich schon oft in seinem Leben, seine alte Panzerschwarte.

Zuerst war ich völlig niedergeschmettert – warum hatte ich nicht schon beim Anwechseln geschossen – aber ich hätte dann halbspitz schießen müssen und der Keiler schien mir ja doch in die Büchse zu laufen. Beim Durchbrechen der Treiberwehr war ein Schießen unmöglich gewesen, ohne Menschen auf das schwerste zu gefährden, und außerdem hätte ich dann schräg von hinten schießen müssen. Zwischen Lipp' und Kelchesrand war der Weg einmal wieder sehr weit gewesen.

Ob der Keiler in der Schützenlinie etwas Verdächtiges geäugt hatte? – Ich glaube nicht, ich selbst hatte absolut still gestanden, bis in Brusthöhe waren zudem die Schützen durch den Schirm gedeckt, außerdem äugt das Schwarzwild bekanntlich schlecht. Der Wind hatte auch nicht geküselt. Nein, es war eine klare Überlegung des Keilers gewesen, daß vorne wirklich Todesgefahr lauerte, trotz der trügerischen Ruhe. Sicher hatte er im Laufe seines langen Lebens öfter die Kugeln vorne pfeifen hören! Der Krach der Treiber, das Schießen und Blasen der Jagdhüter war ihm unangenehm, aber noch gefährlicher erschien ihm die unheimliche Stille da vorne und auch die Unmöglichkeit, sich durch den Wind Gewißheit zu verschaffen. Man sage nicht, daß das Tier nur aus Instinkt handelt. Wie oft habe ich erlebt, daß ein alter Hirsch oder ein alter Keiler sich so überlegt, so intelligent im Treiben benahmen, daß man das Verhalten nur als Ausfluß eines sehr scharfsinnigen Nachdenkens beurteilen konnte.

Die Jagdhüter, die den Keiler auf wenige Meter beim Durchbrechen beobachtet hatten, sagten mir, daß es der stärkste Keiler gewesen wäre, den sie je gesehen hätten. Ich schoß an dem Tage nichts mehr, aber ich tröstete mich: Ich hatte den Vater aller Urwaldkeiler gesehen, ich hatte wenigstens einen Anblick genossen, wie er nur wenigen Sterblichen zuteil wird, und ich hatte eine Spannung durchgekostet, die von uneingeschränktem Optimismus bis zur völligen Niedergeschlagenheit alle einzelnen Phasen umfaßt hatte. Es lohnt sich, auch das erlebt zu haben, das Leben und insbesondere das Jägerleben schenkt einem nicht nur Erfolge!

DRITTES KAPITEL

ZWISCHEN MARALAL UND LANDENAI

Zwei Stunden vor dem Start des Flugzeuges der „Swissair" waren wir in Zürich am Flughafen. Ein großzügiger Freund hatte mich nach Afrika eingeladen, und ich hatte meine Frau mitgenommen, die mir in Dornbusch und Urwald eine unentbehrliche Hilfe beim Tagebuchschreiben und Photographieren war. Monatelang hatten wir die Reise, die der Höhepunkt in meinem Jägerleben wurde, vorbereitet. Ein großer Seekoffer mit Ausrüstungsgegenständen und versteckten Patronen und vor allem mit Zigarren war längst abgeschickt – 20 kg Gepäck waren im Flugzeug pro Person zugelassen. Bei dem Fluggepäck aber befanden sich zwei Gewehre und die unentbehrliche Schreibmaschine! Es kam wie es kommen mußte – ich zahlte zusätzlich rd. 200 DM für Überfracht, denn die Flughafenbeamten wogen das Handgepäck mehr als genau.

Es war ein Sauwetter, Regen und Schnee durcheinander, die Berge in den Wolken unsichtbar, Nebelfetzen fegten im Sturm über die Rollbahn. Aber sicher erhob sich die viermotorige Maschine vom Boden und bald hatten wir die Wolkendecke durchstoßen, im Westen neigte sich die Sonne. Ein ungeheures Glücksgefühl überkam mich – für fast drei Monate allem Kleinkram, allem Papierkrieg entronnen, für lange Zeit wieder Mensch sein, Jäger sein, frei in der Unendlichkeit der afrikanischen Landschaft, losgelöst von tausend Bindungen, die einen in Europa täglich und stündlich fesseln, geladen mit Spannung auf all das Schöne und Erregende, was mich erwartete, mit allen Sinnen aufnahmebereit, mit dem Willen als reifer Mensch alles bewußt zu genießen – – Herrgott im Himmel, wie schön, wie herrlich konnte das Leben sein! Ich empfand ein Gefühl tiefer Dankbarkeit gegen das Schicksal und gegen den guten Freund, der uns diese Reise ermöglichte.

Nachts landeten wir in Athen, die Akropolis war hell angestrahlt und bot ein phantastisches Bild hoch über dem Lichtermeer der alten Griechenstadt. Im ersten Morgengrauen waren wir in Khartum, nachdem wir die Uhren zwei Stunden vorgestellt hatten. Hier begegnete uns schlagartig der neue Kontinent. Der Aufenthalt in Athen war nicht viel anders als in einem beliebigen europäischen Flughafen gewesen, aber in Khartum wehte uns der heiße Wind der afrikanischen Wüste an, und das Bedienungspersonal des Flugplatzes bestand fast nur aus Schwarzen. Von der Stadt sahen wir nichts, nur die gelbe Wüste reichte bis an den Flugplatz heran. Wir spürten: Hier war eine andere Welt – nur dreizehn Flugstunden von Zürich entfernt!

Während die Maschine aufgetankt wurde, stieg langsam das Morgenrot im Osten über der gelben Wüste empor. „Rosenfingrig" hat Homer die Morgenröte genannt, und diese herrlichen Farben waren in der Tat mit rosaroten Rosen zu vergleichen. In der Wartehalle war der Barkeeper eingeschlafen, es war ein Bild für die Götter. Er saß in der Ecke seiner Bar, angetan mit weißen, wallenden Gewändern, darüber ein knallrotes, buntbesticktes Jäckchen. Der Turban war leicht zur Seite gerutscht, und seine schneeweißen Zähne ließen sein Schnarchen noch grauenvoller erscheinen. Im übrigen waren die Flugplatzanlagen imponierend, alles neu gebaut und fast europäisch sauber gehalten. Die schwarzen Beamten sehr höflich. Wenn man sich an die Andersartigkeit erst gewöhnt hatte, wirkte das Ganze fast sympathischer als Athen.

Nach dem Start in Khartum gab es ein gewaltiges Frühstück mit Orangensaft, Kaffee oder Tee, Rührei, frischen Brötchen, Butter, Marmelade, Käse usw. Überhaupt wurde an Bord eigentlich ununterbrochen gegessen und getrunken, und da man sonst nichts zu tun hatte, war man richtig rundgefuttert, als der Flug beendet war. Sehr interessant war die Landschaft zwischen Khartum und Nairobi. Entlang des Weißen Nils, der sich in Khartum mit dem Blauen Nil vereinigt, konnte man aus der Luft genau sehen, wie das Land bewirtschaftet wurde. Überall dort, wo lange schnurgerade Gräben zur Bewässerung gebaut waren, war eine intensive landwirtschaftliche Kultur; sobald der Graben aufhörte, begannen Wüste und Steppe, mit einzelnen Dornbüschen bewachsen. Das Wasser ist das

DER HEISSE WIND DER WÜSTE WEHT UNS AN

Gold Afrikas, wie wir auch später immer wieder feststellen konnten. Farmen, die Wasser haben, und bei denen die Geländeausformung den Bau eines Bewässerungssystems zuläßt, sind Goldgruben. Die übrigen Farmen sind vom Regen abhängig, wenn dieser aber ausbleibt, verhungert das Vieh und verdorrt die Ernte. Je weiter wir den Nil aufwärts kamen, desto kümmerlicher wurde die Landeskultur, um schließlich ganz aufzuhören. So weit das Auge reichte, ein meist hügeliges, steppenartiges, mit Dornbüschen bewachsenes Gelände Hunderte von Kilometern weit. Sehr schön war der Flug am Kenyagebirge entlang, wo der Pilot tiefer hinunterging und wir zur Linken die schroffen Berge, zum Teil noch mit Schnee bedeckt, zum Greifen nahe vor uns sahen.

Auf die Minute pünktlich, um 11.55 Uhr (ostafrikanischer Zeit), landeten wir in Nairobi. Der gesamte Flug von Zürich bis Nairobi hatte also nur von nachmittags 16 Uhr bis zum nächsten Tag 12 Uhr, 20 Stunden minus zwei Stunden Mehrzeitdifferenz, also 18 Stunden Reisedauer betragen. Hiervon muß man noch je 1 Stunde Aufenthalt in Athen und Khartum abrechnen, so daß 16 Stunden reine Flugdauer übrigbleiben. Der Flugplatz in Nairobi machte einen vorzüglichen Eindruck, fast vollkommen europäisch. Englische Beamte in Flugdress, Stewardessen und weibliche Angestellte ließen fast vergessen, daß man in Afrika war, nur einige schwarze Askaris mit ihren roten Fezen und blankgeputzten Messingabzeichen und eine große Anzahl schwarzer Gepäckträger riefen einem immer wieder ins Gedächtnis zurück, daß man sich unter dem Äquator befand.

Wir wohnten zunächst im Norfolkhotel in Nairobi, einem im englischen Stil sehr gut geführten Haus. Erfreulicherweise waren wir gegen 1.30 Uhr im Speisesaal; wer nach 14 Uhr kommt, erhält nichts mehr. Von 12 bis 14 Uhr ist Lunch, von 19 bis 21 Uhr Dinner, wer diese Zeiten nicht innehält, bekommt kein Essen mehr. So will es englische Sitte und Ordnung. Nun, man gewöhnt sich an diese Pünktlichkeit. Was mir aber nicht einging, war die Tatsache, daß in Hotels, die am Rande des Urwaldes lagen, und deren Gäste durchweg Jäger oder doch Photojäger waren, die aus allen Ländern der Welt kamen, auch diese Ordnung peinlichst innegehalten wurde. Als wir einmal in einem solchen Hotel einige Tage wohnten und von der Jagd müde und hungrig wie die Wölfe zehn Minunach nach 14 Uhr eintrafen, gab es keine Macht der Welt, die den Hotelinhaber hätte bewegen können, uns etwas anderes als einige Sandwiches servieren zu lassen.

Unser guter Stern bei allen nötigen Besorgungen in Nairobi, bei den Verhandlungen mit den englischen Behörden, bei der Ausfüllung zahlloser Fragebogen – der Bürokratismus ist offensichtlich keine deutsche Erfindung – war Vernon Smith, der uns in ausgezeichneter Weise mit seinen vielseitigen Beziehungen half, alle Schwierigkeiten zu überwinden. Noch am Nachmittag erschien ein indischer Schneider, den Mr. Smith herbeigezaubert hatte. Bethelkauend, mit weißem Turban und weiten, weißen Hosen, legte er die Hand an Stirn und Herz und verbeugte sich ehrfürchtig. Die Verständigung war etwas schwierig. Ich sprach Deutsch, Vernon Smith Englisch und der Inder nur Hindustanisch. Trotzdem brachten wir ihm schließlich bei, daß er für mich zwei komplette Khakianzüge und für meine Frau noch eine lange Hose machen sollte. Dann wurde Maß genommen, und nun ging das Feilschen um den Preis los. Vernon Smith bot pro Anzug komplett 75 Shilling und für die Hose meiner Frau 25 Shilling. Der Inder machte deutlich, daß er bei diesem Preis sterben würde, und daß er ein verlorener Mann wäre. Schließlich einigten wir uns auf einen Gesamtpreis für zwei Anzüge und eine Hose von 240 Shilling, das sind nach deutschem Geld 144 DM. Für einen einzigen Khakianzug, den meine Frau sich in Stuttgart hatte machen lassen, hatte sie fast das Doppelte bezahlt! Der Inder mußte bei allen Göttern des Himalajas schwören, daß die Anzüge am nächsten Morgen Punkt 9 Uhr abgeliefert würden. Am nächsten Morgen waren die Anzüge auch tatsächlich pünktlich da

Nach einem reizenden Empfang am Abend im Deutschen Generalkonsulat durch Frh. v. Stackelberg fuhren wir am nächsten Tag nach Momella, der berühmten Farm am Fuße des Meru, eines 5000 m hohen Gebirgsmassives von ungewöhnlicher Schönheit. Über Momella und seine Bewohner, vor allem über die leider verstorbene berühmte afrikanische Jägerin, Frau Magarethe Trappe, sind mehrere Bücher geschrieben worden – ich versage mir daher eine Beschreibung dieses einmalig schönen Erdenfleckens, von dem

WIR TREFFEN MIT HERRN V. N. ZUSAMMEN

man nach der einen Seite das gewaltige Merumassiv mit seinem breiten Regenurwaldgürtel und nach der anderen Seite den mit ewigem Schnee bedeckten Kilimandjaro sieht. In Momella trafen wir mit meinem alten Jagdfreunde N. zusammen. Über ihn muß ich einiges erzählen.

Es war kurz nach der Währungsreform, als mir in meinem Forstamtsbüro in Forbach ein Dr. v. N. gemeldet wurde, der mich sprechen wollte. Vor mir stand ein hagerer, langer Mann, angetan mit einer österreichischen Kotze und einem grünen Jägerhut und erklärte mir, er sei aus Ungarn aus politischen Gründen geflohen, wohne jetzt in Österreich und wolle das deutsche Waidwerk erlernen. Sein Deutsch war so ungarisch gefärbt, wie man es sonst nur im Kabarett hört. Man hätte ihm gesagt, er könne das deutsche Waidwerk nur bei Oberforstmeister Frevert erlernen. Da stand er nun mit diesem merkwürdigen Ansinnen. Ich sagte ihm: „Sie hätten fünfzehn Jahre früher zu mir kommen müssen, als ich noch in der Rominter Heide saß, da hätten Sie etwas lernen können, hier im Schwarzwald sind die Möglichkeiten sehr beengt. Übrigens sind Sie doch Jurist, wie stellen Sie sich Ihr Dasein denn als gelernter Jäger vor, Sie haben Frau und Kinder, warum lassen Sie sich nicht in Wien als Rechtsanwalt nieder? Sicher werden Sie als ungarischer Flüchtling leicht eine gute Praxis bekommen und können sich in Niederösterreich eine Jagd pachten!" „Bitte, Herr Oberforstmeister", antwortete N., „die Juristerei ist eine sehr trockene Wissenschaft und die Jagd ist golden und alle Tage neu!" Bei meiner bekannten „Sympathie" für Amtsgerichtsräte mußte ich ihm recht geben und behielt ihn bei mir. Er war dann anschließend in mehreren bekannten Revieren der Bundesrepublik tätig, hospitierte mehrere Semester in Hann. Münden, arbeitete dort im Jagdinstitut und war lange Zeit in einer Fasanerie, wo er jede vorkommende Arbeit mit Begeisterung verrichtete. Es dauerte nicht lange, und er war in deutschen Jägerkreisen eine bekannte Erscheinung, überall wegen seiner Höflichkeit und Hilfsbereitschaft und wegen seiner leidenschaftlichen Liebe zum Waidwerk geschätzt. Es wiederholte sich überall dasselbe: Wo er hinkam, wurde er zunächst mit größter Zurückhaltung empfangen. Meine Zeugnisse und die Empfehlungen einiger sehr bekannter ungarischer Magnaten zerstreuten aber bald alle Bedenken. Er lebte sehr anspruchslos und hatte keinerlei materielle Bedürfnisse, war aber für die kleinste Guttat von Herzen dankbar.

Seit einigen Jahren war N. in Ostafrika. Er hatte in Deutschland seine Berufsjägerprüfung als Abschluß seiner jagdlichen Studien bestanden und war nun von der britischen Regierung lizenzierter White Hunter und Honourable Game-Warden in Tanganyika. Wie viele andere war er als Jäger und Naturfreund Afrika verfallen und lebte dort ein Jägerleben, um das man ihn nur beneiden konnte. Er hatte inzwischen mit Erfolg Fasanen ausgesetzt, und auf seinen immer wieder geäußerten Wunsch hatte ich ihm per Flugzeug einen hann. Schweißhund nach Afrika geschickt. Es war sein einziger Kummer gewesen, daß er im schwarzen Erdteil keinen Schweißhund hatte. Nach langen Beratungen und nach Einholung zahlreicher Bescheinigungen war es mir möglich gewesen, ihm seinen Wunsch zu erfüllen. Fast genau 100 Jahre früher hatte der damalige König von Hannover zwei fertigabgeführte Schweißhunde an den Hof in Wien geschenkt. Der Förster aus dem Solling, der die Hunde überbringen sollte, hielt die damals noch neumodische Eisenbahn für ein viel zu gefährliches Transportmittel für die beiden edlen Hunde und ging zu Fuß quer durch Mitteleuropa. Nach mehrwöchigem Marsch erreichte er Wien wohlbehalten und lieferte seine Hunde gesund ab. Ich dagegen verfrachte den Schweißhund 10.30 Uhr in Frankfurt/Main in einer Maschine, und genau 24 Stunden später war der Hund wohlbehalten in Nairobi. Er ist um ein Viertel der Erde geflogen! Welche Entwicklung durchmißt diese kleine Episode!

N. hatte nicht nachgelassen, mich in Briefen zu beschwören, ich müßte nach Afrika kommen, Afrika würde der Höhepunkt meines Lebens sein – – – und nun war es soweit, wir trafen uns in Momella! Die Freude von N., mich endlich in seinem geliebten Afrika zu haben, war grenzenlos! Er hat mich dort unterstützt, wo er nur konnte, und wir haben zusammen gelacht, vor allem über all die originellen Ideen und Vorschläge, die er hatte, und über seine in gebrochenem Deutsch erzählten Geschichten:

„Ich habe ein Puffotter gefangen. Sehr interessant Tier! Habe getan in Korb unter Bett. Meine Wirtin fragen, was du haben unter Bett? Ich sagen Puffotter, sie sagen, Puffotter gleich weg, sonst ich gehen! Ich nehmen Puffotter an Kopf und stecken Schwanz zuerst

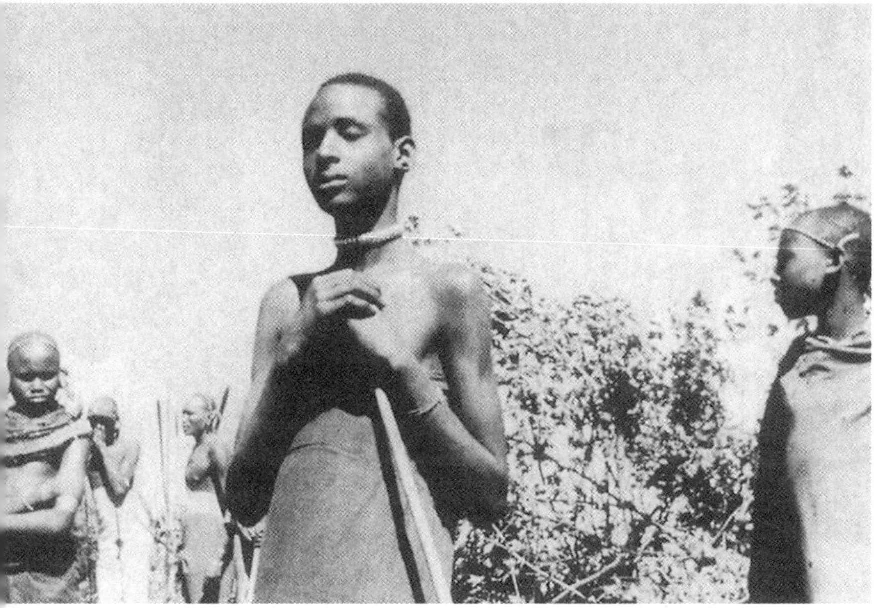

Blinder Samburu-Jüngling

Unser Zeltboy, stolzgeschwellt mit einer von mir geschenkten Weste

Kabubi, Kabubi *Mein stärkster Büff*

AM BESTEN: DAMEN AUF SAFARI

in Spiritus, Schlange nicht wollen, springen und – – – weg! Ich wieder fangen und Kopf zuerst: Nun ich habe gut Puffotter!"

„Wir haben geschossen Löwen. Löwinnen verteidigen seine toten Herrn. Wir, was machen? Wir, Herr T. und ich, steigen in Boot und fahren über Wasser, wo Löwinnen liegen. Sie brüllen und brüllen. Ich sehe Boot, und ich sehe großes Loch, und Wasser kommt schnell! Dort brüllen Löwinnen, hier Boot ist tief voll Wasser! Ich fragen Herrn T., wie tief hier Momella-See. Er fragen warum? Ich zeige Loch und viel Wasser. Herr T. kann nicht schwimmen, ich weiß. Gute Lage! Wir schnell fahren an Ufer – – – kein Löwe!"

„Am besten, ich weiß: Damen führen auf Safari für Jagd. Damen schießt besser wie Männer – immer! Dame passioniert und alles machen. Nur muß wissen, Dame nicht lange Safari, eine Woche, zwei Wochen, auch drei Wochen, dann vorbei. Dann durcheinander. Dann besser zu Haus. O ich weiß. Aber ich mit Damen, nicht mit Herrn, dann viel besser!"

„Die Frankolinenhühner sie sind dumm, nicht glauben! Wir brauchen Brat' zu essen und gehen einfach auf Straße – dort viel, viel Hühner. Sehr viel, sehr dumm. Ich schießen mit Schrot, Huhn es fallt um. Andere Hühner sie schauen, sie sehen ein Huhn tot. Sie so dumm und bleiben, suchen weiter Korn, pick – pick – pick. Wieder Schuß – – wieder Huhn fallt um, andere Hühner schauen – und – pick – pick – pick. So alle warten bis – – alle tot! Einfach warten bis drankommen mit Tod. Unglaublich!"

„Ich auf Safari mit Boy. Ich schießen Gazellen und dann, nach meinem Meister, meine verehrte, ich machen jagdliches Brauchtum mit Bruch. Herr Frevert wird sehr freuen! Dann ich breche auf Gazelle – Schwarze soll helfen. Wo Schwarze?! Is weg! Ich sehe warum: Nicht weit, große Rhino, steht und – – bös Auge. Ich rufe Boy. Er spricht aus Baum. Hochgeklettert voll Angst – – ich auch gleich!"

N. hatte überall auf allen Safaris einen afrikanischen Uhu (bubo lactaeus) bei sich, der in einem Käfig hochoben auf seinem geländegängigen Landrover thronte. In jedem Jagdlager wurde mit dem Uhu auf seltene Vögel gejagt. Eine provisorische Jule war bald hergerichtet, und die Vogelwelt Afrikas haßte genauso leidenschaftlich auf den Uhu, wie das hier in Europa der Fall ist. Die Bälge der so erlegten Vögel wurden kunstvoll präpariert und an zahlreiche europäische Museen geschickt.

Wir blieben nur wenige Tage in Momella, um die letzten Vorbereitungen für unsere erste Safari zu treffen, die uns nach Loliondo nördlich der Serengeti-Steppe führen sollte. Ich schoß vor allem zunächst die Gewehre ein. Ich hatte aus Deutschland meine 8×57 mit der Brennecke-Torpedo-Ideal-Patrone und meine Doppelflinte mitgenommen. Ein guter Freund lieh mir in Afrika eine Doppelbockbüchse, Kal. 458, und mein Freund, mit dem wir die Safari machten, schoß eine Büchse Kal. 375. Für denjenigen, der nicht mit englischen Waffen vertraut ist, möchte ich erklären, daß Kal. 458 eigentlich 0,458 heißen muß, das Kaliber beträgt also 0,458 Zoll, was etwa unserem deutschen 10,5 mm entspricht. Für die 375er Büchse gilt analog dasselbe. Man hatte mich vor dem Einschießen gewarnt und in maßloser Übertreibung behauptet, ich würde hinterher vollkommen erledigt sein, eine blaue Schulter haben usw., ja, man sprach scherzhaft von der „Dreipunktebüchse". Der erste Punkt ist der Büffel, der, von der schweren Kugel getroffen, umfällt – der zweite Punkt ist der Jäger, der durch den Rückstoß des Schusses auf dem Rücken liegt und alle Gliedmaßen gen Himmel streckt – und der dritte Punkt ist die Büchse selbst, die mehrere Meter weit seitwärts oder rückwärts weggeschleudert wird. Nichts von alledem! Wenn man richtig einzieht, spürt man den Rückstoß dieser schweren Büchse kaum. Natürlich muß man sie etwas fester fassen als ein Flobertgewehr. Die Gewehre hatten sämtlichst Hochschuß, was ich auf die Höhenlage und die dadurch bedingte dünnere Luft zurückführe. Es wird interessieren, daß ich mit 8×57 Mauserbüchse. mit der Brennecke-Torpedo-Ideal-Patrone auf 100 m mit 10 cm Hochschuß eingeschossen, bis 250 m denselben Haltepunkt nehmen konnte. Ich habe während des Jagens in Afrika niemals am Zielfernrohr herumgestellt, sondern ich bemühte mich, auf normale Entfernung kurz Blatt abzukommen und auf weite Entfernung Mitte Blatt – – und ich habe nur ein einziges Mal in Afrika vorbeigeschossen! Das war ausgerechnet auf ein Zebra, das ich für ein Museum schießen sollte. Ich überschätzte in der Steppe die Entfernung, ging hoch ins Blatt und – überschoß das Zebra glatt. Ich kann nur empfehlen, in Afrika unter den anderen Luft- und Klimaverhältnissen seine Gewehre selbst auf die verschiedenen Entfernungen sehr sorgfältig einzuschießen. Nur dann hat man unbedingtes Vertrauen zu seiner Waffe, bei wehrhaftem Wild kann das äußerst wichtig sein.

Interessant war mir, daß auf das Großwild in Afrika nur mit Vollmantelpatronen geschossen wurde; man muß es bei Büffel, Elefanten und Rhino tun, um einen Durchschlag zu erzielen. Die Decke, die Muskelpartien und der Blattknochen sind z. B. bei einem Büffel so dick, daß eine Teilmantelkugel sich zerteilen würde, ohne überhaupt in den Brustkorb, also ins Leben, einzudringen. Wenn man das Skelett eines Elefanten gesehen hat, wird einem klar, daß man mit Teilmantelgeschossen nichts ausrichten kann, wenn die Kugel auf einen Knochen aufschlägt. Alle Antilopen, Gazellen, Wasserschweine und Wild ähnlicher Stärke habe ich dagegen mit ausreichendem Erfolg mit der 8×75 Mauser erlegt – nur bei einer Elenantilope, die bis 14 Ztr. schwer wird, reichte das Brennecke-Geschoß nicht aus, doch darüber ist später noch zu berichten.

Unser erstes Safariteam bestand aus einem geländegängigen Pkw und einem Lkw. Wir hatten außer einem White Hunter zwei schwarze Fährtensucher, einen Koch, einen Driver (Lastwagenfahrer), drei schwarze Boys und einen Skinner mit. Letzterer besorgte das Präparieren der Decken und Trophäen. Die Zahl der Dinge, die auf einer Safari mitgeführt werden, ist enorm. Vom Klopapier bis zum Schlangenserum, vom Radiogerät bis zu den vielfältigen Lebensmitteln, von den Getränken bis zu den riesigen Wasserkanistern, von den Zelten bis zum Moskitonetz reicht die endlose Liste der Dinge, die nun einmal der Mensch unserer Tage auch in der Wildnis nicht entbehren zu können glaubt. Den Radioapparat hielt ich für völlig überflüssig, aber ich mußte mich belehren lassen, daß jeden Abend 20.20 Uhr über den Sender Nairobi eine Sendung für alle unterwegs befindlichen Safaris ausgestrahlt wurde. Falls also z. B. wichtige Telegramme aus der Heimat ankamen, dann wurde dieses durch Rundfunk den Betreffenden bekanntgegeben. Vergaß man mitten im Busch um 20.20 Uhr das Radio einzustellen, konnte es drei Wochen dauern, bis man ein Telegramm erhielt.

Als wir durch Arusha in Richtung Serengeti-Steppe fuhren, kam uns eine Eskorte von Askaris entgegen, die mehrere Schwarze gefesselt mit sich führten. Die verhafteten Neger grinsten über das ganze Gesicht, sie kamen doch ins Gefängnis, in „Queen Elizabeth's Hotel", wie man in Ostafrika sagt. Sie bekamen dort satt zu essen und konnten schlafen – ihrer Meinung nach ein Idealzustand!

Etwa 120 km westlich von Arusha liegt der Ngorongorokrater, eines der imposantesten Weltwunder! Wir durchquerten zunächst den Großen Afrikanischen Graben, der bekanntlich mehrere tausend Kilometer von Norden nach Süden im Ostteil Afrikas verläuft, fuhren dann durch Farmgelände und kamen schließlich am Rande eines gewaltigen Regenurwaldes an eine Holzbarriere, wo die Autos auf Tsetsefliegen untersucht wurden. Die englische Regierung versucht durch diese Kontrollen, die Verschleppung der Tsetsefliege mittels der Kraftwagen zu verhindern. Es sah sehr komisch aus, wenn die Askaris mit Schmetterlingsnetzen bewaffnet in unserem Wagen herumkrochen und nach Beute suchten.

Der Weg führte weiter bergauf durch herrlichsten Urwald; plötzlich wurde rechts der Blick frei in den gewaltigen Krater. Ich sprang vor Begeisterung aus dem Auto, wir waren alle überwältigt von dem einmaligen Panorama, das vor uns lag. Es dunkelte jedoch rasch. Bei völliger Dunkelheit landeten wir im Camp des Ngorongorokraters, das hoch oben an der Kante des Kraters liegt und aus einem englischen Verwaltungsgebäude, etwa 20 Bungalows und einer Bar besteht. Die Bungalows bestehen aus einem Zimmer, alle mit Kamin, in dem ein herrliches Feuer brennt, das man gut gebrauchen kann, da wir 2250 m über N. N. sind.

Am nächsten Morgen bekamen wir erst einen richtigen Überblick über den Krater, der einen Durchmesser von etwa 20 km hat und 600 bis 800 m tief ist. Soweit das Auge reichte, sahen wir überall im Krater kleine Pünktchen auf den grünen Matten des Kraterbodens. Das Fernglas zeigte uns, daß es sich um unendliche Herden von Wild aller Art handelte. Abfahrt gegen 9 Uhr in den Krater. Zunächst etwa 10 km am Kraterrand entlang durch herrlichen Urwald, dann in Serpentinen in den Krater hinein, der zunächst noch hügelig ist und dann vollkommen eben wird. Der Boden ist kein verwitterter Lavaboden, sondern Lös und Sand. Wenn es sich also um einen wirklich echten Krater handelt, dann müssen durch den Wind dicke Schichten Lös bzw. Feinsand im Krater abgelagert sein. In der Mitte des Kraters befindet sich ein riesiger Salzsee und ein Stück Urwald, hauptsächlich Schirm- und Gelbrindenakazien. Vor dem Urwald liegt noch ein kleiner Süßwassersee, der aber, wie alles Wasser hier, stark sodahaltig ist.

Wir fuhren fast den ganzen Tag in dem Krater herum und sahen enorme Mengen von Wild. Gewehre hatten wir nicht bei uns, diese mußten bei der Campverwaltung abgegeben werden und wurden uns später bei der Weiterfahrt in den Serengetipark blombiert wieder ausgehändigt, da im Park ebenfalls nicht geschossen werden darf. Die Engländer sind in dieser Beziehung vorbildlich und vollkommen kompromißlos. Wenn etwa jemand gegen die Jagdgesetze verstößt, kennen sie keinen Spaß. Das Wild war fast zahm. Wir konnten auf nächste Entfernung heranfahren und genossen einen ausgezeichneten Anschauungsunterricht, um die einzelnen Wildarten kennenzulernen. Da sahen wir: Gnus, Zebras, Tomsongazellen, Grantgazellen, Trappen, Kronenkraniche, Nilgänse, zahlreiche Entenarten, Strauße, Schakale, Hyänen, einen kapitalen Nashornbullen, eine Löwin, zwei Mähnenlöwen, 15 Flußpferde, Elenantilopen, Steinböcke, Ibisse, Silberreiher, Graureiher, Geier, Adler, Gabelweihen, Glanzstare, Frankolinen u. ä. Die Flußpferde lagen am Rande des Sees in beschaulicher Ruhe neben- und hintereinander. Ein Stück hatte immer den Kopf auf den Keulen des nächsten liegen, und die Madenhacker spazierten auf Rücken und Kopf der Kolosse herum und pickten Maden und sonstiges Ungeziefer ab. Mir fiel das Wort des Fafnirs aus dem „Rheingold" ein: „Ich liege und besitze, laßt mich schlafen!" Die beiden kapitalen Mähnenlöwen lagen malerisch etwa 30 m voneinander entfernt mitten in der riesigen Ebene. Wir fuhren mit dem Auto um sie herum und etwa bis auf 20 m an sie heran. Es waren beides kapitale Kerle. Zunächst äugten sie uns intensiv an, dann gähnte der eine, legte sich auf die Seite und streckte alle viere von sich. Hätte er sprechen können, er hätte uns sicherlich den schwäbischen Gruß zugeknurrt! Der andere Löwe dagegen machte eine etwas finstere Miene und fing schließlich an, den Schwanz leise hin- und herzubewegen, was immer ein etwas bedrohliches Zeichen ist. Wir zogen es daher vor, weiterzufahren.

Inmitten des Kraters liegen auf einer kleinen Anhöhe die Ruinen der Farm von Siebentopf (Vergl. Hunters „Die Löwen waren nicht die Schlimmsten").

Die Zahl des gesehenen Wildes war nicht zu schätzen, es waren bestimmt viele tausend Stück. Geologisch und faunistisch ein gewaltiges Erlebnis!

Auf der Rückfahrt sahen wir im Urwald auf einer Lichtung zwei kapitale Büffel auf etwa 150 m Entfernung. Beim Hl. Hubertus dies ist das tollste Wild, das ich je sah! Wirklich böse und bedrohlich äugte der stärkere Bulle uns unentwegt an, ein Koloß, ein Untier, wie ein Waggon so groß! Der Büffel übertrifft nach meiner Überzeugung alles übrige Wild Afrikas, da auch Löwe und Elefant immer an Zirkus oder zoologische Gärten erinnern. Die Mähnenlöwen lagen in der Steppe und ließen uns auf 20 m heranfahren – gewiß ein herrliches Bild – aber nichts gegen den Büffel. Der starke Nashornbulle hinterließ auch einen starken Eindruck, aber die Wildheit, das Mürrische, Böse, das Feindliche und das Urige waren für mein Empfinden am stärksten in dem Gesichtsausdruck des Büffels vorhanden. Ein solches Tier zu erjagen und zu erlegen lohnt schon um die halbe Welt zu fliegen!

Büffel und Leopard erscheinen mir als die begehrenswertesten und urigsten Wildarten Afrikas. Sicher ist es auch sehr reizvoll, einem alten Elefantenbullen stunden- ja vielleicht tagelang auf der Fährte zu folgen – aber wenn man dann schließlich vor diesem Koloß, vor diesem Riesen aus Vorwelttagen, steht und soll die Büchse, dieses raffinierte Produkt menschlicher Technik, heben, um eine kleine Kugel auf meist nahe Entfernung diesem Untier an die tödliche Stelle zu schicken, soll zusehen, wie dann dieser König der Tiere wie ein Sack zusammenfällt, nein! Ich habe deshalb auch alle Ansinnen und Einladungen auf Elefantenerlegung abgelehnt.

Mit den Löwen ging es mir ähnlich. Natürlich war es ein großer Unterschied, ob man in der Serengeti oder gar im Ambosellipark oder in einem anderen der großen Reservate auf nächste Entfernungen an die halbzahmen Löwen heranfahren konnte, oder ob man in Gebieten, in denen der Löwe gejagt wurde, mit diesem vermeintlichen „König der Tiere" zusammentraf... Ich sage „vermeintlich", denn ich halte den Löwen nicht für sehr königlich. Der Löwe ruht und schläft etwa 16 bis 18 Stunden am Tag, dann brüllt er und gibt damit das Startsignal zur nächtlichen Jagd, die aber durch seinen Harem, die Löwinnen, ausgeführt wird. Ist ein Stück gerissen, frißt er sich zunächst kugelrund und dann erst läßt er die Löwinnen an den Riß. Ich kann nichts Königliches an diesem Lebenswandel finden – – allerdings gebe ich zu, daß mir alle katzenartigen Tiere nicht sympathisch sind. Ich habe in Afrika nicht die geringste Lust gehabt, einen Löwen zu schießen, obschon ich mehrere Male dazu Gelegenheit hatte.

Der Elefant hat dagegen einen viel stärkeren Eindruck auf mich gemacht. Ich erlebte es mehrere Male, daß ein Elefant vor uns stand und irgend etwas gemerkt hatte, und dann plötzlich die Ohren stellte, so als ob zwei Flügeltüren weit geöffnet würden – das war schon ein erregendes und tolles Bild – – aber totschießen hätte ich diese herrlichen Tiere nicht können. Die Rhinos, von denen ich, vor allem in Momella, sehr viele gesehen habe, kamen für ein Erlegen schon deshalb nicht in Frage, weil das Rhino wohl die einzige Tierart ist, die in Ostafrika gefährdet ist. Das Horn des Rhino wird von den Indern unter der Hand zu hohen Preisen aufgekauft und geht, zu Pulver zermahlen, als Aphrodisiakum nach Indien und China. Ein Neger, der ein Rhino wildert und das Horn auf dem Schwarzmarkt verkauft, verdient an einem Horn so viel, daß er ein ganzes Jahr nicht zu arbeiten braucht, und das ist ein unwiderstehlicher Anreiz. Es ist unverständlich, daß sich dieser Aberglaube so lange hält, denn mehr oder weniger ist es doch sicherlich ein Aberglaube, daß das gemahlene Rhinohorn ein Verjüngungsmittel sein soll. Das Rhino ist in Ostafrika in wirklicher Gefahr, die britische Regierung hat deshalb weitgehende Schutz- und Schonbestimmungen erlassen. Die Zahl der Abschußlizenzen ist gering und in weiten Gebieten ist das Nashorn total geschont. Aber in Afrika ist der Himmel weit und der Gamewarden hat ein riesiges Gebiet zu beaufsichtigen. Der Schwarze aber wildert lautlos mit Giftpfeil und Giftspeer. Ich wurde bei dem Rhinoproblem lebhaft an die Ausrottung des Steinbocks in den Alpen erinnert. Die gesamten Westalpen beherbergten früher dieses herrliche Wild und durch den Volksglauben, daß das „Herzkreuzel" und das Blut des Steinbocks ein unfehlbares Mittel gegen zahlreiche Gebrechen darstellen sollte, wurde das Steinwild so vermindert, daß es in der Mitte des vergangenen Jahrhunderts kurz vor dem Aussterben war und nur durch die Schutzmaßnahmen der italienischen Könige im Gran-Paradiso gerettet wurde. Heute ist der Steinbock nicht nur in den italienischen Alpen, sondern vor allem in den Schweizer und neuerdings in den franzözischen Alpen wieder eingebürgert. Das Steinbockschicksal sollte eine Warnung sein bei der Beurteilung der Rhinofrage in Ostafrika.

Löwe, Elefant, Rhino, Leopard und Büffel – das sind „die großen Fünf", etwa den Tieren der Hohen Jagd in Europa entsprechend. Löwe, Elefant und Rhino fielen für mich aus den angeführten Gründen aus – aber die Krone war und blieb für mich der Büffel! Einen Leoparden hätte ich gerne geschossen, und ich habe es auch verschiedentlich versucht, ihm am „Kill" aufzulauern, aber Diana war mir nicht hold. Jagdliche Erfolge sind das Ergebnis von Instinkt und Ausdauer verbunden mit Erfahrung und Können – –" hat irgendein jagdlicher Weise einmal gesagt – richtig, aber es gibt auch tüchtige „Offiziere, die keine Fortune haben", das wußte der alte Fritz schon! Zu aller Erfahrung und allem Können gehört immer noch eine gute Portion Glück – das gilt für das ganze Leben, wie auch besonders für die Jagd. Leopardenglück aber hatte ich leider in Afrika nicht!

Aber die Büffel! Ich hatte alle irgendwie erreichbaren Bücher über afrikanische Jagderlebnisse gelesen, in denen von Büffeln die Rede war. Schon bevor ich nach Afrika kam, hatte mich diese Wildart besonders interessiert und gereizt. Es ist müßig, darüber zu streiten, ob der Löwe, der Elefant oder der Büffel gefährlicher ist, es kommt auf die Erlebnisse an, die man mit den drei Wildarten gehabt hat. Manche alten Afrikajäger halten den Löwen für besonders gefährlich, andere den Elefanten und wieder andere den Büffel. Eins dürfte feststehen, daß der Büffel die feinsten Sinne hat. Er äugt ebenso gut wie er vernimmt, und er windet mindestens so gut wie unser Rotwild. Der Elefant windet zwar ebenso gut, aber er äugt ausgesprochen schlecht und sein Hörvermögen wird dadurch beträchtlich vermindert, daß er selbst einen erheblichen Krach macht. Wenn er allerdings mißtrauisch geworden ist und sich still verhält, ist sein Gehör erstaunlich gut. Der Büffel verfügt außerdem über eine erhebliche Intelligenz, und wenn er angreift, hat er den eindeutigen und unerschütterlichen Willen, seinen Widersacher, also den

Jäger, zu töten. In dieser Beziehung dürften sich Elefant und Büffel gleich sein.

Mich reizt beim Büffel das Urige und Bösartige, das in seinem Gesichtsausdruck liegt. Ein alter Bulle wirkt nicht nur durch seine Größe, durch die schwarze Farbe, durch die wuchtigen Trophäen, sondern besonders auch durch den bösen und wilden Gesichtsausdruck – er ist wirklich ein wildes Tier, das man nicht im Zirkus zu Kunststückchen abrichten kann. Man sagte mir, ein starker Bulle würde bis zu einer Tonne schwer. Mich interessierten die Gewichte der afrikanischen Tierarten besonders, weil es nur in den seltensten Fällen möglich ist, ein Stück Wild von der Größe eines Elefanten, eines Büffels oder Elenbullen exakt zu wiegen. Ich hatte deshalb eine Hängewaage mit nach Afrika genommen und habe die Keulen von mehreren Büffeln und Antilopen – in mehrere Teile zerschnitten – gewogen und daraus das Gesamtgewicht berechnet.

Die Keule eines Rehbockes – ohne Decke, aber mit Lauf – oder eines Hirsches ist in Europa fast genau $1/6$ des Gesamtgewichtes aufgebrochen, also bahnversandfertig. Wenn also eine Rehbockkeule, zerwirkt, ohne Decke, mit Lauf 6 Pfd. wiegt, dann hat der ganze Bock in der Decke ein Bahngewicht von $6 \times 6 = 36$ Pfd. Diese Berechnung stimmt ziemlich genau bei Reh-, Rot- und Damwild. Sie dürfte auch bei Gazellen und Antilopen zutreffend sein. Um die richtige Relation für den Büffel herauszufinden, habe ich auf verschiedenen Schlachthöfen in Deutschland die Keulen von verschiedenen Ochsen und Kühen wiegen lassen, und dann das Verhältnis zum Gesamtgewicht ermittelt. Je nach dem Grade der Mast variierte das Verhältnis etwas, aber im Mittel kam 6,5 bis 7 als Faktor heraus. Diese höhere Zahl entspricht dem Unterschied im Gebäude zwischen Rind und Rotwild. Beim Büffel wird man sicher die Zahl 7, vielleicht sogar noch etwas höher als Multiplikator ansetzen müssen, weil der Büffel ein sehr schweres Horn trägt und damit also einen stärkeren Hals, eine wuchtigere Vorderhand hat als ein zahmer Ochse in Europa. Bei meinem stärksten Büffel, den ich in Afrika erlegte, und der etwa ein Alter von 10 bis 12 Jahren haben mochte, wog die Keule ohne Decke 68 kg. $68 \times 7 = 467$ kg wäre also das Gewicht des Büffels ohne Haupt und aufgebrochen. Das frischabgeschlagene Haupt, das ich gesondert wog, hatte 110 kg! Der Büffel hätte also mit Haupt aufgebrochen 476+110=586 kg gewogen. Man kann etwa rechnen, daß ein lebendes Stück Wild (Wiederkäuer) durch Verenden und Aufbrechen 40 % seines Lebendgewichtes verliert. Das würde bedeuten, daß mein Büffel ein Lebendgewicht von 586+400= rd. 1000 kg oder eine Tonne gewogen hat. Die Angaben über Büffelgewichte in Afrika sind also nicht übertrieben, während ich bei manchen anderen jagdlichen Angaben, und besonders Erzählungen, feststellen konnte, daß Latein von den afrikanischen Jägern genauso gut beherrscht wird, wie von den deutschen Waidgenossen. Bei dem erlegten Elenbullen kam ich bei den gleichen Berechnungen auf Gewichte zwischen 600 und 700 kg Lebendgewicht!

Drei Tage waren wir in der Serengetisteppe und sahen uns diesen riesigen Naturschutzpark an, den Lindgens den „größten Zoo der Erde" genannt hat, und der durch die Bücher und Filme von Dr. Grzimek breiten Kreisen bekanntgeworden ist. Mehrmals sahen wir das zebragestreifte Flugzeug Michael Grzimeks über uns. Auf der Rückfahrt, die drei Wochen später erfolgte, nachdem wir nördlich der Serengeti in einem Jagdlager gewesen waren, standen wir erschüttert an dem frischen Grabe dieses prächtigen jungen Menschen. Sein Grabhügel liegt oben am Rande des Ngorongorokraters – wegen der Hyänen mit dicken Felsblöcken belegt. Weit schweift von hier der Blick über den Krater bis zu den fernen Bergen und zu dem Dunst, der die Serengetisteppe überlagert; gewaltige Urwaldriesen stehen in der Nähe, und Elefantenwechsel führen vorbei – eine würdige Ruhestätte für einen Forscher, der Afrika und seine Tiere über alles liebte und dieser Landschaft verfallen war.

Die Serengetisteppe ist so häufig beschrieben, daß ich nur eine kleine interessante Episode berichten möchte. Als wir etwa 30 km in der Steppe waren und auf einer Piste – von einem Weg konnte man kaum reden – bei großer Hitze und viel Staub entlangfuhren, tauchten am Horizont plötzlich Schirmakazien auf, die am Rande eines großen Sees standen. Wir konnten mit dem Fernglas genau sehen, wie sich die Akazien im Wasser spiegelten, auch der Uferrand des Sees war genau zu erkennen. Wir machten eine Aufnahme und fuhren weiter – aber der See kam nicht näher, sondern blieb immer in gleicher Entfernung vor uns, um sich schließlich in ein Nichts aufzulösen, es war eine Fata-Morgana! Die Photographie aber zeigte den See und die sich spiegelnden Akazien genau so, wie wir sie gesehen hatten! Plötzlich erblickten wir rechts vor uns eine riesige schwarze Fläche, die völlig unbestockt war, so, als ob es beackerte Schwarzerde wäre. Als wir weiterfuhren stellten wir fest, daß diese schwarze Fläche immer im gleichen Abstand vom Auto mit uns eilte. Also war auch dies eine Fata-Morgana, eine Luftspiegelung, die etwas Unheimliches an sich hatte. Es ist ein eigenartiges Gefühl, wenn man plötzlich feststellt, daß man seinen Sinnen nicht mehr trauen kann, daß man Dinge sieht, die einfach nicht vorhanden sind.

Unser Ziel war Loliondo, ein herrliches Jagdgebiet, das natürlich davon profitierte, daß es unweit des gewaltigen Wildreservoirs der Serengetisteppe liegt. Man hatte uns gesagt, daß an dem vorgesehenen Lagerplatz kristallklares Wasser vorhanden wäre. In Wirklichkeit fanden wir ein trübes Rinnsal vor, in dem natürlich überall das Wild zur Tränke ging und Elefant, Rhino und Warzenschwein sich suhlten. Dieses Wasser wurde in mitgebrachten Filtern gereinigt und zum Kochen und Waschen verwendet.

Niemals habe ich in Afrika einen Tropfen Wasser ungekocht getrunken. Ein erfahrener Afrikajäger hatte mir in Deutschland geraten: 1. niemals Wasser trinken; 2. niemals rohes Obst essen, das nicht geschält werden kann, also z. B. Pflaumen, Pfirsiche, Trauben usw. und 3. niemals, auch nicht im besten Hotel, irgendwelchen Salat essen.

Meine Frau und ich haben diese drei Ratschläge genau und peinlichst befolgt und sind niemals krank geworden. Wir haben auch nicht die geringsten Störungen unseres „Innenministeriums" erlebt, während mir von vielen anderen Afrikanern bekannt ist, daß sie sehr bald unter ruhrartigen Erkrankungen zu leiden hatten. Wir lebten überhaupt während unseres Aufenthaltes unter dem Äquator sehr vorsichtig. Morgens trank man zwei Tassen Tee mit den üblichen Keksen dazu. Dann ging es mit dem Landrover hinaus, und man pürschte oder saß an. Gegen 10 Uhr war man meistens zurück und frühstückte. Mittags trank man nichts und nachmittags vor der Pürschfahrt nur eine Tasse Tee, außerdem über Tage grundsätzlich keinen Alkohol. Kam man aber von der Abendpürsch zurück, dann stieg der schon am ganzen Tag sehnsüchtig erwartete „Sundowner" „Sonnenuntergängler" – Whisky mit Soda, wobei ich wenig Whisky und viel Soda bevorzugte. Um den Trunk zu kühlen, hing man mehrere Flaschen mit Soda nachmittags an die Zeltleine und wickelte sie mit nassen Handtüchern ein. Der Zeltboy bekam den Auftrag, etwa alle halbe Stunde die Tücher wieder anzufeuchten. Durch die Verdunstungskälte war das Sodawasser abends angenehm kühl – nicht kalt, was nur ungesund gewesen wäre. Man schleppt heute bereits Petroleumkühlschränke mit in den Urwald, ich halte das nicht nur für einen völlig unangebrachten Luxus, sondern auch für gesundheitsschädlich. Man hatte sich sehr schnell daran gewöhnt, das Sodawasser nur kühl zu trinken, und es bekam einem ausgezeichnet.

Die Dunkelheit kommt unter dem Äquator schnell und der Tag dauert dort das ganze Jahr gleichbleibend, von morgens 7 Uhr bis abends 7 Uhr. Die Nächte sind also lang, und man bekommt reichlich Schlaf. Abends saß man unter einer alten Schirmakazie um das große Lagerfeuer, und der White Hunter erzählte Jagdgeschichten. Diese afrikanischen Nächte, wenn die Stimmen des Urwaldes zu einem drangen, wenn die Löwen in der Ferne brüllen, wenn man, müde vom Tage, raucht und trinkt, und wenn dann der White Hunter erzählt, gehören zu den schönsten afrikanischen Erlebnissen und Erinnerungen.

Wir vergaßen in diesen Tagen herrlichen, freien Jägerlebens Deutschland und Europa, die Heimat, den Beruf und alle Sorgen und lebten als Mensch mitten in der Naturbetrachtung, jagend und photographierend. Ich hatte nicht das Bestreben, um jeden Preis möglichst viele Trophäen zu erbeuten, mir ging es in erster Linie um das Erlebnis, um das Kennenlernen, um das Betrachten und Beobachten. Ich hatte für Ostafrika zwei Generallizenzen, eine für Kenya und eine für Tanganyika und hatte auf Grund dieser Lizenzen etwa 120 Stück Schalenwild zum Abschuß frei. Ich habe im ganzen 14 Stück Wild geschossen und mein Freund mit denselben Lizenzen etwa 20 Stück. Von vielen anderen Gastjägern sind mir ähnliche Zahlen bekannt – – und das sind dann die „Snobs" und „Großkapitalisten", die das afrikanische Großwild „ausrotten" wie man es in den letzten Jahren häufig in der Presse Europas lesen konnte. Die weißen Gastjäger sind keine Gefahr für das afrikanische Wild, im Gegenteil, sie sind einmal im Abschuß beschränkt und ermög-

JÄGER SIND DIE ERHALTER DER TIERWELT

lichen zum anderen dadurch, daß sie hohe Lizenzgebühren bezahlen, die Finanzierung einer geordneten Aufsicht. An der Erhaltung des Wildes in der ganzen Welt sind in erster Linie die Jäger beteiligt! Daß heute noch in dem dichtbesiedelten Deutschland Rotwild und Sauen in freier Wildbahn leben – das hat keine Natur- oder Tierschutzorganisation fertiggebracht, sondern die Jäger haben seit Jahrhunderten Geld und Energie aufgeboten, um diese Jagdtiere zu retten und zu erhalten. Ob sie das auch aus Egoismus taten, nämlich um das Wild weiter bejagen zu können, spielt keine Rolle; der Enderfolg ist im Leben ausschlaggebend, und diesen Erfolg haben die Jäger erzielt. Das soll kein Vorwurf gegen Natur- und Tierschutz sein, diese haben eine hohe Bedeutung, die mit der Zunahme der Verkehrs- und Siedlungsdichte immer größer wird. Der Natur- und Tierschutz hat Bedeutendes geleistet, vor allem, um einzelne Tierarten vor der Ausrottung zu retten. Beispiele sind der Bison in Nordamerika und der Wisent in Europa. Aber die Jäger sind überall die besten Erhalter und Heger der freilebenden Tierwelt gewesen.

Den weißen Gastjäger zu beschuldigen, Ursache der Verminderung oder gar Ausrottung des Großwildes in Afrika zu sein, ist das Törichteste, was man machen kann. Je größer die Bedeutung der Jagd in Afrika wird, um so eher werden die Wildstände erhalten. Je mehr Devisen für den Abschuß von Großwild ins Land fließen, desto wertvoller wird die Erhaltung eines angemessenen Wildstandes, das wird in einem unabhängigen Staat genauso sein wie in einer Kolonie. Wir erleben zur Zeit, daß Länder wie Polen, Tschechoslowakei, Ungarn und Jugoslawien erhebliche Mittel aufwenden, um die Wildbestände aller Art zu erhalten und zu vermehren – mehr Mittel als die westlichen Demokratien. Man erzähle mir nicht, daß die betreffenden Staaten diese Jagdfreundlichkeit nur aus ideellen Gründen des Tierschutzes, der Erhaltung der Tierarten in freier Wildbahn aufbringen – ein wichtiger Grund ist auch die Tatsache, daß Devisen knapp sind und daß die Jagd durch Verkauf von Abschußlizenzen an Ausländer erhebliche Devisen ins Land bringt. Genauso ist es heute schon in Afrika, und diese Tendenz gilt es zu fördern und zu stützen, wenn man wirklich für die freilebende Tierwelt des schwarzen Kontinents etwas tun will.

Ich halte die Maßnahmen, die die englische Regierung in Kenya und Tanganyika – nur diese beiden Länder kenne ich aus eigener Anschauung – ergriffen hat, für ausgezeichnet. Die Briten haben große Naturschutzparks geschaffen, in denen überhaupt nicht geschossen werden darf, und sie haben Reservate geschaffen, in denen bestimmte Tierarten geschont sind und andere wieder in beschränktem Maße erlegt werden dürfen. Außerdem gibt es sog. Kontrollgebiete, in denen auch nur eine bestimmte, geringe Zahl von jagdbaren Tieren gegen Lizenz freigegeben wird. Die Lizenzen laufen jeweils nur ein Jahr. Wenn also z. B. für ein Jagdgebiet 10 Löwen freigegeben werden, dann spielt es keine Rolle, ob diese 10 Löwen auch geschossen werden oder nicht. Der weiße Gastjäger hat aber in Afrika ebensowenig immer Waidmannsheil wie hier in Europa. Da seine Zeit meistens beschränkt ist, fährt er oft ohne Löwen wieder ab. Der nichtgeschossene Löwe aber wird nun nicht etwa noch einmal vergeben, denn die Lizenz läuft für ein ganzes Jahr und der Gast könnte ja innerhalb dieses Jahres noch einmal zurückkommen. Durch diese weise Bestimmung wird manches Stück Großwild nicht geschossen.

Die Gesamtzahl des durch Gäste erlegten Wildes ist völlig unbedeutend gegenüber den Wildmengen, die einmal von den angestellten Gamewarden und von den Farmern aus Gründen des Wildschadens geschossen werden. In Afrika vollzieht sich nämlich derselbe Entwicklungsprozeß wie vor etwa 200 Jahren bei uns in Europa. Die Bevölkerung nimmt ständig zu, insbesondere infolge der Bekämpfung von Seuchen, wie Schlafkrankheit, Pocken und Lepra, und infolge einer besseren ärztlichen Betreuung, durch die besonders die Säuglingssterblichkeit herabgemindert wird. Das Durchschnittsalter, das der Neger erreicht, ist daher im sprunghaften Aufsteigen begriffen. Damit ergibt sich die Notwendigkeit, größere Flächen landwirtschaftlich zu kultivieren, überhaupt eine intensivere Bodenkultur zu treiben.

Nun ist es gewiß schon schlimm, wenn bei uns in Deutschland eine Rotte Sauen in Kartoffelfeldern zu Schaden geht oder Rotwild beträchtlichen Schälschaden verursacht – aber welche Bagatellen sind diese Schäden gegenüber der Vernichtung sämtlicher Kulturpflanzen durch afrikanisches Großwild! Wenn eine Herde Büffel in ein Mais-

SYNTHESE VON MENSCH UND WILD

feld kommt, bleibt nichts, wirklich gar nichts, übrig. Ich habe Maisfelder gesehen, die einfach katastrophal zugerichtet waren. Die Elefanten wirken genauso, und außerdem schälen diese die Bäume, daß man unser heimisches Rotwild dagegen nur als kümmerliche Dilettanten bezeichnen kann! Die Folge dieser Wildschäden ist, daß dem Farmer erlaubt werden muß, Wild abzuschießen bzw. daß die angestellten Game-Warden mit dem Abschuß beauftragt werden. In den Gebieten, in denen gefarmt wird, hat daher der Wildbestand erheblich abgenommen. Es ist müßig, darüber moralische oder ethische Meditationen aufzustellen, ob der Mensch berechtigt ist, Tiere zu vermindern oder eventuell auszurotten, weil diese Tiere letzten Endes von der Schöpfung die gleichen Daseinsberechtigungen mitbekommen haben wie der Mensch. Wichtiger als hierüber lange Ausführungen zu machen erscheint es mir, sich damit abzufinden, daß der Mensch als höchststehendes Wesen der Schöpfung zweifellos zuerst kommt, und dann erst das Tier, daß der Mensch aber die Verpflichtung hat, eine Synthese zwischen den Lebensinteressen der Tiere und den Menschen herbeizuführen. Diese Verpflichtung gilt in Afrika ebenso wie bei uns in Europa. Das deutsche Jagdgesetz verbietet die Ausrottung einer Wildart – Aufgabe aller Beteiligten ist es nun, nach Möglichkeiten zu suchen, um einmal die Tierart zu erhalten – meistens nur noch in einer geringen Zahl – und zum anderen die Interessen der Menschen, also die Wirtschaftlichkeit, die Produktionsmöglichkeit, die Ertragsfähigkeit zu fördern. Durch die Zunahme der Bevölkerung in Afrika wird der Lebensraum des Wildes, insbesondere des Großwildes, weiter eingeengt werden. Die britische Regierung hat m. E. den einzig richtigen Weg beschritten – die anderen Kolonialmächte haben es übrigens genauso gemacht – und hat große und zahlreiche Reservate, Naturschutzparks und Schongebiete geschaffen, und zwar überall dort, wo infolge der Bodenverhältnisse ein Farmen in absehbarer Zeit nicht möglich ist. Diese Bestrebungen müssen unterstützt werden. Die Schutzgebiete müssen nicht nur erhalten, sondern, wenn möglich, vergrößert und eventuell zusätzlich noch neue geschaffen werden. Nur auf diesem Wege wird es möglich sein, daß auf lange Sicht das Großwild Afrikas erhalten bleibt. Noch ist es Zeit, in dieser Hinsicht zu wirken, denn noch sind viele tausend Stück Großwild und Hunderttausende von Antilopen, Gazellen, Giraffen, Gnus, Zebras usw. vorhanden. Eine gewisse Schwierigkeit bilden die Wasserverhältnisse. In der trockenen Jahreszeit wandert das Wild sehr weit zu den wenigen Wasserstellen. Diese Wasserstellen nutzt natürlich auch der Mensch, also besonders der Nomade, wie Massa, Samburus usw., wodurch eine gewisse Konkurrenz entsteht.

Die größte Gefahr für das afrikanische Wild sehe ich in dem Selbständigwerden der afrikanischen Staaten. Die indigene Bevölkerung neigt nicht dazu, an die Zukunft zu denken und vorzusorgen. Sie hat in einer Landschaft, die alles, was er zum Leben braucht, reichlich bietet, nicht vorsorgen müssen wie wir Menschen des Nordens, die wir dazu von jeher gezwungen waren.

Bei den Kolonialmächten besteht heute die Tendenz, in etwas reichlich schnellem Tempo die Verantwortlichkeit des weißen Mannes auf die Schwarzen abzuladen. Der Erziehungs- und Missionsauftrag Europas ist keineswegs beendet. Wenn man Kenia und Tanganjika bereist hat und hört, daß diese beiden Länder in Kürze selbständige Staaten werden sollen, dann kann man nur ein Gefühl der Bestürzung haben. Die übergangslose Gewährung der Unabhängigkeit kann nur gefährliche Konsequenzen zeitigen. Sir Roy Welensky, der Ministerpräsident der Föderation von Rhodesien und Njassaland, hat vor kurzem gesagt: „Die Kolonialmächte ermutigen mit ihrer heutigen Einstellung im Namen der Demokratie zu einem Rückfall in die Barbarei. Eine Einstellung, die von blindem Idealismus und Mangel an Mut bestimmt wird." Das sind harte Worte, die man aber nicht in den Wind schlagen sollte. Der in allen politischen Versammlungen in Afrika ertönende Ruf „Afrika den Afrikanern" entspringt einem gefährlichen, übersteigerten Nationalismus, der Europa an den Rand des Abgrundes geführt hat. Es ist der Mythos einer Welt- und Lebensanschauung, in der, auf Afrika bezogen, die Rassenzugehörigkeit allein und nichts anderes zählt und deren nächster Schritt dann die Theorie einer Herrenrasse ist. Der Weiße, der jahrhundertelang das Land besetzt gehalten hat und Nutzen daraus zog, kann nicht plötzlich von der Bildfläche verschwinden und Millionen Schwarze ihrem Schicksal überlassen. Mir haben viele Farmer versichert, daß Afrika in den Zustand zurücksinken wird, in dem es bei der Erschließung durch die weiße Rasse

DIE KOLONIALMÄCHTE VERSAGEN

war, wenn der Europäer das Land verläßt; alles, was ich selbst gesehen habe, spricht für die Richtigkeit dieser Auffassung. Eine längere Entwicklungszeit ist erforderlich, ehe man den Schwarzen die Gestaltung ihrer Geschicke anvertrauen kann. Nur schrittweise kann eine solche Entwicklung gedeihen, nicht durch plötzliche Unabhängigkeitserklärung. Was nötig ist, ist die Ausbildung; Ausbildung durch Vermehrung und Verbesserung der Schulen, Einrichtung von Lehrwerkstätten aller Art, Heranbildung einer breiten Masse von geschulten Arbeitern, Vorarbeitern, Werkmeistern, Ingenieuren, Verkehrsangestellten, Beamten aller Kategorien --- was aber ist jetzt vorhanden?!! Eine kleine Handvoll intelligenter und ehrgeiziger Einheimischer, die meistens in Europa studiert haben, die aber, durch nationalistische Gefühle verblendet, nur das Bestreben haben, die Weißen auszuschalten, um einen unabhängigen Staat zu bekommen. Dann kommt eine ganze Zeit lang nichts – und dann kommt die Millionenmasse derer, die nie eine Chance auf Bildung hatten! Damit kann man keinen Staat aufbauen und erhalten, genausowenig wie ein Großindustriebetrieb existieren könnte, wenn nur ein fähiger, intelligenter Generaldirektor, noch einige Direktoren und Prokuristen und dann Tausende von völlig ungebildeten Arbeitern vorhanden wären. Ohne die Ingenieure, die Werkmeister, die Vorarbeiter und die ausgebildeten Facharbeiter ist ein Industriebetrieb nicht denkbar.

In Ostafrika werden indische Einwanderer sofort eine bedeutende Rolle spielen, wenn der Weiße seine Position verläßt. Ob für den Einheimischen eine solche Ablösung von irgendeinem Vorteil sein wird, muß ich, nach meinen Beobachtungen, stark bezweifeln.

Kurz vor unserem Lager in Loliondo hatten wir ein interessantes Erlebnis mit wilden Hunden. Außer Schakal und Hyäne gibt es in Ostafrika den wilden Hund. Während die beiden erstgenannten Tierarten hauptsächlich Aas fressen, also mehr als Gesundheitspolizei, ähnlich wie die Geier, im Haushalt der Natur wirken, tritt der wilde Hund in größeren Rotten auf und hetzt das Wild, bis es nicht mehr weiterkommt. Da sie bisweilen in sehr großen Rudeln auftreten, werden sie selbst Großwild gefährlich. Sie gelten als die Geißel der Wildbahn und sind überall unbegrenzt zum Abschuß freigegeben – ja, die White Hunter sind äußerst daran interessiert, daß wilde Hunde geschossen werden, soviel und wo man sie nur trifft.

Als wir auf unserer Anfahrt auf eine größere Lichtung in der Dornbuschsteppe kamen, sahen wir auf etwa 100 m Entfernung sieben dieser Bestien vor uns. Der eine der Hunde hatte einen Hasen gefangen und apportierte diesen, während die anderen ihn umdrängten und versuchten, ihm den Hasen zu entreißen. In ihrer Blutgier nahmen sie von unserem Wagen überhaupt keine Notiz. Der White Hunter rief ganz aufgeregt: „Schießen, meine Herren, um Gottes willen schießen!" Mein Freund schoß eine saubere Dublette, zwei Hunde kippten um, ein dritter erhielt die Kugel waidewund, das Gescheide hing ihm lang heraus, ein widerlicher Anblick. Seine Kameraden stürzten sich sofort auf ihn, um ihn zu zerfleischen. Beim nächsten Schuß meines Freundes flog das Zielfernrohr von der Büchse, beim schnellen und aufgeregten Repetieren hatte sich der Haltebügel gelöst. Ich arbeitete fieberhaft, um meine Repetierbüchse aus dem Futteral zu bekommen, sie saß noch festgepackt und angeschraubt im Gewehrhalter des Autos, meine Frau suchte im Gepäck nach den Patronen – – es war eine unbeschreibliche Aufregung – und der White Hunter am Steuer des Wagens rief bloß immer: „Schießen, bitte, schießen!" Endlich war ich feuerbereit und schoß gleich zwei Hunde tot, einen dritten krank und dann wieder einen vierten tot. Der krankgeschossene Hund wurde flüchtig – wir sprangen ins Auto und rasten hinterher. Als wir ungefähr in gleicher Höhe mit ihm waren sprang ich aus dem fahrenden Auto raus und der Hund erhielt meine Kugel auf etwa 120 m sauber aufs Blatt, so daß er sofort umkippte.

Das Verfolgen eines krankgeschossenen Stück Wildes mit dem Auto ist sonst streng verboten und wird auch nicht gemacht – bei der Vernichtung dieser wilden Hunde aber war eine Ausnahme schon vertretbar. Zum Schluß bekam der krankgeschossene Hund meines Freundes noch den Fangschuß – wir hatten also alle sieben Hunde zur Strecke gebracht. Unser Ansehen bei dem White Hunter stieg daraufhin beträchtlich!

Als wir hoch in den Himmel sahen, kreisten bereits die ersten Geier über uns, in kürzester Zeit waren es wohl über hundert, die

WILDE HUNDE UND GEIER MIT SECHSTEM SINN

sofort mit dem Fraß begannen, kaum, daß wir uns einige hundert Meter von den toten Hunden entfernt hatten. Nach knapp einer Stunde ist in solch einem Fall von einem gefallenen oder gerissenen Stück Wild nichts mehr vorhanden als das Gerippe, das dann noch von Schakal und Hyäne soweit wie möglich vertilgt wird.

Ich habe mich oft in Afrika gefragt, wie merken die Geier sofort, daß irgendwo für sie der Tisch gedeckt ist? Wie oft haben wir in weiter Dornbuschsteppe, wo man viele Kilometer weit freien Rundblick hatte, mit Hilfe der Gläser nach Geiern den Himmel abgesucht und keinen einzigen gesehen – hatte man dann aber ein Stück Wild geschossen, dann waren innerhalb von wenigen Minuten 50 – 60 – 80, ja 100 Geier versammelt, die aus allen Richtungen zustrichen. In der Rominter Heide war es im Winter mit den Kolkraben ähnlich. Sobald ein Schuß gefallen war, strichen die Vögel Wotans über einen hinweg, weil sie wußten, daß nun irgendwo ein Aufbruch für sie sein würde. Ich habe in Rominten immer angenommen, daß der Knall des Schusses die Raben herbeilockte, sie wußten aus langer Erfahrung, daß mit dem Knall für sie Fressen verbunden war. In Afrika habe ich Zweifel bekommen, ob diese Annahme zutrifft. Man hört in der weiten Dornbuschsteppe nämlich einen Schuß nicht sehr weit, wie wir oft feststellen konnten. Sollten vielleicht die Geier in großen Höhen Pratrouillen fliegen, die ihren Jagdraum überwachen und sofort ihre Artgenossen alarmieren, wenn es etwas zu fressen gibt? Ich habe mir erzählen lassen, daß der Kondor in den Kordilleren ein unwahrscheinlich gutes Auge besitzt und aus größter Höhe sofort feststellt, wenn ein Tragtier abgestürzt ist. Auffallend war, daß bei Anbruch der Dämmerung, wenn man schoß, kein Geier mehr kam. Die Geier gingen sehr früh auf ihre Schlafbäume und reagierten dann auf die Schüsse nicht mehr. Nun – Afrika gab uns viele Rätsel über biologische Probleme, über Verhaltensweise der Tiere und vieles andere auf. Wenn ich noch einmal jung wäre, ich würde mein Leben in diesem interessanten Land als Zoologe, als Biologe, als Ornithologe oder als Geologe forschend verbringen – fern von der Hetze und der Enge des europäischen Kontinents.

Als wir an den Wasserlauf kamen, wo wir unser Jagdlager aufschlagen wollten, erwartete uns eine Überraschung. Ein Landrover stand dort neben einem Zelt. Wie konnten hier in dieser Einsamkeit

Menschen sein, noch dazu Weiße? Es handelte sich, wie wir bald erfuhren, um ein Ehepaar, das etwa 100 Meilen entfernt eine Farm besaß und eine Löwin großgezogen hatte. Die Löwin war nun etwa ein Jahr alt und unangenehm geworden, so daß sie nicht mehr auf der Farm frei herumlaufen konnte. Alle hatten das Tier liebgewonnen, deshalb wollten sie die Löwin nicht irgendeinem Zoo geben, damit sie dort hinter Gittern der gaffenden Neugier der Menschen ausgesetzt war; also beschlossen sie, das Tier in der freien Wildbahn auszusetzen. Der Farmer mit seiner Frau war also 100 Meilen weit in den Busch gefahren, hatte Fleisch mitgenommen und die Löwin etwa 3 Meilen vom Zelt entfernt, eben da, wor wir unser Nachtlager aufschlagen wollten, mit dem Fleisch ausgesetzt. Die Löwin hatte sich hungrig auf das Fleisch gestürzt, und das Ehepaar hatte diese Unaufmerksamkeit benutzt, sich schnell in den Landrover gesetzt und war zu seinem Zelt gefahren, in der Annahme, es würden weitere Löwen in der Nacht sich zu der Löwin gesellen, und so würde die Ausgesetzte schnell Anschluß an ihre Artgenossen bekommen.

Etwa um Mitternacht kratzte die Löwin so lange draußen vor dem Zelteingang, bis man sie in das Zelt einlassen mußte. Dies hatte sich nun schon zweimal wiederholt, und man war gerade dabei, den dritten Versuch zu machen, um nach dem Aussetzen gleich wegzufahren. Man hoffte, daß die Löwin die 100 Meilen bis zur Farm nicht folgen und so allmählich verwildern würde. Hier sollten wir nun unser Zeltlager aufschlagen? Die sichere Aussicht, nachts durch die am Zeltdach kratzende Löwin aufgeweckt zu werden, war nicht besonders verlockend. Wir zogen es doch vor, unser Lager etwa 30 km weiter aufzuschlagen. Wir hatten durch diese Episode viel Zeit verloren, und es wurde dunkel bevor unsere Zelte standen. Das aber ist stets unangenehm, denn man kann die Gegend nicht mehr nach Schlangen absuchen. Außerdem ist das Aufschlagen der Zelte bei einbrechender Dunkelheit sehr erschwert und es dauert dadurch auch lange, bis man endlich etwas zu essen bekommt. Da wir an einem Wasserlauf lagerten, war außerdem die Gefahr vorhanden, daß wir eine Tränkstelle erwischt hatten – und Elefanten und Rhino lieben es gar nicht, wenn an ihrer Suhl- und Tränkstelle plötzlich Zelte stehen. Wir stellten, wie überall im Busch, während der Nacht

DIE LÖWEN KAMEN INS LAGER

brennende Laternen vor den Zelteingang, um Wild abzuschrecken. Ganz besonders unangenehm werden die nächtlichen Besuche der Hyänen, die für Lederschuhe und alles sonst, was gestohlen werden kann, eine große Vorliebe haben. Die Nacht verlief aber störungsfrei – nur die Löwen brüllten in unmittelbarer Nähe mehrere Male, aber das waren ja wilde, und die waren harmloser als die ausgesetzte zahme, die wir nicht mehr zu sehen bekamen. Auch der Leopard ließ sich während der Nacht mehrere Male vernehmen, sein Brüllen klingt wie das Sägen einer rostigen Säge durch einen dicken Baumstamm, daher sagt man auch: „Der Leopard sägt."

Wir verbrachten in diesem Lager von Loliondo herrliche Jagdwochen, die Gegend war voll von Wild aller Art. Riesige Herden von Gnus, Zebras, Thomson-Gazellen und Impalas waren unmittelbar in der Nähe unseres Lagers. Herden von 50 bis 100 Büffeln sahen wir mehrfach, die Löwen waren so frech, daß sie nachts, trotz der brennenden Laternen, in das Lager kamen, um das zum Trocknen aufgehängte Wildbret zu fressen. Es dauerte ganze drei Tage, bis wir die wenig interessierten Schwarzen so weit hatten, daß sie abends das in Streifen geschnittene und zum Trocknen aufgehängte Wildbret auf den Lkw packten. Zwei Nächte hintereinander schleppten die Löwen alles, was wir geschossen hatten, fort. Ein starker Mähnenlöwe war dabei zwischen den schlafenden Boys am Feuer herumspaziert und hatte wohl die Kochtöpfe revidieren wollen! Ich sah am nächsten Morgen seine sehr starke Spur in der kalten Asche des Lagerfeuers. Ein Schwarzer war wach geworden und hatte den Löwen unmittelbar vor sich gesehen – ein entsetzliches Gebrüll der Boys hob an. Wir sausten aus unseren Feldbetten, griffen nach Gewehr und Laterne, weil man bei diesem Geschrei annehmen mußte, daß mindestens einer der Boys gefressen worden war. Es passierte aber gar nichts, die Löwen zogen sich schockiert zurück. Wir hätten auch nicht einmal schießen dürfen, da die vom Game Department vorgesehene Zahl von freigegebenen Löwen in diesem Gebiet bereits vergeben war und es daher auch meinem Freund nicht gelungen war, eine Abschußlizenz auf Löwen zu erhalten.

In Loliondo hatte ich noch ein interessantes Erlebnis mit einem Impalabock: Ich pürschte allein mit dem Fährtensucher Youngi hinter vier Impalaböcken her, die außerordentlich vorsichtig und heimlich waren. Nach langem Nachpürschen und Kriechen kamen wir auf etwa 200 m an die Böcke heran. Den Geringsten von ihnen mit sehr enggestelltem Gehörn hätte ich zehnmal schießen können. Schließlich trat ein Bock mit guter Auslage, den ich für den stärksten hielt, auf etwa 150 m breit. Er erhielt die Kugel abgezirkelt Blatt, was mir viel Freude machte. Auf den Schuß hin sprangen die drei übrigen Böcke ab und flüchteten links an uns vorbei, wobei ich leider feststellen mußte, daß ich nicht den Besten, sondern nur den Zweitbesten des Rudels erwischt hatte. Unmittelbar hinter den Böcken sprang eine Löwin ab. „Simba – Simba, Bwana", flüsterte Youngi ganz aufgeregt. Wir gingen nun zum Anschuß. Als wir auf etwa 50 m an die Anschußstelle heran waren, saß die Löwin etwa 80 m neben uns und flüchtete erneut; wir dachten, nun wären wir sie endgültig los. Wir fanden gleich Schweiß, der in Afrika sehr schwer zu finden ist, weil er in der heißen Sonne sofort trocknet und dann nur als dunkelroter Fleck zu sehen ist, nur Schweiß an Grashalmen hebt sich besser ab. Wir überschossen daher auch prompt einen Haken der Fährte, ich hatte aber schon vorsichtshalber den Schweiß mit Ästen und Brüchen markiert, so daß wir schnell wieder zum letzten Schweiß zurückfanden. Der Bock war in den dichten Busch hineingewechselt, nach etwa 20 m standen wir vor dem Längstverendeten. Als wir aufschauten sehen wir auf 10 m! wieder die Löwin, die bereits Witterung von dem Bock haben mußte und im Begriff war, ihn fortzuschleppen. Wir warfen mit Steinen nach ihr und erhoben ein wildes Indianergeheul, schleppten dann die Antilope aus dem Busch heraus und in den Schatten einer Schirmakazie, und schon waren 30 bis 40 Geier über uns, das Auto aber war weit und ich mit Youngi allein! Wir konnten unmöglich beide fortgehen um den Wagen herbeizuholen, denn entweder kam dann die Löwin und schleppte mein Impala fort oder die Geier würden ihn bis zu unserer Rückkehr aufgefressen haben. Wir brauchten aber im Lager dringend Wildbret, zumal die Löwen nachts wieder dagewesen waren. Nun kreisten schon über 50 Geier am Himmel; das aber war für meine Frau das Zeichen, daß ich geschossen hatte. Sie hatte von weitem die Ansammlung der Geier gesehen – der Schuß war nicht gehört worden – und führte nun den Safariwagen in unsere Richtung.

EIN IMPALABOCK UND YOUNGIS ZUCKERZANGE

Für unseren Fahrer und für drei weitere Boys war es immer tragisch, wenn ein Stück Wild sofort verendet war. Sie waren Mohammedaner und durften nur geschächtete Tiere essen. Es war bewunderungswürdig zu sehen, daß sie lieber tagelang nur von gekochtem Maismehl lebten, als den Geboten ihrer Kirche untreu zu werden. War ein beschossenes Stück nicht sofort verendet, dann stürzte ein mohammedanischer Boy, bewaffnet mit meinem Waidblatt, auf das noch zuckende Stück los, murmelte einige Koransprüche und durchschnitt dabei die Halsschlagader. Der Boy war von einem Mufti für die Dauer der Safari feierlich zur Ausführung dieser Schächtung ermächtigt worden, die den anderen Mohammedanern nicht gestattet ist. Wir hatten ziemlich sämtliche Religionen auf unserer Safari: Katholiken, Protestanten, Mohammedaner und solche, die noch an ihre heidnischen Götter glaubten.

Unser Fährtensucher für Großwild, Youngi, war von einer geradezu entsetzlichen Häßlichkeit. Im Oberkiefer fehlten ihm sämtliche Zähne. Als er vor einiger Zeit erhebliche Zahnschmerzen hatte, gab ihm sein weißer Herr fünf Shilling, damit er nach Arusha zum Zahnarzt gehen sollte. Er war abends auch guter Dinge und erzählte, daß der Zahn herausgezogen wäre. Wie sich aber später herausstellte, hatte er die fünf Shilling eingesteckt und sich selbst mit einer Flachzange aus der Autowerkstatt den Zahn gezogen. Das Rasieren pflegte Youngi auf eigenartige Weise zu machen: Er hatte eine alte Zuckerzange bei sich, die er irgendwo aufgetrieben hatte, und mit dieser Zuckerzange riß er sich die Barthaare einzeln aus – völlig unempfindlich für den Schmerz! Er behauptet, auf diese Weise brauche er seinen Bart nur alle acht bis zehn Tage zu behandeln, ein tägliches Rasieren halte lange nicht so gut vor. Sobald ein Stück Wild aufgebrochen wurde, sicherte sich Youngi den Waiddarm, den er umstülpte und über einen Stock zog. Dann wurde dieser Darm nach Rückkehr ins Lager über das Feuer gehalten und, so geröstet, als Delikatesse verspeist! Ich habe niemals gesehen, daß Youngi den Waiddarm vorher gewaschen hätte, und ich bekam ein merkwürdiges Gefühl in der Magengegend, als ich bei diesem Schmaus zum erstenmal zusah. Aber dann wurde mir klar, daß „Königsberger Fleck" oder „Schwäbische Kutteln" in Deutschland bei manchen Menschen als Leckerbissen gelten – allerdings in gewaschenem und sauber zubereitetem

Zustand. Die Massai „desinfizieren" mit Kuhurin ihre Kalabassen, und die Inder trinken den Urin der heiligen Kühe – alles im Leben hat Parallelen.

Youngi war Quartalssäufer, und sobald man mit ihm in irgendeine Stadt kam, mußte er beaufsichtigt werden. Als wir einmal zwischen zwei Safaris in Arusha Station machten, füllte er sich derartig voll mit schlechtem Schnaps, daß er steif wie ein Brett auf die Lori geladen werden mußte. Da lag er dann völlig betäubt in der prallen Sonne stundenlang. Jeder Weiße wäre draufgegangen, nicht aber Youngi, ihm machte das nichts, und am nächsten Morgen war er wieder voll leistungsfähig. Leider hatte er auch in anderer Hinsicht sein „Quartal", nämlich wenn wir in der Nähe einer Siedlung biwakierten. Dann war Youngi die Nacht über verschwunden, um am nächsten Morgen völlig erledigt wieder aufzutauchen ... Ein Mann der schlimmsten Exzesse, aber als Fährtensucher auf Großwild unübertroffen. Er kam mir dann oft vor, als ob er den sechsten Sinn besaß. Mit tödlicher Sicherheit folgte er stundenlang, ohne zu irren, einer für mich unsichtbaren Elefanten- oder Büffelfährte. Ohne Alkohol und Weiber war er der beste Fährtensucher, den ich in Afrika erlebt habe.

Erstaunlich hart und widerstandsfähig ist die Haut der Schwarzen. Youngi und mit ihm alle Afrikaner unserer Begleitung waren meistens mit einem zerrissenen Hemd und einer uralten, unglaublich zerrissenen Hose, die vielleicht einmal Shorts gewesen waren, bekleidet. Die nackten Beine und Füße steckten in ausgelatschten Halbschuhen oder Sandalen. Wenn wir stundenlang durch dichtestes Dorngebüsch gepürscht waren und die langen spitzen Dornen selbst unsere festen Khakistoffe zerfetzten – die nackte Haut der Schwarzen blieb völlig unversehrt. Besonders die Haut der Massai fühlte sich wie kaltes, festes, schmiegsames Leder an.

Es gibt in Afrika so unzählig viele verschiedene Stämme unter der schwarzen Bevölkerung, daß es schon ein Studium für sich ist, um sie alle zu kennen. Mich interessierten besonders die Massai und die ihnen nahe verwandten Samburu. Diese Stämme sollen, ursprünglich aus Arabien kommend, über Ägypten nach Zentralafrika eingewandert sein. Es sind keine Schwarzafrikaner, es sind Semiten, ohne aber Juden zu sein. Der heutige Jude ist viel mehr Hethiter als Semit.

MASAIS UND WANDEROBOS

Die Massai sind hohe, schlanke Gestalten mit sympathischen, feingeschnittenen Gesichtszügen, schmalen, oft großen, aber nicht unschönen Nasen, mit schlanken schmalen Händen und verhältnismäßig kleinen Füßen. Sie sind ausgesprochene Nomaden, und zwar Viehnomaden. Das Rindvieh gilt den Massai heute noch alles; es dient ihnen vor allem als Zahlungsmittel, so kostet eine Frau beispielsweise acht bis zehn Kühe. Immer mehr Vieh wollen sie haben, immer größer werden die Herden, und so machen sie der Kolonialregierung große Sorgen, denn mehr Vieh bedeutet größere Weideplätze. Diesen Forderungen Widerstand zu leisten, ist deshalb nicht ratsam, weil die Massai – an sich wie alle Nomadenvölker ein sehr kriegerischer Volksstamm – der britischen Regierung treu ergeben sind. Sie verachten die Schwarzafrikaner, und ihre Häuptlinge boten der englischen Regierung seinerzeit bei den Mau-Mau-Aufständen an, diesen Aufstand zu unterdrücken und niederzuschlagen, unter der Bedingung, ihnen ganz freie Hand zu lassen. Sicher war das Angebot verführerisch, denn die Bekämpfung der Mau-Mau hat den Engländer viel gekostet, trotzdem lehnte der Brite das Angebot ab, denn es hätte ein wüstes Blutbad gegeben, und die Massai hätten mit Wonne jeden Schwarzen totgeschlagen, allwo sie einen fanden. Alle Schwarzen wären Mau-Mau gewesen, und ihr Vieh und ihre Weiber hätten den Massai gehört!

Auch die Wanderobos gehören rassisch zu den Massai, aber sie büßten bei den in Afrika häufig vorkommenden Rinderpesten ihre Viehherden ein und wurden so zu Jägernomaden, die auch heute noch gefährliche und sehr gefürchtete Wilderer mit Giftpfeil und Giftspeer sind. Der Massai ist kein Jäger; wir fanden überall dort, wo sie in ihren Kralen hausten, gute Jagdgründe vor. Sie verachten den Wanderobo und sorgen so indirekt auch heute noch dafür, daß in ihren Gebieten wenig gewildert wird, zumal sie die britischen Game Wardens durch Späherdienste bei der Ausübung des Jagdschutzes unterstützen. Der Massai ißt kein Wildbret, kein Geflügel, keinen Fisch. Ihre wichtigste Nahrung besteht aus Rinderblut, mit Milch vermischt. Um dies Blut zu gewinnen, wird aus nächster Nähe die Halsvene eines jungen Rindes mit dem Pfeil angeschossen und das herausschießende Blut in einer bereitgehaltenen Kalabasse aufgefangen. Ist diese halb voll, wird die kleine Wunde am Hals des Rindes zugedrückt, mit Rinderhaar und Lehm verschmiert, und das vergnügt davongaloppierende Rind wird nicht mehr beachtet. Nun wird Milch dazugerührt und dann das Ganze getrunken. Gerne hätten wir einmal diese Mischung probiert, aber als der White Hunter uns erzählte, daß die Kalabassen vorher mit Kuhurin „desinfiziert" würden, schwand das Verlangen nach diesem Trunk schnell dahin.

Die Moral der Masais ist – nun sagen wir – locker. Die jungen Krieger, die man niemals unbewaffnet sieht, leben mit einer entsprechenden Anzahl junger Mädchen in einem besonderen Kraal einige Jahre zusammen, ohne daß eins der Mädchen schwanger wird. Erst wenn die Jahre der beiderseitigen „Bewährung" vorbei sind, wird geheiratet, und zwar deshalb, weil die Kräfte des jungen Kriegers nachlassen und er nun doch für Nachwuchs sorgen muß. Dabei sucht er sich, je nach seinem Reichtum, ein oder mehrere Weiber aus und zieht mit ihnen in den großen Kraal der Verheirateten. Kommt nun ein Freund von ihm und setzt seinen Speer vor seine Hütte, dann verläßt der Ehemann die Hütte und seine Frau, solange der Speer des Freundes ihm den Zutritt verwehrt.

Schwer war es, die Masais zu photographieren. Vor allem die Frauen flohen, sobald sie einen Photokasten sahen, denn es besteht der Aberglaube unter ihnen, daß das Photographieren unfruchtbar macht, während das Bewerfen mit Kuhmist die Fruchtbarkeit erhöhen soll!

Eigenartig ist die Einstellung der Masais zu ihren Waffenschmieden. Diese gelten nichts und werden verachtet, ähnlich den Parias in Indien. Die Schmiede leben in abgesonderten Kraals und bilden eine Kaste für sich. Es gibt Parallelen in der griechischen Mythologie für diese für ein Kriegervolk völlig unverständliche Einstellung. Der griechische Gott der Schmiedekunst Hephästos war lendenlahm und wurde als Krüppel aus dem Olymp verstoßen. Auch Wieland, der Schmied, lahmt nach der deutschen Sage. Die griechischen und nordischen Heldensagen behandeln also die Werkzeugmacher und Schmiede ebenso, wie es der Kriegerstamm der Masais in Zentralafrika heute noch tut. Welche Ausdeutungen lassen diese Tatsachen zu? Hat die religiöse Welt früherer Jahrhunderte die Technik wohl als etwas Notwendiges, aber doch auch nicht voll

Gültiges angesehen? Sprechen wir heute im technischen Zeitalter nicht selbst davon, daß die Technik uns nützt, aber auch bedroht? Es dürfte interessant sein, diesen Fragen nachzugehen.

Die Masais haben einen ausgeprägten Nationalstolz und halten sich für das auserwählte Volk. Ich erlebte es, daß ein paar kleine Masaimädchen neugierig am Wege standen, als wir mit unserem Safariwagen hielten. Mein Freund gab dem mitfahrenden Hausboy etwas Geld mit der Weisung, es den Mädchen weiterzugeben. Die Mädchen aber sahen die Münzen in der Hand des Negers nicht an und spuckten verächtlich aus; erst als wir es ihnen gaben, nahmen sie es grinsend an. Die Masais werden einer zukünftigen Negerregierung noch mancherlei Schwierigkeiten machen! Jede Art von Arbeit wird von ihnen verschmäht, wer arbeitet wird verachtet, das Notwendigste wird von den Frauen getan. Möglichst viele Frauen und eine große Herde zu haben, ist ihr Lebensziel. Die Toten werden aus dem Kraal heraus und in die weite Steppe getragen, wo sie niedergelegt und verlassen werden. In der ersten Nacht schon werden die Leichen von den Hyänen gefressen, und so geht die Seele des Toten in den Hyänenkörper über. Dieser Glaube an eine Seelenwanderung machte es uns unmöglich, im Beisein unserer Boys oder gar eines Masais eine Hyäne zu schießen, hätten wir doch dadurch vielleicht eine ehrwürdige Großmutter oder einen großen Krieger endgültig ins Jenseits befördert!

Millionen von Fliegen umschwärmten die aus Kuhmist und Lehm erbauten Kraals, aber die Masais waren völlig unempfindlich gegen diese Plagegeister. Wir sahen nie, daß sie auch nur eine Fliege von Mund, Augen und Nase verjagten. Nur einige ältere Männer hatten einen Fliegenwedel aus den Schwanzhaaren von Giraffe oder Gnu, die sie lässig träge benutzten.

Einige Zeit später waren wir auf einer Tierfarm, die der bekannte Direktor des Zoos in Hannover und Direktor einer Tierfangfirma, Herr Ruhe, unweit des Meru eingerichtet hatte. Wir waren von der Anlage stark beeindruckt. Wir sahen ein gepflegtes Herrenhaus, geschmackvoll eingerichtet, ein ganz neu eingerichtetes Fremdenhaus mit zwei Zimmern, Bad und Veranda, das Ganze war umgeben von einem parkartigen Garten, in dem Stauden und Sträucher in den herrlichsten Farben blühten. Die Farm selbst bestand aus einem riesigen Hof, der ringsum von Stallungen und Käfigen umgeben war, in der Mitte des Hofes war ein Rasenplatz mit blühenden Stauden. Das Ganze machte den Eindruck eines sehr gepflegten europäischen Zoos. Die Tiere, insbesondere Zebras, Giraffen, Nashörner, Elefanten und verschiedene Gazellenarten sowie Antilopen, werden als Jungtiere gefangen. Vorne vor dem Kühler des Landrovers ist ein Sitz befestigt, auf dem der Fänger sitzt. Dieser hat eine mehrere Meter lange Stange in der Hand, an deren Spitze sich eine Lassoschlinge befindet. Nun geht es mit hoher Geschwindigkeit an ein Rudel Giraffen heran, und es wird versucht, durch geschicktes Fahren ein Jungtier von der Mutter zu trennen. Ist dies gelungen, wird das Jungtier alleine weiterverfolgt, bis es langsamer wird und man ihm die Lassoschlinge überwerfen kann. Das Ende des Lassos ist am Auto befestigt. Ist der Wurf gelungen, stoppt der Fahrer sofort ab, so daß sich die Schlinge langsam zuzieht und die Giraffe zu Boden stürzt. Sofort springen mehrere Männer aus dem Landrover, fesseln das Tier und verladen es auf einen nachfolgenden Lkw. Bei Giraffen geht diese Fangerei verhältnismäßig schnell, weil eine Giraffe schon nach drei Minuten matt wird. Hat man in dieser Zeit das Lasso nicht werfen können, wird die Jagd auf dieses Tier abgebrochen, denn bei weiterer Verfolgung würde es sich so abhetzen und aufregen, daß es in der Gefangenschaft eingehen würde. Auf der Farm werden die Jungtiere dann langsam an den Menschen gewöhnt, gut verpflegt, und nach etwa drei bis vier Monaten Eingewöhnungszeit an die jeweiligen zoologischen Gärten in aller Welt verkauft. Es waren Tiere von Direktor Ruhe nach Tokio, nach Sidney, nach Hamburg und nach Rio de Janeiro verkauft worden, um nur einige Plätze zu nennen.

Das Fangen von Elefant und Rhino war schon sehr viel gefährlicher, so war einmal eine Elefantenkuh zurückgekommen und hatte den Landrover angegriffen. Sie versuchte von der Seite mit ihrem Körpergewicht das Auto umzuwerfen, was ihr aber nicht gelang, weil immer, wenn sie Anlauf für diesen Angriff nahm, Ruhe schnell ein Stückchen weiterfuhr. Als die Elefantenkuh einsah, daß sie so nichts erreichte, versuchte sie, sich von rückwärts auf das Auto zu setzen, aber auch dem wich Ruhe aus.

Trotz der vorbildlichen Einrichtungen auf dieser Tierfangfarm konnte ich doch ein Gefühl der Trauer und der Wehmut nicht unterdrücken. Da waren nun Zebrafohlen, junge tolpatschige Nashörner, junge Gnus, kleine Elefanten hinter Gitter gesperrt! Gewiß, sie litten weder Hunger noch Durst, sie brauchten keinen Simba mehr zu fürchten, sie waren befreit von allen Gefahren des Lebens, aber ihre Freiheit hatten sie verloren. Wenn man diese Tiere aber in freier Wildbahn, in den Weiten der Steppe und in den unendlichen Urwäldern beobachtet hat, dann kann man in keinen Zoo mehr gehen.

Auf einer Fahrt nach Maralal, etwa 300 Meilen nördlich Nairobi, kamen wir auch nach Nakuru, einer kleinen Stadt, die nicht weit vom Flamingosee liegt. Dieser Flamingosee ist eine ganz große Sehenswürdigkeit. Er ist etwa 13 km lang und 1,5 km breit und hat nur eine Maximaltiefe von ungefähr 1,50 m, ist aber an den meisten Stellen flacher. Als wir uns dem See langsam mit dem Landrover näherten, bot sich uns ein unbeschreibliches Bild: Der ganze See stand dichtgedrängt voller rosa Flamingos! In dem stark natronhaltigen Wasser des Sees gedeiht eine ganz bestimmte Alge, von der die Flamingos, die hier in Afrika reine Pflanzenfresser sind, leben. Zwei Arten gibt es, die auch im Nildelta vorkommende größere und eine kleinere zentralafrikanische Art. Die zentralafrikanischen Flamingos sind erheblich intensiver in der Farbe, vor allem sind die mittleren Flügelfedern tief rot gefärbt, so daß sie, wenn sie sich in die Lüfte schwingen, erheblich röter wirken als die größere Art.

An vielen Stellen des Sees standen und schwammen die Flamingos in derartig kompakten Massen, daß es ganz unmöglich war, die Zahl auch nur annähernd zu schätzen. Vom Game-Departement war uns gesagt worden, daß z. Z. ungefähr eine Million Flamingos auf dem See seien, meiner Meinung nach konnten es ebenso drei Millionen sein. Rosa Wolken schwebten dauernd über unseren Köpfen, und auf dem See bewegte sich ein riesiger rosa Wattebausch in leisen Schwingungen. Die Flamingos nehmen ihre Nahrung auf eine seltsame Art auf, sie schöpfen die Algen mit dem schaufelförmigen Oberschnabel von unten auf. Mit staksigem Gang, den rosa gebogenen Hals bis dicht über die Wasseroberfläche geneigt, gleichen sie einem Kurzsichtigen, der versucht, die Zeitung zu lesen. Unser Führer, der Besitzer des nahegelegenen „Stags-Head-Hotel", behauptete, ein Flamingo brauche pro Tag ein kg Algen, um leben zu können. Wenn man also annimmt, daß rund zwei Millionen Flamingos auf dem See waren, dann würden jeden Tag vier Millionen kg = 4000 t Algen, aufgenommen und müßten also auch nachwachsen. Mir erschienen all diese Zahlen unfaßbar! Interessant ist auch, daß die Flamingos durch die Aufnahme eben dieser Algen ihr rosa Gefieder bekommen. Flamingos, die in zoologischen Gärten gehalten werden, bekommen nach der Mauser weiße Federn. Man hat nun versucht, die Alge nach Europa zu importieren, was aber nicht gelang, und so gibt man nun den Flamingos eine bestimmte Krebsart als Futter, die in Südamerika vorkommt, von den dortigen Flamingos aufgenommen wird und ebenfalls das Gefieder rosa färbt.

Ich möchte nicht langatmig schildern, wie ich in Ostafrika jagte und was ich im einzelnen erbeutete, aber von einigen Rendezvous mit Büffeln möchte ich doch erzählen.

Es war in Loliondo, nördlich der Serengetisteppe, nicht weit vom Viktoriasee, wo wir unser Jagdlager an einem kleinen Bach in einer landschaftlich sehr schönen und abwechslungsreichen Gegend aufgeschlagen hatten. Obschon viele Büffel in der Umgebung waren und wir beinahe täglich Herden von 80 bis 100 Stück sahen, wollte es nicht klappen. Hatten wir die Fährte eines alten Einzelgängers, also eines alten Bullen, endlich nach langem Suchen gefunden und waren ihm kilometerweit schwitzend und stöhnend gefolgt, dann war er bestimmt zu einer starken Herde getreten, und ihn dann unter Hunderten wieder herauszufinden, ist fast unmöglich. Wieder einmal waren wir hinter einer starken Einzelfährte her, die Youngi mit wunderbarer Sicherheit wie ein gut abgeführter Leithund hielt, durch Urwald und Dornbuschsteppe, über weite Steppenflächen hinweg. Schließlich wurde das Gelände unübersichtlich, überall standen große und kleine Buschgruppen, dazwischen gab es wieder lichtere Stellen, die entweder kahl oder mit einzelnen Schirmakazien bestanden waren. Auf einmal hörten wir, vor uns – wie soll man nun bloß waidmännisch sagen?! – leises Muhen und Schnaufen der Kühe. Ein Ton, den sie hervorbringen, um die Kälber anzulocken. Also war auch dieser Bulle wieder zu einer Herde getreten! Nun waren wir aber stundenlang der Fährte gefolgt und wollten deshalb versuchen, die Herde anzugehen, um, wenn möglich, den starken Bullen – die Fährte war klotzig – aus der Herde herauszuschießen. Zunächst schlugen wir einen großen Bogen, um uns guten Wind zu holen, und dann ging es vorsichtig auf die Herde los, die sich immer wieder durch das leise Schnaufen bemerkbar machte. Langsam arbeiteten wir uns durch die kleinen Büsche hindurch, immer wieder verhaltend und auf das Schnaufen achtend – da hatten wir plötzlich die ganze Herde auf einer vor uns liegenden Fläche, mit einzelnen Schirmakazien bestanden, vor uns. Es war eine einzige schwarze wogende Masse. Dichtgedrängt standen sie – etwa 80 bis 100 Stück – und schoben sich beim Äsen dauernd durcheinander. Da ist es sehr schwer, einen Bullen auszumachen und freizukriegen. Schließlich stand auf etwa hundert Meter ein Bulle breit. Mein Freund, der zunächst schießen sollte, war bereits im Anschlag, während ich, als Reserveschütze, noch nach einer Auflage suchte. In diesem Moment sah ich, daß sich eine Kuh vor den Bullen schob. Ich ließ meine Büchse sinken, brach noch einen Ast ab, der mich beim Schießen behindern würde, und als ich wieder ins Ziel ging, sah ich nur noch einen Büffel. Die Kuh mußte also inzwischen fortgezogen sein. Ich mußte über Kimme und Korn schießen, da die schwere Büchse, die ich mir geliehen hatte, kein Zielfernrohr hatte. Mir kamen Zweifel, der Büffel da vor uns schien mir nicht besonders stark, und ich fragte leise den neben uns knienden White Hunter. „Sollen wir auf den Büffel schießen, der jetzt breit steht?" Er nickte „Ja", und mein Freund und ich schossen à tempo. Der Büffel brach vorne zusammen, torkelte wieder hoch und blieb dann 50 m halbverdeckt liegen, während die Herde von uns fort flüchtete. Nun fing der beschossene Büffel fürchterlich an zu brüllen, und wir gingen mit gestochener Büchse langsam vor und auf ihn zu, um, falls es nötig würde, noch einen Fangschuß anbringen zu können. In diesem Moment kam die ganze riesige Herde, wohl angelockt durch das laute Brüllen des kranken Büffels, in rasendem Tempo zurück. Der Boden dröhnte, und alles ging so schnell, daß wir nur hinter dem nächsten Busch Deckung suchen konnten, da waren sie schon da. Meine Frau stellte fest, daß die Schwarzen, die hinter ihr gingen, spurlos verschwunden waren. Die Situation schien einen Augenblick lang bedrohlich. Die Herde stoppte ab und stand wie eine geschlossene Mauer auf 60 m vor uns, und wir schauten in mindestens 80 Paar blutunterlaufene wütende Lichter. Mäuschenstill waren wir, die gestochene Büchse in der Hand. Es verrann, so kam es uns vor, eine Ewigkeit, da beruhigte sich die Herde allmählich wieder und zog nun scheinbar endgültig von uns fort. Der beschossene Büffel rührte sich nicht mehr, er war inzwischen verendet. Als wir herantraten und meine Frau bereits den Photoapparat gezückt hatte, um eine erste Aufnahme von dem glücklichen Erleger zu machen – – erzitterte erneut der Boden! Der White Hunter schrie: „Alles zurück, laufen, laufen!" Wir ließen uns das nicht zweimal sagen und stürmten, was wir konnten, hinter die nächsten Bäume. Aber dieses Mal kam die Herde nicht nahe heran, sondern verzog sich bald.

Ich wurde lebhaft an meine Erlebnisse mit den Auerochsen in Rominten erinnert, die stundenlang ein geschossenes Stück umstellten und verteidigten. Als wir nun an den Büffel herantraten, war die Enttäuschung groß: Vor uns lag eine starke Kuh! Was war geschehen? Nicht die Kuh war weitergezogen, sondern der Bulle hatte sich gedrückt, und ich hatte dies Fortziehen, weil ich den Zweig abbrach, nicht bemerkt. Der White Hunter allerdings hätte den Vorgang beobachten müssen. Später machte ich mir den Vorwurf, daß ich überhaupt geschossen hatte, ohne vor dem Schuß im letzten Augenblick noch einmal das Fernglas hochzunehmen. Ich habe meinen Gästen immer verboten, kurz vor dem Schuß den Hirsch mit dem Glas ansprechen zu wollen. Sie mußten das Ansprechen mir überlassen, um, bei einem Zeichen von mir, sofort schießen zu können. Was ich bei anderen verlangte, glaubte ich nun auch selber tun bzw. lassen zu müssen.

Der geschossene Büffel zählte natürlich, da nach der Lizenz auch Kühe geschossen werden dürfen. Welch unglückseliges Pech, nach so langer Pürsch und so großer Anstrengung! Unsere Kugeln saßen gut, etwa eine Spanne weit auseinander, beide Tiefblatt. Als wir die Kuh mühsam umgedreht hatten, stellten wir fest, daß die 458iger Kugel beide Blattschaufeln und den Brustkorb glatt durchschlagen hatte. Die Kugel meines Freundes, die 375iger, war dagegen im Brustkorb zersplittert, hatte also erheblich besser gewirkt.

Der Rückmarsch war lang bis zum Auto, und ziemlich erledigt

Massai vor seinem Kuhmistkraal

Meutehund für Kontrolljagden

„Doris von der Eibenleithe", Hubertushündin

EINE BÜFFELKUH UND HUNTERS LODGE

trafen wir gegen 14 Uhr im Lager ein. Meine Frau war die einzige Schlaue gewesen und hatte morgens zwei Brote gegessen, wir anderen hatten bis 14 Uhr nur eine Tasse Tee im Leib! Gar nicht gepaßt hatte es mir, daß wir etwa 10 Ztr. gutes Wildbret dem Raubwild und den Geiern zum Fraß überlassen hatten. Für etwa 1 500 bis 2 000 DM Fleisch war verloren. Wir nahmen lediglich den Schwanz mit, um davon eine – – Kuhschwanzsuppe zu kochen, und die Zunge, die übrigens delikat schmeckte. Die Schwarzen nahmen für sich noch etwas Fett mit, aber es war unmöglich, von dem Wildbret auch nur den kleinsten Teil mitzuschleppen, denn wir bekamen das Auto nur auf ungefähr 3 km an die Stelle, wo der Büffel lag, heran.

Ein anderes Erlebnis: Wir hatten einige Tage in Hunters Lodge, etwa 100 Meilen südöstlich von Nairobi, gewohnt und von dort aus gejagt. Hunters Lodge war ein Hotel am Rande des Dornbusches, sehr hübsch gelegen mit gepflegten Anlagen. Ein Fluß mit herrlich klarem Wasser war aufgestaut, so daß ein langgezogener Teich entstanden war, zu dem nachts die Elefanten kamen, um sich zu tränken und zu suhlen, wie zahlreiche Fährten und die mächtigen Losunghaufen, die die Größe eines Kindskopfes hatten, bewiesen. Mr. Hunter, einer der berühmtesten White-Hunter Afrikas, hatte sich in seinem Alter hierher zurückgezogen und das kleine Hotel gebaut. So schön dieses Hotel war, so konnten wir uns doch nur schwer an die unabänderliche Zeiteinteilung der Hotelordnung gewöhnen. Wir zogen es daher bald vor, ein Zeltlager zu beziehen, wo man seine Tageszeit einteilen konnte, wie man wollte, und wie es die jagdlichen Belange erforderten. Wir fanden einen sehr schönen Platz, nicht weit von Kimboko, einer kleinen Negersiedlung, die aber Poststation hatte, so daß wir nur etwa 10 Meilen von der Zivilisation entfernt waren, was bei dem Empfang der Post aus Deutschland doch sehr von Vorteil war. Das Lager war an einem kleinen Fluß, der verhältnismäßig sauberes Wasser führte, gelegen. Unter alten Schirmakazien standen unsere Zelte. Noch nie hatten wir in einem der anderen Jagdlager auf Safari ein so reiches Vogelleben angetroffen wie hier. Es war nicht nur eine unwahrscheinlich große Zahl verschiedener Arten, sondern vor allem auch mengenmäßig eine überraschende Ornis. Setzte man sich müßig vor sein Zelt, dann brauchte man Langeweile nicht zu haben, dafür sorgten die vielen Vögel, die uns mit ihren bunten Gefiedern immer wieder begeisterten. Nachts riefen Eulen und viele andere Nachtvögel, die uns auch die Nacht lebendig machten.

Ich schoß gleich am ersten Tag ein Warzenschwein. Die Schwarzen essen dieses Wildbret nicht, so hängten wir es als Kill für den Leoparden an einen Baum. Die Warzenschweine sind unglaublich häßliche und abstoßende Tiere, es kostete mich Überwindung, die Waffen auszulösen. Ich habe in Afrika, genau wie in Europa, alles von mir geschossene Wild auch selbst aufgebrochen. Die Schwarzen staunten nicht schlecht, denn ich brachte ihnen das waidmännische Aufbrechen und vor allem das Aufschlagen des Schlosses bei. Nur bei Büffel und Elen habe ich das Aufbrechen den Schwarzen allein überlassen, denn bei diesen Tieren, noch mehr bei Elefanten und Rhino, geht es beim Aufbrechen nicht mehr um jagdliches Kunsthandwerk, sondern nur noch um gelernte Metzgerei.

Am nächsten Tag sollte es auf Büffel gehen. Es hatte nachts etwas geregnet, so daß man gut fährten konnte. Die Büffeljagd, wie wir sie in Ostafrika trieben, war eine Fährtenarbeit hoher Klasse. Wir fuhren im Safariwagen einige Zeit hin und her, ich sah nach links, mein Freund nach rechts, um frische Fährten nicht zu überfahren. Bald hatten wir die Fährten einer starken Herde entdeckt, aber, soweit man feststellen konnte, war kein starker Bulle dabei. Außerdem gelingt das Angehen einer starken Herde selten, oder, wenn man auf Schußentfernung herankommt, steht bestimmt das falsche Stück frei und nicht der Bulle, den man schießen möchte. So ist es leichter, einem Einzelgänger nachzupürschen als einer Herde. Wir folgten der Herde also nicht, sondern durchquerten einen Bach an einer flachen Stelle, wo im sandigen Boden Fährten von Büffeln zu sehen waren. Wir stiegen aus, untersuchten sie genau und stellten fest, daß es sich um eine sehr starke Fährte handelte, die nur von einem guten Bullen herrühren konnte, und um drei schwächere, die wahrscheinlich geringeren Bullen oder Kühen angehörten.

Es war für mich interessant, festzustellen, daß auch in Afrika ein Teil der alten hirschgerechten Fährtenzeichen beim Büffel vorkamen. Die besten Zeichen für einen alten Hirsch sind bekanntlich die

FÄHRTENARBEIT HOHER KLASSE

Stümpfe, also die Rundungen an den Schalenspitzen. Wenn eine Hirschfährte so aussieht, daß man im ersten Moment nicht weiß, in welcher Richtung der Hirsch gezogen ist, wenn also die Rundung der Schalenspitzen so ausgeprägt ist wie die Rundung der Ballen, dann hat man immer einen alten Hirsch vor sich. Genauso war es bei der Büffelfährte. Die Stümpfe waren so stark, daß die Fährte kreisrund aussah. An sich schon fährtet sich der Bulle runder und natürlich größer als die Kuh, aber während beim jungen und mittelalten Bullen noch Schalenspitzen erkennbar sind, verschwinden diese infolge von Abnutzung im Alter fast völlig.

Die Fährte, die wir vor uns hatten, stammte also bestimmt von einem starken Bullen. Über die Güte und Stärke des Gehörns kann man aus der Fährte natürlich ebensowenig Schlüsse ziehen wie beim Hirsch bezüglich des Geweihs. Wir beschlossen, der Fährte zu folgen, voran Youngi, der Fährtensucher, dann der White Hunter und mein Freund, dahinter ich und zum Schluß ein Boy mit dem Schlangenserum und etwas Proviant im Rucksack. Wir waren also fünf Menschen, was mir viel zu viel vorkam. Aber den Fährtensucher braucht man unbedingt, der White Hunter muß dabei sein, da man sonst nicht schießen darf und den Träger braucht man auch, denn es konnte vorkommen, daß die Pürschen mehrere Stunden, ja auch den ganzen Tag dauerten, und dann war es sehr angenehm, wenn man eine Banane oder etwas Tee aus der Thermosflasche dabei hatte.

Die Büffel waren an dem Bachlauf entlanggezogen, hatten auch den Bachlauf verschiedene Male gekreuzt, und so war es verhältnismäßig leicht, der Fährte zu folgen. Aber dann bog sie plötzlich vom Wasser ab und stand in eine Dornbuschsteppe mit hartem, trockenen Boden hinein. Zwei Stunden waren wir nun so ungefähr der Fährte gefolgt – nun schien doch alles vergebens zu sein, denn bei dem harten Boden würde es unmöglich sein, die Fährte weiter zu halten. Ich hatte mir das Trittsiegel des Büffels genau eingeprägt, hatte mir außerdem zwei kleine Zweige geschnitten, die genau die Länge und Breite der Fährte hatten, denn ich wollte mich von Youngi nicht an der Nase herumführen lassen. Nun war es wirklich erstaunlich, was der Schwarze leistete. Er hielt die Fährte auch an Stellen, wo mein durch hundert Nachsuchen geübtes Auge nichts mehr finden und

403

feststellen konnte. War es keine Fährte, die Youngi uns zeigte, so waren es einige frisch abgebissene Grashalme, die der Büffel beim Äsen verloren hatte. Wenn es ganz schwierig wurde, blieben wir stehen. Youngi schlug einen Bogen, wie ein erfahrener Schweißhund, wenn ein Stück vor ihm Widergänge gemacht hat. Natürlich kam er nur sehr langsam vorwärts, aber da die Zeit herankam, es war inzwischen 11 Uhr vormittags geworden, wo sich der Büffel zum Wiederkäuen niederlassen würde, hatten wir doch Hoffnung, an den Büffel heranzukommen. Das Wild war immer gegen den Wind gezogen, sicher war dies auch mit ein Grund, daß Youngi stets die Fährte wiederfand, er suchte eben Bogen schlagend, gegen den Wind und stieß dabei immer wieder auf die Fährte an Stellen, wo der Boden etwas weicher war. Jetzt fanden wir auch Losung, die übrigens genauso aussieht wie die Kuhfladen unserer Hausrinder, aber immer war schon ein Häutchen über den Fladen, ein Beweis, daß die Losung nicht ganz frisch sein konnte. Dieses Folgen auf der Büffelfährte war immer ein großer Reiz, das war wirklich Waidwerken und vor allem, hier war neben Erfahrung und Können auch noch eine erhebliche körperliche Anstrengung vonnöten. Es war keine Kleinigkeit, stundenlang in der Mittagshitze einer Fährte nachzuhängen, aber die Spannung, daß man jeden Augenblick auf die Büffel stoßen könnte, trieb einen vorwärts.

Schließlich kamen wir wieder auf etwas weicheren Boden und stolz verwies Youngi auf das Trittsiegel des starken Bullen. Ich holte meine beiden Zweige aus der Tasche, maß nach, es war zweifellos die starke Fährte des Bullen. Da hörten wir auch schon vor uns auf 60 bis 80 m ein Knacken, anscheinend hatten die Büffel vor uns gesessen, hatten uns gehört und wir hatten sie hochgemacht. Nun hieß es, wie die Indianer so vorsichtig wie möglich weiterzupürschen, nur schrittweise, aber immer zogen die Büffel von uns fort. Die Sicht war schlecht, dichter Dornbusch, so kamen wir nur sehr langsam vorwärts – da brach plötzlich 20 m entfernt aus einem dichten Dornbusch ein einzelner Büffel heraus. Es konnte nur der starke Bulle sein, er hatte also die Kühe verlassen, hatte einen Widergang gemacht und sich dann, seitlich der Fährte, in den dichten Dornbusch geschoben, um uns auflaufen zu lassen. Hätte er uns aus dieser nahen Entfernung angenommen, wäre die Sache sehr unangenehm geworden. Aber er war fort und alle Schinderei war umsonst gewesen. Zur Sicherheit folgten wir den anderen Fährten noch ein Stückchen, stellten aber sehr schnell fest, daß wir nur drei Kühe vor uns hatten, das vierte Stück, nämlich unser Bulle, war wirklich vor uns flüchtig geworden. Der White Hunter erklärte, weiteres Folgen sei zwecklos, der Bulle wisse jetzt, daß er verfolgt würde, und würde so vorsichtig sein, daß es hoffnungslos wäre, auf Schußnähe an ihn heranzukommen.

Also machten wir erst einmal Pause, tranken eine Tasse heißen Tee aus der Thermosflasche und rauchten eine Zigarre. Drei Stunden waren wir der Fährte nachgegangen, und langsam war es sehr heiß geworden. Nach der Pause ging es zurück zum Safariwagen. Wir waren noch keine 200 m gegangen, da brach der Bulle vor uns wieder aus einem Gebüsch und trollte über eine verhältnismäßig freie Fläche. Die Schwarzen riefen aufgeregt „Bogo – Bogo", ich hatte sofort die schwere Büchse am Kopf und rief dem White Hunter zu „Ist er gut?", Schlecht ist er nicht" gab er mir zur Antwort. Ich wollte gerade den Finger krumm machen, da verhoffte der Bulle und drehte sich spitz auf uns zu, um uns böse anzuäugen. Das Korn meiner Büchse stand genau auf dem Stich, aber man hatte mich gewarnt, auf den Stich beim Büffel zu schießen, da man ihn selten mit einem Schuß von vorne stoppen kann. Da uns der Büffel zweifellos genau erkannt hatte, würde er uns sofort annehmen, wenn er durch den Schuß nicht zusammenbrach. Also schoß ich nicht, der Büffel drehte nach einer Weile ab und ging flüchtig weiter. Ich kam sehr gut Tiefblatt ab, der Büffel ruckte zusammen, ging aber weiter. Nun schoß mein Freund; wieder nichts als ein Zusammenzucken. Da schoß der White Hunter ihm von hinten durchs Kreuz, und laut brüllend brach der Büffel zusammen und verendete gleich darauf. Das entsetzliche Brüllen ist immer ein Zeichen, daß der Büffel tödlich getroffen ist. Beim Herantreten sahen wir gleich, daß meine 458iger Kugel Tiefblatt saß, das Herz war gestreift, die Kugel meines Freundes hatte er Hochblatt, und die des White Hunters hatte das Kreuz durchschlagen.

Es war mein erster Büffel und selten habe ich nach der Erlegung eines Stück Wildes eine solche Freude empfunden! Das war wirkliche Jagd gewesen, so wie ich es liebe: Erst das lange Folgen auf der Fährte, dann anscheinend alles vergeblich und schließlich doch der ersehnte Erfolg! Auch der saubere Schuß auf den flüchtigen Büffel hatte mir viel Freude gemacht.

Er wurde sofort aufgebrochen, aus der Decke geschlagen und zerwirkt. Der Landrover wurde herbeigeholt und erst das Haupt und dann so viel Wildbret, wie möglich war, draufgeladen. Schon kreisten die Geier über uns, kurze Zeit später würden die Reste des Büffels von der Gesundheitspolizei verschlungen sein. Der Bulle war alt, der White Hunter schätzte ihn nach dem Gebiß auf etwa zwölf Jahre. Ob diese Schätzungen nach dem Gebiß so stimmen, weiß ich nicht. Immerhin waren die Backzähne stark abgekaut. Wenn es ein Hirschkiefer gewesen wäre, wäre die Altersbestimmung richtig gewesen.

Ich habe immer wieder in Afrika bedauert, so wenig über die Biologie der Tiere, die man bejagte und erlegte, zu wissen. Leider waren auch die biologischen Kenntnisse der White Hunter und der Game-Warden nicht besonders umfangreich. Sie besaßen aus jahrelanger Erfahrung und Beobachtung zwar gewisse Kenntnisse über die Lebensweise des Wildes und über ihr Verhalten, aber wissenschaftlich exakte Auskünfte konnten sie mir nicht geben. Es müßte hochinteressant sein, mit einem Biologen und einem Zoologen Ostafrika zu bereisen, denn auf tausend Fragen wußten weder die White Hunters noch die Game-Wardens eine befriedigende Antwort.

Alles Wildbret wurde immer sorgfältig verwertet. Alles, was nicht für die Safariteilnehmer gebraucht wurde, schnitten die Schwarzen in Streifen und hingen es auf lange Schnüre, die sie dann wie Wäsche von einem Baum zum anderen banden, oder aber sie legten es, wenn das nicht ging, auf Büsche zum Trocknen. In der trockenen, heißen Luft bildete sich sofort eine feste Haut auf dem Wildbret, und nach ein paar Tagen war das Fleisch wie gedörrt. Ich habe niemals gesehen, daß Schmeißfliegen ihre Eier auf dem Fleisch ablegten, wie es bei uns sicherlich sofort der Fall gewesen wäre. Die Neger hatten unterwegs meistens ein Stück Trockenfleisch in der Tasche, steckten von Zeit zu Zeit ein Stück in den Mund und kauten stundenlang darauf herum. Außerdem lebt der Schwarze von einem gekochten Maisbrei aus weißem Maismehl, nicht, wie die Italiener aus dem gelben Mais ihrer Polenta.

Wir aßen vom Wildbret die besten Teile, vor allem zuerst die Zungen, die sowohl vom Büffel als auch vom Elen ganz ausgezeichnet schmeckten, dann natürlich die Ziemer, Teile von den Keulen als Steak, auch die Lebern. Nicht zu genießen war das Wildbret des Wasserbockes, selbst die Schwarzen aßen nichts davon, denn der Wasserbock hat unmittelbar unter der Decke gelbes, unangenehm riechendes Feist sitzen, was das ganze Wildbret ungenießbar macht. Herrlich schmeckten auch Schwarzfersenantilope (Impala) sowie Grant- und Thomsongazelle.

Die Schwarzen kochten übrigens ausgezeichnet, so haben wir auf Safari zwar oft etwas einseitig, aber gut gelebt. Da ich Fleischesser bin, habe ich frisches Gemüse nicht allzu sehr vermißt, unangenehm wurde es nur, wenn das Obst ausging. Bananen hielten sich bei der Hitze nur ein bis zwei Tage, Ananas, von denen das Stück in bester Qualität etwa 60 bis 70 Pf kostete, hielten sich schon länger, am besten aber waren Popeios. War man aber drei Wochen und mehr im Busch, dann gingen die reichhaltigsten Vorräte zu Ende, es gab dann vielleicht noch einige sehr knappe Konserven, die aber natürlich nie so gut taten wie frisches Obst. Und was tranken wir?: Tee, Tee und noch einmal Tee! Das beste Getränk in den Tropen. Der Tanganyika-Kaffee entspricht absolut nicht unserem deutschen Geschmack. Abends nach 6 Uhr trinkt man Whisky mit Soda, niemals Wein. Ich hatte mir deswegen, bevor wir starteten, schon Sorgen gemacht, denn ich bin ausgesprochener Weintrinker, konnte doch aber nicht kistenweise Wein mit mir schleppen. Nicht ein einziges Mal habe ich in den drei Monaten meinen Wein vermißt, Whisky mit Soda – oder auch ohne – war *das* Getränk. Der Engländer hat als Kolonialmensch in jahrhundertelanger Erfahrung schon das Beste und Richtigste an Getränken und Speisen herausgefunden.

So wenig gut man im allgemeinen in England selbst ißt, so ausgezeichnet in Englands Kolonien. Man fand in jedem Hotel eine Speisekarte vor, die folgendes enthielt: Ein kaltes Büfett, bestehend aus mindestens vier Sorten kaltem Fleisch, Geflügel, Salate von Fleisch oder Gemüse mit oder ohne Majonnaise, viele Obstsorten und bei Brot und Buttermengen unzählige Käsesorten. Hatte man sich an diesem Büfett gütlich getan, konnte man noch Suppe, Fisch, Bratengang mit Kartoffeln und Gemüse bestellen und hinterher eine Süßspeise, außerdem stand in einem Nebenzimmer eine riesige Kanne mit Kaffee, aus der man sich einschenken konnte, so viel man wollte. Eine zweite Speisekarte gab es nicht, auch nicht in den besten internationalen Hotels, aber dieses Menu reichte ja auch voll und ganz aus und kostete dabei in den besten Hotels 10 bis 12 Shilling, in den kleineren Hotels, z. B. in Arusha, 6 bis 8 Shilling, das sind 3,60 bis 7,50 DM! Natürlich war man oft gar nicht imstande, solch ein Menu zu verdrücken, also wählte man sich von allem etwas aus und konnte sich so das abwechslungsreichste Essen zusammenstellen, es spielte dabei im Preis keinerlei Rolle, wie viel man sich z. B. von dem kalten Büfett holte. Ich habe nur immer bedauert, nicht als hungriger Student in ein solches englisches Restaurant gekommen zu sein – man hätte sich dann für acht Tage im voraus vollfüttern können. Bei uns in Deutschland bekommt man eine vier Seiten lange Speisekarte vorgelegt, die jeden Ausländer zuerst einmal irritiert, und außerdem, welche Verteuerung durch die große Vorratshaltung für den Wirt und – – damit für den Gast!

Meinen stärksten Büffel schoß ich in dem Gebiet von Maralal. Unser Jagdlager lag an einem Wasserloch, an das jede Nacht Elefanten und Löwen kamen. Zwar war eine Art Stau durch einige Steine gebaut, aber auch hier war das Wasser ganz trübe, der Haupttümpel bestand überhaupt nur aus einer jauchigen Pfütze. Wir filterten nun das Wasser, aber die primitiven Filtergeräte hielten wohl den Schmutz zurück, so daß das Wasser leidlich klar war, aber sämtliche Bakterien und Viren gingen natürlich durch den Filter hindurch. Wir konnten das Wasser also nur gekocht als Tee und Kaffee genießen.

Ich pürschte in Maralal mit dem zuständigen Game-Warden, einem 2 m langen Engländer, der ein ausgezeichneter Jäger war. Als wir eines Nachmittags durch dichten Zedernurwald gingen, hörten wir plötzlich 20 m rechts von uns ein böses Schnauben. Wir waren ziemlich nah auf ein Nashorn aufgerannt, und sowohl der GameWarden als auch die Schwarzen wurden verteufelt lebhaft. Ich wurde hinter einen Baum gerissen, alles nahm die Büchsen schußbereit in die Hand, aber – – – es passierte gar nichts, das Nashorn hatte sich verzogen. Vor Nashörnern hat die gesamte Jägerei Afrikas meistens Manschetten, weil diese unter Umständen auch angreifen, ohne angeschossen zu sein, und zwar, wenn sie ein Junges führen. Das Rhino ist in seinem Verhalten überhaupt völlig unberechenbar und deshalb besonders gefährlich. Vorsichtig pürschten wir weiter und fanden nach kurzer Zeit frische Büffellosung und Büffelfährten. Wir kamen auf eine Lichtung, leuchteten sie mit unseren Gläsern ab, fanden aber nichts. Kaum waren wir aber einige Schritte auf die Fläche hinausgegangen, als der vorangegangene Fährtensucher sich urplötzlich auf den Boden warf und uns durch Zeichen bedeutete, dasselbe zu tun. Nun krochen wir vorsichtig weiter, richteten uns dann auf – – da saß vor uns auf 100 m Entfernung eine Herde von neun Büffeln so nah zusammen, daß es wie ein riesiger schwarzer Klumpen auf der Fläche aussah. Wir robbten, gedeckt durch ein Gebüsch, weiter und stellten fest, daß zwei Bullen bei der Herde waren, nur konnten wir uns über die Stärke der beiden nicht klar werden, weil wir sie immer nur von der Seite sahen. Schließlich drehte der anscheinend Stärkere einmal kurz sein Haupt, und nun sahen wir, daß er eine gute Auslage und einen starken, breiten Helm hatte. Unter „Helm" versteht man die breiten Wülste, die am Ansatz des Büffelhorns vorhanden sind, und deren Breite, neben der Auslage, ein wesentliches Merkmal für die Stärke der Trophäe ist. Der Game-Warden empfahl zu schießen. In diesem Augenblick mußten die Büffel aber Wind bekommen haben, denn plötzlich stand die ganze Herde auf und der starke Bulle, der offenbar der Leitbulle war, setzte sich sofort an die Spitze der Herde, war aber damit für mich frei. Er stand halbspitz von mir, und ich setzte ihm die schwere Kugel auf den Trägeransatz. Im Schuß brach er laut brüllend zusammen und die ganze Herde stellte sich sofort um ihn herum, so daß ich zunächst keine weitere Kugel anbringen konnte, ohne dabei einen weiteren Büffel zu gefährden. Erst nach fünf Minuten beruhigten sich die anderen Tiere und zogen fort. Nun stellten wir fest, daß der beschossene Büffel noch lebte, aber nicht mehr hochkam. Vorsichtig ging ich von hinten an ihn heran und gab ihm auf 30 Schritt einen Schuß zwischen die Schulterblätter. Diese zweite Kugel, die, wie sich später herausstellte, den ganzen Brustkorb durchschlagen hatte und am Brustkern wieder herausgegangen war, machte auf den Büffel keinen wesentlichen Eindruck. Also gab ich ihm die dritte Kugel, nun wieder aufs Rückgrat, aber erst nach der vierten Kugel, die er von mir ins Genick bekam, verendete er, laut brüllend endgültig.

Bei der Erlegung von Großwild in Afrika ist es üblich, daß der führende White Hunter oder der Game-Warden sofort nach dem Schuß des Jägers nachschießt, um ein eventuelles Annehmen des Wildes zu vermeiden und so die Gefahr für alle Beteiligten zu verringern. Sicherlich ist diese Maßnahme bei einem großen Teil der Gastjäger auch notwendig, und oft kommt es daher vor, daß der Gast fehlt und der White Hunter allein trifft. Natürlich hat in einem solchen Fall immer der Gast das Stück erlegt. Ich hatte von Anfang an White Hunter und Game-Warden erklärt, daß ich alleine schießen würde, es sei denn, daß eine wirklich ernsthafte Gefahr drohte. Wir haben es auf allen Pürschgängen so gehalten, allerdings stand der White Hunter stets mit entsicherter Büchse unmittelbar hinter mir, wenn es auf Großwild ging. Zu oft haben die alten Afrikaner böse Erfahrungen gemacht und waren vorsichtig geworden.

Zurück zu meinem Büffel, wir fingen sofort an, ihn aus der Decke zu schlagen, und der Game-Warden holte den Landrover herbei, der mehrere Kilometer entfernt von uns stand. Es war stockfinstere Nacht bis er wiederkam. Beim Schein der Autolampen wurde der Bulle fertig zerwirkt und auf das Auto geladen. Man nimmt beim Büffel das ganze Haupt mit, die Blätter und die Keulen. Vom Rücken schneidet man das Ziemerwildbret ab, das wie zwei gewaltige Roastbeefs aussieht, außerdem werden noch Herz und Leber mitgenommen. Youngi war nicht bei uns, er hätte sich wohl den Waiddarm als Delikatesse zu Gemüte gezogen! Mit einem überlasteten Landrover, vier Personen, Büffelhaupt und Wildbret, traten wir die Heimfahrt an. Ich glaube, daß ich auch im Krieg in Rußland und Polen nichts Ähnliches erlebte! Pechschwarz war die Nacht, und wir steckten mitten im Urwald. Nur meterweise kamen wir vorwärts, immer wieder mußte der Game-Warden zurückrücken, weil der Weg durch umgestürzte Bäume versperrt war, durch tiefe Löcher, Wasserläufe und Dorngebüsch; aber der Vierradantrieb und der ausgezeichnet fahrende Game-Warden schafften es immer wieder. Wie es allerdings möglich war, bei diesem dauernden Hin und Her, Vor und Zurück die richtige Hauptrichtung zu finden und zu halten, blieb mir ein Rätsel. Schließlich waren wir wenigstens aus dem Urwald heraus und auf freier Steppe und konnten nun etwas schneller fahren. Es war aber doch beinahe 11 Uhr nachts bis wir im Lager waren. Man hatte sich schon Sorgen gemacht, denn um 18.30 Uhr schwindet das Büchsenlicht, und so ist man für gewöhnlich spätestens um 19.30 Uhr im Lager.

Natürlich wurde der Büffel kräftig totgetrunken, und ich saß noch lange mit meiner Frau am Lagerfeuer, und beim Erzählen wurde immer noch ein Whisky getrunken. Der Game-Warden war schon schlafen gegangen, ich war sehr begeistert von seiner Führung und von dem erlebnisreichen Nachmittag, der mich von seiner eisernen Gesundheit und seiner Leistungsfähigkeit überzeugt hatte. Dabei war er immer gleichmäßig und kompromißlos korrekt. Leider hatte er nicht viel Sinn für Humor. Aber er war ein Mann, mit dem man hervorragend jagen konnte.

Diese Game-Warden haben riesige Gebiete zu betreuen, die teilweise 100 Meilen von Norden nach Süden und 200 Meilen von Ost nach West umfassen. Selbstverständlich sind in diesen Gebieten auch große Teile, die landwirtschaftlich und farmmäßig genutzt werden, wo also die Jagd keine Rolle spielt. Trotzdem schienen mir die Räume, in denen die Game-Warden die Jagdaufsicht hatten, viel zu groß. Dem Game-Warden unterstehen 15 bis 20 Game-Scouts, also Schwarze, deren Tätigkeit und Einsatz der Game-Warden überwachen muß. Ich hatte bei allen Game-Warden, die ich kennenlernte den Eindruck, daß die Einhaltung und Durchführung aller jagdgesetzlichen Vorschriften aufs peinlichste genau und völlig kompromißlos vor sich geht. Ich habe keine Safari erlebt, auf der auch nur die kleinste Unkorrektheit vorgekommen wäre.

Am Tage nach der Büffelerlegung stieg das „Kabubi". Kabubi ist Kisuaheli und heißt so viel wie: „Mein Herz lacht, es freut sich sehr", und zwar lachte das Herz und freute sich, weil es erstens reichlich Fleisch vom Büffel gab und außerdem für die Durchführung des „Kabubi-Zeremoniellls" von dem glücklichen „Bwana" ein reichliches Trinkgeld beschert wurde. Boys trugen den Büffelkopf, der über zwei Zentner wog, auf den Schultern voraus, ich schwankte, auf einen wackligen Stuhl gesetzt und von zwei grinsenden Schwarzen getragen, hinterher, dazu umtanzten uns die übrigen Boys in formvollendetem Boogie-Woogie und vollführten, Kochtöpfe, Benzinkanister und Kochtopfdeckel schlagend, einen ohrenbetäubenden Krach und Höllenlärm. Ich wurde so durch das ganze Lager getragen, ob ich wollte oder nicht, und die Schwarzen hatten eine kindliche Freude an dem ganzen Zirkus. Also auch in Afrika „Jagdliches Brauchtum"! Fast ähnelt es etwas dem „Geweihvortragen" in früheren Zeiten, nur daß dabei weder Boogie-Woogie getanzt wurde noch Benzinkanister traktiert, sondern altüberlieferte Jägersprüche aufgesagt wurden. Nur wenn der „Bwana" einen der „Großen Fünf" erlegt hatte, fand dieses „Kabubi" statt.

Wir waren etwa 14 Tage im Jagdlager Maralal und kamen uns langsam etwas verwildert vor, die Sehnsucht nach der „verfluchten" Zivilisation machte sich bemerkbar, so fuhren wir etwa 200 Meilen nach Süden in das „Mawingo-Hotel", um einmal wieder richtig zu baden, gut zu essen und zu trinken und uns ein bißchen auszuruhen. Die langen Pürschen in dem tropischen Klima strengten doch sehr an. Ich hatte zum Schluß meines Aufenthaltes, ohne je gehungert zu haben, fast 20 Pfd. abgenommen. Das „Mawingo-Hotel" liegt westlich des Mount Kenya und ist ein erstklassig geführtes Haus, mit allem modernen Komfort ausgestattet. Offener Kamin, seidene Daunendecken, Klubsessel, gekacheltes Bad, echte Teppiche, tadellose Bedienung – – es war wie im Märchen für uns, die wir verdreckt, müde und halb verwildert aus dem Urwald kamen! Breite Fenster gaben den Blick auf eine grandiose Landschaft preis: Im Vordergrund gepflegter englischer Rasen, von blühenden Staudenbeeten umsäumt, kleine Teiche, auf denen Seerosen blühten, und dann, beinahe übergangslos, der geschlossene, böse wirkende Regenurwald, der wie ein riesiger Gürtel das Massiv des 5 100 m hohen und mit ewigem Schnee bedeckten Mount Kenya umgibt. Wir saßen abends stundenlang und konnten uns von dem herrlichen Bild nicht losreißen: Hoch über dem düsteren Gürtel des Urwaldes gleiste der schneebedeckte Berggipfel im Mondlicht!

MAWINGO-HOTEL UND HETZJAGD MIT HUNDEN

Das Hotel bot alles, was das Herz begehrte. Da war ein zauberhaftes Rosarium, überall breite Staudenbeete mit bekannten und unbekannten Stauden, von denen allerdings, genau wie im Rosarium, keine Blüte irgendeinen Duft ausströmte. Es gab ein Swimming-Pool und Tennisplätze, man konnte reiten und mit Pfeil und Bogen schießen, und es gab auch hier erstklassig zu essen und zu trinken. Langsam waren wir ja nun die ewigen Büffel- und Elensteaks leid, aßen am ersten Abend voll Genuß das ganze Dinner herunter und tranken dazu einen ausgezeichneten Moselwein aus Bernkastel! Wie köstlich kann einem munden, was man wochenlang entbehren mußte!

Das Wort „Mawingo" kommt auch aus dem Kisuaheli und bedeutet „in den Wolken", uns aber war der Himmel frei und blau, nur die Preise bewegten sich in schwindelnden Wolkenhöhen!

Von hier aus machte ich mit einem Game-Warden eine Jagd mit Hunden. Die britische Regierung hat die Verwendung von Hunden auf der Jagd verboten, was mir zunächst völlig unverständlich war, sich später aber als eine weise Anordnung erwies. Man kann in Afrika gesundes Wild sehr schnell zustande hetzen und dann vor den Hunden mühelos totschießen, es läge also eine große Gefahr für alles Wild in dieser Art zu jagen. Es gibt nur eine Ausnahme, und zwar für die Game-Warden, die in ihrem Gebiet große Farmen haben und diese vor allzu großen Wildschäden schützen müssen. Es ist so gut wie unmöglich, als Gastjäger an einer solchen Hetzjagd mit Hunden teilnehmen zu können. Der Game-Warden, der mich am Hotel abholte, gestattete, auf Anordnung des Game-Departements, nicht einmal meiner Frau, als Zuschauerin mitzukommen. Natürlich ist die Jagd häufig nicht ganz waidgerecht, es kommt z. B. vor, daß führende Stücke von den Hunden gehetzt werden, die dann vom Jäger erlegt werden müssen, weil die Hunde nicht ablassen. Wir fuhren, begleitet von zwei Game-Scouts und fünf Hunden, 30 Meilen auf eine Viehranch, die 28 000 ha groß war und einen Viehbestand von 8 000 Stück hatte. Wir fuhren zu dem Manager der Farm, einem verhältnismäßig jungen Mann, der uns erzählte, daß in einem bestimmten Flußtal z. Z. eine Herde von 20 Büffeln großen Schaden an den Drahtzäunen der verschiedenen Weiden anrichtete, so daß das Vieh dauernd durcheinander kam und damit eine ordnungsmäßige Wirtschaft sehr erschwert wurde. Die Farmer fordern in solchen Fällen die Abhaltung von sog. „Kontrolljagden", ganz besonders dann, wenn sie selbst keine Jäger sind, was sehr oft der Fall ist, oder aber, wenn sie ihre Jagdlizenz bereits abgeschossen haben. Oft fehlt ihnen auch die Zeit, um den nötigen Abschuß selbst durchzuführen. Zum Abschuß kommen bei diesen Kontrolljagden Büffel, Wasserböcke und Affen.

Wir fuhren also los, kamen erst durch dichtes Buschwerk dann in ein Flußtal, an den Ufern bewachsen mit wildestem Urwald. Von den fünf Hunden, die wir bei uns hatten, gehörten zwei zur Rasse der sog. „Löwenhunde", die wir schon öfters bei den Masais gesehen hatten. Es handelt sich bei dieser Rasse um einen gelbroten Hund mit langem Schwanz, stockhaarig und von der Größe eines Deutschkurzhaar, dessen Rassenmerkmal ein 30 bis 40 cm langer Rückenwirbel ist. Die drei übrigen Hunde waren verbastardierte Schäferhunde. Alle fünf Hunde waren auf Büffel, Wasserbock und Affen eingejagt. Die Hundsaffen vermehren sich in erschreckender Weise, vor allem deshalb, weil sich der Leopardenbestand durch die zunehmende Zivilisation und auch durch den Abschuß vermindert hat. Für den Leoparden bedeutet der Affe nämlich einen Leckerbissen und er dezimiert den Bestand beträchtlich. Um den sehr großen Schaden, den die Affen, insbesondere an Maispflanzungen anrichten, zu verringern, ist es unbedingt erforderlich, Affen abzuschießen. Wir gingen nun im Eiltempo – sämtliche Game-Warden und White Hunter Afrikas scheinen kleine Nurmis zu sein – quer durch den Busch, und die Hunde suchten frei und ohne Leine vor uns her und um uns herum auf 50 bis 60 m. Als wir eine mit hohem Gras bestockte freie Fläche überquerten, rutschte unmittelbar vor uns ein Steinbock weg, die Hunde nahmen aber überhaupt keine Notiz von ihm. Ebenso war es kurze Zeit später, als die Geis eines Buschbockes vor uns wegbrach. Meine Hochachtung vor diesen Hunden stieg beträchtlich. Plötzlich links vor uns in den Büschen ein lautes Geblaff, und hochflüchtig kam ein guter Wasserbock quer vor uns her und sämtliche fünf Hunde hingen nach, lauthals bellend. Der Game-Warden nahm die Beine in die Hand, und nun ging es im D-Zugtempo dem klingenden Ball nach. Nachdem wir wie die Bürstenbinder eine halbe Meile gelaufen waren – ich hatte keinen trockenen Faden mehr am

EIN STARKER ALTER WASSERBOCK

Leibe – hörten wir den Standlaut. Ich kriegte den Game-Warden am Rockschoß zu fassen und sagte atemlos „pole – pole". Er verstand nämlich kein Wort Deutsch, und ich hoffte, ihm auf Kisuaheli klarmachen zu können, daß ich in diesem ausgepumpten Zustand überhaupt nicht imstande wäre, einen Schuß abzugeben. Er verstand, und wir gingen etwas langsamer auf den Ball zu, als plötzlich ein Hund laut aufjaulte. Der gestellte Wasserbock hatte ihn geforkelt, wie sich später herausstellte, es hatte aber keine ernste Verletzung gegeben. Plötzlich ging die Jagd vor uns wieder weiter – wir hinterher – dann – wieder Standlaut. Als wir uns vorsichtig vorpürschten, bot sich uns ein grandioses Bild: Vor uns lag ein ungefähr acht Meter tiefes Flußbett, ringsherum wilder Urwald mit uralten Sumpfakazien, Schlinggewächsen und Büschen, kurzum eine fast undurchdringliche Wildnis, unten aber in dem zehn Meter breiten Flußbett stand der Wasserbock, von den fünf um ihn herumschwimmenden Hunden hart bedrängt. Vorsichtig schob ich mich an das Steilufer des Flusses heran, genoß einige Minuten dies herrlich wilde Schauspiel, ging dann in Anschlag, und nun hieß es verdammt aufpassen, damit ich mit meinem Schuß keinen Hund verletzte. Ich schoß dem Wasserbock die Kugel von oben schräg hinunter zwischen die Schulterblätter. Es entstand nach dem Schuß ein wildes Durcheinander von Wasserbock und Hundeleibern, einmal war der Wasserbock oben, dann wieder die Hunde. Einen zweiten Schuß anzubringen, war völlig unmöglich, ohne die Hunde zu gefährden, aber es war auch nicht nötig, da der Bock nach einigen Minuten verendet war. Die Scouts, die uns begleiteten, gingen nun ins Wasser und wateten bis zu dem Bock, um das Haupt abzutrennen. Es war völlig unmöglich, den ganzen Wasserbock den Steilhang hinaufzuschleppen.

Nachdem das Haupt abgeschlagen war, schwamm der Rest des Bockes talwärts. Für uns europäischen Jäger ein scheußlicher Anblick und durchaus unwaidmännisch, aber beim Wasserbock ist die Sache insofern vertretbar, weil das Wildbret ungenießbar ist. Ich hatte den unglaublichen Dusel gehabt, daß der Wasserbock sehr stark war, später staunten alle, daß ich auf einer Kontrolljagd eine derartig gute Trophäe erwischt hatte, ebensogut hätte es ein weibliches, führendes Stück sein können.

ZWISCHEN MARALAL UND LANDENAI

Wir pürschten nun weiter, ganz rücksichtslos durch Sumpfpartien, durch blankes Wasser, oft bis über die Knie, aber wir fanden kein Wild mehr. Die Büffelfährten, die wir sahen, ebenso die Losung waren alt. Anscheinend hatten die Büffel das Gebiet verlassen. Schließlich wurde auch der Game-Warden einmal müde, und wir machten unmittelbar am Fluß in einer herrlich urigen Landschaft eine Ruhepause. Plötzlich kreischten uns gegenüber ein paar Hundsaffen, und die Hunde, die, nachdem sie sich vollgesoffen hatten, müde herumlagen, wurden sofort mobil, achteten auf keinen Zuruf und Befehl, sausten zum Fluß, durchschwammen ihn, und nun ging ein toller Rabatz los. Es waren ungefähr 40 bis 50 Hundsaffen. Ich hatte gedacht, daß sie vor den Hunden flüchten und auf die Bäume gehen würden, aber das war keineswegs der Fall, sondern sie griffen die Hunde mit verbissener Wut an, es gab einen tollen Kampf. Der Game-Warden und der Farm-Manager schossen die fünf stärksten Affen tot. Ich selbst beteiligte mich nicht, sah aber mit größtem Interesse diesem Kampf zu. Eine Stunde ungefähr dauerte es, bis sich die Affen verzogen und wir die Hunde wieder einsammeln konnten. Aber wie sahen die armen Biester aus! Scheußlichste Bißwunden machten später, vor allem bei einem Schäferhundbastard, eine Penicillinspritze nötig. Wir wuschen die Wunden mit Arnica aus und streuten Penicillinpuder darauf. Es war rührend zu sehen, wie sich alle Hunde die sanitäre Hilfe geduldig gefallen ließen. Bei der Penicillinspritze, die mit einem Monstrum von Kanüle gemacht wurde, zuckte der Hund nicht ein einziges Mal. Nach dieser Affenschlacht war es natürlich unmöglich, weiter nach Büffeln zu suchen.

Ich muß gestehen, daß ich ganz froh darüber war, denn erstens war ich nach diesem sechsstündigen Rennen ziemlich am Ende meiner Kräfte, und zweitens lag mir absolut nichts daran, etwa eine Büffelkuh oder auch einen geringen Büffel zu schießen. Der Wasserbock war sehr gut, ich hatte unerhörten Dusel gehabt, und außerdem hatte ich erreicht, einmal eine Kontrolljagd mit Hunden mitzuerleben.

Man darf die Kontrolljagden nicht verdammen, wenn man die Verhältnisse berücksichtigt, denn der Game-Warden und seine Scouts haben ein derartig riesiges Gebiet zu betreuen, daß sie ohne diese Jagden nur mit Pürsch oder Ansitz überhaupt nichts schaffen

"Hirschmann" wird vor der Feststellung des Anschusses abgelegt

Hannoverscher Schweißhund „Solo von Battenberg"

Ausrüstung des Schweißhundführers: Schweißriemen, Büchse, Waidblatt, Jagdhorn, Schnitthaarbuch, Brille und Brüche

EINE AFFENSCHLACHT UND DIE GAME-WARDEN

würden. Wenn man an den englischen Jagdmethoden etwas kritisieren will, dann ist es die Tatsache, daß zu wenig Jagdaufsichtsbeamte, also Game Wardens, vorhanden sind und eingesetzt werden. Ihre Zahl müßte mindestens verdreifacht werden – aber das kostet natürlich sehr viel Geld, denn außer seinem Gehalt braucht der Game Warden auch eine anständige Wohnung, zumal er nach Möglichkeit verheiratet sein soll, dann muß er einen geländegängigen Landrover haben und unterhalten und die Game Scouts bezahlen.

Das Leben der Game Wardens ist einfach ideal, sie haben ihr Haus einsam in der Wildnis, unweit einer Negersiedlung, und sind kleine Fürsten in einem Umkreis von 100 bis 150 Kilometer. Die Jagdgründe, die ihnen zur Verfügung stehen, haben Größen, gegen die unsere europäischen Jagden ein winziges Fleckchen sind. Allerdings müssen sie Menschen sein, die ihre Erfüllung im Zusammenleben mit Gottes Schöpfung finden, die kerngesund und leistungsfähig sind. Ich habe viele Game Wardens in Ostafrika kennengelernt, es waren alles prächtige Burschen, die mit keinem Dollarmillionär getauscht hätten.

Eines der wichtigsten Probleme in Ostafrika ist die Behandlung der Eingeborenen. Jeder Europäer, der dorthin kommt, ist zunächst entsetzt, wenn nicht gar empört, wie die Einheimischen behandelt werden. Wenn man aber längere Zeit mit offenen Augen im Land gewesen ist, erkennt man, daß die Schwarzen soziales Entgegenkommen europäischer Prägung leicht falsch verstehen. Baute man ihnen massive Häuser, waren die bald ziemlich ramponiert. Versorgte man sie mit Lebensmitteln, Bekleidung und Geld, nahmen sie das als Selbstverständlichkeit ohne weitere Verpflichtung hin. Man darf nicht vergessen, daß der gesellschaftskulturelle Hintergrund der Schwarzen ein völlig anderer ist als der der Europäer. Die angestammten Bewohner Afrikas führen eine Arbeit, die man ihnen genau erklärt, gewissenhaft aus; ändern sich die Voraussetzungen für die Arbeit in irgendeiner Weise, fällt ihnen das dann aber schwer. So lassen sich die eigenen Vorstellungen mit denen der Einheimischen nicht leicht Einklang bringen, wie überhaupt die Menschenführung und Kenntnis immer das Schwierigste ist und bleiben wird. Meine Frau und ich kamen mit unseren schwarzen Helfern immer gut aus; wir behandelten sie freundlich, gaben ihnen bei Gelegenheit ein anständiges Trinkgeld, Zigaretten und auch Kleidungsstücke. Letztere wurden nach unserer Überzeugung allerdings rasch verkauft und die alte, zerrissene Kleidung weitergetragen. Flicken oder stopfen tun die Einheimischen selten: Der europäische Sinn für Unterhaltung oder Pflege irgendwelcher Dinge ist in Afrika nicht verbreitet. So hatte einmal der sehr gute Boy unseres Bekannten, Herrn N.'s, in dessen Wohnung bei einem riesigen Haufen getrockneter, für europäische Museen bestimmter Felle gesessen. Er hatte nichts zu tun. Als wir von der Safari zurückkamen, saßen Tausende von „Dudus" (Würmer und Fliegen) in den Fellen, ohne daß der Mann eine Hand gerührt hatte. Dabei war „Pedro" Präparator und hatte selbst sämtliche Felle abgehäutet und zurechtgemacht. Wer selbständiges Denken und Handeln voraussetzt, wie wir es aus unseren Gesellschaften kennen, wird sich in Afrika auf „Enttäuschungen" einstellen müssen. Man hatte uns auch davor gewarnt, als Weißer Arbeiten zu erledigen, weil die Einheimischen dann sofort solche Arbeiten nicht mehr leisten würden. So erzählte uns eine Hausfrau, daß sie anfangs häufig selbst gekocht habe, vor allem Speisen, die ihr schwarzer Koch nicht kannte. Der aber habe sie nach einiger Zeit verwundert gefragt: „Aus welchem Hause kommst du, daß du alle Arbeit selbst tust?!" Andererseits erlebten wir, daß Weiße und ihre Frauen in erheblichem Maße selbst mitarbeiteten, ohne daß das ihrem Ansehen bei den Boys in irgendeiner Weise geschadet hätte. Ich denke da besonders an die paradiesische Farm von Ruhe, die er persönlich mit seiner jungen Frau mitten aus der Dornbuschsteppe erschaffen hatte. Man kann also in diesem Punkt kein allgemeingültiges Rezept aufstellen.

Ich habe Afrika lieben gelernt, und ich bedaure nur, nicht mein Leben dort verbracht zu haben! Wenn man nachts im afrikanischen Urwald vor seinem Zelt saß, weit von allen menschlichen Niederlassungen entfernt, und die Tageshitze einer angenehmen Wärme gewichen war, wenn der Abendwind in den Flötenakazien harfte, wenn Millionen Grillen zirpten und die Leuchtkäfer wie Kometen um uns herum aufblitzten und wieder verloschen, wenn Simba, der Löwe, in der Nähe brüllte und damit den Beginn seiner nächtlichen Jagd anzeigte, wenn Chui, der Leopard, so schaurig sägte, um dann wie ein Ungewitter in eine Affenfamilie einzubrechen und sich einen Leckerbissen zu holen, wenn Eulen und zahlreiche andere Nachtvögel mit fast menschlichen Stimmen riefen, wenn die Hyänen nahe am Zelt heulten und die Schakale bellten, wenn in der Ferne das schreckhafte Wiehern der Zebras, das wie Hundegebell klingt, zu hören war – – und wenn über diesen herrlichen Tropennächten ein unwahrscheinlich klarer Sternenhimmel stand, an dem die Mondsichel waagerecht wie eine Schüssel stand – – dann fiel alles, was wir Zivilisation nennen, aber auch alles, was uns hienieden quält, bedrückt und unglücklich macht, von uns ab, dann war man wirklich wieder Mensch, Kreatur unter Kreaturen der Wildnis, ein Teil der unendlich mannigfaltigen Schöpfung, geborgen an der Brust der Allmutter Natur!

Man kann Afrika nicht schildern und beschreiben, man kann Afrika nur erleben!

VIERTES KAPITEL

NACHSUCHEN

Wenn man vom Kaltenbronn nach Westen fährt, dann kommt man aus den Latschenregionen, aus einer Landschaft, die mit ihren Moorseen und mit ihrer Flora an den hohen Norden Finnlands stark erinnert, in einen Fichtengürtel, der, etwas unterhalb gelegen, die Hochmoore umschließt. Weiterhin kommt dann das Abietum, das Optimum der Weißtanne, nach der der Schwarzwald trotz des Widerspruchs seinen Namen erhalten hat, weil die Tanne, gegen den Hang gesehen, schwarz wirkt, da die Oberseite der Nadeln dunkelgrün ist. Der Name Weißtanne wiederum leitet sich von der hellen Unterseite der Nadeln her und von der weißlich-grauen Färbung der Rinde. Weiter talabwärts erreichen wir das Fagetum, die Buchenregion, in der herrliche Mischbestände von Fichte, Tanne und Buche stocken, und noch tiefer passieren wir das Kastanetum, das unter mildem Klima stehende Gebiet der eßbaren Kastanie. Haben wir die Kastanienregion hinter uns, dann locken weite Rebhügel, in denen die köstlichen badischen Weine wachsen, und schließlich kommt der Auerwald des Rheintales mit seinen Stieleichen und Eschen, mit Roteichen, Hainbuchen und Erlen. Diesen Querschnitt der verschiedenen Klimalandschaften erlebt man auf einer Fahrt vom Kaltenbronn bis zum Rhein, das sind etwa 30 km Autofahrt oder 15 km Luftlinie. Liegt im Spätherbst über dem Rheintal ein kalter, feuchter Nebel, dann lacht im Kaltenbronn oben die Sonne wie in St. Moritz. Ist es dagegen im Kaltenbronn noch kalt und winterlich, etwa Ende Februar oder im März, dann ist im Rheintal und in Baden-Baden schon der Frühling eingekehrt, und wenn im Kaltenbronn noch kein Vogel singt, dann feiert die Ornis von der Schnepfe bis zum Kiebitz im Rheintal schon Hochzeit.

Ähnlich ist es mit der Jagd. Im Kaltenbronn, in der Einsamkeit,

DIE NACHSUCHE — DIE KRONE DER JAGD

singt der Urhahn sein geheimnisvolles Lied, auf hoher Tanne stehend, und im Herbst schreit der Hochgeweihte, daß sich sein Ruf an den dunklen Hängen bricht, ziehen Sauen noch ihre Fährte und wählen die dichten Latschenbestände gerne zur Kinderstube. Aber unten im Rheintal, da gibt es eine Niederjagd, die fast an die Verhältnisse in Ungarn und Böhmen erinnert. Die Vorkriegsstrecken auf den dortigen Niederjagden sind wieder erreicht, ja der Rehbestand ist sogar vielfach übersetzt und hat in bedenklichem Ausmaß zugenommen. Die Jagd ist also in Revieren des nördlichen Schwarzwaldes vielseitig wie die Landschaft. Entsprechend dieser jagdlichen Vielfalt haben in diesem Raum fast alle Jagdhunderassen ihre Aufgabe und Bedeutung. Im Rheintal sind alle Vorstehhunderassen vertreten, vom Münsterländer bis zum Drahthaar, in den Vorbergen ist der Wachtel an seinem Platz, sowie der Teckel zu Bau- und Stöberarbeit, und oben in den hohen Lagen folgt der hann. Schweißhund am langen Riemen der Wundfährte von Hirsch und Sau.

Raesfeld hat gesagt, daß die Pürsch die Krone der Jagd sei, für Ulrich Scherping war es die Hege. Sicher ist beides richtig, für mich aber war stets die Nachsuche die Krone der Jagd und der Höhepunkt allen jagdlichen Erlebens. Bei den heutigen Jagdmethoden kann man eigentlich nur noch die Nachsuche als wirkliche Jagd bezeichnen. Wenn man mit dem Auto ins Revier fährt, dann ein mehr oder weniger kurzes Stück auf einem Pfad zum komfortablen Hochsitz geht, um sich, mit einem Luftkissen und anderen der Bequemlichkeit dienenden Dingen ausgerüstet, anzusetzen, und wenn man dann wartet, bis die Liebe oder der Hunger das Wild aus der schützenden Dickung treibt, wenn man mit einem vergüteten, modernsten Fernglas das Stück anspricht und mit aufgelegter Fernrohrbüchse schießt, dann ist das eigentlich keine Jagd mehr, denn man jagt ja gar nicht, man sitzt, wartet und überlistet das Tier. Körperliche Anstrengungen sind nicht mehr nötig, sehr viel Intelligenz gehört auch nicht dazu, es ist eigentlich eine erschreckend passive Tätigkeit, dieses sogenannte „Jagen".

Bei der Niederjagd hat sich die Entwicklung ähnlich vollzogen. Auf der Treibjagd fährt man, wenn es das Gelände zuläßt, bis zum Schützenstand oder doch bis nahe daran, setzt sich auf seinen Jagdstuhl und läßt sich das Wild zutreiben, allerdings muß man noch treffen können – – aber Jagen im eigentlichen Sinne ist das alles auch nicht! Die Hühnersuche und überhaupt die Suchjagd sind noch am meisten wirkliche Jagd, man muß dem Wild nachgehen, nachjagen. Ich bin daher ein großer Freund der Suchjagd, trotz der vielen Stimmen, die dagegen sind, daß ein Fasan und Hase auf der Suche geschossen werden. Es ist hierbei, wie immer im Leben; wenn man etwas übertreibt, dann wird es schlecht! Für mich gehören herbstliche Suchen auf Hühner, Fasanen und auch mal einen Küchenhasen, wobei, wenn Wasser im Revier ist, vielleicht auch einmal Enten kommen, zu den schönsten jagdlichen Erlebnissen. Die Treibjagden werden immer mehr eine gesellschaftliche Angelegenheit; aber auf einer Treibjagd mit einem guten Hund Nachsuche halten, das hat mir immer besondere Freude und Genugtuung gegeben. Neben der Tatsache, daß man krankgeschossenem Wild hilft, ist es die Freude an der Arbeit des Hundes, sei es auf einen krankgeschossenen Hasen, einen geflügelten Fasan oder ein angeschweißtes Stück Schalenwild. Man glaubt ja nicht, wieviel Wild krankgeschossen wird. Erst, wenn man einen guten Hund führt, wird einem das klar.

Als wir nach dem Kriege die Jagdhoheit zurückbekamen, sah es mit dem Jagdhundbestand traurig aus. Damals wurde nur ein erschreckend geringer Teil des kranken Wildes gefunden. Um ein geflügeltes Huhn oder Fasan zu bekommen, muß der Hund gut veranlagt sein, er muß also eine gute Nase haben, er muß richtig geführt sein und er muß Erfahrung haben. Letzteres war natürlich damals bei keinem Hund der Fall, da die deutschen Jäger lange Zeit nicht jagen durften. Es ist aber erfreulich, festzustellen, wie sich die Verhältnisse entwickelt haben. Wir haben heute, dank der intensiven Arbeit aller Organisationen, die sich mit Hundezucht und Hundeführung befassen, bei allen Jagdhunderassen wieder vorzügliches Material. Nur ein großer Fehler wird oft gemacht: Ein Jäger kauft sich einen Hund mit guter Abstammung, und der Hund schlägt nicht gut ein, entweder er steht nicht gut vor, oder ihm fehlt der Spurwillen, er hat nicht die nötige Schärfe, oder er stört auf dem Stand, weil er vor übergroßer Passion mieft. Von derartigen Hunden muß man sich trennen können, aber das scheint schrecklich schwer zu sein. Da hat jemand vielleicht mehrere 100 DM für einen derartigen Hund ausgegeben und kann sich nicht entschließen, kurzen Prozeß zu machen. Lieber quält und ärgert er sich und seine Mitjäger weiter mit dieser Niete herum. Solche Hunde gehören überhaupt nicht verkauft, denn dann geht ja die Schererei bei dem nächsten Besitzer weiter, solche Hunde erspart man dem Jagdbetrieb. Wir sind bei unserer ganzen Hundezucht nicht streng genug. Wenn man konsequent alles daraus ausschließt, was nicht gut und in Ordnung ist, wird man schneller erstklassige Tiere bekommen als dadurch, daß man weitere Versuche mit einem Hund macht, indem man geduldig abwartet, oder gar, indem man Mitleid hat. Ich habe Hunde erlebt, die völlig unbrauchbar auf der Jagd waren, aber der Besitzer quälte sich Jahr und Tag weiter mit dem Tier ab, weil sich die Familie an den Hund gewöhnt hatte, weil er vielleicht doch einmal leidlich etwas gemacht hatte, so wie eine blinde Henne schließlich doch einmal ein Korn findet.

Die Engländer und die Iren sind in dieser Beziehung ganz anders eingestellt und uns daher als Tierzüchter und Tierhalter weit überlegen. Der irische Hunter gilt in der ganzen Welt als bestes Reitjagdpferd. Meine Tochter war längere Zeit als Reiterin in Irland und war, mit den Grundsätzen der deutschen Pferdepflege aufgewachsen, zunächst entsetzt über die Härte, mit der man dort die Pferde behandelt. Die Reitjagden verlangen von Reiter und Pferd das Äußerste, so dass alles ausfällt, was diesen Anforderungen nicht gewachsen ist, das heißt, was nicht erste Qualität ist. Während man in Deutschland die Tiere verwöhnt und damit verweichlicht, hat man drüben das entgegengesetzte Prinzip, was meines Erachtens das richtigere ist.

Ein großer Teil unserer Hunde hat zu einer Nachsuche zu viel Temperament. Gewiß ist eine Schlafmütze auch nicht das richtige, zumal der temperamentvolle Hund auch mehr Spurwillen zu haben pflegt und durch seine Flüchtigkeit das kranke Wild einholt und greift. Meist werden sehr temperamentvolle Hunde auch mit zunehmendem Alter und zunehmender Erfahrung ruhiger – wenn sie gut geführt werden.

Der arme Kurzhaar oder Drahthaar, der die ganze Woche im Zwinger liegt, weil Herrchen keine Zeit für ihn hat, der wird natürlich, wenn er am Sonnabend ins Revier kommt, wie ein Wilder herumstürmen, nicht vorstehen, dauernd die Fährte überschießen und sich und seinen Besitzer verrückt machen. Wir brauchen den Hund doch in erster Linie zur Nachsuche. Um einen totgeschossenen Hasen, der 40 Schritt vor mir liegt, aufzuheben, brauche ich keinen Hund. Beim Rebhuhn im Zuckerrübenfeld wird die Sache allerdings schon schwieriger, aber unbedingt notwendig wird der Hund bei jedem Stück Wild, das nicht im Schuß verendet ist.

Ich schoß bei einem Freund im Herbst auf der Suche etwas voreilig auf einen Fasanenhahn und flügelte ihn. Der Hahn fiel zu Boden und war in einem sehr großen Zuckerrübenfeld verschwunden. Mitten durch das Rübenfeld ging ein breiter Entwässerungsgraben. Während mein Freund seinen Drahthaar auf dem Geläuf ansetzte – der Hund war, als ich schoß, weiter rechts gewesen und hatte den Hahn gar nicht gesehen – lief ich die wenigen Meter zu dem Graben hin, um aufzupassen, ob der Hahn den Graben überqueren würde. Der Hund fiel das Geläuf sofort an und folgte hochflüchtig in bestechender Manier – da sah ich den kranken Hahn auf mindestens 250 m Entfernung quer durch den Graben laufen und auf der anderen Seite wieder in den Rüben verschwinden. Er hatte also zweifellos einen rechtwinkligen Haken geschlagen, nachdem er etwa 250 m geradeaus gelaufen war. Wir beobachteten nun genau den Hund, jetzt hatte er das kranke Geläuf überschossen, schlug sofort Bogen und verbesserte sich so schnell, daß er nur einige Sekunden verlor, dann ging er drüben in den Rüben flüchtig weiter, und nach wenigen Minuten kam der Hund mit dem noch lebenden Hahn im Fang in vollem Galopp zurück. Welch herrliches Bild: der edle Hund mit dem buntschillernden Hahn im Fang in hohen Fluchten vor dem Dunkelgrün der Rübenblätter! Solche Augenblicke sind mehr wert, als wenn ich auf einem Stand ein Dutzend Hasen oder mehr schieße; man hat das Gefühl: Gott sei Dank, daß sich das Tier nicht zu Tode quälen muß, wie gut, daß dein schlechter Schuß nun wieder korrigiert ist, welch herrliche Arbeit des Hundes, und welcher Genuß, dies alles erleben zu dürfen! Es ist dabei gleichgültig, ob es sich um ein geflügeltes Rebhuhn oder um einen laufkranken Hirsch handelt, Tier ist Tier, Qual ist Qual, und Verpflichtung ist Verpflichtung.

EIN GUTER HUND DARF TEUER SEIN

Ein anderes Erlebnis hatte ich in derselben Jagd, aber mit einem anderen, auch vorzüglichen Hund. Wir wollten ein paar Fasanenhähne schießen, um die Bauern zu beruhigen, die über erhebliche Wildschäden an ihren Maisfeldern klagten, denn die Fasanen hatten in dem Kukuruz böse gewirkt. In einem Rübenacker stand der Deutsch-Kurzhaar bombenfest vor. Ich ging langsam heran – man darf dann nicht eilen, damit macht man den Hund nur nervös und veranlaßt ihn zu vorzeitigem Einspringen; man glaubt nämlich nicht, wie sich der Seelenzustand des Herrn auf seinen Hund überträgt. Ich animierte dann den Hund einzuspringen. Der Hahn kam auf meinen Schuß schräg herunter und fiel etwa 80 m entfernt zu Boden. Der Hund lief hin und apportierte den Hahn. Als er in federndem Galopp durch das Rübenfeld zu uns zurückkehrte, riß es ihn, etwa 40 m von uns entfernt, plötzlich herum, und er stand mit dem toten Hahn im Fang einen anderen Hahn bombenfest vor. Das hatte ich in meinem ganzen Jägerleben noch nicht gesehen. Ich ging vor und schoß den aufstehenden Hahn. Was würde der Hund jetzt machen, war unser erster Gedanke. Ich sagte nichts und gab dem Hund keinerlei Befehl. Einen Augenblick überlegte der Hund, ich möchte fast sagen, er dachte nach, dann spuckte er den toten Hahn, den er zuerst apportiert hatte, aus, lief zu dem frischgeschossenen zweiten Hahn, brachte mir diesen, kehrte ohne jedes Kommando zu dem ersten Hahn zurück und brachte mir diesen ebenfalls. In solchen Augenblicken möchte man den Hund umarmen.

Welche Ergebnisse die Nachsuchen mit guten Hunden nach einer großen Treibjagd zeitigen, weiß jeder, der eine gute Niederjagd sein eigen nennt und gleichzeitig einen guten Hund besitzt. 10 bis 15 % der Tagesstrecke, kann man rechnen, werden bei einer sorgfältigen Nachsuche mit guten Hunden noch gefunden. Wenn man sich einmal ausrechnet, was ein wirklich guter Hund in seinem Leben an krankgeschossenem Wild für die Verwertung rettet, dann ist, selbst von einem rein wirtschaftlichen Standpunkt aus gesehen, ein sehr hoher Preis nicht zu hoch für einen solchen Hund.

Am deutlichsten wurde mir das in Jugoslawien klar. Man hatte, als ich vor einigen Jahren zur Hirschbrunft dort war, weit und breit keinen brauchbaren Schweißhund. Der Abschuß eines starken Auehirsches kostete 5000 bis 6000 DM. Schoß ein Jagdgast einen Hirsch krank und der Hirsch kam nicht zur Strecke, dann zahlte er 800 DM Reuegeld. Nun gab es in dem Revier, in dem ich jagte, fast undurchdringliche Naturverjüngungen, in denen es ganz unmöglich war, einen Hirsch zu finden, der vielleicht noch 800 bis 1000 m weit gewechselt war, mit einem guten Schweißhund jedoch wäre das durchaus möglich gewesen. Eine einzige erfolgreiche Nachsuche auf einen verkauften und krankgeschossenen Hirsch hätte also 3000 bis 4000 DM eingebracht, wobei der Wildbretwert noch gar nicht einmal mitgerechnet ist. Trotzdem wurden aus Devisenmangel keine Schweißhunde importiert. Die vorhanden gewesenen Schweißhunde waren als Attribute feudalistischer und kapitalistischer Lebensart während der Revolution umgebracht worden. Anträge, wirklich gute Schweißhunde gegen Abschuß eines starken Hirsches einzuführen, wurden mit derartig schlechten Angeboten beantwortet, daß sich jede Diskussion darüber erübrigte.

Von einer sehr guten Arbeit eines Deutsch-Langhaar möchte ich erzählen: Ich stand auf einer Treibjagd im Auewald des oberen Rheintales an einem Altarm des Rheines, der etwa 80 m breit war. Beiderseits war er mit einem Schilfgürtel eingefaßt, und dann folgte alter Auewald mit Stieleiche, Esche, Hainbuche und Pappel. Mir kam ein hochstreichender Hahn und fiel auf den Schuß auf der anderen Uferseite ins Schilf. Die nächste Brücke war beiderseits etwa 1 km weit entfernt. Der zuständige Revierjäger führte eine sehr schöne Langhaarhündin. Nach dem Treiben ging ich mit ihm zu meinem Stand und beschrieb ihm die Sache. Er schickte seine Hündin ins Wasser, ihr immer die richtige Richtung zurufend, aber ohne Steinchen zu werfen, und die Hündin schwamm quer über den 80 m breiten Altarm, ohne Wittrung zu haben, ohne gesehen zu haben, wie der Hahn fiel. Als sie drüben angekommen war, suchte sie planmäßig das Schilf ab, apportierte den Hahn und brachte ihn durch den Wasserarm zurückschwimmend ihrem Herrn.

Dann erlebt man aber auch wieder Fehlleistungen von Hunden, daß es einem graust. Ich schrieb ja schon, daß nur Ausmerzung aller nicht erstklassigen Hunde zum Erfolg führt, wobei man jedoch klar unterscheiden muß: was ist Schuld und Fehler des Hundes, und was geht zu Lasten des Hundeführers!

Ausgezeichnete Erfahrungen habe ich bei allen Nachsuchen mit

Wachteln gemacht. Ich bin seit meiner Jugend ein geschworener Schweißhundmann, und zwar bevorzuge ich die hann. Schweißhunde, aber nach den Hannoveranern kommt für mich sofort der Wachtel. Er ist ein äußerst intelligenter und gelehriger Hund und sehr vielseitig zu verwenden, aber er ist Individualist und daher Solojäger. Ich habe in Rominten versucht, ihn in meiner Saumeute zu verwenden, was aber fehlschlug. Der Wachtel fand die Sauen so schnell und sicher, wie meine besten Saufinder, die meistens westfälische Dachsbraten waren. Wenn dann aber die Meute beischlug, machte mein Wachtel nicht mehr mit, sondern suchte sich andere Sauen. Ähnliches erlebte ich im Kaltenbronn. Wir hatten einen Hirsch, den ein Jagdgast laufkrank geschossen hatte, mit dem hann. Schweißhund nachgesucht. Als es zur Hetze kam, riskierte ich es nicht, den Schweißhund zu schnallen, weil er noch sehr jung war und noch keine Hetze gemacht hatte. Da es sich aber um einen Gasthirsch handelte, wollte ich auf Nummer sicher gehen und ließ die Wachtelhündin eines Revierförsters, die ich als ausgezeichnet kannte, schnallen. Sie hetzte den Hirsch lauthals und stellte ihn nach etwa 1 km. Als wir noch etwa 200 m entfernt waren und den Ball deutlich hörten, schnallte ich den jungen Hannoveraner, damit er beischlagen sollte. Kaum war der Hannoveraner am Hirsch, als die Wachtelhündin abließ und zurückkam – es war unter ihrer Würde, den Erfolg mit einem anderen zu teilen! Später allerdings hat die Wachtelhündin öfters mit einem hann. Schweißhund zusammen ein krankes Stück Rotwild gestellt. Überhaupt habe ich bei den Wachteln erfahren, daß sie sehr anpassungsfähig und eben sehr gelehrig sind, wenn sie richtig geführt werden. Der Wachtel arbeitet nicht gerne am Riemen, er ist von Haus aus Stöberhund, und der Riemen ist ihm lästig, während der Hannoveraner den Riemen geradezu liebt. Mein Hannoveraner z. B. geht nicht aus dem Zimmer, ohne den im Flur hängenden Schweißriemen liebevoll und schweifwedelnd zu beschnäufeln, aber man bringt auch den Wachtel mit etwas Geduld zu guter Riemenarbeit.

Diese besagte Hündin machte in der weiten Umgebung viel erfolgreiche Nachsuchen, eine besonders dramatische möchte ich erzählen:

Im Nachbarrevier vom Kaltenbronn war abends ein Kalb be-

schossen worden und schweißte. Am nächsten Morgen wurde mit
Teckeln nachgesucht, die das Kalb aber nicht zur Strecke brachten.
Der unglückliche Schütze kam nun zu meinem Revierförster, der
einen hann. Schweißhund und die besagte Wachtelhündin führte,
um ihn zur Nachsuche zu bitten. Der Revierförster war nicht zu
Hause und wollte erst nachmittags zurück sein. Der zufällig auf
der Revierförsterei anwesende Kulturwart, der jagdlich sehr interessiert war, und schon manche Nachsuche mitgemacht hatte, außerdem guter Waldhornbläser ist, wagte in Abwesenheit des Försters
nicht, den Hannoveraner mitzunehmen, sondern fuhr auf eigene
Verantwortung mit dem Wachtel mit. Diese selbständige Entscheidung war richtig, denn bei der Nachsuche auf krankes Wild geht es
darum, die Leiden des Wildes zu verkürzen, da können keine Pre-
stige- oder sonstigen Bedenken eine Rolle spielen, die Schwierigkeiten kann man später aus dem Weg räumen, dazu ist nach der
Erlegung des kranken Stückes immer noch Zeit genug.

Der Kulturwart arbeitete die Hündin am Riemen auf der zunächst gut schweißenden Fährte. Als dann die Fährte in eine große
Dickung hinein stand, arbeitete er weiter, und beim Durchkriechen
durch das dichte Zeug entglitt ihm der Riemen und die Hündin
ging mit schleppendem Riemen ab. Kein Rufen und Pfeifen half,
bei aller guter Erziehung, aber welcher Wachtel ließe sich von einer
Wundfährte abpfeifen! Schließlich ertönte der ersehnte Hetzlaut
und wenig später der Standlaut. Natürlich war keine Parole ausgegeben, wer den Fangschuß im Falle einer Hetze geben sollte, der
Kulturwart hatte nur sein Horn bei sich, aber kein Gewehr, er besaß
überhaupt keinen Jagdschein. Mehrere teilnehmende Jäger brau-
sten also auf den klingenden Ball zu, und der Erstankommende
schoß auf das kranke Kalb. Der Erfolg war entsetzlich: Der Wachtel jaulte auf und lag mit den Läufen strampelnd auf der Erde, das
Kalb aber wurde wieder flüchtig und war fort. Der unglückliche
Kulturwart war der Verzweiflung nahe, er hatte auf eigene Kappe
den Hund mitgenommen, und jetzt wurde der Hund von übereifri-
gen Jägern erschossen! Als er zu dem winselnden Hund kam, stellte
er fest, daß die Kugel eine 11 cm lange Wunde schräg über Hals und
Blätter geschlagen hatte, und daß der Rückenwirbel offen lag. Die
Halsung war abgeschossen. 2 cm tiefer, und der Hund wäre mause-

SELTENE HÄRTE UND FETTLEIBIGKEIT

tot gewesen! Während sich der Schütze und der Kulturwart noch um den Hund bemühten – an das Kalb dachte niemand mehr – wurde der Hund wieder lebendig, entwischte den Männern und hetzte lauthals hinter dem Kalb her, nunmehr ohne Riemen, da ja die Halsung durchschossen war.

Nach mehreren Kilometern Hetze stellte die Hündin erneut, und nun wurde das Kalb vor der Hündin totgeschossen. Es hatte einen Brustkernschuß, der wahrscheinlich wieder ausgeheilt wäre. Welche Leistung von einem Hund! Welch wilde Passion muß ein Tier beseelen, um eine solche Überwindung von Schock und Schmerz aufzubringen! Ein hundeliebender Menschenarzt behandelte dann die Hündin, und, nachdem sie die ersten drei Tage rückwärts gegangen war, machte sie nach vier Wochen wieder alle Jagden mit. Diese Härte eines Hundes ist das Wichtigste, ein degenerierter Hund, wehleidiger, verweichlichter Köter hätte niemals eine solche Leistung vollbracht.

Wie oft erlebt man, daß ein Jagdhund besser gehalten wird als ein Kind, vor allem in kinderlosen Familien. Die Frau wirft ihre ganze verdrängte Mutterliebe auf den „süßen, goldigen" Hund, und es wird ein verfettetes, unbrauchbares Mistvieh daraus. Natürlich kann ein Hund im Haus gehalten werden – – aber nur tagsüber und dann nicht auf Sesseln und Sofas liegend. Nachts gehört der Jagdhund in den Zwinger nach draußen, nur dann bleibt er abgehärtet, und das ist nötig, damit er nicht verweichlicht. Fettleibigkeit ist schon für den Jäger schlecht, für den Hund wird sie zur Qual und die Ursache zu mangelhafter Leistung. Ich habe hann. Schweißhunde gekannt, die eine hervorragende Nase hatten und am Riemen Unwahrscheinliches leisteten, wenn es aber zur Hetze kam, versagten sie, weil sie zu fett und ohne Training waren. Das Motorfahrzeug ist der Ruin unserer Hunde, denn während der Fahrt im Auto lernt der Hund nichts. Wenn er dagegen am Riemen durch das Revier geht, wird er vermöge seiner guten Nase ununterbrochen angeregt, er erlebt viel mehr als sein Herr, der nur mit den Augen das Revier sieht. Der Hund dagegen riecht, daß sich in der letzten Nacht ein Marder am Wegrand löste, daß ein Stück Rehwild vor einigen Stunden die Schneise kreuzte, daß ein Fuchs in der letzten Nacht am Jagenstein näßte. Er wittert auf weite Entfernung, daß er vor einem Rudel Rot- oder einem Sprung Rehwild steht, lange bevor man selbst es sieht – kurzum, er erlebt jede Pürsch, ja jeden Spaziergang, in viel intensiverer Weise als der Mensch und lernt dabei immer etwas. Da aber sein Herr zu wenig zu Fuß geht, sondern meistens fährt, leidet die Ausbildung und das Training des Hundes. Eine Ausnahme bilden die Verhältnisse im Hochgebirge. Der Gebirgsjäger fährt zwar heute auch schon viele Holzschleifwege mit seinem Jeep hinauf, wo er früher nur zu Fuß gehen konnte, aber es bleiben noch genug Pürschgänge, bei denen kein Jeep und kein Motorfahrzeug fahren kann und auch nie fahren wird. Deshalb ist die Jagd im Hochgebirge auch noch wirkliche Jagd und für meinen Geschmack aller Jagd in der Ebene und im Mittelgebirge überlegen.

Leider komme ich in die Jahre, wo es mit der Jagerei im Hochgebirge vorbei ist. Es ist schon schrecklich mit Jägern, die in der Ebene und im Mittelgebirge nicht mehr voll leistungsfähig sind – ich kann, beim Hl. Hubertus, ein Lied davon singen – aber im Hochgebirge ist es eine Katastrophe. Man muß im richtigen Zeitpunkt aufhören – nur wenige Menschen können das. Da singt ein Mann, der einmal ein großer Sänger war, weiter, und aus Mitleid spendet man ihm Beifall, während man denkt, wenn der Mann doch bloß aufhören wollte zu singen. Da schreibt jemand zahllose Artikel in Zeitschriften und Zeitungen, der einmal als Schriftsteller und Journalist bedeutend war, mit der sich dauernd wiederholenden Geschwätzigkeit des Alters – und er wird in der Kritik nicht niedergedonnert, weil jeder Mitleid hat. Da kann einer nicht einsehen, daß es Zeit ist, seinen Posten, den er großartig versehen hat, einer jüngeren Kraft zu übergeben, weil seine Starrköpfigkeit ihn glauben macht, niemand außer ihm selbst könnte die Lage meistern. Es muß sehr schwer sein, im richtigen Moment aufzuhören, das gilt auch auf der Jagd. Mein Vater, – er mochte damals schon Anfang 70 sein, und er war sein ganzes Leben lang ein passionierter und hervorragender Jäger gewesen – schoß bei mir in Battenberg einen Hirsch vorbei, der auf 100 m breit vor ihm stand. Er gab mir die abgeschossene Büchse und erklärte, daß für ihn nun endgültig Schluß mit der Jagerei sei. Meine Beteuerungen, daß das auch einem jüngeren Jäger passieren könnte, halfen nicht – – mein Vater hat nie mehr

MAN MUSS ZUR RICHTIGEN ZEIT AUFHÖREN KÖNNEN

ein Gewehr angefaßt, obgleich er 84 Jahre alt wurde. Ich weiß nicht, ob es etwas gab, das mir an meinem Vater mehr imponierte, als diese Handlungsweise.

Doch zurück zu interessanten Nachsuchen. Vor langen Jahren schoß ein Jagdgast bei mir einen starken Kronenzehner vorderlaufkrank. Der Unglücksmann hatte in der Aufregung durchgerissen und dabei die Gewehrmündung fallen lassen. Der Hirsch, der uns vorher manchen Schweißtropfen gekostet hatte, ging erst vorne hoch, brach dann zusammen, wurde wieder hoch und ging trollend mit schleppendem Vorderlauf ab. Es war etwa $^{1}/_{2}$ Stunde vor Dunkelwerden, also eine Nachsuche völlig sinnlos, da es eine Hetze geben und der Hund bei dunkler Nacht den Hirsch stellen würde. Wir gingen daher gar nicht erst zum Anschuß, merkten uns aber genau die Stelle, verbrachen unseren Standort und marschierten zur Jagdhütte. Als wir beim Abendbrot saßen, rauschte es draußen so merkwürdig, und als ich herausschaute, goß es in Strömen. Es goß die ganze Nacht, ohne einen Augenblick aufzuhören. Ein leichter Regen ist für eine Nachsuche nicht so schlimm, wie der Laie glaubt. Gewiß wird der Schweiß auch bei leichtem Regen verwaschen, aber selbst, wenn er für das menschliche Auge nicht mehr sichtbar ist, der durch Wasser verdünnte Schweiß ist für die Hundenase noch gut wahrnehmbar. Harter Frost ist viel schlimmer, ebenso äußerst trokkenes Wetter, wie es bei Anschüssen in der Feistzeit, also im August, oft vorkommt. Wenn es aber zehn Stunden und mehr gegossen hat, dann ist natürlich die Witterung derartig verwaschen, daß auch die beste Hundenase Schwierigkeiten hat, und vor allem kann dann der Hundeführer den Hund überhaupt nicht kontrollieren, da keinerlei Schweiß mehr zu sehen ist. Der Hund verweist an einer Stelle intensiv, aber der Führer sieht nichts mehr, er hat also keine Ahnung, ob der Hund noch recht hat oder nicht. Eine schwierige Nachsuche kann aber nur durch die Zusammenarbeit von Hund und Führer, besser gesagt von hervorragender Hundenase und langjähriger Erfahrung des Hundeführers, zu einem Erfolg gebracht werden.

Als wir am nächsten Morgen zum Anschuß kamen, regnete es noch. Die Knochensplitter, die wir fanden, waren völlig weiß gewaschen ohne jede Schweißfärbung. Meine hann. Schweißhündin fiel die Fährte an, zeigte die Knochensplitter und zog in die Richtung, in der wir am Abend vorher den Hirsch hatten verschwinden sehen. Aber schon bald kreuzten frische Rotwildfährten und Saufährten die Wundfährte, und – um es kurz zu machen – wir bekamen den Hirsch nicht, d. h. wir kamen nicht an den Hirsch heran, denn sonst hätte die Hündin ihn bestimmt zu Stande gehetzt. Wir waren naß bis auf die Haut, körperlich und seelisch erledigt, als wir nachmittags wieder auf der Jagdhütte landeten. Der Gast fuhr deprimiert ab, es war klar, daß er auf keinen weiteren Hirsch schießen durfte, was er auch als selbstverständlich annahm.

Nun hatten wir aber in diesem Herbst eine starke Buchenmast. Ich hatte Hoffnung, daß der Hirsch seinen Schuß ausheilen würde. Ich hatte den Inhabern der Nachbarreviere Bescheid gesagt und den Hirsch genau beschrieben – aber er wurde nirgends gesehen. Sollte er doch elendlich verludert sein? Da meldete mir einer meiner Revierförster im August des nächsten Jahres, daß er einen vorderlaufkranken Hirsch beobachtet hatte. Die Beschreibung des Geweihes paßte genau auf den Kronenzehner vom vergangenen Jahr. Aber alle Bemühungen, den Hirsch während der Feistzeit vor die Büchse zu bekommen, blieben vergeblich. In der Brunft meldete ein Hirsch mit sehr guter Stimme in derselben Dickung, in die der laufkranke Hirsch im vergangenen Jahr nach dem Anschuß gezogen war. Er schrie wohl in der Dickung gut und mit tiefer Stimme, aber bei Büchsenlicht zog er nicht heraus und war auch morgens vor Büchsenlicht wieder im dichten Zeug. Es kamen die Tage der Hochbrunft. Jeder Hirsch, auch der älteste und vorsichtigste, bekommt dann einmal eine schwache Stunde. Die Kunst ist nur, dann in dieser schwachen Stunde auch gegenwärtig zu sein, d. h. man darf in den Tagen der Hochbrunft überhaupt nicht nach Hause gehen – – aber wer hält das aus! Ich beschattete den Hirsch ständig – damals konnte ich mir das noch leisten, denn ich hatte noch nicht so viele Gäste zu führen wie heute – und als er eines Nachmittags schon sehr früh zu schreien und zu toben begann, umschlug ich die Dickung und setzte mich auf ihrer anderen Seite mit gutem Wind an. Der untere Teil der Dickung war erheblich jünger und etwa mit 75 cm hohen Fichten bestockt, also noch Kultur, dann kam die eigentliche Dickung, die etwa 4 bis 5 m hoch war. Eine richtige Deckung fand ich nicht. Hinter

EIN LAUFKRANKER HIRSCH KOMMT ZUR STRECKE

einer knorrigen Hainbuche kauerte ich mich nieder und hörte den Hirsch vor mir in der Dickung trensen und treiben. Ob es der laufkranke Hirsch war, wußte ich nicht, nahm es aber an. Langsam wurde es ruhiger, und plötzlich erschien am Rande der Dickung ein Schmaltier, zog einige Schritte in die Kultur hinein und begann zu äsen. Wenige Augenblicke später bewegten sich die Fichtenzweige und der Hirsch trat heraus. Das Geweih war fast genauso, wie im Jahr vorher, und er lahmte leicht wie eine alte Exzellenz. Er zog vielleicht 10 m in die Kultur hinein, und, während mein Zielstachel schon auf den Stich stand, nur darauf wartend, daß er breit treten würde – tat sich der Hirsch nieder. Die Fichten und das Gras waren so hoch, daß ich nur die Stangen sehen konnte. Wenn ich das Glas vorsichtig zu Hilfe nahm, sah ich auch das Haupt bis zu den Lichtern durch das Gras hindurch, also äugte der Hirsch seinerseits bestimmt jede meiner Bewegungen. Das Schmaltier zog langsam wieder in die Dickung hinein, ohne daß der Hirsch davon Notiz nahm. Der Bursche mußte doch einmal wieder aufstehen! Es kommt in der Hochbrunft öfters vor, daß sich der Hirsch, müde vom Treiben und Beschlagen, niedertut, aber meistens ist er dann sehr bald wieder hoch. Ich lag auf den Knien und wartete, aber allzu lange würde ich nicht mehr durchhalten können. Auf mein Mahnen drehte der Hirsch sofort sein Haupt zu mir herum – aber er stand nicht auf. Mein erneutes Mahnen hatte wiederum keinen Erfolg. Schließlich fing ich an zu pfeifen, wobei ich aber die Büchse im Gesicht hatte und mein Zielstachel etwa ³/₄ m über dem Hirsch stand. Beim ersten Pfiff hatte der Hirsch etwas höher aufgeworfen, und jetzt – schnellte er hoch, und sowie ich rot im Zielstachel sah, riß ich durch. Ich glaube, er stand noch nicht richtig auf den Läufen, als ihn die Kugel schon faßte. Eine hohe Flucht, und er war in der Dickung verschwunden. Aber da, etwa 20 m in der Dickung drin, da wackelte eine Fichte hin und her. Ich streckte meine schmerzenden Glieder, wartete 20 Minuten und ging dann schnell auf die Fichte, die sich bewegt hatte, zu. Der Hirsch war richtig in den Schuß gesprungen, er hatte die Kugel Hochblatt und war längst verendet. Der hohe Laufschuß vom Jahr zuvor war tadellos verheilt, sicher infolge der guten Buchenmast, nur war der Lauf etwa 10 cm kürzer. Das Geweih war nicht zurückgesetzt, sondern ungefähr wie im vergangenen

Jahr. Dies war also, wenn man so sagen darf, eine Nachsuche von einem Jahr!

Seit einigen Jahren bin ich Vorsitzender des Internationalen Schweißhundverbandes. Diese Tätigkeit macht mir die größte Freude und verschafft eine hohe Befriedigung, denn die Sache des edlen, roten Hundes geht erfreulich vorwärts. Im Jahre 1945 sah es mit dem Schweißhund böse aus. Der ganze „Verein Hirschmann" besaß rund 40 Hunde, in Bayern und Österreich war es ähnlich. Die im Internationalen Schweißhundverband zusammengeschlossenen Vereine haben es in der verhältnismäßig kurzen Zeit bis heute fertiggebracht, ein ausgezeichnetes Material heranzuzüchten. Die Zuchtbestimmungen sind beinahe drakonisch: Nur vom Zuchtwart erlaubte Paarungen sind genehmigt, die Produkte anderer Paarungen werden nicht eingetragen. Es darf nur mit solchen Hunden gezüchtet werden, die die Vorprüfung mit Erfolg abgelegt und möglichst schon gute Leistungen nachgewiesen haben, die dem Zuchtwart mit der Unterschrift von zwei Zeugen gemeldet werden müssen. Alle Zuchtstämme, bei denen Epilepsie oder sonstige Degenerationserscheinungen auftreten, werden, auch wenn es sich um Einzelfälle handelt, rücksichtslos von jeder weiteren Zucht ausgeschlossen. Die Eintragung eines jungen Hundes in das Zuchtregister erfolgt erst nach der Formbewertung und Begutachtung durch einen Vertrauensmann des Vereins. Das sind harte, aber richtige Bestimmungen, deren konsequente Durchführung Aufgabe des Zuchtwartes, des gesamten Vorstandes und der Vertrauensmänner ist.

Das Interesse an der Schweißhundsache nimmt in erfreulichem Maße bei der gesamten Jägerschaft zu. Die Führung des Schweißhundes, des ausgesprochenen Spezialisten für die Wundfährte allen Schalenwildes, wird allerdings immer eine Sache von wenigen bleiben, und wir streben daher auch keine Massenvermehrung an. Der hann. Schweißhund und auch der bayrische Gebirgsschweißhund sind zu schade, um als Luxus- oder Modehund gehalten zu werden. Da die Rot-, Dam- und Schwarzwildvorkommen, ebenso wie das Gamswildvorkommen beschränkt sind und leider immer mehr eingeengt werden, haben nur eine bestimmte Anzahl von Hunden ihre Arbeit und damit eine Daseinsberechtigung. Es muß und wird da-

DER INTERNATIONALE SCHWEISSHUNDVERBAND

her bei beiden Schweißhunderassen immer nur eine ausgesprochene Leistungszucht geben.

Alle zwei Jahre findet eine Internationale Schweißhundeverbandssuche statt – die Olympiade der Schweißhunde! Wer sich hier einen ersten Preis holt auf schwierigster, natürlicher Wundfährte, kann sich wohl einbilden, eine Goldmedaille errungen zu haben. Es wird sehr scharf gerichtet, und oft kommt es vor, daß überhaupt kein erster Preis verliehen werden kann. Diese Schweißsuchen finden grundsätzlich nur auf natürlicher Schweißfährte statt und sind daher nicht zu verwechseln mit Schweißsuchen anderer Hundevereine, die auf künstlichen Schweißfährten durchgeführt werden. Die letztere Methode hat den Vorteil, daß allen Hunden die gleichen Bedingungen geboten werden können, während bei der Suche auf natürliche Wundfährte die Bedingungen ständig wechseln und „Suchenglück" und „Suchenpech" bei den Hundeführern eine große Rolle spielen. Alle diese Nachteile werden in Kauf genommen, weil die gebotenen Bedingungen völlig natürlich sind und damit der rauhen Praxis voll und ganz entsprechen. Die Arbeit auf künstlich angelegter Schweißfährte kann wohl zeigen, daß der Hund eine gewisse Übung erreicht hat, aber die Leistung beim Ausarbeiten von Widergängen, bei langer Hetze oder beim anhaltenden Stellen des kranken Wildes kann bei einer künstlichen Fährte niemals eindeutig geprüft werden.

Ein großes Problem ist die Einbürgerung bzw. Wiedereinbürgerung der Schweißhunde in anderen Ländern, in denen Rotwild als jagdbares Wild vorkommt. Vor dem zweiten Weltkrieg war der ungarische Schweißhundeclub sehr rührig und Mitglied des internationalen Verbandes. Einige Schweißhunde sind inzwischen wieder nach Ungarn gekommen, und vor einem Jahr habe ich selbst eine wertvolle Zuchthündin nach dorthin vermittelt, die der „Verein Hirschmann" für diesen Zweck gestiftet hatte. Ungarn, Tschechoslowakei, Jugoslawien und Polen tun für die Jagd sehr viel. Es besteht in diesen Ländern auch heute noch eine gute jagdliche Tradition, da die sehr gut ausgebildeten Berufsjäger im Lande geblieben sind und Hege und waidgerechtes Jagen verstehen. Trotzdem kommt die Schweißhundesache nur sehr langsam vorwärts. Am rührigsten ist in dieser Hinsicht die Tschechoslowakei. In den Vogesen stehen inzwischen auch Schweißhunde und werden gerecht geführt, ebenso in Holland und Belgien. Auf alle Fälle dürften Zucht und Führung beider Schweißhunderassen in Mitteleuropa gesichert sein, während es 1945 so aussah, als ob alles verloren wäre.

Eine besonders eigenartige Nachsuche auf einen Hirsch möchte ich noch schildern. In einer Gemeindejagd im Murgtal unweit vom Kaltenbronn hatte ein Jagdgast auf einen ungeraden Eissprossenzehner, einen Abschußhirsch, geschossen. Der Gast erzählte: „Der Hirsch brach, wie vom Blitz erschlagen, im Schuß zusammen, wurde aber gleich wieder hoch und zog spitz von mir taumelnd weg. Da das Stangenholz immer dichter wurde, konnte ich keine zweite Kugel mehr anbringen, aber der Hirsch muß schwerkrank sein, denn er schwankte, ja, er taumelte geradezu, als er von mir fortzog." Die Geschichte klang etwas mysteriös. Nach dem Zeichnen müßte es ein Krellschuß gewesen sein, aber nach einem Krellschuß pflegt ein Hirsch meistens flüchtig oder zumindest trollend abzugehen. Zwei Stunden nach dem Anschuß wurde ein junger Schweißhund angelegt. Dieser verwies eine abgeschossene Sprosse, entweder Mittel- oder Augsprosse, die Splitter lagen umher und das Ende war noch unversehrt. Alles lachte, das blitzartige Zusammenbrechen des Hirsches fand eine nicht erwartete Erklärung. Das taumelnde Wegziehen hatte sich der Gast natürlich eingebildet – – – so glaubten wir fest. Der Schweißhundführer sagte, er wolle aber trotzdem der Fährte, zur Übung des jungen Hundes, noch etwa 200 m nachhängen, zumal der Hund in tadelloser Manier jeden einzelnen Geweihsplitter verwiesen hatte. Nach etwa 30 m tupfte der Hund interessiert mit der Nase auf den Boden – frischer Schweiß! Der Schweiß nahm weiter zu, so daß die Annahme, er würde aus dem Geweih schweißen, was auch vorkommt, nicht zu halten war. Vielleicht war die Kugel zersplittert, dann hatten Teile doch noch den Wildkörper getroffen? Es wurde also weitergesucht, und der Hund führte, von Zeit zu Zeit Wildbretschweiß zeigend, aus dem Stangenholz heraus und in ein Altholz hinein. In diesem Altholz befand sich ein etwa 1/2 ha großes Käferloch, auf dem etwa 3 m hoher Fichtenanflug stockte. Da der Führer die sicher sehr schwere und lange Hetze seinem jungen Hund noch nicht zumuten wollte, brach er ab, holte die Schützen herbei und umstellte vorsichtig mit weitem Abstand diesen Dickungskomplex. Dann ging er, mit dem Hund am Riemen, weiter nach. Kaum war er in der Dickung, als es vor ihm wegbrach und draußen auch schon knallte. Der Hirsch war einem der vorgestellten Schützen gekommen, hatte die Kugel auf die Leber bekommen und lag nach 200 m verendet. Die rechte Augsprosse war abgeschossen und der Leberschuß war festzustellen, aber alles Um- und Umkehren half nichts – der Hirsch hatte sonst keinerlei Verletzung. Aber er hatte doch geschweißt! Erneutes Umdrehen und Absuchen des Wildkörpers – da lief frischer Schweiß aus dem Windfang heraus, und das war die Lösung. Der Hirsch hatte durch den Anprall der ersten Kugel auf die Augsprosse eine solche Erschütterung erlitten, daß er, um es vulgär auszudrücken, „Nasenbluten" bekommen hatte. Außerdem war er durch die Erschütterung so benommen gewesen, daß er getaumelt hatte, wie der Schütze es beschrieben hatte. Natürlich wäre der Hirsch ohne Nachwirkungen davongekommen, aber daß es ihn ziemlich hart erwischt hatte, bewies die Tatsache, daß er gleich in der ersten Dickung stehengeblieben war.

Eine der schwierigsten Nachsuchen erlebte ich in Afrika. Wie ich im dritten Kapitel bereits schilderte, ist die Verwendung von Hunden auf der Jagd in Kenya und Tanganyika verboten. Dafür sind die schwarzen Fährtensucher aber die besten Schweißhunde und leisten wirklich Erstaunliches. Nur bei einer notwendigen Hetze müssen sie versagen, und darin liegt der große Nachteil dieses Jagens ohne Hunde. Man verfolgt daher angeschweißtes Wild so lange, bis man in Sicht herankommt – das hat im lichten Dornbusch und in der Steppe den Nachteil, daß man sehr weit vom Wild gesehen wird, also auf unwahrscheinliche Entfernungen schießen muß. Im dichten Dornbusch und im Regenurwald hat es umgekehrt den Nachteil, daß man auf allernächste Entfernung auf das Wild prallt und fast immer angenommen wird. Würde man nach europäischer Manier mit gutem Schweißhund die Fährte arbeiten, dann würde sich das kranke Wild, genau wie bei uns in Europa, vor dem Hund stellen und man könnte sich heranpürschen und den Fangschuß geben. Ich habe dargelegt, warum die britische Regierung die Verwendung von Hunden untersagt hat.

NACHSUCHEN

Wir hatten ein Jagdlager im Raum von Maralal und wollten Büffel und Elen schießen. Ich hatte bis dahin auf unseren Fahrten und Pürschen verschiedentlich Elen gesehen, wußte aber über die Stärke und Verhaltensweise dieses Wildes wenig Bescheid.

Eines Morgens fuhren wir, d. h. meine Frau und ich, mit dem zuständigen Game-Warden Mr. E. und einem Game-Scout, der ein guter Fährtensucher sein sollte, los. Natürlich war der schon mehrmals erwähnte „Youngi" auch dabei! Man nahm bei solchen Fahrten stets außer dem unentbehrlichen Schlangenserum einen kleinen Picknickkoffer mit etwas Tee, einigen Bananen und Sandwiches mit, da man nie wußte, wann man zurück sein würde. Ausgerechnet an diesem Morgen aber vergaßen wir, den fertiggepackten Koffer in den Landrover zu stellen, was sich später als sehr unangenehm herausstellen sollte.

Wir fuhren mindestens 15 Meilen weit und erlebten einen herrlichen Sonnenaufgang bei klarstem Wetter. In der Ferne blaute die Kette des Kenya-Gebirges, gekrönt vom Mount Kenya, der etwa 5000 m hoch ist. Da wir selbst rd. 2000 m hoch waren, war der Eindruck dieses Gebirgsmassives im ersten Morgenlicht sehr eindrucksvoll.

Als volles Büchsenlicht war, hielten wir an und begannen einen Pürschgang quer durch die lichte Dornbuschsteppe. Von erhöhten Punkten aus, von denen man Einblick in gegenüberliegende Hänge und Talgründe hatte, „spekulierten" wir mit unseren Gläsern fast eine geschlagene Stunde lang, ohne auch nur ein einziges Stück Wild zu sehen. Schließlich aber sahen wir auf 600 m Entfernung ein Rudel Elenantilopen von sieben Stück. Nun begann ein Umgehungsmarsch, um guten Wind zu holen, bergauf, bergab durch ein außerordentlich schwieriges Gelände. Der Boden war mit Lavasteinen übersät, dazwischen aber stand hohes, trockenes Gras, so daß man die Steine nicht sehen konnte. Mr. E. legte ein mörderisches Tempo vor. Er war fast 2 m groß und hatte Beine von unwahrscheinlicher Länge. Meine Bitte „pole-pole" (langsam, langsam) wurde nicht beachtet. Meine Frau, deren starke Seite das Bergsteigen sowieso nicht ist, schnaufte bereits beachtlich. Ich ließ durch meine Frau Mr. E. übersetzen, daß es ihm ein leichtes sein würde, mit dem einen Bein auf dem Äquator und mit dem anderen auf dem nächsten Breitengrad zu stehen. Er lachte, rannte aber im selben Tempo weiter. Die Elen zogen immer weiter von uns fort, und wir folgten ihnen mit halbem Wind auf eine Entfernung von 500 bis 600 m, was Mr. E. meisterhaft machte. Schließlich machte die Herde halt. Eine riesige, mit trockenem Gras bestandene Steppe lag vor uns. Einige Kühe hatten sich niedergetan, andere standen herum, das Wild hatte offensichtlich seinen Tageseinstand erreicht. Jetzt pürschten wir, im rechten Winkel abbiegend, mit gutem Wind auf das Rudel los. Schließlich waren wir, durch einen Busch gedeckt, auf etwa 300 m herangekommen. Das Rudel, es waren inzwischen von anderen Seiten noch welche dazugekommen, und so waren es ungefähr zwanzig Stück, stand jetzt bzw. saß breitauseinandergezogen vor uns. Wir machten zwei stärkere Bullen aus, von denen der eine ein etwas kürzeres aber dickes Gehörn und der andere ein zwar längeres aber dünneres Horn trug. Ich entschloß mich nach langem Hin und Her dazu, den Bullen mit dem kürzeren aber dickeren Horn zu schießen. Inzwischen hatten sich aber beide Bullen niedergetan, und zwar der, den ich schießen wollte, breit. Die Entfernung von 300 m war mir aber zu weit, und Mr. E. und ich robbten, buchstäblich auf dem Bauche kriechend, noch etwa 80 m weiter vor, bis an einen Baum, an dem ich gut anstreichen konnte. Leider kroch meine Frau, auf Mr. E. Geheiß, nicht hinter uns her, das erwies sich als ein schwerer Fehler, denn ich konnte mich nun mit Mr. E. überhaupt nicht verständigen, da ich als alter Humanist kein Englisch spreche. Ich versuchte, ihm durch Zeichen klarzumachen, daß der Bulle aufstehen müßte, da ich ihn nicht im Sitzen schießen könnte. Mr. E. machte daraufhin mit seinem Hut Bewegungen nach oben, ich schloß daraus, daß ich beim Schießen aufstehen solle. Das war aber mir längst klar, daß ich nur stehend am Baum angestrichen schießen könnte. Er aber hatte mir, wie sich später herausstellte, klarmachen wollen, daß er mit dem Hut winken würde, um den Bullen zum Aufstehen zu veranlassen. Nachdem wir fast zwanzig Minuten hin und her verhandelt hatten und ich mich sehnsüchtig nach meiner Frau umblickte, die mir als Dolmetscherin fehlte, entschloß ich mich schließlich, auf den sitzenden Bullen, der ein drei- bis viermal so großes Ziel bot wie ein sitzender Hirsch, den Schuß zu wagen. Als ich aufstand um zu schießen, machte Mr. E. keinerlei Anstalten zu winken. Ich kam Tiefblatt ab, und der Bulle schnellte mit allen vier Läufen aus dem Bett hoch in die Luft. Die Herde trat aufgeregt durcheinander, der Bulle sonderte sich nach 100 m ab und blieb sichtlich krank unter einer Schirmakazie, etwa 500 m von uns entfernt, stehen. Wir warteten ungefähr eine halbe Stunde und versuchten dann, den offenbar schwerkranken Bullen anzupürschen, was aber, bei der weitauseinandergezogenen Herde nicht gelang. Waren wir auf etwa 400 m heran, dann gingen die Herde und der Bulle weiter. Nun war es hochinteressant, daß der schwerkranke Bulle immer wieder versuchte, sich von der Herde zu trennen, aber wenn es ihm gelungen war, sich auf ungefähr 100 bis 150 m abzusetzen, zog die Herde wieder eisern hinter ihm her, und den Schluß der Herde bildete nun der zweite Bulle. Ich hatte also offensichtlich den Leitbullen, also den stärksten und ältesten des Rudels, beschossen. Mir wurde die Sache mulmig! Seit dem Anschuß waren mittlerweile drei Stunden vergangen, der Bulle war mindestens drei Kilometer vom Anschuß entfernt und hatte sich bis jetzt noch nicht ein einziges Mal niedergetan! Mr. E. dagegen war vom ersten Augenblick an der festen Überzeugung, daß der Bulle eine gute Kugel hätte und schwerkrank wäre, nur sagte er, die Elenantilopen seien unerhört zäh und hart im Nehmen. Wir bekamen genügend Gelegenheit, uns hiervon zu überzeugen. Wir machten eine kurze Beratung, und Mr. E. schlug vor, erst einmal den Landrover zu holen.

Als er fort war, untersuchte ich noch einmal den Anschuß, fand aber weder Schweiß noch Schnitthaar, sondern nur starke Eingriffe. Wir schlugen nun mit dem Auto einen riesigen Bogen um das Rudel herum, das uns inzwischen langsam aus den Augen gekommen war. Dann stiegen meine Frau, ich und Youngi aus und stellten uns an einer übersichtlichen Stelle vor, Mr. E. und seine Game-Scouts wollten ausgeschwärmt auf uns zudrücken und nach der Spur des kranken Bullen suchen.

Kaum waren wir an der Stelle, wo wir etwa stehen bleiben sollten, angelangt, als Youngi den schwerkranken Bullen, dem es nun doch gelungen war, sich von der Herde zu trennen, vor uns im Busch sah. Ehe ich aber bei ihm war – Youngi ging wie gewöhnlich 20 m vor uns – war der Bulle schon in den Büschen

ICH SCHIESSE ZWEI ELEN KRANK

verschwunden. Dann sahen wir ihn wieder auf etwa 400 m gegenüber auf einem sanft ansteigenden Hang schwerkrank von uns fortziehen. Nun nahmen wir die Beine in die Hand, im Sturmschritt ging es dorthin, wo der Bulle verschwunden war. Plötzlich blieb meine Frau zurück und erklärte, nicht mehr weiter zu können, da sie alle Bäume auf dem Kopf stehen sah! Es war inzwischen Mittag geworden und wir hatten morgens um 5 Uhr nur eine Tasse Tee getrunken, ohne irgend etwas zu essen. Ich war der Verzweiflung nahe, denn ich konnte meine Frau unmöglich im Busch zurücklassen, wir würden aber den schwerkranken Bullen nie bekommen, wenn wir jetzt, wo wir ihn so nah vor uns hatten, die Nachsuche abbrachen. Meine Frau nahm all ihre Kräfte zusammen, nachdem sie einen Augenblick im Schatten einer Akazie lang gelegen hatte, und weiter ging es hinter dem Bullen her. Plötzlich sah ich in den Büschen auf vielleicht 60 m vor uns den vermeintlichen Bullen, riß sofort meine Büchse runter und schoß auf das halbverdeckt von uns fortziehende Stück. Da ich mit der Wirkung meiner 8×57 Patrone auf den Bullen nicht zufrieden gewesen war, hatte ich mir die von Youngi nachgetragene Doppelbüchse Kal. 458 geben lassen. Auf meinen Schuß brach das Elen zusammen, stöhnte laut auf, war aber im nächsten Moment wieder auf den Läufen und in den Büschen verschwunden. Youngi war außer sich und schrie immerzu mit bösem Augenrollen „Habanna, habanna – – – nix gutt". Als wir noch nach Anschuß und Schweiß suchten, erschien auch Mr. E. mit seinen Männern. Nun stellte sich heraus, daß der Bulle weiter links gezogen war, daß Youngi die Fährte verloren hatte, und daß mir eine gesunde Elenkuh angelaufen war, die ich in der felsenfesten Überzeugung, den kranken Bullen vor mir zu haben, nun auch noch krankgeschossen hatte! Eine entsetzliche Schweinerei. Die Stimmung sank auf den Nullpunkt. Es waren mindestens 40 Grad im Schatten, ein glutheißer Wind wehte und die Sonne brannte erbarmungslos senkrecht auf uns herunter. Mr. E. bekam die Wut, was ich ihm, weiß Gott, nicht übelnehmen konnte. Er beherrschte sich aber, und während ein Game-Scout und Youngi versuchten, die Fährten zu verfolgen, gingen wir in eine große freie Steppe hinein, immer in Richtung gegen den Wind bis zu einer Schirmakazie, die wenigstens etwas Schatten gab. Der eine Game-Scout kam zurück, er hatte die Richtung festgestellt, in der die kranken Stücke, die sich merkwürdigerweise zusammengetan hatten, weitergezogen waren.

Nun erklärte Mr. E., er würde allein die Nachsuche fortsetzen und ließ uns alle mit den Schwarzen in der Steppe zurück. Ich schildere, was Mr. E. nun erlebte: Nach etwa 1½ km sah er den schwerkranken Bullen sitzen, der sich jetzt erst, fast vier Stunden nach dem Anschuß, niedergetan hatte, nachdem er noch mindestens 5 km zurückgelegt hatte. Etwa 30 m von dem Bullen entfernt stand die kranke Kuh. Mr. E. schwankte nun hin und her, ob er zuerst auf den Bullen oder die Kuh schießen sollte. Er entschloß sich schließlich, erst den Bullen unter Feuer zu nehmen und trug ihm auf sehr weite Entfernung zwei Kugeln an, die beide waidewund saßen. Der Bulle zog daraufhin, gefolgt von der Kuh, von ihm fort. Mr. E. mit seinen meterlangen Beinen im Sturmschritt hinterher, kam schließlich, nach einem weiteren Kilometer Verfolgung, auf weite Schußentfernung wieder heran und trug dem Bullen nunmehr einen guten Blattschuß an, der ihn endlich verenden ließ. Wir hörten von weitem die Kanonade, und unser Hoffnungsbarometer stieg langsam wieder. Auf einmal sahen wir die kranke Kuh auf etwa 600 m Entfernung ankommen, wie sie, ganz kurze Schritte machend, langsam aber stetig weiterzog. Ich konnte nicht schießen, es war zu weit und es gab keinerlei Deckung zwischen uns. Schließlich blieb die Kuh 800 m von uns entfernt stehen.

Jetzt sahen wir auch Mr. E. mit riesigen Schritten in der Ferne ankommen, aber die Kuh sah ihn auch und zog wieder weiter. Beide verschwanden wieder in einem Buschwald. Auf einmal begann eine riesige Kanonade, wir hörten fünf Schüsse fallen. Mr. E. hatte immer wieder auf große Entfernung auf die Kuh geschossen, sobald er sie nur sah. Schließlich hatte sie, wohl mehr durch Zufall, eine Kugel in den Kopf bekommen, das aber konnte selbst ein Elen nicht vertragen!

Wir gingen Mr. E. über die glutheiße Steppe entgegen. Die Kuh hatte meinen Schuß mit der dicken Pille aus der Doppelbüchse mittendrauf, so daß zweifellos die Leber gefaßt war, und Mr. E. hatte ihr dann noch zwei Kugeln waidewund, eine Kugel Tiefblatt und eine Kugel durch den Kopf geschossen. Als wir die Kuh, die die Größe einer normalen Hauskuh hatte, genügend besehen hatten, gin-

DIE ELEN UND DIE JÄGER WAREN ZUR STRECKE

gen wir den weiten Weg zu dem Bullen. Ich hatte mir ihn lange nicht so groß und mächtig vorgestellt. Es war völliger Blödsinn gewesen, auf ein derartig uriges Tier, das in der Stärke einem Büffel nicht sehr viel nachgibt, mit einer 8×57 zu schießen. Das Gewicht des Bullen wurde, unaufgebrochen, auf 14 Ztr. geschätzt. Der Bulle hatte meine Kugel Tiefblatt, aber das Herz war nicht verletzt, sondern nur die Lunge. Von Mr. E. hatte er zwei Kugeln waidewund und eine Kugel Mitte Blatt. Ausschuß war nicht vorhanden, nur von der Kugel Mitte Blatt war ein kleiner Splitter auf der anderen Seite hinausgedrungen. Die Zähigkeit dieser Tiere ist so unwahrscheinlich, wie ich es noch bei keiner anderen Wildart erlebt habe. Auch die Verhaltensweise eines beschossenen Stückes ist völlig anders als bei unserem europäischen Wild.

Die Freude war nun, trotz allem, sehr groß, aber wir waren alle zur Strecke, sogar Youngi! Nur Mr. E. war keineswegs erschöpft, er nahm sofort die langen Beine in die Hand und marschierte zu dem mehrere Kilometer entfernten Landrover, um diesen herbeizuholen. Es war mittlerweile 3 Uhr nachmittags geworden. Seit 5 Uhr früh waren wir, ohne etwas zu essen und zu trinken, dauernd unterwegs. Mich selbst putschte die Freude über diese fantastische Nachsuche, und den nun doch errungenen Erfolg, erheblich wieder auf, aber meine Frau war nun endgültig am Ende ihrer Kraft. Wir stiegen in den Landrover und fuhren, so schnell es ging, ins Lager zurück, insbesondere mein Freund, hatte sich schwerste Sorgen um uns gemacht, zumal man wußte, daß wir keinerlei Verpflegung bei uns hatten. Eine Suchexpedition konnte man nicht ausschicken, da niemand wußte, in welcher Gegend dieser ungeheuren Weite wir zu suchen waren. Wir mußten zunächst eine Tasse warmes Wasser trinken, in dem zwei volle Löffel Salz aufgelöst waren. Damit wir dies Gebräu hinunter bekamen, wurde noch etwas Saft einer Ananas beigemischt. Wenn man den ganzen Tag in den Tropen nichts getrunken hat und bei der heißen trockenen Luft sehr viel Flüssigkeit verliert, kommt der Salzhaushalt des Körpers in Unordnung. Das Salzwasser schmeckte auch gar nicht einmal so schlecht, der Körper verlangte einfach danach. Nach einiger Zeit aßen wir etwas, erst dann wurde uns erlaubt, auch zu trinken. Ich überwand diese erhebliche Strapaze ohne Nachwirkungen, meine Frau mußte sich allerdings noch einige Tage schonen, da sie doch einen leichten Sonnenstich erhalten hatte.

Wie einfach wäre diese Nachsuche mit einem guten Hund gewesen! Man hätte am langen Riemen nachgehangen, und sobald der Bulle sich von der Herde getrennt hatte, den Hund zur Hetze geschnallt. Der kranke Bulle hätte sich bestimmt sehr schnell dem Hunde gestellt, und man hätte dann mühelos und vor allem, auf eine vernünftige Entfernung den Fangschuß geben können. Dieses Großwild, und dazu gehört das Elen eigentlich auch, wenn es auch nicht zu den „Großen Fünf" gerechnet wird, verträgt doch erheblich viel mehr, als der zäheste Brunfthirsch, und Mr. E. hätte niemals zulassen dürfen, daß ich nur mit einer 8×57 Patrone auf ein Elen schoß. Ich hatte ihn vorher gefragt, ob er die Patrone für ausreichend hielte, und er hatte meine Frage bejaht.

Wundervoll schmeckten uns in den nächsten Tagen die Filets der beiden Elen, die übrigens auch allgemein als Delikatesse gelten.

Eine eigenartige Nachsuche erlebte ich am Edersee vor langen Jahren. Ich war damals junger Forstmeister in Battenberg und führte eine hervorragende hann. Schweißhündin „Gilka-Winnefeld-Solling", mit der ich über 100 Stück Rotwild und viele Sauen zur Strecke brachte, und zwar zunächst von Battenberg aus, später in Rominten.

Ich wurde damals von einem etwa 50 km entfernt liegenden Forstamt vormittags angerufen und zu einer Nachsuche auf ein in der vergangenen Nacht auf dem angrenzenden Felde krankgeschossenes Stück Rotwild gebeten. Am Ort der Tat gegen Mittag angekommen, schilderte mir der Feldpächter den Vorgang. Bei Mondschein hatte er aus einem Schirm heraus ein Stück Rotwild, angeblich ein Alttier, beschossen. Das Stück war im Feuer zusammengebrochen, aber sehr schnell wieder hochgeworden und in Richtung des fiskalischen Waldes fortgeflüchtet. Am Anschuß lag reichlich Schnitthaar, das ich als vom Kamm herrührend ansprach. Immerhin fehlten die schwarzen, besonders langen Haare des Aalstriches, so daß ein eigentlicher Krellschuß, nach dem Schnitthaar zu urteilen, nicht vorlag. Ich tippte daher mehr auf Halsschuß ohne Verletzung der Wirbelsäule und der Drossel. Ohne sehr viel Hoffnung auf Erfolg

DAS KALB SASS ZUSAMMENGEROLLT VOR MIR

legte ich meine alte erfahrene Hündin „Gilka-Winnefeld-Solling" zur Fährte, während ich die zweite jüngere Hündin durch einen Hilfsförster nachführen ließ.

Der Beginn der Suche war dadurch sehr erschwert, daß ausgerechnet an demselben Vormittag auf dem Felde, über das die Wundfährte stand, künstlicher Dünger ausgestreut war. Trotzdem arbeitete die Hündin richtig und führte sehr bald in den Staatswald hinein. Hier ging die Reise mit zahlreichen Widergängen und Haken durch mehrere Distrikte bis zu einer großen Buchendickung. Nachdem sich vorsichtshalber die anwesenden Schützen auf den Hauptwechseln vorgestellt hatten, gab ich der Hündin den Riemen, und nun ging's in eine Bürstendickung hinein, daß einem Hören und Sehen vergehen konnte. Stellenweise war der Buchenjungwuchs so dicht, daß ein Mensch beim besten Willen nicht durchkommen konnte. Ich mußte an solchen Stellen den Riemen loslassen, die besonders dichte Stelle umschlagen und an der anderen Seite den Riemen wieder auffangen. Auf das Kommando „Halt" wartete die Hündin stets so lange, bis ich wieder heran war. In dieser Dickung nun war das Stück, ständig schweißend, auf einer Fläche von etwa 2 ha Größe stundenlang hin- und hergezogen, so daß ein unentwirrbares Fährtenbild entstanden war. Gilka arbeitete, unentwegt Bogen schlagend und ständig Schweiß zeigend, in diesem Chaos von Fährten umher. Als nach Verlauf einer halben Stunde, in der ich dauernd bergauf, bergab den Steilhang hinter der Hündin am Riemen hing, der Abgang noch immer nicht gefunden war, trug ich die Hündin ab und ließ sie im großen Bogen um das Fährtenchaos herum vorhin suchen. Kaum hatte ich den Bogen halb vollendet, als die Hündin die kranke Fährte wieder anfiel und Schweiß zeigte. Schon nach etwa 100 m wurde der Riemen locker, und als ich näherkommend durch die Büsche sah, saß das kranke Stück, ein Kalb, mit tiefem Krellschuß am Träger, vor mir zusammengerollt wie ein schlafender Hund, während es meine Hündin beroch. Ich glaubte, das Stück wäre verendet, und wollte es gerade totblasen, um durch das Signal die Schützen von ihren Ständen zu rufen, als das Stück plötzlich den Kopf hob, blitzschnell auf den Läufen war und hochflüchtig abging. Sehr geistreich habe ich bestimmt in diesem Augenblick nicht ausgesehen!

NACHSUCHEN

Ich schnallte sofort meine Gilka, und, da ich den Sitz der Kugel gesehen hatte, also wußte, daß das Stück auf allen vier Läufen gesund war, die nachgeführte zweite Schweißhündin ebenfalls. Die Hetze ging lauthals den Hang entlang und dann ins Tal hinab zum Edersee. Wie wir von der Höhe aus beobachten konnten, nahm das Stück sofort das Wasser an und versuchte, den See, der an dieser Stelle etwa 350 m breit sein mochte, zu durchrinnen.

Meine Gilka stürzte sich ebenfalls sofort ins eisige Wasser, überholte das Stück im Wasser und nahm am anderen Ufer Aufstellung. Sooft das Stück sich dem anderen Ufer näherte ging die Hündin laut bellend auf das Stück los, das dann stets sofort im Wasser kehrt machte. Inzwischen hatte die zweite Hündin am diesseitigen Ufer ihren Wachtposten bezogen, und so hielten die beiden Hunde das Stück im Wasser. Mehrfach versuchte das Kalb, das übrigens wie eine Ratte schwamm, unterhalb oder oberhalb durchzukommen, sofort wurde es dann aber von den Hunden überhöht und zum Umkehren gezwungen; hierbei gingen die Hunde mehrfach wieder ins Wasser hinein, kehrten aber stets auf ihren Wachtposten zurück.

Inzwischen waren wir an das Ufer gekommen und ich hatte mit dem Jagdhorn alle Suchenteilnehmer herbeigeblasen, mit Ausnahme des unglücklichen Schützen; dieser war schwerhörig und konnte mein Blasen nicht hören, er saß eisern stundenlang auf seinem Wechsel, aber wir konnten uns nun um den Bedauernswerten nicht kümmern. Großer Kriegsrat! Wenn wir das Stück auf den Kopf schießen verendet es und liegt dann mausetot mitten im See, apportieren tun es die Hunde leider nicht, ein Kahn ist weit und breit nicht zu haben, dunkel wird es auch schon langsam. Dann muß eben einer ins Wasser und schwimmen, aber dazu hatte keiner Schneid, Mitte Dezember und eisiges Wasser – – – lieber nicht! Der eine schützte Rheuma vor, der andere war sowieso erkältet, ich selbst war völlig durchgeschwitzt von der Kriecherei in der Dickung. Allgemeines Kratzen hinter den Lauschern, bis einer auf die Idee kam, wir wollten uns alle verstecken und die Hündin an unserer Uferseite, die jede Annäherung des Kalbes wie ein Zerberus abwehrte, anhalsen und wegnehmen.

Das Kalb war inzwischen etwa eine Dreiviertelstunde mitten im See dauernd hin- und hergeschwommen. Nachdem wir nun in volle Deckung gegangen waren und den Hund mitgenommen hatten, dauerte es keine zehn Minuten und das Kalb kam ans Ufer. Drei Büchsen lagen gestochen bereit, um nach dem Aussteigen des Stückes ein wohlgezieltes Schnellfeuer zu eröffnen – – – da knallt es bereits neben mir, als das Stück noch etwa 40 cm tief im Wasser stand! Das Stück brach zusammen, schlug ein paarmal mit den Läufen, wodurch es sich vom Ufer entfernte, und verendete schließlich mitten im See. Zum zweitenmal an diesem Tag machten wir nicht gerade intelligente Gesichter. Diesen Erfolg hätten wir schon vor einer Stunde haben können.

Nun aber schnappte die am anderen Ufer treu wachehaltende Hündin, haushoch ein. Als sie sah, daß das Stück mitten im See verendet war, umschwamm sie es einmal, um dann, sichtlich wütend ob so viel menschlicher Torheit, zu mir zurückzukommen.

Aber gekriegt haben wir das Stück doch noch! Nachdem wir uns mit Hilfe der beiden aneinandergebundenen Schweißriemen ein Lasso hergestellt hatten, warteten wir, bis das Stück durch den schwachen Strom des Edersees etwas näher zum Ufer getrieben wurde, warfen unter Triumpfgeschrei unser Lasso und zogen es ans Ufer.

Das Stück hatte einen Krellschuß am Trägeransatz, und zwar war die Kugel haarscharf über der Wirbelsäule zwischen zwei Dornfortsätzen hindurchgegangen. Die Decke hing in der Mitte auf dem Aalstrich noch zusammen.

In einer unweit gelegenen Kneipe wurde die Jagd auf dieses seltene „Wasserwild" gehörig gefeiert.

Aber das dicke Ende kam nach: Einige Wochen später lag eine von einem Tierschützer getätigte Anzeige bei der Staatsanwaltschaft gegen mich wegen Tierquälerei vor. Wir hätten das kranke Stück zu lange im Wasser herumschwimmen lassen und dadurch das arme Tier gequält. Ich fuhr zu dem betreffenden Staatsanwalt und erklärte ihm die Sache. Selbstverständlich wurde kein Verfahren eingeleitet. Es erschien mir wie ein Treppenwitz, daß ausgerechnet ich, der ich Hunderte Stücke Wild mit meinen guten Hunden von qualvollen Leiden erlöst hatte, wegen Tierquälerei angezeigt wurde.

Schlusswort

Das letzte Mal war ich mit Oberstjägermeister Ulrich Scherping zusammen etwa ein halbes Jahr vor seinem Tode. Wir hatten gemeinsam an einer Kreisjägerversammlung im südlichen Württemberg teilgenommen; Scherping hatte einen Vortrag gehalten, und ich hatte die Trophäen gerichtet. Ich nahm ihn in meinem Wagen mit zu meinem Haus Rominten.

Unterwegs sagte Scherping in einer pessimistischen Stimmung – vielleicht ahnte er damals schon seinen nahen Tod: „Frevert, wir beide haben umsonst gearbeitet und gelebt. Alles, für das wir uns ein Menschenleben lang eingesetzt haben, für das wir gewirkt und gekämpft haben, ist verloren und geht im Materialismus unserer Tage zugrunde. Ich sehe schwarz für das deutsche Waidwerk, es sind heute Kräfte unter den Jägern in Deutschland wirksam, ja vielleicht schon herrschend, die den Untergang der Ideale bedeuten, für die wir unser ganzes Leben lang gekämpft haben!"

Ich erwiderte ihm: „Ich glaube, daß Sie irren. Bei Ihnen in Bonn liegen natürlich jeden Tag Berichte und Briefe auf dem Schreibtisch, die einen pessimistisch stimmen müssen. Wenn irgendwo in der Bundesrepublik ein sogenannter Jäger mit Posten bei Mondschein auf einen Hirsch geschossen hat, wenn an anderer Stelle durch groben Leichtsinn ein Treiber oder Schütze auf der Jagd erschossen oder schwer verletzt wurde, wenn der Abschuß grob überschritten oder irgendwo eine sinnlose Überhege betrieben wurde, wenn vollkommen unsinnige Preise bei einer Jagdversteigerung geboten wurden, wenn persönliche Differenzen zwischen Organen des DJV eingetreten waren – kurzum, wenn die Landesjägermeister nicht mehr allein mit irgendeiner Schweinerei fertig werden, dann flattert Ihnen

SCHLUSSWORT

ein diesbezüglicher Bericht auf den Schreibtisch. Von den tausend Jägern, die ihr Revier vorbildlich verwalten, die gute Heger und Schützer der Tierwelt sind, die altes, brauchtumsgerechtes Waidwerk treiben, die eine hohe jagdliche Ethik besitzen und danach handeln und leben – von all den vielen Waidgenossen in Deutschland erfahren Sie nichts, davon wird nichts berichtet, darüber gibt es keine ‚Beschwerden'. An Sie wird nur das Negative herangetragen, von dem Positiven hören Sie wenig oder nichts. Ihr Urteil ist daher einseitig und deshalb nicht richtig. Schlechte Jäger, Schießer und Bönhasen gab es schon immer. Lesen Sie beim alten Diezel nach, und Sie werden feststellen, daß es in der sogenannten guten alten Zeit ebenfalls Klagen über unwaidmännisches Verhalten vieler Jäger gegeben hat, wie heute.

Schlimm würde es erst werden, wenn Männer wie Ulrich Scherping und noch tausend andere Gleichgesinnte die Flinte ins Korn werfen würden, wenn Sie und die anderen Gerechten aufgeben und im Kampf für das Waidwerk erlahmen würden – – erst dann würde ich alles, wofür wir gerungen haben, als verloren ansehen! Solange wir bereit sind, zu arbeiten und zu kämpfen, ist nichts verloren, und der Weise von Weimar hat schon gesagt: „Wer immer strebend sich bemüht, den wollen wir erhören!"

Scherping sah sinnend vor sich hin und sagte: „Sie haben recht, von dem Gesichtspunkt aus habe ich das Problem noch nicht angesehen – wir werden weiter arbeiten und wirken für das Wild und die Jagd, für Waidwerk und gerechte jagdliche Gesinnung!"

Das waren die letzten Worte, die ich von Ulrich Scherping hörte. Ich kann mir für dieses Buch keinen besseren Schluß denken.

Abends bracht' ich reiche Beute

ERSTES KAPITEL

MEINE SCHWEISSHUNDE

Wenn ich auf meiner Jagdhütte sitze oder zu Hause abends vor dem Kamin, dann kommt mein Hannoverscher Schweißhund zu mir, legt seinen Kopf auf meine Knie und blickt mich aus seinen braunen Augen an wie ein Kind – vertrauensvoll, ergeben, überzeugt, daß ich es gut mit ihm meine, daß bei mir Sicherheit, Verständnis und Liebe zu finden sind. Friedrich der Große soll gesagt haben: „Je mehr ich die Menschen kennenlerne, desto mehr liebe ich die Hunde!" Ich gestehe unumwunden, ich liebe meinen Hannoveraner, und ich habe alle meine Schweißhunde geliebt, die ich im Laufe eines langen Jägerlebens gehabt habe. Wenn ich den auf meinem Knie vertrauensvoll ruhenden Kopf einige Zeit gestreichelt und gekrault habe, dann legt der Hund sich wieder auf seine Schwarte, und bald hetzt er im Traum den kranken Hirsch. Seine Läufe bewegen sich, während er auf der Seite liegt, die Rute wedelt aufgeregt, und leise gibt er Hetzlaut. Ist der Traum vorbei, dann kommt er wieder zu mir, um mit Zuspruch und Streicheln beruhigt zu werden. Die Hannoverschen Schweißhunde – und solche habe ich fast 50 Jahre lang geführt – sind besonders treu, zutraulich und liebebedürftig. Ich habe Vertreter fast aller Jagdhunderassen besessen und geführt. Wirklich *geliebt* habe ich nur den Hannoveraner und – den Wachtel!

Aber ich habe kein Verständnis für die Vermenschlichung der Tiere. Der Hund bleibt ein Tier und muß, zwar liebevoll, wenn er es verdient, behandelt werden — aber er bleibt ein Tier. Viele Tierschützler neigen dazu Hunde zu verwöhnen und zu verhätscheln und denken nicht daran, daß sie damit dem Tier nichts Gutes tun. Ein Hund ist ein Tier der Bewegung und fühlt sich nur gesund und wohl, wenn er den nötigen Auslauf hat. Tiere der

Bewegung sind aber von Natur aus niemals fettleibig. Deshalb ist es keine Tierliebe, einen Hund zu mästen bis er asthmatisch wird. Es entspricht einer falsch angewandten Humanität, wenn man einen Hund in eine Wolldecke packt oder ihm einen Anzug anzieht. Auch mit Süßigkeiten tut man einem Hund nichts Gutes an.

Ich habe meine Hunde tagsüber stets bei mir, also auch im Hause, nachts dagegen schlafen sie im Zwinger, in dem eine winddichte Hütte mit reichlich Farnkraut als Liegepolster steht. Nur wenn im Winter die Temperaturen unter 5 Grad Kälte sinken, darf der Hund im Haus schlafen, aber auch dann nicht im warmen Zimmer, sondern auf dem mäßig temperierten Flur.

Ein erwachsener Hund braucht nur einmal am Tag zu fressen, ein mehrmaliges Füttern entspricht nicht seiner Natur. Alle Raubtiere – und der Hund gehört zoologisch dazu – fressen sich in 24 Stunden einmal voll und können dann eventuell tagelang ohne Fraß auskommen, ganz im Gegensatz zu den Wiederkäuern, die etwa alle 6 Stunden fressen müssen. Diese Binsenweisheiten, die jedem Kind aus dem Schulunterricht geläufig sein sollten, werden von sehr vielen Hundehaltern nicht beachtet. Aber eins muß man noch bedenken, ein Hund braucht Fleisch und Fett, nur mit Reis und Haferflocken kann man ihn nicht füttern, geschweige denn mit Speiseresten oder gar Süßigkeiten. Alle Speisereste sind für den Hund zu scharf gewürzt. Vor der Domestikation haben die Vorfahren des Hundes niemals Gewürz oder Zucker zu sich genommen.

Viele Hunderassen sind heute derartig domestiziert, degeneriert und verweichlicht, und ihr Daseinszweck besteht darin, bei Frauchen auf dem Schoß zu liegen, daß eine naturgemäße Fütterung, Bewegung und Abhärtung von solchen Tieren nicht mehr ertragen wird. Aber alle Jagdhunde, die doch große Strapazen durchstehen müssen, die bei Wind und Wetter aushalten sollen, und die ihre ursprüngliche Lebensaufgabe, nämlich zu jagen, zu hetzen, das Wild aufzuspüren und zu verfolgen, erfüllen, sollte man naturgemäß halten und füttern. Ich habe Hannoversche Schweißhunde gekannt, die nur auf Sesseln und Sofas lagen, die mittags bei Tisch die besten Braten- und Wurststücke erhielten und die abends mit einer Decke für die Nacht zugedeckt wurden. Selbst diese Hunde hatten noch eine vorzügliche Nase und machten die schwierigsten Totsuchen, aber eine Hetze schafften sie nicht mehr, dazu waren sie zu fett. Die Liebe der Besitzer zu diesen Hunden war zu einer Affenliebe geworden, und eine Affenliebe bekommt schon keinem Kind, geschweige denn einem Tier. Wenn alte, verblühte Jungfrauen solchen „Liebling" haben, dann kann man noch mit einem leisen Schmunzeln Verständnis dafür aufbringen, bei einem Jäger aber sollte so etwas nicht vorkommen. Als Jäger sollte man wissen, daß die wahre Tierliebe sich darin zeigt, daß man seinen Hund naturgemäß hält, gerecht und liebevoll behandelt und niemals im Zorn straft. Es gelten fast dieselben pädagogischen Richtlinien wie bei der Erziehung von Kindern.

Der Hannoversche Schweißhund ist in seiner Veranlagung und Entwicklung dem ursprünglichen Beutetrieb seiner Vorfahren noch sehr nahe. Was weiß ein Zwergpudel davon, daß seine Ahnen das Wild zu Tode hetzten, niederrissen und gierig verschlangen! Der Hannoversche Schweißhund dagegen ist seit vielen Jahrhunderten ja Jahrtausenden der Wildfährte gefolgt, wie er es heute noch tut. Der Geruch des Wildschweißes läßt in ihm die alten Urinstinkte wach werden, sein liebster Fraß ist das warme Blut und das Fleisch seines Beutetieres. Um diesen Urinstinkt wachzuhalten, wird daher der Schweißhund im Gegensatz zu anderen Jagdhunderassen heute noch bei dem zur Strecke gebrachten Wild „genossen gemacht". Hier liegt ein sehr wesentlicher Unterschied zu anderen Gebrauchshunden. Der Vorstehhund, oder besser der Gebrauchshund ist abgerichtet; er wird dressiert und es werden ihm Dinge beigebracht, die mit dem ursprünglichen Beutemachen nur noch indirekt zusammenhängen. Das Apportieren z. B. oder das Bringselverweisen ist eine Sache der Dressur und hat kaum noch etwas mit dem ursprünglichen Beutetrieb zu tun. Beim Schweißhund dagegen findet keine Dressur statt. Der Schweißhund wird abgeführt, d. h., die natürlichen Eigenschaften und Anlagen des Hundes werden von dem jagenden Menschen nutzbar gemacht, und zwar nicht mit Zwang, sondern dadurch, daß man das Richtige, was er tut, lobt und das, was für den Jäger nicht vorteilhaft ist, tadelt. Man kann keinen Schweißhund mit Gewalt oder durch Strafe zwingen, der alten kalten Schweißfährte zu folgen, das muß in ihm stecken und muß daher bei der Abführung gefördert und belobt werden. Man kann ihn auch nicht zwingen, laut zu hetzen und das kranke Stück dann anhaltend zu stellen, aber man kann ihm abgewöhnen, nicht abdressieren, daß er Rehfährten oder Hasenspuren folgt, so daß er im Laufe der jahrelangen Abführung derartige Fährten kaum mehr beachtet und nur „gerechte" Fährten, d. h. von Rotwild, Damwild und Schwarzwild, arbeitet. Das einzige, was bei der Abführung des Schweißhundes an Dressur grenzt, ist das Ablegen. Aber die allermeisten Hannoveraner lernen das Ablegen spielend durch konsequente Gewöhnung. Ich habe kaum jemals bei einem Schweißhund Zwang anwenden müssen, um ihm ein absolut sicheres Ablegen beizubringen. Eiserne Konsequenz ist allerdings Voraussetzung für den Erfolg. Man muß stets mit Halsung und Riemen ablegen, der Hund muß immer persönlich abgeholt werden und darf niemals abgerufen oder gepfiffen werden. Er darf also niemals in die Verlegenheit kommen, mit schleppendem Riemen auch nur wenige Schritte zu tun. Er muß den Eindruck gewinnen, daß der niedergelegte Riemen fest mit der Erde verbunden ist. Bei einem jungen Hund verlängert man daher den Schweißriemen mit einer mit Leder umsponnenen Kette, damit er nicht versucht wird, sich abzuschneiden. Ich habe meine Schweißhunde immer bis zum dritten Lebensjahr beim Ablegen fest angebunden, dann lagen sie später absolut sicher. Ein einziger Fehler, den man, etwa aus Bequemlichkeit, in dieser Richtung macht, wirft einen um Monate zurück.

Ich habe in meinem Leben acht Hannoversche Schweißhunde geführt, darunter waren zwei ganz überragend, die anderen waren gut bis sehr gut. Also auch beim Hannoveraner sind unter vielen Berufenen nicht alle auserwählt. Allerdings muß ich gestehen, daß ich bei den nur guten und sehr guten Hunden zum größten Teil selbst die Schuld hatte, daß sie nicht hervorragend wurden. Der zweite Weltkrieg hinderte mich daran, so weiterzuführen, wie das notwendig gewesen wäre. Auch in den ersten Jahren nach dem ersten Weltkrieg war die Führung noch sehr erschwert und in den letzten Jahren wollen die alten Knochen nicht mehr so an den Steilhängen des Schwarzwaldes, wie das zu einer intensiven Führung notwendig wäre.

ABER — — ER HETZTE NICHT!

Einer dieser erwähnten sechs Hunde, ein Rüde, der Formwert „vorzüglich" hatte, bildschön und im Wesen ausgezeichnet war, arbeitete auf der alten Fährte sehr sicher und leistete dabei Hervorragendes, aber – er hetzte nicht. Ich hatte mit der ersten Hetze gewartet, bis er etwa 2½ Jahre alt war. Es war auf einer Nachsuche auf ein Schmaltier, das die Kugel tief waidwund hatte. Das Stück war am Abend vorher beschossen und die Fährte, die nur wenig schweißte, war 16 Stunden alt, als ich den Rüden anlegte. Der Schweißhund arbeitete einwandfrei alle Haken und zwei Widergänge, Bogen schlagend, in bestechender Manier und Sicherheit aus, und das Schmaltier wurde, aus einem kleinen Fichtenhorst nach etwa 1½ km langer Suche, hoch. Ich schnallte den Hund, rüdete ihn an, und er hetzte fährtenlaut etwa 300 m hinterher, ließ dann ab und kam zu mir zurück. Ich halste ihn sofort an, arbeitete die warme Fährte nach, und der Rüde führte mich in eine dichte Fichtenschonung. Bevor ich in die Dickung hinein weiter arbeitete, blies ich die Teilnehmer der Suche herbei und umstellte die Dickung. Kaum waren wir 50 m in der Dickung drin, als das schwerkranke Stück vor dem Hunde wegpolterte. Ich schnallte erneut und lief, den Hund anrüdend, ein Stück hinterher. Nach wenigen Minuten war der Hund wieder bei mir. Kurz darauf knallte es draußen. Ich arbeitete nun mit dem wie wild am Riemen liegenden Hund die Fährte bis zum, inzwischen verendeten, Schmaltier.

Ich sagte mir, der Hund ist noch zu jung zum Hetzen, arbeitete ihn fleißig auf kalter Fährte und machte auch noch einige gute Totsuchen mit ihm. Etwa ¾ Jahr später – der Rüde war nunmehr also über 3 Jahre alt – wurde ich zu einer Nachsuche auf einen Hirsch gebeten, der einen tiefen Keulenschuß hatte. Knochensplitter lagen am Anschuß, und der Hirsch schweißte gut. Hinterlaufkranke Stücke sind bekanntlich besonders zäh und verursachen die schwierigsten Suchen. Der Hirsch hatte viele Widergänge gemacht und hörte schließlich fast völlig zu schweißen auf. Es wurde eine sehr schwere Riemenarbeit. Nach etwa 3 km hatten wir es geschafft, und ich war voller Begeisterung über die ausgezeichnete Arbeit meines Hundes. Als der Hirsch in einer Kieferndickung vor uns wegpolterte, schnallte ich, und der Rüde hetzte lauthals hinterher. Schon wollte ich befriedigt jubilieren – da stand er wieder vor mir! Noch zweimal versuchte ich die Hetze, nachdem ich jedes Mal am Riemen wieder bis an den Hirsch gekommen war – der Hund versagte bei der Hetze vollkommen. Zähneknirschend mußte ich mit dem Auto einen alten Teckel holen, vor dem sich der Hirsch bald stellte und den Fangschuß erhielt. Ich hatte einen solchen Zorn, daß ich den Rüden am liebsten an Ort und Stelle erschossen hätte! Ich verschenkte ihn – verkaufen konnte ich keinen Schweißhund, von dem ich wußte, daß er auf der Hetze versagt hatte. Nach etwa einem Jahr sagte mir der neue Besitzer – ein Berufsjäger – daß er niemals einen besseren Schweißhund besessen hätte. Der Hund habe mehrere ausgezeichnete Hetzen gemacht, darunter auch auf ein vorderlaufkrankes Kalb. Eine bessere Nase – das wußte ich ja bereits – und einen besseren Hetzer – das hatte ich nicht mehr für möglich gehalten – hätte er noch nie erlebt. Ich freute mich, daß der Jäger einen so guten Hund bekommen hatte, wurde mir aber klar, daß der Hannoveraner spätreif ist, manchmal sogar sehr spätreif, und daß man niemals zu früh aufgeben soll, wenn Nase und Spurwillen gut sind.

Von den beiden überragenden Hunden, die ich geführt habe, ist zunächst „Gilka-Winnefeld-Solling" zu nennen. Ich machte mit dieser wenig schönen, aber ausgezeichneten Hündin mehrere hundert erfolgreiche Suchen und habe an anderer Stelle schon mehrfach über die ans Wunderbare grenzenden Schweißarbeiten berichtet. Von einem besonders interessanten Nachsuchtag möchte ich jedoch hier erzählen:

In Trier sollte eine neue Gruppe des Vereins Hirschmann gegründet werden. Man hatte mich vom Verein gebeten, nach Trier zu fahren, um dort einen Vortrag über den Hannoverschen Schweißhund zu halten und am nächsten Tag mit meiner „Gilka-Winnefeld-Solling" eine Schausuche im Trierer Hochwald abzuhalten, um so in Theorie und Praxis für unseren edlen roten Hund zu werben. Als ich in Berlin in den D-Zug steigen wollte, erklärte der Schlafwagenschaffner: „Das Biest kommt hier nicht rein, Hunde müssen im Packwagen befördert werden." Ich hielt dem Mann erst einmal einen langen Vortrag, daß ich die Bezeichnung „Biest" auf das energischste zurückweisen müsse, dieser Hund sei das edelste Tier Europas, sei unerhört wertvoll und müsse unter allen Umständen mit mir im Schlafwagen fahren. Nach langem Hin und Her und 20 RM Trinkgeld schliefte ich schließlich in mein Abteil, legte die Schweißhündin auf der Matte vor dem unteren Bett ab und schob mich im oberen Bett geruhsam für die Nacht ein. Alles ging gut bis Hannover. Ein wütendes Knurren meiner Hündin und lautes Geschimpfe weckten mich unsanft aus dem Schlaf. Zu meinem Schrecken mußte ich feststellen, daß sich die Hündin auf das untere Schlafwagenbett gelegt hatte und ihren Platz gegenüber dem neuen Schlafgast, der in Hannover einstieg, energisch verteidigte. Der halbe Schlafwagen wurde mobil und schließlich mußte ich den unteren Bettplatz auch bezahlen, der späte Fahrgast wurde in einem anderen Abteil untergebracht. Die Reisespesen wurden hoch. So vornehm und so teuer hatte meine alte Hündin noch nie geschlafen!

In Trier war alles aufs beste vorbereitet. Man hatte die gesamte hirschgerechte Jägerei aus dem Hunsrück und der Eifel, ja sogar aus Köln und dem Industriegebiet mobil gemacht, und eine riesige Korona erwartete mich mit meinem berühmten Hund. Nach Beendigung meines Vortrages, als wir bei köstlichen Moselkrescenzen zusammensaßen und das schönste und unerschöpflichste Thema – Hirsche – nach allen Richtungen hin ventilierten, kam der maître de plaisir, ein guter Freund von mir, zu mir und erzählte, er habe für morgen die Schausuche organisiert und heute in allen Staats- und anderen Revieren große Jagden arrangieren lassen, bei denen bestimmt einige Nachsuchen anfallen würden. Soeben habe er Nachricht erhalten, daß neun Anschüsse entstanden seien, wobei allerdings zwei bestimmt nur eine kurze Totsuche liefern würden, aber bei den sieben anderen sei mit einer längeren Suche zu rechnen. Mir fiel das Herz nicht nur in die Hose, nein, es rutschte mir bis in die Strümpfe. Das war ja eine tolle Schweinerei! Ich kam hierher, um hirschgerechtes Jagen, Nachsuche mit dem Schweißhund usw. zu propagieren und die Leute schossen an einem Tage – gewiß war viel Pech dabei – sieben Stück Rotwild krank, und ich Unglücksmensch stand allein mit meinem Hunde da! Es erschien unmöglich, diese sieben Suchen zu bewältigen, ein weiterer Schweißhund aber war nicht vorhanden, es konnte also nur ein furchtbarer

Reinfall werden. Wutschnaubend ob solch törichter Dinge ging ich auf mein Zimmer, um zu schlafen. Gewohnheitsmäßig sah ich noch einmal aus dem Fenster, um festzustellen, wie das Wetter sei – da rührte mich fast der Schlag: es schneite! Schneite langsam, aber stetig. Im ersten Augenblick überlegte ich, ob ich mit dem nächsten Nachtschnellzug abreisen sollte, einfach türmen, das wäre das richtigste. Aber dann siegte doch die Tugend – ich blieb und sah dem nächsten Tag erwartungsvoll entgegen.

Am nächsten Morgen beim Frühstück: betretene Gesichter der Teilnehmer. Es hatte sich herumgesprochen, daß neun Stücke angeschweißt waren, und draußen lagen zwischen 10 und 15 cm Neuschnee. Die meisten Herren betrachteten mich und meine Hündin mitleidig, als ob sie sagen wollten: „Du armer Irrer, bei den überschneiten Fährten findest du kein einziges Stück, welch eine Blamage."

Ich frühstückte erst einmal gewaltig. Heute ging's ums Ganze, das war mir klar. Heute kam es darauf an, ob wir den Westen Deutschlands für die Schweißhundsache gewannen, oder ob man hier in Zukunft das Wort „Schweißhund" nur mit einem mitleidigen Lächeln aussprechen würde. Ein riesiger Omnibus und ungefähr 25 Privatwagen setzten sich in Richtung Trierer Hochwald in Bewegung. Ein Revierförster erwartete uns an einem Buchenaltholzbestand. Nachdem alles ausgestiegen war, erklärte der Förster die Lage:

Gestern nachmittag gegen 16 Uhr, etwa sechs Stunden bevor es angefangen hatte zu schneien, hatte er auf ein Schmaltier geschossen, das mit vier anderen Stücken im Buchenaltholz stand und Mast aufgenommen hatte. Das Stück hatte durch Ausschlagen nach hinten gezeichnet. Der Schütze vermutete Waidwundschuß. Ich ließ mir die Stelle beschreiben und mich dann vom Schützen einwinken. Vor mir war eine weiße, unberührte Schneefläche! Die herrlichste „Neue", die sonst ein Jägerherz höher schlagen läßt. Als ich etwa in der Gegend des Anschusses war, dockte ich den Riemen ab und sagte: „Such' verwundt', mein Hund!" Die Zuschauerkorona stand etwa 50 m weiter zurück, auf den Gesichtern stand geschrieben: „Das hat ja gar keinen Zweck! Wie kann der Hund die Fährte unter diesem Schnee arbeiten! Es fehlt ja jeder

»Blanka vom Hessenwald«

»Gilka-Winnefeld-Solling«

*Revierförster Wagner mit seinem Hund
»Söllmann vom Jägerpfad«, Sieger bei der
Hirschmann-Hauptprüfung November 1950*

Anhaltspunkt!" Hier und da wurden auch ähnliche Bemerkungen laut. Meine alte erfahrene Hündin suchte mit tiefer Nase, den Kopf ganz flach über den Schnee haltend, mit aller Ruhe die Umgebung ab. Plötzlich stupfte sie die Nase tief in den Schnee, dabei richtig schnaubend und blasend, um nicht den Schnee in die Nasenlöcher zu bekommen. „Laß sehen, mein Hund", und ich wühlte unter dem Schnee ein paar Buchenblätter hervor, auf denen einige Schnitthaare und etwas Panseninhalt klebten. Ich legte die Hündin ab und zeigte der erstaunten Korona das Ergebnis. Nun ging die Suche am langen Riemen los ohne jede Kontrolle über den Hund. Den Fang ganz flach über den Schnee haltend, folgte die Hündin der Fährte und stupfte alle 20 bis 30 m mit der Nase tief in den Schnee hinein. Ich hielt dann jedesmal an, rief einen Zuschauer herbei und bat, nachzusehen. Dieser wühlte dann unter dem 15 cm hohen Schnee ein Blatt oder einen Zweig mit einem Schweißtropfen hervor. Das anfängliche Erstaunen der Korona ging allmählich in helle Begeisterung über.

Nach etwa 300 m Suche im Altholz bog die Hündin im rechten Winkel ab in eine Dickung hinein. Kragen hoch – Schutzbrille aufgesetzt und – hinein ging's in die verschneite Fichtendickung. Nach weiteren 300 m wurde das Stück aus dem Wundbett hoch, ich schnallte den Hund, die Hetze ging rund in der Dickung herum und dann hinaus ins Buchenaltholz zurück. Hier stellte sich das kranke Stück etwa 400 m entfernt von der zurückgebliebenen Korona, so daß alle Teilnehmer das Stellen beobachten konnten. Besser konnte es nicht kommen! In aller Ruhe pürschte ich mich, von Baum zu Baum Deckung nehmend, an das kranke Stück heran, das die Hündin, mit tiefem Hals lautgebend, umkreiste – ein herrliches Bild im frischverschneiten Winterwald!

Im Fangschuß brach das Stück verendet zusammen. Nun gab es bei den Zuschauern kein Halten mehr. Alles stürmte herbei und beglückwünschte mich und schüttelte mir die Hände. Da lag der erste Vorwitzige auch schon im Schnee! Ein Teilnehmer war dem verendeten Stück zu nahe gekommen, und meine Hündin war ihm sofort gegen die Brust gesprungen. Sie war sonst sehr friedlich und keineswegs bissig, aber an dem zur Strecke gebrachten Stück, ganz besonders nach einer Hetze, war sie gegen Fremde wie eine reißende Bestie, wie das übrigens bei fast allen Schweißhunden der Fall ist. Ich habe es auf Prüfungssuchen einige Male erlebt, daß der zur Hetze geschnallte Hund am verendeten Stück knurrend und zähnefletschend stand und den eigenen Herren nicht herankommen ließ, so daß dieser schließlich, den Schweißriemen als Lasso benutzend, versuchte, dem Hund eine Schlinge über den Kopf zu werfen. Ein solches Verhalten aber ist ein Mangel an Erziehung, dem eigenen Herren muß auch der Schweißhund folgen, trotz aller Schärfe und Passion.

Im Laufschritt ging's zu den Autos, keine Minute durfte verlorengehen, um das bei dem kurzen Novembertag fast unmöglich scheinende Pensum zu erledigen. Die nächsten Anschüsse ergaben nur kurze Totsuchen. Ein Stück, das nur 50 m vom Anschuß lag, war so zugeschneit, daß es ohne Hund wohl kaum hätte gefunden werden können. Nachmittags gab es noch eine Hetze auf ein vorderlaufkrankes Stück, das durch viele Widergänge in einer großen Dickung dem Hunde und mir erheblich zu schaffen machte. Um es kurz zu sagen: In der Abenddämmerung dieses denkwürdigen Tages blies ich das neunte Stück Rotwild tot! Somit waren alle angeschossenen Stücke zur Strecke. Zur Strecke waren aber auch Hund und Führer! Dieser Tag war in meiner über vierzigjährigen Nachsuchpraxis ein Rekord und ist es auch geblieben. Vielleicht war es überhaupt eine Rekordleistung, denn es kommt wohl niemals vor, daß man als Schweißhundführer vor eine derartige Aufgabe gestellt wird.

Am Abend saßen wir in einem Dorfwirtshaus. Die gesamte Zuschauerkorona meldete sich geschlossen zu einer Schweißhundgruppe!

Dabei war die ganze Sache, abgesehen von der großen Anzahl der Suchen, gar nicht so übermäßig schwierig gewesen. Wenn auf eine Schweißfährte Schnee fällt, ohne, daß es vorher gefroren hat, dann zieht die Witterung des Schweißes und der Wundfährte in den lose daraufliegenden Schnee ein. Der Schnee wird also ganz von der Witterung durchzogen, und es bildet sich über der Wundfährte eine wittrungsdurchtränkte Masse, wodurch der Geruch besser gehalten wird, als wenn etwa der Wind eine ganze Nacht lang über die Wundfährte streicht und alle Duftpartikelchen verweht. Voraussetzung aber ist, daß die Fährte und damit der Schweiß und die Wundflüssigkeit nicht vor dem Schneefall gefroren sind. Hätte es an dem beschriebenen Tage abends gefroren und auf den Frost wäre die „Neue" gefallen, dann wäre es für die Hundenase äußerst schwierig, wenn nicht unmöglich gewesen, den Fährten zu folgen. Für den weniger erfahrenen Zuschauer war die Sache natürlich verblüffend, ja ans Wunderbare grenzend.

Eine ähnliche Suche erlebte ich im Forstamt Rosenthal im sog. Burgwald bei Marbach. Ich wurde abends angerufen, daß ein Kalb beschossen sei und, nach dem Zeichnen zu urteilen, auch die Kugel haben müsse, ich möchte doch am nächsten Morgen zur Nachsuche kommen. Es fror morgens, und wir hatten etwa 3 bis 4 Grad unter Null, aber keinen Schnee. Als wir auf den Anschuß kamen lagen Schnitthaar und Schweiß, aber alles war überfroren und ein leichter Rauhreif bedeckte den Boden. Das Stück schweißte gut. Man sah mehrere Meter weit vom Anschuß den angefrorenen Schweiß. Meine „Gilka" nahm überhaupt keine Notiz von der Fährte bzw. vom Anschuß. Sie trampelte auf der Schweißfährte herum und sah mich verständnislos an, als ich immer energischer sagte: Such verwundt! Der Forstmeister machte eine bedenkliche Miene, und auf seinem Gesicht stand geschrieben: Der Köter ist die Patrone zum Totschießen nicht wert.

Ich schlug vor, eine in der Nähe befindliche Jagdhütte aufzusuchen, um dort auf Erwärmung der Luft und Tauwetter zu warten. Widerstrebend folgten der Forstmeister und seine beiden Beamten. Wir saßen bis etwa 11 Uhr vormittags in der Hütte und erzählten uns gegenseitig Jagdgeschichten. Die hochgekommene Sonne leckte den Rauhreif fort und auch der Boden taute langsam auf.

Als wir zum Anschuß kamen, fiel die Hündin sofort die aufgetaute Schweißfährte an und arbeitete mit absoluter Sicherheit. Es wurde noch eine längere Suche mit kurzer Hetze. Der Forstmeister staunte über die Verwandlung, die mit dem Schweißhund vorgegangen war.

Regen, selbst starker Regen, oder Schnee, wenn es nicht vorher gefroren hat, sind halb so schlimm, aber harter Frost, verbunden mit Rauhreif oder Augustsonne mit warmem Wind auf einem kahlen Südhang – das sind erhebliche Erschwernisse bei der Nachsuche, denen selbst eine erstklassige Nase nur selten gewachsen ist. Man muß in solchen Fällen vorgreifen und „vorhin suchen" lassen, also am Rande der nächsten Dickung oder des nächsten Stangenholzes, wo Sonne und Frost niemals so wirksam werden können.

Es war während der Hirschbrunft in den, im bunten Herbstlaub prangenden, hessischen Bergen, als eines Nachmittags ein benachbarter Jagdpächter zu mir auf meine Jagdhütte kam, um mich zu einer Nachsuche auf einen guten Zwölfer zu bitten. Ein Jagdgast, schon ein etwas älterer Herr, bei dem es mit der Sicherheit des Auges und der Hand schon etwas haperte, hatte am Abend vorher auf einen guten Hirsch geschossen. Der Hirsch hatte im Schuß gezeichnet, war dann mit dem Geweih einige Male zu Boden gefahren und alsdann hochflüchtig abgegangen. Der anwesende Jagdaufseher hatte auf den hochflüchtigen Hirsch noch einmal geschossen, ohne jedoch ein Zeichnen im Schuß feststellen zu können. Der Hirsch war in eine große Fichtendickung hineingewechselt und wurde selbstverständlich in Ruhe gelassen. Da der Jagdgast ein sehr schweres und stark wirkendes Kaliber schoß – 9,3 × 62 – hatte der Revierinhaber am nächsten Morgen mit seinem auf Schweiß allgemein gut arbeitenden Jagdhund die Nachsuche aufgenommen. Der Hund hatte auch sehr bald Schweiß gefunden, war der gut schweißenden Fährte in die Dickung gefolgt und hatte sie hier etwa 500 m weit, wobei er mehrere Haken gut ausarbeitete, vorgebracht. Nun aber war der Hirsch offensichtlich lange Zeit im Kreis herumgezogen, so daß ein solches Fährtengewirr entstanden war, daß der Hund nicht in der Lage war, den Abgang aus diesem Fährtenchaos herauszufinden. Er hatte zwar verschiedentlich Bogen geschlagen, wurde jedoch, da er überall auf Schweiß stieß, so aufgeregt und so verwirrt, daß man ihn nach mehrstündigem, vergeblichen Arbeiten, abtragen mußte. Meine „Gilka" sollte nun als Retter in der Not einspringen.

Derartige Nachsuchen sind naturgemäß für den Schweißhundführer die unangenehmsten; durch den ersten Hund und den Führer ist die Fährte vollständig vertreten, und sehr oft bleibt an Hundeballen und Stiefeln Schweiß kleben, der durch das Hin- und Hersuchen verschleppt wird und so die an sich schon schwierige

DA KANN NUR NOCH EIN SCHWEISSHUND HELFEN

Arbeit auch für einen guten Schweißhund fast unmöglich macht. Selbstverständlich war ich trotzdem im Interesse des kranken Hirsches sofort bereit mitzukommen, um alles zu versuchen, den Hirsch zur Strecke zu bringen.

Es war 3 Uhr nachmittags, also etwa 22 Stunden nach erfolgtem Anschuß, als ich den Hannoveraner zur Fährte legte und mit der Arbeit begann. Mein Hund führte mich an der von dem Schützen beobachteten Stelle in die Dickung hinein, von Zeit zu Zeit etwas völlig vertrockneten Schweiß zeigend, und hielt in der Dickung die Fährte genau so, wie vormittags der Jagdhund gearbeitet hatte. Da man richtigerweise am Vormittag von Zeit zu Zeit die Fährte verbrochen hatte, ließ sich das gut kontrollieren. Nach etwa 500 m kam ich an die Stelle, wo der Jagdhund morgens nicht weitergekommen war. Der Hirsch war hier auf einer Fläche von etwa 1 ha Größe stundenlang hin- und hergetreten und im Kreis herumgezogen; er hatte dabei ständig geschweißt. Vor einem und hinter einem, rechts und links, überall, wo man hinkam, war Schweiß zu finden. Ein Vorhinsuchen war deshalb sehr schwierig, weil man in der dichtgeschlossenen, völlig unübersichtlichen Dickung keine Orientierung hatte. Ich entschloß mich daher, dem Hund die Entwirrung dieses Fährtendurcheinanders vollkommen zu überlassen. Nachdem ich meine Begleiter angewiesen hatte, still auf einem Fleck stehenzubleiben, damit die Fährte nicht noch mehr vertrampelt würde, wie es sowieso schon am Vormittag geschehen war, gab ich dem Hund den ganzen Riemen und kroch hinterher. Der Schweißhund fing nun an, planmäßig Bogen zu schlagen, zunächst etwa mit einem Radius von 10 m, dann mit einem Radius von 20 m, wobei er dauernd Schweiß verwies. Schließlich zogen wir so große Kreise, daß wir ungefähr einen Radius von 100 m hatten. Etwa dreiviertel Stunden lang hatte dieses ständige Bogenschlagen gedauert. Endlich arbeitete der Hund aus dem Fährtengewirr heraus und schien den Abgang gefunden zu haben. Ich rief meine Begleiter und teilte ihnen mit, daß wir nun gewonnenes Spiel hätten. Nachdem wir noch etwa 50 m nachgegangen hatten, standen wir an einem Bruch, der auf der Hinfährte lag. Der Jagdaufseher sagte sofort: „Der Hund arbeitet ja die Rückfährte, hier sind wir schon heute morgen gewesen. Dort liegt der Bruch, und auch vorhin sind wir hier vorbeigekommen!" Da ich aber sowohl die List eines kranken Brunfthirsches als auch die Sicherheit meines Schweißhundes kannte, ließ ich den Hund ruhig weiterarbeiten. Nach kurzer Zeit bog der Hund dann auch in scharfem Winkel von der Hinfährte ab, und in etwas moorigem Boden stand die starke Hirschfährte deutlich sichtbar vor uns. Der Hirsch war also etwa 200 m auf seiner Hinfährte zurückgezogen und war dann in scharfem Winkel abgebogen. Ein Musterbeispiel für einen Widergang wie ihn mit solcher Gerissenheit nur ein alter, starker Hirsch fertigbringt. Nach wenigen hundert Metern brach der Hirsch flüchtig vor uns fort und ich schnallte den Hund zur Hetze. Der Hetzlaut meines braven Hundes ging bald in tiefen Standlaut über. Ich versuchte in der dichten Dickung vorsichtig hinzukommen, um den Fangschuß zu geben, aber das war leichter gedacht, als getan. Bevor ich überhaupt von dem Hirsch auch nur ein Haar zu sehen bekam, hatte er mich jedesmal weg und die Jagd ging weiter. Allerdings stellte der nicht eine Sekunde nachlassende Hund schon nach kurzer Hetze erneut, bis es mir schließlich, bei schwindendem Büchsenlicht, gelang, an einer etwas lichteren Stelle der Dickung auf etwa 30 m Entfernung dem Hirsch die Kugel anzutragen. Als ich hinzutrat lag vor mir ein kapitaler Zwölfer, der beste Hirsch, der seit Jahren in diesem Revier erlegt worden war, und der stärkste Hirsch, den der Jagdgast überhaupt in seinem Leben geschossen hatte. Er hatte die 9,3-mm-Kugel, wie ich nach den Schußzeichen gleich vermutet hatte, durch den Träger. Die Drossel war angeschlagen, und es hatte sich eine faustdicke Geschwulst an dem Schußkanal gebildet. Die Kugel des Jagdaufsehers hatte außerdem den Vorderlauf hoch durchschlagen und den Laufknochen zerschmettert. Mit diesen schweren Verletzungen war der Hirsch noch nach 24 Stunden auf den Läufen. Er wäre ohne Schweißhund in der riesigen Dickung wohl nie gefunden worden.

In demselben Revier arbeitete ich im nächsten Winter auf einen Hirsch, der am Abend laufkrank geschossen war, wie die am Anschuß gefundenen Knochensplitter bewiesen. In der Nacht war etwa 10 cm Neuschnee gefallen, und als ich am nächsten Morgen zum Anschuß geführt wurde, war selbst der Bruch, mit dem der

Schütze den Anschuß verbrochen hatte, nicht mehr zu finden; ein glattes weißes Tuch bedeckte alles. Der unglückliche Schütze wollte schon die Suche aufgeben, aber ich hatte bereits öfter bei Neuschnee Nachsuchen gemacht und wußte, was die Nase meines Hundes leisten konnte. Ich gab den ganzen Riemen und ließ den Hund in der angegebenen Gegend des Anschusses suchen. Bald stippte er mit der Nase in den Schnee hinein, und als wir nachbuddelten, fanden wir unter dem Schnee einen weiteren Knochensplitter und auch Schweiß, und dann fanden wir auch den Bruch, den der Schütze am Abend vorher dort hingelegt hatte. Bei der nun folgenden Riemenarbeit tippte der Hund von Zeit zu Zeit in den Schnee hinein, und der mir folgende Schütze holte dann stets unter dem Schnee ein Blatt oder einen kleinen Zweig mit Schweiß hervor. Dem Mann blieb vor Staunen beinahe die Sprache weg, so etwas hatte er nicht für möglich gehalten, daß der Hund die Fährte durch den Schnee hindurch halten konnte, erschien ihm unvorstellbar. Wir kamen, nach etwa 800 m, an den in einer kleinen Dickung steckenden Hirsch heran, und los ging die Hetze. Nach etwa 500 m schon Standlaut. Während ich mich vorsichtig in einer lückigen Fichtendickung heranpürschte, kriegte mich der Hirsch weg und weiter ging die Jagd. Erst nach etwa 1½ km über Berg und Tal stellte „Solo" den Hirsch in einer großen Fichtendickung, die so dicht war, daß man kaum 2 m weit sehen konnte. Alle Versuche, an den Hirsch heranzukommen, scheiterten, da er jedesmal, wenn ich mich auf etwa 10 m genähert hatte, fortbrach, um sich nach 100 m dem Hunde erneut zu stellen. Schließlich kroch ich wie ein Indianer auf dem Bauch den Hirsch an und sah dann endlich auf wenige Meter durch die trockenen Fichtenäste hindurch die Läufe des Hirsches. Er knirschte dauernd mit den Zähnen, daß es einem durch Mark und Bein ging. Uralte, im Unterbewußtsein schlummernde Jagdinstinkte wurden wach in mir. Das war noch Waidwerk: Den totkranken Hirsch in der Dickung ankriechen, unterstützt von dem nicht nachlassenden, ständig Laut gebenden treuen Hund, in einer Hand den kurzen Stutzen, in der anderen Hand den Hirschfänger. Wie heißt es in dem alten Jägerlied, das wir als Studenten sangen? „Das ist der Tanz, der uns gefällt, wir lassen ihn nicht um alle Welt!". Auf 2 m gab ich schließlich dem Hirsch von unten durch die Zweige hindurch die Kugel auf's Blatt. Er bäumte sich unmittelbar vor mir hoch auf und stürzte scharf an mir vorbei vorwärts, um plötzlich mit einer scharfen Wendung, direkt auf mich los, umzubiegen; wollte er mich noch annehmen, oder war es nur Zufall? Ich konnte im allerletzten Augenblick gerade noch zur Seite springen, als der Hirsch unmittelbar neben mir verendet zusammenbrach. Ein zweiter Seitensprung rettete mich vor den noch schnellenden Läufen. Alles das spielte sich in wenigen Sekunden ab. Es war das aufregendste Jagderlebnis, das ich je gehabt habe. Mein „Hirsch tot"-Signal rief die Teilnehmer an der Suche, die bei der Hetze weit zurückgeblieben waren, über Berg und Tal herbei, und der glückliche Schütze konnte sich nicht genug tun, die ihm übernatürlich scheinende Leistung meines Hundes zu rühmen.

In meinem hessischen Bergrevier pflegte ich während der Hirschbrunft stets auf meiner Jagdhütte zu wohnen. Ich war vom 15. September bis Anfang Oktober stets verreist – auf meine Hütte und führte hier ein herrliches Jägerleben. Manchmal war ein lieber, gleichgesinnter Freund als Gast bei mir, vielfach war ich allein, aber immer war mein hannoverscher Schweißhund bei mir. Da ich als Schweißhundführer weit bekannt war, wurde ich, besonders in den Hochbrunfttagen, zu Nachsuchen in die Umgebung geholt, wodurch die Brunft ungeheuer erlebnisreich, aber auch verflucht anstrengend verlief. Wenn man jeden Morgen und Abend eine anstrengende Pürsch in den Bergen macht, und dann noch tagsüber krankgeschossene Hirsche nachsuchen muß, dann kommt bald der stärkste Mann zur Strecke. Auch für den Hund wird es etwas reichlich viel; ein Hund hat nämlich auch keine unbegrenzte Leistungsfähigkeit. Trotzdem meine Hunde durch tägliches Mitnehmen ins Revier stets gut trainiert waren, hielten sie nicht so viel aus wie ich selbst. Ein Hund braucht sehr viel Schlaf; und wenn er den mehrere Tage hintereinander nicht in ausreichendem Maße bekommen hat, schafft er es nicht mehr, wie ich es oft habe beobachten können.

Ich hatte mehrere Tage mit anstrengenden Suchen hinter mir und hatte meine Hündin morgens in der Hütte gelassen, damit sie einmal ausschlafen konnte. Nach ergebnisloser Frühpürsch war ich

— — UND WENN DER KAISER VON CHINA KOMMT!

müde und kaputt in der Hütte angekommen, hatte gefrühstückt und mir geschworen, keine Nachsuche zu machen, und wenn der Kaiser von China käme, um mich abzuholen. Ich wollte schlafen, nur schlafen, ebenso wie meine Hündin, die, nachdem sie ihren Teil vom Frühstück vertilgt hatte, schon wieder zusammengerollt auf ihrem Lager lag. Mit dem Gedanken, daß das Bett doch die schönste Erfindung des Menschengeistes sei, schlief ich ein. Bereits im Einschlafen hörte ich, daß ein Auto vor der Tür vorfuhr. Die Tür war abgeschlossen, also – den Abwesenden markieren und nicht antworten, war mein erster Gedanke. Aber dann dachte ich an den laufkranken oder vielleicht waidwund geschossenen Hirsch und machte die Tür auf. Ich sah einen guten Freund und Kollegen aus dem Siegerland vor mir, der, schon bei Jahren, etwa 2 Ztr. wiegend, aus seinem Auto geklettert war. Wortlos holte er aus seiner Tasche mehrere Knochensplitter hervor, die zweifellos von einem Laufschuß herrührten. Sein Revier war in den sehr steilen Siegerländer Bergen und hatte nur wenig Rotwild und fast gar keinen Brunftbetrieb; desto erfreuter war mein Freund gewesen, als ihm gemeldet wurde, daß in einer seiner Förstereien ein Hirsch jede Nacht lebhaft meldete. Nach langem hin und her hatte es gestern Abend endlich geklappt, und er war auf einen guten Kronenzehner zu Schuß gekommen. Der Hirsch hatte auch gezeichnet, war dann aber flüchtig abgegangen. Der Schütze glaubte, den einen Lauf schleppen gesehen zu haben. Auf dem Anschuß fanden sich dann auch die mitgebrachten Knochensplitter. Nun sollte ich helfen!

Ich kannte die Berge seines Reviers, aber alle Müdigkeit war im Nu verflogen. Ich hatte nur das eine Bedenken: Würde meine Hündin durchhalten? Es gab sicher auf den Hirsch in den steilen Bergen eine schwierige Suche. Aber meine alte treue Gefährtin so vieler interessanter Nachsuchen war schon von ihrem Lager gekommen, bewindete sehr lebhaft die Hosen meines Freundes – sicher klebten kleine Schweiß- oder Wildpretteilchen daran, die beim Niederknien am Anschuß haften geblieben waren – und wurde völlig mobil, als ich ihr die Knochensplitter zum Bewinden vorhielt. Gefrühstückt hatten wir, also noch schnell das Etui voll Brasilzigarren gesteckt, Nachsuchenbüchse, ein ganz kurzer Mannlicher Stutzen mit Mündungsschoner, Drahtbrille zum Schutz der Augen beim Durchkriechen der Dickungen, Jagdhorn, Waidblatt und Schnitthaarbuch. In Letzterem waren von allen Teilen des Hirschkörpers Haare eingeklebt, um den Sitz der Kugel aus dem Schnitthaar einwandfrei feststellen zu können. Nun noch den Schweißriemen umgehängt, und los ging es in Richtung Siegerland.

Etwa um 10 Uhr waren wir am Ort der Tat. Unterwegs hatten wir noch einen Forstreferendar aufgeladen, der zum Tagebuchführen bei meinem Freund war und darum bat, die Nachsuche mitmachen zu dürfen. Die Untersuchung des Anschusses bestätigte Vorderlaufschuß, wir fanden noch weitere Knochensplitter, Schnitthaar und auch einige Deckenfetzen, die einwandfrei vom Lauf herrührten. Auch den Grund des schlechten Schusses fanden wir: Etwa 10 m vom Standpunkt des Hirsches entfernt war ein fingerdicker Buchenast abgeschossen, der wahrscheinlich eine Ablenkung des Geschosses herbeigeführt hatte. In der weiteren Umgebung des Anschusses waren nur Althölzer und schon durchforstete Stangenhölzer vorhanden, der Hirsch hatte sich hier natürlich nicht stecken können, so daß die Nachsuche am Riemen über Berg und Tal ging. Wir, d. h. der Referendar und ich, – meinen guten Freund mit seinen zwei Zentnern hatten wir längst zurückgelassen – folgten in flottem Tempo dem Hund. Ich schätzte, daß wir mindestens schon 3 km hinter uns hatten, und daß wir bereits aus dem Forstamt heraus waren und in mir nicht bekannten Gemeindewaldungen nachsuchten. Aber, wenn wir den Hirsch haben wollten, konnte ich nicht warten, bis die Pächter dieser Jagden benachrichtigt waren, das hätte viele Stunden gedauert. Bei allen Nachsuchen habe ich es stets so gehalten, daß ich dem wunden Stück nachfolgte, so weit der Himmel blau war, und erst dann, wenn das Stück zur Strecke war, auf dem schnellsten Wege den jeweiligen Jagdberechtigten benachrichtigte, der dann entscheiden konnte, ob er die Trophäe dem Schützen gab oder nicht. Um so etwas habe ich mich niemals gekümmert. Für mich war die Sache mit dem Zur-Streckebringen des kranken Stückes und der schuldigen Benachrichtigung erledigt. Ich habe auch niemals weder in einem Staatsrevier noch in einem Privatrevier deswegen Schwierigkeiten gehabt. Nur das Schnallen des Hundes in einem fremden Revier, war stets ein schwerer Entschluß und ein großes Risiko. Wie leicht konnte es vorkommen, daß der edle Hund als wildernder Köter angesprochen und von irgendeinem Jäger während der Hetze totgeschossen wurde! Tatsächlich passierte mir das auch einmal um ein Haar, der Betreffende erkannte jedoch damals im letzten Augenblick, daß der vermeindliche Streuner ein Schweißhund war und konnte den Schuß noch zurückhalten.

Wir folgten also weiter der Fährte, fanden von Zeit zu Zeit reichlich Schweiß und dann wieder längere Zeit gar nichts. Auch das ist typisch für Laufschüsse. Der schlenkernde Lauf reißt von Zeit zu Zeit die Schußwunde wieder auf, so daß ein neuer Schweißerguß eintritt, der dann langsam wieder versiegt. Beim Anstreichen an Ästen wiederholt sich dieser Vorgang auf einer längeren Nachsuche immer wieder. Wir fanden auch mehrere Stellen, wo der Hirsch zweifellos längere Zeit gestanden hatte – niedergetan hatte er sich aber nicht. Schließlich ging die Suche in einen Niederwald hinein, in einen richtigen Siegerländer Hauberg, bestehend aus Stockausschlag von Eiche und Buche, Birken- und Aspengestrüpp, mannshohem Besenpfriem und vielfach bürstendicht. Sicher würde der Hirsch hier stecken. Also nochmals tief Luft geholt, die Drahtbrille vor die Augen und „danach – such verwundt, mein Hund", ging es hinein in das dichte Zeug. Nun aber hatte der Hirsch angefangen, Widergänge zu machen, und hin und her ging es an dem Steilhang, daß uns Hören und Sehen verging. Der Referendar riß sich die halbe Uniform vom Leibe, meine alte, in tausend Stürmen erprobte, bis zu den Knien reichende aus Beiderwand handgewebte Nachsuchjoppe hielt besser aus, aber Nase, Backen und Ohren wurden mir von den Zweigen blutig geschlagen. Man rutschte, fiel, rappelte sich wieder hoch – längst hatte ich mir den Schweißriemen um den Leib gebunden, um ihn nicht zu verlieren – kroch auf allen Vieren, schlug lang hin und war wie aus dem Wasser gezogen. Aber unermüdlich arbeitete die Hündin, schlug Bogen um Bogen, um einen Widergang zu entwirren, bog im scharfen Winkel ab, korrigierte sich sofort wieder, suchte bergauf, bergab und sah nur von Zeit zu Zeit beinahe vorwurfsvoll zurück, wenn ich mit meinen zwei Beinen nicht so schnell nachkonnte, wie sie mit ihren vier Läufen es gerne gehabt hätte. Endlich brach der Hirsch unmittelbar vor uns weg, er hatte den Hund bis auf wenige Meter an sich herankommen lassen, obschon er uns bei dem Krach, den wir in der Dickung verursachten, längst wahrgenommen haben mußte. Runter mit der Halsung „hu verwundt, hu faß verwundt!" Und lauthals ging die Hetze erst am Hang entlang und dann talwärts. Da erschallte schon der Standlaut – – das ging ja schnell! – Der Schweißriemen wurde wie ein Lasso um die Brust geschlungen, und nun vorsichtig in der Richtung des Standlautes nachgegangen. Jetzt hatten wir Zeit. Wenn die alte Hündin erst gestellt hatte, dann kam uns der Hirsch nimmer fort! Aber er stand in so dichtem Zeug, daß wir ihn nicht frei bekamen. Schließlich sah ich auf etwa 10 m Entfernung, auf allen Vieren kriechend, die eine Keule des Hirsches. Sofort schoß ich und – die Jagd ging lauthals weiter. Ich habe bei Nachsuchen stets auf das kranke Stück geschossen, wenn ich einwandfrei Haar sah, gleichgültig an welcher Körperstelle es war. Man kann nicht warten bis man etwa das Blatt frei hat, sonst kann es einem passieren, daß man das kranke Stück nie bekommt.

Die Hetze ging talwärts, und bald kamen wir aus dem Hauberg heraus und hatten ein herrliches Bild vor uns: Weit schweifte der Blick über die weiten, herbstbunten Siegerländer Berge, schwarz dunkelten die Fichtenhorste aus dem Braun und Gold der Buchen und Eichen und tief unten ein hellgrünes Wiesental mit einem lila Schleier von Herbstzeitlosen darüber. Vor uns eine steilabfallende Ödlandfläche mit vielen Besenpfriemhorsten und tiefen talwärts verlaufenden Rissen. Und auf dieser freien Ödlandfläche in dieser grandiosen Berglandschaft, stand zwischen dunkelgrünem Besenpfriem, etwa 400 m von uns entfernt, der kranke Hirsch, umkreist von der dunkelgestromten Hündin.

Der Referendar und ich verhielten am Bestandsrand und nahmen dieses herrliche Bild in uns auf. Wie schön bist Du deutscher Wald! Wie köstlich leuchten Deine Farben im sonnigen Herbst! Welch herrlichstes Gefühl, in Dir zu jagen, hinter dem edlen Hirsch mit dem roten Hund! Der Referendar blieb als Beobachtungsposten zurück, während ich eine weite Umgehung machte, um einigermaßen gedeckt und mit gutem Wind an den Hirsch heranzukommen. Ich brauchte wohl eine halbe Stunde und mußte die letzten 100 m noch von Ginsterbusch zu Ginsterbusch robben, immer den tiefen Standlaut des Hannoveraners im Ohr, der am gegenüberliegenden Hang ein wundervolles Echo fand.

Hoch bäumte sich der Hirsch im Schuß und brach nach wenigen Fluchten verendet zusammen. Mit lautem „Horridoh" kam der Referendar in halsbrecherischem Tempo den Hang herabgebraust, und wir standen vor dem verendeten Kronenzehner, der, mit Wohlwollen, sogar ein ungerader Zwölfer war, da er an der einen Stange einen Ansatz zur Eissprosse hatte. Wie schade, daß das der Schütze nicht erlebt hatte!

Es dauerte geraume Zeit, bis wir feststellten, wo wir waren. Ich schickte den Referendar mit dem Jagdhorn zurück, um zu versuchen, Verbindung mit dem Erleger des Hirsches aufzunehmen. Ich saß ziemlich müde und kaputt, eine Zigarre rauchend, bei dem gestreckten Hirsch und hielt ihm die Totenwacht, von Zeit zu Zeit meine Hündin abliebelnd. Nach etwa einer Stunde tauchte der Forstmeister mit dem Referendar auf, er war überglücklich.

Wir gingen ins nächste Dorf und telefonierten zunächst den Jagdpächter an, in dessen Revier der Hirsch zur Strecke gekommen war. Selbstverständlich überließ er das Geweih und die Grandeln dem Erleger. Dann telephonierten wir ein Auto herbei, und mit dem abgeschlagenen Haupt ging es zum Forstamt. In dem kleinen Städtchen, in dem mein Freund sein Amt hatte, war die Erlegung des Hirsches schon bekannt, sicherlich hatte der Jagdpächter fernmündlich die Freunde des Forstmeisters unterrichtet. Und so ging ein gewaltiges Tafeln und Trinken los. Etwa alle halbe Stunde kamen neue Jagdfreunde, um den Hirsch zu besehen, und jedem Neuankömmling wurde die Geschichte der Nachsuche in epischer Breite erneut erzählt.

Gegen Abend verspürte ich das Bedürfnis, einmal etwas frische Luft zu schnappen, und machte einen Gang durch den Garten. Da sah ich in einer Laube meinen Referendar sitzen, er wandt sich bitterlich und hatte offensichtlich das heulende Elend. Auf meine Frage, welchen Kummer er denn hätte, erklärte er unter Stöhnen: „Ich kann es nicht mehr ertragen – soeben erzählt der Forstmeister die Erlegung und die Nachsuche seines Hirsches zum siebzehntenmal!"

Natürlich wollte ich mit dieser hervorragenden Hündin auch züchten. Zwar war ihr Formwert nicht allzu gut; da wir im Verein Hirschmann aber eine reine Leistungszucht betreiben, wurde die Hündin zur Zucht zugelassen. Alle ihre Nachkommen übertrafen ihre Mutter an Schönheit; an Leistung war sie nicht zu übertreffen. Der erste Deckakt war etwas schwierig – ich erzähle sie später unter dem Titel „Die Zeugung des Herrn v. Solo".

„Herr v. Solo" war bildschön, aber er erreichte die Leistungen seiner Mutter nicht im entferntesten, und das hatte seinen Grund: Als „Gilka" alt wurde, litt sie an einer zunächst periodisch, später kontinuierlich auftretenden Kreuzlähme. Ich wagte daher nicht mehr, mit der Hündin schwierige Hetzen zu machen, und ließ stets ihren Sohn „Solo" durch einen Forstgehilfen bei einer Nachsuche nachführen, um ihn, falls es eine Hetze gab, zur Verfügung zu haben. Die alte Hündin machte also nach wie vor die Riemenarbeit und leistete bis zu ihrem Tode darin Erstaunliches, und der Sohn mußte dann die Hetze machen. Dadurch wurde er sehr bald ein absolut sicherer Hetzer und Steller, aber er leistete niemals die sorgfältige Riemenarbeit, wie seine Mutter. Dies war zweifellos ein Fehler meiner Führung. Aber eine Nachsuche mit diesen beiden Hunden war eine so totsichere Sache, daß man nur sehr ungern darauf verzichtet hätte: die alte „Gilka", bis in ihr hohes Alter auf der kalten, kranken Fährte Unwahrscheinliches leistend, und der junge Rüde, gut trainiert und daher hochflüchtig, jedes kranke Stück mit Sicherheit hetzend und stellend. Wer hätte eine solche Situation, die mehrere Jahre dauerte, nicht ausgenutzt?! Außerdem war ich damals noch in Rominten, und die meisten Suchen erfolgten auf starke Hirsche, die prominente Gäste krankgeschossen hatten. Ich mußte auf den höchsten Grad der Sicherheit bei jeder Nachsuche bedacht sein. Als die Kreuzlähme bei „Gilka" schlimmer wurde, ließ ich die Hündin bis nahe an den jeweiligen Anschuß heranfahren, dann trug ich sie bis zum Anschuß. Sie folgte der Fährte, jedes Haar, jeden Knochensplitter und jeden Schweißtropfen verweisend, wie in den besten Zeiten. Der Riemen schleppte, sie ging so langsam, daß ich mühelos folgen konnte. Nach etwa 100 m legte sie sich ermattet hin, und ich saß bei ihr und sprach ihr gut zu. Wenn sie dann wieder bei Kräften war, stand sie von selbst auf und arbeitete weiter. Ihr Sohn „Solo" wurde 50 m weiter zurück von einem Gehilfen nachgeführt. So kamen wir langsam, aber absolut sicher zum verendeten Stück oder zum Wundbett, und dann trat „Solo" in Aktion und machte die Hetze. Ich sehe heute noch den wehmütigen Blick der guten Alten, wenn ihr Sohn geschnallt wurde und lauthals davon stürmte. In ihrem Blick lag dann die ganze Erinnerung an die herrlichen Zeiten, da sie allein das alles geleistet hatte.

Als die Hündin 12 Jahre alt war – ich hatte fast 11 Jahre lang mit ihr gearbeitet – verschlimmerte sich die Kreuzlähme so, daß es eine wirkliche Qual wurde. Man soll in einem solchen Fall dem Hund kein Gnadenbrot geben wollen, das ist auch so eine Vermenschlichung des Tieres. Was hat ein krankes Tier davon, wenn es in solch einem Fall am Leben erhalten wird? Meistens nur Qualen und Schmerzen, die man als wirklicher Tierfreund seinem Schützling ersparen sollte.

Als ich für einige Tage verreisen mußte, gab ich einem Hilfsförster den Auftrag, die Hündin zu erschießen, so daß sie bei meiner Rückkehr verschwunden war. Der Hilfsförster handelte auftragsgemäß und begrub die alte, treue Gefährtin so vieler Pürschgänge und Nachsuchen unter dem sog. „Siebenkeilchenstein". In der Rominter Heide hatte man vor über 100 Jahren versucht, einen besonders starken Findlingsblock zu spalten, um die gewonnenen Steine zu Bauzwecken zu benutzen. Man hatte sieben Eisenkeile in den Steinblock geschlagen, aber der Findling hielt stand und zerbrach nicht. Man hatte dann die Sache aufgegeben, und nun steckten seit dieser Zeit die Keile in dem Stein. So hatte der Volksmund diesen riesigen Findling den „Siebenkeilchenstein" genannt. Hier, unter diesem markanten Monument, hatte meine alte „Gilka" ihre letzte Ruhe gefunden.

Der zweite überragende Schweißhund, den ich führte, war ein Rüde. Er stammte aus Ungarn, aber von deutschen Eltern. Sein Name war unaussprechbar, ich nannte ihn daher „Hirschmann". Als ich ihn erhielt, war er etwa 10 Monate alt. Sehr bald stellte sich heraus, daß der Hund nicht nur äußerst scharf, sondern auch sehr eigenwillig war. Er schloß sich mir in einer erstaunlichen Treue und Ergebenheit fest an, war aber gegenüber allen anderen

MEINE SCHWEISSHUNDE

Menschen mißtrauisch, ja feindselig. Das ging so weit, daß er auch meine Frau nicht mochte. Alle Versuche von ihr, die sehr tierlieb ist, seine Sympathie zu erwerben, waren fruchtlos. Sie durfte ihn anfassen und streicheln, das duldete er eben gerade noch, aber verschiedentlich knurrte er sie auch an, und gehorchen tat er nur mir. – Während alle meine Schweißhunde, auch unter Führung eines meiner Förster oder eines Bekannten von mir, ohne Zögern auf der Wundfährte arbeiteten, sofern ihnen der Führer bekannt war, lehnte „Hirschmann" das kategorisch ab und weigerte sich, der Wundfährte mit einem anderen Führer zu folgen. Das war manches Mal unangenehm. Wenn ich z. B. nicht da war, konnte der Rüde nicht zu einer Nachsuche eingesetzt werden. Als ein bei mir tätiger Forstassessor, den der Hund genau kannte, eines Tages einen Spießer krankgeschossen hatte, holte er „Hirschmann" herbei. Da ich selbst verreist war, ging er mit ihm zum Anschuß, wo reichlich Schnitthaar und Schweiß vorhanden war. Der Hund nahm keinerlei Notiz von allem, setzte sich auf die Keulen und sah den Assessor so an, als ob er sagen wollte: „Mir *dir* gehe ich noch lange nicht auf Jagd!" Der Assessor wurde wütend und wollte ihn mit Gewalt zur Fährte zwingen – da fletschte ihn „Hirschmann" drohend an. Der Assessor mußte nachgeben. Der Spießer wurde dann von einem anderen Schweißhund zur Strecke gebracht. Es gab nur einen Jäger in der Rominter Heide, von dem sich „Hirschmann" genau so führen ließ wie von mir, das war mein Stellvertreter, Forstmeister L. Meiner Ansicht nach hatte der Rüde ein sehr feines instinktives Empfinden dafür, wem er sich unterordnen wollte. Die meisten Menschen imponierten ihm jedenfalls nicht so sehr, daß ein Gehorchen und Unterordnen für ihn in Frage gekommen wäre.

Obwohl das Verhältnis zu meiner Frau, wie ich schon erwähnte, keineswegs gut war, änderte sich das schlagartig, als während der Flucht aus Ostpreußen der Hund mehrere Wochen von meiner Familie getrennt gewesen war und im Westen dann meiner Frau wieder überbracht wurde. Die Wiedersehensfreude war erschütternd. Der Hund konnte sich vor Freude nicht lassen, er sprang an meiner Frau hoch, leckte ihre Füße und Hände, raste laut bellend im Kreis herum und gebärdete sich wie närrisch. Auch mei-

Der Schütze weist den Hundeführer ein:
Schütze: Oberförster Merkel; Hundeführer: Oberforstmeister Frevert

»Blanka« hat die Fährte aufgenommen

»Blanka«, eine geplagte Hundemutter

»Solo« ist 3 Wochen alt

nen ältesten Sohn, der damals zwei Jahre alt war, begrüßte er mit größter Freude, dabei hatten wir den Jungen in Ostpreußen niemals mit dem Rüden allein lassen können, weil er ihn schon als Baby zu beißen versuchte. Auch mein energisches Vorgehen gegen ihn hatte nicht vermocht, seine Abneigung gegen den Jungen zu mildern. Bei einem Nasentier, wie es der Hund ist, hängen solche Antipathien und Sympathien oft mit dem individuellen Geruch zusammen. Wahrscheinlich hatte unser Sohn eine ähnliche Witterung wie seine Mutter, die er ja auch für gewöhnlich nicht schätzte. Aber das war bei dem späteren Wiedersehen alles vergessen. Hinzu kam, daß ich im Felde war und er nun seine Anhänglichkeit und Treue meiner Frau zuteil werden lassen mußte, weil sie die einzige geblieben war, an die er sich halten konnte. Vielleicht aber war auch die Abneigung gegen meine Frau und unseren Sohn ein Ausfluß von Eifersucht. Je inniger sich ein Tier an einen Menschen anschließt, desto größer wird seine Eifersucht sein. Wer kann in ein Hundegehirn und ein Hundeherz hineinschauen? Bei der Beurteilung solcher Vorgänge, ja bei der gesamten Verhaltensforschung, verfällt man immer wieder in den Fehler, dem Tier menschliche Motive anzudichten.

Diese Eigenschaften meines „Hirschmann" sind übrigens bei Hannoverschen Schweißhunden nicht so selten. Ich habe verschiedene Schweißhunde gekannt, die sich ähnlich verhielten. Ein mir bekannter Revierförster hatte einen sehr schönen starken, dunkelgestromten Rüden, der äußerst scharf war, leider nicht nur gegen Fremde, sondern auch gegen seinen eigenen Herrn. Nachdem er zweimal seinen Herrn angefallen und ihm buchstäblich die Uniform vom Leib gerissen hatte, wollte der Förster ihn totschießen. Ein zufällig anwesender junger Hilfsförster bat darum, ihm doch lieber den Hund zu schenken, er würde schon mit ihm fertig werden. Der Rüde hat nie versucht, seinen neuen Herrn zu beißen oder auch nur anzuknurren. Er hatte in dem neuen Herrn eine Persönlichkeit erkannt und war bereit, sich unterzuordnen und zu gehorchen. Der Hund blieb allerdings sehr scharf. Man konnte dem Hilfsförster nur die Hand geben, wenn er mit der anderen den Rüden an der Halsung festhielt.

Ich hatte mit meinem „Hirschmann" in Rominten reichlich Gelegenheit, Nachsuchen durchzuführen. Wir schossen in den ersten drei Jahren meines Dortseins jährlich zwischen 500 und 600 Stück Rotwild. Obschon die Forstbeamten aller Dienstgrade hervorragende Schützen waren und sehr viel Übung hatten, war es unausbleiblich, daß Nachsuchen entstanden. Die meisten Suchen lieferten allerdings die zahlreichen Jagdgäste, die häufig wenig Übung hatten und außerdem noch beim Anblick eines starken Hirsches vom Jagdfieber gebeutelt wurden. „Hirschmann" erlangte bei den vielen Suchen eine große Erfahrung und war mit 3 Jahren soweit wie andere Schweißhunde mit 5–6 Jahren. Da der Rüde sehr kräftig und hochläufig war, hetzte er sehr schnell. Er hätte bestimmt jeden gesunden Hirsch zu Stande gehetzt. Bei der Nachsuche auf den berühmten „Lasdehnkalnis" war das praktisch der Fall, da der Hirsch nur unbedeutende Streifschüsse hatte. Ich habe diese Nachsuche in meinem Buch „Rominten" unter dem Kapitel „Der Lasdehnkalnis" erzählt.

Meine Schweißhunde habe ich immer im Training gehalten, indem ich sie hinter dem Auto laufen ließ. Das muß natürlich mit Überlegung geschehen. Man kann einen jungen Hund dabei sehr leicht überanstrengen und ihm zu einem Herzfehler verhelfen. Man darf also erstens die Hunde nicht zu weite Strecken und zweitens vor allem nicht zu schnell laufen lassen, der Kilometerzähler zeigt einem ja genau das Tempo an und schneller als 30 Stundenkilometer läuft auf längeren Strecken kein Hirsch, also sollte man auch beim Training des Hundes nie eine höhere Geschwindigkeit verlangen. Bei einem jungen Hund genügt 1 km Langlauf, später geht man auf 1½–2 km. Ein hinter dem Auto regelmäßig trainierter Hund setzt kein Fett an und bekommt eine hervorragende Muskelbildung. Aber nicht übertreiben – auch ein Vollblutpferd darf beim Training nicht überanstrengt werden, sonst wird das Gegenteil des Zweckes erreicht. Natürlich geht dieses Laufen hinter dem Wagen nur auf Waldwegen und nur da, wo kein Wild zu erwarten ist, außerdem muß man so fahren, daß der Hund nicht unmittelbar hinter dem Auspuff läuft, weil sonst seine Nase leidet.

Als „Hirschmann" etwa 3½ Jahre alt war, stellte ich zu meiner Freude fest, daß er auch aus Naturanlage Totverbeller war. Ein Jagdgast in Rominten hatte abends beim letzten Büchsenlicht auf einen ungeraden Sechzehnender geschossen. Der Förster, der den Gast geführt hatte, meldete mir, daß der Hirsch mit einer sehr hohen Flucht gezeichnet hätte, dann aber sofort zwischen Büschen verschwunden sei, so daß er ihn nicht mehr hätte beobachten können. Am nächsten Morgen war ich mit „Hirschmann", zusammen mit dem Jagdgast und dem Förster, an Ort und Stelle. Oberstjägermeister Scherping hatte sich uns angeschlossen, um einmal wieder eine Nachsuche zu erleben. Am Anschuß verwies „Hirschmann" kurzes, feines Schnitthaar, das zweifellos vom Lauf stammte, aber auf der Ausschußseite lagen auch einige längere, etwas gekrümmte Haare, die ich als vom Brustkern stammend ansprach. Die Kugel saß also zweifellos zu tief. Es war nur die Frage: Erstens, hatte die Kugel den Vorderlaufknochen zerschmettert oder nur das Wildpret gefaßt, zweitens, saß die Kugel so tief, daß der Brustkern nur kurz gestreift war, oder war der Brustkorb tief unten durchschlagen?

Die Beantwortung dieser Fragen mußte die Nachsuche ergeben. Bei solch tiefen Schüssen geht es um wenige Zentimeter, ob ein Schuß tödlich ist oder nur als Streifschuß bald wieder ausheilt. Ich dockte den Riemen ab und legte „Hirschmann" zum Anschuß. Wie ein Kriminalist studierte er die ganze Umgebung und zeigte uns noch einige kleine Deckenfetzen vom Lauf und einige kleine Wildpretteilchen, aber keinerlei Knochensplitter. Die aufgeworfenen Fragen blieben also noch unbeantwortet. Auf den Zuspruch „Such verwundt!" legte sich der Rüde in den Riemen. Nach etwa 30 m blieb er stehen und tupfte intensiv in das Beerkraut „Laß seh'n, mein Hund", und ich hob einen etwa 4 cm langen Knochensplitter hoch, der nur vom Lauf stammen konnte. Als Schweißhundführer muß man genau die Anatomie des Rotwildes beherrschen, man muß nicht nur wissen, wie die einzelnen Organe im Wildkörper verteilt sind, man muß auch das Knochengerüst genau kennen, und man muß wissen, wie die Struktur der verschiedenen Knochen beschaffen ist. Knochen am Brustkern, an den Rippen, an den Läufen, am Kiefer usw. weisen wesentliche Unterschiede auf, die man kennen muß. An der Rundung der Laufknochensplitter kann man z. B. erkennen, ob der Splitter vom oberen oder unteren Lauf stammt. Die genaue Kenntnis der Schnitthaare, der Knochensplitter und der verschiedenen Schweißsorten und wie sie beschaffen sind, ist deshalb so wichtig, weil der Schweißhundführer, möglichst vor Beginn der Suche, oder zum mindesten während der Suche, sich darüber klar werden muß, wo der Schuß sitzt. Sind diese Kenntnisse nicht vorhanden, dann tröstet man sich allzu leicht mit der Annahme eines Streifschusses oder leichten Wildpretschusses. Wenn man aber aus den Pürschzeichen sicher erkennt, daß das Stück die Kugel waidewund oder einen Laufknochenschuß hat, dann muß das Stück zur Strecke kommen und irgendwelche tröstenden Sprüche sind fehl am Platz.

Zurück zu unserer Nachsuche. „Hirschmann" lag gut im Riemen, die Suche ging zügig vorwärts, zumal der Hirsch gut geschweißt hatte. Schließlich führte die Fährte in ein dichtes Birkenbruch hinein. Ich verlor meine Begleiter, weil diese nicht schnell genug folgen konnten. In dem Bruch hatte der Hirsch einige Haken geschlagen und einen Widergang gemacht, den aber „Hirschmann" durch Bogenschlagen in bestechender Form ausarbeitete. Jetzt ging die Reise in ein dichtes Fichtenstangenholz. Ich hatte den Eindruck, daß der Hund auf der warmen Fährte arbeitete. Der Schweiß hatte fast völlig aufgehört, wie das bei Laufschüssen nach einer gewissen Zeit immer zu sein pflegt. Von Zeit zu Zeit hatte der Hund aber doch noch etwas Schweiß verwiesen, und ich war überzeugt, daß „Hirschmann" recht hatte.

Auf einmal blieb der Rüde stehen und sah sich nach mir um. Das war das berühmte Zeichen: Der kranke Hirsch war vor uns. Es gab Suchen, bei denen ich ernstlich im Zweifel war, ob der Hund wirklich recht hatte, aber niemals habe ich es erlebt, daß der Hund sich irrte. Es war jedesmal, als ob er sagen wollte: „Jetzt ist unsere Kunst mit dem Riemen zu Ende, jetzt mußt du mich schnallen, sonst kriegen wir das Stück nicht!"

Ich schnallte „Hirschmann" aber noch nicht, sondern animierte ihn: Verwundt mein Hund, da-nach-such verwundt! Der Hund legte sich wieder heftig in den Riemen, um nach 40–50 m wieder stehen zu bleiben und sich nach mir umzuäugen. Der Hirsch mußte vor uns sein, also schnallte ich den Hund. Lauthals ging die fährtenlaute Hetze los über einen vor mir liegenden Hügel hinweg, und als ich atemlos auf dem kleinen Berg ankam hörte ich auf etwa 500 m Entfernung den tiefen Standlaut des Hannoveraners. Nun hatte ich Zeit, der Hirsch kam mir nicht mehr fort, das stand fest. Ich prüfte den Wind, schlug einen weiten Bogen und pürschte vorsichtig gegen den Standlaut vor. Als ich die Scheitellinie einer kleinen Bodenwelle erreichte, stand der Hirsch auf etwa 100 m unter mir am Rande eines Erlenhorstes. „Hirschmann" verbellte ihn anhaltend. Ich strich mit der Büchse an einer Fichte an, und im Schuß brach der Hirsch mit hohem Blattschuß zusammen. Ich lief hin, liebelte erst einmal meinen guten Hund gehörig ab – ich tue das immer leise, indem ich ihm Koseworte in den Behang flüstere. Alle Tiere lieben die menschliche Stimme in leiser monotoner Art mehr als lautes Reden oder Rufen. Dann besah ich mir den recht guten Hirsch, der dem Jagdgast sicher große Freude machen würde. Seine Kugel hatte den Vorderlauf hoch zerschmettert und den Brustkern nur gestreift.

Jetzt kam es darauf an, die übrigen Teilnehmer der Nachsuche mit dem Horn herbeizublasen. Aus der Senke heraus, in der ich stand, war es sinnlos, also ging ich oben auf die Bodenwelle zurück, um von dort „Hirschtot" zu blasen. Ich ließ den Hund bei dem verendeten Hirsch zurück, ohne ihn anzuhalten. Ich wußte, daß er nicht anschnitt, und wollte ihm seine Freude am Beschnäufeln und Schweißlecken lassen, zumal ich nicht weiter als 100 m von ihm wegzugehen brauchte. Als ich die Bodenwelle erreicht hatte, schien mir aber von dort der Schall des Hornes nicht weit genug zu dringen. So ging ich noch etwas weiter. Damit kam ich aus der Sicht des Hundes. Im selben Augenblick begann der Rüde anhaltend zu bellen – er war Totverbeller – ohne, daß ich es geahnt hatte! Auf mein Blasen kamen die übrigen Suchenteilnehmer schweißtriefend angelaufen, und Scherping fragte: „Was ist denn los, stellt der Hund noch?!" Ich antwortete: „Nein, der Hirsch ist zur Strecke, aber mein Hund ist Totverbeller, was ich bis heute nicht wußte!" Wir lauschten einige Minuten hinter der Bodenwelle dem herrlichen Ball des Hundes, dann gingen wir an den Hirsch heran, d. h. ich ging vor, um den Rüden anzuhalsen, sonst hätte es zerrissene Röcke gegeben. Auf diese eigenartige Weise stellte ich bei „Hirschmann" Totverbellen fest.

Der Hannoversche Schweißhund – richtig geführt – kommt kaum

in die Lage, totzuverbellen. Es kann eigentlich nur dann vorkommen, wenn ein krankes Stück bei der Hetze verendet zusammenbricht. Wenn der Hund dann nicht totverbellt, kann es sehr schwierig sein, ihn und das Stück zu finden. Mir ist das mit meiner alten „Gilka" zweimal passiert. Das eine Mal fanden wir den Hund und das Stück erst am nächsten Vormittag. Die Hündin hatte sich zu dem verendeten Stück gelegt und nichts unternommen. Im Gebirge, wo man unter Umständen ohne Riemen die Fährten arbeiten muß, ist natürlich ein Totverbeller oder, noch besser, Totverweiser äußerst wichtig, und die Führer des Bayrischen Gebirgsschweißhundes legen daher auf diese Eigenschaft den allergrößten Wert.

Die Eigenwilligkeit meines „Hirschmannes" zeigte sich besonders deutlich bei einer Nachsuche auf ein laufkrankes Alttier. (Der Leser wird sich vielleicht wundern, daß ich fast nur von laufkranken Stücken erzähle, aber tatsächlich findet heute die überwiegende Mehrzahl der Nachsuchen auf laufkranke Stücke statt. Bei der Wirkung unserer modernen Patronen wird ein Stück, welches die Kugel auf dem Rumpf hat, so bald ins Wundbett gezwungen, daß man kaum noch einen Spezialisten für die Suche braucht. Eine Ausnahme macht der Brunfthirsch, der bei leerem Gescheide mit einem Waidwundschuß eine erstaunliche Zähigkeit aufweist.)

Am Nachmittag zuvor hatte ein Alttier die Kugel erhalten. Nach dem Zeichen und nach den Knochensplittern am Anschuß, der bereits untersucht war, lag einwandfrei hoher Vorderlaufschuß vor. Am nächsten Morgen suchten wir mit „Hirschmann" nach. Die Suche wurde sehr schwierig, denn es hatte in der Nacht stark geregnet, so daß der Schweiß für das menschliche Auge nicht mehr sichtbar war. Wenn der Hund zeigte, fand man nichts, aber sicher zeigte er Schweiß. Es ging in Dickungen hin und her, in Stangenhölzern lange Zeit im Kreis herum, ohne daß man eine Kontrolle hatte. Man sagt, in einem solchen Fall soll man dem Hund blindlings vertrauen, er sei klüger als der Mensch, besonders als der, der hinten am Riemen hängt. Aber ich bin auf allen Nachsuchen immer sehr kritisch, ja mißtrauisch gegen mich selbst und gegen meine Hunde gewesen. Führer und Hund sind lebende Wesen, und alle lebenden Wesen sind unzulänglich. Hund oder Führer können

JETZT MUSST DU MICH SCHNALLEN

einmal einen schlechten Tag haben, und auch der beste Hund versagt einmal aus unerklärlichen Gründen.

Ich war also langsam skeptisch geworden, zumal sich der Hund seit einiger Zeit heftiger in den Riemen legte. Sollte er nicht doch auf gesunde, frische Fährte changiert sein? Aber es blieb nichts anderes übrig, als weiter nachzuhängen. Da blieb der Hund stehen und äugte zurück. Obgleich ich dieses Zeichen genau kannte, veranlaßte ich den Rüden, weiter am Riemen zu suchen. Bevor ich schnallte, wollte ich Gewißheit haben, ob wir wirklich das kranke Stück vor uns hatten. „Hirschmann" blieb immer wieder stehen und äugte, nun schon unwillig, zurück. Da kamen wir an einen Sandweg, dahinter lag eine dichte Fichtendickung. Ich beschloß, den Weg eingehend zu untersuchen, wir mußten doch Fährtenabdrücke finden, wenn schon kein Schweiß mehr vorhanden war. Ich nahm also den Riemen kurz, kniete, zusammen mit einem Revierförster, nieder, um quadratmeterweise den Boden abzusuchen. „Hirschmann" stand unwillig hinter mir, als ob er sagen wollte: „Seit wann seid ihr so dumm? Das sieht doch jeder, daß das kranke Stück hier vor wenigen Minuten herübergewechselt ist!" Da zeigte mir der Revierförster etwa 1 m weiter rechts das nagelfrische Trittsiegel eines Alttieres – natürlich hatte der Hund recht! Der Tritt war besonders tief abgedrückt, stammte also sicher von dem doppelt belasteten gesunden Vorderlauf. Also schnallen, aber – das hatte mein „Hirschmann" bereits selber getan. Als ich mich umwandte, hatte ich den leeren Riemen in der Hand, 40 cm hinter der Halsung war er abgeschnitten. Der Hund war weg. Das hatte er noch nie gemacht, ich konnte ihn bisher einen ganzen Tag lang ablegen, ohne daß er je versucht hatte, sich abzuschneiden. Da hörte ich schon den Hetzlaut aus der Dickung und nach 10 Minuten in der Ferne den Standlaut. Während wir in aller Ruhe Richtung Standlaut gingen, überlegte ich fieberhaft, was ich nun machen sollte. Schlagen durfte ich den Hund unter keinen Umständen – er hatte ja recht gehabt, aber es ging jetzt um die Autorität. Schließlich hatte ich als sein Herr zu bestimmen, ob er hetzen sollte oder nicht! Ließ ich aber ohne weiteres die Sache hingehen, dann würde er anfangen, mit mir Schlitten zu fahren, wie er es mit fast allen anderen Jägern, die ihn zu führen versuchten, tat.

Ich schoß das Alttier vor ihm tot, sagte kein Wort, nahm den Hund an den zusammengeknoteten Riemen und legte ihn, ohne ein Wort zu sagen, etwa 50 m weit entfernt ab, so daß er das Stück nicht mehr sehen konnte. Dann brach der Förster das Stück auf – und der Hund wurde nicht genossen gemacht, worauf er immer sehr großen Wert legte. Ich holte ihn schweigend von seinem Platz, er durfte das Stück nicht beschnäufeln noch den Schweiß lecken, und zu Hause sperrte ich ihn in den Zwinger und sprach dann 24 Stunden lang kein Wort mit ihm. Der Hund hatte bestimmt meinen Zorn gemerkt, denn er hat diese Eigenmächtigkeit nie wiederholt. Seine Handlungsweise aber war typisch für die Eigenwilligkeit, die in ihm steckte, ja ich scheue mich nicht, es sogar Charakterstärke zu nennen.

Ein anderes Erlebnis sei hier eingeschoben, das zeigt, wohin es führen kann, wenn man seinem Hund nicht vertraut.

Ich war mit meiner „Gilka" bei einer Nachsuche auf einen Brunfthirsch mit Äserschuß. Ein Gastjäger einer Nachbarjagd hatte in der letzten Brunft halbspitz von vorn auf einen Abschußhirsch im hohen Ginster geschossen. Ein Zeichnen im Schuß war nicht beobachtet. Der Hirsch schweißte über die Ginsterfläche und war in eine große Fichtendickung gezogen. Ich war gegen 12 Uhr mittags am Anschuß. Die Schweißhündin arbeitete die Fährte in die Dickung hinein, und hier lag reichlich Schweiß, der in langen schleimigen Fäden zum größten Teil auf den Fichtenzweigen abgestreift war. Ich schloß hieraus, daß der Hirsch einen Äserschuß haben mußte.

Merkwürdigerweise war aber nicht nur in Höhe des Äsers Schweiß abgestreift, sondern auch tiefer, etwa 40 bis 50 cm über dem Boden, war häufig Schweiß auf den Zweigen zu finden. Nun war es natürlich möglich, daß Schweiß heruntergetropft war, aber mir kam die Sache doch sehr eigenartig vor. Nach etwa 800 m Nachsuche in der Dickung verwies mir der Hund einen Knochensplitter, der infolge seiner scharfen Kanten und seiner harten, dichten Struktur nur vom Lauf sein konnte. Also hatte der Hirsch Laufschuß und Äserschuß. Es war nicht anders zu erklären, als daß die Kugel sich an einem Ginsterzweig verschlagen hatte und zerspritzt war, oder daß der Hirsch im Moment des Schusses mit dem Haupt nach den Flanken zu geschlagen hatte und so Äser und einen

LAUF- UND ÄSERSCHUSS?

Vorderlauf von der Kugel gleichzeitig getroffen waren. Den mir folgenden Schützen beruhigte ich über die Sachlage und erklärte ihm, daß wir den Hirsch bombensicher in kürzester Frist haben würden. Wahrscheinlich würde es eine kurze Hetze geben, aber der Hirsch sei uns sicher. Ich ahnte nicht, was uns bevorstand!

Etwa 100 m, nachdem der Hund den Knochensplitter verwiesen hatte, kamen wir aus der Dickung heraus in ein großes Ginsterfeld, das auf der entgegengesetzten Seite wieder durch eine Fichtendickung begrenzt wurde. Ich merkte schon an dem Hund, der sehr heftig wurde, daß der Hirsch vor uns sein mußte. In dem Augenblick, wie ich aus der Dickung trat, sah ich den Hirsch drüben in der anderen Dickung verschwinden. Ich hatte nur einen Bruchteil einer Sekunde den Hirsch gesehen, dem mir folgenden Schützen war es schon nicht mehr möglich, aber es war mir aufgefallen, daß der Hirsch verhältnismäßig flüchtig war. Ich schnallte natürlich sofort. Nach kurzer Zeit wurde die Hündin in der nächsten Dickung hetzlaut und gab dann bald Standlaut. Ehe ich aber heran war, ging die Jagd schon weiter, und so wiederholte sich das mehrere Male. Ich blieb schließlich auf einem Hangweg in der Mitte der nun folgenden Dickungskomplexe. Die Sache entwickelte sich zu einem kleinen Wettlauf. Die Hündin stellte weit vor mir immer mal kurze Zeit, und sofort ging die Hetze weiter. Dabei konnte der Hirsch mich nicht wahrgenommen haben, da die Hetze immer schon mehrere hundert Meter von mir entfernt wieder weiterging. Ich stand vor einem Rätsel. Ein so schwerkranker Hirsch mußte, wenn er sich erst einmal gestellt hatte, doch vor dem Hunde aushalten!

Inzwischen ging die Jagd über den Bergrücken hinweg. Als ich ziemlich ausgepumpt oben ankam, umfing mich das Schweigen des Waldes. Nichts mehr zu sehen und zu hören, kein Hund, kein Hirsch. Nur ein unübersehbares Meer von bewaldeten Bergen des Rothaargebirges breitete sich vor mir aus. Nachdem sich alles wieder zusammengefunden hatte, griffen wir vor, spürten die Wege ab und fanden auf einem schließlich die Fährte des flüchtigen Hirsches im weichen Boden und daneben deutlich die Spur meiner Hündin. Da wir nicht genau wußten, in welcher Richtung die Hetze weitergegangen war, verteilten wir uns, schwärmten mit etwa 500 m Zwischenraum aus und marschierten los, von Zeit zu Zeit uns durch Hornsignale verständigend, um einander nicht völlig zu verlieren. Nach zwei Stunden waren wir, ohne etwas gesehen oder gehört zu haben, ziemlich erledigt wieder an der Stelle, wo die Fährte über den Weg stand. Kaum dort angekommen, erschien auch die Hündin und warf sich, völlig erschöpft von der Hetze, vor mich hin. Also hatte sich der Hirsch nicht stellen lassen. Selbstverständlich gab ich damit den Hirsch noch nicht verloren. Ich wurde wieder zweifelhaft, ob der gefundene Knochensplitter tatsächlich vom Lauf war, glaubte, daß er schließlich doch vom Kiefer sein könnte, und sagte mir, ein Hirsch, der nur Äserschuß, aber alle vier Läufe gesund hat, stellt sich natürlich sehr schwer, muß aber elendiglich verhungern und verdursten — also der Hirsch muß zur Strecke, koste es, was es wolle!

Nachdem ich die Hündin zum Wasser geführt und sie sich etwas erholt hatte, legte ich sie zu der über den Weg gehenden Hirschfährte, um die Hetze am Riemen auszuarbeiten — und das war der ungeheuerlichste Fehler, den ich machen konnte! Doch davon später. Die Hündin zeigte keinerlei Neigung, die Fährte zu arbeiten. Sie drehte sich ständig nach mir um, blieb stehen und sah mich ganz eigenartig an. Ich wurde geradezu böse über das Tier und rief ihr mehrmals energisch zu: Verwundt mein Hund, vorhin! Schließlich legte sie sich in den Riemen, und nun ging die Reise los über Berg und Tal, Widergänge, Haken, Steilhänge, durch zwei Jagdreviere hindurch etwa 5 km weit, ohne einen Tropfen Schweiß zu zeigen, bis in eine große Dickung. Dort wurde der Hirsch erneut vor uns flüchtig, und ich schnallte die Hündin zum zweiten Male. Nun ging die Hetze die ganze Tour zurück. Die Hündin kam jedoch bereits nach einer halben Stunde vollkommen erschöpft wieder bei uns an. Wir selbst waren inzwischen so weit zur „Strecke", daß wir nicht mehr „Brötchen" sagen konnten, und wankten schließlich völlig resigniert und körperlich und seelisch gebrochen zu unserem Auto, das in der Nähe des Anschusses stand.

Es fing mittlerweile an zu dunkeln. Ich war so durchgeschwitzt, daß ich mir Hemd und Rock auszog und auf den nackten Leib einen trockenen Mantel streifte, den ich noch im Auto hatte.

Da kam plötzlich ein anderer Jäger atemlos angelaufen und

berichtete: Der kranke Hirsch ist soeben unterhalb der Trambach durch das tiefe Tal gewechselt und hat die große Dickung auf der gegenüberliegenden Bergseite angenommen. Ich lächelte nur überlegen und erklärte dem aufgeregten Mann, daß wir den Hirsch mit unserer letzten Hetze weit in den sogenannten Scharfenstein des übernächsten Nachbarreviers hineingehetzt hätten und daß der Hirsch doch nur Äserschuß hätte, überhaupt nicht mehr schweißte und einfach nicht zu haben sei.

Meine Überlegenheit wich aber bald der Verzweiflung, als ich mich überzeugen mußte, daß tatsächlich der kranke Hirsch aus der ersten Dickung, in die er hineingezogen war, herausgewechselt war, von zwei Zeugen auf 400 m Entfernung mit dem Glase beobachtet und einwandfrei sowohl Äserschuß als auch Vorderlaufschuß festgestellt war. Nun fiel es mir wie Schuppen von den Augen! Wir hatten den ganzen Tag einen gesunden Hirsch gearbeitet. Auf der schweißenden kranken Fährte hatte ein gesunder anderer Hirsch gesessen, war vor uns fortgezogen und hatte dabei wahrscheinlich Schweiß des kranken Hirsches mit Schalen und Körper abgestreift und so den Hund irregeführt. Der kranke Hirsch hatte hier einen Widergang gemacht, der Hund war dem gesunden Hirsch kurz gefolgt, durch den abgestreiften Schweiß verführt, und ich hatte unglückseligerweise den Hirsch vor mir gesehen. Andernfalls hätte ich ja nicht sofort geschnallt, sondern den Hund nochmals zum letzten Schweiß zurückgenommen, und alles wäre uns erspart geblieben. Daß der gesunde Hirsch sich mehrfach vor dem Hunde stellte, ist mir allerdings heute noch ein Rätsel. Ich nehme an, daß er vielleicht Forkelverletzungen hatte oder sehr stark abgebrunftet war. Mir waren jedenfalls infolge des eigenartigen Verhaltens des gesunden Hirsches keinerlei Bedenken gekommen, und ich war überzeugt gewesen, hinter dem kranken Hirsch her zu sein. — Trotz aller Ermüdung ging es also so schnell wie möglich zu der Stelle, wo der tatsächlich kranke Hirsch zuletzt gesehen war. Ich fand dort auch noch Schweiß und ging sofort mit dem Hunde nach. Der Hirsch war einen sehr steilen Hang hinaufgezogen, durch dickste Fichtendickungen, es wurde dunkler und dunkler, und Hund und Führer wurden matter und matter. Ich hatte mir schließlich den Schweißriemen um den Leib gebunden und kroch auf allen vieren hinter dem Hunde die Hänge hoch. Schließlich brach ich in einem Graben zusammen und konnte nicht mehr. Auch der Hund streikte. Ich hatte mich vollkommen überanstrengt und lag mehrere Tage hinterher mit Herzkrämpfen im Bett. Ich hatte bereits 14 Tage Hirschbrunft mit etwa einem Dutzend schwierigster Suchen hinter mir, als diese fürchterliche Nachsuche mir den Rest gab. Mein Vorschlag, einen weiter entfernt wohnenden Schweißhund im Laufe der Nacht mit dem Auto holen zu lassen und dann am nächsten Morgen mit frischen Kräften den Hirsch zu arbeiten, wurde vom Jagdherrn leider nicht befolgt. Ich selbst und auch mein Hund waren am nächsten Morgen einfach nicht in der Lage, die Suche fortzusetzen. Der Hirsch ist also bestimmt elendiglich verludert.

Zweifellos lag eine unsinnige Verkettung von unglücklichen Umständen vor, aber ich hatte den großen Fehler gemacht, die erste Hetze, von der der sehr erfahrene gute Hund ergebnislos zurückkam, auszuarbeiten. Ich hätte Bedenken bekommen müssen, daß der Hirsch sich nicht gestellt hatte. Ich hätte unbedingt den Hund zum letzten Schweiß zurückbringen müssen, zumal er keine Neigung zeigte, die Hetzfährte zu arbeiten und sich erst auf energisches Kommando dazu bequemte. Hätte ich die Hündin auf dem letzten Schweiß zur Fährte gelegt, so hätte sie bestimmt den richtigen Hirsch gearbeitet, und da Führer und Hund zu dieser Zeit noch einigermaßen frisch waren, wäre der kranke Hirsch nach kurzer Zeit zur Strecke gewesen.

Doch zurück zu „Hirschmann". Als meine Familie auf den langen Treck nach Westen gehen mußte, ließ ich bei einer günstigen Gelegenheit den Hund in die Schorfheide bringen, wo er bei einem Revierförster gute Unterkunft und Verpflegung fand. Wenige Monate später rückte der Russe auch gegen die Schorfheide vor. Der Hund wurde nunmehr in die Letzlinger Heide bei Magdeburg gebracht. Hier fand das schon erwähnte Wiedersehen mit meiner Frau statt. Aber die Freude dauerte nicht lange. Nach wenigen Wochen kam auch dort der Russe, auf Grund des Abkommens von Jalta, über die Elbe, und meine Familie flüchtete unter Zurücklassung des bis dahin geretteten Flüchtlingsgutes weiter gen Westen. Meine Frau übergab den Hund einem Revierförster in der Letzlinger Heide, erzählte ihm, wie fabelhaft der Hund sei und daß mein ganzes Herz an ihm hinge ... Meine Frau konnte den Hund nicht mitnehmen, da sie selbst mit den Kindern kaum Platz auf einem überfüllten Lkw gefunden hatte. Die Einzelheiten darüber sind in dem Kapitel „Erinnern hilft vergessen" von ihr geschildert.

Später – sehr viel später – erfuhr ich, welch schreckliches Ende mein „Hirschmann" gefunden hatte. Als die Russen auf die Försterei kamen, wo „Hirschmann" untergebracht war, nahmen sie auch den Hund mit. Der Revierförster protestierte und erklärte, der Hund gehöre ihm nicht, er gehöre dem Staat, sei sehr wertvoll, er sei verantwortlich für das Tier seiner vorgesetzten Dienststelle gegenüber. Alle Proteste halfen nichts – der Hund wurde mitgenommen. Am nächsten Tag ging der Revierförster zu dem Bataillonskommandeur, der im Nachbardorf sein Quartier hatte, und wurde erneut wegen des dem Staat gehörenden wertvollen Hundes vorstellig. Er wurde abgewiesen. Nach einigen Tagen aber kam eine russische Ordonnanz zu dem Revierförster und sagte ihm, er könne den Hund beim Bataillonskommandeur abholen. Als der Forstbeamte bei dem russischen Major ankam, sagte ihm dieser, der Hund sei hinter der Scheune, dort könne er ihn holen. Hinter der Scheune war ein großer Misthaufen – auf ihm lag erschossen mein berühmter „Hirschmann"! Wie unvorstellbar brutal werden Menschen durch einen Krieg gemacht!

Nach dem zweiten Weltkrieg habe ich, sobald wir die Jagdhoheit wieder erhielten, auch wieder Schweißhunde geführt. Zunächst hatte ich Pech, da mir zwei Schweißhunde an Staupe eingingen. Die Hunde, die ich dann führte, haben an Leistung meine „Gilka" und meinen „Hirschmann" nie erreicht, aber das lag, wie ich schon gesagt habe, an mir, nicht an den Hunden. In den ersten Jahren hatten wir so viel Arbeit, daß für die Führung der Hunde zu wenig Zeit übrig blieb, und in den letzten Jahren wollten die eigenen Knochen nicht mehr so wie vor 20 Jahren! Trotzdem werde ich von der Schweißhundführung nicht lassen, solange ich noch atmen kann, für mich ist die Nachsuche die Krone der Jagd.

Einige interessante Nachsucherlebnisse aus den letzten Jahren möchte ich noch schildern:

MEINE SCHWEISSHUNDE

Es war wenige Jahre nach dem Zusammenbruch. Wir durften wieder Waffen führen und hatten die Jagdhoheit, wenigstens teilweise, zurückerhalten. Ich verwaltete damals zwei Forstämter im Murgtal im nördlichen Schwarzwald. Mit größter Mühe hatte ich wieder ein Auto erworben, es war ein uralter „Borgward". Das Auspuffrohr hatte ich auf den Waldwegen verschiedentlich abgerissen und es schließlich aufgegeben, es wieder anbringen zu lassen. Der Kühler leckte, und man mußte von Zeit zu Zeit nicht nur Wasser, sondern auch Kaffeesatz – natürlich Kornkaffeesatz – nachfüllen. Das feine Kaffeemehl setzte sich an den undichten Stellen der Kühlerlamellen fest, und so konnte man etwa 1 Stunde mit dem Wagen fahren, bis man wieder nachfüllen mußte. Der Motor machte einen unbeschreiblichen Lärm, zumal ohne Auspuff. Der Volksmund taufte den Wagen daher sehr bald „Zeppelin".

Als ich eines Tages hübsch langsam – schnell konnte man nicht mit diesem Wagen fahren – aus dem Revier nach Hause fuhr, sah ich plötzlich vor mir auf der Straße ein Autorad laufen – das konnte doch wohl nur von *meinem* Auto sein? Da kippte ich auch schon nach vorne links auf die Achse und, funkensprühend, rutschte ich noch 20 m weiter. Es war ein sonderbares Gefühl, plötzlich festzustellen, daß sich eins meiner Räder selbständig gemacht hatte. Als ich ein paar Tage später eine Kurve etwas mit Schwung nahm, sprang, infolge der Zentrifugalkraft, die rechte Tür auf, die Angeln brachen ab, und die Tür flog auf die Landstraße! Das Reparieren lohnte sich bei dem Karren nicht mehr. Ich montierte die Tür mit Draht wieder fest, so daß man in Zukunft nur noch von einer Seite einsteigen konnte.

Mit dem Auto fuhr ich in Begleitung von zwei Forstbeamten zu einer Nachsuche in eine benachbarte Pachtjagd. Ein Kalb hatte einen Keulenschuß erhalten, und man hatte, wie das fast immer zu geschehen pflegt, erst mit anderen Hunden die Nachsuche versucht und erst dann, als es nichts wurde, den Spezialisten geholt. Wieviel Mühe und Schweiß hätte ich in meinem Leben sparen können, wenn dieser Kardinalfehler nicht immer wieder gemacht würde! Es ist meistens kein böser Wille dabei, sondern man schämt sich, einen schlechten Schuß angebracht zu haben, möchte gerne, daß die Sache nicht ruchbar wird, und versucht, mit völlig unge-

EINE NACHKRIEGSSUCHE

eigneten Hunden nachzusuchen. Der Erfolg ist meistens, daß das Stück angerührt wird und daß es dann für den schließlich herbeigerufenen Schweißhund eine sehr schwierige und lange Suche wird.

Durch weites Vorgreifen, das mich mit meinem Hunde erst einmal aus der Zone der vertrampelten und nach anderen Hunden stinkenden Fährten brachte, fand meine Hündin die Fährte des kranken Kalbes, verwies auch Schweiß, so daß ich wußte, die Hündin hat recht. Die übrigen Teilnehmer der Suche blieben weit zurück, das ist mir stets das liebste. Wenn der Schweißhund einen Haken überschießt oder das kranke Stück Widergänge gemacht hat, kann man nur noch durch Bogenschlagen die Fährte wiederfinden. Wenn dann mehrere Leute hinter einem hergelaufen sind, dann wird dies sehr erschwert. Man muß nämlich berücksichtigen, daß an den Schuhen Schweiß und Wundflüssigkeit hängen bleiben können und nun hin und her verbreitet wird.

Die Suche ging schließlich in eine sehr dichte Buchendickung hinein, und zwar war das Kalb auf einem ausgetretenen Wechsel gezogen, was kranke Stücke sehr gerne tun. Ich hatte die Schutzbrille – ich nehme stets eine Steinklopferbrille aus feinem Maschendraht mit – heruntergezogen, um meine Augen nicht zu verletzen, und ging halb gebückt am langen Riemen hinter der eifrig arbeitenden Hündin her. Plötzlich fühlte ich am Hals einen Widerstand. Ich glaubte, es sei ein Ast, der mich am Vorwärtskommen hinderte, und schob mich mit einem Ruck vorwärts – da – blieb mir auch schon die Luft weg. Ich saß in einer Drahtschlinge, die auf dem Wechsel von Wilderern gestellt war. Nun, ich kam schnell aus der Schlinge heraus, löste sie von einem Stämmchen, an das sie gebunden war, ab und nahm sie mit. Aber bei dem Gedanken, was geschehen wäre, wenn die Schlinge an einem herabgebogenen Baum befestigt gewesen wäre, der dann mit mir hochgeschnellt wäre, wurde mir noch nachträglich etwas weich in den Knien. Ich suchte nun vorsichtig weiter und paßte scharf auf, damit ich nicht in weitere Schlingen geriet. Kurz nach diesem Erlebnis wurde das Kalb vor uns flüchtig und stellte sich nach kurzer Hetze. Mein Fangschuß befreite es von seinen Leiden. Das Bewußtsein, ein krankes Stück vor wochen- oder monatelangem Leiden bewahrt zu haben, ist mir immer wieder besonders befriedigend und schön erschienen.

Ich blies mit dem Horn die übrigen Jäger herbei, und wir, d. h. der Hund, die beiden Forstbeamten und ich, fuhren mit meinem „Zeppelin" Richtung Heimat. Da sowohl die Fußbremse als auch die Handbremse nicht mehr richtig funktionierten, schaltete ich an dem ziemlich steil bergabführenden Waldweg den ersten Gang zur Unterstützung der Bremswirkung ein. Plötzlich krachte es, das Differential war entzwei. Fuß- und Handbremse hielten den Wagen nicht, und ich konnte nur in den bergseitigen Graben gegen einen Brennholzstoß fahren, um den Wagen zum Halten zu bringen. Alles schien sich an diesem Tag gegen mich verschworen zu haben. Kaum war ich der Gefahr einer Erdrosselung entronnen, da drohte schon das tollste Autounglück! Aber wir mußten ja nun den Wagen ins Tal bringen – abschleppen konnte man ihn ohne jede Bremsvorrichtung nicht. Wir schoben also den Karren aus dem Graben heraus und legten zwei Brennholzscheite vor die Räder. Dann setzte ich mich hinein. Nun zog jeder der beiden Forstbeamten ein Scheit weg, und der Wagen fing an zu rollen. Die Forstbeamten liefen mit geschulterten Holzscheiten nebenher, und sobald das Tempo zu schnell wurde, was etwa nach 15 – 20 m der Fall war, warfen sie auf mein Kommando gleichzeitig die Scheite vor die Räder, und das Auto stand mit einem bockenden Ruck. Auf diese Weise legten wir etwa 1½ km zurück, bis wir endlich heil im Tal waren. Dort ließ ich den Wagen stehen, und wir gingen in die nächste Kneipe, um die Schrecknisse dieses Tages mit gutem badischem Wein hinunterzuspülen.

Als die Schweißhündin, die ich heute noch führe, 14 Monate alt war, nahm ich in einem Nachbarforstamt an einer Drückjagd auf Rotwild und Sauen teil und nahm meine „Blanka vom Hessenwald" mit. Eigentlich war es falsch, einen so jungen Hund mit auf eine Drückjagd zu nehmen, aber ich dachte, vielleicht fällt eine kurze Totsuche an, die ich mit der jungen Hündin machen könnte. „Blanka" hatte bis dahin nur eine Totsuche gemacht und war sonst auf kalter, gesunder Fährte gearbeitet.

Schon im ersten Treiben wurde ein Kalb vorderlaufkrank geschossen und außer meiner Hündin war überhaupt kein Hund vorhanden. Es konnte auch kein anderer Hund geholt werden, weil es weit und breit damals keinen Hund gab, der ein vorder-

Altholzbestand von Kaltenbronn

Ein weiter Blick vom Hochsitz

laufkrankes Stück hätte zur Strecke bringen können. Ich kämpfte lange mit mir – es war völlig falsch und widersprach allen Regeln – aber ich konnte doch das laufkranke Stück nicht seinem Schicksal überlassen.

Ich suchte nach etwa einer Stunde an, also auf noch warmer Fährte, ich wollte jedoch dem Kalb nicht zu viel Zeit lassen, um Widergänge zu machen, und da die ganze Arbeit sowieso falsch war, kam es nun auf diesen Kunstfehler auch nicht mehr an. Die junge Hündin legte sich mächtig in den Riemen, die Fährte schweißte zunächst gut, aber dann setzte der Schweiß vielfach aus, um plötzlich, wie mit Gießkannen gegossen, zu liegen – alles typisch für Laufschuß. „Blanka" hatte mir sehr schön einige Knochensplitter verwiesen und machte ihre Sache, die natürlich für einen Schweißhund leicht war, tadellos. Schließlich kamen wir an das kranke Kalb heran. Ich bekam das Kalb aber nicht frei und mußte wohl oder übel „Blanka" schnallen. Selten habe ich ein so ungutes Gefühl auf einer Nachsuche gehabt, wie in diesem Augenblick. Der Hund folgte sehr schön fährtenlaut, und der Ball verlor sich bald hinter einer Höhe. Ich wußte nur zu gut, wie schwer sich ein Kalb, besonders ein laufkrankes, stellt. Würde die junge Hündin, die keinerlei Erfahrung hatte, die sicher sehr lange Hetze durchstehen? Würde sie so lange stellen, bis ich heran sein konnte? Alles Fragen, die man, auf Grund seiner Erfahrung, nur mit „Nein" beantworten konnte. Ich lief, so schnell ich konnte, auf die Höhe, hinter der der Laut der Hündin verklungen war. Oben hörte ich den Hetzlaut sehr weit entfernt verschwinden, also die Beine in die Hand und hinterher! Nach einer Stunde hörte ich endlich den Standlaut von „Blanka", die Hündin hatte tatsächlich durchgehalten. Jetzt mußte ich ihr aber zu Hilfe kommen, und zwar so schnell als möglich. Der Standlaut war unten im Tal zu hören, ich mußte eine halsbrecherische Geröllhalde hinab. Wie aus dem Wasser gezogen, kam ich endlich in die Nähe des gestellten Stückes, nahm eine dicke Buche als Deckung und pürschte mich auf Schußentfernung heran. Das Kalb stand mit dem Rücken gegen eine hochaufragende Baumscheibe, einem sog. „Wulzen", die eine vom Sturm geworfene Fichte aufgeworfen hatte. „Blanka" stand vor dem Kalb und verbellte anhaltend, sicher bereits über eine halbe Stunde. Auf meinen Schuß hin machte das Kalb nur noch wenige Fluchten und verendete dann. Selten habe ich einen Hund so belobt, so abgeliebelt, wie „Blanka" nach dieser Suche. Nach langem Blasen fand ich zu der Jagdgesellschaft zurück. In die Freude und Glückwünsche zu der erfolgreichen Arbeit platzte jedoch die Hiobsbotschaft, daß gegen Mittag im dritten Treiben ein Schmaltier waidwund geschossen sei und eine große Fichtendickung angenommen habe, also ohne Hund nicht zu haben sei. Außerdem fing es jetzt an zu regnen und es war Spätnachmittag geworden. Am nächsten Tag hätte ich das Stück mit der jungen Hündin, nach menschlichem Ermessen, nicht mehr gefunden, also machte ich den zweiten Kunstfehler und übergab „Blanka" einem Revierförster, der allerdings früher selbst Schweißhunde geführt hatte und sehr viel Erfahrung hatte. Ich selbst ging zu meinem Auto und fuhr in den Gasthof, wo das Schüsseltreiben stattfinden sollte, um mich umzuziehen. Ich habe bei allen Jagden immer einen Koffer mit einer kompletten zweiten Garnitur bei mir im Auto. Wie oft war ich froh, wenn ich klatschnaß von einer Nachsuche kam, trockene Sachen anziehen zu können.

Draußen regnete es inzwischen in Strömen und als ich beim „Grogchen" saß, kam die übrige Jagdgesellschaft ziemlich naßgeregnet an, aber – ohne Revierförster und ohne „Blanka"!

Ich machte mir ernstliche Sorgen. Wenn es bei einbrechender Dunkelheit noch eine Hetze gegeben hatte, dann war es mehr als fraglich, ob der Revierförster noch bei Büchsenlicht den Fangschuß geben konnte. Dann würde die Hündin schließlich ermattet ablassen und war vielleicht für immer verdorben, und das Stück würden wir auch nicht mehr bekommen.

Da tat sich die Tür auf und der Revierförster und „Blanka" erschienen, durch und durch naß, und „Blanka" hatte einen Bruch hinter der Halsung – das Stück war zur Strecke! Die Hündin war der Fährte zügig gefolgt, und wenige hundert Meter weiter in der Dickung war das Schmaltier flüchtig geworden. Der Revierförster hatte sofort geschnallt, und nach etwa 500 m hatte sich das Stück gestellt. Bis der Forstbeamte jedoch heran war, war es schon so dunkel geworden, daß er nur unter größten Schwierigkeiten den Fangschuß anbringen konnte, zumal er Angst hatte, die Hündin zu gefährden. Somit war also alles gut gegangen, und trotz Kunstfehlern hatten wir beide Stücke zur Strecke. Für „Blanka" waren die beiden Hetzen eine ausgezeichnete Übung gewesen.

Ein eigenartiges Erlebnis hatte vor einigen Jahren einer meiner Revierförster, der auch Schweißhundführer ist, in meinem Forstamt Kaltenbronn. Es sollte für irgendeinen besonderen Zweck ein Kalb geschossen werden. Wie das nun meistens so geht: wenn man unbedingt für einen bestimmten Zweck ein Stück Wild braucht, klappt es nicht. Die ganze Jägerei ist unterwegs, und trotzdem rückt der Tag, an dem man das Stück braucht, immer näher, und es will und will nicht klappen. Dann fängt man an, leichtsinnig zu schießen, auf zu weite Entfernungen oder auf flüchtiges Wild, und so war es auch dieses Mal.

Schließlich sah besagter Revierförster ein Rudel Kahlwild im Altholz stehen und pürschte sich, gedeckt durch eine Bodenwelle, heran. Als er sich zentimeterweise aus der Dickung hochschob, hatte er plötzlich den Wind im Genick und das Rudel ging hochflüchtig ab. Nun tat der Forstbeamte das, was man nicht tun soll: Er schoß auf ein hochflüchtiges Kalb, und dieses schlug Rad, wie ein gut getroffener Hase. Da er Krellschuß befürchtete, lief der Schütze sofort auf das Stück zu, aber dieses lag, ohne einen Lauf zu rühren, mausetot vor ihm. Er stellte die Büchse an einen Baum, besah das Kalb und stellte fest, daß es Kopfschuß hatte. Das ganze Haupt war voller Schweiß. „Teufel nochmal", sagte sich der Beamte, „hast Du doch zu weit vorgehalten, zu hoch geschossen hast Du auch, na, das ist nochmal gut gegangen. Glück muß der Mensch haben!" Er zog sein Waidmesser, um das Stück aufzubrechen. Als er die Spitze des Messers am Träger ansetzen wollte, um Drossel und Schlund freizulegen, wurde das Kalb plötzlich wieder lebendig und ging hochflüchtig ab. Bis der Revierförster seine Gewehr erreicht hatte, war das Kalb schon über alle Berge.

So schnell wie möglich holte der Schütze seinen Hannoverschen Schweißhund, um dem kieferkranken Stück möglichst wenig Zeit zu lassen. Nach langer Suche und Hetze stellte der Hund das Kalb im Bach einer Nachbarförsterei, und der Nachbar gab, da er zufällig in der Nähe war, den Fangschuß. Das Kalb hatte die Kugel durch den Unterkiefer, war wie ein K.o.-geschlagener Boxer bis neun zu Boden gegangen, um dann hochflüchtig zu werden.

Kieferschüsse sind das Schrecklichste, was vorkommen kann. Ich habe verschiedene Stücke mit Kieferschüssen zur Strecke gebracht, darunter mehrere Sauen, bei denen durch zu weites Vorhalten beim Flüchtigschießen auf Treibjagden, derartige Schüsse nicht selten sind. Ich muß gestehen, daß ich aber auch mehrere Stücke mit Kieferschuß, trotz aller Mühe, nicht zur Strecke bringen konnte. Nichts ist deprimierender als eine derartige Fehlsuche. Man weiß mit Sicherheit, daß ein kieferkrankes Stück elendiglich verhungern muß, und kann doch nicht helfen. Bei Wiederkäuern geht das Verhungern erheblich schneller als bei Sauen. Ich habe vor langen Jahren einen Keiler zur Strecke gebracht, dem der ganze Unterkiefer herunterhing, und der nachweislich 3 Wochen vorher angeschossen war. Ein Stück mit Kieferschuß ist auf allen vier Läufen gesund, kann also sehr weite Entfernungen zurücklegen und geht selten schnell ins Wundbett. Der Schweiß, der, mit Speichel vermischt, zunächst in schleimigen Fäden zu finden ist, hört bald völlig auf. Wenn dann etwa eine Nacht zwischen Anschuß und Nachsuche liegt, dann muß schon viel Glück dabei sein, um ein solches Stück von seinen entsetzlichen Qualen erlösen zu können.

Als ich vor 35 Jahren bei einer Hauptprüfung des Vereins Hirschmann meine „Gilka" zu einem 1. Preis führte, wurde der Verein von mehreren Persönlichkeiten geleitet. 1. Vorsitzender war Landrat a. D. Dr. v. Asseburg, Schriftführer Ernst Decken, der einzige der damaligen Garde, der heute noch lebt, und als Richter fungierten damals Graf Arnim-Boitzenburg, Graf Bernstorff, Frhr. v. Werthern, Oberforstmeister Wallmann, mein Vorgänger in Rominten, und Oberst a. D. Weber. Schatzmeister war Oberförster Gotzkowsky, Nachfolger des unvergessenen großen Schweißhundemannes und Jägers Revierförster Müller, Hahnenklee. All diese alten Jägergestalten waren mir immer Vorbild. Der alte Graf Bernstorff richtete noch mit über 70 Jahren und kroch den ganzen Tag bei den Hauptprüfungen hinter den Hundeführern her durch die meistens patschnassen Dickungen. Dazu rauchte er eine halblange Meerschaumpfeife, und abends war er einem gewaltigen Umtrunk nie abgeneigt. Graf Arnim-Boitzenbrug schickte auch mehrfach eigene Schweißhunde zu den Hauptprüfungen, die dann

NACHWUCHS IN DER HUNDEFÜHRUNG

sein angestellter Jäger führte. Er selbst kroch aber stets mit eiserner Energie hinterher.

Wir, damals jungen, Schweißhundeführer fragten uns oft, was soll aus dem hannoverschen Schweißhund, was aus dem Träger der alten Tradition, dem „Verein Hirschmann", werden, wenn diese alten Recken einmal abtreten müssen?! Mit der gerechten Führung des Schweißhundes wird es dann zu Ende sein – und wir sahen sorgenvoll in die Zukunft. Aber dann wuchs doch wieder eine neue Generation von Schweißhundemännern heran, und die alte Weisheit wurde mal wieder bewiesen, daß kein Mensch, mag er noch so tüchtig und wichtig sein, unersetzlich ist. Die Steinhoffs, die nächste Generation Wallmann, Konrad Andreas, der hervorragende Zuchtwart des Vereins Hirschmann, viele Revierförster mit echter Passion rückten in die Stellungen der Alten ein, und man kann ohne Übertreibung sagen, daß wohl noch niemals in der Geschichte des hannoverschen Schweißhundes, seit der Schließung des Jägerhofes in Hannover vor rund 100 Jahren, so viele gute Hunde vorhanden waren wie heute. Die Leistungen, sowohl bei den Hauptprüfungen des Vereins Hirschmann als auch bei der in zweijährigem Turnus stattfindenden Prüfung des Internationalen Schweißhundeverbandes, sind hervorragend. Dabei gibt es eine große Zahl sehr schöner Hunde, obschon die Zucht des Hannoveraners eine reine Leistungszucht ist und bleiben soll.

Was dagegen fehlt, sind gute Führer in ausreichender Zahl. Auf den letzten großen Suchen fiel einem auf, daß das Durchschnittsalter der Hundeführer erschreckend hoch ist. Die Jugend hat leider vielfach nicht mehr das Interesse und die, unbedingt nötige, große Passion, um sich der Mühe einer Schweißhundeführung zu unterziehen. Die Vorliebe für die Technik, für Motorrad und Auto, ist größer als für das Tier, für den edlen Schweißhund. Im Hochgebirge, sowohl in Deutschland als auch in Österreich, ist es anders. Aber dort steht auch die Jagd, und vor allem der Stand des Berufsjägers, in erheblich höherem Ansehen als in anderen Gebieten.

Ganz töricht ist die Forderung, die man immer wieder hört, und die gelegentlich auch von der Jagdpresse gebracht wird, man solle die starren Bestimmungen der hannoverschen Methode beiseite schieben und den Hannoveraner auch auf Rehwild und anderes Wild arbeiten lassen, also etwa einen Hannoverschen Gebrauchsschweißhund schaffen. Jeder, der sich mit der Schweißhundführung intensiv befaßt hat, muß diese Forderung ablehnen. Der Schweißhund soll ein Spezialist sein und bleiben. Dieses Postulat wird nicht nur aus einem heute leider vielfach als überholt und öde empfundenen Traditionsgefühl aufgestellt – obschon ein guter Waidmann ohne Tradition nach meiner Ansicht nicht denkbar ist – sondern diese Forderung resultiert aus der Erkenntnis, daß es in Rotwildrevieren einen Rotwildspezialisten geben muß, der imstande ist, Schweißarbeit zu leisten, die ein Gebrauchshund, überhaupt jeder vielseitig geführte Hund gleich welcher Rasse, nicht leisten kann. Es würde bedeuten, jedes Spezialistentum zu leugnen, wenn man nicht anerkennen wollte, daß ein Spezialist mehr kann als derjenige, der sich mit vielen vorhandenen Arbeiten beschäftigen muß. Während wir bei uns Menschen immer mehr das Spezialistentum fördern – man denke nur an Ärzte oder Diplom-Ingenieure und viele andere Berufe – wollen wir nur noch Jagdhunde haben, die alles können. Ich gebe zu, daß es Gebrauchshunde gibt, die auf der Schweißfährte Erstaunliches leisten, aber die wirklich schwierigen Sachen schaffen sie nicht, wenn sie morgen Hühner vorstehen und übermorgen Enten stöbern sollen, um dann am dritten Tag die Nachsuche auf einen alten, laufkranken Hirsch zu machen.

Der Schweißhund gehört also nur in Reviere, in denen mindestens ein Abschuß von 60 bis 80 Stück Rotwild und Sauen gewährleistet ist, sonst hat er nicht genug Arbeit. Bei unseren modernen Patronen sind die Nachsuchen seltener geworden. Aber bei der größten Verbesserung der Waffentechnik bleiben doch die Laufschüsse, und die sind immer schwierig und erfordern eben einen Spezialisten, besonders wenn eine Nacht zwischen Anschuß und Nachsuche liegt.

Es wird auch immer nur wenig Schweißhunde geben können, eine Massenansammlung wäre sinnlos. Die gerechte Führung des Hannoverschen Schweißhundes wird immer nur eine Angelegenheit von wenigen sein. Was jedoch erreicht werden müßte, wäre das Halten eines Schweißhundes in sämtlichen Rotwildrevieren Euro-

DER SCHWEISSHUND IST SPEZIALIST

pas, was bis jetzt leider nicht der Fall ist. Es stehen heute Schweißhunde in Deutschland und Österreich, in Holland und Belgien, neuerdings auch in Frankreich (Vogesen) und in Ungarn. Es ist die vornehmste Aufgabe des Internationalen Schweißhundverbandes, diese Verbreitung durchzuführen. Leider sind die Bemühungen in den Ländern hinter dem eisernen Vorhang sehr schwierig, obschon die Jägerei in Polen, Jugoslawien, der Tschechoslowakei und Ungarn ausgezeichnet ist. Aber es fehlt dort an Leuten, die die nötige Autorität besitzen, um die Zucht und Führung in die Hand zu nehmen und zu organisieren, außerdem fehlt es natürlich an ausgebildeten Schweißhundführern. Trotzdem darf dieses Ziel nie aus dem Auge verloren werden, den Schweißhund überall dort heimisch zu machen, wo in Europa der edle Hirsch noch seine Fährte zieht. Daß außerdem der Schweißhund auch in Tanganyika auf Büffel erfolgreich arbeitet, ist in der Jagdpresse eingehend berichtet worden.

Im Jahre 1955 wurde der Internationale Schweißhundverband, nach langen Jahren einer durch Kriegs- und Nachkriegszeit verursachten Pause, wieder erneut konstituiert. Die erste Verbandssuche fand in Grünau in Oberösterreich statt. Ich schrieb damals darüber den folgenden Bericht in der österreichischen Jagdzeitschrift „Der Anblick":

> *Ein edler Jäger wohlgemut*
> *Zog aus mit seinem Schweißhund gut*
> *Sucht fürhin in dem Holze.*
>
> *All sein Gemüt stund ihm dahin,*
> *Daß er wollt' jagen, jagen in sein'm Sinn*
> *Ein edlen Hirsche stolze.* *(1593)*

Fünfzehn Jahre lang hatte ich die herrlichen Berge Österreichs nicht gesehen – fünfzehn Jahre voll von fürchterlichem aber auch vielseitigem Geschehen. Jahre des Niederbruchs, des Verlustes alles dessen, was einem lieb war und woran das Herz hing, aber auch Jahre des Wiederaufbaues, der Wiederbelebung, Jahre, in denen das Wort „Stirb oder werde" stand wie kaum in einer Zeitspanne zuvor. Fünfzehn Jahre voll Enttäuschungen und Bitternis, zunächst voll Hoffnungslosigkeit, ja dem allerschlimmsten: Voll Resignation! Aber auch Jahre voll Optimismus und Mut, voll Arbeit und Strebsamkeit. Es dürfte nicht verwunderlich sein, mit welcher Spannung man ein Land betritt, in dem man früher herrliches Jagderleben genossen hat, in dem man sich immer so wohl gefühlt hat! Das waren die Gedanken, die mich beseelten, als ich Ende Oktober nach Grünau im schönen Almtal fuhr, um an der Schweißhundverbandsprüfung teilzunehmen, die zum ersten Male nach achtzehn Jahren wieder stattfinden sollte und zu der der Österreichische Schweißhundverein die übrigen angeschlossenen Verbände eingeladen hatte. 1930 war der Schweißhundverband in Leipzig gegründet worden, zwei gelungene Suchen fanden in den folgenden Jahren in Ungarn statt, die allen Teilnehmern unvergeßlich bleiben werden. Anläßlich der Internationalen Jagdausstellung 1937 in Berlin fand die dritte Verbandsprüfung im Solling (Deutschland), Forstamt Neuhaus, statt, zu der Teilnehmer aus vielen Nationen erschienen waren. Jetzt, nach achtzehn Jahren, versammelten sich die Züchter, Liebhaber und Führer des roten Hundes in Grünau in Oberösterreich, um das alte Panier der gerechten Führung des Schweißhundes wieder aufzupflanzen.

Es ist vor allem das Verdienst des 1. Vorsitzenden des Österreichischen Schweißhundvereins, Direktor Grafinger, daß der Verband sich wieder aufnehmen konnte. Dieser vorbildliche alte Jäger, dem das Blondhaar längst silbern wallt, dessen Herz und Begeisterung für die gute Sache aber noch so jung sind wie vor Jahrzehnten, hat nicht geruht und gerastet, bis er den alten Schweißhundverband wieder erweckt hatte. Alle Schweißhundmänner werden ihm dafür stets zu Dank verpflichtet sein.

Es war das alte herrliche Erleben. Bei den Schweißhundmännern gilt kein Stand und kein Rang. Vom fürstlichen Jagdherrn bis zum Forstadjunkt umschlingt alle das einigende Band der Liebe zum roten Hund, und gewertet wird nur das Können, die Erfahrung und die waid- und spurgerechte Gesinnung. Ein ostdeutscher Baron führte auf der Suche seinen Hund genauso über Berg und Tal, durch Fels, Dickung und Wasser auf der Wundfährte wie der einfache Jäger aus Tirol.

Am Begrüßungsabend konnte der 1. Vorsitzende, Direktor

DER INTERNATIONALE SCHWEISSHUNDVERBAND

Grafinger, der später zum Ehrenvorsitzenden gewählt wurde, Se. Königl. Hoheit den Prinzen Ernst-August von Hannover, neben zahlreichen Teilnehmern und Gästen aus Deutschland, Österreich und Ungarn begrüßen. Zahlreiche Inhaber der im Almtal liegenden Rotwild- und Gamswildjagden hatten bereitwillig ihre Reviere und ihr Jagdpersonal für die Durchführung der Suchen zur Verfügung gestellt. Herrlichstes Wetter begünstigte die ganze Veranstaltung: Oben eine leichte Schneedecke, nach unten der herbstlich buntleuchtende Mischwald und im Tal die grünen Matten der Wiesen, dazu die herrlichen Gestalten der österreichischen Jägerei mit dem roten Hund zur Seite – da konnte einem schon das Herz aufgehen, und der Pater Jägermeister vom Stift Kremsmünster traf schon den richtigen Ton, als er im Angesicht der herrlich leuchtenden Bergwelt sagte: „Meine Waidgenossen, hier kann man aus innerstem Herzen heraus singen: ‚Te deum laudamus'."

Unermüdlich folgten Führer und Richter den Wundfährten durch teilweise schwierigstes Gelände, von der innersten Verpflichtung beseelt, das kranke Stück zu erlösen und seine Qual abzukürzen. Zwei Tiroler Jäger hingen z. B. einem Stück nach, das nur einen Streifschuß hatte. Über fünfzehn Kilometer ging die Suche, zum großen Teil im Fels, und erst die einbrechende Nacht konnte sie zur Aufgabe zwingen, zur Aufgabe eines Stückes, das nicht zu haben war. Dieser Spurwillen, der unermüdlich ist, muß nicht nur den Hund, sondern auch den Führer beseelen, und in Österreich hatten wir die besten Beweise dafür. Diese Jägergestalten, wie sie Defregger gemalt hat, waren prächtige Menschen: Ruhig, fast wortkarg, aber passioniert und von eiserner Energie. Ein ausgezeichnetes Verhältnis verband Führer und Hund. Die Tiere verstanden jedes Wort ihres Herrn, man hatte den Eindruck, sie unterhielten sich miteinander, so z. B. beim Totverweisen, das ich in bestechender Manier sah. Es war so, daß dem Hund nur die menschlichen Worte fehlten. Das Benehmen der Hunde war wie bei vernunftbegabten höheren Wesen, und ständiges Beisammensein der Hunde mit ihren Führern im Berg und auf den Hütten schaffen für dieses gute Verhältnis die besten Voraussetzungen.

Eine besondere Ehrung und Freude für die Teilnehmer der Verbandssuche war ein Empfang, den der Schirmherr des Vereins

MEINE SCHWEISSHUNDE

Hirschmann, Se. Königl. Hoheit Prinz von Hannover, uns in seinem herrlich gelegenen Jagdhaus „Hubertihof" gab. Da bei diesem Empfang auch Ihre Majestäten Königin Friederike und König Paul von Griechenland anwesend waren, wurde diese Einladung, bei der wir uns ungezwungen mit der scharmantesten Königin Europas unterhalten konnten, zu einem unvergeßlichen Erlebnis.

Wir schieden aus dem schönen Almtal, wo wir alte Jagdfreundschaften erneuert und neue geschlossen hatten, mit dem Gefühl, daß gerechtes Waidwerk nicht untergehen kann, solange es solche Männer verteidigen und dafür einstehen.

Waidmannsdank, du herrliches Österreich, mit deinen schönen Bergen, deinen grünen Almen und deinem goldgelben Herbstlaub, mit deinen Hirschen und deinen prächtigen Jägergestalten, deiner alten Jagdkultur, mit deinem Charme und deiner Gastfreundschaft, mit deinem roten Hund und deinem jagdlichen Brauchtum – „Ja, wir lieben dieses Land!"

Damit möchte ich das Kapitel über meine Schweißhunde beenden mit dem Spruch, der das Gründungsprotokoll des Internationalen Schweißhundverbandes 1930 in Leipzig abschloß:

Dem edlen Waidwerk will er Förderer sein.
Er will der hohen Jagd die Hunde züchten,
Die jeder Waidmann braucht, wenn nach dem Schuß
Sich seine Blicke auf die Fährte richten!

ZWEITES KAPITEL

DIE ZEUGUNG DES »HERRN VON SOLO«

Es war große internationale Hundeausstellung in Frankfurt/M. Mehrere tausend Hunde aus der halben Welt gaben sich dort ein Stelldichein, darunter natürlich auch Hannoversche Schweißhunde. Meine Schweißhündin hatte es sich so praktisch eingerichtet, daß sie gerade zur Zeit der Ausstellung heiß war. Was lag also näher, als mit ihr zur Ausstellung zu fahren, um sie dort von dem höchstprämiierten Rüden decken zu lassen? Ich kam am zweiten Tag der Ausstellung in Frankfurt an und nahm bei einem guten Freund von mir, der das Amt eines „Gebrechflickers" ausübte, Wohnung. Als ich ihn in Begleitung meiner Hündin begrüßte, freute er sich sehr und erklärte: „Das ist ja fein, daß du deinen Schweißhund bei dir hast, da wird unser guter ‚Männe' seine Freude haben, daß er mal einen Spielgefährten hat." Ich erwiderte doppelsinnig: „Ob ‚Männe' eine Freude haben wird, weiß ich nicht, ich hoffe es bestimmt nicht. Daß du jedoch eine Freude haben wirst, ist sicher!" Nachdem ich die ganze Wohnung nach einem festen Gewahrsam abgesucht hatte, erschien mir die im Keller befindliche Waschküche das Richtige. „Männe", ein roter Kurzhaardackel, der Typ des zur Tröstung verblühter Jungfrauen gezüchteten Salondackels, war mit hochgestelltem „Zagel" äußerst interessiert für die rückwärtigen Partien meiner Hündin, bekam aber von Zeit zu Zeit einen Tritt von mir, der ihn vorerst in respektabler Entfernung hielt. Nachdem eine alte Decke in die Waschküche gelegt war und ich zu meiner Beruhigung festgestellt hatte, daß die Kellerfenster mit Drahtgitter versehen waren, schloß ich meine Hündin ein und steckte sicherheitshalber den Schlüssel in die Tasche, nachdem mir versichert war, daß ein zweiter Schlüssel nicht existierte. „Männe" fing sofort an, an der Tür zu kratzen, und miefte gottsjämmerlich.

DIE ZEUGUNG DES »HERRN VON SOLO«

Ich schmiß ihn einfach aus dem Keller hinaus. Mein Freund und seine Frau wunderten sich den ganzen Abend über die Unruhe ihres „lieben Männe", der weder bei Frauchen auf dem Schoß sitzen wollte noch für Liebkosungen oder irgendwelchen Zuspruch zu haben war. Auf die Idee, daß meine Hündin heiß war, kamen die guten Leutchen nicht, und ich hütete mich, es ihnen zu sagen. In der nun kommenden Nacht machte außer mir kein Mensch im ganzen Haus eine Auge zu. „Männe" weinte, heulte, kratzte, bellte, knurrte, und draußen antwortete ihm ein halbes Dutzend weitere liebestoller Hundejünglinge. Ich selbst schlief ausgezeichnet, einmal, weil ich mir an dem wirklich sehr guten Burgunder, den mein Freund spendiert hatte, die nötige Bettschwere geholt, und zweitens, weil ich mir, in weiser Voraussicht des Kommenden, vor dem Schlafengehen beide Ohren fest mit Ohropax zugestopft hatte. Am nächsten Morgen sah man übernächtigte Gesichter am Kaffeetisch, sämtliche Parteien im Haus waren schon beschwerdeführend dagewesen, alles schimpfte, der Hund müsse abgeschafft werden usw. Nur mir ging es ausgezeichnet, und ich erklärte meinem Freunde, nun hätte er ja seine ihm versprochene Freude! Seine Sympathien zu mir schienen daraufhin etwas nachzulassen, ich aber zog es vor, mit meiner Hündin der Ausstellung zuzuwandern.

Mit dem Eigentümer des höchstprämiierten Rüden hatte ich mich in Verbindung gesetzt, hatte auch die Blutlinie des Rüden genau studiert, alles paßte sehr gut, nur – – wie die beiden zusammenbringen? Mit „Männe" in der Waschküche wäre alles so einfach gewesen, aber hier türmten sich haushohe Schwierigkeiten auf. In der Auskunft erklärte man mir kategorisch, daß kein Hund die Ausstellung vor abends 6 Uhr verlassen dürfe. Einen fremden Hund in das Ausstellungsgelände hineinlassen – „mein Herr, sind Sie wahnsinnig geworden? Jeder Hund ist hier untersucht, gegen Staupe geimpft, die ganze Ausstellung steht unter seuchenpolizeilichem Schutz, jeder Hund, der in das Ausstellungsgelände gelangt, wird erschosssen!" Verfluchte Geschichte! Um 6.40 Uhr mußte der Rüde schon am Bahnhof verladen werden. Wenn der Hund erst um 6 Uhr herauskam, gelang die Sache nicht mehr, also mußte ich mit meiner Hündin in die Ausstellung hinein, koste es, was es wolle.

EINTRITT VERBOTEN

Zunächst löste ich mir einmal mutig eine Eintrittskarte. Als mehrere Straßenbahnen und Autobusse gleichzeitig einen Schwarm von Besuchern brachten und ein ziemliches Gedränge am Eingang entstand, schlüpfte ich, die Hündin kurz am Riemen führend, mit ihr durch. Ich war aber noch keine 30 m weit über den Vorhof gelangt, als auch schon ein Kontrollbeamter auf mich zuschoß: „Mein Herr, wo kommen Sie mit dem Hund her?" „Durch den Eingang." „Wie sind Sie denn herausgekommen?" „Ich bin überhaupt nicht herausgekommen." Dabei ging ich immer weiter, um möglichst weit von dem Ausgang wegzukommen. „Ist das etwa ein Hund, der überhaupt nicht zur Ausstellung gehört?" „Gewiß", sagte ich, „es ist eine heiße Hündin, die von einem prämiierten Rüden gedeckt werden soll." Der Mann geriet gänzlich aus dem Häuschen. Ob ich ganz von Gott verlassen sei – was ich vorläufig verneinte – ob ich nicht wüßte, daß der Hund erschossen würde, ob mir nicht bekannt sei, daß strengste Anordnung des Polizeipräsidenten jedes Hereinbringen eines fremden Hundes in die Ausstellung untersagte usw. Ich beruhigte den aufgeregten Mann, so gut ich konnte, und ging vor allem immer weiter. Es blieb mir aber schließlich nichts anderes übrig, als mich zur Ausstellungsleitung führen zu lassen. Dort setzte ich meinen Fall in Ruhe auseinander, erklärte, daß ich eine weite Reise gemacht hätte, nur, um die Hündin decken zu lassen, und daß ich doch nicht umsonst hergekommen sein könnte. Es half alles nichts. Ich sollte sofort mit meiner Hündin das Ausstellungsgelände auf dem nächsten Wege verlassen. Der Kontrollbeamte war leider dauernd neben mir geblieben und schleifte mich nun tatsächlich dem Ausgang zu. Ich war mir klar darüber, daß, wenn ich erst einmal draußen war, alles verloren sei. Es galt, die Hündin auf alle Fälle innerhalb des Ausstellungsgeländes zu behalten. Ich erklärte also meinem Cerberus, daß ich doch nun mal den Eintritt bezahlt hätte, und wenn auch meine Hündin nicht gedeckt werden könne, so wollte ich mir nach der langen Reise doch wenigstens die Ausstellung ansehen. Er möchte erlauben, daß ich meinen Hund nicht weit vom Eingang anbinden dürfe, da hätte er ihn ja ständig unter Augen, und nach Besichtigung der Ausstellung würde ich den Hund abholen und das Gelände verlassen. Nach einigem Zögern ging er hierauf ein. Ich band die Hündin an ein Rhododendrongebüsch, nicht weit vom Eingang, und ging in die Ausstellungshallen. Nach einiger Zeit traf ich einen mir bekannten Revierförster, der ein passionierter Schweißhundführer und -züchter war. Der Mann kam mir gerade richtig, der mußte mir helfen. Leider hatte er einen großen Fehler, er war an Taubheit grenzend schwerhörig. Auf den Prüfungssuchen war er der Schrecken der Prüfungskommission, ich hatte ihn ein paarmal auf Schweißhundprüfungen erlebt. Die Sache spielte sich meistens so ab, daß der gute Revierförster seinen Hund auf den Anschuß führte, dann am Riemen nachhing und in der nächsten Dickung verschwand, um vorläufig nicht mehr gesehen zu werden. Er hatte eine Begeisterung und wilde Passion bei der Sache, die höchstens durch seine Schwerhörigkeit noch übertroffen wurde. Zurufe oder Hornsignale erreichten ihn nicht, er haute mit seinem Hund auf der Wundfährte ab, ohne daß die Prüfungskommission folgen oder ihm irgendwelche Weisungen geben konnte. Wie er eigentlich bei notwendigem Hetzen den stellenden Hund fand, ist mir stets schleierhaft geblieben. Aber sonst war er ein Prachtkerl und für meine Zwecke herrlich zu gebrauchen. Ich führte ihn erst einmal aus der Ausstellung heraus, denn schließlich brauchten von meiner Absicht und von meinen Plänen nicht sämtliche Ausstellungsbesucher zu erfahren. Draußen brüllte ich ihn an: „Ich habe meine heiße Hündin hier, die gedeckt werden soll." „Wie meinen Sie, ich bin etwas schwerhörig?" Ich bildete mit beiden Händen einen Trichter und schrie in sein Ohr: „Ich – habe – eine – heiße – Hündin – hier, – die – gedeckt – werden – soll!" „Sie haben ganz recht, es ist sehr heiß in der Ausstellung, gut, daß wir nach draußen gegangen sind." Erhabener Brahma! Der Mann war ja völlig taub geworden – so ging es nicht. Also schrieb ich ihm die Sache in ein Notizbuch, und nun verständigten wir uns sehr schnell. Er war sofort Feuer und Flamme für meine Pläne, und als wieder ein starker Besucherstrom einsetzte, ging er zu meiner an dem Rhododendronstrauch abgelegten Hündin, hob im Vorbeigehen den Schweißriemen auf und kam mit der Hündin zu mir, der ich geruhsam von weitem diesem Unternehmen zugesehen hatte. Es konnte in keiner Weise auffallen, wenn innerhalb der Ausstellung ein Hund an der Leine geführt wurde, das kam häufig vor, nur ich

DAS LIEBESNEST: DIE POLIZEIWACHE

durfte die Hündin nicht führen, mich hätte der Kontrollbeamte sofort wiedererkannt. Meine Hündin erkannte er natürlich nicht wieder. Wo aber sollte nun der Deckakt vor sich gehen?! Coram publico? Das hätte wahrscheinlich nicht nur die Kontrollpolizei mobil gemacht. Da fiel mir die schöne Geschichte von dem Schwerverbrecher ein – als solcher kam ich mir langsam schon vor –, der in Berlin vom Polizeipräsidium am Alexanderplatz, dem sogenannten „Alex", nach Moabit gebracht werden sollte und aus der „grünen Minna" flüchtete. Drei Tage lang suchte ihn die gesamte Kriminalpolizei der Reichshauptstadt. Man kehrte alle Ecken aus, ohne eine Spur von ihm zu finden, und entdeckte ihn schließlich durch Zufall im „Alex" selbst, wo sich der Schlauberger friedlich in ein Wartezimmer gesetzt hatte. Hier hatte ihn allerdings niemand gesucht. Diesem edlen Beispiel folgend, ging ich mit meiner Hündin zur Polizeiwache, die sich im Ausstellungsgelände befand. Ich erklärte dem Wachhabenden, daß die Hündin heiß geworden sei und nun von einem Rüden gedeckt werden müsse. Da wir das nun nicht in der Öffentlichkeit machen könnten, bäte ich, diesen Akt in der Polizeiwache erledigen zu dürfen. Der Oberwachtmeister war sofort sehr liebenswürdig – er glaubte selbstverständlich, daß es sich um einen ausgestellten Hund handelte – und wies mir ein Zimmer hinter der Wache an, wo die Angelegenheit ungestört vor sich gehen könnte. Ich band meine Hündin dort an, bat den Wachtmeister, schön achtzugeben, daß kein anderer Hund in das Zimmer käme, und sah mir nun in aller Ruhe die Hundeausstellung an, meine Hündin wußte ich ja in bester polizeilicher Obhut. Endlich suchte ich den Besitzer des Deckrüden auf, und wir zogen mit dem Rüden zur Wache. Mein Revierförster war bester Laune: „Sehen Sie, jetzt geht die Sache in Ordnung", meinte er. Ich aber hatte schwere Bedenken, ob die Hündin den Rüden auch zulassen würde. Im vergangenen Jahre hatte sie zwei Deckrüden kategorisch abgelehnt, und trotz aller Bemühungen war sie nicht belegt worden. Hochgezüchtete Hunde sind in dieser Beziehung manchmal sehr empfindlich, und ist ihnen der Partner unsympathisch, dann kommt kein Deckakt zustande. Mir fiel der berühmte Trakehner Deckhengst ein, der nur Schimmelstuten deckte und den alle weiblichen Füchse, Rappen und Braunen der Welt kalt ließen. Man hatte in Trakehnen listigerweise eine große weiße Decke machen lassen und hüllte damit die ihm unsympathischen Stuten ein, worauf sie von ihm belegt wurden... Na ja – ich konnte dem Rüden weder farbige Tücher umhängen noch sonst etwas unternehmen, um ihn in den Augen meiner Hündin begehrenswerter zu machen, es mußte eben versucht werden. Sympathisch waren sich die beiden, das zeigte sich sofort, als wir sie in dem Raum hinter der Polizeiwache losließen. Die Polizeibeamten waren natürlich – voller Neugier – mit in den Raum getreten. Aber trotz aller Sympathie der beiden Hunde kam der Deckakt nicht zustande, weil die Hündin zu klein war. Der Rüde war wohl eine gute Handbreit höher auf den Läufen als meine Hündin, und es wollte und wollte nicht klappen. Da fiel mir schließlich ein, daß ich draußen vor der Polizeiwache einen Haufen Backsteine hatte liegen sehen. Auf meinen Vorschlag trugen wir nun, im Verein mit der Polizei, eine Anzahl Backsteine in die Stube und legten sie nebeneinander auf die Erde, so einen erhöhten Stand für die Hündin herrichtend. Mir war die berühmte, anatomisch kaum möglich erscheinende Kreuzung zwischen Schäferhund und Teckelhündin eingefallen – die beiden Schlauberger hatten als Brautbett eine Treppe benutzt –, und nun ging auch in unserem Fall die Sache tadellos. Mir fiel ein Stein vom Herzen, als die Sache glücklich vollendet war – aber nun kam das Schwierigste: Heil mit der Hündin aus der Ausstellung wieder herauskommen! Es war nur ein einziger Ein- und Ausgang vorhanden. Mich um 6 Uhr, wenn alle Hunde herauskamen, mit durchzudrücken, schien aussichtslos, da für jeden Hund die Papiere abgeliefert werden mußten. Ich hätte mir also die Papiere eines anderen Hundes aneignen müssen. Da ich mich aber schon in derartig viele Injurien verstrickt hatte, konnte ich mich zu einer weiteren Missetat nicht entschließen. Ich ging also mutig, meine Hündin am Riemen, dem Ausgang zu. Schon 50 m vorher stürzte der bewußte Kontrollbeamte auf mich los: „Wo kommen Sie mit dem Hunde her?!" Ich sagte: „Beruhigen Sie sich bitte, ich habe den Hund, wie Sie wissen, hier an den Rhododendronbusch angebunden. Da ich jedoch Bedenken hatte, ihn alleine zu lassen – er hätte sich ja vielleicht losreißen und in die Ausstellung laufen können, was doch streng verboten ist –, habe ich ihn abgeholt und auf die Polizeiwache gebracht, damit er gut bewacht würde und keinesfalls mit Ausstellungstieren in Berührung kam." Der Mann war ob solcher Frechheit fassungslos, schließlich sagte er: „Das können Sie Ihrer Großmutter erzählen, daß Sie den Hund auf der Polizeiwache gehabt haben. So dumm bin ich nicht, daß ich das glaube!" Sofort faßte ich ihn unter den Arm. „Aber lieber Mann, kommen Sie sofort mit, wir gehen zur Polizeiwache. Sie glauben wohl ich will Sie anlügen?! Was denken Sie von mir! Kommen Sie sofort mit zur Wache." Dort angekommen, sagte ich zu dem Wachhabenden: „Herr Oberwachtmeister, dieser Herr will nicht glauben, daß dieser Hund den ganzen Nachmittag hier auf der Wache gelegen hat." „Gewiß doch", sagte der Wachtmeister, „hier im Nebenzimmer ist er angebunden gewesen." Der Gesichtsausdruck meines Kontrolleurs wurde etwas weniger geistreich. „Außerdem will er nicht glauben, daß die Hündin hier gedeckt worden ist." „Was, gedeckt worden ist sie auch", schreit der Kontrollonkel. „Natürlich", sagte der Wachtmeister, „wir haben ja alle zugesehen!" Das Gesicht des Beamten verzerrte sich vor Wut. „Gehen Sie weg – gehen Sie bloß weg – verlassen Sie sofort mit Ihrem Hund die Ausstellung!" „Aber gerne, ich habe hier nichts mehr zu suchen", erwiderte ich und verließ mit meiner Hündin hocherhobenen Hauptes die Internationale Hundeausstellung in Frankfurt/Main.

Das Ergebnis dieser Tat war ein schöner Wurf Schweißhundwelpen. Den besten und schönsten behielt ich und nannte ihn „Solo". Da er aber sehr edel von Gestalt und sehr vornehm in seinen Allüren war, wurde er von der ganzen Familie nur „Herr von Solo" genannt.

DRITTES KAPITEL

WALD – WILD – JAGD

Der Wald war ursprünglich des Menschen Feind und wurde erst später sein Freund. Undurchdringlich werden die Wälder Germaniens geschildert, und der Mensch mußte zum Feuer greifen, um Raum für den Ackerbau zu schaffen. Bis weit ins Mittelalter hinein wurden Waldgebiete auch aus strategischen Gründen erhalten, weil sie ein undurchdringliches Hindernis für feindliche Armeen darstellten. Ich erinnere nur an den Urwaldgürtel im Osten der Provinz Ostpreußen, der jahrhundertelang vom Deutschritterorden als Bollwerk gegen die Litauer und Polen erhalten blieb.

Im Zuge der Entwicklung der Zivilisation und Technik begann das Holz eine Rolle zu spielen, und zwar insbesondere als Holzkohle, die in großen Mengen bei der Waffenherstellung aus Bronze und später aus Eisen benötigt wurde, und dann vor allem für die Verwendung beim Schiffsbau. Beide Verwendungszwecke haben dazu geführt, daß z. B. die Iberische Halbinsel, Italien, der Balkan und der Vordere Orient waldarm beziehungsweise waldleer geworden sind. Das Brennholz allein, das der Mensch zur Beheizung seiner Wohnungen benötigte, spielte immer eine untergeordnete Rolle und hätte niemals zur Vernichtung der Wälder geführt. Eine Naturverjüngung wiederum verhinderte der Vieheintrieb in die devastierten Wälder, ganz besonders der Ziegeneintrieb. Das Ende waren Erosion und Verkarstung.

Die heute noch vorhandene starke Bewaldung Deutschlands ist in erster Linie der Jagd zu verdanken. Die ersten Forstordnungen beschäftigen sich mit dem Walde hauptsächlich aus Gründen der Jagd. So wurde das Roden von Wald verboten, damit die jagdbaren Tiere in ihrer Existenz nicht bedroht wurden. Diese der Jagdleidenschaft entspringenden Maßnahmen haben sich außer-

DIE BEDEUTUNG DES HOLZES

ordentlich segensreich ausgewirkt. Frühzeitig erkannte man auch, daß der Wald sogar gehegt werden müßte. So wurden bereits zu Beginn des 16. Jahrhunderts im Reichswald von Nürnberg die ersten künstlichen Nadelholzsaaten ausgeführt. Das Pflanzen von Eichen- und Buchenheistern allerdings wurde damals in erster Linie angeordnet, um Mastbäume für die Schweine zu erzielen.

Erst vom Beginn des 19. Jahrhunderts an können wir von einer geordneten Forstwirtschaft sprechen, nicht zuletzt infolge des Zuwachses der Bevölkerung, des steigenden Bedarfs an Bauholz und für viele andere Zwecke. Hierbei ging die Forstwirtschaft in Deutschland führend voran. Die ausländischen Forstleute haben zunächst fast alle ihre Ausbildung in Deutschland erhalten. Mit der Industrialisierung und Technisierung und mit der rapide ansteigenden Bevölkerungszahl wurde der Wald immer mehr reines Wirtschaftsobjekt, die Holzproduktion wurde deshalb mit allen Mitteln waldbaulicher Kunst gefördert. Das führte teilweise so weit, daß bestimmte schnellwüchsige Holzarten, insbesondere die Fichte, in riesigen Monokulturen angebaut wurden, so daß der natürliche Mischwald in vielen Gebieten verlorenging. Hierdurch wurden die Gefahren, die dem Wald drohen, insbesondere durch Insekten, Pilze, Feuer und Sturm erheblich vermehrt, und Katastrophen großen Ausmaßes wurden häufig. Man soll aber deshalb nicht etwa glauben, daß der Urwald nur aus Mischwald bestand; auch der Urwald kannte reine und gleichaltrige Bestände, die nach Feuer- oder Sturmkatastrophen durch Samenanflug entstanden sind.

Heute sehen wir im Walde nicht mehr allein ein Wirtschaftsobjekt. Wir haben erkannt, daß außer der größtmöglichen Holzproduktion weitere wesentliche Aufgaben vom Wald erfüllt werden müssen. Theodor Künkele sagt: „Der Wald lebt besser ohne die Menschen, aber die Menschen leben schlechter ohne den Wald." Als der Präsident der Forstverwaltung von Baden-Württemberg vor Jahren anläßlich einer großen forstlichen Tagung einen Vortrag über die Funktionen des Waldes hielt, stellte er bezeichnenderweise an die Spitze seiner Ausführungen die Wohlfahrtswirkungen des Waldes und behandelte dann erst die Holzproduktion. Unter diesen Wohlfahrtswirkungen verstehen wir das Erhalten der Bodendecke, also die Verhinderung der Erosion, weiter die

klimatische Beeinflussung, die sehr erheblich ist, und aus ihr resultierend die Wasserversorgung, die bekanntlich heute zu einem dominierenden Problem geworden ist, und schließlich die Wirkung des Waldes als Erholungsstätte für den gehetzten Großstadtmenschen.
Die historische Entwicklung der Jagd ist gleichzeitig eine Kulturgeschichte der Menschheit. Der Urmensch war Sammler, er lebte von Waldfrüchten, von Pilzen, Beeren, Kräutern, von Vogeleiern, Schnecken und Würmern. Auch Insektenlarven wurden von ihm nicht verschmäht, und vor allem hat er sicher schon Reste von Wild verzehrt, das von Großraubwild gerissen war. Der Mensch entwickelte sich dann zunächst zum Fallensteller. Sicher wurde er durch das Beispiel des Großraubwildes dazu angeregt, sich mit eigenen Mitteln in den Besitz des ersehnten Wildprets zu bringen. Das Wild wurde in Gruben gefangen, die auf Wechseln angelegt wurden und mit Reisig überdeckt waren. Auch kamen Pfeil und Bogen auf. Selbst Großwild wurde mit Pfeil und Bogen und primitiven Speeren gejagt und zur Strecke gebracht, zumal der Mensch lernte, aus Baumrinde und bestimmten Pflanzen schnelltötende Pfeilgifte zu gewinnen. Wir haben diesen Zustand beispielsweise heute noch bei den Pygmäen des Kongogebietes und teilweise bei den Eskimos, wenn auch letztere inzwischen bereits sehr stark der Zivilisation erlegen sind.
Mit fortschreitender Entwicklung wurde die Jagd, die ursprünglich die einzige Existenzgrundlage war – Landwirtschaft und Viehzucht kamen ja erst viel später auf – zu einem Vergnügen. Könige und Fürsten und sonstige Herren des Landes frönten dem Waidwerk, es wurde sogar ihr Vorrecht, und dem gemeinen Mann wurde das Jagen verboten. Die ältesten Nachrichten hierüber finden wir bei den Ägyptern, bei Xenophon und bei den Donaukelten. Der griechische Schriftsteller Arrianos schildert die jagdlichen Verhältnisse bei den Donaukelten vor etwa 2000 Jahren sehr eingehend. Man hetzte den Hasen damals bereits mit Windhunden, wobei aber niemals mehr als zwei Hunde an einem Hasen geschnallt werden durften, damit der Hase eine Chance des Entkommens hatte. Man veranstaltete Jagdfeste, bei denen Jäger und Hunde mit Brüchen geschmückt wurden, und man besaß bereits eine ethische

ENTWICKLUNG DER JAGD DURCH DIE JAHRHUNDERTE

Auffassung vom Waidwerk. Es ging nicht mehr darum, das Wild mit allen Mitteln zu erbeuten, sondern man gab dem Wild gewisse Chancen und entwickelte dadurch eine Art Fairneß bei der Ausübung der Jagd. Im ganzen Mittelalter blieb die Jagd ein Vorrecht der herrschenden Stände, und drakonische Strafen bedrohten den, der hiergegen verstieß. Da die damaligen Landesherren hauptsächlich sich mit Kriegführen und Jagen beschäftigen, spielte die Jagd eine bedeutende Rolle. Um sie ergiebig zu machen, war man bestrebt, den Wildstand hoch zu halten. Die Folge waren unerträgliche Schäden in der Landwirtschaft. Die Bauernkriege sind zum Teil mit auf die Wildschäden von Schwarz- und Rotwild zurückzuführen.

Im 17. und 18. Jahrhundert entartete die Jagd, auch in Deutschland. Beeinflußt von Frankreich, wurden Prunkjagden abgehalten, bei denen das Wild hundertweise in große Netze getrieben wurde, um totgeschossen oder abgefangen zu werden. Man veranstaltete Kämpfe zwischen Bären und Wisenten, zwischen Hirschen und Wölfen, man machte das Fuchsprellen, wobei ein lebender Fuchs mit Hilfe eines Netzes so lange in die Luft geworfen wurde, bis er elendiglich verendete. Die ganze Jagd bestand damals in einer widerlichen Massentötung von Tieren, wobei von irgendeinem Mitgefühl mit der leidenden Kreatur keine Rede war. Selbstverständlich beteiligten sich auch die damaligen Kirchenfürsten und auch die Damenwelt an diesen grausamen Verlustierungen. Diese Entwicklung wurde durch die Französische Revolution beendet.

Aber auch im 19. Jahrhundert wurde noch der Hauptwert auf die Größe der Strecke gelegt. Erzherzog Franz Ferdinand von Österreich, der in Serajewo erschossen wurde, war ein ausgesprochener Massenschießer. Er erlegte häufig an einem Tage mehrere hundert Stück Gamswild an Zwangswechseln. Auch Kaiser Wilhelm II. hat noch eingestellte Jagden abgehalten. Bei diesen Jagden wurden die vorher in Fängen lebendig gefangenen Sauen in großen Mengen vor den Schützen so lange hin- und hergejagt, bis alle erlegt waren. Irgendeine Chance hatte das Wild nicht.

Noch um die Jahrhundertwende gab es einen sogenannten Adlerkönig in Tirol. Dieser Mann war hoch geehrt und angesehen, weil er 100 Steinadler, diesen herrlichsten Vogel Mitteleuropas, erlegt hatte. Man fand auch nichts darin, noch vor 50 Jahren Rehwild mit Schrot oder Posten zu schießen, und noch im Jahre 1906 war es üblich, im Siebengebirge bei Bonn am 1. Mai Treibjagden auf Rehböcke zu veranstalten, die zum größten Teil um diese Zeit noch nicht gefegt hatten. Die heutige jagdliche Auffassung ist maßgeblich beeinflußt durch Frhr. v. Raesfeld, der den Begriff „Hege mit der Büchse" geprägt hat, durch Hermann Löns, von dem der Vers stammt: „Wer nur zum Schießen auszog zur Jagd, zum Waidmann hat er es niemals gebracht", durch Graf Silva Tarouca, der das Buch „Kein Jäger – kein Heger" geschrieben hat, durch Friedrich von Gagern und andere. Durch das Reichsjagdgesetz 1934 wurden diese ethischen Auffassungen über die Jagd zum erstenmal gesetzlich erfaßt. In der Präambel zu diesem Gesetz heißt es, „die Jagd muß nach den anerkannten Grundsätzen deutscher Waidgerechtigkeit ausgeübt werden".

Dieser Begriff ist nicht ohne weiteres einem Laien klarzumachen. Ich möchte sagen: vor allem enthält er die Achtung vor dem Tier. Die eigene Beschränkung, die Hege und Pflege des Wildes, Mitleid mit der gequälten Kreatur, Ehrerbietung vor der Natur und ihren Gesetzen und die Beobachtung und Innehaltung der jagdlichen Regeln und des jagdlichen Brauchtums. Diese ethische Auffassung vom Waidwerk ist sicherlich nicht Allgemeingut, aber als Ziel steht sie unverrückbar fest und beherrscht das Waidwerk in Deutschland.

Wald und Wild sind im Laufe der Jahrtausende in ihrem gegenseitigen Verhältnis durch den Menschen stark beeinflußt worden, leider nicht immer im guten Sinne. Wo die Natur sich selbst überlassen bleibt und wo der Mensch nicht mit seiner Qual hinkommt, befinden sich Tiere und Pflanzen in einem natürlichen Gleichgewicht. Dieses Gleichgewicht hat der Mensch erheblich gestört. Es ist daher seine Pflicht, mit allen Mitteln dahin zu wirken, daß die ehemalige Harmonie wieder hergestellt wird. Der Mensch hat z. B. das Raubwild vernichtet und damit eine beliebige Vermehrung der Beutetiere des Raubwildes möglich gemacht. Die Aufgabe des Jägers ist es daher unter anderem, durch richtigen Abschuß dafür zu sorgen, daß die Vermehrung nicht ins Unangemessene geht und

DAS GLEICHGEWICHT IN DER NATUR

z. B. zur Vernichtung der Pflanzenwelt oder zu Seuchen unter dem Wilde führt. Es ist deshalb unsinnig, wenn die Jäger als rückständige und brutale Menschen hingestellt werden, die Freude daran empfinden, ein unschuldiges Reh totzuschießen. Ein geregelter Abschuß ist Pflicht des Jägers. Gleichzeitig liegt ihm aber auch die Pflicht ob, dafür zu sorgen, daß die noch vorhandenen Tierarten erhalten bleiben. Zu diesem Zweck muß er Heger sein. Diese Hegeaufgabe ist heute wichtiger als die eigentliche Jagdausübung. Man kann es vielleicht so formulieren, daß der heutige Jäger und der Jäger der Zukunft ein Schützer und Heger der freilebenden Tierwelt sein muß; oder er wird bald nicht mehr sein. Diese Hege kann sich nicht nur auf die sogenannte jagdbare Tierwelt erstrecken, sondern muß auf die gesamte Natur vom Apollo-Falter bis zum Rothirsch, vom Edelweiß bis zur alten knorrigen Eiche ausgedehnt werden. Niemand ist vordringlicher berufen, diesen Naturschutzgedanken aufzugreifen und zu verwirklichen als der Jäger, der täglich draußen in Feld und Wald weilt und in dessen Händen das Wohl und Wehe der freilebenden Tierwelt liegt. Diese Natur, die der Jäger in Schutz und Hut nehmen muß, ist auf das schwerste bedroht. Durch die schnelle Zunahme der Siedlungsdichte, durch das rapide Anwachsen des Verkehrs, durch die Industrialisierung und die ständige Einengung des Lebensraumes, durch die zunehmenden Störungen der Geräusche aller Art, auch in den entferntesten Waldteilen, durch die Intensivierung der Land- und Forstwirtschaft ist die Natur und alles, was in ihr kreucht und fleucht, heute erheblich gefährdet. Durch die Flurbereinigungen und die Begradigung der Wasserläufe, durch die Ableitung von Schmutzwässern in die Flüsse und Ströme gehen nicht nur viele landschaftliche Schönheiten verloren, sondern die Tierwelt wird auch dezimiert und vielfach ihrer Lebensgrundlagen beraubt.

Der Mensch braucht mehr denn je die Natur mit ihren Schönheiten, und zwar die durch Tiere belebte Natur, um Kräfte und Erholung zu finden bei dem mörderischen Ringen um die Erhöhung des Lebensstandards. Eine Natur, die mechanisiert ist und in der die Tierwelt bis auf wenige Arten, die sich der ständigen Störung anpassen, vernichtet ist, kann diese wichtige Wohlfahrtswirkung dem Menschen nicht mehr gewähren. Ein vernichteter Wald und eine vernichtete Tierwelt sind überhaupt nicht oder nur sehr schwer wieder zu beginnen. Die Geschichte der Erde ist reich an warnenden Beispielen. Viele heutige Wüsten waren früher fruchtbare Landstriche. Verkarstete Berge trugen früher herrlichsten Waldbestand. Viele Tierarten sind für immer verschwunden.

Auf der einen Seite müssen wir also fordern, daß die Natur und insbesondere der Wald als Erholungsstätte für den städtischen Menschen erhalten bleiben und gepflegt werden, auf der anderen Seite ist die Masse Mensch der größte Feind der Natur und der in ihr lebenden Tiere. Wir sind dabei, „Oasen der Stille" zu schaffen, also größere Waldgebiete auszuscheiden und in ihnen jede Besiedlung und jeden Kraftverkehr zu unterbinden. Aber über diesen Oasen der Stille brausen die Düsenflugzeuge hinweg, und an Sonn- und Feiertagen ergießen sich Tausende von Menschen, die mit Kraftwagen von weit her kommen, mit Koffergrammophonen bewaffnet, in diese sogenannten Oasen der Stille und machen aus ihnen eine Oase der Störung und des Lärms. Der unglückliche Forstbeamte, der eine solche Oase der Stille zu betreuen hat, muß nach jedem Sonn- und Feiertag Kolonnen von Waldarbeiterinnen in den Wald schicken, um den Unrat aufzulesen, den der Stadtmensch von sich geworfen hat.

Auf der anderen Seite muß begrüßt werden, wenn der Mensch, der im Qualm der Städte wohnen muß, Erholung und Entspannung im Walde sucht und seine Freizeit, die immer größer wird, nicht in Kinos und Bierkneipen verbringt. Ich sehe die Lösung dieses Problems in erster Linie in einer entsprechenden Erziehung des Menschen. Diese Erziehung, die insbesondere die Ehrfurcht vor der Natur erreichen muß, kann nur in den Schulen geleistet werden. Die Unkenntnis der Lehrer auf dem Gebiet der Naturkunde aber ist erschreckend. Auch die Lehrerschaft weiß vielfach nicht mehr, was Ehrfurcht vor Gottes Schöpfung ist. Ich glaube daher, daß für alle Dinge, die in Wald und Feld vorhanden sind, eine bessere Belehrung einsetzen müßte. Die Mittel der Propaganda waren niemals so entwickelt wie heute. Warum bringt die deutsche Presse seit einigen Jahren in riesigen Schlagzeilen und mit marktschreierischen Bildern ganze Artikelserien über die bedrohte Tierwelt Afrikas, während man nur selten in der Tagespresse etwas über das Sterben der Fische in den Schmutzwassern unserer Flüsse und Ströme liest, und während nur wenige warnende Stimmen zu hören sind, die auf die Gefahren der Verwendung von Unmengen von Gift zur Vernichtung von Schadinsekten, aber auch von Mäusen und anderen Tieren hinweisen?

Von vielen Ausländern aus aller Herren Länder, die Deutschland zum erstenmal bereisten, ist immer wieder bewundernd zum Ausdruck gebracht worden, daß Deutschland trotz seiner Siedlungsdichte noch einen großen Reichtum an freilebenden Tieren besitzt. Es ist die Aufgabe unserer Generation und insbesondere auch die der Jäger, eine Synthese zu schaffen zwischen der Natur mit all ihren Geschöpfen und Schönheiten und der Masse Mensch mit all ihren Gefahren.

Noch ein Wort über Wald und Wild im engeren Sinne. Manche freilebenden Tierarten fügen der Land- und Forstwirtschaft erheblichen Schaden zu. Das Schwarzwild ist zwar im Walde sehr nützlich, macht aber auf den Feldern großen Schaden. Das Rotwild ist schädlich in Wald und Feld und verursacht vor allen Dingen durch das Verbeißen der Forstpflanzen und durch das Schälen der Rinde an jungen Stämmchen erheblichen Schaden.

Trotz dieser unleugbaren Tatsachen können und dürfen wir uns aber nicht berechtigt fühlen, eine solche Tierart auszurotten. Wir müssen im Tier ebenso ein Geschöpf Gottes sehen wie wir Menschen es selbst sind. Wer berechtigt uns, eine Tierart zu vernichten, weil durch Vernichtung ein wirtschaftlicher Nutzeffekt für den Menschen erzielt wird? An der Lösung dieser Frage arbeiten alle verantwortungsbewußten Jäger, und ich habe keinen Zweifel, daß so auch das Problem Wald und Rotwild gelöst werden wird. Voraussetzung für die Lösung dieser Frage ist allerdings, daß der heutige Forstmann nicht nur ein „Direktor einer Holzproduktionsfabrik ist, sondern daß er, biologisch geschult, auch ein guter Jäger ist, der sein Revier nicht allein nach kommerziellen Gesichtspunkten, wenn diese auch niemals ausscheiden können, bewirtschaftet, sondern daß er auch in vernünftigem Maße ein Schützer und Heger von Wald und Wild ist.

VIERTES KAPITEL

ROTWILDFRAGEN

In einem Land, in dem keine weiten, fast menschenleeren Räume mehr vorhanden sind, in dem die Bevölkerungsdichte von Jahr zu Jahr zunimmt, und in dem der motorisierte Verkehr und damit die ständige Unruhe in Wald und Feld nie für möglich gehaltene Formen angenommen hat, ist für uns Jäger die Erhaltung des Rotwildes zum Problem Nummer 1 geworden. Man kann die Frage, ob das Rotwild in einem so zivilisierten und technisierten, in einem so übervölkerten und bezüglich der Landeskultur hochentwickelten Land noch Existenzberechtigung hat, keineswegs mit einem schnellen Ja oder Nein beantworten. Diese Frage ist nicht schlechthin nur eine Frage der Erhaltung oder der Vernichtung dieser Tierart in Deutschlands Wäldern, sondern sie ist zugleich ein Weltanschauungsproblem. Es geht darum, ob wir die Welt als Materialisten nach rein kommerziellen Gesichtspunkten sehen und gestalten wollen, oder ob wir neben nun einmal zum Leben notwendigen wirtschaftlichen Erwägungen auch dem Ideellen, dem Traditionellen, dem Gefühl und der Schönheit des Lebens einen angemessenen Raum zuzubilligen bereit sind. Zunächst erscheint diese Frage recht primitiv, denn keiner möchte in seinem Leben das Schöne missen und hängt an gewissen Idealen. Aber wenn man offenen Auges die letzten zehn Jahre betrachtet, dann wird man erkennen, daß wir trotzdem langsam aber sicher immer tiefer in den reinen Materialismus hineinsegeln.

Ich kann das Problem nur streifen, aber ich halte es trotzdem für erforderlich, es zu tun, um darzulegen, worum es letzten Endes auch bei der Lösung eines so kleinen Teilgebietes, nämlich der des Rotwildproblems, geht. Wenn wir alle miteinander, der Staat, die Gemeinden und die Einzelmenschen, nicht bereit sind, Opfer zu

WICHTIGSTE PUNKTE ZUR ROTWILDERHALTUNG

bringen, wenn wir als Ziel nur allein den höchstmöglichen Reinertrag erstreben, dann müssen wir das Rot- und Rehwild ausrotten, dann müssen wir in allen Gebieten, in denen Wein gebaut wird, die Hasen vernichten, wir müssen die vollständige Ausrottung der Mäuse und Insekten inszenieren, wir müssen die Landschaft in eine Kultursteppe verwandeln. Folgerichtig sollten wir dann aber auch gleich diejenigen Menschen aus dem Verkehr ziehen, die durch Unzulänglichkeit, Dummheit, Trägheit und Indolenz die Erzielung des höchstmöglichen Nutzeffektes verhindern. Können wir das oder dürfen wir so etwas überhaupt erwägen?

Doch wir wollen uns auf das Thema „Rotwild" spezialisieren und wollen versuchen, die Frage zu lösen, ob wir das Rotwild erhalten können, unter welchen Umständen und in welcher Menge. Ich habe, solange ich den grünen Rock trage, um die Synthese von Wald und Wild (sprich Rotwild) gerungen und für diese Idee gearbeitet, und ich bin nach über 30jährigen Bemühungen zu der festen Überzeugung gelangt, daß diese Synthese sich auch heute verwirklichen läßt, wenn folgende Voraussetzungen erfüllt sind:

1. Es muß auf allen Seiten der gute Wille vorhanden sein, der Wille, der aus der idealistischen Weltanschauung resultiert.
2. Alle Beteiligten, also Landwirtschaft, Forstwirtschaft und Jäger, müssen bereit sein, Opfer zu bringen und Entsagung zu üben.
3. Man muß sich darüber klar sein, daß die jagdliche Freude am Rotwild Geld kostet.
4. Man muß auch bei dieser Frage von allen Seiten die goldene Mitte – die medietas aurea – innehalten. Man darf also auf der einen Seite nicht radikal das Kind mit dem Bade ausschütten wollen und auf der anderen Seite die Belange der Land- und Forstwirtschaft, soweit sie berechtigt sind, mißachten.

Über Punkt 1 und 2 habe ich meinen Standpunkt bereits gezeigt. Bliebe zunächst Punkt 3, also das leidige Geld, zu erörtern. Wer pferdepassioniert ist und sich einen Reitstall halten will, muß viel Geld ausgeben. Wenn man alte Gemälde oder Münzen oder alte Madonnen sammelt, dann muß man auch sehr tief in den Geldbeutel greifen. Auch die Haltung einer Rotwildjagd kostet sehr viel Geld, und zwar nicht nur Pacht und Jagdaufsicht, sondern auch die Regulierung des Wildschadens, die Verbesserung der natürlichen Äsungsbedingungen, die Winterfütterung und nicht zuletzt die Verhütung von Forstschäden erfordern erhebliche finanzielle Aufwendungen. Diese Tatsachen lassen sofort erkennen, daß eine Rotwildjagd nicht klein sein darf, sondern daß sie ein großes Gebiet umfassen muß, und daß dort, wo auf Grund der Besitzverhältnisse keine großen Jagdbezirke vorhanden sind, durch Zusammenschluß zu einem Rotwildbezirk diese größeren Jagdbezirke geschaffen werden müssen.

Es kann nicht jeder kleine Jagdpächter, ebensowenig jeder Forstbeamte, jedes Jahr seinen Hirsch schießen zu wollen, dann werden die Hirsche zu früh geschossen, niemand hat eine wahre Freude daran, und außerdem muß dann so viel Rotwild gehalten werden, wie es mit der Landeskultur nicht zu vereinbaren ist. Man sollte diese Rotwildhegeringe nach Möglichkeit so straff organisieren, daß eine einheitliche jagdliche Bewirtschaftung – um diesen Ausdruck zu gebrauchen – möglich wird. Man muß also die Zählungen gleichzeitig am selben Tage durchführen, denn das Rotwild wechselt bekanntlich je nach Jahreszeit und Wetter sehr weit, und wenn jeder die Höchstzahl angibt, die er zu bestimmten Jahreszeiten in seinem Revier hat, kommen astronomische Ziffern zustande. Man muß sich zusammensetzen und einen einheitlichen Abschußplan aufstellen. Hierbei müssen die staatlichen Forstämter mitmachen, denn ohne den Staatswald bleibt die ganze Angelegenheit ein Torso.

Ich darf vielleicht schildern, wie wir diese Organisation im nördlichen Schwarzwald durchgeführt haben. Durch eine Rechtsverordnung des Badisch-Württembergischen Staates ist im nördlichen Schwarzwald ein Gebiet von rund 110000 ha Größe als sogenanntes Rotwildgebiet ausgeschieden worden, das heißt, in diesem Raum darf Rotwild gehalten und gehegt werden, selbstverständlich in einer der Landeskultur entsprechenden Zahl.

Sämtliche erlegten Trophäen müssen dem Kreisjagdamt vorgelegt werden und die Obere Jagdbehörde hat diese Bestimmung so ausgelegt, daß für das ganze Rotwildgebiet jedes Jahr eine Trophäenschau, also eine gemeinsame Vorzeigung aller Trophäen, durchgeführt wird. In diesem Rotwildgebiet ist das Staatsjagdrevier Kaltenbronn zentral gelegen und hat mit den nächsten

ROTWILDGEBIET NÖRDLICHER SCHWARZWALD

Anschlußrevieren die besten und beliebtesten Einstände. Wir haben nun um dieses Zentrum herum einen Hegebezirk von 20 000 ha Größe geschaffen, zu dem 4 staatliche Forstämter und außerdem 5 Jagdpächter und ein Genossenschaftsforst gehören. Eine gewisse natürliche Begrenzung dieses Hegebezirkes ist im Osten das Enztal und im Westen das Murgtal. Die Vorbedingungen für diesen inneren Hegebezirk sind also besonders günstig; es lassen sich wahrscheinlich nicht überall Parallelen ziehen.

Die Tätigkeit im Hegebezirk spielt sich folgendermaßen ab: Im Winter findet, nach Neuschnee, zweimal eine genaue Zählung des Wildes statt, und zwar überall am selben Tag. Jeder Jagdberechtigte meldet das Ergebnis seiner Zählung an mich, nachdem eine Verständigung über diejenigen Rudel, die über die Grenze hin- und hergewechselt sind, erfolgt ist. Das Zählungsergebnis wird dann von mir in eine Tabelle eingetragen. Bei einer Zusammenkunft im April wird dieses Zählungsergebnis eingehend durchgesprochen, die Abschußergebnisse des letzten Jahres werden in die Tabelle eingetragen und die Ergebnisse des Vorjahres mit denen des letzten Jahres verglichen.

Wenn man das auf einem Raum von 15 000 bis 20 000 ha, also auf einem Gebiet, das noch überschaubar ist, mehrere Jahre hindurch durchführt, dann kann einem niemand mehr über die Höhe seines Rotwildbestandes etwas vormachen. Man ist daher nach wenigen Jahren so weit, daß man tatsächlich einmal die Höhe des Rotwildbestandes, zum zweiten das Geschlechterverhältnis und auch annähernd den Altersklassenaufbau kennt. Die Kenntnis dieser drei Dinge ist aber Voraussetzung für eine ordnungsgemäße Bewirtschaftung, die nicht nur den jagdlichen Interessen, das heißt der Heranhege nicht von Massen, sondern von Qualität dient, sondern die Rücksicht nimmt auf die Interessen der Landeskultur.

Bei dieser Besprechung im April wird dann auch gleichzeitig der Abschußplan festgesetzt, und zwar zunächst für den gesamten ermittelten Rotwildbestand, und das ist wichtig. Es ist völlig unsinnig, den Abschußplan für jede Jagd auf Grund des von jedem Jagdberechtigten gemeldeten Bestandes aufzustellen. Es gibt in Revieren bis zu 1000 ha Größe überhaupt kein Standwild und in Revieren von 2000 bis 3000 ha nur wenige Rudel, die vielleicht das ganze Jahr über in dem Raum bleiben. Von einem wirklichen Standwild kann man erst bei einem Revier von 4000 bis 5000 ha sprechen, und auch dann ist in den Randgebieten sehr viel Wechselwild vorhanden. Die Räume, in denen man einen Rotwildbestand erfassen kann, sind daher, wenn nicht besondere Verhältnisse vorliegen, mindestens 15 000 ha groß und sollten, wenn irgend möglich, wenigstens nach einer oder zwei Seiten gewisse natürliche Begrenzungen, also Feldgebiet, Flußlauf, Straße mit Eisenbahn oder ähnliches, haben.

Wenn wir nun, auf Grund der Gesamtzahlen des vorhandenen Wildes, den *Gesamt*abschußplan aufgestellt haben, dann erfolgt die Verteilung auf die einzelnen Jagdberechtigten; hierbei ist eins sehr wichtig: Der Jagdpächter, der sehr hohe finanzielle Leistungen zu tragen hat, muß relativ besser gestellt werden als der Staatsforst, der zwar auch Schäden hinnehmen und Aufwendungen für Wildfütterung, Wildäcker usw. machen muß, die aber nicht aus eigener Tasche der Forstbeamten, sondern aus dem großen Geldsack des Finanzministers bestritten werden. Wir sind mit dieser Methode immer sehr gut gefahren. Die Jagdpächter haben erkannt, daß sie bei der Zuteilung des Abschusses sehr gut wegkommen, und haben daher freudig mitgemacht. Dieser von uns aufgestellte Abschußplan, der dann auf die einzelnen Reviere verteilt wurde, wurde dem Kreisjagdamt bzw. von den Forstämtern der Forstdirektion zur Genehmigung vorgelegt und im großen und ganzen anstandslos genehmigt. Darüber hinaus werden von dem Hegebezirk zur Verbilligung der Fracht gemeinsam Wildfutter, Salzlecksteine usw. besorgt. Hierdurch wird auch ein leichter Druck zur Fütterung des Wildes ausgeübt. So haben wir nicht Rotwildreviere von 1000 oder 2000 ha, sondern wir haben ein Rotwildrevier von 20 000 ha, in dem es sich lohnt und möglich ist, gut veranlagte Hirsche wirklich alt und reif werden zu lassen. Auf der anderen Seite sind wir aber auch in der Lage, den Bestand auf großer Fläche so zu regulieren, daß die Schäden in Feld und Wald nicht untragbar werden und daß wir jederzeit über den Rotwildbestand genau informiert sind.

Man wird vielleicht sagen, das scheinen ja im nördlichen Schwarzwald geradezu ideale Verhältnisse zu sein, und ich gebe zu, daß

FESTSETZUNG DES GEMEINSAMEN ABSCHUSSPLANES

es sich hierbei vielleicht um einen Modellfall handelt, aber mit etwas Witz, Phantasie und Energie lassen sich die bei uns getroffenen Maßnahmen auch an anderen Orten, vielleicht etwas modifiziert, durchführen.

Dort, wo die Verhältnisse komplizierter und ungünstiger liegen, wo insbesondere viele kleinere Reviere in einem Rotwildgebiet vorhanden sind, empfehle ich, die Jagdpächter einen Hirsch im Staatswald schießen zu lassen. Wenn man einem kleineren Jagdpächter sagt: „Du bekommst dieses Jahr keinen Hirsch frei, und im nächsten Jahr vielleicht auch keinen, du kannst die Hirsche auf deiner Feldjagd doch nur bei Mondschein schießen und schießt im Zweifelsfall immer einen zu jungen Zukunftshirsch. Deshalb ist es richtiger, wenn du auf deiner Jagd auf den Abschuß verzichtest. Als Ausgleich darfst du aber im Staatswald in der Brunft einen Hirsch schießen", dann ist er sicher damit einverstanden. Die Staatsforstverwaltungen pflegen auf diesem Ohr etwas schwerhörig zu sein, aber ich möchte auch da meine eingangs gemachten Ausführungen über die Notwendigkeit des Opfers und der Entsagung auf allen Seiten nochmals unterstreichen.

Ich habe vor etwa 30 Jahren als junger Forstmeister ein derartiges Abkommen mit einem Jagdpächter getroffen, dessen Jagd fingerförmig in mein Revier hineinragte und auf dessen Gebiet bei Büchsenlicht niemals ein Stück Wild stand, der aber erheblichen Wildschaden zu zahlen hatte und also gezwungen war, bei Mondschein zu schießen. Dieses Abkommen besteht heute noch mit meinem Nachfolger im Amt und hat sich 30 Jahre lang auf das allerbeste bewährt. Solange wir diese innere Größe nicht aufbringen, uns gegenseitig zu helfen, wird es mit dem Heranhegen alter Hirsche nichts werden.

Ich sagte, daß die Rotwildbestände mit der Landeskultur in Einklang gebracht werden müßten. Man hat hierüber zahlreiche Richtlinien aufgestellt. Auch der Schalenwildausschuß des D. J. V. hat zahlenmäßig festgelegt, wie hoch ein Rotwildbestand sein darf, um landwirtschaftlich und forstwirtschaftlich vertragen werden zu können. Es ist sehr schwer, allgemeine Zahlen anzugeben. Die Bestandesverhältnisse des Reviers, der Boden und damit die Äsungsverhältnisse, die Intensität der Wirtschaft, die Arten der Feldfrüchte und die kultivierten Holzarten sprechen wesentlich mit. Vorerst aber müssen wir uns darüber klar sein, daß in Gegenden intensiver Landwirtschaft und in solchen intensiver Forstwirtschaft mit gutem, laubholzfähigem Boden unter entsprechend günstigem Klima leider kein Rotwild mehr gehalten werden kann. Damit müssen wir Jäger uns abfinden. Die Rotwildinseln, die wir in Westdeutschland noch halten können, werden daher hauptsächlich in höheren Lagen der Mittelgebirge, auf armen Buntsandsteinböden, auf Tonschiefer oder auf dem sandigen Diluvium der norddeutschen Tiefebene zu suchen sein. Auf diesen Böden ist auch die Forstwirtschaft nicht sehr lukrativ und vor allem auch die Landwirtschaft nicht. Denn das muß in der heutigen Zeit eindeutig herausgestellt werden: Es ist auf die Dauer nicht tragbar, daß der Bauer in 600 oder 700 m Meereshöhe kümmerlichen Roggen und Kartoffeln baut und daß die Allgemeinheit deshalb höhere Lebensmittelpreise zahlen muß, nur damit der Bauer X auf Böden, die als absolute Waldböden zu gelten haben, seine Landwirtschaft weiter betreibt. Derartig landwirtschaftlich genutzte Flächen, auf denen naturgemäß erheblicher Wildschaden entsteht – man kann in vielen Fällen sagen, daß der Bauer vom Wildschaden lebt –, gehören aufgeforstet, und sie werden unter dem Zwang des gemeinsamen europäischen Marktes aufgeforstet werden. Im übrigen sehen wir solche Aufforstungen schon jetzt. Wenn man durch die Bundesrepublik fährt wird man feststellen, daß allenthalben hochgelegene, weit in den Wald hineinspringende Wiesen aufgeforstet worden sind bzw. aufgeforstet werden. Die vorhandenen Äcker allerdings werden noch weiter bestellt, denn der Wildschaden ernährt seinen Mann.

Bei dieser Gelegenheit noch ein Wort zu den überall festzustellenden Aufforstungen. So erfreulich es einerseits ist, daß die Waldfläche Westdeutschlands zur Zeit im Zunehmen ist, so bedauerlich ist es, daß diese Aufforstungen unkontrolliert und unreguliert durchgeführt werden. Wir haben in vielen Ländern stark parzellierten Kleinbesitz. Dort sieht man, daß Bauer X etwa 1 bis 2 ar mit Fichte aufforstet, unmittelbar daneben pflanzt Bauer Y auf 2 oder 3 ar Pappeln, und bei dem nächsten Anlieger, dem auch nur wenige ar gehören, ist überhaupt nichts geschehen. So entsteht eine

Hornung

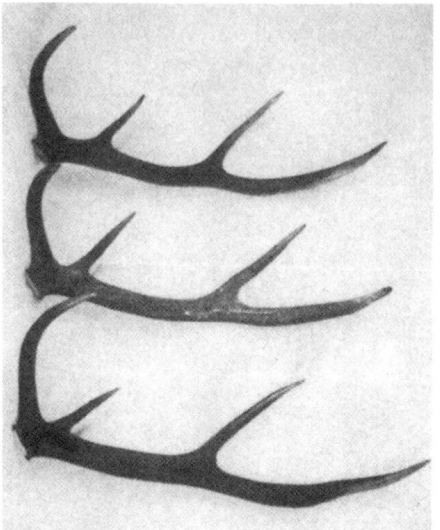

Form und Verlauf der Furchen zeigen, daß es sich um Abwürfe desselben Hirsches handelt

Drei Abwürfe eines Hirsches

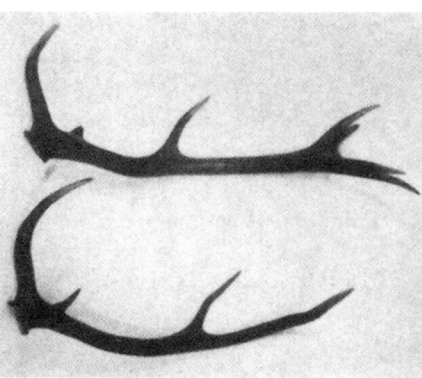

Die Form der Augsprossen kann nur bedingt als Merkmal herangezogen werden

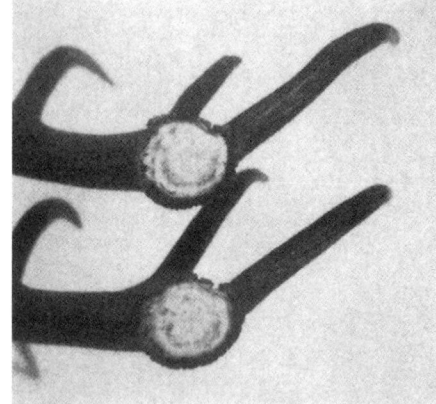

Petschaft von zwei Abwürfen. Die typischen Einkerbungen beweisen, daß sie vom gleichen Hirsch stammen

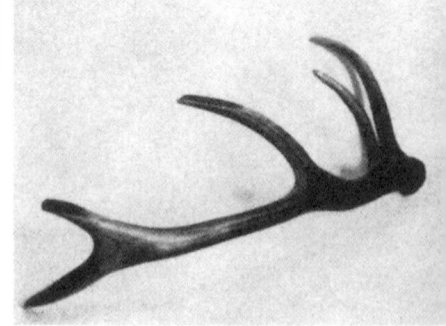

Ein Kuriosum

FÜR UND WIDER DER AUFFORSTUNGEN

wilde, mosaikartige, forstwirtschaftlich völlig unsinnige Aufforstung auf kleinster Fläche.

Täglich werden wir mit einer Flut von Gesetzen und Verordnungen der Parlamente des Bundes und der Länder überschüttet – aber kein Parlament hat bisher die Initiative ergriffen, ein Gesetz über die Bildung von Zwangsgenossenschaften zur Aufforstung von parzellierten Wiesen, schlechten Äckern, Ödländereien usw. zu erlassen. Dabei haben wir überall dort, wo Wald in genossenschaftlicher Form bewirtschaftet wird, die allerbesten Erfahrungen gemacht.

Wenn heute ständig auf die großen Schäden hingewiesen wird, die das Rotwild im Wald anrichtet, dann sollte man nicht vergessen, welche Schäden bzw. Unterlassungssünden in der Form nicht ausgenutzter Gelegenheiten für die Holzproduktion ständig ohne Murren geduldet werden. Es gibt noch Tausende Hektar von schlecht oder überhaupt nicht genutztem Bauernwald, es gibt große Flächen, auf denen noch Niederwald stockt, der größtenteils aus Hasel- und anderen Sträuchern besteht, es gibt große Flächen von sogenanntem Wald, die so parzelliert sind, daß ein Waldbau überhaupt nicht betrieben werden kann, und wir lassen ferner noch immer zu, daß in völlig unzulänglicher, wilder Form Kleinstparzellen aufgeforstet werden. Wenn man die Rotwildschäden anprangert, sollte man nicht vergessen, diese in ihren Auswirkungen erheblich schlimmeren Unzulänglichkeiten der Bodenbewirtschaftung zu erwähnen.

Was können und müssen wir nun tun, um den Wildschaden des Rotwildes in Wald und Feld zu vermindern? Es ist viel über diese Frage geschrieben und geredet worden, und ich kann nur versichern, daß es erheblicher Anstrengungen und Aufwendungen bedarf, um eine fühlbare Verminderung der Schäden herbeizuführen. Wenn ich davon schrieb, daß man von 1,5 bis 2 Stück Rotwild pro 100 ha als zulässig ansieht, dann darf man hierbei nicht übersehen, daß das Wild sich natürlich nicht gleichmäßig auf die Fläche verteilen läßt. Selbst wenn man nur 1 Stück auf 100 ha hat, werden sich die auf 1000 ha vorhandenen 10 Stück zusammenrudeln und werden im Winter in der vielleicht einzigen Kieferndickung an einem Südhang ihren Einstand nehmen. Im Verlauf von wenigen Jahren werden sie die gesamte Kieferndickung durch Schälen ruinieren. Das zeigt, wie problematisch jede Festsetzung selbst einer geringen Standortsdichte ist. Hier müssen praktische Maßnahmen ergänzend wirken.

Eine geringe Standortsdichte, die je nach den örtlichen Verhältnissen zwischen 2 und 3 Stück pro 100 ha schwanken kann, ist nur dann vertretbar, wenn durch Anlage und Unterhaltung von Wildäckern, durch Abdüngen von Schneisen, Waldwiesen, Holzablageplätzen usw. mit reichlich Kunstdünger eine Vermehrung und Verbesserung der Äsung geschaffen wird und wenn eine reichliche Winterfütterung stattfindet.

Diese Winterfütterung wird oft falsch gemacht. Es ist sinnlos, sein gutes Geld für schlechtes Heu und schimmelige Kastanien auszugeben. Ich habe über eine zweckmäßige Winterfütterung des Rotwildes in meiner Broschüre „Die Fütterung des Rotwildes" eingehende Anweisungen gegeben, und es würde zu weit führen, hier näher darauf einzugehen. Nur auf das eine sei hier nochmals verwiesen: Es ist völlig falsch, in einem Revier nur eine Fütterung zu haben, denn damit erreiche ich lediglich eine Konzentration des Wildes in der Nähe dieser Fütterung und bewirke, daß die benachbarten Dickungen und Stangenhölzer total geschält werden. Man muß durch Anlage zahlreicher Fütterungen bestrebt sein, das Wild im Walde zu verteilen und verteilt zu halten. Es sollten an einer Fütterung nicht mehr als 10 bis 15 Stück Rotwild stehen. Wenn ich also einen Rotwildbestand von 45 Stück habe, dann muß ich mindestens 3 bis 4 Fütterungen einrichten, die möglichst weit voneinander entfernt liegen, damit nicht dasselbe Wild von einer Fütterung zur nächsten zieht.

Man muß sich darüber klar sein, daß alle Verbesserungen der natürlichen Äsungsverhältnisse, zu denen auch der intensive Anbau von Mastbäumen, also insbesondere von Roßkastanien und Roteiche – letztere deshalb, weil sie erheblich früher und häufiger Mast trägt als die deutschen Eichenarten – gehört, den Schälschaden im Walde und den Verbißschaden niemals verhindern können. Ich habe lange Jahre geglaubt, daß das Schälen des Rotwildes vielleicht Äsungsmangel, vielleicht auch nur eine Untugend sein könnte. Als ich in den Urwäldern von Bialystok und Bialowies weilte, wo ein außerordentlich geringer Rotwildbestand von vielleicht 0,5 Stück auf 100 ha vorhanden war, mußte ich feststellen, daß das Rotwild auch dort, wenn auch nur in geringem Maße, schälte, und zwar genauso im Sommer wie im Winter. Auch in den Karpathen ist dies bei geringer Wilddichte der Fall.

Ein geringer Rotwildbestand, selbstverständlich mit einem Geschlechterverhältnis von 1:1 bei einem guten Altersklassenaufbau, wird trotz aller Maßnahmen für die Verbesserung der Äsungsverhältnisse und der Winterfütterung im heutigen Kulturwald noch so viel Schaden verursachen, daß dieser Schaden wirtschaftlich vom Waldbesitzer allein nicht getragen werden kann. Es müssen daher neben diesen positiven Maßnahmen auch noch Abwehrmittel eingesetzt werden, um die Forstpflanzen zu schützen. Auch das kostet leider sehr viel Geld. Kulturen mit wertvollen Holzarten müssen gezäunt werden. Bei Einzelmischung genügt der Einzelschutz, der aber aus einer mindestens zwei Meter hohen Drahthose mit einem imprägnierten Pfahl bestehen muß. Freikulturen müssen im Herbst gegen Verbiß gestrichen und die Stangenhölzer müssen frühzeitig gegen das Schälen gepinselt oder gehobelt werden.

In dem von mir verwalteten Revier haben wir verschiedene Betriebszieltypen, wie der moderne Forstmann das nennt. Wir haben den Betriebszieltyp „Kiefer gemischt mit Tanne und Buche". Diese Kulturen müssen restlos eingezäunt werden, weil sie in einem Rotwildrevier sonst nicht hochzubringen sind. Wir haben weiterhin den Betriebszieltyp „Fichte gemischt mit Sitkafichte und geringer Beimischung von Buche". Auf diesen Flächen müssen die Fichten und die Buchen im Herbst mit Verbißschutzmitteln gestrichen werden. Wir verwenden zur Zeit mit bestem Erfolg Kalkmilch mit Kuhjauche, weil es am billigsten ist. Die Sitkafichte braucht nicht gestrichen zu werden, da sie infolge der spitzen und harten Nadeln nicht verbissen wird. Aber man kann sie nur da anbauen, wo klimatisch eine hohe Luftfeuchtigkeit und auch im Boden ein hoher Feuchtigkeitsgrad vorhanden ist. Als weiteren Betriebszieltyp haben wir „Fichte vermischt mit Douglasie", wobei die Douglasie eigentlich die Hauptholzart ist und in einem Verband von 6 bis 8 m über die ganze Fläche gepflanzt wird. Auch diese Flächen werden nicht gezäunt, sondern die Douglasie erhält in Form einer starken

Drahthose einen Einzelschutz, und die Terminaltriebe der Fichte werden im Herbst mit Kalkmilch gepinselt. Sobald die Fichten und ebenso die Sitkafichten ins beginnende Stangenholzalter kommen, werden pro ha 600 bis 700 Zukunftsstämme ausgesucht, 2 m hoch aufgeastet und mit Sinoxyd-F angestrichen und anschließend mit trockenem Quarzsand beworfen. Dieser Anstrich mit Sinoxyd-F in Verbindung mit Quarzsand gibt einen absolut sicheren Schutz und gewährleistet einen ungeschälten Endbestand und damit eine unbeeinträchtigte Hauptnutzung. Die Vornutzung dagegen muß als fast hundertprozentig geschält hingenommen werden. Das sind eben die Opfer, die der Waldbesitz bringen muß und die zu einem gewissen Teil auf den Jagdberechtigten abgewälzt werden können. Eine alleinige Belastung des Jagdpächters mit diesen Kosten halte ich dagegen nicht für tragbar, denn das würde den Untergang des Rotwildes bedeuten. Wenn ein Jagdpächter verpflichtet ist, den gesamten Wildschaden im Wald zu tragen, dann kann ein vernünftiger Mensch keine Rotwildjagd mehr pachten.

Selbst in einer Jagd, die am Rande eines Rotwildkerngebietes liegt, kann sich plötzlich zum Beispiel infolge besonders hoher Schneelage oder infolge außergewöhnlicher Störungen, wie Straßenbau oder ähnliches, plötzlich Rotwild vorübergehend in größerer Zahl einstellen und Waldschäden verursachen, die den wirtschaftlichen Ruin des Jagdpächters bedeuten würden. Die Jagdpachtverträge über Rotwildreviere sollten daher eine Pauschalierung des Waldschadens vorsehen mit der Maßgabe, daß an unvorhergesehenen übergroßen Waldschäden der Pächter nur noch prozentual beteiligt ist. Auf der anderen Seite müßte der Verpächter sich natürlich vertraglich sichern, daß der Rotwildbestand durch den Pächter nicht überhegt werden darf, was auch nur im Rahmen der von mir geschilderten Rotwildhegebezirke möglich ist.

Man könnte über dieses Thema noch viel sagen und ich fühle mich geradezu verpflichtet, bei jeder Gelegenheit mit Engelszungen zu reden, den richtigen Weg zu gehen. Es geht tatsächlich darum, ob unsere Söhne und Enkel noch den edlen Hirsch, dieses größte noch in freier Wildbahn lebende Tier Mitteleuropas, sehen, erleben und bejagen dürfen. Unsere Jägergeneration wird dereinst dafür verantwortlich gemacht werden, ob sie durch Maßhalten und Vernunft die Synthese von Wald und Wild geschafft hat. Niemand wird sich mit dem Omen belasten wollen, sei es bewußt oder sei es durch Trägheit oder Unterlassung, der Totengräber des Rotwildes in Deutschland gewesen zu sein. Die Natur ist die Grundlage unseres menschlichen Daseins. Je mehr wir uns von ihr entfernen und je mehr wir sie zerstören, desto ärmer werden wir trotz aller zivilisatorischen Fortschritte. Verlorene wirtschaftliche Werte lassen sich durch Arbeit und Kapital ersetzen – zerstörte Natur und eine vernichtete Tierart dagegen sind unwiederbringlich dahin!

FÜNFTES KAPITEL

HORNUNG

Eigentlich müßte nicht der Monat Februar, sondern der März den Namen „Hornung" tragen, denn zweifellos werfen viel mehr Hirsche ihr Geweih im März als im Februar ab. Es ist bekannt, daß im allgemeinen der ältere Hirsch früher abwirft als der jüngere, aber es gibt auch individuelle Unterschiede. Es gibt Hirsche, die im Verhältnis zu ihrem Alter immer früh abwerfen, und es gibt Hirsche, die Spätabwerfer sind. In Rominten, wo wir die Hirsche vom 5. bis 6. Kopf ab ziemlich genau kannten (die meisten hatten in diesem Alter schon Namen), wurde z. B. einwandfrei beobachtet, daß ein und derselbe Hirsch mehrere Jahre hintereinander bereits am 27. Januar abwarf. Der 27. Januar war deshalb ein markanter Tag und wurde von der Jägerei genau behalten, nicht nur weil an diesem Tage früher Kaisers Geburtstag gefeiert wurde.

Aber ein derartig frühes Abwerfen gehört zu den Ausnahmen. Im allgemeinen werfen im Gebiet der heutigen Bundesrepublik die stärkeren Hirsche Ende Februar bis Anfang März und das Gros der jüngeren und mittelstarken Hirsche im Laufe des Monats März ab. Häufig sieht man Hirsche vom 2. und 3. Kopf bis weit in den April hinein noch ihre Geweihe tragen. Interessant ist die Tatsache, daß in sehr schneereichen und kalten Wintern sich das Abwerfen bis zu 14 Tagen verschiebt. Die Ursachen hiefür können nur klimatischer Art sein. Ich habe aber in den Wintern 1928/29, 1939/40, 1941/42 und 1955/56 stets beobachtet, daß das Abwerfen später erfolgte als sonst. Die Winter in den genannten Jahren waren in Deutschland überall besonders hart und dauerten sehr lange.

Der wichtigste Anhalt für die Beurteilung eines Rotwildbestandes, für die Geweihentwicklung, für die Veranlagung der Hirsche bieten weniger einige erbeutete Geweihe, da es sich hierbei nach der

ABWÜRFE UND ABWURFSERIEN

positiven und negativen Seite um Zufallserscheinungen handeln kann, als vielmehr die eingehende Betrachtung möglichst zahlreicher Abwurfserien von verschiedenen Hirschen des Reviers. Wenn man 5, 6 oder mehr Abwürfe von ein und demselben Hirsch vor sich sieht, dann kann man sehr schnell ein klares Urteil über die Möglichkeiten, die das Revier bietet, erhalten. Man sieht, ob die Hirsche Neigung zur Kronenbildung haben, ob sie im allgemeinen starkstangig oder dünnstangig sind, ob sie einem kurzstangigen oder langstangigen Typ angehören, ob die Geweihe leicht oder, im Verhältnis zum Volumen, schwer sind, ob Besonderheiten, wie gegabelte Aug- oder Mittelsprosse, doppelte Eissprossenbildung o. ä., häufig sind. Man bekommt durch die Betrachtung solcher Abwurfserien vor allem eine klare Vorstellung davon, welche Hirsche in diesem bestimmten Revier als abschußnotwendig zu bezeichnen sind. Der Begriff „Abschußhirsch" ist nämlich äußerst relativ. Was z. B. in Rominten als ausgesprochener Abschußhirsch galt, würde man hier im Schwarzwald als Zuchtideal bezeichnen müssen.

Um solche Abwurfserien zusammenzubekommen, bedarf es in freier Wildbahn großer Mühe und meistens auch gewisser Kosten. Die Aneignung von Abwurfstangen gehört bekanntlich zum Jagdrecht. Wer sich also unbefugt Abwurfstangen aneignet, macht sich eines Jagdvergehens schuldig. Das ist theoretisch alles gut und schön, aber wer kümmert sich in der Praxis darum? Und welcher Jagdpächter will sich den Zorn der Bevölkerung dadurch auf den Hals laden, daß er einen unbefugten Stangensucher zur Anzeige bringt! Er würde dadurch nur erreichen, daß er in Zukunft überhaupt keine Stangen mehr zu Gesicht bekäme. Es ist daher viel richtiger, für gefundene Abwürfe je nach Gewicht eine angemessene Belohnung auszusetzen. Damit animiert man allerdings zu einer widerrechtlichen Handlung, aber die Hauptsache ist doch, daß man die Abwürfe überhaupt zu sehen bekommt, und da dürfte in diesem Fall der Zweck die Mittel heiligen. Man darf nämlich nicht vergessen, daß überall dort, wo es Rotwild gibt, auch passionierte Stangensucher vorhanden sind, denen eine starke Abwurfstange oder gar zwei Paßstangen, die sie nach mühevollem Suchen gefunden haben, genausoviel Freude bereiten wie dem Jäger das Geweih des erlegten Hirsches. In vielen Gegenden hat sich das Stangensuchen geradezu zu einem Sport entwickelt, ganz besonders im Harz, aber auch in Hessen und im Schwarzwald ist das der Fall, mit Gewalt und mit Polizei ist da nicht viel zu machen. Wenn man die Stangen sehen will, muß man schon andere und diplomatische Wege einschlagen. In Gatterrevieren ist das alles viel einfacher. Man kann die Hirsche an den Fütterungen gut beobachten und stellt sofort fest, wenn ein Hirsch abgeworfen hat, und kann sich dann um die Stangen bemühen. Man kann auch laufend nach den Stangen suchen, ohne befürchten zu müssen, daß das Wild auswechselt. In freier Wildbahn sollte man dagegen nicht zu früh mit der Stangensuche beginnen, denn die Hirsche vertragen es schlecht, wenn man Ende Februar in ihren Tageseinständen herumkriecht, und man läuft Gefahr, sich die Hirsche aus dem Revier „zu suchen". Ich lasse daher im allgemeinen nicht vor Mitte März, manchmal auch erst Ende März, mit der Stangensuche beginnen, wobei man dann aber die Gefahr in Kauf nehmen muß, daß Unbefugte vorher gesucht und auch Stangen gefunden haben.

Außerordentlich wichtig ist es, die gefundenen Abwürfe zu identifizieren. Manchmal ist das äußerst einfach. Wenn man die Abwürfe auf Tafel 9, gegenüber Seite 81, betrachtet, dann sieht auch der Laie, daß diese drei Stangen von ein und demselben Hirsch stammen müssen. Sehr häufig variieren aber die Hirsche im Laufe ihres Lebens in der Geweihform. Wir hatten in Rominten zahlreiche, fast lückenlose Abwurfserien, die vom 3. bis zum 12. oder gar 15. Kopf reichten und die ein ausgezeichnetes Lehr- und Anschauungsmaterial darstellten. Aus diesen Abwurfserien ging hervor, daß einzelne Hirsche ihr ganzes Leben hindurch im Aufbau und in der Form gleichartige Geweihe geschoben hatten und daß es sehr leicht war, diese Abwürfe zu identifizieren. Es gab aber auch zahlreiche andere Hirsche, die im Laufe ihres Lebens außerordentlich stark variierten und in der Form so stark wechselten, daß man nach anderen Erkennnungsmerkmalen suchen mußte, um den Hirsch genau feststellen zu können. Es kommt häufig vor, daß einem in einer Abwurfserie ein oder gar zwei Jahrgänge fehlen. Dadurch wird das Wiedererkennen des Hirsches besonders erschwert.

Das wichtigste Erkennungsmerkmal scheint mir das Petschaft zu sein. Unter „Petschaft" versteht man die untere Fläche der Ab-

ERKENNUNGSMERKMALE DER ABWURFSTANGEN

wurfstange, die auf dem Rosenstock aufgesessen hat, also ohne die eigentliche Rose. Dieses Petschaft verändert sich im Laufe des Hirschlebens nur unwesentlich. Selbstverständlich wird der Rosenstock von Jahr zu Jahr dicker, und damit wird das Petschaft von Jahr zu Jahr größer, aber die ursprüngliche Form oder besondere Eigentümlichkeiten bleiben im großen und ganzen erhalten. Natürlich ist es kaum möglich, das Petschaft am Abwurf vom 3. Kopf mit dem Petschaft eines Abwurfes vom 10. Kopf zu vergleichen, aber in 2 oder 3 Jahren sind die Veränderungen am Rosenstock, und damit am Petschaft, meistens nicht so groß, daß ein Wiedererkennen unmöglich wäre. Das Petschaft kann kreisrund sein, es kann etwas oval sein, es kann nach einer Seite eine abgerundete Spitze haben, es kann eine oder mehrere Einkerbungen am Rande aufweisen, und diese Merkmale können sich nicht in wenigen Jahren im Rosenstock verwachsen. Auf Abb. 2 sehen wir 2 Abwürfe eines Hirsches, zwischen denen ein Jahrgang fehlt. Am oberen linken Rand weist das Petschaft (die Rose ist nicht maßgebend) der links abgebildeten Stange eine Einkerbung auf, die nach 2 Jahren an der rechts abgebildeten Stange noch deutlich sichtbar ist. Es kann daher kaum einem Zweifel unterliegen, daß es sich um ein und denselben Hirsch handeln muß, wenn nicht andere wesentliche Gründe dagegen sprechen. Selbstverständlich kann das Petschaft niemals allein zur Beurteilung herangezogen werden, sondern die übrigen Merkmale müssen ebenfalls berücksichtigt werden.

Als weiteres derartiges Merkmal sind die Furchen, die an den Geweihstangen entlanglaufen, heranzuziehen. Die Furchen sind bekanntlich die Vertiefungen, in denen die Hauptadern während der Kolbenzeit entlanggeführt haben. Die Form und der Verlauf dieser Furchen sind häufig (nicht immer!) konstant. Auf Abb. 3 sind diese Furchen mit Kreide nachgezogen, um sie so auf der Photographie sichtbar zu machen. Man sieht, daß diese Furchen auf der Rückseite der Geweihstange bei beiden Abwürfen ganz gleichmäßig verlaufen und sich genau im gleichen Punkt gabeln. Selbstverständlich ist es möglich, daß bei einem anderen Hirsch der Verlauf der Furchen durchaus gleichartig sein kann. Es ist also weder beim Petschaft noch bei den Furchen so wie etwa mit dem Fingerabdruck des Menschen. Untrügliche Identitätszeichen sind Petschaft und

Furchenverlauf nicht. Wenn aber beide Merkmale zusammentreffen, ergibt sich bereits ein sehr hoher Wahrscheinlichkeitsgrad der gleichen Herkunft.

Weitere Merkmale sind folgende: a. tief- oder hochangesetzte Augsprossen, b. Abgangswinkel der Augsprosse zur Petschaftfläche, c. besonders hoch oder tief angesetzte Mittelsprosse, d. besonders gute oder völlig fehlende Perlung. Selbstverständlich spielen die gesamte Form der Stange, ob steil oder geschwungen, und der gesamte Phaenotyp eine Rolle. Weniger typisch sind Sitz und Form der Eissprosse. Die Eissprosse gehört, ebenso wie die Wolfssprosse, zu den sogenannten unechten Sprossen. Wie Abb. 1 zeigt, kann bei demselben Hirsch die Eissprosse fast im Scheitelpunkt des Winkels stehen, den Hauptstange und Augsprosse bilden, und sie kann bis zur Mitte zwischen Aug- und Mittelsprosse heraufrutschen. Die Form der Augsprosse kann auch nur bedingt als Merkmal herangezogen werden, wie Abb. 4 zeigt. Es handelt sich bei diesen Abwürfen zweifellos um denselben Hirsch, wie Petschaft und Furchenverlauf beweisen. Zwischen den beiden Abwürfen fehlen etwa 4 Jahrgänge. Der Hirsch hat inzwischen völlig zurückgesetzt, die Krone ist völlig verschwunden, dafür ist aber die Augsprosse fast doppelt so lang wie früher und mehr nach oben gebogen, übrigens ein gutes Zeichen für einen alten Hirsch.

Wenn man alle angeführten Merkmale berücksichtigt, dann sollte es möglich sein, so möchte man glauben, mit absoluter Sicherheit die Abwürfe aus verschiedenen Jahren zu identifizieren. Trotzdem gibt es Ausnahmen. Ich erinnere mich, daß in Rominten ein Hirsch namens „Theodor", der von der Fütterung her genau bekannt war, schließlich dreimal vorhanden war. Die Abwürfe von drei Hirschen waren in allen Merkmalen so ähnlich, daß niemand mit Sicherheit behaupten konnte, welcher Abwurf nun von dem echten „Theodor" und welche Abwürfe von den beiden „falschen Theodoren" herrührten, aber das sind Ausnahmen. Zweifellos waren die drei Theodore nahe Verwandte.

Abb. 5 stellt ein Kuriosum dar und sei deshalb hier veröffentlicht. Die Stange wurde im Frühjahr 1956 gefunden. Sie zeigt an der Mittelsprosse und an einem Gabelende einen in ein und derselben Ebene liegenden Abschliff. Ich kann mir nicht erklären, wie dieser Abschliff zustande gekommen ist. Der Hirsch müßte an einem senkrechten Felsen gestanden haben und durch stundenlanges Auf- und Abbewegen des Hauptes diesen Abschliff hervorgerufen haben. Hierfür ist aber kein Grund einzusehen, und warum findet sich dieser Abschliff nur an der rechten Stange, während die dazugehörige linke Stange, die ebenfalls gefunden wurde, keinerlei Abschürfungen aufweist. Die Stange wurde übrigens frisch nach dem Abwerfen in einer Dickung gefunden, so daß eine nachträgliche etwa von Menschenhand vorgenommene Deformierung nicht in Frage kommt.

SECHSTES KAPITEL.

SAUJAGDEN MIT DER MEUTE

Es gibt zwei Höhepunkte des jagdlichen Erlebens. Der eine ist der Brunfthirsch im herbstlich bunt leuchtenden Wald, und der andere ist die Saujagd in tief verschneiter Dickung mit Hundegeläut und Hörnerklang. Ich selbst weiß nicht, was ich höher schätzen soll von beiden. Ein gütiges Geschick hat mir beschieden, Hirschbrunft und Saujagd im Winterwald in höchster und vollendetster Form jedes Jahr zu genießen.

Als ich in die Rominter Heide berufen wurde, habe ich neben aller Hege und Sorge für das weltberühmte Rotwild hier meine alte Liebe zum Schwarzwild wieder zur Tat werden lassen. Ich ordnete damals sofort an, daß nur noch Frischlinge geschossen werden durften und daß der Abschuß von allen stärkeren Sauen strengstens verboten würde. In einem großen Gatterrevier kann man sich derartige Hegemaßnahmen für Schwarzwild erlauben, in freier Wildbahn sind die Belange der Landwirtschaft leider zu wichtig, als daß man von einer Hege des Schwarzwildes sprechen dürfte. Gleichzeitig mit dieser Abschußeinschränkung wurden verschiedene Körnungen für Sauen angelegt, und außerdem wurden im Winter, der in Ostpreußen sehr streng und schneereich zu sein pflegte, zahlreiche Pferde als Luder geworfen. Ostpreußen war bekanntlich das Land der Pferde, und der Abgang an verunglückten und alten Landwirtschaftspferden war naturgemäß sehr groß. Daher kamen im Winter zahlreiche Besitzer der Umgegend und boten ihre alten oder verunglückten Pferde zum Kauf an. Diese wurden in die Einstände des Schwarzwildes geführt und dort erschossen. (Es dürfte interessieren, daß es sich am besten bewährt hat, die Pferde mit Schrot 2½ Millimeter unmittelbar hinter das Ohr aus nächster Nähe zu erschießen. Das Pferd bricht auf diesen

Schrotschuß, ohne ein Haar zu rühren, verendet zusammen.) Der Eigentümer hatte dann das Recht, das Pferd abzudecken, und bekam je nach dem Ernährungszustand 25 bis 30 RM für den Kadaver. Es gibt kein billigeres und besseres Futter für die Sauen. Nach kurzer Zeit lag nur noch das blank abgenagte Gerippe an der betreffenden Stelle, und selbst die Rippen waren bis zur Wirbelsäule mitaufgefressen. Ich habe die Erfahrung gemacht, daß diese Fleischfütterung bei sehr starker Kälte und tiefem Schnee für die Sauen besser ist als Mais, Kartoffeln und jedes andere Futter. Fleisch wärmt, und die Sauen bleiben in hervorragendem Zustand, wenn sie genügend Pferdekadaver bekommen. Man muß sich jedoch davor hüten, krankes Rindvieh oder etwa gar kranke Hausschweine zur Fütterung zu verwenden, da hierdurch die Einschleppung von Seuchen oder Krankheiten möglich ist. Außer Rotz und Milzbrand gibt es meiner Meinung nach beim Pferd keine Krankheiten und Seuchen, die dem Schwarzwildbestand gefährlich werden könnten. Diese beiden Erkrankungen sind aber so selten und werden durch die tierärztliche Versorgung unter allen Umständen kontrolliert, so daß durch die Verfütterung von Pferdekadavern keine Möglichkeit einer Infektion für das Schwarzwild besteht.

Gleichzeitig mit den Abschußbeschränkungen und den getroffenen Fütterungsmaßnahmen ging ich daran, eine Saumeute zu schaffen, um das Schwarzwild in der Rominter Heide mit Hunden bejagen zu können.

Ich hatte in meinem früheren Forstamt im Westen Deutschlands bereits eine kleine Saumeute gehalten, bestehend aus einigen westfälischen Dachsbracken und einigen Rauhhaarfoxen. Schon damals machte ich die Beobachtung, daß der Foxterrier zwar rabiat scharf ist und mit unerhörtem Schneid an die Sauen herangeht, aber nur in seltenen Fällen Nase genug hat, um die Sauen zu finden. Dazu war nur die Bracke in der Lage. Ich hatte mir dort im Mittelgebirge so geholfen, daß ich, wenn Sauen eingekreist waren, den Kopfhund der Brackenmeute auf dem Einwechsel schnallte, und, sobald dieser, die Fährte verfolgend, an den Kessel kam und Laut gab, wurden die übrigen Bracken und Foxterrier geschnallt und schlugen dann sehr schnell bei, sprengten die Rotte und brachten die Sauen einzeln vor die Schützen. Ich habe im südlichen Sauerland und im Rothaargebirge lange Jahre herrliche Jagden auf gekreiste Sauen in dieser Art gemacht. Es war nur ungeheuer schwierig, die Hunde wildrein zu bekommen, d. h. sie so weit zu bringen, daß sie nur an Sauen jagten und nicht auch an Rotwild, Rehwild oder anderem Wild, das in der Dickung, in der die Sauen eingekreist waren, steckte. Selbst wenn die Meute im Laufe eines Winters ein dutzendmal oder öfter eingesetzt wurde, war es doch nur bei den alten Hunden, etwa vom fünften, sechsten Lebensjahr an, zu erreichen, daß sie an keinem anderen Wild als an Sauen jagten. Ich baute daher hier in Rominten ein sogenanntes Hatzgatter, um die Hunde einzujagen. Es wurde eine Fläche von etwa 20 ha saudicht eingegattert. In Saufängen wurden geringe Sauen, in erster Linie Frischlinge, gelegentlich auch einige Überläufer, gefangen, die dann in dieses Hatzgatter eingesetzt wurden. An diesen Sauen wurde nun die Meute, die fast ausschließlich aus Bracken bestand, eingejagt. Die Hunde deckten sehr bald die Frischlinge oder auch Überläufer. Diese wurden dann mühelos mit der Saufeder abgefangen. Geschossen wurde im Hatzgatter grundsätzlich nicht. Die alte Parole der französischen Parforcejäger, „Jamais de carabine!", gilt auch für das Einjagen der Hunde im Hatzgatter. Sobald eine Sau abgefangen war, blies der Rüdemeister das Signal „Hunderuf", und es war erstaunlich, wie schnell sich die Hunde an dieses Hornsignal gewöhnten und auf den Hunderuf herbeikamen und sich anhalsen ließen. Erst nach einiger Zeit wurden sie erneut geschnallt, und die Hetze und das Decken der Sau mit abschließendem Abfangen wiederholte sich. Derartig eingejagte Hunde sind im Alter von zwei Jahren, wenn sie außerdem draußen bei der freien Jagd richtig eingesetzt werden, vollkommen wildrein, und es klingt fast unglaublich, wenn ich berichte, daß wir später in der Rominter Heide mit einer Meute von 15 bis 20 Hunden auf Sauen jagten und daß es, wenn auch in dem Treiben zwei bis drei Rudel Rotwild standen, niemals vorgekommen ist, daß die Hunde an Rotwild gehetzt haben. Es ist selbstverständlich, daß zur Durchführung solcher Saujagden mit einer Meute ein Rüdemeister mit einem Gehilfen, dem Rüdejungen, gehört. Beide müssen passioniert für Hunde und passioniert für Saujagden sein. Mein Rüdejunge war der „Otto". Er verstand mehr von der Saujagd als irgendein teilnehmender Jäger oder Jagdgast. Seine Kritik über schlechtes oder gutes Schießen war außerordentlich scharf. Wehe dem, der etwa einen falschen Einsatz der Hunde befohlen hatte. Dafür brachte er aber auch beinahe mehr Sauen zur Strecke als irgendein Schütze, denn alle Sauen, die von den Hunden im Treiben gedeckt wurden, fing er mit der Saufeder ab, und das kam bei Frischlingen und auch Überläufern sehr häufig vor.

Die Saujagden spielten sich nun etwa wie folgt ab. Wenn Sauen eingekreist waren, gingen der Rüdemeister, der Rüdejunge und noch ein Treiber auf dem Einwechsel nach. Meistens wurden etwa acht bis zehn Hunde eingesetzt. Solange der Rüdemeister die Fährte halten konnte, blieben die Hunde gekoppelt, war das in der Dikkung nicht mehr möglich, so wurden die beiden Kopfhunde, die alte, erfahrene Kämpfer waren, geschnallt, und sobald diese an Sauen laut wurden, wurde die gesamte Meute abgehalst. Fast immer gelang es den Hunden, die Rotte zu sprengen. Es ist der große Vorteil der Bracken, daß sie lieber allein oder zu zweien jagen als in einer großen Meute. Die Folge davon ist, daß sich immer etwa eine oder zwei Bracken einen Teil der Rotte vornehmen und den nun lauthals verfolgen. Dadurch kam die Rotte gesprengt an verschiedene Schützen, und der Erfolg der Jagd war erheblich größer, als wenn etwa die Rotte geschlossen einem Schützen kam, der, wenn es gut ging, eine Doublette schoß, während der ganze übrige Teil der Rotte unbeschossen die Schwarte rettete.

Wir mußten in der Rominter Heide jährlich 300 Sauen schießen, und jeder Schwarzwildkenner weiß, wie schwer es ist, die Sauen vor die Rohre zu bringen, wenn diese erst einige Male bejagt wurden und wissen, daß es draußen knallt. Nur mit Hilfe gut eingejagter Hunde ist so etwas möglich.

Einige Beispiele, wie sich's mit der Meute jagt!

Im Sodwarierbruch, einem urwaldartigen Bestand von etwa 70 ha Größe, ist eine starke Rotte von etwa 25 Stück bei tiefem Schnee eingekreist. Um 11 Uhr vormittags kommen die Schützen in zahlreichen Schlitten, dem einzigen Verkehrsmittel, das ab Januar noch möglich ist, angefahren; zum Schluß der Schlitten mit der Meute, dem Rüdemeister und dem Rüdejungen. Beide sind

SAUJAGDEN MIT DER MEUTE

mit einer Saufeder bewaffnet und haben am Lederkoppel die Riemen ihrer Hunde befestigt. Das Treiben wird, soweit die Schützen reichen, an den wichtigsten Wechseln umstellt, und die Hunde werden auf dem Einwechsel zunächst am Riemen hereingeführt, und dann werden die Kopfhunde geschnallt. Erwartungsvoll stehen die Schützen auf ihren Ständen, und durch das tief verschneite Bruch klingt plötzlich der hohe Hals des Kopfhundes. Er hat gefunden und gibt Laut. Kurze Zeit später ein wütendes Gebell der ganzen Meute. Die anderen Bracken sind inzwischen geschnallt worden, sind beigeschlagen, die Rotte versucht, sie zu stellen, die Hunde gehen von allen Seiten scharf heran, sprengen die Rotte auseinander, und schon kommt das Geläut, „der klingende Ball", in Richtung der Flanke. Eine Bache mit vier Frischlingen, verfolgt von drei Bracken, die lauthals in der Fährte hetzen, kommt den Schützen, die in der Flanke stehen, über eine Wiese, und die gesamte Rotte wird restlos aufgerieben. Die Hunde beschnuppern nur einen Augenblick die verendeten Sauen, gehen sofort in der Fährte zurück, um weiter zu jagen. Kurze Zeit später kommen zwei Überläufer, gefolgt von mehreren Bracken, in die Front. Der eine Überläufer wird geschossen, der andere leider vorbei, und die Meute jagt lauthals über. An einer dritten und vierten Stelle kommen ebenfalls noch Sauen, von Hunden gebracht, und werden zum Teil erlegt, zum Teil auch gefehlt. Das Treiben wird abgeblasen, und acht Sauen liegen auf der Strecke. Von den geschnallten zehn Hunden sind sieben auf das Hornsignal „Hunderuf" sehr bald wieder aufgekoppelt; drei fehlen, sie sind dem vorbeigeschossenen Überläufer nachgejagt, und es wird einige Zeit dauern, bis sie zurückkommen.

Es ist zweifellos ein Nachteil der Bracken, daß sie dazu neigen, zu lange am Wild zu jagen. Es gibt Hunderassen, die diese Neigung nicht haben, insbesondere der Wachtel. Ich habe in früheren Jahren auch mit Wachtelhunden an Sauen gejagt. Der Wachtel ist aber ein ausgesprochener Solojäger und kein Meutehund, und das ist bei Saujagden sein Nachteil. Er schlägt nicht bei, sondern im Gegenteil, wenn er gefunden hat und laut wird und andere Hunde, die man geschnallt hat, schlagen bei, dann verläßt der Wachtel sehr häufig die warme Fährte, um sich ein anderes Wild zu suchen. Das

Feisthirsche in den Laubwäldern der Donauauen

Die Technik hilft dem Wild in der Notzeit

Auf dem Weg zur Fütterung

WAS EIN HUND AUSHÄLT

ist bei starken Rotten aber ein großer Nachteil, denn es liegt auf der Hand, daß ein einzelner Hund nicht mit einer Rotte von 15 oder gar 20 Sauen fertig werden kann. Ich bin daher von den Wachteln abgekommen und verwende für die Saujagden nur noch Bracken und nehme das Überjagen lieber in Kauf.

Nach Beendigung einer Saujagd kam es sehr häufig vor, daß mir einzelne Hunde meiner Meute fehlten. Ich habe es aber nie erlebt, daß die im Hatzgatter an Sauen eingejagten Hunde etwa nun auf eigene Faust an anderem Wild gejagt hätten, sondern die Hunde jagten an den nicht zur Strecke gebrachten Sauen weiter und waren meistens nach wenigen Stunden auf den nächsten Förstereien oder Waldarbeitergehöften zugelaufen.

Unangenehm ist nur, daß die Hunde bevorzugt an starken Keilern jagen. Es ist ganz auffallend, mit welcher Gerissenheit und welcher Gewandtheit die Hunde in einer Dickung sofort sich den dicksten Keiler heraussuchen. Meistens schlägt dann die ganze Meute bei und alle Hunde sind um den starken Keiler herum. Nun durfte in der Rominter Heide kein Keiler geschossen werden, da die Keiler gehegt wurden, um durch besondere Gäste erlegt zu werden. Kam also ein starker Keiler, gefolgt von der Meute, einem angestellten Schützen, so mußte dieser den Keiler passieren lassen, und die ganze Meute jagte hinterher. Das ging selbstverständlich niemals ohne Verluste ab. Der starke Keiler stellte sich verschiedentlich, die scharfen Hunde griffen an und versuchten, ihn zu decken und wurden dann schwer geschlagen. Der Rüdemeister führte deshalb stets einen tadellos eingerichteten Flickkasten bei sich, denn es verging kaum eine Saujagd, ohne daß Hunde genäht werden mußten. Es ist ganz erstaunlich, was ein Hund aushält, wenn er medizinisch richtig behandelt wird. Wir haben dutzendmal Verletzungen an den Hunden gehabt, bei denen das Gescheide heraushing. Dasselbe wurde, mit Alkohol zwar abgewaschen, vorsichtig wieder in die Bauchhöhle hineinpraktiziert, dann aber wurde der Schmiß zugenäht, wobei man nach unten hin eine Öffnung lassen mußte, damit Wundflüssigkeit und etwaiger Eiter ablaufen kann. Derartig verletzte Hunde machten nach 14 Tagen wieder Saujagden mit. Gewiß war manchmal die Sache auch ernstlich. So verlor ich in einem Winter meinen besten Kopfhund, einen zehnjährigen Dachsbracken-

SAUJAGDEN MIT DER MEUTE

rüden, vor dem weit über 200 Sauen geschossen waren. Der Hund geriet mit drei weiteren Bracken an ein Hauptschwein. Dieses stellte sich mehrfach vor den Hunden, die Jagd ging aus dem Treiben heraus weit weg. Die drei Bracken kehrten zurück, während der Kopfhund nicht wiederkam. Wie wir nachträglich feststellten, war er schwer geschlagen worden und erfror in der darauffolgenden Nacht, in der wir 25 Grad Kälte hatten. Einem anderen sehr guten Hund wurde von einem groben Keiler das Rückgrat eingeschlagen. Er verendete innerhalb 24 Stunden trotz aller ärztlichen Künste. Das alte Wort: „Wer Schweinsköpfe haben will, muß Hundsköpfe dransetzen" gilt auch heute noch, sofern man mit Hunden jagt. Andererseits kann man mit richtiger und sofort einsetzender ärztlicher Behandlung manchen zunächst böse und bedenklich aussehenden Schmiß schnell kurieren.

Ein anderes Erlebnis!

Im Forstamt Rominten war eine stärkere Rotte Sauen fest und außerdem ein einzelner grober Keiler. Ein längeres Verfolgen des Einwechsels war bei den gegebenen Bestandesverhältnissen nicht möglich, die Kopfhunde wurden daher frühzeitig geschnallt. Leider geriet die Meute nun nicht an die eingekreiste Rotte, sondern an den allein im Kessel sitzenden groben Keiler. Zweimal ging die Jagd durch das ganze Treiben hin und her. Wundervoll erklang das Geläut der Hunde, und jeder Schütze faßte voll Spannung den Kolbenhals fester, jeden Augenblick erwartend, daß die Sauen bei ihm durchbrechen würden. Die erfahrenen Saujäger merkten jedoch sehr bald an dem häufigen Standlaut, der mit dem Hetzlaut abwechselte, daß es sich um ein einzelnes grobes Schwein handeln mußte. Endlich brach der Keiler bei dem Wildmeister R. durch die Schützenkette durch und kam etwa 80 m seitwärts von ihm über das Gestell. Dabei bekam er den Schützen weg, bog sofort im rechten Winkel ab, hart bedrängt von der Meute, und nahm den Wildmeister in vollem Tempo an. Dieser wußte im ersten Moment nicht, was er machen sollte. Bei 60 cm hohem Schnee war ein Weglaufen oder auch nur Ausweichen fast unmöglich. Wie eine Staublawine rollte der Keiler, verfolgt von der kläffenden Meute, genau auf ihn zu. Im letzten Moment riß der Schütze die Büchse hoch und schoß aus einer Entfernung von nur noch 2 m dem Keiler mitten

DIE SAUFEDER

zwischen die Lichter, so daß er verendet ihm buchstäblich auf die Füße rollte. Im nächsten Augenblick war die Meute verbissen in ihren Erzfeind und schüttelte und zauste ihn an allen Ecken und Enden. Als der glückliche Schütze, der auf diese immerhin seltene Art zu der Erlegung eines Hauptschweines gekommen war, den Vorfall berichtete, war er doch immerhin noch weich in den Knien und seine Gesichtsfarbe war etwas kalkig. Man sieht, das Jagen mit Hunden ist auch nicht immer ungefährlich, denn wenn der Keiler von den Hunden nicht hart bedrängt worden wäre, glaube ich nicht, daß er unangeschossen ohne weiteres einen Menschen angenommen hätte. Aus diesem Grunde ist selbstverständlich der Rüdemeister und auch der Rüdejunge mit einer Saufeder bewaffnet, denn eine derartige Waffe ist in der Dickung und im Bestand das einzig Wahre. Mit der Schußwaffe kann man da sehr wenig machen, und wenn auch das sogenannte Auflaufenlassen eines Keilers auf die Saufeder, wovon die Alten soviel erzählen, bestimmt ein Märchen ist, so kann man zum mindesten mit der Saufeder sich den Keiler vom Halse halten und ihn zum Abbiegen veranlassen. Ich selbst habe im Hatzgatter einen dreijährigen Keiler auf die Feder auflaufen lassen, und ich danke es nur einem gütigen Geschick, daß meine Keule nicht zu Frikassee verarbeitet wurde. Jedenfalls lag ich auf dem Rücken und hob die Beine gen Himmel, ehe ich Amen sagen konnte. Die Wucht, mit der ein stärkerer Keiler, also ein angehendes Hauptschwein, gegen einen anrennt, ist derartig, daß man als Mensch nicht in der Lage ist, diese Kraft mit der Saufeder aufzufangen, selbst wenn man haargenau richtig den Keiler auflaufen läßt. Was in dieser Beziehung in der alten Literatur geschrieben ist, ist meines Erachtens Jägerlatein. Die Alten konnten bestimmt noch besser lügen als wir. Ich habe Dutzende von Sauen im Hatzgatter mit der Saufeder abgefangen, aber es handelte sich dann um von Hunden gedeckte Sauen, die in ihrer Bewegungsfähigkeit völlig eingeschränkt oder doch stark gehemmt waren. Ein gesunder starker Keiler dagegen überrennt jeden Menschen, ob mit oder ohne Saufeder.

Ich habe übrigens verschiedene Sauen im Hatzgatter mit einem alten „Schweineschwert" abgefangen, einer Waffe, wie sie im 14. und 15. Jahrhundert vielfach verwendet wurde. Dabei mußte ich feststellen, daß diese blanke Waffe für das Abfangen von Sauen denkbar ungeeignet ist. Einmal ist die Stahlmasse zu gering, um selbst bei einem gut geführten Stoß den sofortigen Tod herbeizuführen, und außerdem haben die Schweineschwerter eine sehr schlechte und ungünstige Gewichtsverteilung. Der Schwerpunkt liegt viel zu weit hinten, so daß ein zielsicherer und kräftiger Stoß nur schlecht geführt werden kann. Tatsächlich sind ja auch die Schweineschwerter für die praktische Jagdausübung sehr bald wieder verschwunden, und heute dürfte in Deutschland wohl kaum jemand mit einem alten gotischen Schweineschwert noch Sauen abfangen. Das Abfangen mit einer guten Saufeder dagegen wirkt schneller tödlich als ein gut sitzendes Teilmantelgeschoß. Die Verletzung, die die breite, haarscharf geschliffene Klinge einer richtig gearbeiteten Saufeder verursacht, ist derartig, daß der Tod bei richtiger Führung der Feder schlagartig eintritt.

Es ist selbstverständlich, daß man, um jede Tierquälerei zu vermeiden, zunächst am verendeten Stück üben muß, um dann beim Aufbrechen festzustellen, ob der Stoß richtig geführt wurde. Das ist bei der Handhabung aller blanken Waffen so, daß das Abfangen gekonnt sein muß. Die Bemühungen eines im Wildkörper herumstochernden Dillettanten sind furchtbar und für das Wild qualvoll. Es muß aber gerade bei der Saujagd mit Hunden betont werden, daß man ohne die blanke Waffe nicht auskommt. Der Rüdemeister in der Dickung braucht unbedingt eine blanke Waffe, und zwar zu seinem persönlichen Schutz. Der von der Meute gedeckte Frischling und Überläufer kann, ohne die Hunde aufs schwerste zu gefährden, nicht mit der Schußwaffe erlegt werden, und bei der Nachsuche auf eine kranke Sau kann man im dichten Bestande mit der Schußwaffe schon gar nichts anfangen.

Gute Saufedern sind im Handel sehr schwer zu haben. Ich habe mir diese Waffe nach alten Modellen anfertigen lassen. Die Schneide muß aus einem Stahlstück gearbeitet sein und der Eschenschaft, der aus einer Außenbohle gefertigt sein muß, muß in die Hülse der Schneide hineinragen und mit einem durchgehenden Bolzen befestigt und vernietet werden. Der Schaft selbst muß möglichst auf der ganzen Länge mit Leder umwickelt sein, um ein Abgleiten der Hände an dem Schaft zu verhindern. Die Parierstange in Form

WAS IST BEI HALTUNG EINER SAUMEUTE WICHTIG?

eines Geweihendes oder auch aus Horn geschnitzt, muß mit Lederriemen so an der Mündung der Hülse befestigt werden, daß auch bei einem kräftigen Stoß eine Loslösung der Parierstange unmöglich ist. Für die Bedeckung der Schneide soll eine gut ausgearbeitete Lederhülle vorhanden sein, da die Schneide haarscharf geschliffen sein muß, und beim Transport im Wagen oder im Schlitten ohne die Hülle sehr leicht Verletzungen oder Unglücksfälle vorkommen können. Die im Handel zu kaufenden Saufedern sind meistens handwerklich und auch künstlerisch schlecht gearbeitet und mehr als Zierde des Jagdzimmers als zum wirklichen Gebrauch geeignet.

Für die Hunde müssen richtig gearbeitete Koppeln vorhanden sein. Ich habe meine Hundekoppeln so konstruiert und so anfertigen lassen, daß die Koppelriemen fest mit den Halsungen durch einen Wirbel verbunden sind. In der Mitte des Koppelriemens befindet sich ein Ring, an dem ebenfalls ein Wirbel angebracht ist, und in diesen ist die eigentliche Hundeleine eingeschnallt. Der Rüdemeister kann also die Hunde nur dadurch von der Koppel lösen, daß er den Hunden die Halsungen abschnallt. Es kann daher niemals vorkommen, daß die Hunde etwa mit Halsung von der Koppel gelöst werden. Es kommt immer beim praktischen Jagdbetrieb vor, daß auch ungeübte Leute, also weder Rüdemeister noch Rüdejunge, Hunde führen und auch schnallen müssen. Trotz aller Unterweisung wird dann in der Aufregung bei einer normal gebauten Hundeleine und Hundehalsung einfach die Leine gelöst und der Hund jagt mit der Halsung davon und bleibt sehr leicht an vorstehenden Ästen oder Wurzeln hängen. Durch die Konstruktion meiner Koppel ist das unmöglich gemacht.

Wichtig ist außerdem, die Hunde zu zeichnen. Wie ich schon ausführte, kommt es häufig vor, daß die Hunde an unbeschossenen oder vorbeigeschossenen Sauen weiter jagen und dann später irgendwo zulaufen. Sobald die Hunde gezeichnet sind, fällt dieses Zeichen jedem Menschen auf und man bekommt die Hunde sehr schnell wieder. Ich habe sämtlichen Hunden meiner Meute mit einem Eisen die Wolfsangel auf die linke Keule gebrannt, genau so wie die Pferde einen Brand bekommen. Um diese Markierung noch deutlicher zu machen, kann man diese Wolfsangel mit Anilinfarbe etwa rot oder grün nachziehen, was bestimmt eine Jagdzeit lang vorhält. Ein derartig gezeichneter Hund fällt jedem Menschen, auch dem, der nichts von Jagd und von Saumeute versteht, sofort auf.

Zur Unterbringung der Meute ist eine größere Zwingeranlage notwendig, die einen mehrere Hektar großen Auslauf besitzt. Sämtliche Hunde werden täglich zweimal aus den Zwingern herausgelassen, jagen sich in der großen Auslauffläche müde und halten sich so im Training. Der Auslauf ist, ebenso wie die Zwinger, so mit Maschendraht abgezäunt, daß ein Herauskommen der Hunde unmöglich ist. Die Hunde kommen daher nur in den Auslauf oder beim Übungsjagen in das Hatzgatter und schließlich bei der eigentlichen Jagd frei, wenn sie an Sauen geschnallt werden. Die Möglichkeit, daß die Hunde irgendwie an anderem Wild hetzen, ist daher vollständig ausgeschlossen. Nur mit dieser Methode ist es möglich, die Hunde in verhältnismäßig kurzer Zeit wildrein zu bekommen, und nur so kann es verantwortet werden, mit einer Meute in einem ausgesprochenen Rotwildrevier auf Sauen zu jagen.

Bei dem sehr tiefen Schnee der damaligen Winter hatte sich herausgestellt, daß die eigentliche Dachsbracke reichlich kurzläufig für die Verwendung in der Saumeute ist. Geeigneter wären die etwas hochläufigeren Holzbracken. Ich beabsichtigte sogar, hochläufige französische Bracken mit deutschen Bracken zu kreuzen, um so einen etwas kräftigeren hochläufigen Brackenschlag als Sauhunde heranzuzüchten. Wichtig ist die Behaarung. Die Hunde sollen möglichst stockhaarig sein. Langhaarige Bracken, die es bekanntlich in Frankreich auch gibt, sind bei tiefem Schnee nicht zu empfehlen. Außerdem sind die Hunde sehr schwer ungezieferfrei zu halten. Sind sie ausgesprochen kurzhaarig, so halten sie die Witterungsunbilden schlecht aus. Dichtes Stockhaar ist die beste Behaarung für einen Sauhund. Bei sehr großer Kälte – wir haben Saujagden bei 30 und 35 Grad Kälte durchgeführt – kam es verschiedentlich vor, daß die Hunde sich die Ballen erfroren. Hiergegen ist leider kein Kraut gewachsen. Wir haben aber derartige Erfrierungen sehr gut wieder ausgeheilt, indem wir die Ballen mit Frostsalbe einrieben und den Hunden Strümpfe anzogen. Selbstverständlich muß man diesen kranken Hunden, wie auch allen geschlagenen Hunden, große breite Kragen um den Hals binden, damit sie nicht die Verletzungen lecken oder beknabbern können. Tut man dies nicht, so zieht sich der Hund mit Sicherheit jede mühsam gelegte Nadel und jede Klammer aus der Wunde heraus. Derartige Kragen gehören, ebenso wie der Flickkasten, zur Ausrüstung des Rüdemeisters und befinden sich auf dem Hundeschlitten.

SIEBENTES KAPITEL

JUNGFRAU'N, REISIG, FEDERBETTEN...

Ich war Referendar und war verlobt. Meine Verlobte war als Haustochter auf einem Gut in Niedersachsen, etwa 15 km vom Forstamt entfernt, um sich die für eine Forstfrau notwendigen Kenntnisse anzueignen. Was lag näher, als daß ich über Wochenend' meine Verlobte zu besuchen pflegte. Der Forstmeister, bei dem ich war, zeigte sich sehr großzügig – er gab mir einen Feisthirsch frei. Die Begriffe Ia usw. Hirsche gab es damals noch nicht; man teilte die Hirsche in jagdbare und Abschußhirsche ein. Ich hatte einen Abschußhirsch frei.

Es war Ende Juli, und ich bestätigte in mühsamer, aber beglückender Kleinarbeit einen ungeraden Eissprossenzehner, der zusammen mit einem guten Zwölfer und einem geringen Achter zusammenstand und jede Nacht in die an die Staatsforst angrenzende Feldmark zog, um dort zum Kummer der Bauern in den Haferfeldern sich gütlich zu tun. Die Feldmark war verpachtet und grenzte an einen großen Dickungskomplex, der Staatswald war. Zwischen Feldmark und Dickung lief ein Grenzweg, der zwar noch zum Fiskalischen gehörte, aber auf dem Weg unmittelbar an der Dickung war es natürlich unmöglich, Hirsche zu schießen. Für den Feldpächter war aber die Sache ebenso schwierig. Am Waldrand konnte er keinen Hochsitz errichten, da der Grenzweg schon staatlich war. So stand zwar ein Hochsitz inmitten der Felder, etwa 200 m vom Waldrand entfernt, aber dieser Hochsitz nützte nicht viel, denn abends kamen die Hirsche zu spät, und morgens war der Hochsitz nicht zu erreichen, ohne die im Feld stehenden Hirsche zu vergrämen. Die erwähnte Kieferndickung war nur etwa 200 m breit, dann kam ein Sandweg, der ziemlich parallel zu dem Grenzweg verlief, und dahinter lagen zwei ein-

MEIN FEISTHIRSCH

gezäunte Kulturen. Zwischen den eingezäunten Kulturen war eine freie Stelle von etwa 150 m Breite als Wildwechsel belassen worden, die mit Ginster bestanden und vor einigen Jahren mit Fichten aufgeforstet war. Es handelte sich also um einen ausgesprochenen Zwangswechsel. Mitten auf dieser Fläche war ein Hochsitz errichtet. Wenn die Hirsche nicht in der verhältnismäßig schmalen Kieferndickung stehenblieben, mußten sie auf dem Zwangswechsel kommen und einem in die Büchse laufen, wenn man auf dem Hochsitz morgens früh genug ansaß.

Eigentlich war die Sache zu einfach und zu sicher, aber das vorsichtige Abfährten des Sandweges jeden Vormittag und das sehr vorsichtige Beobachten und Bestätigen der Hirsche machte mir doch sehr viel Freude. Ich fieberte dem 1. August, dem Aufgang der Schußzeit, entgegen.

Am 29. Juli saß ich morgens eine halbe Stunde vor Büchsenlicht auf dem Hochsitz. Der Wind war gut, und es war schon fast heller Tag, als ich die Hirsche drüben aus der Kieferndickung mit zum Platzen gefüllten Pansen herauswechseln sah. Völlig vertraut und oft verhoffend, zogen sie etwa 80 m von meinem Hochsitz entfernt vorbei, und ich machte Zielübungen auf meinen Eissprossenzehner. Der Zwölfer war ein guter jagdbarer Hirsch und hatte ebenso wie der Eissprossenzehner vollkommen blank gefegt, während bei dem Achter die Bastfetzen im Geweih herunterhingen und die Stangen noch weiß leuchteten. „Bis übermorgen hat der auch blank", dachte ich und war so sicher, den Zehner zwei Tage später zu schießen, daß ich eine riesige Dummheit machte. Ich telefonierte meiner Verlobten und sagte, ich würde sie am 1. August um 2 Uhr früh auf dem Gut abholen, damit sie dabei sein könnte, wenn ich meinen Hirsch schösse. Große Begeisterung auf beiden Seiten!

Am 30. und 31. Juli bezog ich den Sitz nicht mehr, fährtete aber nachmittags den Sandweg ab und stellte fest, daß alle drei Hirsche vorbeigezogen waren. Das konnte überhaupt nicht mehr schiefgehen.

Am 1. August fuhr ich um 0.30 Uhr früh mit meinem Fahrrad los. Als ich etwa 4 km vor dem Gutshof war, fuhr ich in einen Hufnagel, und die Luft war weg. Zunächst versuchte ich, ohne

Luft zu fahren, dann versteckte ich das Fahrrad in einem Gebüsch und machte Dauerlauf. Mit dreiviertelstündiger Verspätung erreichte ich den Gutshof, wo meine Verlobte längst mit ihrem Rad auf mich wartete. Jetzt mußte der Eleve erst geweckt werden, damit er mir sein Fahrrad leihen konnte. So fuhren wir eine volle Stunde zu spät ab. – Wir fuhren, als ob uns der Teufel im Genick säße, aber wir schafften es nicht mehr. Als wir völlig erledigt am Hochsitz ankamen, war es heller Tag. Nach einer halben Stunde hielt ich es nicht mehr aus und pürschte den Sandweg ab – die nagelfrische Fährte der drei Hirsche stand zum Hochsitz herüber, die Hirsche waren also vor unserem Eintreffen schon durchgezogen, es war zum Weinen!

Am nächsten Morgen kamen die Hirsche nicht, am übernächsten Nachmittag schlug das Wetter um – ich bekam meinen Eissprossenzehner nicht mehr. Hätte ich meine Verlobte nicht abgeholt und wäre ich direkt zum Hochsitz gefahren, hätte ich also nicht die Liebe mit der Jagd verquicken wollen – ja, hätte ich, hätte ich! – Jungfrau'n! –

Es war in Rominten. Ein hoher Jagdgast aus Berlin war mir zugewiesen mit dem Auftrag, ihn einen guten Feisthirsch, einen sog. Gästehirsch, schießen zu lassen. Es war in Rominten nicht ganz einfach, einen Feisthirsch zur Strecke zu bringen. Das Gelände war sehr hügelig und daher unübersichtlich. Fast in allen Beständen wucherte hohes Gras, Farn, Fichtenanflug oder Stockanschlag von Aspe, und in den feuchten Partien gab es Schilf und Binsen. Man konnte in der Feistzeit tagelang ansitzen oder pürschen, ohne überhaupt einen Hirsch zu Gesicht zu bekommen. Nur in heißen, trockenen Sommern, wenn das Wild vormittags gerne an die Suhlen zog, waren die Chancen besser. Der Jagdgast, schon ein älterer Herr, kam an und entpuppte sich zwar als begeisterter und waidgerechter, aber nicht sehr tüchtiger Jäger. Sein Verhalten beim Pürschen ließ zu wünschen übrig, wie das meistens bei hohen Gästen der Fall war, also saßen wir an. Beim Feisthirsch ist das Ansitzen sowieso immer besser als das Herumlaufen. Es sind sicherlich viel mehr Feisthirsche eressen als erpürscht worden. Wir saßen hinter Schirmen an den zahlreichen Wildwiesen der Rominter Heide oder auf Hochsitzen an bekannten Wechseln – aber es

HIRSCHE IN DER SUHLE

wollte nicht klappen. Wenn wir uns abends bei völliger Dunkelheit wegstahlen, dann hörten wir das Scherzen im Bestande. Auf die Wiesen zogen die Hirsche erst bei tiefer Nacht, und morgens früh war beim ersten grauen Schimmer alles wie leergefegt. Nur einige geringe Hirsche bekamen wir zu Gesicht. Es war ein Glück, daß ich dem Gast ständig die klobigen frischen Fährten auf den Sandwegen zeigen konnte, sonst hätte er glauben können, es gäbe in Rominten keine starken Hirsche.

Das Wetter wurde heiß und trocken, und ich nahm mir vor, die Sache nunmehr an einer bekannten Suhle, der sog. „Badestube", zu versuchen. Wir hatten früh an einer Wiese angesessen, aber als es hell wurde, war die Wiese leer, und nur der „Tauschlag" zeigte uns, daß Wild auf der Wiese gezogen war. Langsam und vorsichtig pürschten wir in Richtung „Badestube". Diese Suhle bestand aus einer größeren Anzahl von Wasserlöchern mit tonigem Grund und wurde von den Hirschen besonders gerne angenommen, weil sie sich hier einen richtigen Tonpanzer holten, der sie vor den Fliegen hervorragend schützte. Kam einem im Laufe des Tages ein Hirsch, der in der Suhle gewesen war, zu Gesicht, dann sah er grau wie ein Esel aus. Ich habe oft gehört, daß zur Charakterisierung eines Hirsches nicht nur das Geweih, sondern auch die Farbe der Decke herangezogen wurde. Davor kann ich nur warnen! Ein Hirsch, der eine nasse Decke hat, wirkt immer dunkler als ein Hirsch mit trockener Decke, ein Hirsch, der in einer moorigen Suhle war, sieht fast schwarz aus, und der in einer tonigen Suhle war, ist nach dem Trocknen eselgrau.

Die „Badestube" lag in einem lückigen Erlenbestand, zwischen den einzelnen Wasser- und Schlammlöchern wucherten Riedgras und Binsen. Etwa 100 m entfernt stand am Rande eines Fichtenaltholzes ein Hochsitz, von dem man die ganze „Badestube", die etwa ½ ha groß war, übersehen konnte. Zu dem Hochsitz führte ein gut gefegter Pürschpfad, den wir vorsichtig entlanggingen. Als wir noch etwa 10 m von dem Hochsitz entfernt waren, hörte ich es plötzlich links von uns knacken. Ich konnte gerade noch den Jagdgast an eine Fichte drücken und selbst etwas Deckung nehmen, als ich es schon vor uns rot durch die Stämme leuchten sah. Ein starkes Rudel Feisthirsche war im Begriff, aus dem Fichtenaltholz in die Suhle zu ziehen. Wenn wir doch bloß schon auf dem Hochsitz wären! Die Hirsche waren völlig vertraut, der Wind war einwandfrei, und ich bedeutete dem Gast, vorsichtig einige Schritte vorwärts zu machen. Dabei trat der Unglückliche auf einen Ast, so daß es laut knackte. Sofort warfen die Hirsche auf und sicherten zu uns herüber. Da sie aber schon im Hellen standen, während wir uns noch im dunklen Bestand befanden, beruhigten sie sich langsam wieder und zogen weiter. 8 m hatten wir noch bis zur Leiter! Wenn es gelang, die Leiter zu erreichen, war alles in Ordnung. Die Leiter war mit Fichtenzweigen so getarnt, daß man ungesehen vom Wild, das in der Suhle war, auf- und abbaumen konnte – übrigens die wichtigste und beim Bauen eines Hochsitzes immer wieder nicht beachtete Voraussetzung für den jagdlichen Erfolg.

Ich konnte die Hirsche jetzt gut sehen, riskierte aber nicht, das Glas hochzuheben, um jede Bewegung zu vermeiden. Zentimeterweise schob ich mich weiter vor, hinter mir der vor Aufregung schnaufende Jagdgast. Jetzt noch 4 m bis zur Leiter – gleich hatten wir es geschafft – da trat der Unglücksmensch erneut auf einen Ast, und mit Donnergepolter prasselten die Hirsche ab, mit den Stangen krachend die Äste anschlagend. – Am übernächsten Tag mußte der Gast abreisen – nach achttägiger Pürsch in Rominten als Schneider! – Reisig! –

Ich verbrachte meinen Urlaub bei einem Freunde in Westpreußen, der dort ein großes Gut sein eigen nannte, und wollte auf den Seen Enten schießen und einen guten Bock zur Strecke bringen, auf den ich mich schon mehrere Jahre lang ohne Erfolg versucht hatte. In den ersten Augusttagen – trotz aller Blattkünste hatte ich meinen Bock noch nicht geschossen – stürzte mein Freund bei einem Reitturnier und erlitt einen erheblichen Knieschaden. Befehl des Arztes: Unbedingte Bettruhe! Nun hatte er aber einen Bekannten auf einen guten Feisthirsch eingeladen. Was mit dem Bekannten los war, wußte ich nicht. Vielleicht sollte er eine neue Hypothek auf die Klitsche geben? Vielleicht war mein Freund ihm sonstwie verpflichtet? Jedenfalls lag ihm sehr viel dran, den Gast auf einen guten Hirsch zu Schuß zu bringen. Selbstverständlich übernahm ich die Führung, zumal ich das Revier gut kannte.

HIRSCHE UND JAGDGAST AUFMÜDEN

Der Bekannte war ein netter, wohlbeleibter Mann, der dem Weinkeller meines Freundes gefährlich zusetzte und dem zweifellos das frühe Aufstehen nicht gerade sympathisch war. Wir zogen zusammen auf eine Jagdhütte, einmal, weil von dort aus die Bejagung bequemer war, und auch, um meinem in seinem Bett lästerlich fluchenden Freunde zu entgehen. Der umfangreiche Gutsforst grenzte an die Gutsfelder an und hatte etwa in der Mitte eine vorspringende Nase. An dieser Nase stand am Waldrand ein Hochsitz. Als wir auf Empfehlung meines Freundes abends diesen Hochsitz bezogen, hatten wir einen herrlichen Überblick. Vor uns lagen die riesigen Hafer- und Kartoffelschläge, während links von uns etwa eine Fläche von 200 Morgen Roggen bereits gemäht war und in Hocken stand. Wenn ich heute im Schwarzwald die kleinen handtuchartigen Felderchen sehe, die durch die infolge der Naturalteilung unglaublichen Zersplitterungen der Grundstücke entstanden sind, dann packt mich immer die Sehnsucht nach den riesigen Getreideschlägen der östlichen Weite, nach der Weiträumigkeit preußischen Großgrundbesitzes.

Das Gelände vor uns war kupiert, und in den tiefen Stellen waren mehrere mit Erlen und Hainbuchen bestandene Schlenken vorhanden, die teilweise noch kleine, mit Schilf bestandene Wasserlöcher bargen.

Als das Büchsenlicht schwand, sahen wir drei starke Hirsche – zum genauen Ansprechen war es schon zu dunkel – nicht etwa aus dem Gutsforst hinter uns, sondern aus einem dieser kleinen Feldgehölze in den Haferschlag ziehen. Diese faulen Kerle blieben also mitten im Feld in den kleinen Gehölzen über Tage stehen, hatten dort auch Wasser und Suhlen und dachten nicht daran, in den Wald einzuziehen. Das war eine völlig neue Lage. Als wir am nächsten Morgen vor Tau und Tag – es hatte einige Energie gekostet, den Jagdgast aufzumüden – auf unserem Hochsitz saßen, sahen wir die Hirsche auf etwa 500 m vor uns im Hafer stehen. Erst bei vollem Büchsenlicht zogen sie in eins der Feldgehölze ein. Der stärkste Hirsch war ein ungerader Vierzehnender, der mir eigentlich zu gut, d. h. zu stark für den Jagdgast war. Aber mein Freund hatte mir aufgetragen, daß er auch den stärksten Hirsch des Reviers schießen durfte.

Am nächsten Morgen dasselbe Bild, die Hirsche blieben wieder in einem der Feldgehölze stehen. Nun wußte ich, daß der Hauptwechsel in den Gutsforst nahe bei unserem Hochsitz vorbeiführte. Ich beschloß, dem Jagdgast die Hirsche zuzudrücken. Abends gingen wir auf Enten, weit entfernt von unseren Hirschen, und während der Jagdgast zur Hütte zurückging, marschierte ich zum Gutshof, um alles vorzubereiten. Den Gast hatte ich angewiesen, vor Tau und Tag den Hochsitz zu beziehen. Der Wecker war auf einen umgestülpten Teller gestellt, um selbst Tote erwecken zu können. Ich selbst wollte beim ersten Büchsenlicht mit einem Ackerwagen vom Felde her die Hirsche vorsichtig rege machen, um sie zu veranlassen, den Wechsel in den Gutsforst zu nehmen. Ich sagte mir, daß die Hirsche bei einer Störung, die natürlich nicht zu robust sein durfte, nicht in ein kleines Feldgehölz einziehen, sondern sicher den großen schützenden Wald annehmen würden. Wenn sie dabei einigermaßen den Wechsel hielten, mußten sie am Hochsitz kommen. Ich hatte den Jagdgast genau instruiert. Er sollte nur auf den stärksten Hirsch, den ungeraden Vierzehnender, schießen, der wahrscheinlich als erster kommen würde. Die Hirsche würden sicher vor dem Einziehen in den Wald verhoffen, so daß er eine saubere Kugel anbringen könnte, usw.

Da ich weit ausholen mußte, fuhr ich mit meinem Ackerwagen gegen 2 Uhr nachts vom Gutshof los. Der Kutscher kannte jeden Weg und Steg, und als es anfing zu grauen, fuhren wir langsam im Schritt in Richtung des großen Haferschlages, in dem die Hirsche die letzten Nächte gestanden hatten. Sehr bald sah ich die Hirsche, die, im Haferschlag stehend, nach uns herüberäugten. Wir waren etwa 400 m entfernt und bogen nun im rechten Winkel ab, um parallel zur Waldgrenze weiterzufahren. Die Hirsche durften nicht den Eindruck gewinnen, daß wir auf sie losfuhren und sie gewaltsam in den Wald drücken wollten. Die Kerle waren aber so dickfellig, daß sie sehr bald wieder anfingen zu äsen und sich um den seitwärts wegfahrenden Wagen nicht mehr kümmerten. Also machten wir kehrt und fuhren dieselbe Strecke zurück. Das wurde dann den Hirschen doch unangenehm, sie traten hin und her, sicherten zu uns herüber, waren offensichtlich unschlüssig, was sie tun sollten, und setzten sich endlich – es war inzwischen volles

AUCH DER LAUTE WECKER VERSAGTE

Büchsenlicht geworden – in Richtung Hochsitz in Bewegung. Wir fuhren so langsam wie möglich weiter, ich hatte die Hirsche ständig im Glase. Jetzt ließ ich den Wagen wieder wenden und fuhr erneut dieselbe Strecke zurück. Die Hirsche verhofften noch einige Male, äugten zu uns zurück, sicherten nach dem Walde zu und setzten sich schließlich endgültig in Richtung des bekannten Wechsels in Bewegung. Jetzt wurde es feierlich! Es war volles Büchsenlicht – Entfernung der Hirsche vom Hochsitz etwa 200 m – vorneweg die beiden Zehner, zum Schluß der Vierzehnender – Hl. Hubertus – was mochte der Mann auf dem Hochsitz jetzt zittern – wenn er bloß nicht vorbeischoß! Jetzt verhofften die Hirsche, wieder nach dem Waldrand zu sichernd – eigentlich könnte es schon knallen – na, vielleicht doch noch zu weit, schwer zu beurteilen auf die Entfernung – jetzt ziehen die Hirsche wieder weiter. Hl. Brahma! Sie ziehen genau auf dem Wechsel, der 80 m vom Hochsitz vorbeiführt – jetzt verhoffen sie unmittelbar vor dem Waldrand – wannenbreit steht der Vierzehnender hinter den beiden Zehnern! – Die Hirsche ziehen in den Wald ein – es knallt nicht!

Ich reiße dem Kutscher die Zügel aus der Hand, haue mit der Peitsche auf die Pferde ein, und im schärfsten Trab geht es zur Jagdhütte. Mein Jagdgast liegt im Bett und schnarcht. Er hat den Wecker verschlafen!!! – Federbetten! –

Jungfrau'n, Reisig, Federbetten
Tun allein den Feisthirsch retten!

ACHTES KAPITEL

ALS SACHVERSTÄNDIGER VOR GERICHT

Die Richter und ganz besonders beim Schöffengericht die Schöffen oder beim Schwurgericht die Geschworenen sind bei Prozessen, bei denen es sich um Spezialsachen handelt, nicht in der Lage, sich ein fachmännisches Urteil aus der Verhandlung selbst zu bilden. Das Gericht greift also in allen derartigen Fällen auf einen oder gar mehrere Sachverständige zurück. Zwar ist das Gericht bei seiner Rechtsfindung nicht unbedingt verpflichtet, sich an das Gutachten des Sachverständigen zu halten, aber ebenso wenig kann es den Ausführungen zuwider entscheiden. Damit fällt dem Sachverständigen eine ungeheure Verantwortung zu. In den letzten Jahren haben wir in großen Strafprozessen verschiedentlich erlebt, daß auch Sachverständige nur Menschen sind und sich daher irren können. In der Praxis der Rechtssprechung wird das Gericht bei einer fern liegenden Materie, sei es Medizin, Technik und auch Jagd, immer genötigt sein, sich bei der Urteilsfindung auf das Gutachten des Sachverständigen zu stützen.

Ich bin in zahlreichen jagdlichen Prozessen ziviler und strafrechtlicher Art Sachverständiger gewesen und habe es mehrfach erlebt, daß eine Verurteilung oder ein Freispruch fast allein auf meinem Gutachten basierte. Es ist selbstverständlich, daß man als Sachverständiger unparteiisch und nach bestem Wissen und Gewissen die reine Wahrheit sagt, man wird ja in diesem Sinne auch vereidigt. Aber trotz aller Kenntnisse ist man ein unzulänglicher Mensch und Irrtümern unterworfen, und oft kann man einen Vorfall von verschiedenen Seiten betrachten, so daß die Angelegenheit plötzlich in einem ganz anderen Licht erscheint. Ich habe vor Gerichtsverhandlungen, von denen ich wußte, daß das Urteil weitgehend von meiner Stellungnahme abhing, oft schlaflose Nächte

EINE DRILLINGSJAGD

verbracht und mich immer wieder gefragt, ob meine Auffassung des Falles auch richtig fundiert sei, und ob nicht irgendein Denkfehler in meinen Ausführungen vorhanden wäre. Es ist ein sehr ungutes Gefühl, wenn man als Sachverständiger seine Aussage so machen muß, daß dadurch ein bisher unbescholtener Mann mit Gefängnis bestraft werden muß.

Einige Beispiele aus meiner jahrzehntelangen Tätigkeit als Gutachter vor Gericht möchte ich berichten; dabei will ich auf die Schilderung von Wilddiebsprozessen verzichten, sondern mich vor allem auf Fälle der Fahrlässigkeit beschränken, um darzulegen, wie ungeheuer wichtig für jeden Jäger die Beachtung größter Vorsicht und Umsicht beim Umgang mit der Schußwaffe sein muß.

Es war vor langen Jahren, ich war damals junger Forstmeister, als ich eine Treibjagd in Hessen mitmachte. Es war eine ausgesprochene „Drillingsjagd". Wald- und Feldtreiben wechselten miteinander ab, und es war mit großer Wahrscheinlichkeit mit dem Vorkommen von Sauen zu rechnen. Das Gelände war hügelig, und es hatte am Tag zuvor geregnet, so daß der lehmige Boden schmierig und glatt war. Nach dem zweiten Treiben gingen wir Schützen im Gänsemarsch auf einem schmalen Fußpfad in Richtung des nächsten Treibens. Der Pfad führte plötzlich steil bergan, und man mußte sich vorsehen, daß man nicht ausrutschte. Vor mir ging ein Schütze, der ebenso wie ich den Drilling aufgeklappt trug, um sicher zu sein, daß die Waffe entladen war. Vor meinem Vordermann befand sich ein Schütze, der ebenfalls einen Drilling führte. Er hatte die Waffe über der rechten Schulter hängen, die Mündung vorschriftsmäßig nach oben gerichtet, aber das Gewehr war geschlossen. Plötzlich rutschte dieser Jäger auf dem glitschigen Lehm aus, und zwar derart, daß er sich nicht mehr fangen konnte, es war so, als ob ihm beide Beine gleichzeitig nach vorne gerissen würden. Er schlug lang hin – der Drilling prallte auf dem Boden auf –, beide Schrotläufe gingen los, und beide Ladungen trafen meinen Vordermann auf eine Entfernung von etwa 2 m mitten in die Brust! Der Getroffene brach schlagartig tot zusammen. Eine furchtbare Aufregung bemächtigte sich aller. Der Unglücksschütze rief, noch während er am Boden lag: „Untersuchen Sie den Drilling, ich fasse die Waffe nicht an, ich hatte gesichert, stellen Sie das sofort vor Zeugen fest!" Wir stellten tatsächlich fest, daß der Drilling vorschriftsmäßig gesichert war, aber beide Schrotläufe waren losgegangen, während die Kugelpatrone noch im Lauf steckte. Die Polizei nahm an Ort und Stelle den Tatbestand auf, und die Staatsanwaltschaft erhob gegen den Unglücksschützen Anklage wegen fahrlässiger Körperverletzung mit Todesfolge.

Ich war in dem nachfolgenden Strafprozeß als Zeuge und Sachverständiger geladen, konnte aber als letzterer nur darauf hinweisen, daß es in Ziffer 2 der „Hauptregeln für das Verhalten der Schützen auf Treibjagden und sonstigen Gesellschaftsjagden" heißt: „Die Waffe darf nur während der tatsächlichen Jagdausübung (des Treibens, der Suche usw.) geladen sein, ist aber nach Beendigung der Jagdausübung sofort zu entladen. Ist das Entladen nicht möglich, so ist dies der Jagdleitung unverzüglich mitzuteilen."

Der Drilling, der bei dem Sturz losgegangen war, war vollkommen neu. Wenige Tage vor dem Unglück hatte der Besitzer die Waffe mit einem Büchsenmacher auf dem Schießstand eingeschossen. Eine Abzugssicherung ist aber kein absoluter Schutz, wenn die Waffe starken Stößen und Erschütterungen ausgesetzt wird, deshalb ist das Entladen nach Beendigung eines Treibens oberstes Gesetz für jeden Jäger.

Der Unglücksschütze, ein unbescholtener Mann in Amt und Würden, wurde mit Gefängnis bestraft.

Wie aber wäre der Fall zu beurteilen gewesen, wenn es sich nicht um eine Gesellschaftsjagd, sondern um eine Pürsch mit einer Begleitperson, z. B. dem angestellten Jagdaufseher, gehandelt hätte? Auch in diesem Fall wären wahrscheinlich die beiden Personen auf dem schmalen Pfad hintereinander gegangen, und der gleiche Unglücksfall hätte sich ereignen können. Bei einer Pürsch kann man aber nicht erst im Anblick des Wildes laden! Man hätte in diesem Fall höchstens argumentieren können, daß ein vorsichtiger Jäger bei der Schlüpfrigkeit und Steilheit des Weges auch bei einer Pürsch seinen Drilling entladen mußte und erst wieder laden konnte, nachdem der Weg normal geworden wäre.

Einen ganz ähnlichen Fall erlebte ich, doch lief er etwas glimpflicher ab. Ein Jagdpächter hatte drei Freunde zur Hasensuche eingeladen. Zwei Treiberjungen verteilten sich zwischen die Schützen,

ABZUGSSICHERUNG KEIN ABSOLUTER SCHUTZ

und man suchte in langer Reihe die Felder ab. Es war Frostwetter, und auf dem hartgefrorenen Boden lag eine etwa 2–3 cm hohe Schneeschicht. Nach einiger Zeit kam die Schützenlinie an einen breiten, mit Wasser gefüllten Graben, und der Jagdherr winkte, nach links zu kommen, weil dort eine Brücke war. Als der Jagdherr als erster über die Brücke gehen wollte, rutschte er etwas aus und rief seinem hinter ihm gehenden Freunde zu: „Vorsicht, unter dem Schnee ist Eis, es ist glatt!" Der nächste Schütze ging über die Brücke, ohne zu rutschen, der dritte Schütze jedoch glitt auf der vereisten Stelle aus, fiel zu Boden, seine Flinte schlug hart auf dem gefrorenen Boden auf, und beide Schüsse gingen los. Die Schrotgarben trafen den letzten Schützen auf nächste Entfernung in die Ferse, und der Unterschenkel mußte später amputiert werden, da der eine Fuß völlig zerschmettert war. Auch in diesem Fall war die Doppelflinte gesichert gewesen.

Die Kernfrage bei der Gerichtsverhandlung lautete: Mußten unter den gegebenen Umständen von den Teilnehmern die Waffen entladen werden oder nicht? Lag nach Ziff. 2 der Hauptregeln eine Beendigung der Jagdausübung vor, oder befanden sich die Jäger beim Überschreiten der Brücke noch „während der tatsächlichen Jagdausübung"? Ich habe mich mit meinem Gutachten auf den Standpunkt gestellt, daß die Schützen in dem Augenblick entladen mußten, als sie vor dem Wassergraben ankamen und der Jagdherr sie durch Winken zu der links liegenden Brücke zusammenzog. Die Schützen verließen ihre bis dahin eingenommene Ordnung und kamen mit den Treiberjungen an einem Punkt zusammen. Es lag also zweifellos eine Unterbrechung der Jagdausübung vor. Zwar wollte man nach Überschreiten der Brücke erneut ausschwärmen und die Suche fortsetzen, aber während des Zusammenkommens lag eine Unterbrechung der Jagdausübung vor, also eine – wenn auch zeitlich begrenzte – Beendigung der Jagdausübung. Erschwerend für den Unglücksschützen wirkte sich auch aus, daß der Jagdherr beim Überschreiten der Brücke noch warnend auf die Glätte aufmerksam gemacht hatte.

Ziffer 10 der Hauptregeln lautet: „Bei besonderer Gefahr, z. B. vor dem Überschreiten von Geländehindernissen (Gräben, Zäunen), vor Besteigen oder Verlassen eines Hochsitzes sowie vor der

Rückkehr zum Versammlungsplatz oder zu den Wagen usw., ist die Schußwaffe zu entladen." Auch nach dieser Regel hätte der Schütze also entladen müssen, denn die Suchenteilnehmer versammelten sich an der Brücke, um diese zu überschreiten. Wenn auch eine Brücke normalerweise kein „Geländehindernis" darstellt, so wurde doch besagte Brücke zu einem solchen, nachdem der Jagdherr warnend auf die Glätte hingewiesen hatte. Das Nichtentladen des Gewehres war also zweifellos als grobe Fahrlässigkeit zu bezeichnen. Der Schütze wurde bestraft.

In beiden Fällen entstanden die Unglücksfälle, weil Jagdteilnehmer nach Beendigung eines Treibens oder einer Suche nicht entladen hatten. Nach meiner Erfahrung beruht sicher die Hälfte aller Jagdunfälle auf dieser leichtsinnigen Unterlassung. Ein Jagdherr sollte daher grundsätzlich auf allen Gesellschaftsjagden verlangen, daß alle Kipplaufgewehre, also Flinten, Drillinge, Büchsflinten, außerhalb des Treibens aufgeklappt zu tragen sind und, daß alle Repetiergewehre unterladen sein müssen.

Bekanntlich kommen bei der Hühnerjagd besonders häufig Jagdunfälle vor. Das liegt einmal daran, daß Hühner häufig niedrig zu streichen pflegen, also in einer Höhe von 2–3 m, und weil durch in den Feldern stehende Obstbäume, Maisstreifen, hohe Kohlstauden, Hecken u. ä. die Sicht des Schützen behindert wird. Während auf einer richtig geleiteten Fasanenjagd im allgemeinen nicht unter einem Winkel von 45 Grad auf anstreichende Fasanen geschossen werden darf, ist es auf der Hühnerjagd unausbleiblich, daß flachere Schüsse abgegeben werden. Hinzu kommt noch, daß man niemals genau weiß, in welcher Richtung die Hühner abstreichen. Es gehört daher besondere Vorsicht dazu, Hühner zu bejagen, weil plötzlich irgendwo, vorher nicht sichtbar, auf dem Felde arbeitende Menschen auftauchen können.

Eine erhöhte Gefahr ist vorhanden, wenn eine größere Anzahl von Schützen gemeinsam auf Hühnerjagd geht. Am besten sind zwei Flinten mit einem oder zwei guten Hunden; kommen noch ein dritter Jäger und ein Tragejunge dazu, dann ist das die Höchstzahl von Personen, die sich zur Hühnerjagd vereinigen sollten. Sind mehr Schützen vorhanden, dann muß man sich trennen und in mehreren Gruppen in verschiedenen Richtungen suchen.

GEFAHREN BEI DER HÜHNERJAGD

Ein Jagdpächter hatte in dem Fall, den ich schildern möchte, vier weitere Schützen eingeladen und zwei Trägerjungen bestellt. Die ganze Jagdgesellschaft bestand also aus sieben Personen, was für eine Hühnersuche viel zu viel ist. Da man nur einen Hund hatte, blieb man zusammen und streifte in auseinandergezogener Schützenlinie die Felder ab. Schließlich kam man auf einen Weg und sah, wie dort eine starke Kette Hühner auf eine Entfernung von etwa 100 m in einen schmalen Rübenacker hineinlief. Der Jagdleiter rief die Schützen und Trägerbuben zusammen und ließ, von links und rechts ausholend, die Hühner einkreisen, so ähnlich, wie man einen Hasenkessel macht.

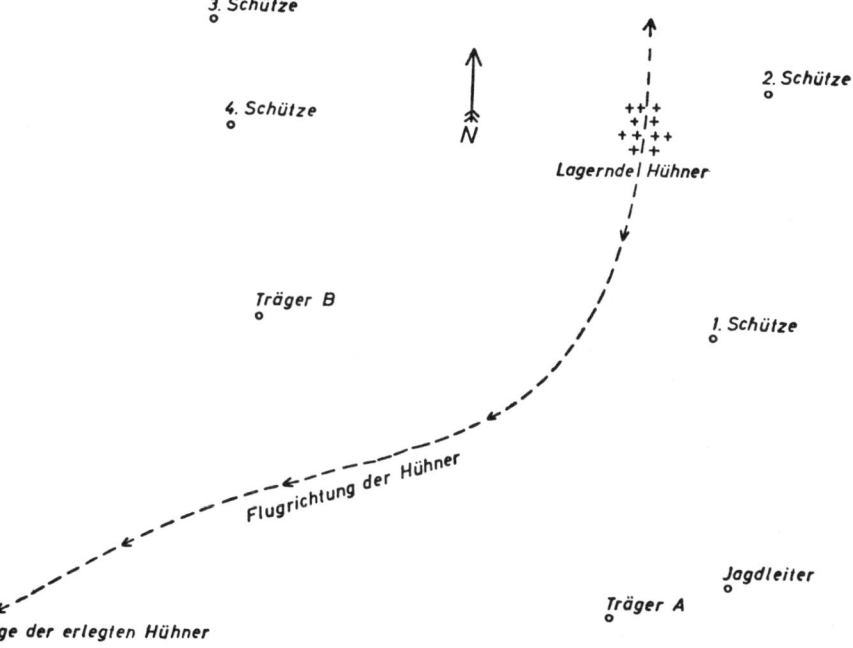

Ein derartiges Einkreisen von Hühnern ist immer gefährlich, zwar pflegen die Hühner dann besser zu halten, aber wenn die Kette, meistens nach verschiedenen Seiten, auseinanderstiebt, ist ein Schießen ohne Gefährdung eines anderen Schützen kaum möglich. Aus der Skizze ist zu ersehen, daß der Jagdleiter selbst zurückgeblieben war und rechts und links die Schützen mit dem Trägerbuben B vorgeschoben hatte, während der zweite Trägerbub nicht weit vom Jagdleiter etwas rückwärts gestaffelt stand. Als die Hühner aufstanden, schossen der Jagdleiter und der Schütze Nr. 1 auf die Hühner, die sehr flach strichen. Der Trägerbub B erhielt 22 Schrote ins Gesicht, davon drei ins rechte Auge, das erblindete.

Bei der Gerichtsverhandlung und besonders bei dem Ortstermin wurde versucht, festzustellen, wer den Schuß auf den Trägerbub abgegeben hatte. Es hatten der Jagdleiter und der Schütze Nr. 1 je zweimal geschossen, und es waren zwei Hühner gefallen und lagen außerhalb des Kreises. Der Schütze Nr. 1 hatte zunächst erklärt, nur einmal geschossen zu haben, der Gendarmeriebeamte, der am nächsten Morgen den Ort der Tat genau untersuchte, fand aber an dem Platz des Schützen Nr. 1 zwei abgeschossene Patronenhülsen Kaliber 12, und dieser Schütze war der einzige der Jagdgesellschaft, der Kaliber 12 führte. Entweder hatte also die Flinte gedoppelt, ohne daß der Schütze es gemerkt hatte, oder der Schütze war so aufgeregt gewesen, daß er nicht mehr sagen konnte, ob er ein- oder zweimal geschossen hatte.

Der Jagdleiter behauptete in der Gerichtsverhandlung, daß er erst geschossen hätte, als die Hühner die Linie zwischen ihm und dem Trägerbub passiert hätten, so daß er unmöglich den Jungen getroffen haben könnte. Der Schütze Nr. 1 sagte aus, er hätte den Trägerbuben genau gesehen und habe zwischen Jagdleiter und Träger B hindurch auf die abstreichenden Hühner von hinten geschossen, so daß eine Gefährdung des Trägerbuben B nicht möglich gewesen sei. Von den übrigen Teilnehmern hatte – darin stimmten alle Aussagen überein – niemand geschossen. Es waren also nur im ganzen vier Schüsse gefallen, davon zwei vom Jagdleiter und zwei von dem Schützen Nr. 1.

Ich sollte als Sachverständiger nun versuchen, herauszufinden, von wem der Unglücksschuß stammte. Bei dem Ortstermin nahmen alle Teilnehmer ihre Standpunkte so ein wie bei dem zurückliegenden Vorfall. Aber das war gar nicht so einfach, denn inzwischen waren 3/4 Jahr vergangen, die Äcker waren anders bestellt, und das Gelände sah für alle Beteiligten natürlich gänzlich anders aus als im Zeitpunkt des Tatgeschehens. Zwar hatte die Gendarmerie eine Skizze angefertigt, auf der auch die Entfernungen eingetragen waren, wie das ja auch bei jedem Verkehrsunfall geschieht. Eine kleine Verschiebung der Stellung eines Schützen nach rechts oder links bewirkte jedoch sofort, daß die Schußwinkel sich erheblich änderten.

Die Lage der geschossenen Hühner besagte fast gar nichts, da nach übereinstimmender Aussage der Zeugen, besonders des Trägerbuben A, die Hühner nicht gleich tot waren, sondern noch mehrere Male hochsprangen. Dabei konnten sie ihre ursprüngliche Fallstelle so verändert haben, daß aus der Lage der geschossenen Hühner kaum Schlüsse gezogen werden konnten.

Die eingehende Untersuchung ergab, daß nicht mit Sicherheit festzustellen war, wer der Unglücksschütze gewesen war, ob der Jagdleiter oder der Schütze Nr. 1. Gegen die Annahme, daß der Schütze Nr. 1 der Täter war, sprach die Tatsache, daß die Schrote größtenteils auf der rechten Körperseite und auf der Stirnseite des Verletzten vorhanden waren. Aber auch das war kein Beweis, daß der Jagdleiter der Täter sein mußte, denn der verletzte Junge gab bei allen Vernehmungen an, daß er Angst gehabt hätte, als die Hühner kurz vor ihm aufgestanden wären und er rechts und links vor sich die Schützen gewußt hätte, er habe sich instinktiv gebückt. Ob er sich nun aber nach rechts oder links gebückt hatte, konnte er nicht mehr angeben.

Mein Gutachten lautete daher dahingehend, daß mit Sicherheit nicht festgestellt werden könnte, wer der Unglücksschütze war. Wenn man berücksichtigte, daß der Schütze Nr. 1 einen unkontrollierten Schuß abgegeben hatte – er behauptete, nur einmal geschossen zu haben, man fand aber zwei leere Hülsen an seinem Platz –, dann erschien der Schütze Nr. 1 fast mehr belastet als der Jagdleiter. Ich betonte jedoch, daß die Aufstellung der Schützen durch den Jagdleiter als fahrlässig zu bezeichnen sei. Es sei auch nicht üblich, auf diese Weise Hühner einzukesseln. Der Unglücksfall wäre voraussichtlich nicht passiert, wenn alle Jagdteilnehmer in einer ausgerichteten geraden Schützenlinie vorgegangen wären, wie das auch üblich ist.

Das Schöffengericht stellte das Verfahren gegen den Schützen Nr. 1 ein, da nicht bewiesen werden könnte, daß er mit Sicherheit den Unglücksschuß getätigt hätte. Der Jagdleiter wurde zu einer hohen Geldstrafe bzw. 50 Tagen Gefängnis verurteilt, und zwar wegen fahrlässiger Körperverletzung.

Der Ausgang dieses Strafprozesses zeigte, daß Erfahrung und Überlegung für einen Jagdleiter selbstverständliche Voraussetzungen sind, und daß der Jagdleiter eine hohe Verantwortung trägt. Es zeigt aber auch weiter, daß es nicht so sehr darauf ankommt, bei einer Gesellschaftsjagd, wie bei jeder anderen Jagdausübung auch, das Wild unter allen Umständen zu erbeuten, sondern daß oberstes Gesetz bei der Leitung einer Jagd die Vorsicht und Umsicht sein müssen.

Auch in Zivilprozessen war ich mehrfach als Sachverständiger tätig, meistens handelte es sich um Wildschadenssachen, und dabei kamen interessante Dinge vor. Einmal konnte ich z. B. an den Fährten feststellen, daß eine Ziegenherde durch den Hafer getrieben worden war, und daß die Ziegenfährten die Anzahl der Rehfährten weit übertrafen. Sehr oft wurden Rotwildfährten mit denen von Schwarzwild verwechselt, ganz besonders in Kartoffelschlägen, in denen das Rotwild bekanntlich die Kartoffeln mit den Schalen der Vorderläufe herausschlägt, sodaß beim flüchtigen Hinsehen der Eindruck entsteht, als ob dort Sauen gebrochen hätten.

Einen interessanten Fall erlebte ich mit Fasanenschäden: Ein Gärtnermeister hatte auf einem Grundstück im Felde wertvolle Gemüsearten angepflanzt, wie Kopfsalat, Krauskohl, Kohlrabi, Spinat und Rosenkohl. Durch Fasanen waren diese Gemüsekulturen erheblich geschädigt worden, aber der Jagdpächter weigerte sich, den Schaden zu ersetzen, und zwar vor allem deshalb, um eine grundsätzliche Klärung darüber herbeizuführen, ob Wildschaden an Gartenerzeugnissen oder hochwertigen Handelsgewächsen ersatzpflichtig ist, die im Freiland angebaut sind, ohne daß die üblichen Schutzvorrichtungen angebracht wurden (§ 32 des Bundesjagdgesetzes).

Zwar bestimmt der § 32, daß derartiger Schaden nicht zu ersetzen ist, und da im vorliegenden Fall auf den übrigen Feldmarken nur Rüben, Roggen und Kartoffeln und Mais angebaut waren, hätte es eigentlich keines Rechtsstreites bedurft, da der Fall völlig klar lag. Das Jagdgesetz schreibt vor, daß beim Anbau derartiger Gartenpflanzen die „üblichen Schutzvorrichtungen" angebracht sein müssen. Es ging nun darum, was unter diesen „üblichen Schutzvorrichtungen" für Fasanen zu verstehen sei. Das Bundesjagdgesetz sagt zwar, daß die Länder in diesem Punkt etwas anderes bestimmen können, und daß Erklärungen zu treffen sind, was örtlich unter „üblichen Schutzvorrichtungen" zu verstehen ist. Im Lande Baden-Württemberg sind jedoch über den Begriff der „üblichen Schutzvorrichtungen" keine näheren Anweisungen ergangen. Eine Schutzvorrichtung gegen Fasanen hat sich aber noch nirgends eingespielt, da früher Fasanenschäden nicht ersatzpflichtig waren, man kann daher von „üblichen" Schutzvorrichtungen kaum sprechen.

Im vorliegenden Fall hatte der Gärtnermeister das Gemüsegrundstück mit einem Maschendraht eingezäunt, der aber nur an den Pfosten etwa 50 bis 60 cm hoch und so schlecht gespannt war, daß er zwischen den Pfosten durchhing und nur etwa 35 cm erreichte – also ein für Fasanen völlig unzureichendes Hindernis. Kurz nach dem Anbau der Gemüsesorten waren die Beete außerdem mit Fichtenzweigen bedeckt worden. Das Amtsgericht, vor dem der Prozeß geführt wurde, forderte nun von mir ein Gutachten über folgende Fragen:
a. Sind Abdeckungen mit Tannenreis ernstlich und hinreichend geeignet, Gartengewächse gegen Fasanenfraß zu schützen?
b. In welcher Weise und in welchem Ausmaß müßten über Gartengewächse in umzäunten Freilandpflanzungen Drähte oder Schnüre an Pfählen gespannt werden, damit sie Fasanen ernstlich vom Einfliegen oder Einlaufen abhielten, zugleich aber auch zumutbar wären? Inwieweit sind derartige Schutzmaßnahmen mit den notwendigen Gartenbauarbeiten vereinbar?
c. Wäre bei einem Grundstück im Ausmaß von etwa 35 × 70 m ein Zaun in einer gewissen Höhe, gegebenenfalls welcher ungefähren Höhe, geeignet, Fasanen vom Einfliegen abzuhalten? Falls nicht allein: In Verbindung mit welchen zumutbaren Maßnahmen?
d. Hält der Sachverständige irgendwelche sonstigen Schutzmaßnahmen gegen Fasanen für geeignet und zumutbar? Welche

ausreichenden Maßnahmen sind nach den Erfahrungen des Sachverständigen bisher üblich?

e. In welcher Zeit und in welcher Weise sind vom Jagdpächter Fütterungsmaßnahmen für Fasanen zu verlangen, um das Wild von Kulturen abzuhalten?

Auf diese Frage erstattete ich folgendes Gutachten: Ziffer a: Abdeckungen von Gartengewächsen mit Tannenreis sind kein ausreichender Schutz gegen Fasanenfraß, besonders dann nicht, wenn begehrenswerte Leckereien für den Fasan, wie Kohl, Kohlrabi, Wirsing u. ä. angebaut wird und in der weiteren Umgebung nur Äcker und Wiesen vorhanden sind. Ein solches Gemüsefeld zieht die Fasanen und auch anderes Wild, wie Rehwild, Hasen und Karnickel wie ein Magnet an.

Ziffer b: Um Gartengewächse, die im Feld angebaut sind, nachhaltig gegen alles Wild zu schützen, müßte ein Maschendrahtzaun mit völliger Überdachung der zu schützenden Fläche gebaut werden, also eine Maschendrahtvoliere, die nach allen Seiten mit Maschendraht abgeschlossen ist.

Ob eine solche weitgehende Maßnahme zumutbar ist, hängt von den besonderen Verhältnissen ab. Wenn sehr wertvolle Gartengewächse gezogen werden, und wenn es sich um guten, ertragreichen Boden handelt, halte ich eine solche Maßnahme schon für zumutbar. Die Abdeckung von Gemüsepflanzen in Treibhäusern und in Mistbeeten mit Glasdächern und neuerdings mit Polyäthylen-Tüchern (in Amerika geschieht letzteres in ganz großem Umfang) wird von Gärtnereien überall durchgeführt und dürfte erheblich kostspieliger sein als eine Abdeckung mit Maschendraht. Wenn der eingetretene Wildschaden in einem Jahr allein 184,- DM beträgt, dürfte die totale Eindrahtung durchaus zumutbar sein. Die Zumutbarkeit kann aber nur bei genauer Kenntnis der örtlichen Verhältnisse von Fall zu Fall entschieden werden. Eine Behinderung der Gartenarbeiten, auch mit Maschinen, tritt bei einer solchen Eindrahtung nicht ein.

Ein Spannen von Drähten über die Fläche ist kein wirksamer Schutz, da die Fasanen sehr bald zwischen den Drähten hindurchfliegen bzw. -kriechen werden.

Ziffer c: Der vorhandene Zaun ist nach den Schilderungen der

SCHUTZVORRICHTUNG GEGEN FASANENSCHADEN?

Zeugen als völlig unzureichend zu bezeichnen. Ein Zaun in einer Höhe von 35 bis 60 cm, der zudem noch an mehreren Stellen etwas durchhängt, bietet keinen Schutz gegen Wild aller Art, also weder gegen Rehwild, Hasen und Karnickel noch gegen Fasanen und Rebhühner. Ein derartiger Zaun ist völlig zwecklos und unwirksam. Er wird mühelos von allem Wild überwunden.

Ein Maschendrahtzaun von 1,80 m Höhe, der gegen Karnickel etwa 15 cm in den Boden eingegraben werden sollte, bietet einen wirksamen Schutz gegen Rehwild, Hasen und Karnickel. Aber auch gegen Fasanen und Rebhühner würde ein solcher Zaun einen guten Schutz bieten, der aber nicht in allen Fällen als vollkommen ausreichend bezeichnet werden kann, besonders dann nicht, wenn rings um die Gartenfrüchte herum Wiesen und Ackerflächen sind, also die Gartenfrüchte einen besonderen Anreiz bieten. Die Fasanen lernen dann über kurz oder lang das Einfliegen über den Zaun hinweg.

Zusammenfassend kann also über diesen Punkt gesagt werden, daß der vorhandene Zaun keine Schutzvorrichtung im üblichen Sinne darstellt, da er gegen eine einzige Wildart wirksam ist. Auch der jagdliche Laie, der sich mit Land- und Gartenwirtschaft beschäftigt, weiß aus Erfahrung, daß derartige niedrige Zäune unzureichend sind und nicht als übliche Schutzvorrichtungen gelten können. Ich bin daher auch überzeugt, daß an dem eingetretenen Schaden nicht nur Fasanen, sondern mit größter Wahrscheinlichkeit auch Hasen beteiligt waren.

Ziffer d: Übliche Schutzvorrichtungen gibt es eigentlich noch nicht, da erst seit einigen Jahren der Fasanenschaden ersatzpflichtig ist und sich daher noch keine üblichen Vorkehrungen entwickelt haben.

Ziffer e: Und schließlich: man soll in Fasanenrevieren sehr frühzeitig mit dem Füttern beginnen und nicht warten bis eine Notzeit eintritt, wie das bei anderen Wildarten vielfach üblich ist. Eine frühe Fütterung, also Anfang Oktober beginnend, hat zwei große Vorteile: 1. Der Feldschaden, insbesondere an der aufgehenden Saat, wird vermindert. 2. Der Fasan streicht nicht fort, sondern bleibt im Revier. Wie schon gesagt, neigen Fasanen dazu, weit umherzustreichen. Wenn nun z. B. im Revier A frühzeitig gefüttert wird und im Revier B erst beim Eintritt der Notzeit, dann werden sehr bald die Fasanen vom Revier B ins Revier A überwechseln. Der Jagdpächter hat also, wenn er nicht frühzeitig füttert, selbst den Schaden und das Nachsehen.

Ich bin überzeugt, daß der Wildschaden vermieden worden wäre, bzw. nur in einem geringen Ausmaß eingetreten wäre, wenn 1. der Beklagte wirksame Schutzvorrichtung um sein Gemüsegelände angebracht hätte, also mindestens einen 1,80 m hohen Maschendrahtzaun, 2. der Kläger frühzeitig und ausreichend gefüttert hätte.

Der Beklagte ist zu Ziffer 1 gesetzlich verpflichtet, der Kläger zu Ziffer 2 nicht.

Das Urteil des Amtsgerichts lautete:

Der Schadensanspruch des Gärtnermeisters wird abgewiesen, die Kosten des Rechtsstreites sind von ihm zu tragen.

In der Begründung wird aufgeführt, daß eine völlige Überdachung des Grundstückes mit Maschendraht nicht zumutbar und auch bisher nirgends üblich gewesen sei. Der Schadenersatzberechtigte – also der Grundstückseigentümer – hätte jedoch einen wirksamen Zaun errichten müssen von etwa 1,80 m Höhe, da der vorhandene Zaun völlig unzureichend nicht nur gegen Fasanen, sondern auch gegen anderes Wild sei. Selbst, wenn ein derartiger Zaun nicht mit Sicherheit den Fasanenschaden völlig verhindert hätte, so sei doch von dem Grundstückseigentümer zu fordern, daß er übliche Schutzvorrichtungen beim Anbau wertvoller Gemüsegewächse treffen müßte, um einen Schaden durch Schalenwild und Kaninchen zu verhindern und durch Fasanen zumindest zu verringern. Da der vorhandene Zaun gegen alle Wildarten unzureichend und ungenügend sei, habe der Grundstückseigentümer gegen die Bestimmungen des Gesetzes verstoßen und der Jagdpächter sei zur Zahlung des Wildschadens nicht verpflichtet.

Der Gärtnermeister legte Berufung ein, und das zuständige Landgericht teilte den Schaden so, daß der Jagdpächter die Hälfte des Wildschadens in Höhe von 60,– DM, aber auch dreifünftel der entstandenen Kosten in Höhe von 213,– + 60,– = 273,– DM zu zahlen hatte. Ursprünglich hatte sich der Gärtnermeister mit einer Entschädigung von 100,– DM einverstanden erklärt. Der Jagd-

PROZESSKOSTEN HÖHER ALS SCHADEN

pächter mußte also nun, nach langem Prozessieren 213,– + 60,– = 273,– DM bezahlen, woraus folgt, daß der schlechteste Vergleich immer noch besser ist als ein halbgewonnener Prozeß. Eine Klärung der Frage, welche Maßnahmen im Sinne des § 32 des B.J.G. als „übliche Schutzvorrichtung" gegen Fasanenschaden anzusehen wären, wurde außerdem nicht herbeigeführt.

In Westfalen lief in der gleichen Zeit ein Prozeß über Fasanenschaden, bei dem ich jedoch nicht mitgewirkt habe. Hier hatte ein Gärtner Tulpen in freiem Feld angebaut und überhaupt keine Schutzvorrichtungen getroffen. Die Fasanen hatten einen großen Teil der keimenden Tulpenzwiebeln aus dem Boden gezogen und die Anlage dadurch erheblich beschädigt. Der Schadensanspruch des Gärtners wurde vom Gericht abgewiesen, weil keine üblichen Schutzvorrichtungen im Sinne des § 32 des D.J.G. getroffen worden seien. In der Begründung zu dem Urteil wurde ausgeführt, daß ein etwa 1,50 m hoher Maschendrahtzaun, evtl. in Verbindung mit Knallapparaten, geeignet gewesen wäre, den Schaden durch Fasanen erheblich zu vermindern, wenn auch nicht völlig auszuschließen. Die Auffassung der Gerichte ist also in der Frage, was „übliche Schutzvorrichtungen" gegen Fasanenschäden sind, nicht einheitlich, und die Länder haben es leider unterlassen, darüber eindeutige Bestimmungen zu treffen.

NEUNTES KAPITEL

ANEKDOTISCHES

Von den vielen netten und amüsanten Geschichten, die ich in einem langen Leben hörte und erlebte, seien einige erzählt.

Nördlich des Forstamtes Battenberg begann die Provinz Westfalen, und dort, im nördlichen Sauerland, lebte damals ein alter Hegemeister. Er hatte einen langen wallenden Bart, rauchte stets die halblange Pfeife und sah genauso aus, wie sich heute die meisten Menschen einen Förster vorstellen. Dreimal hatte er geheiratet, und jede Frau war ein schlimmerer Drachen als die jeweilige Vorgängerin – sein Urteil über die Frauen war daher im höchsten Maße pessimistisch. Ein beliebter Ausspruch von ihm lautete – er sprach meistens plattdeutsch –: „Wenn die Luit' früggen wullt', dat will eck Se seggen, dann sin se verrückt! Eck möt am beten wieten, eck hev' drö Mal daun!"

Eines Tages bekam er einen Hirsch zum Abschuß frei, es war der erste seines Lebens, und tatsächlich kam der Hirsch zur Strecke, und der stolze Schütze erzählte seinem Freund Gustav: „Gustav, als es denn soweit war, da hev eck angelegt, Kolben feste ingezogen, und hev tu mi seggt: Willem, hev eck seggt, nu nich links verkanten und nich rechts verkanten, nich Vollkorn nehm' und nich Feinkorn nehm' – – und denn hev eck seggt: Willem in Gottsnamen – – und hev flieg'n loten – un Gustav, du wär's uf enn Hinnern gefall'n, wenn de achtern den Hirsch gestan'n werst, so hoch hätt' er utschlag'n!!"

Unmittelbar nach dem ersten Weltkrieg studierte ich an der damaligen Forstakademie in Hann. Münden und hatte in den umliegenden Staats- und Privatjagden häufig Jagdgelegenheit. Insbesondere hatten wir Erlaubnis, auf Raubwild und Raubzeug zu jagen,

DIE DACHSWETTE

und ich habe damals manchen Fuchs und manchen Dachs zur Strecke gebracht. Die Dächse gruben wir mit meinem vorzüglichen Rauhhaarteckel, der rabiat scharf war, aber dabei doch sehr vorsichtig, so daß er selten vom Dachs geschlagen wurde. In vorgerückter Stunde schlossen wir eines Abends bei der Kneiptafel eine Wette ab, daß wir einen Dachs lebendig an die Kneiptafel bringen würden. Als mein Rauhhaar wenige Tage später im Dachsbau fest vorlag und wir den Dachs durch Klopfen auf den Boden in eine Endröhre gebracht hatten, machten wir zunächst, wie es sich gehört, einen Einschlag hinter dem Hund, verstopften die rückwärtige Röhre, damit der Dachs, wenn er den Hund überrollen sollte, nicht in den Hauptbau zurück konnte, und schlugen dann hinter dem Dachs ein. Der Bau war, wegen hohen Grundwasserstandes, sehr flach, und so kamen wir schnell auf die Röhre. Während mein Rauhhaar den Dachs vorne lebhaft beschäftigte, gelang es meinem Freund, die Hinterläufe des Dachses zu fassen und ihn lebendig aus dem Einschlag herauszuziehen. Während er den Dachs, der sich wie eine Schlange krümmte, freischwebend in der Luft hielt, sprang ich nach dem Sack, den wir mitgenommen hatten, um ihn dem Dachs überzuziehen. Bevor mir das aber gelang, hatte sich der Dachs mit einem kräftigen Schwung so weit herumgedreht, daß er den Oberschenkel meines Freundes zu fassen kriegte und sich darin verbiß. Wie am Spieß schrie der Ärmste, fluchte entsetzlich, dachte aber an die eventuell verlorene Wette und hielt den Dachs fest. Ich nahm schnell einen Stock und klopfte dem Dachs langsam auf das Näschen, um ihn zum Loslassen zu bewegen. Fest zuschlagen konnte ich nicht, ohne meinen Freund zu verletzen. Schließlich wurde dem Dachs die Sache tatsächlich unangenehm, und er ließ los. Ebenso aber waren die Kräfte meines Freundes erschöpft, die Schmerzen ins Unerträgliche gestiegen, und er ließ den Dachs fallen. Mein Dachs versuchte in Windeseile in der nächsten Röhre zu verschwinden. Da packte mich die Wut, ich warf mich über den kleinen Kerl, faßte ihn mit beiden Händen am Rücken und hielt ihn nun meinerseits freischwebend mit ausgestrecktem Arm in die Luft. Mein Freund erwischte sofort den Sack und versuchte, ihn dem Dachs über den Kopf zu ziehen, dabei aber kam er dem wütend um sich Beißenden zu nahe, und schon hatte der Dachs den linken Zeigefinger des

Unglückseligen im Fang. Der Mann tanzte wie ein Indianer vor Schmerzen, ich konnte ihm ja nicht helfen, weil ich mit beiden Händen eisern den Dachs hochhielt. „Meister Grimbart" hatte sich fest in den Finger verbissen. Schließlich erwischte mein Freund den Stock, den ich vorher hatte fallen lassen und fing nun seinerseits erneut an, das Näschen mit vorsichtigen Schlägen zu bearbeiten. Fest zuschlagen konnte er auch wieder nicht, da er sich dann unweigerlich auf die eigenen Finger geschlagen hätte. Als der Dachs dann endlich losließ, war auch meine Kraft zu Ende und – ich ließ ihn fallen. Wie ein geölter Blitz war der Dachs in seinem Bau verschwunden, und wir hatten das Nachsehen. Obwohl der Finger meines Freundes sofort ärztlich behandelt wurde, blieb er steif, und der Biß in seiner „Keule" butterte noch wochenlang. Alles aber war nicht so schlimm, wie das Hohngelächter der Kommilitonen, als wir ihnen eingestehen mußten, daß wir die Wette verloren hatten.

Als junger Referendar reiste ich viel im ganzen alten Preußen herum, um auf den verschiedenen Forstämtern die waldbaulichen und wirtschaftlichen Verhältnisse kennenzulernen und mir ein wenig Menschenkenntnis anzueignen. Man erlebte die Schönheiten der verschiedenen Landschaften, man knüpfte Beziehungen an, die später zum Teil sehr von Vorteil waren und wertvoll wurden, man erweiterte als junger Mensch in jeder Beziehung seinen Horizont und sein Urteilsvermögen.

Bei einer dieser Reisen kam ich, zusammen mit einem bekannten Forstmeister auf ein einsam gelegenes Forstamt in Mitteldeutschland. Wir wurden von dem Dienstvorstand sehr freundlich empfangen, und es wurden uns natürlich zuallererst die Trophäen an den Wohnzimmerwänden gezeigt. Dabei betonte der Forstmeister aber immer wieder, daß er Jäger *war*, daß er aber schon lange keine Waffe mehr anfasse. Wir wollten nicht indiskret sein, warfen uns aber doch etwas erstaunte Blicke zu. Herr N. hatte wohl diese Blicke aufgefangen, denn er meinte lächelnd: „Sicher überlegen Sie jetzt, warum ich nicht mehr auf die Jagd gehe. Nun, da wir schon einmal davon sprechen, will ich Ihnen die Geschichte erzählen: Es war im ersten Weltkrieg, wir lagen mit unserem Divisionsstab, ich war 2. Ordonnanzoffizier, in den Karpathen. Seit meiner frühesten Jugend

Forstamt Kaltenbronn in Gernsbach

Jagdhaus Kaltenbronn

Haus Rominten

Die Diele im Haus Rominten   *Das Arbeitszimmer des Verfassers*

»DER HUBERTUSHIRSCH«

war ich passionierter Jäger, und die berühmten Karpathenhirsche spukten mir dauernd im Kopf herum. Ich hatte jedoch viel Dienst und kam nicht dazu, mich um jagdliche Dinge zu kümmern. Aber mein Bursche, der im Zivilberuf Berufsjäger war und aus einem Rotwildrevier kam, bekam von mir den Auftrag, die Nähe einmal jagdlich etwas zu erkunden. Vor allem sollte er feststellen, ob Rotwild seinen Einstand habe.

Nach einiger Zeit, kurz vor der Brunft, etwa Anfang September, kam er und meldete mir, er habe einen kapitalen Hirsch bestätigt, er trete regelmäßig aus einer Dickung aus, um auf einen großen Kahlschlag zu ziehen, er habe den genauen Wechsel festgestellt und könne mich führen. Ich nahm also drei Tage Urlaub bei meinem Divisionskommandeur und fuhr zusammen mit meinem Burschen in einem Panjewagen in das etwa 20 km entfernte Revier. 80 m von dem Wechsel setzte ich mich an und schickte meinen Burschen zu einem anderen Wechsel, der 500 m entfernt war, und wo er ebenfalls Rotwildfährten festgestellt, allerdings noch keinen Hirsch zu Gesicht bekommen hatte.

Es war ein herrlicher Abend, die Sonne stand in meinem Rücken und beleuchtete die starken Buchenstämme des Altholzes, an dessen Rand ich saß. Vor mir war eine bürstendichte Naturverjüngung von Buchen und anderen Laubhölzern. Nichts erinnerte an den Krieg, Ruhe, Frieden und Stille beherrschten diesen herrlichen, urigen Wald, ich genoß das Alleinsein in der vom Krieg unberührt gebliebenen Natur. Da – knackte es leise in der Dickung, und 80 m entfernt, genau auf dem Wechsel, schob sich ein Hirsch aus der Dickung, wie ich noch niemals in meinem Leben einen gesehen hatte. Ein gewaltiger Wildkörper mit einem Geweih, das einen Wald weißblitzender Enden trug. Ich kämpfte gegen das rasende „Hirschfieber", das mich schlagartig gepackt hatte. Langsam und vertraut zog der Hirsch 20 m vor und stand am Rande des Buchenaltholzes zwischen den starken Stämmen verhoffend. Vorsichtig ging mein Karabiner, mit abgefeilter Munition geladen, hoch, da wendete der Kapitale das Haupt zu mir herüber und – zwischen den gewaltigen Geweihstangen leuchtete in der Abendsonne das Strahlenkreuz des Erlösers. Ich begann zu zittern, ich setzte den Karabiner ab, wischte mit dem Handrücken über die Augen, um das phantastische Bild zu vertreiben. Der Hirsch stand, als ich wieder hinsah, wie aus Erz gegossen breit genau vor mir, äugte mich an und – zwischen den urigen Stangen stand das Christuskreuz. Es war der Hubertushirsch! – Ich habe nicht geschossen, und niemals wieder habe ich seit dieser Zeit auf Wild schießen können, es geht mir also wie dem Hl. Hubertus. Lachen Sie meinetwegen über mich, ich kann nicht anders, auch heute nicht, nach über 10 Jahren."

Wir lachten durchaus nicht, zumal er die Geschichte so eindringlich erzählt hatte, daß es eine Beleidigung gewesen wäre. Ich versuchte jedoch, ihm die Erscheinung zu erklären: Wahrscheinlich habe sich die hinter ihm stehende Abendsonne in der glatten hellen Rinde eines Buchenstammes gespiegelt, und zufällig sei der Reflex zwischen den Geweihstangen des Hirsches erschienen und habe ein leuchtendes Kreuz vorgetäuscht. Das Ganze könne auch eine Halluzination, hervorgerufen durch starke seelische Belastungen, gewesen sein, infolge der Kriegserlebnisse und ausgelöst durch den erregenden Anblick des hochkapitalen Hirsches.

Der Forstmeister lächelte nur und sagte: „Meine Herren, halten Sie mich nicht für einen Narren. Ich habe mir natürlich alles das, was Sie anführen, und noch einiges mehr, tausendmal selbst gesagt – aber es bleibt das factum bestehen, daß ich, vielleicht nur subjektiv, den Hubertushirsch gesehen habe, das ist durch eine noch so plausible, physikalische oder psychische Erklärung nicht hinwegzudiskutieren."

In den letzten Jahren bekam ich in zunehmendem Maße hohe amerikanische Offiziere als Jagdgäste auf einen Brunfthirsch zugeteilt. Die Führung dieser amerikanischen Herren war nicht ganz einfach, da ich als alter Humanist leider nur sehr wenig Englisch kann und die amerikanische Aussprache oft noch schwerer verstehe. Beim Pürschen und beim Ansitz sind aber schon zwei zu viel, wenn man dann noch einen Dolmetscher bei sich hat, der meistens jagdlicher Nichtraucher ist, dann vermindern sich die Erfolgschancen ganz erheblich.

Vor wenigen Jahren kam ein Offizier aus dem Hauptquartier in Heidelberg, um einen Ia-Hirsch bei mir zu schießen. Er hatte einen Kampfanzug in Tarnfarbe angezogen, was bestimmt keine ungeeignete Adjustierung war. Schlecht dagegen war ein weißes Band auf der rechten Brustseite, auf dem sein Name stand, dieses Band hob den Vorteil des ganzen Anzuges so ziemlich auf. Auf dem Kopf aber trug er eine knallrote Mütze, wie man sie bekanntlich in den USA auf der Jagd trägt, um den Unterschied zwischen Wild und Mensch deutlich zu machen.

Nach der Begrüßung machte ich ihm klar, daß die Hirsche des Schwarzwaldes derartig leuchtende Kopfbedeckung nicht liebten und wohl fluchtartig das Weite suchen würden. Der Gast meinte, er habe aber keine andere Kopfbedeckung. Ich gab ihm daraufhin einen alten fleckigen Jagdhut von mir, der ihm tadellos paßte.

Am ersten Abend klappte es nicht, wir hörten den ihm zugedachten Hirsch aber in einer Kieferndickung melden, und ich entwarf den Jagdplan für den nächsten Tag. Als wir am anderen Morgen bei erstem Büchsenlicht mit gutem Wind auf die Dickung zupürschten, war der Hirsch, wie er es nun schon jahrelang tat, bereits schreiend und treibend in die Dickung eingezogen. Mit manchem Jagdgast hatte ich schon versucht, den alten Zwölfer zur Strecke zu bringen, aber alles Ansitzen in der Nähe der Kieferndickung war vergeblich gewesen. Wenn man ihn von draußen anschrie, antwortete er prompt, hatte aber noch nie sein Rudel verlassen, so daß es niemals klappte.

Da der Gast nur 1 1/2 Tage Zeit hatte, beschloß ich, nachdem es vollkommen hell geworden war, den Hirsch mit ihm in der Dickung anzugehen. Ein alter, halbverwachsener Schleifweg diente uns als Pürschpfad, und wir arbeiteten uns meterweise, zum Schluß nur noch zentimeterweise, an den schreienden Hirsch heran. Wir lagen mehr auf Bauch und Knien, als daß wir standen und gingen – da passierte, was hier im Gebirge so oft sich zwischen Lipp' und Kelchesrand schiebt: der Wind, der bis dahin ausgezeichnet gewesen war, begann zu küseln, der Hirsch verschwieg, und kurz darauf zeigte uns ein Gepolter in der Dickung, daß das Rudel flüchtig geworden war, und zwar in Richtung des Altholzes, das an die Dickung angrenzte. Ich nahm den Offizier an der Hand und sprang mit ihm so schnell und leise, wie möglich, auf dem alten Schleifweg vor. Am Rand der Dickung wechselte gerade das Kahlwild aus der Dickung heraus und wurde im Altholz flüchtig. Ich machte dem Gast, so gut es ging, klar, daß der Hirsch gleich hinterher kommen würde, drückte ihn an eine alte Tanne und veranlaßte ihn, die Büchse hochzunehmen – da kam auch schon der Hirsch und zog trollend hinter dem Kahlwild her. Als er auf eine lichte Stelle kam, schrie ich ihn mit dem Eifelruf an. Sofort drehte er bei, stand nun breit wie eine Scheibe auf 100 m und äugte zu uns hinüber. Sein Geweih wirkte wie ein Kronleuchter mit zwölf schneeweißen Enden – es war ein Bild, das jedes Jägerherz schneller klopfen macht. Der Gast nahm sich verhältnismäßig lange Zeit, hoffentlich verhoffte der Hirsch lange genug – da knallte es. Der Hirsch zeichnete mit einem krummen Rücken und war mir leider sofort hinter einem Tannenvorwuchshorst verschwunden. Ich sprang schnell zur Seite, um den Hirsch vielleicht noch einmal freizubekommen, aber er hatte abgedreht und ich bekam kein Haar mehr zu sehen. Ich hörte nur oben am Hang noch einmal ein leises Knacken, sonst nichts. Es war mir klar, daß der Hirsch die Kugel hatte, aber ebenso klar war mir, daß er sie nicht gut hatte. Also gingen wir gar nicht erst zum Anschuß, sondern schnell zum Auto und zurück zur Hütte, wo wir erst einmal gewaltig frühstückten.

Bei der nach einigen Stunden angesetzten Nachsuche, arbeitete der Schweißhund bis zu einem schadhaften Drahtzaun und durch ein Loch im Zaun weiter in dichtes Stangenholz. Der den Hund führende Beamte gab nun den Hund einem Kollegen, um sich selbst auf der anderen Seite vor dem Fichtenstangenholz, das nur etwa 2 ha groß war, anzustellen. Kaum waren Hund und Führer in das Stangenholz eingedrungen, als der Hirsch in scharfem Troll dem Revierförster, der sich angestellt hatte, kam. Dieser schoß, sah aber kein Zeichnen des Hirsches. Unmittelbar danach war ich selbst an Ort und Stelle und hörte, was geschehen war. Von dem neuen Anschuß an schweißte der Hirsch stärker, hatte also beide Kugeln. So entschlossen wir uns, den Hund zu schnallen. Die Hetze ging durch ein Tal, dann durch einen Bach, und am jenseitigen Ufer stellte der Hannoveraner mit tiefem Hals. Da der Bestand plenterwaldartig war, konnte ich zuerst den Hirsch nicht freibekommen, aber dann stand er plötzlich, als ich vorsichtig um eine Fichte bog, auf 15 m mit leuchtenden Enden vor mir, ich brachte den Schuß genau auf dem Stich an, und er brach im Schuß verendend zusammen.

JAGDFILZ GEGEN TEXASHUT

Die Kugel des Gastes saß tief waidwund und hatte keinen Ausschuß ergeben, eine unzureichende Wirkung auf einen Brunfthirsch. Offenbar war die Ladung der Patrone mehr für Rehwild als für Rotwild geeignet gewesen. Das Signal „Hirsch tot" rief den Gast und die übrigen Teilnehmer der Suche herbei. Es gab ein großes Gratulieren und Bruchüberreichen, und ich erklärte, daß dieser Jagderfolg natürlich nur meinem Hut zu verdanken sei, dem alten grünen speckigen Filz. Solche alten Forsthüte brächten immer Glück und schössen sehr gut. Als wir beim Aufbrechen des Hirsches waren, fragte mich der Gast durch den Dolmetscher, ob ich ihm wohl den alten Hut schenken würde. Ich erklärte ihm, daß ich sogar sehr stolz sein würde, wenn ich das tun dürfte. Nachdem man Adenauer bei seinem letzten Besuch in den USA einen Texashut geschenkt hätte, wäre es mir eine Ehre, einem amerikanischen Offizier einen deutschen Forsthut schenken zu dürfen.

Wenige Tage nach seiner Abreise brachte mir ein Jeep aus Heidelberg im Auftrag des Gastes einen echten Texashut.

ZEHNTES KAPITEL

GEDANKEN ZUM 60. GEBURTSTAG

Es ist eine merkwürdige Sache um das Geburtstagsfeiern. Ich habe 30 Jahre lang meinen Geburtstag nicht gefeiert, sondern bin an diesem Tag morgens früh im Dunklen hinausgegangen in den Wald und abends spät wieder nach Hause gekommen. Ich konnte nicht einsehen, warum man einen Tag feiern soll, an dem man ein Jahr älter geworden und damit um ein Jahr dem Grabe nähergerückt ist. Ich habe vielmehr immer den Standpunkt vertreten, daß dieser Tag, wie kein anderer im ganzen Jahr, dazu geeignet ist, mit sich allein in der Natur zu sein, um nachzudenken über sich selbst und über die Welt, um sich Rechenschaft darüber zu geben, was man im vergangenen Lebensjahr richtig und was man falsch gemacht hat, um sich klar zu werden über viele Dinge, die einen bedrücken, kurz, um wieder mit sich selbst einig zu werden. Bei derartigem Nachdenken kann einem niemand helfen, auch nicht die Menschen, die einem am allernächsten stehen. Helfen kann einem da nur Gottes freie Natur, der Wald, das Zusammensein mit den Tieren und Bäumen, mit allem, was da kreucht und fleucht, das Fernsein von allen Menschen.

Für mich war die Natur, und insbesondere der Wald, von jeher der Tröster. Wenn dunkle Schatten die Seele belasteten, wenn der „große Krumme" seine Krallen nach einem ausstreckte, wenn einen das Schicksal schwer geschlagen hatte, wenn man an dem Sinn des Daseins zweifeln möchte, wenn man spürte, daß die innere Kraft einen zu verlassen drohte, dann bin ich stets hinausgegangen in den Wald, um Tröstung, Hilfe und Kraft von der Allmutter Natur zu erflehen und auch immer zu erhalten.

Ob der Vollmond über den Altkieferbeständen stand und weiße Nebelschwaden gespenstisch auf den Wiesen gleißten, oder ob der Sturm die Fichtenwipfel bog, daß der Wald ächzte und stöhnte, ob der Hirsch dröhnend schrie oder der Rehbock keuchend trieb, ob der Fuchs in kalter Winternacht bellte oder der Urhahn mit leisem Glöckeln die Jahrtausende der Ewigkeit zählte – immer war der Wald, mit allem was in ihm lebt, die große Mutter, die Trost und Hilfe gab.

Als der alte Generalfeldmarschall Moltke eines Tages in den achtziger Jahren des vorigen Jahrhunderts Bismarck fragte: „Was sollen wir beide eigentlich noch auf dieser Welt? Wir haben das Nötigste geleistet und sehen keine Aufgabe mehr vor uns. Ich habe die notwendigen Kriege gewonnen, und Sie haben das Deutsche Reich gefügt. Mir scheint, daß wir beide überflüssig geworden sind und nichts mehr zu tun haben." Bismarck soll geantwortet haben: „Sie irren, mein lieber Moltke, das Schönste steht uns noch bevor, nämlich einen Baum wachsen zu sehen!" Einen Baum wachsen zu sehen, ist auch mir stets als das Schönste im Leben erschienen. Wenn man die Entwicklung eines Baumes, die Entwicklung des Waldes von allen Seiten betrachtet, wenn man versucht, einzudringen in die biologische, naturwissenschaftliche und philosophische Grundlage, dann ergibt sich eine Fülle von interessanten Fragen, von Geheimnissen, eine Fülle von Schönheit, Ästhetik und Freude; dann ergibt sich aber auch die Erkenntnis des großen Naturgesetzes „Stirb und Werde", so daß man beglückt immer wieder zurückkehrt zu der herrlichen Aufgabe, einen Baum wachsen zu sehen. Das hat nicht unmittelbar etwas mit dem Beruf des Forstmannes zu tun. Bismarck war auch kein Forstmann, wenn auch forstlich sehr interessiert. Jeder Mensch sollte versuchen, dieses Verhältnis und diese Liebe zur Natur wieder in sich zu wecken, und er sollte versuchen, einen Teil seiner Zeit, die heute auf das Robotern um einen höheren Lebensstandard verwendet wird, dazu zu benutzen, sich innerlich zu versenken und mit der großen Natur Zwiesprache zu halten und wieder mit ihr eins zu werden.

Mein Beruf als Forstmann und Jäger hat mir diese Betrachtungsweise des Lebens naturgemäß erleichtert, und ich schätze mich glücklich, daß mir ein gütiges Geschick diese Möglichkeiten in so reichem Maße in den herrlichsten Revieren Deutschlands gegeben hat. Ich habe seit Jahrzehnten versucht, diese meine Auffassung

GEDANKEN ZUM 60. GEBURTSTAG

nicht nur in mir selbst zu festigen, sondern sie in Wort und Schrift, in Rundfunk und Presse, im Fernsehen und in den Büchern zu propagieren und anderen Menschen nahezubringen. Die Zustimmung, die ich gefunden habe, ist mir Beweis geworden, daß meine Gedanken und Ideen auch in einer so materialistischen Zeit, wie wir sie heute haben, nicht als Ausfluß eines zu belächelnden romantischen Idealismus gewertet wird, sondern, daß doch viele spüren, daß sich das menschliche Leben nicht nur nach möglichst großem Wohlstand richten kann, sondern, daß es darüber hinaus ideelle Werte gibt, die hochzuhalten und zu pflegen sich lohnt.

In den sechs Jahrzehnten meines Daseins habe ich viel Schweres erlebt, aber ich habe auch viel Schönes und Köstliches erfahren. Ich bemühe mich, in der Erinnerung die dunklen und schwarzen Steine aus dem Lebensmosaik zu entfernen – durch Vergessen. Diese Kunst des Vergessens kann lebensentscheidend sein. Die schönen und köstlichen Erinnerungen dagegen, vor allem die humorvollen pflege und bewahre ich, und so erreicht man es, daß einem das rückwärtige Leben trotz allem schön und lebenswert erscheint. Ich wurde vom Schicksal sehr begünstigt und auch wieder tief in das Nichts hinabgeschleudert. Meine stets optimistische Lebensauffassung und mein Humor haben mir immer wieder geholfen, mich hochzuarbeiten und das Positive im Leben wiederzugewinnen. Meine Frau und meine Familie haben mir dabei in treuer und schönster Weise geholfen.

Wenn ich mich nun frage, was ich noch vorhabe und wie ich mein Leben noch weiter gestalten will, so möchte ich sagen, daß mein Bedarf an Erlebnissen für dieses Leben so ziemlich gedeckt ist. Ich möchte, solange das Schicksal mich am Leben läßt, meine Söhne zu anständigen Kerlen erziehen und für Wald, Wild und das deutsche Waidwerk kämpfen und arbeiten wie bisher.

ELFTES KAPITEL

ERINNERN HILFT VERGESSEN

von Heinke Frevert

NEMO PROSPERITATE PRAESENTI FRVITVR NISI QVI
PRAETERITAS MEMORIA REPETIT ADVERSITATES
Niemand genießt wirklich das gegenwärtige Wohlergehen
Wenn er sich nicht vergangener Leiden erinnert!

Wenn mein Mann in seinen Gedanken zu seinem 60. Geburtstag von der lebensentscheidenden Kunst des Vergessens sprach, so steht diese seine Meinung in einem scheinbaren Widerspruch zu dem Titel dieses Kapitels. Das Vergessen ist eine Kunst, das Erinnern aber eine Pflicht! Die Kunst des Vergessens liegt im Beiseiteschiebenkönnen, wenn es nottut, wenn es einem weiterhilft, wenn es einem selber und auch den Mitmenschen zum Guten ist, wenn es einen fördert, wenn es das Ansehen hebt, wenn es zur Harmonie des Lebens beiträgt. Das Erinnern aber ist Pflicht, Pflicht und Notwendigkeit im Lebenskampf, denn das Erinnern mahnt an Fehler, an dunkle Stellen, an Tage und Stunden, in denen man versagte, an Augenblicke, die das Gewissen belasten, an Dinge, aus denen man gelernt hat. Will man die Verantwortung für junge Menschen übernehmen, steht das Erinnern einem hilfreich zur Seite. Erinnerung erweckt Dankbarkeit und wirklich tiefen Glauben an Gott. Erinnern regt zum Erzählen an, und vielleicht ist das Erinnern überhaupt ein Privileg der älteren Menschen. Erinnern und Vergessen, welch scheinbarer Gegensatz, und doch greifen beide zu einem gemeinsamen guten und treuen Freund: dem Humor! Der Humor hilft, im Erinnern vergessen. Presber, ein ostpreußischer Dichter, nennt den Humor den „Tröster", und er hat damit Recht, denn in scheinbar tiefster Not lugt er doch immer irgendwo hervor, da und dort, man muß ihn nur entdecken, muß ihn finden wollen und festhalten, dann gleitet alles Schwarze ins Vergessen. Im Erinnern vergessen – so sei es!

Oft nach dem Krieg fand ich mich mit anderen in einem Gespräch über die Frage, was ist schwerer, das Verlieren aller irdischen Habe, allen Glückes einer harmonischen und gemütlichen Umgebung durch die Flammen, durch Feuer und Bombennot oder aber Abschied, der nie aufhört ein Abschied zu sein, einfach, weil man nicht glauben kann, daß es ein Abschied ist. Weil man nie erfährt, wo blieb alles, was du verlassen mußtest aus dem frohen und glücklichen Alltag heraus, weil dich immer wieder dieselben Fragen quälen, wer beschmutzte und verhöhnte die Geborgenheit, aus der du fliehen mußtest? Wer rannte mit grobem Stiefel die Türen ein, die du in tiefster Verzweiflung offen lassen mußtest, was tat der Soldatenmob mit Dingen, die du nicht mitnehmen konntest, obwohl sie dir lieb und wert waren? Wem blühen die Blumen im Garten, von denen du dir einen letzten Strauß pflücktest, als du die Stätte verließest, an der dein ältester Sohn geboren wurde? Die Vernichtung durch Feuer und Flamme geht schnell und total vor sich, die Vernichtung durch Aufgabe der Heimat bleibt eine stetig eiternde offene Wunde, bleibt qualvolle Frage ohne Antwort.

Bis zu diesem letzten Krieg kannten wir das Wort „Treck" nur aus den Burenkriegen in Südafrika und dann später aus dem Buche „Vom Winde verweht", und plötzlich mußten wir den Begriff in unseren Alltag einfügen, mußten uns Tag und Nacht mit ihm beschäftigen und mußten ihn uns auf irgendeine Weise vertraut machen. Er blieb nicht länger ein Begriff aus dem Geschichtsunterricht, es war auch kein Roman, den man verschlang, sondern er wurde die Einrichtung unserer Tage, aus dem Kampf ums Dasein geboren, ein Begriff von Angst und Grauen, von Hilflosigkeit und zu oft ein verzweifeltes Ringen mit dem Tod.

Geht der Wind von Osten
Fern wie leises Glockensingen
Klingt bei Nacht das Lied der Toten

sangen die Soldaten der Koltschak-Armee 1919 bei ihrem ewigen Zug durch die Weiten Rußlands, und dieses Lied klang nun auch denen, die in den letzten Wirren dieses Krieges vorwärtshetzten, verfolgt von dem leisen Glockensingen der Toten, die sie zurücklassen mußten, um selbst gerettet zu werden.

Wir treckten von unserem Forstamt in Ostpreußen zu einer Zeit los, als noch keine unmittelbare Gefahr drohte, als nur der bleischwere Abschied sowohl auf den Bleibenden wie auf den Flüchtenden lastete.

Wir kamen ohne Zwischenfall auf ein Gut nördlich von Berlin, und dort erlebte ich durch Radio und Nachrichten der Zeitungen den schaurigen Endkampf, das verzweifelte Sichwehren, das hoffnungslose Hinsterben einer ganzen stolzen Provinz Deutschlands: unseres lieben Ostpreußens. Ich wußte meinen Mann dort in der Falle, die der Russe planmäßig geschaffen hatte, und während mir die Angst die Kehle zudrückte und über das Schicksal meines Mannes nichts, aber auch gar nichts zu mir drang, erwachte in mir das Leben meines zweiten Sohnes. So nahe liegen „Stirb und Werde" nebeneinander!

Mein Mann kam dann durch einen schweren Unglücksfall heraus, in ein Berliner Lazarett, und zu gleicher Zeit wurde unser Sohn bei meinem Vater in der Universitätsfrauenklinik geboren. Fragte man den Jungen später, wo er denn geboren sei, so kam stets sofort die Antwort: „Im Bunker!" Schon bald nach der Geburt, als ich wieder bei den Meinen auf dem Gut war, rief mein Mann an: „Wir müssen weiter! Pack' das Nötigste zusammen –." Mein Gott, wie schnell schreibt sich solch ein Satz jetzt hin, und wie unsagbar schwer war mir ums Herz, als ich bei Schnee und Eis, meinen Neugeborenen auf dem Arm, wieder in den Kutschwagen stieg.

Nach Anweisung meines Vaters durfte der Säugling, wenn er nicht Schaden nehmen sollte, nicht länger als drei Stunden der kalten Witterung ausgesetzt werden. Es hieß also, schnell eine Lösung in dieser Form zu finden. Jeden Abend in dem jeweiligen Quartier beugte sich mein Mann, der uns auf diesem Treck begleiten konnte, mit unserer alten Wirtschafterin, Fräulein Maria, über eine Straßenkarte, um den morgigen Weg festzulegen, denn Fräulein Maria „befehligte" unsere beiden Leiterwagen, auf denen der kümmerliche Rest all unserer Habe verstaut war, und jeden Abend wurde sie neu eingewiesen, wo das nächste Nachtquartier wohl wahrscheinlich sein würde. Am nächsten Morgen in aller Herrgottsfrühe fuhren dann die beiden Leiterwagen im Schritttempo ab. Auf einem thronte unsere Kutscherfamilie, bestehend aus Vater, Mutter und Tochter, auf dem anderen Fräulein Maria, unser Mädchen, und der Sohn des Kutschers, der die Pferde führte. Wir aber, mit dem Kutschwagen, mit Kindern und Säuglingsschwester, starteten drei bis vier Stunden später im zügigen Trab, den wir unseren schönen Trakehner-Stuten „Ziganka" und „Larissa" tagaus, tagein zumuten konnten, und überholten, da wir noch eine längere Mittagspause einlegten, erst kurz vor dem abendlichen Ziel unsere beiden Gespanne.

Die Platzordnung in unserem Kutschwagen blieb durch all die drei Wochen dieselbe: Mein Mann kutschierte, neben ihm stand, windabgewandt, das Körbchen mit dem Kleinsten. Das Körbchen war dick mit Zeitungspapier ausgeschlagen, und außerdem hatte das wohlverpackte Menschlein eine Wärmflasche am Fußende, die die Wärme mehrere Stunden hielt. Zwischen meinem Mann und dem Baby hockte äußerst mißvergnügt „Samogonka", unser kleiner frecher Dackel. Welch langer Name für so viel kurze Frechheit, er wurde denn auch nur „Samo" gerufen. Er fror erbärmlich und sah die Notwendigkeit dazu nicht ein. Hinten im Fond des Wagens schachtelte sich die ganze übrige Familie, so gut es eben ging, ein. Ich hatte die kleinere Tochter auf dem Schoß, die Säuglingsschwester den dicken Zweijährigen, und die älteste Tochter stand, durch Taschen und Bündel gestützt, die ganzen vielen Kilometer lang, ohne einmal zu mucken, vor uns. Zwischen der Schwester und mir stand ein Korb mit den Milchflaschen für den Säugling, die jeweils am Morgen im letzten Quartier für den ganzen Tag gekocht war. Unten zwischen den Hinterrädern baumelte unser „Treckidyll", der weiße Eimer mit den nassen Windeln und das Töpfchen für den Zweijährigen. Nur an einigen Tagen war Zeit genug vorhanden, um die Windeln auszukochen, und so wurde der Eimer immer schwerer. Da geschah, was geschehen mußte: Töchterlein verkündete plötzlich, rückwärts blickend:

DER GROSSE TRECK BEGINNT

„Guck – da steht er!" Ja, da stand er! Mitten auf der Landstraße, wie ein weißer Vorwurf. Das gab ein Hallo und ein Gelächter und – eine willkommene Pause, denn das lange Stillsitzen behagte den Kindern gar nicht, und die Schwester und ich mußten uns immer wieder neue Ablenkungsmanöver mit Märchenerzählen und Witzchen ausdenken, Kinderlieder singen und für sonstige Zerstreuung sorgen. Einem allerdings behagte dieser „Eimerstopp" überhaupt nicht, und das war der Kleinste. Er fing laut an zu weinen, da er wünschte, in gleichmäßigem Tempo weiter gen Westen zu schaukeln oder aber etwas zu trinken. „Samo", der Dackel, hatte das allgemeine Durcheinander und Aussteigen dazu benutzt, um sich den Platz einzuverleiben, der ihm, seiner Meinung nach, schon längst zustand: Nämlich auf den noch so schön warmen Milchflaschen!

In unserer ersten Unterkunft nahe Berlin wurden wir aus schwerem Schlaf am nächsten Morgen durch ein unheimliches Dröhnen geweckt. Aufgestanden bot sich uns ein schaurig-schönes Bild: In dem glasklaren blauen Winterhimmel zog ein Silberband von tausend feindlichen Flugzeugen seine Bahn in Richtung Berlin, und die Sonne glitzerte auf den Silberleibern dieser todbringenden Heuschreckenschwärme. Bis jetzt waren meine Angehörigen in Berlin wie durch ein Wunder am Leben geblieben. Wir waren heimatlos und wehrlos, dort die Unsrigen hatten zwar ihre Heimat noch, aber würden sie dies Inferno überstehen?

Es gibt drei Begriffe im deutschen Sprachgebrauch, die beinahe immer ohne jeden tiefen Gedanken hingesagt werden: Lieber Gott – Mitleid – Mitgefühl. Über den Begriff des lieben Gottes, der sich immer wieder gedankenlos dahingesprochen in unsere Sätze schleicht, könnte man ein Kapitel alleine schreiben. Ich aber, da ich vom großen Treck erzähle, möchte nur über die Begriffe „Mitleid" und „Mitgefühl" etwas sagen. Mitmenschen, die, wenn ich später von all dem Grauen, der Angst und dem Daseinskampf sprach, erwiderten: „Ich *kann* es nicht mitfühlen, ich hab es ja nicht erlebt", die waren mir die Liebsten, denn sie waren ehrlich. Aber die meisten Menschen sprechen ganz anders. „Gott, was habe ich Mitleid mit Ihnen", oder „ich kann es ordentlich mitfühlen". – Man sollte doch vorsichtig sein, der Begriff Mitleid ist so abgedroschen, und er kann oft weher tun als Nichtbeachtung. Man weiß bei Mitleid nur in den wenigsten Fällen, ob derjenige wirklich mitleidet, oder ob es nur ein Erbarmen aus geborgener Sicherheit heraus ist. Erbarmen aber kann weitere Wunden in der Not schlagen, die nur schlecht heilen. Es gibt allerdings auch eine goldige, saubere und herzliche Art des Mitleides, und zwar das Mitleid mit Kindern, die noch gar nichts wissen und gerade dadurch wirkliches Mitleid, Güte und Hilfe mobilisieren. Wenn unser Zweijähriger in all seiner dicken Vermummung bei der Mittagsrast seine Mitmenschen betrachtete und mit seinen unbeholfenen Schritten die immer wieder neue Umgebung eroberte, dann plötzlich stehenblieb und laut und stolz das einzige Wort heraustrompetete, das er schon kannte: – „Na?!" – Dann verhalf er uns ratlosen, müden und abgehetzten Menschen zu manchem Wohlwollen und auch zu manchem Butterbrot oder Apfel für die übrigen Kinder.

Niemand, der es nicht selbst erlebt hat, weiß, was es heißt, wenn der graue Februartag sich in einer stundenlangen Dämmerung auflöst und wenn dann die bange Frage das Herz einengt: Wo werden wir heute nacht bleiben können? Wie weh tut dann der Satz des Bürgermeisters eines Dorfes, wo wir erst bei Dunkelheit eintrafen: „... Und wenn Sie zwölf Kinder hätten, ich kann Sie nicht mehr aufnehmen, mein Dorf ist voll!" In solchen Situationen war ich immer wieder von Herzen dankbar, daß mein Mann bei uns sein konnte, denn später habe ich es erfahren, daß man sich als Frau nie so durchsetzen kann, daß man einfach in aller Angst und Not viel schneller die Nerven verliert und dann nichts mehr ausrichten kann. Wir bekamen auch ohne den Herrn Bürgermeister, der all seine Nerven ob der Invasion aus dem Osten verloren hatte, ein Quartier. Es war eine gute Stube mit viel Nippes, viel Zierdeckchen, mit gestickten Kissen und mit einem blankpolierten Radio mit Schondeckchen und mit einer sich verzweifelt windenden Schlingpflanze.

Längst hatten wir uns abgewöhnt, in einem solchen Fall zu fragen: „Ja, wo sollen wir denn *hier* schlafen?!" Wir stellten die ganze Möbelherrlichkeit an die Wand, packten unsere Matratzen ins Zimmer, und dann ging das Organisieren los: Die Säuglings-

WO WERDEN WIR SCHLAFEN?

schwester versuchte mit vielen guten und ausführlichen Reden von irgendwoher Milch zu bekommen, während ich mir mein allerliebstes Bündelchen griff. Fräulein Maria schwenkte unsere Kochtöpfe und versuchte, Platz an einem Küchenherd zu ergattern. War vielleicht gerade ein Schlachtefest im Gang, bekamen wir auch einmal einen Wurstzipfel ab. Das größere Söhnlein thronte in einer Ecke auf seinem Topf, versunken in den Anblick einer Porzellan-Venus, und „Samo", der Dackel, hob in größter Seelenruhe sein Bein an einem vergoldeten Stuhlbein, weil man vergaß, ihn vom Wagen herunter erst ein bißchen laufen zu lassen. Mein Mann suchte mit dem Kutscher einen Stall für die Pferde, was oft die allerschwerste Aufgabe war. Nach all diesen Arbeiten sanken wir dann todmüde von dem vergangenen Tag, aber wieder einmal geborgen für eine Nacht, in dem eiskalten Zimmer auf unsere Matratzen. Man spricht so oft über das Glück, ein Dach über dem Kopf zu haben. Wie sehr empfindet man auf einer Flucht dieses Glück!

Nicht immer war es die „kalte Pracht", in die wir unsere Matratzen legten, wir kamen auch zu einem Besitz mit schloßartigem Herrenhaus. Wir träumten schon von Daunendecken und gekacheltem Bad, aber weder das eine noch das andere wurde Wirklichkeit, denn der Besitzer war ein klein wenig schrullig. So gab es im ganzen Haus keinen Spiegel, und auch das vorhandene Bad war völlig illusorisch, da es keinen Strom gab, so daß auch kein warmes oder gar heißes Wasser floß. Die spitze Hausdame dieses witzigen Junggesellen zeigte uns eine Zimmerflucht, eiskalt und unfreundlich mit riesigen Betten. In jedem Zimmer flackerte eine Kerze, an deren Länge man sich ausrechnen konnte, wann einen die ewige Finsternis umgeben würde. Es gab also weder Wasser noch Licht. Als wir die Kinder in den hochherrschaftlichen Pfühlen untergebracht hatten, wartete auf uns schon eine nächste Überraschung: Der Herr des Hauses war Vegetarier, und so wurden wir mit einer undefinierbaren Suppe, Kartoffeln und Gemüse zum „Dinner" erfreut. Dies aber konnten wir, die wir unbedingt gesund und bei Kräften bleiben mußten, uns nicht leisten, und so holte mein Mann unsere gute hausgemachte Wurst aus unserem Gepäck und unseren Schinken. Kam es uns nur so vor, oder bekam der Hausherr wirklich Stielaugen, als er diese verbotene Herrlichkeit sah? Am nächsten morgen fuhren wir über frischgeharkte Parkwege unserer nächsten Ungewißheit entgegen, und die bange Frage, wie es wohl in wenigen Wochen in all dieser kalten Gepflegtheit aussehen würde, ließ uns lange nicht los.

Wenn man etwas verliert, kann es dumm, störend und peinlich sein, zur Katastrophe aber wird es, wenn man auf der Flucht seinen Treck verliert, die Wagen, die das Allerletzte, ein Stückchen Heimat bedeuten!

Wir waren, wie immer, etliche Stunden nach unseren beiden Leiterwagen gestartet, und es fiel uns, trotz starkem Schneegestöber und frierenden, weinenden Kindern, gegen Abend auf, daß wir sie nicht, wie sonst, überholten. Sollten sie zügiger gefahren und schon an Ort und Stelle sein? Hatten sie vielleicht etwas abseits vom Wege eine Rast eingelegt? War vielleicht etwas kaputtgegangen? Wir taten alle so, als ob wir uns nur allein diese Frage vorlegten, in Wirklichkeit aber dachten wir nur das eine: Unsere Wagen haben sich verfahren, wir haben sie verloren.

Wieder ging der Kampf um das Nachtquartier los, wieder fanden wir uns, allerdings diesmal umsäuselt von einer redseligen Bäuerin, in einem winzig kleinen, zur Abwechslung total überheizten Zimmer, und ich saß am Fenster, ließ den Redestrom der Frau auf meine überreizten Nerven regnen und starrte hinaus in die Dunkelheit – unsere Wagen waren nicht da und kamen auch nicht! Die Nacht rückte unerbittlich vorwärts, und – unsere Wagen, unser gutes Fräulein Maria, die Kutscherfamilie, unser Hab und Gut –, wo um Gotteswillen, wo waren sie? Mein Mann stolperte mit flackernder Stallaterne immer wieder zum Dorfausgang und fragte Neuankommende – nichts! Die Säuglingsschwester versuchte verzweifelt, etwas für die übermüdeten, hungrigen Kinder zu bekommen. All unsere Eßvorräte waren ja auf den Wagen. Ich starrte hinaus in die Nacht, langsam füllten sich meine Augen mit Tränen, da – klopfte mein Mann an das kleine Fenster: Sie sind da! Verstört, übermüdet und am Rande ihrer Kräfte standen sie alle wenig später im Zimmer. Was war geschehen? Sie hatten sich verfahren, Fräulein Maria hatte eine Wegkreuzung nicht beachtet, und dann, in panischer Angst, war ihr auch der Name des Dorfes, in dem wir die Nacht bleiben wollten, entfallen. Die Tränen roll-

Der Verfasser mit »Söllmann vom Gloriettl«

Das Schnitthaarbuch wird zu Rate gezogen

DIE SCHWARZMEERDEUTSCHEN

ten über ihr gutes, ehrliches Gesicht. Nun – wir waren wieder vereint, alles war wieder gut, und dies Erlebnis schweißte uns, so weit weg von der Heimat, in unserer kleinen Treckgemeinschaft, nur noch fester zusammen.

Mein Mann drängte immer weiter, wir hätten so gerne einmal einen Tag Pause eingelegt, aber die überall ausgehobenen Panzergräben zeigten uns nur zu deutlich, daß er mit dem Vorwärtsdrängen recht hatte. Noch waren wir östlich der Elbe!

Waren wir wenigstens zeitweise bis jetzt weite Strecken ziemlich als einzige Flüchtlinge unterwegs gewesen, so fanden wir uns eines Tages mitten in einer endlosen Wagenkolonne von Schwarzmeerdeutschen. Mein Mann trieb, nichts Gutes ahnend, die Pferde mehr an als sonst. Und was hatten wir dann für ein Nachtquartier? Ein leeres Haus, im Rohbau bei Kriegsanfang steckengeblieben, aber bevölkert war es doch, und zwar von eben den Schwarzmeerdeutschen, die schon vor uns das Gemäuer bezogen hatten. Wir schleppten also wieder unsere Matratzen in all den Dreck hinein und suchten dann mit den Kindern ein gewisses Örtchen. Dabei mußten wir durch einen größeren Raum, in dem sich die Schwarzmeerdeutschen ausgebreitet hatten. Beim Anblick dieser Menschen stockte uns nun wirklich das Herz: Da saßen Männlein und Weiblein durcheinander, alle halbnackt, und puhlten aus ihren ausgezogenen Kleidern die Läuse heraus. Kleiderläuse! Mit immer wieder neuen Hindernissen und mancher Unbill waren wir fertig geworden, aber dies war eine Katastrophe von gar nicht zu übersehendem Ausmaß. Wenn wir uns hier Kleiderläuse holten, so schleppten wir sie unweigerlich mit uns in alle Quartiere, denn da wir keinerlei Möglichkeiten hatten, uns zu desinfizieren, zu waschen und unsere Kleider zu wechseln, hätte es keine Möglichkeit gegeben, die Plagegeister wieder loszuwerden. Es wurde also von meinem Mann die strenge Parole ausgegeben, keiner geht mehr durch den Raum, und die Mitbewohner sind zu meiden.

Die überreizten Nerven meines Mannes glaubten plötzlich bei unseren Wagen auf dem Hof ein helles Licht zu sehen, aber er stieß mit entsicherter Pistole nur auf unseren treuen Kutscher, der es für angebracht hielt, in dieser Nacht lieber bei dem Wagen zu schlafen.

Wie gut danach den immer wieder durch Angst und Ungewißheit aufgerüttelten Nerven eine Rast in einem Forstamt tat! Mutter und Tochter empfingen uns, als hätten sie auf uns gewartet, es gab einen gedeckten Tisch, eine kräftige Suppe, es gab ein herzliches Gespräch, und man erfuhr, daß beider Frauen Männer im Feld waren. Es gab manche gemeinsamen Bekannten aus der grünen Farbe, deren Schicksal man besprach, und so wurde man etwas von dem eigenen Schicksal abgelenkt. Es gab einen schweren Abschied – nur weiter.

Aber auch wir, in unserer Hilflosigkeit, konnten hier und da einmal helfen, gerade aus unserer Not heraus, so merkwürdig das auch klingen mag. Unser Erscheinen mit Treck und dem allerkleinsten Teil dessen, was wir besessen hatten, auf dem Wagen unser Baby, Schnee und Kälte ausgesetzt, riefen oft einen wahrhaft panischen Schrecken hervor, und wir wurden mit Fragen voller Angst und Ratlosigkeit überschüttet: „Warum bleiben Sie denn nicht hier? Glauben Sie denn, daß der Feind auch hier noch herkommt? Hier, mitten in Deutschland?" Mein Mann sprach dann ganz ruhig und sehr eingehend, genau und schonungslos mit diesen Menschen, die sich bisher an ihre Häuslichkeit geklammert hatten, die vielleicht überhaupt noch niemals auf den Gedanken gekommen waren, daß auch sie gleiches Schicksal erwarten könnte. Die Reaktionen auf die Ermahnungen meines Mannes waren sehr verschieden: Eine Dame erklärte z. B.: „Ich habe alle belastenden Bücher auf einen Haufen in den Garten gebracht, da zünde ich sie dann schnell an, wenn der Russe kommt", oder „Ich sollte vielleicht versuchen, ‚etwas' Benzin für meinen Wagen zu bekommen, er steht seit Monaten ohne da, alles Benzin ist beschlagnahmt worden." Hörte mein Mann aber etwas von Auto und Benzin, dann beschwor er die Leute: „Um Gotteswillen kein Auto, nur Pferd und Wagen bringt sie zuverlässig weiter, ein Auto wird Ihnen schon im nächsten Dorf abgenommen." Es gab auch Menschen, und leider gibt es sie heute noch, die meinten, wenn sie nur „recht freundlich" seien, dann könnte ihnen wohl nichts passieren – – – welch schauriges Erwachen gab es für all diese Ahnungslosen.

Aber auch wir, auf unserem kleinen Treck, gaben uns Wahnvorstellungen hin, und es war nicht Kurzsichtigkeit, die uns die

WIR FAHREN ÜBER DIE ELBE

Tränen des Dankes in die Augen trieb, als wir über die große Elbebrücke bei Tangerhütte fuhren. Mein Mann hielt es nicht auf seinem Kutscherbock. Zu Fuß ging er, die Zügel in der Hand und glücklich zu uns aufsehend, über den großen Fluß, von dem man damals noch meinte, er sei ein Halt für das östliche Kriegsgespenst. Wir fühlten uns nun wirklich der Gefahr entronnen. Drei Tage später war jede Brücke über die Elbe gesperrt, um eine panikartige Entvölkerung Ostdeutschlands zu unterbinden.

Um unser scheinbares Glück voll zu machen, fanden wir in der Letzlinger Heide, einem großen Waldkomplex nahe der Elbe, eine leerstehende Försterei, fanden ein altes, reizendes, möbliertes Försterhaus, fanden eine Kutscherwohnung, Stallungen, ja sogar Heu in der Scheune. Wir fanden einen großen Obst- und Gemüsegarten, wir konnten bleiben und zur Ruhe kommen. So konnte uns mein Mann, dessen Erholungsurlaub nun zu Ende war, leichten Herzens, wie wir dachten, wieder verlassen, um nach Holland an die Front zu gehen.

Wie gnädig ist es doch, daß man nicht in die Zukunft schauen kann!

Dann aber kam der Krieg vom Westen! Ein noch nie gehörtes bedrohliches Rasseln der anrückenden amerikanischen Panzerverbände lag in der Luft. Ich hing gerade Wäsche auf dem Wäscheplatz auf, als mir ein Panzergeschoß über den Kopf pfiff.

Ich kann das Gefühl, daß nun in uns Menschen heranwuchs, kaum schildern: Du mußt nun stark sein für dich und die Deinen, wir müssen durch, du mußt sie alle für deinen Mann und dich beschützen. Beschützen?! Ja wovor denn? In welcher Art? Leer und ausgehöhlt war das menschliche Herz, und man zwang sich, nicht zu denken, nicht zu hoffen und zu glauben, sondern nur zu handeln, wie es der Moment befahl. Wir waren abgeschnitten von allen Menschen, bei niemandem konnte ich mir Rat holen, niemandem meine Bedenken erzählen, niemand durfte zu uns kommen, denn der lange Anmarsch zu uns reichte für die kurze Ausgehzeit, die genehmigt war, nicht aus. Und doch bekamen wir Besuch, mehr als uns lieb war: Militärstreifen – Haussuchungen vier bis fünfmal am Tag. Sehr schnell wurde mir klar, daß wir hier, so einsam und alleine, besonders gefährdet waren. Die Haussuchungen gehörten zu unserem täglichen Leben, wir sahen völlig abgestumpft zu, wenn unsere Eier verschwanden, wenn unser letzter Schinken grinsend vom Küchentisch weggezogen wurde, wenn Schmuck, Uhren, auch Kinderspielzeug usw. den Besitzer wechselten, wenn rauhe Hände die Babywäsche aus der Kommode rissen, wenn das Bild meines Mannes vom Schreibtisch gefegt wurde, und wenn immer wieder dieselben zermürbenden Fragen: „Wo ist dein Mann?" oder „Warum bist du hier allein mit den Kindern?" gestellt wurden. Auch die Kinder meinten bald, das müsse so sein, für sie hatten diese „Besuche" nur noch wenig Aufregendes an sich, sie waren zu klein, um die ganze Tragweite zu verstehen. Meine zweitälteste Tochter konnte zu ihrem ganzen Stolz durch die Finger pfeifen, und ihre Seligkeit kannte nun keine Grenzen, weil sie dieses enorme Können, das ihr bisher immer nur verboten wurde, nun nutzbringend anwenden durfte, nämlich als Warnsignal, wenn wieder einmal ein Jeep vor dem Hoftor hielt. Dann packten wir schnell die uns noch verbliebenen Schätze, den restlichen Schmuck, die Bilder meines Mannes, den letzten Schinken aus Nassawen und die Eier irgendwo in ein Ofenloch oder unter schmutzige Wäsche.

Die Amerikaner waren sehr kinderlieb, und es konnte passieren, daß vier oder fünf amerikanische Soldaten um die Wickelkommode herumstanden, wenn ich den Kleinsten versorgte, und dann allen „Dienst" vergaßen. Manch einer von ihnen mag wohl an sein Kind zu Hause in Amerika gedacht haben.

Warum aber wurden diese Haussuchungen immer und immer wieder bei uns gemacht? Offiziell war es das Suchen nach deutschen Soldaten, die sich in dem großen Waldkomplex noch verborgen hielten, inoffiziell spielte das Verlangen nach „Souvenirs" mit. Der offizielle Anlaß war wohl begründet, der inoffizielle verständlich.

Es ging nämlich bei uns nun ein unheimlich gespenstisches Nachtleben los. Nachts brannten unsere Petroleumlampen, nachts rauchte auch unser Schornstein, nachts lagen gehetzte, totmüde, verwundete und verzweifelte Menschen in unseren Betten. Vom General bis zum einfachen Infanteristen, vom SS-Mann bis zum eifrigen Wehrwolf, sie alle kamen, sie alle sahen in unserer kleinen Försterei oft die Rettung aus einer verwirrenden Lage. Sie konn-

AMERIKANISCHE RAZZIEN

ten fragen: Wo bin ich? Wie heißt dieser Wald? Wo ist die Elbe? Haben Sie eine Autokarte? Wann kommen die amerikanischen Streifen usw. usw. Sie alle waren dankbar für Essen und Trinken und für ein paar kurze Stunden Schlaf, bevor sie wieder weiterhetzen mußten, um der Gefangennahme zu entgehen. Keiner von ihnen war sich recht darüber klar, welch ungeheure Gefahr dies nächtliche Leben für uns bedeutete, und nur die Tatsache, daß die Amerikaner in der Nacht grundsätzlich keine Streifen fuhren und keine Haussuchungen machten, rettete uns wohl in dieser Zeit unser Leben.

Wieviel hält der Mensch aus, wenn er muß! Die rasende Angst, die ich verspürte, als eines Sonntags morgens, 50 m von unserem Haus entfernt, ein riesiger amerikanischer Tigerpanzer abgeschossen wurde und sämtliche Insassen tot waren! Ich wartete wie eine zum Tode Verurteilte auf das, was nun kommen mußte und – auch kam: Ein hoher amerikanischer Offizier donnerte mich einige Stunden später an, ließ alle Bewohner des Hauses, auch die Kinder, ins Freie treten und gab den Befehl, die Försterei anzuzünden. Ich kämpfte wie eine Löwin, holte mein bestes Schulenglisch aus meinem Gedächtnis und flehte den Mann an, doch mit mir zur Landstraße zu kommen. Dort zeigte ich ihm die leeren Patronenhülsen, die alle auf der gegenüberliegenden Seite lagen, daß also unmöglich von unserer Seite geschossen sein konnte. Ich wußte, während ich ihm die vorbeigegangenen Steckschüsse in den Bäumen zeigte, daß dies alles ja keine richtige Entschuldigung war, denn, wenn auch von der anderen Seite geschossen wurde, so konnte die Verschwörung dazu doch in meinem Hause ihren Anfang genommen haben. Ein stundenlanges Verhör, fürchterliche Drohungen und eine Haussuchung, wie wir sie noch nicht erlebt hatten, blieben Gott sei Dank dann alles. Als die Amerikaner nach vielen Stunden endlich in ihre Jeeps stiegen, war ich so erledigt, als hätte ich einen weiten schweren Marsch hinter mir.

Aber mit der Zeit stumpfte man immer mehr gegen all dies ab. Mit gleichgültigen Augen sah man in die Feuersbrunst rings im Wald. Die Amerikaner hatten die Kiefernschonungen mit Flammenwerfern angesteckt, um die noch im Wald versteckten deutschen Soldaten auszuräuchern. Abgestumpft hörte man mehr oder weniger fern die Schüsse und oft auch Schreie von sich verzweifelt wehrenden deutschen Soldaten, stumpf kam man dem Befehl eines wildgewordenen SS-Mannes nach, der einen mit vorgehaltener Pistole zwang, ihn auf dem Leiterwagen versteckt durch das nächste Dorf zu fahren.

Man war so gleichgültig, daß man sich trotz dieser Entsetzlichkeiten noch freuen konnte, freuen über den geglückten Ankauf einer Kuh z. B., freuen über die blühenden Apfelbäume im Gemüsegarten, freuen, wenn man etwas Samen ergattert hatte und nun voller Andacht der Erde übergab in der Hoffnung, später auch etwas ernten zu können. Man konnte in fröhlicher Kaffeerunde sitzen, wenn auch noch immer der Wald rauchte und die schwarzen Stümpfe der Bäume an den Brand erinnerten, man war dankbar, daß die Ausgehzeit etwas verlängert war, so daß man sich gegenseitig wieder besuchen konnte. Alle kamen sie aus den nächsten Dörfern, aus den Forstämtern, sie hatten sich große Sorgen um uns kleines verlassenes Häufchen gemacht. Man fing ganz vorsichtig wieder an zu leben, Pläne zu schmieden, sich die Rückkehr des fernen Mannes auszumalen, da – schlug das Schicksal endgültig über uns zusammen und machte all die kleinen Hoffnungen so jäh zunichte, daß uns allen der Atem ausging! Jetzt begann der Kampf um das nackte Leben erst richtig und ungeheuerlich, jetzt erlebte ich mit den Kindern, mit der Wirtschafterin und dem Mädchen die fürchterlichste Nacht meines Lebens!

Einige Wochen vor dieser Nacht war zu uns ein Forstmeister mit seiner Familie gezogen und es hieß tüchtig zusammenrücken. Es war gut, daß ich nicht mehr allein war in der Försterei, ich weiß nicht, ob ich die uns bevorstehenden Stunden sonst überlebt hätte. Meine Kutscherfamilie hatte uns verlassen und so halfen mir der Forstmeister und sein Sohn, die Wirtschaft, die Pferde usw. in Ordnung zu halten, wofür ich ihm unendlich dankbar war. Es war ein herrlicher Juniabend, wir saßen lange vor dem Haus mit dem befriedigenden Gefühl des Bauern, der sein Tagewerk geschafft hat und nun vor der Tür noch ein bißchen ausruht, ehe er zu Bett geht. Die Kinder schliefen, man sprach wie auf Verabredung nur von augenblicklichen und harmlosen, von positiven Dingen, man war einmal wieder auf bescheidene Art glücklich. Mein Mann war,

DIE GRAUSIGSTE NACHT

das wußte ich, in Norddeutschland, nicht im östlichen Inferno, und die Nacht, die Nacht war so schön! Aber morgen würde wieder ein langer Arbeitstag sein, morgen erwartete uns vielleicht wieder irgend etwas Neues, mit dem wir fertig werden mußten, also hieß es doch, endlich zu Bett gehen. Ich weiß nicht, wie lange ich geschlafen hatte, wir hatten uns längst abgewöhnt, unseren letzten Wecker oder Uhr auf den Nachttisch zu stellen, als ich von einem dumpfen Pochen an die Fensterläden aufwachte. War es ein Traum? Da hörte ich, daß auch an die Fensterläden im Nebenzimmer mit den Fäusten geschlagen wurde und zugleich die Worte, drohend, laut, aber in gebrochenem Deutsch. „Aufmachen – Einbrecher – aufmachen, Du Schwein – – sonst tot!" die Drohungen gingen unter in splitterndem Holz und klirrenden Fensterscheiben, und es wimmelte im Nebenzimmer anscheinend schon von düsteren Gestalten. Wie gebannt starrte ich, im Bett aufrecht sitzend, auf die Tür. Sie wurde roh aufgerissen und vor meinem Bett stand ein kleiner, schlanker Kerl mit einer riesigen Maschinenpistole und brüllte wie ein Stier in Polnisch und Deutsch durcheinander auf mich ein. Hinter ihm hatte ein anderer die einzige Petroleumlampe angezündet, und nun wurden das Schlafzimmer und wir drei Menschen unheimlich von dem flackernden Licht beleuchtet. Ich spürte einen Stoß vor die Brust und die drohende Aufforderung: „Los Du, Urr, Du Schwein, schnell, sonst tot." Ja, eine „Urr" hatte ich noch, ein Schmuckstück, an dem mein ganzes Herz hing, das Geschenk meines ersten Mannes als unsere älteste Tochter geboren wurde. Eine Sekunde zögerte ich, aber dann sah ich in solch haßerfüllte Augen, die mir immer näher kamen, daß ich die Uhr aus dem Versteck zog, und – schon war sie in einem schmutzigen Sack verschwunden. Keine Sekunde zu spät für den kleinen Kerl, denn nun brachen all die Anderen ins Zimmer ein. Meine Älteste, die im Bett neben mir schlief, saß aufrecht und fragte immer wieder: „Mutter, was wollen denn die Männer, sind sie bös?" Ich beruhigte sie so gut es eben ging, da fiel mir siedeheiß ein: Unter dem Bett des Kindes steht die Kiste mit allem Silber, das ich noch besitze! Mit allen Mitteln versuchte ich nun, die Kerle von dem Bett meiner Tochter abzulenken und hatte dabei eine treue Helferin in der einzigen Lampe. So konnten die Männer nie den ganzen

Raum überblicken, weil jeder woanders nach Sachen suchte, einer aber nur eine Lampe hatte. Einer! Und das war eben der Kleine, der mich immer wieder haßerfüllt musterte, wohl weil er fühlte, daß ich irgend etwas verbergen wollte. Im Nebenzimmer fingen die anderen Kinder an, nach mir zu rufen. Ich versuchte, hinüber zu gehen, aber ein fürchterlicher Stoß mit dem Gewehrkolben ließ mir den Kopf dröhnen und ich sank auf mein Bett zurück. Da war er wieder, der kleine Kerl: „Du hast da Ring an Finger", und – plötzlich blitzte ein Messer in seiner Faust – „Du ab die Ring, sonst Finger ab." Völlig erstarrt vor Angst, blickte meine Tochter auf das Messer. Ich aber dachte nur eins, ich gebe auch die Ringe noch hin, alles nur das Leben meiner Kinder und meins muß ich erhalten: Mit Puder und Seife, die auf der Wickelkommode standen, bekam ich wirklich die festsitzenden Ringe ab – auch sie verschwanden auf Nimmerwiedersehen. Auf einmal war wieder die ganze Stube voller Banditen, sie drängten mich zum Bett, da riß ich in meiner Verzweiflung, in dem vagen Gefühl, vielleicht die Menschlichkeit dieser Tiere zu rühren, meinen Jüngsten, der leise weinend im Körbchen an meinem Bett stand, heraus, aber ich hatte ihn noch nicht richtig auf dem Arm, da pfiff eine Kugel an meinem Ohr vorbei und entsetzt ließ ich das Kind ins Körbchen zurückfallen.

Sie werden nun sicherlich fragen: „Wo um Gottes Willen war denn das Forstmeisterehepaar mit seinen Kindern? Warum halfen sie nicht? Ja, die polnischen Banditen kannten das Haus und seine Bewohner genau und wußten sehr gut, daß ich noch einige wertvolle Sachen hatte, während der Forstmeister mit Familie nur noch sehr wenig besaß. So hatten sie ihn, seine Frau und Kinder zwar eingeschlossen in ihre Zimmer, ihnen aber sonst kein Haar gekrümmt. Verzweifelt versuchte der Forstmeister die Verbindungstür zu mir mit der Axt zu zersplittern, aber ich mußte nur schreien: „Um Gottes Willen nicht, sie haben alle Pistolen!" Es begann ein erbitterter Kampf um diese Tür, auf der einen Seite der Forstmeister, auf der anderen Seite der Anführer der Banditen, der seine Maschinenpistole auf die Tür gerichtet hatte und schießen würde, sobald sie den Axthieben nachgegeben hätte. Außer diesem Türduell aber verwüsteten nun die Kerle planmäßig alles, aber auch alles, was ihnen unter die Finger kam. Die letzte Lampe hatte inzwischen ihr Leben ausgehaucht, und so spielte sich was nun folgte, gespenstisch in dem fahlen Licht der hellen Juninacht ab. Ich konnte nicht übersehen, wieviel Männer eigentlich in meinem kleinen Haus tobten und immer wieder mit der entsicherten Pistole auf mich zielten, um mich in Schach zu halten, mich, die ich zitternd und mit Grauen der Verwüstung zusehen mußte, die nun gründlich und vollkommen mit allen meinen Sachen vorgenommen wurde: Der Porzellanschrank wurde „umgelegt", sämtliche Polster der Möbel wurden aufgeschlitzt, alle Bilder von den Wänden gerissen, Geld, Zigaretten, die ich mir aufgespart hatte, verschwanden in den mitgebrachten Säcken, alle Kleider, Schuhe, alle Wäsche, sämtliche Mäntel, alles, alles, was mir und den Kindern gehörte, wurde eingesackt. Waren die Schübe und Schränke leer, wurde geradezu mit Wollust der Schrank solange mit Fußtritten und Messerstichen bearbeitet, bis er stöhnend zusammenbrach. Wie zum Hohn hörte ich, wie einer der Kerle versuchte, auf meiner Ziehharmonika, Trösterin so mancher einsamen und sorgenvollen Stunden, zu spielen. Als es nicht recht ging, zerschlug er auch sie. Angstvoll fragte ich mich, was sie nun wohl machen würden, wenn nun wirklich nichts mehr zu zerschlagen war – und immer noch tobte der Forstmeister vor der Tür, ohne Erfolg, um mir helfen zu können. Plötzlich zogen sich die Banditen zu einer kurzen Besprechung zusammen, und dann – dann drängten sie alle in mein Schlafzimmer zu meinem Bett und – – – ich schrie, schrie in höchster Verzweiflung. Auch der Forstmeister draußen schrie, meinte er doch nichts anderes, als daß mir die Kerle ein Leid antaten. Diese unsere Schreie waren unsere Rettung, denn gerade fuhr die erste amerikanische Streife im Morgengrauen durch den Wald, und die Banditen mußten fürchten, daß sie unsere Schreie hören würden. Ich bekam noch einen Schlag über den Kopf, es wurde auch noch einmal in alle vier Himmelsrichtungen geschossen – und dann – wie ein Spuk – waren sie weg. Draußen wurde alles auf unsere Leiterwagen geschmissen, was sie erbeutet hatten, unsere treuen Pferde „Larissa" und „Ziganka" wurden davor gespannt, und dann ging es im Galopp dem Walde zu, wir hörten die Hufe der beiden Trakehner im Morgenwind verhallen – aus!

Ich glaube, mein erster Gedanke war Dank! Dank, daß die Kinder und ich lebten und nicht einmal verwundet waren, aber dann, was dann in mir vorging, ich weiß es nicht mehr, ich konnte nur stumm, als es langsam heller wurde, in das fürchterliche Bild starren, das sich mir bot. Forstmeister B. mit Frau und Kindern, Frl. M., die oben zitternd in ihrem Bett gelegen hatte, und meine weinenden Kinder, ja wir waren alle noch beisammen, aber wie sah es um uns herum aus! Es gab nichts mehr in unserer kleinen Försterei, was noch stand und heil war, es gab nichts mehr, was uns gehörte, alles, alles fort oder zerschlagen. Nichts hatte ich zum Anziehen außer den Sachen, die zerwühlt und schmutzig auf unseren Stühlen lagen, gestern von uns ausgezogen, nichts sonst, keinen Strumpf, keinen Schuh oder ein Kleid, keinen Mantel, kein Wäschestück, nichts. All mein Bargeld, das mir mein Mann vorsorglich dagelassen hatte – weg, Koffer, in denen ich mangels Schränken unsere Habe z. T. aufgehoben hatte, entweder weg oder aber zerschlitzt und wertlos. Wir besaßen nichts mehr, keine Scheibe Brot konnte ich mir und den Kindern kaufen. Stundenlang saß ich bei dem Forstmeisterehepaar. Es tat so gut, jetzt nicht allein zu sein, und wir berieten, was nun bloß zu machen sei. Wo sollten wir bleiben? Was sollte werden? Um es kurz zu machen: Es wurde uns von allen Seiten rührend geholfen und ich blieb noch zwei Tage und eine Nacht in unserem lieben kleinen Haus, das jetzt so entsetzlich entstellt und verwüstet war und uns keine Heimat mehr sein konnte. Traurig starrten die Fensterhöhlen, und leise quietschte die in den Angeln hängende Haustür im Sommerwind. Und wieder hieß es Abschied nehmen!

Wie eine göttliche Fügung empfand ich es, daß gerade an dem Tag nach dem Überfall ein Lkw, aus einem schlesischen Forstbezirk kommend, sich anbot, uns mitzunehmen, denn abgesehen von dem Überfall erfuhren wir nun auch, daß der Russe nicht an der Elbe Halt machen würde, wußten, daß die tödliche Walze auch in die Letzinger Heide kommen würde, und immer und immer wieder hatte mir mein Mann, bevor er wieder ins Feld ging, eingehämmert: „Du darfst nicht in die Hände der Russen fallen, du mußt weiter, wenn sie kommen, und wenn es zu Fuß sein muß."

Nun begann also unser 3. Treck, ohne meinen Mann und ohne

UND WIEDER GEHT ES WEITER

Hab und Gut. Das einzige, das mir geblieben war, waren meine vier Kinder, für die ich weiter kämpfen würde, wie schwer es auch immer kam. Und es wurde bitter schwer!

Auf dem Lkw, vollgestopft mit Menschen, waren wir nur geduldet. Langsam kroch die Angst um meinen Jüngsten in mir hoch, der seit dem Überfall hustete und nun durch einseitige schlechte Milchernährung und durch den ewigen Luftzug auf dem offenen Lkw anfing zu fiebern und oft stundenlang zu schreien. Durch Schnee und Eis hatten wir ihn heil durchgebracht, bei dem Überfall hatte er einen Schutzengel gehabt, und jetzt lag er hochrot und röchelnd in einem uns geschenkten Wäschekorb. Die anderen Kinder und Fräulein Maria waren auf dem Anhänger verstaut, ihnen ging es gottlob gut.

Es gab viele Pannen und Aufenthalte, da der Lkw völlig überladen war. Ich erinnere mich noch an eine Pause, wo rechts und links der Straße die schönsten Kirschen reiften. Jauchzend stürzten sich alle Kinder auf diesen Kirschensegen, und mein kleiner dicker Dreijähriger stopfte sich eine Kirsche nach der anderen in den Mund, aber – Kerne kamen nicht wieder zum Vorschein. Wir versuchten, ihm klarzumachen, daß er die Steinchen ausspucken müsse, da er sonst krank würde. Er sah uns mit seinen schwarzen Äuglein ganz ernst an, verfolgte aufmerksam unsere Vorführungen des Ausspuckens, und schob die nächste Kirsche mit Andacht in den Mund, ohne daß ein Stein wieder erschien. Schließlich war ich froh, als die „Kirschenpause" vorbei war.

Dann kam der Augenblick, vor dem Frau Forstmeister B. und mir schon von Anbeginn der Fahrt an gegraut hatte:

„So, hier müssen wir Sie absetzen, wir fahren jetzt nach Norden und können Sie nicht länger mitnehmen!" so sprach der Lkw-Führer, und da standen wir mit unseren Kindern in einem wildfremden Dorf auf der Landstraße. Es war später Nachmittag, und wir wußten nur eins: auf irgendeine Weise mußten wir zu meinen Verwandten nach H. gelangen, aber bis dorthin waren es rund 30 km, das hatte uns der Fahrer noch auf seiner Karte gezeigt, also mußte erst einmal ein Nachtquartier gesucht werden. Das konnte doch hier, wo es sonst keine Flüchtlinge gab, nicht so schwer sein, so dachten wir. Aber auch hier wüteten die Lagerpolen, auch hier zitterten die Menschen, wenn es dämmrig wurde, vor der Nacht, und verschlossen ihr Anwesen fest und gut. Auch die vorhandenen Gasthäuser waren dicht verrammelt. Wo wir auch klopften, es rührte sich nichts. Schließlich, nach bangen drei Stunden, in denen unsere großen Kinder eines nach dem anderen hinter einem Busch oder einem Stein verschwand und bleich die vielen Kirschen verfluchte, die in ihren Bäuchen rumpelten, erbarmte sich ein junger Gastwirt und schloß seine Gaststätte auf. Holztische und Bänke und eine traurige Lampe an der Decke, sonst nichts. Voller Wehmut erinnerte ich mich an den „Luxus" unseres ersten Trecks, als wir in einem solchen Fall unsere eigenen Matratzen von den Leiterwagen holten – jetzt hatten wir nichts, außer den Kleidungsstücken, die wir am Leibe trugen. Wir Erwachsenen zogen uns so viel wie möglich aus, um den Kindern mit unseren Kleidern eine Art Bett auf den Holzbänken zu bereiten. Dann holten wir unsere Brote heraus und verteilten sie gerecht, danach begann eine wenig schöne Nacht. Wir Erwachsenen saßen auf unbequemen Stühlen oder gingen in dem kahlen Raum auf und ab. Von Zeit zu Zeit mußten wir ein Kind, das weinend von seiner Bank gepurzelt war, wieder zurecht legen; der Kleinste schrie die halbe Nacht und hatte bestimmt wieder Fieber, und zu allem Überfluß witterte „Samo" irgendwo eine heiße Schöne, versprach sich ein galantes Abenteuer in diesem verflixten Nest und kratzte jaulend die ganze Nacht an der Tür, um herauszukommen.

Aber auch diese Nacht ging vorbei. Frau B. und ich ließen am anderen Morgen Fräulein Maria bei den Kindern und machten uns auf zum Bürgermeister. „Ja, da können wir Ihnen auch nicht helfen, da müssen Sie schon selbst zusehen, das werden Sie ja wohl ver s - t - ehen?" Nicht einmal Lebensmittelmarken wollte er uns geben, und wir wußten, daß unsere Kinder in dem greulichen Gasthauszimmer gerade dabei waren, unsere letzten mitgenommenen Brote zu kauen, und daß der Kleine jämmerlich nach einer Gemüsemahlzeit schrie. Da gab mir die Verzweiflung den Mut, dem Dorfoberhaupt zu erklären, daß ich mit Frau B. unsere Kinder holen würde, und daß wir in seinem Amtszimmer so lange bleiben würden, bis wir eine Unterkunft und etwas Lebensmittelkarten hätten. Das half, wir konnten tatsächlich irgendwo eine Suppe

›WAS MEIN NEFFE IST‹

löffeln und auch etwas Gemüse für den Kleinsten ergattern, ein Nachtquartier versprach er uns zu besorgen, aber da glaubten wir nicht recht dran, und – wir waren noch keinen Schritt näher bei meinen Verwandten. 30 km, heute kein Problem, aber damals eine ungeheure Entfernung, denn es gab weder Telefon, noch Post, noch konnte man telegrafieren. Es gab auch kein Pferd oder gar Auto, das man mieten konnte, aber es gab, dem Himmel sei Dank, noch gute Menschen, die einem helfen wollten. Denn als wir von unserer Mahlzeit zwar satt, aber sonst doch ziemlich mutlos in unser freudloses Quartier zurückkamen, stand da eine freundlich blickende, stattliche Frau und erklärte: „Ich wohn' in der Nachbarschaft und, was mein Neffe ist, der kann Sie mit seinem Trecker fahren für Geld." Es fehlte nicht viel, und ich hätte die stattliche Leibesfülle dieser Frau wenigstens versucht zu umarmen, so glücklich war ich. Es wurde Abend, bis wir dann endlich mit Trecker und Anhänger hinaus aus dem Dorf ratterten.

Um das Gutshaus meiner Verwandten in H. geht eine Steinmauer mit einer großen Toreinfahrt und auf jedem Torpfeiler steht eine riesige Steinvase, sicherlich zentnerschwer. Der Mann, „was mein Neffe ist", dessen „Intelligenz" wir schon längst während der Fahrt erkannt hatten, fuhr so ungeschickt durch die Toreinfahrt, daß eine der Vasen erst schwankte und dann mit Donnergepolter fiel. Ich weiß nicht, warum ich mit allen Kindern und auch Frau B. vorher abgestiegen waren – genau an der Stelle, wo mein Kleinster in seinem Waschkorb eben noch auf dem Anhänger gestanden hatte, riß die Vase ein riesiges Loch. War das ein gutes Vorzeichen?

Die Verwandten nahmen uns, die wir da zu so vielen Einlaß und Unterkunft begehrten, rührend und selbstverständlich auf. Wieder einmal durften Herz und Körper etwas zur Ruhe kommen, wenn nur mein Kleinster bald gesund würde, wenn nur mein Mann uns bald fände und – da fielen mir in totaler Übermüdung die Augen zu und ich versuchte, neben meinem kleinen Dicken mir einen Platz in dem großen Bett zu erobern.

Mein Mann kam, ich werde den Tag und die Stunde nie vergessen! Er hatte nach seiner Entlassung aus der Gefangenschaft bei seiner Mutter erfahren, wo wir waren, und zentnerschwere Steine waren ihm vom Herzen gerollt, nun er uns in Sicherheit wußte. Wie armselig, ausgeplündert und zu Tode erschöpft wir allerdings bei meinen Verwandten angekommen waren, das mußte ich ihm so nach und nach erst erzählen. –

Ja, nun waren wir ein wenig seßhaftere Flüchtlinge geworden. Aber waren wir ganz glücklich, waren wir zufrieden, genügte es uns, daß wir alle gesund um einen Tisch herumsitzen konnten und uns trotz Kriegswirren wiedergefunden hatten? Nein! Wir blieben heimatlos, und wir konnten auch nicht glücklich sein, denn glücklich ist nur, wer den kommenden Tagen mit Ruhe und Gleichmut entgegensehen kann, Ruhe, Zufriedenheit und Gleichmut aber kann nicht einkehren, wo die Frage offenbleibt: „Was soll werden?" Zum Leben gehört Geld, und das besaßen wir nicht. Mein Mann war arbeitslos, und so saß die Sorge immer mit uns am Tisch. Von dem Gutsherrn bekam er die Erlaubnis, Fuchseisen zu legen, und die Fuchsbälge verkauften wir dann auf dem schwarzen Markt in Hannover.

Aber ewig konnten wir nicht von Fuchsbälgen leben. Mein Mann machte sich auf und versuchte überall, wieder in seinen Beruf zu kommen, leider lange Monate vergeblich.

Unsere Verwandten hatten uns eine reizende kleine Wohnung eingerichtet, auch eine eigene Küche hatten wir, und nun ging es langsam auf Weihnachten zu.

Eines Abends, die Kinder schliefen, mein Mann und ich werkelten an bescheidenem Spielzeug für sie, Fräulein Maria hatte sogar etwas Weihnachtsgebäck backen können, da kam mein Schwager ins Zimmer: Die Telefonleitung war durchschnitten, er hatte es bei einem Rundgang um das Haus entdeckt und damit wahrscheinlich einen geplanten Polenüberfall vereitelt oder mindestens zum Aufschub gebracht. Als ich das Wort „Polenüberfall" hörte, verließen mich wirklich meine Nerven. Ich konnte das doch nicht noch einmal erleben. Aber ich konnte, weil ich mußte, genau wie damals in der Juninacht. Der Gutsherr hatte nach dieser Entdeckung der englischen Besatzungsmacht Bescheid gesagt, aber trotzdem lag jeden Abend das Gut wehrlos und wartete der Dinge, die da kommen würden. Es war beinahe eine Befreiung von einem ungeheuren Druck, als dann wirklich eines

UND WIEDER EIN ÜBERFALL

Nachts die Haustür unter Axthieben zersplitterte und das mir so bekannte Gebrüll, mit dem sich die Kerle immer selbst Mut machten, durch das Haus dröhnte. Und nun war es merkwürdig, daß ich in diesem Augenblick viel ruhiger war als mein Mann. Ich wußte ja nun so ungefähr, was kommen mußte. Eine Gefahr, die man kennt, wird sie vielleicht kleiner? Oder war es daß Bewußtsein, in diesen Stunden nicht allein zu sein? Das Gebrüll kam näher und näher. Eine große Gutsfamilie wohnte in diesem Haus und eine Anzahl Flüchtlinge hatte hier Unterkunft gefunden, aber wieder standen ausgerechnet wir auf dem Programm der Polen. Unser Zimmer wurde verwüstet und zerschlagen, unsere Wäsche, mühsam zusammengeliehen, unser Geld, für Weihnachten gespart, wurde genommen. Es wurde wild geschossen. Da hielt es meinen Mann nicht, und entsetzt sah ich, daß er den Kerlen mit der Axt in der Hand entgegenlief. Um Gottes willen, war er denn wahnsinig, sie waren alle schwerbewaffnet, und er wollte sie mit einer Axt bekämpfen? Da krachten auch schon in unmittelbarer Nähe Schüsse, es folgte ein großes Gepolter. Mir blieb wieder einmal, wie schon so oft in all den letzten Monaten, mein Herz stehen – mein Mann! Wo war er? Was war geschehen? – Da war plötzlich der ganze Gutshof in grelles Licht getaucht, die englische Streife hatte von der Straße die wilde Schießerei gehört und kam auf den Gutshof gefahren, um einmal wieder Banditen zu vertreiben, und wie in der Juninacht waren auch hier sofort alle Kerle verschwunden.

Wir fanden meinen Schwager gefesselt in seinem Zimmer, meine Schwiegermutter totenblaß in dem ihren, die Kinder all der vielen Familien weinend und frierend auf den Fluren, aber keiner war gottlob durch die wilde Schießerei getroffen. Und mein Mann? Er war mit seiner Axt einem durch ein Fenster hereingröhlenden Banditen entgegengelaufen, hatte für Sekunden in eine Pistolenmündung gesehen und sich, wie so oft als Soldat bei Gefechten, instinktiv zur Seite geworfen, war dabei auf eine alte Standuhr gefallen, die polternd umfiel, der Schuß war haarscharf an ihm vorbeigepfiffen und er hatte nur einen Streifschuß durch die Schlafanzughose!

Von nun ab forderte der Gutsherr sehr energisch Hilfe und

Schutz durch die Engländer an, denn das Gut lag allein und das Polenlager keine 15 km davon entfernt. Es kamen endlich jeden Abend zwei schwerbewaffnete Tommies, und so konnten wir ohne Störung das Weihnachtsfest feiern. Die beiden Engländer waren bald unsere guten Freunde. Wenn sie kamen, fanden sie ein reichhaltiges Abendbrot vor und außerdem stand ihnen – die elektrische Eisenbahn der Gutskinder zur Verfügung. Mit Feuereifer brachten sie die Züge in Bewegung, mit roten Köpfen lagen sie auf dem Fußboden, um einen Schaden zu suchen und einen neuen Schienenstrang einzusetzen. Die Maschinenpistolen standen friedlich in einer Ecke des Zimmers und wurden beim kindlichen Spiel von den beiden völlig vergessen. Es war nur gut, daß die Polen im Lager nichts von dieser Art der Bewachung wußten.

Eines Tages hatten aber die beiden armen Tröpfe überraschenden Besuch ihres Vorgesetzten, dem natürlich der kindliche Zeitvertreib seiner Soldaten absolut nicht einleuchten wollte, und so wurde das Kommando von heute auf morgen aufgehoben. Sofort kamen wieder Drohbriefe: „Wir kommen" oder „Das sollt Ihr büßen!" oder „Jetzt ist es aus mit dem Schutz der Tommies!" Was sollten wir machen? Wir verteilten uns alle im nahen Dorf bei den Bauern und machten das Gutshaus bei Nacht völlig menschenleer. Mein Mann aber, der Gutsherr, der Inspektor und ein Flüchtling schoben außerhalb des Hauses jede Nacht Wache. Meine älteste Tochter schlief beim Dorfschullehrer in der Wurstkammer, die Würste bewachten ihren Schlaf, Fräulein Maria und die zweite Tochter schliefen in einem Leutehaus des Gutes, und ich hatte ein winziges Loch mit Eisenofen für meine beiden Jungen und mich gefunden. Der Kleine war gerade durch geregeltes Leben und durch gute Verpflegung wieder schön wohl gewesen, nun warf ihn das Wohnen in der muffig kalten Kammer wieder völlig zurück, und ich machte mir erneut entsetzliche Sorgen, wenn ich Nacht für Nacht hörte, wie er sich in seinem Bettchen röchelnd hin und her warf. Er war nie ohne Temperatur, wollte auch am Tag nicht aufstehen und starrte immer bleich und verstört in die ihm fremde Umgebung.

Als wir später eine Luftschutzsirene auf das Dach des Gutshauses bekamen, riskierten wir es, alle wieder zurück zu ziehen, aber sämtliche Fenster im Erdgeschoß blieben mit Stacheldraht und Brettern vernagelt, und außerdem wachten die Männer weiter jede Nacht im Haus bis früh um 4 Uhr. Diese nächtlichen Stunden, in denen mein Mann wachen mußte, sind die Geburtsstunden seines Buches „Rominten" geworden.

Bei all diesen Ereignissen aber blieben mein Mann und ich im Grunde unseres Herzens doch optimistisch. Einmal mußte es doch auch für uns wieder ein Aufwärts geben! Mein Mann suchte unverdrossen weiter nach einer Stellung, fuhr hierhin und dorthin, fragte und forschte, und endlich wurde sein Bemühen belohnt: Am 1. April 1947 übernahm er das Forstamt I in Forbach im nördlichen Schwarzwald. Er fuhr erst einmal allein hinunter, denn es gab ja doch allerlei Vorbereitungen zu treffen, bis wir alle nachkommen konnten. Oft kamen Briefe von ihm, dann scharte ich die Kinder alle um mich und las ihnen vor: Es gab ein Forstamt, ein schönes Haus mit vielen großen, hellen Räumen, das Haus lag an einem Fluß in dem schönen Dorf Forbach. Es gab einen Gemüse- und Ziergarten, nur gab es noch keine Möbel. Aber auch da wurde uns von hilfsbereiten Mitmenschen geholfen, die uns erst einmal das Nötigste, vor allem für jeden ein Bett, leihen würden. Und was das Wichtigste war, es gab eine hoffnungsfrohe Zukunft, für die wir wieder leben und arbeiten würden, es gab eine neue Heimat, die wir lieb gewinnen wollten, es gab ein Ausruhen von schweren Jahren voll Not, Angst, Sorge und Entbehrung.

Und dann kam unser letzter Treck heran. Wir mußten aus der englischen in die französische Zone wechseln, ein damals schwieriges Unternehmen. Nach vielem Hin und Her erklärte sich ein Lkw-Besitzer in Forbach bereit, das Risiko, uns mit unserer geringen Habe hinüberzubringen, zu übernehmen. Das klingt so schön, aber was mußten wir alles dafür tun, was gab es für Laufereien für mich, um alle wichtigen Papiere zusammenzubekommen, und was mußte alles bedacht werden! Ich ließ mir Kisten machen und fing nun an, mit Fräulein Maria unsere kleine Habe in diese Kisten zu verteilen. Stolz zeigte ich dem Lkw-Besitzer, als er einige Tage vorher kam, wie gut ich alles verstaut hatte, aber sein Urteil über meine Arbeit war vernichtend: „O Jesses, dös geht fei so net, die mache doch alle Kischt uff an der Grenz'! Se müsse alles verteile, dös alle Kischt halt harmlos ausschaue. In 3 Tage bin i wieder hier, und denn müsse mer um siebene in der Früh starte!"

Also galt es mal wieder in die Hände zu spucken! Alle Kisten wurden wieder aufgemacht und nun ging ein munteres Hin und Her von Würsten, Unterhosen, Mehl und Büchern los. Meine Kinder fanden dieses Gesellschaftsspiel herrlich, meine Schwägerin weniger, denn da die Lebensmittel und Weckgläser im Keller in Holzwolle, die Unterhosen aber oben in unserer kleinen Wohnung waren, so zeichnete sich bald der Weg, den die Kinder treppauf treppab nahmen sehr deutlich im Treppenhaus ab. Am Morgen, als der Fahrer wiederkam, wies ich ihm stolz meine Verpackung. Harmloser konnten nun wirklich die Unterhosen, die Bücher und Wäsche nicht auf Wurst, Mehl und Kartoffeln lagern. Zu kämpfen hatte ich beim Verladen noch, daß das Geweih, welches ich nun bis hierher gerettet hatte, es war der „Ameisenhirsch", mit auf dem Lkw kam; denn der Fahrer hielt „die blöde Böck da" für sehr unwichtig.

Nun ging's also los auf unseren letzten Treck. Mit uns fuhren diesmal das Ehepaar Professor O. mit ihren erwachsenen Töchtern, da der Professor auch nach Forbach versetzt war.

Es wurde Nacht, wir konnten den Kindern mit Decken und Kissen ganz gemütliche Ruhestätten bereiten und ihre regelmäßigen Atemzüge verrieten uns bald, daß sie fest ihrer neuen Heimat entgegenschliefen. Wir Erwachsenen freilich wußten, daß wir nun mit voller Fahrt einem sehr brenzligen Augenblick entgegen fuhren. Einmal gab es einen Stopp, scheinbar eine Zigarettenpause, dann lauschten wir weiter. Würden meine Unterhosenkisten kontrolliert werden? Würde alles glatt gehen? Immer gleichmäßig brummte der Motor weiter und wir mußten doch alle eingeschlafen sein. Es dämmerte, als wir davon aufwachten, daß wir scheinbar kreuz und quer durch die Gegend fuhren. War das etwa ein Ablenkungsmanöver an der Grenze?! Da ein Stopp! Hinten erschien der Fahrer: „Herr Professor, mir san do, solle ma erscht zu Ihne fahre?!" Wir fuhren hoch, tatsächlich, wir waren da, wir waren in Forbach. Wir erfuhren von dem grinsenden Fahrer, daß die vermeintliche Zigarettenpause die Grenze gewesen war, und daß ein gemütliches Schwätzchen mit den Franzosen genügt hatte, um weiterzufahren. Immer klappte das aber nicht so, das wußten wir nur zu gut.

Es war Sonntag früh um 6 Uhr, als wir durch die Straße rumpelten. Und dann standen wir vor „unserem" Forstamt. Mein Mann schlief noch, wurde aber schnell wachgerufen, und wir hoben ein schlafendes Bündelchen nach dem anderen aus dem Lkw. Eine wärmende Suppe wartete auf uns, dann steckten wir alle Kinder in provisorische Betten, wo sie sofort einschliefen.

Mein Mann und ich sahen auf unsere schlafenden Kinder herab; nach langem, langem Treck sollten wir endlich für sie und uns wieder eine Heimat im Schwarzwald bekommen!

NACHWORT

Wie gut lernt man einen alten Hirsch verstehen, wenn man selbst älter wird! Der alte Hirsch ist leicht etwas griesgrämig, er mag nicht mehr den Trubel und die Unruhe der törichten Jugend, er sehnt sich nach Ruhe und Alleinsein. Er hat zu viel schlechte Erfahrungen gemacht in seinem Leben, so daß er mißtrauisch gegen seinesgleichen, aber noch mehr den Menschen gegenüber, geworden ist. Außerhalb der Brunft liebt er auch nicht die Gesellschaft des Kahlwildes und schon gar nicht die Kinderstube. Er sucht sich einen abgelegenen ruhigen Einstand aus und hat höchstens noch einen Beihirsch bei sich, der ihm bedingungslos gehorchen muß und ihn bewacht und damit die Aufmerksamkeit verdoppelt. Er hat den fröhlichen Ausdruck der Jugend verloren – sein Gesicht ist trocken und fast böse, das Stirnhaar kräftig gewellt. Er ist auch bequem, um nicht zu sagen faul, geworden, und er bewegt sich nur, wenn er muß.

Wenn allerdings im Herbst das Laub sich zu färben beginnt wenn die „hohe Zeit" kommt, dann erwachen noch einmal die alte Kraft, die alte Vitalität und Kampfeslust, und sein Erscheinen auf dem Brunftplatz läßt die jüngeren Hirsche erzittern. Aber er plagt sich nicht viel mit Schreien und Treiben, er holt sich ein brunftiges Stück aus dem Rudel heraus und treibt es abseits in eine lückige Dickung, fern von dem Toben und Rumoren der anderen, um hier in Ruhe und Stille seine Liebesfreuden zu genießen. Und wenn es ihm nicht vergönnt war, in höchster Lebens- und Liebesekstase durch eine gutgezielte Kugel gefällt zu werden und einen schnellen Tod zu sterben, dann zieht er sich als alter, zurückgesetzter Greis in einen großen Dickungskomplex zurück und verendet dort langsam, allein und einsam.

NACHWORT

Unser menschliches Leben spielt sich nach ganz ähnlichen Gesetzen und Entwicklungen ab, wir wollen es nur nicht wahr haben. Wir wünschen einem 85jährigen noch zu seinem Geburtstag Gesundheit und langes Leben, anstatt ihm einen schnellen und schmerzlosen Tod zu wünschen! „Niemand ist vor seinem Tode glücklich zu preisen", sagten die alten Römer. Ein jahrelanges Siechtum kann ein ganzes glückliches Leben aufwiegen! Warum also wünschen wir uns nicht von einem gewissen Alter ab einen schnellen Tod?!
Die meisten Menschen fürchten den Tod, er steht ihnen entsetzlich bevor. Einige Spötter – man denke nur an Voltaire – wurden zu frommen Büßern im Angesicht des Todes. Vielleicht spielt auch die christliche Religion mit den Begriffen der Vergeltung und der Sühne im dritten und vierten Glied dabei eine Rolle. Millionen von Menschen, die anderen Religionsbekenntnissen angehören, sehen im Tode nur einen Übergang, sie betrachten den Tod als etwas Natürliches, was er auch tatsächlich ist. Warum sollte man sich vor etwas fürchten, was einem als unabänderlich bekannt ist, seit man ein bewußter Mensch ist? Wovor man sich fürchten kann, das sind die schrecklichen Qualen, bevor der Tod kommt! Man sollte daher einen Menschen, der schlagartig stirbt, beneiden aber nicht bedauern. Langes Siechtum – nicht Sterbenkönnen, weil das Herz gesund ist und weiter klopft – das ist ein Unglück! Ein plötzlicher und schmerzloser Tod dagegen ist das größte Glück, welches einem Menschen widerfahren kann. Für die Angehörigen mag eine abrupte Cäsur schmerzlich und schreckhaft sein – für den Betroffenen kann sie nur als ein gnädiges Schicksal bezeichnet werden.
Es ist gleichgültig, ob ein Mensch mit 65, 70 oder 75 Jahren stirbt, die Jahre in diesem Lebenszeitraum schwinden so schnell, daß es für ihn selbst keine Rolle spielt, wann er abbrechen muß. Tragisch ist der Tod, wenn ein Vater seine unversorgte Familie zurückläßt, eine Katastrophe bedeutet es, wenn eine Mutter stirbt und unmündige Kinder hinterläßt, aber wenn ein Mensch nach einem erfüllten Leben in einem gesegneten Alter hinüberwechselt, dann sollte man kein Mitleid, keine Trauer, sondern einen Glückwunsch über das Grab hinaus kennen.
Ich wollte mein Buch eigentlich nicht mit Meditationen über

den Tod beschließen – aber in meinem Alter erreichen einen fast täglich Todesanzeigen von Freunden, Verwandten und Bekannten. Man sieht eine Generation um sich herum ins Grab sinken – aber daneben erreichen einen auch glückliche Anzeigen von Geburten von Söhnen und Töchtern, von Verlobungen und Heiraten, und eine neue Generation tritt an die Stelle der alten. So steht man inmitten des großen „Stirb und Werde" und gibt sich, dem Ende des Weges zustrebend, Rechenschaft über das, was man erfüllt hat, was man erstrebte; man fragt sich selbst ob man getan hat, was man wollte, ob man sich selbst treu geblieben ist.

Über allen Schicksalen und scheinbaren Wanderungen, über allen Entwicklungen in einem langen Leben nach oben und unten, über allen Erfolgen und Rückschlägen, über Bösem und Gutem aber steht das Wort Hölderlins:

> *Denn,*
> *Wie du anfängst, wirst du bleiben,*
> *So viel auch wirket die Not*
> *Und die Zucht; das meiste nämlich*
> *Vermag die Geburt,*
> *Und der Lichtstrahl, der*
> *Dem Neugeborenen begegnet!*

Kosmos-Bücher für Jägerinnen und Jäger

Mitfiebern und genießen

Heiko von Prittwitz und Gaffron
Im hohen Berg und tiefen Tal
So unterschiedlich wie die Landschaften zwischen den Meeresküsten und dem Alpenbogen, so unterschiedlich und doch gleichermaßen reizvoll sind ihre Wildarten und das Waidwerk. Heiko von Prittwitz und Gaffron hat in vielen Revieren gejagt – auf Reh, Sau, Gams und immer wieder den Fuchs. Wie wenige versteht er es, die Vielfalt erfüllenden Waidwerks spannend und humorvoll zu vermitteln. Wer Jagderzählungen mag, wird diese lieben.
ISBN 978-3-440-16040-4

Werner Schmitz
Tod einer Jägerin
Reporter und Jäger Hannes Schreiber reist nach Sambesia, um eine Story über Nora Wilkens, die einzige professionelle Großwildjägerin Afrikas, zu schreiben und mit ihr einen Büffel zu erlegen. Doch dann liegt Nora eines Morgens tot im Zelt. War es Mord? Mit Unterstützung der Präparatorin Ilka ermittelt Schreiber im Dunstkreis von Wilderei und dubiosen Geschäftsinteressen ...
ISBN 978-3-440-16839-4

Lutz G. Wetzel
Tod im Waldwinkel
Irgendwo in Deutschland in den 1960er-Jahren: Die Bewohner einer ländlichen Gemeinde, darunter ein eingeschworener Kreis von Jägern, hadern mit den Folgen des Krieges und ihrer eigenen Vergangenheit. Ihr Versuch, zur Normalität zurückzufinden, wird durch den gewaltsamen Tod des Försters jäh gestört. Weitere Morde folgen, ausnahmslos an Jägern. Kommissar Rottek, ebenfalls Anhänger der grünen Zunft, ermittelt auch im Kreise seiner Jagdkameraden – und wird dabei fast selbst zum Opfer.
ISBN 978-3-440-15469-4

Fachbücher

Walter Frevert
Jagdliches Brauchtum und Jägersprache
Seit vielen Jägergenerationen ist Walter Freverts Werk Maßstab in allen Fragen des jagdlichen Brauchtums und der jagdlichen Ausdrucksweise. Ob auf der Gesellschaftsjagd, beim „Schüsseltreiben" oder einfach nur im Gespräch mit anderen Vertretern der grünen Zunft – mit diesem Buch bewegen sich Jägerinnen und Jäger in jeder jagdlichen Situation auf sicherem Parkett. Der modernisierte Jagdknigge inklusive Tonbeispielen wichtiger Jagdsignale.
ISBN 978-3 440-16856-1

Michael Petrak
Lebensraum Jagdrevier
Zeitgemäße Wildhege durch den Jäger bedeutet vor allem die Bewahrung und Aufwertung naturnaher Lebensräume für das Wild. Michael Petraks Ratgeber liefert eine detaillierte Anleitung für eine Lebensraumanalyse und die erfolgreiche Lebensraumgestaltung im eigenen Revier. Unter dem Motto „erhalten und sinnvoll gestalten" gibt der erfahrene Autor Tipps zur Planung und Umsetzung wild- und artenfreundlicher Maßnahmen sowie für eine wirksame Zusammenarbeit über Reviergrenzen hinaus.
ISBN 978-3-440-16293-4

Stefan Mayer/Joachim Schweizer
Ausbildung und Fährte
Die Nachsuche verletzten Wildes ist ein Gebot des Tierschutzes und die anspruchsvollste Aufgabe eines Jagdhundes. Schweißhunderassen werden daher nur für diese Arbeit eingesetzt und bedürfen einer speziellen Ausbildung. Die Autoren führen den Jäger und seinen Hund mit praxisbewährten Ausbildungstipps auf dem Weg des Vierläufers vom Welpen bis zum geprüften Nachsuchen-Profi.
ISBN 978-3-440-16733-5

Trittsicher bei
—— jedem jagdlichen Anlass

284 Seiten

Seit vielen Jägergenerationen ist Walter Freverts Werk Maßstab und Richtschnur in allen Fragen des jagdlichen Brauchtums und der jagdlichen Ausdrucksweise. Ob auf der Gesellschaftsjagd, beim „Schüsseltreiben" oder einfach nur im Gespräch mit anderen Vertretern der grünen Zunft – mit diesem Buch vermeiden unerfahrene sowie erfahrene Jäger die berühmten Fettnäpfchen und bewegen sich in jeder jagdlichen Situation auf sicherem Parkett. Der modernisierte Jagdknigge inklusive Tonbeispielen wichtiger Jagdsignale.

kosmos.de

Nachsuchen
—— Krimis aus der Jagdpraxis

168 Seiten

Die Arbeit auf der Rotfährte hat ihre eigenen Gesetze. Oft genug führt sie lange Zeit über Stock und Stein, oft genug bringt sie Mensch und Hund an ihre Grenzen. Und gefährlich kann sie sein, wenn sich z. B. ein kranker vermeintlicher Frischling von „etwa 30 Kilogramm" Gewicht plötzlich als strammes, 80 Kilogramm schweres Hauptschwein entpuppt. In diesem Buch berichten 18 bekannte Schweißhundeführer aus Deutschland von außergewöhnlichen Nachsuchen auf unterschiedliche Schalenwildarten – packend, lehrreich und voller überraschender Wendungen.

kosmos.de

Bildnachweis
Mit 75 historischen Schwarzweißfotografien

Impressum
Umschlaggestaltung von init Kommunikationsdesign, Bad Oeynhausen, unter Verwendung einer Farbfotografie von Burkhard Winsmann-Steins. Das Foto zeigt den Ausschnitt eines Gemäldes von Gerhard Löbenberg.

Mit 75 historischen Schwarzweißfotografien

Unser gesamtes Programm finden Sie unter **kosmos.de**.
Über Neuigkeiten informieren Sie regelmäßig unsere Newsletter, einfach anmelden unter **kosmos.de/newsletter**

Gedruckt auf chlorfrei gebleichtem Papier

© 2016, Franckh-Kosmos Verlags-GmbH & Co. KG,
Pfizerstraße 5–7, 70184 Stuttgart
kosmos.de/servicecenter
Alle Rechte vorbehalten
Wir behalten uns auch die Nutzung von uns veröffentlichter Werke für Text und Data Mining im Sinne von §44b UrhG ausdrücklich vor.
Alle Rechte vorbehalten
ISBN 978-3-440-15338-3
Redaktion: Ekkehard Ophoven
Druck und Bindung: FINIDR, s. r. o., Český Těšín
Printed in The Czech Republic / Imprimé en République Tchèque